考前充分準備 臨場沉穩作答

台灣電力(股)公司新進僱用人員甄試

壹、報名資訊

完整考試資訊

http://goo.gl/GFbwSu

一、報名日期：以正式公告為準。

二、報名學歷資格：公立或立案之私立高中（職）畢業。

貳、考試資訊

一、筆試日期：以正式公告為準。

二、考試科目：

(一) 共同科目：國文為測驗式試題及寫作一篇，英文採測驗式試題。

(二) 專業科目：專業科目A 採測驗式試題；專業科目B 採非測驗式試題。

<table>
<tr><th>類別</th><th colspan="2">專業科目</th></tr>
<tr><td>1.配電線路維護</td><td rowspan="17">國文(10%)
英文(10%)</td><td>A：物理(30%)、B：基本電學(50%)</td></tr>
<tr><td>2.輸電線路維護</td><td rowspan="4">A：輸配電學(30%)
B：基本電學(50%)</td></tr>
<tr><td>3.輸電線路工程</td></tr>
<tr><td>4.變電設備維護</td></tr>
<tr><td>5.變電工程</td></tr>
<tr><td>6.電機運轉維護</td><td rowspan="2">A：電工機械(40%)
B：基本電學(40%)</td></tr>
<tr><td>7.電機修護</td></tr>
<tr><td>8.儀電運轉維護</td><td>A：電子學(40%)、B：基本電學(40%)</td></tr>
<tr><td>9.機械運轉維護</td><td rowspan="2">A：物理(30%)、
B：機械原理(50%)</td></tr>
<tr><td>10.機械修護</td></tr>
<tr><td>11.土木工程</td><td rowspan="3">A：工程力學概要(30%)
B：測量、土木、建築工程概要(50%)</td></tr>
<tr><td>12.輸電土建工程</td></tr>
<tr><td>13.輸電土建勘測</td></tr>
<tr><td>14.起重技術</td><td>A：物理(30%)、B：機械及起重常識(50%)</td></tr>
<tr><td>15.電銲技術</td><td>A：物理(30%)、B：機械及電銲常識(50%)</td></tr>
<tr><td>16.化學</td><td>A：環境科學概論(30%)
B：化學(50%)</td></tr>
<tr><td>17.保健物理</td><td>A：物理(30%)、B：化學(50%)</td></tr>
<tr><td>18.綜合行政類</td><td>國文(20%)
英文(20%)</td><td>A：行政學概要、法律常識(30%)、
B：企業管理概論(30%)</td></tr>
<tr><td>19.會計類</td><td>國文(10%)
英文(10%)</td><td>A：會計審計法規(含預算法、會計法、決算法與審計法)、採購法概要(30%)、
B：會計學概要(50%)</td></tr>
</table>

詳細資訊以正式簡章為準

千華會員享有最值優惠!

立即加入會員

會員等級	一般會員	VIP 會員	上榜考生
條件	免費加入	1. 直接付費 1500 元 2. 單筆購物滿 5000 元	提供國考、證照相關考試上榜及教材使用證明
折價券	200 元	500 元	
購物折扣	▪平時購書 9 折 ▪新書 79 折 (兩周)	▪書籍 75 折 ▪函授 5 折	
生日驚喜		●	●
任選書籍三本		●	●
學習診斷測驗(5科)		●	●
電子書(1本)		●	●
名師面對面		●	

facebook

公職 · 證照考試資訊

專業考用書籍｜數位學習課程｜考試經驗分享

千華公職證照粉絲團

按讚送E-coupon

Step1. 於FB「千華公職證照粉絲團」按讚

Step2. 請在粉絲團的訊息，留下您的千華會員帳號

Step3. 粉絲團管理者核對您的會員帳號後，將立即回贈e-coupon 200元。

千華 Line@ 專人諮詢服務

- 有疑問想要諮詢嗎？歡迎加入千華LINE@！
- 無論是考試日期、教材推薦、勘誤問題等，都能得到滿意的服務。
- 我們提供專人諮詢互動，更能時時掌握考訊及優惠活動！

目次

單元3 靜力學與牛頓運動定律

主題1 靜力學

主題2 牛頓運動定律

單元4 動量與牛頓運動定律的應用

主題1 動量、動量守恆與角動量

主題2 週期運動

主題 3　克卜勒行星運動與萬有引力定律

單元5 能量學

主題 1　功與動能

主題 2　位能與能量守恆定律

主題 3　碰撞

單元 6 熱力學

主題 1 熱學

主題 2 氣體動力論

單元 7 波動學

主題 1 波動

主題 2 聲波

單元 8 光學

主題 2 幾何光學

主題 3 物理光學

單元 9 電學

主題 1 靜電學

主題 2 電路學

單元 10 磁學

主題 1 磁

主題 2 電流磁效應

單元 11　近代物理的重大發現

單元12 試題及解析

物理高分秘笈

「物理好難」是許多人對物理這門學科的刻板印象，經常讓許多學生退避三舍。然而物理學是研究「大自然規律的知識」，數學公式只是大自然的語言，用來幫助我們普遍地、準確地表達物理定律，這樣想物理就沒這麼可怕了，不是嗎？

如何學好物理？重點在於「多思考」、「多思考」、「多思考」（很重要！所以要說三次）。學習物理學不能只是讀內容，死背定律和公式，或埋首於快速解題與技巧。尤其近幾年的命題傾向於重視基本概念的理解和簡單計算為主，只要掌握學習要點，也是可以輕鬆拿高分。

在準備物理科時，首先了解物理學說的基本假設和名詞之後，再思考物理概念間的關連，運用數學工具推導出物理定律的公式並了解公式使用的時機與條件。在解物理題目時，通常需要先思考的方向是：

(1) 題目提供了哪些關鍵資訊？
(2) 題目所需用到的物理概念為何？

例如：題目中若提到物體作等速運動，表示物體不受外力作用或所受合力為零。切記，用物理概念解題，而不是本末倒置地做許多題目來建立物理概念，不要懷疑自己的能力，不會解題經常只是缺乏練習而已。

另外，如何運用本書取得高分？請見下方本書編寫架構說明：

單元導讀	為單元內容簡介，學習引導或是考試方向的說明。
單元架構	單元概念圖像化，提升學習效率並快速複習，建議在讀課文內容前後，各看過一遍單元架構，學習上有事半功倍的效果。
關鍵重點	使您能掌握學習重點，可能是專有名詞、公式、定律等。

課文內容	各單元重點整理，以條列式或表格式重點整理，內容循序漸進且搭配範例做即時的練習及評量。
單元補充	補充課文以外的重要內容。
單元重點整理	著重於重點複習、物理概念統整及比較。
精選試題	可自我檢視學習成效，精選試題分為兩個部分—基礎題與進階題，建議可先自行寫過後再對答案，錯誤的題目亦可先自行思考，若真的沒辦法再參考解析，針對弱點加強複習。

本書編寫雖力求完善，但恐欠疏漏之處，若有未盡妥善之處，尚祈不吝指正。

編者 敬上

近年試題考點分析

112台電

考題難度適中，但其中有 3 題為冷門試題，分別是 5、6 和 21 題，這三題都需要記憶特定的公式來解題。第 5 題考「熱傳導公式」、第 6 題考「近視眼鏡的焦距計算」和第 21 題考「平行板的電容」，特別是「近視眼鏡的焦距計算」的概念，在 106 年台電試題中有出現過。除此之外，其它考題算是中規中矩，考生應能好好把握、穩定拿分。由此可見，考生未來準備的方向，除了著重基礎的物理概念外，應多涉獵科普知識，要廣不用深。

111台電

這份試題出題範圍分配不平均，力學範疇的考題佔了約一半，也是主要需要計算的部分，考平面鏡成像的概念就出現了 3 題，量子現象範疇只出現 2 題。試題難度適中偏易，有部分考題只需要有基本自然現象的知識和概念，就可以輕易作答，如：生活中光的色散、薄膜干涉、海市蜃樓現象、微波爐加熱、電磁波波譜等。考生的準備原則，應求廣度而不必太過求深度，只要熟悉基本的物理定義、概念和公式的應用，便可以輕鬆面對。

110台電

此份試題難度適中偏易，內容廣而不深。絕大部分的題目可依據物理基本概念及簡單的計算，即可輕鬆求解。但值得注意的是，其中第 14 題、第 32 題、第 33 題、第 35 題和第 49 題，考三用電表的基本使用方法（14）、恆星溫度與顏色的關係（32）、等角加速度運動（33、35）和半導體基本概念（49），雖然這些內容並不在目前現行高中物理課程範圍內，但都算是自然科學的基本知識，若想要拿高分，建議考生平時可多涉獵科普知識。

109台電

考題難度適中，利用基本概念就可解題，皆不需要太過繁雜的計算，出題範圍幾乎都有涵蓋到。輔助字首的換算、牛頓第二運動定律的計算、牛頓運動定律的應用、電阻的化簡皆是常見的考題，請務必要把握得分機會。第 25 題考等角加速度運動，第 44 題考流體力學中連續方程式的概念，這些內容在現行的高中課程已刪除。從近二年的考題中，難免還是會出現 1~2 題不在現行課綱內的題目，但值得高興的是，即使有出現，題數不多且難度偏易，等角加速度運動的部分，建議可參閱本書單元 4 最後的單元補充。

108台電

這次的考題難度中偏易，跟上一次的考題相比簡單許多。考題的計算量都不大，幾乎只要代一個公式便可以求出答案，物理概念也都是考各單元最基本的內容，考生要拿高分應該是很容易。值得一提的是，第 21、43 及 44 題，考的是電容、照度及分貝的概念，雖然已不在現行高中物理課綱內，但在本書單元 9 電學、單元 7 波動學及單元 8 光學之單元補充的部分都有充分的說明，讓你有能力作答。由此次出題方向建議在準備台電物理考科時，應該著重物理的基本概念、定義及基本原理應用，準備範圍要廣，但可不用太深。

108中油

物理試題的部分難度適中偏易，皆不須繁雜的計算，幾乎列一條式子，最多兩個式子就可解出答案，有些題目甚至用概念即可判斷出答案。這代表學習物理的重點還是在基礎概念、定律的內容，而數學只是把自然定律量化的語言而已。本次試題有涵蓋到較生活化的題目，如電費的計算、測量體脂的原理等，讓你了解「物理」其實就在我們的生活中，而非只是個「學科」，這樣想是不是讓整個學習物理的心情改變了呢？

107台電

本次考題難易度適中，涵蓋範圍廣，但皆為各單元的基礎概念。考題大多為知識、理解層次試題，偏重物理基本概念的理解，沒有很冗長的計算式。少數力學題目屬於分析層次試題，可提高本試卷的鑑別度。故準備上不僅要善用基本觀念、定義及了解其物理基本性質，平時還要適度練習計算，熟記各單元的重要觀念，面面俱到才能輕鬆拿高分。

107台電（第二次）

這次的考題難度較往年高，解題時要多轉幾個步驟，有些數字也較不好計算，要拿高分並不容易。試題第29題考的是都卜勒效應頻率的計算，但在目前現行的高中物理課綱已刪除此內容，只有針對都卜勒效應做定性的解釋，會出現在試題中編者也感到意外。儘管如此，編者建議還是可以多多把握一些常出現的考試重點，如：運動學（等加速運動）、力學（力平衡）、牛頓運動定律、靜電學、電路學（電路簡化），這些幾乎每次都會出現。要學習好物理還是那句話，請從基本概念著手。

107中油

考題難度跟106年的差不多，計算量算是適中，試題範圍除了近代物理的部分外，其它幾乎都有涵蓋到。電路化簡的題型已經連續兩年都有出現，請多留意，而第1題考物理的基本量，是背多分的題目，請一定要把握。由連續兩年的考古題可看出，準備中油物理考科不用鑽研太過複雜的題型，先從每個單元的基本題型著手。

106台電

試題難度適中，除了第40題的「近視眼鏡之焦距計算」較為冷門外，其它題應該要要求自己能穩穩拿分。試題內容涵蓋範圍廣，較著重物理概念，且計算過程簡單。考試重點為力學、光學、電學、磁學，可在這幾個單元多下功夫，看起來是近幾年的考試重點。對每個物理單元之基本概念的理解及公式的應用，是拿高分的不二法門。

106中油

物理試題的部分，大多數考題難度適中，少數綜合性題目能鑑別出程度。考題中以「力學」比例占最高，其次是「電學」，今年特別的是，還出現實驗題——「金屬的比熱」。與105年中油的試題比較起來，106年的試題難度大幅提升，題目有具思考性，雖計算量變大，但不複雜。因此在準備時，應以「不變以應萬變」之策的態度來面對，只要掌握每個物理主題的重點及大方向，除了熟知物理定義、現象外，還需要理解並會應用，才能輕鬆拿高分。

頻出度 A B C

依據出題頻率分為：A頻率高 B頻率中 C頻率低

單元1 緒論

本單元有兩大重點：「物理學的重大發展」與「物理量的單位與測量」，是學習物理的基礎。重點1強調物理學整體的架構與發展過程中的重大轉折，因此對於科學家及其重要貢獻要有基本的認識；重點2內容較為零散，如：單位、字首符號等，多屬需記憶性的內容，請考生務必花時間記熟。

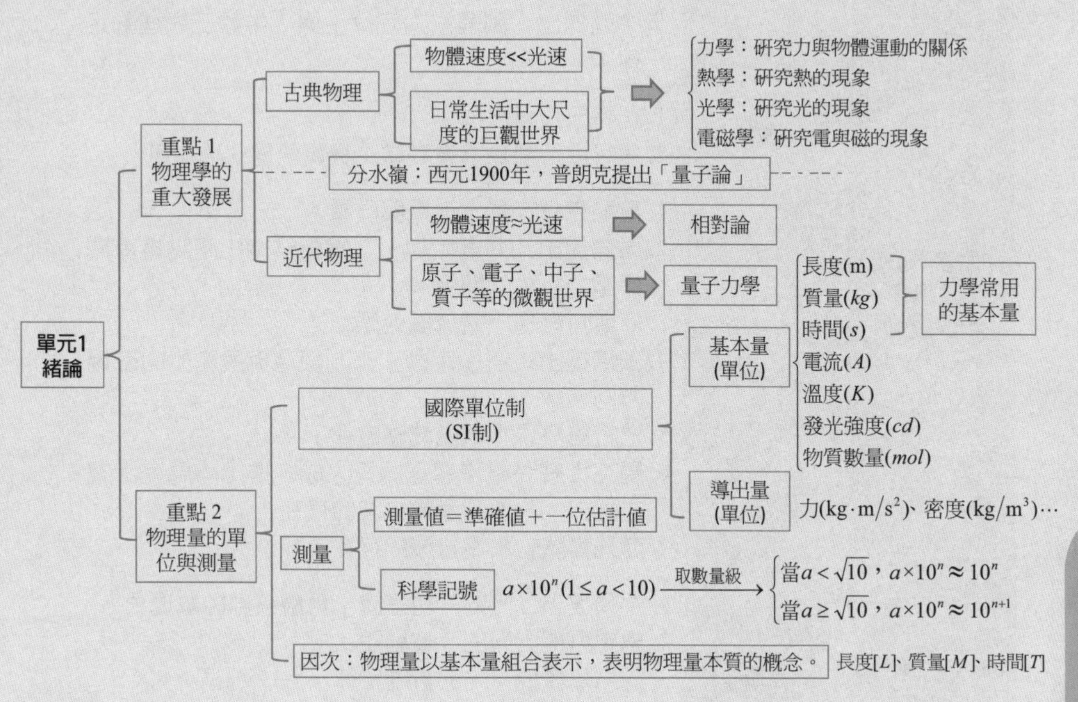

單元架構

主題 物理學簡介與物理量的單位

關鍵重點

古典物理、近代物理、國際單位制（SI制）、基本量、導出量

重點1 物理學的重大發展

Check! □□□

分類	領域	物理學上的重大發展與關鍵人物
古典物理(巨觀現象、一般運動)	力學	1. 托勒密提出「地心說」。錯誤！ 2. 哥白尼提出「日心說」。 3. 伽利略主張以實驗來檢驗任何所謂的真理，開創實驗物理學，被稱為實驗物理之父。 4. 克卜勒建立「行星運動三大定律」。 5. 牛頓提出「萬有引力定律」與「牛頓三大運動定律」。
	熱學	1. 瓦特改良蒸汽機。 2. 焦耳進行熱功當量實驗，證實熱是一種能量。
	電磁學	1. 富蘭克林定義出正電與負電。 2. 庫侖提出「庫侖定律」，實驗歸納出兩點電荷間靜電力大小的關係。 3. 厄斯特發現「電流磁效應」。 4. 安培提出「右手定則」來判斷電流所產生的磁場方向。 5. 法拉第發現「電磁感應定律」。 6. 馬克士威將電磁學理論集大成，提出「馬克士威方程式」，並預測電磁波的存在。 7. 赫茲實驗證實電磁波的存在。
	光學	1. 牛頓提出了光的「粒子說」且觀察到色散現象。 2. 惠更斯提出光的「波動說」。 3. 司乃耳發現「光的折射定律」。 4. 楊格進行「雙狹縫干涉實驗」，證實光具有波動的性質。

分類	領域	物理學上的重大發展與關鍵人物
1900年(古典與近代物理的分水嶺)		
近代物理	相對論(高速運動)	愛因斯坦提出「相對論」
	量子力學(微觀現象)	1. 侖琴發現「X射線」。 2. 湯木森發現「電子」，並測出電子的荷質比。 3. 普朗克提出「量子論」，成功解釋黑體輻射現象。 4. 密立坎進行油滴實驗得到「基本電荷e=1.6×10^{-19}C」。 5. 拉塞福進行「α粒子散射實驗」，提出「原子核」的概念和「原子行星模型」。 6. 愛因斯坦提出「光量子論」，解釋「光電效應」實驗。 7. 德布羅意提出「物質波理論」。 8. 蓋爾曼提出「夸克理論」。

重點2 物理量的單位與測量

Check! □□□

1 力學的基本量及其單位

(1)CGS制與MKS制單位

基本量 / 單位制	長度	質量	時間
CGS制	公分(cm)	公克(g)	秒(s)
MKS制	公尺(m)	公斤(kg)	秒(s)

重要 (2)基本單位量的定義

單位	定義
公尺	光在「真空中」傳播299,792,458分之一秒內所行之距離為1公尺。
公斤	以普朗克常數定義標準質量。
秒	銫-133原子鐘所發出特定的光波9,192,631,770次所經過的時間為1秒。

重要 2 國際單位制（SI制）

(1)完整的描述物理量需包括**數值**與**單位**兩部分。

(2)國際單位制（SI制）是世界上最普遍採用的標準度量衡單位系統。

(3)物理量可分為**基本量**和**導出量**，其單位分別為基本單位和導出單位。

A. 基本量及其單位：1917年第十四屆國際度量衡會議決定採用七個基本單位

必背 SI制的七個基本量及其單位

基本量	基本單位	單位符號
長度	公尺	m
質量	公斤	kg
時間	秒	s
電流	安培	A
溫度	克耳文	K
物質的數量	莫耳	mol
發光強度	燭光	cd

B. 導出量：由基本量表示出來的物理量

導出量	導出單位	導出量	導出單位
速度	公尺/秒(m/s)	密度	公斤/公尺^3 (kg/m^3)
加速度	公尺/秒^2(m/s^2)	功	焦耳 ($J=kg\cdot m^2/s^2$)
力	牛頓 ($N=kg\cdot m/s^2$)	電量	庫倫($C=A\cdot s$)
壓力	牛頓/公尺^2 ($\frac{N}{m^2}=\frac{kg}{m\cdot s^2}$)	電壓	伏特 ($V=\frac{J}{C}=\frac{kg\cdot m^2}{A\cdot s^3}$)

範例 1-1　難易度★☆☆

下列何者不是基本量而是導出量？
(A)**速度**　(B)**長度**　(C)**時間**　(D)**質量**。

答：**(A)**。速度是一個導出量，單位為m/s，可由長度、時間導出。

範例 1-2　難易度★★☆

功率的導出單位？

答：$\mathbf{kg \cdot m^2/s^3}$。
功率的定義：單位時間所作的功 $\Rightarrow P = \dfrac{W}{t}$
導出單位：$\dfrac{J}{s} = \dfrac{kg \cdot m^2/s^2}{s} = kg \cdot m^2/s^3$

(4)輔助字首

例如符號$k=10^3$，故$1km=10^3m=1000$公尺$=1$千米；符號$p=10^{-12}$，故$1ps=10^{-12}s=10^{-12}$秒$=1$皮秒。

冪次	讀音	中文	符號	冪次	讀音	中文	符號
10^{15}	peta	拍	P	10^{-15}	femto	飛	f
10^{12}	tera	兆	T	10^{-12}	pico	皮	p
10^{9}	giga	吉	G	10^{-9}	nano	奈	n
10^{6}	mega	百萬	M	10^{-6}	micro	微	μ
10^{3}	kilo	千	k	10^{-3}	milli	毫	m
10^{2}	hecto	百	h	10^{-2}	centi	厘	c

▶ 原子大小約為1埃(Å)$=10^{-10}$公尺(m)

▶ 原子核大小約為1飛米(fm)$=10^{-15}$公尺(m)

▶ 厘米＝釐米＝公分＝cm

▶ 毫米＝公厘＝公釐＝mm

3 測量

(1)**測量**：將觀察的結果量化的過程。

(2)**數值部分：測量值＝準確值＋一位估計值**

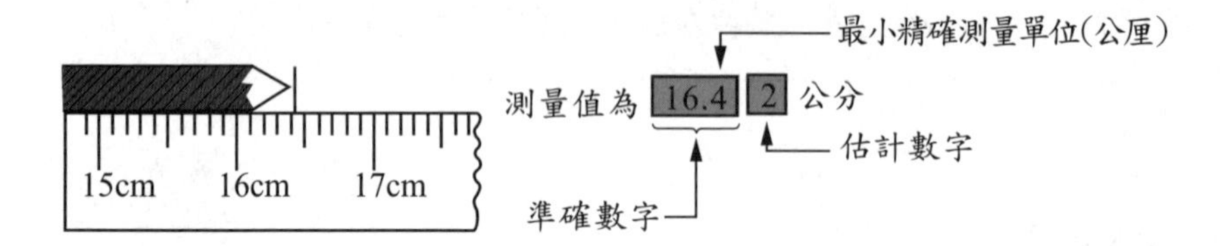

範例 1-3 難易度★☆☆

以一把尺，量測某物體之長度，所得之長度值為15.21公尺，則該尺最小刻度為： (A)公尺 (B)公寸 (C)公分 (D)公厘。

答：**(B)**。

因最小刻度是0.1m，而1公寸＝10公分，故最小刻度為公寸。

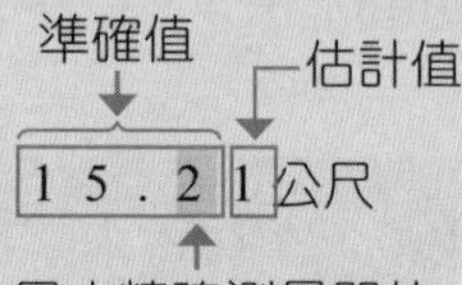

(3)**科學記號**：很大或很小的數值常以「$a\times10^n$」的形式表示，其中a滿足 $1\le a<10$，n為整數。

重要 (4)**數量級**

當數值並非很精確時可估計其概略數值，並以「10^n」表示，其中n為整數。

$$a\times10^n \xrightarrow{\text{取數量級}} \begin{cases} \text{當}a<\sqrt{10}\approx3.16\rightarrow a\times10^n\approx10^n \\ \text{當}a\ge\sqrt{10}\approx3.16\rightarrow a\times10^n\approx10^{n+1} \end{cases}$$

如：電子電量$q=1.6\times10^{-19}$C，電子電量的數量級為10^{-19}C。

地球質量$M_e=5.97\times10^{24}$kg，地球質量的數量級為10^{25}kg。

4 物理量的因次

(1)**因次：**物理量以**基本量**組合表示，表明物理量本質的概念。如：公尺、公分、公里等皆為長度的單位，它們的本質都是在表示長度。

(2)物理量的因次以中括號[ ]標示。

(3)長度、質量及時間為力學的基本量，長度的因次為L，質量的因次為M，時間的因次為T。

(4)**物理量因次的性質**

A. 弧度和比重沒有因次。

a. 弧度：一種用弧長來表示角度大小的方式，定義為「弧長與半徑的比值」。

b. 比重：意思為同體積的物質重量是水的幾倍，定義為「物質密度與水的密度的比值」。

B. 具有相同因次的物理量才可以作相加或相減的代數運算。如：功與動能、衝量與動量為具有相同因次的物理量，可作加減運算。

C. 等式兩邊的物理量必有相同的因次。

(5)**物理量的因次整理**

物理量	SI制單位	因次
長度	m	L^1
質量	kg	M^1
時間	s	T^1
速度	m/s	L^1T^{-1}
加速度	m/s^2	L^1T^{-2}
角速度	rad/s	T^{-1}
力	$kg \cdot m/s^2(=N)$	$L^1M^1T^{-2}$
力距	$kg \cdot m^2/s^2(=N \cdot m)$	$L^2M^1T^{-2}$
動量	$kg \cdot m/s$	$L^1M^1T^{-1}$
衝量	$kg \cdot m/s(=N \cdot s)$	$L^1M^1T^{-1}$
角動量	$kg \cdot m^2/s$	$L^2M^1T^{-1}$
功	$kg \cdot m^2/s^2(=J)$	$L^2M^1T^{-2}$
功率	$kg \cdot m^2/s^3(=W)$	$L^2M^1T^{-3}$
動能	$kg \cdot m^2/s^2(=J)$	$L^2M^1T^{-2}$

單元補充

1 理查・費曼（1918~1988）

費曼是一位20世紀後半最傑出、最具影響力的美國物理學家，是1965年的諾貝爾物理獎得主。他提出的費曼圖等理論，是研究量子動力學及粒子物理學的重要工具。

■ 費曼名言錄：

(1)微小世界有很大的發展空間。

(2)在某次大災難裡，所有的科學知識都要被毀滅，只有一句話可以留存給後代的生物，是哪句說話可以用最少的字包含最多的訊息呢？我認為那一句話就是：「宇宙萬物皆由原子構成」。

2 密度D

(1)**意義：**表示物質質量在空間中的密集程度，為單位體積中的質量。

(2)**公式：**$D=\frac{M}{V}$ （D：密度、M：質量、V：體積）

(3)**單位**

	質量M	體積V	密度D
CGS制	g	cm^3	g/cm^3
MKS制	kg	m^3	kg/m^3

必背 單位換算：$1g/cm^3=\frac{10^{-3}}{10^{-6}}kg/m^3=1000kg/m^3$

範例 1-4 難易度★★☆

古夫金字塔是用大約230萬塊巨石建成的，塔尖高度約為146公尺，塔底寬度約為230公尺，故其體積約為257萬立方公尺。利用以上數據來估計，此金字塔每塊巨石的平均質量，與下列何者最為接近？（岩石的平均密度約為3.3克/立方公分） (A)500公斤 (B)1000公斤 (C)2500公斤 (D)6000公斤 (E)9000公斤。

答：**(C)**。$3.3g/cm^3=3300kg/m^3$，$\frac{257}{230}\times(3.3\times10^3)\approx3700kg$

3 實驗數據處理—誤差

(1)**誤差＝測量值－真值**

(2)**誤差的分類**

A. 絕對誤差：$\Delta A=\text{測量值}A'-\text{真值}A$

B. 相對誤差：$e=\dfrac{\text{測量值}A'-\text{真值}A}{\text{真值}A}\times 100\%$

C. 準確度：$E=1-|e|$

※有時候可以用理論值代替真值

名詞定義	
測量值	實驗測量到的物理量。
理論值	根據物理理論模型及公式推導歸納出來的物理量，是一個推論出來的真值。
真值	真正的物理量，也有人廣義的解釋為做了無限多次實驗，測量到的平均物理量。

補充：因為實際上無法得知真正的真值，現逐漸以不確定度取代誤差。

4 精密度與準確度

(1)**精密度：**當多次重複測量時，不同測量值彼此間偏差量的大小。

(2)**準確度：**測量值與真值的偏差程度。

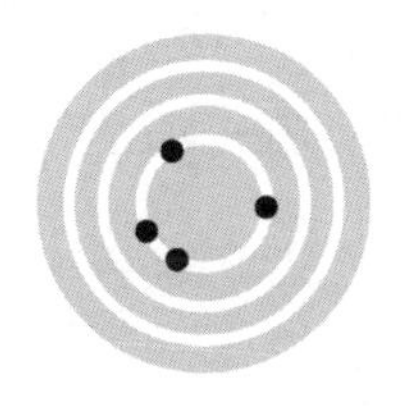
準確度高，但精密度低

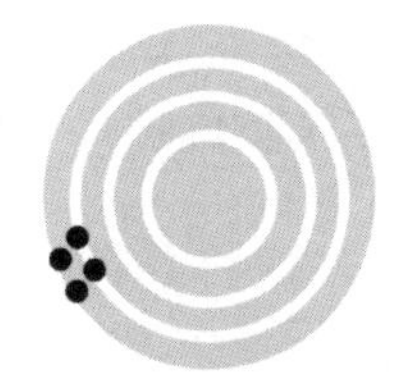
精密度高，但準確度低

[精選・試題]

基礎題

( ) 1. 有一位諾貝爾獎得主的物理學家在1959年美國物理年會上，以「底部還有很大的空間」為題演講，並預言：「若能操縱對物體在微小尺寸的排列，就可以發現大量非比尋常的物質特性」，因為他的預言而發展出現在的奈米材料科學。請問是下列哪一位物理學家？
(A)牛頓 (B)費曼
(C)哥白尼 (D)伽利略。

( ) 2. 物理學的發展有賴科學家的努力，下列甲至丙所述為物理學發展的重要里程碑：
甲：歸納出行星的運動遵循某些明確的規律
乙：從電磁場方程式推導出電磁波的速率
丙：波源與觀察者間的相對速度會影響觀察到波的頻率
上述發展與各科學家的對應，最恰當的為下列哪一選項？

科學家選項	克卜勒	都卜勒	馬克士威
(A)	甲	乙	丙
(B)	乙	甲	丙
(C)	乙	丙	甲
(D)	丙	甲	乙
(E)	甲	丙	乙

( ) 3. 國際單位系統SI制中，質量的單位為下列哪一項？
(A)公噸 (B)公斤
(C)公克 (D)毫克。

( ) 4. 有關物理量的單位，何者正確？
(A)1ps（pico second）$=10^{-12}$秒
(B)1nm（nano meter）$=10^{-9}$米
(C)1Å$=10^{-10}$米
(D)1光年$=365\times24\times60\times60$秒。（多選題）

( ) 5. 下列何者量與普朗克常數h的單位相同？
(A)能量 (B)功率
(C)角動量 (D)頻率。

( ) 6. 已知冰的密度為0.93公克/立方公分，常溫水的密度大約為1.0公克/立方公分。當一塊質量100公克的冰在常溫下完全熔化為水，其體積為多少立方公分？
(A)107.5 (B)100
(C)93 (D)10。

進階題

( ) 1. 愛因斯坦在26歲時發表了三篇對現代物理產生深遠影響的論文。2005年適逢論文發表100週年，聯合國特訂定2005年為世界物理年，以感懷愛因斯坦的創見及其對二十一世紀人類生活的影響，並在愛因斯坦逝世紀念日（4月18日）當天發起物理年點燈活動，以紀念他的貢獻。下列哪些是愛因斯坦的重要貢獻？
(A)發現光的直進
(B)發現光的色散現象
(C)證明光是電磁波
(D)提出光子說解釋了光電效應
(E)提出質能互換（$E=mc^2$）的相關理論。（多選題）

2~3題為題組

依國際單位制，長度的基本單位為公尺。1公尺的標準最初曾被定義為「由北極經巴黎到赤道的子午線（經線），其長度的一千萬分之一」。根據這個標準及下表的資料，試回答以下與地球有關的問題。

一大氣壓	1.01×10^5牛頓/公尺^2
半徑為R的圓周長	$2\pi R$
半徑為R的圓球表面積	$4\pi R^2$

( ) 2. 地球的半徑R約為多少公尺？ (A)6×10^4 (B)6×10^6 (C)6×10^8 (D)6×10^{10} (E)6×10^{12}。

( ) 3. 地球大氣層的空氣總質量m約為多少公斤？ (A)5×10^{14} (B)5×10^{16} (C)5×10^{18} (D)5×10^{20} (E)5×10^{22}。

( ) 4. 某金屬製品由重量百分比分別為75%的金與25%的銀打造而成，總重量為200公克。已知金的密度為19.3公克／立方公分，銀的密度為10.5公克／立方公分。則該金屬製品的總體積大約為多少立方公分？
(A)7.8立方公分 (B)12.6立方公分
(C)25.4立方公分 (D)29.8立方公分。

( ) 5. 兩金屬甲、乙密度分別為d_1及d_2，取相等質量的甲、乙作成合金，其密度為何？
(A)$\dfrac{d_1+d_2}{2}$ (B)$\dfrac{d_1d_2}{d_1+d_2}$ (C)$\dfrac{2d_1d_2}{d_1+d_2}$
(D)$\dfrac{d_1d_2}{2}$ (E)$\dfrac{d_1+d_2}{d_1d_2}$。

( ) 6. 在熔製玻璃的過程中，其內部有時會混入一些小氣泡，今測得某種玻璃成品的密度為$2.3g/cm^3$。已知該種玻璃不含氣泡時的密度為$2.5g/cm^3$，試計算該玻璃成品內所含的氣泡體積，占全部體積的百分比值為多少？
(A)4.0% (B)5.0% (C)6.0%
(D)7.0% (E)8.0%。

( ) 7. 將一個一元小銅板貼在窗戶的玻璃上，用一隻眼睛看它，當它剛好將滿月的月亮完全遮住時，眼睛和銅板的距離約為220公分。已知銅板直徑約為2.0公分，月亮直徑約為3.6×10^3公里，則月球與地球的距離約為多少公里？
(A)4.0×10^3 (B)4.0×10^5 (C)4.0×10^7
(D)4.0×10^9 (E)4.0×10^{11}。

( ) 8. 測量無線電台天線之高度，首先在某處測得天線頂點之仰角為30°後，又向天線前進80公尺處，測得天線頂點之仰角為45°，則天線高度為多少公尺？
(A)$40(\sqrt{3}+1)$ (B)$40(\sqrt{3}-1)$
(C)$30(\sqrt{3}+1)$ (D)$30(\sqrt{3}-1)$。

解答與解析

基礎題

1. **B**。牛頓：提出「萬有引力」及「牛頓三大運動定律」。
   費曼：奈米科技之父。
   哥白尼：提出「日心說」。
   伽利略：「慣性定律」、實驗物理之父。

2. **E**。甲：克卜勒歸納出行星三大運動定律。乙：馬克士威將電磁學集大成，提出馬克士威方程式。丙：都卜勒提出波源與觀察者間的相對速度會影響觀察到波的頻率，稱為都卜勒效應。

3. **B**。國際單位系統SI制中質量的單位為公斤。

4. **ABC**。(D)1光年＝光走一年的距離＝$3\times10^8\times365\times24\times60\times60$公尺

5. **C**。普朗克常數$h=6.63\times10^{-34}\,J\cdot s$

選項	物理量	單位
(A)	能量	焦耳(J)
(B)	功率	瓦特(W=J/s)
(C)	角動量	N・m・s
(D)	頻率	赫茲(Hz=s^{-1})

   $\because 1J=1N\cdot m$　$\therefore$普朗克常數的單位與角動量的單位相同。

6. **B**。$V_{水}=\dfrac{M}{D_{水}}=\dfrac{100}{1}=100$立方公分

進階題

1. **DE**。(A)歐幾里得認為光是直線傳播。(B)牛頓發現光的色散現象。(C)馬克士威理論證明光是電磁波。

2. **B**。根據1公尺最初的定義「由北極經巴黎到赤道的子午線（經線），其長度的一千萬分之一」，北極經巴黎到赤道的子午線視為$\dfrac{1}{4}$地球圓周長
   $\Rightarrow 1=\dfrac{\frac{1}{4}\times2\pi R}{10^7}$，$R\approx6366198$公尺，故選(B)。

3. **C**。大氣壓力為單位面積的空氣重：$P=\frac{W}{A}=\frac{mg}{4\pi R^2}$，$1.01\times10^5=\frac{m\times9.8}{4\pi\times(6\times10^6)}$

$\Rightarrow m\approx4.6\times10^{18}\approx5\times10^{18}kg$

4. **B**。$m_{金}=200\times0.75=150$公克、$m_{銀}=200\times0.25=50$公克

利用公式$D=\frac{M}{V}\rightarrow V=\frac{M}{D}$，故$V_{金}=\frac{150}{19.3}\approx7.8cm^3$、$V_{銀}=\frac{50}{10.5}\approx4.8cm^3$

$V=V_{金}+V_{銀}=7.8+4.8=12.6cm^3$

5. **C**。設甲、乙金屬質量皆為m，$D_{合金}=\frac{M}{V}=\frac{m+m}{\frac{m}{d_1}+\frac{m}{d_2}}=\frac{2m}{\frac{(d_1+d_2)m}{d_1d_2}}=\frac{2d_1d_2}{d_1+d_2}$

6. **E**。設氣泡體積為x，該玻璃成品全部體積為y

∵玻璃質量不變，∴ $2.5\times(y-x)=2.3y\Rightarrow\frac{x}{y}=\frac{0.2}{2.5}=0.08=8\%$

7. **B**。如圖所示，利用相似三角形：

$\frac{220}{2}=\frac{x}{3.6\times10^3}$

$\Rightarrow x=396000\approx4\times10^5km$

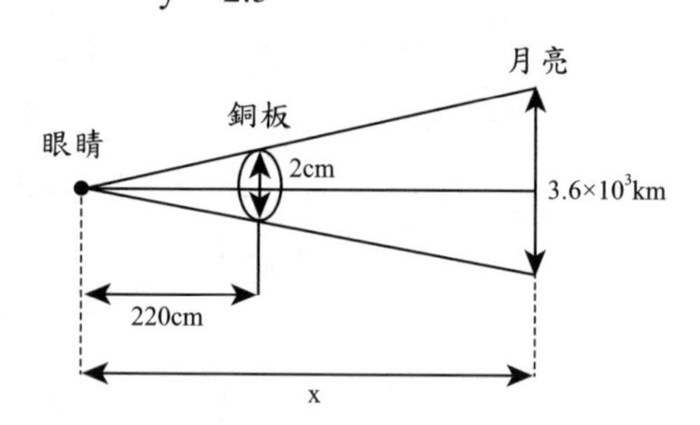

8. **A**。如圖所示，利用直角三角形性質：

$\frac{1}{\sqrt{3}}=\frac{h}{80+h}$，$80+h=\sqrt{3}h$

$\Rightarrow h=\frac{80}{\sqrt{3}-1}=40(\sqrt{3}+1)$ 公尺

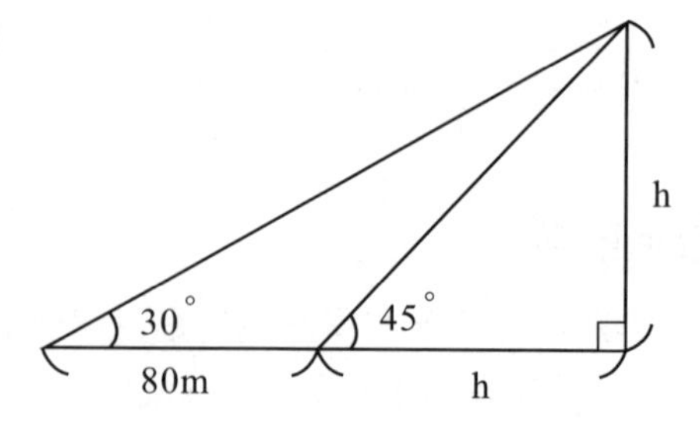

頻出度 A B C

依據出題頻率分為：A頻率高 B頻率中 C頻率低

單元 2

運動學

本單元為力學的基礎，專門描述物體的運動，考生務必好好學習，對往後的學習有事半功倍的效果。主題1「直線運動」從最基本描述物體運動的物理量開始介紹，考生應熟悉各物理量的基本定義及了解函數圖形的意義；主題2「平面運動」為將向量的概念使用在運動學上，物理概念與直線運動幾乎相同，最大的差別與挑戰為運用運動的獨立性將複雜的平面運動分解成水平與鉛直兩個方向。

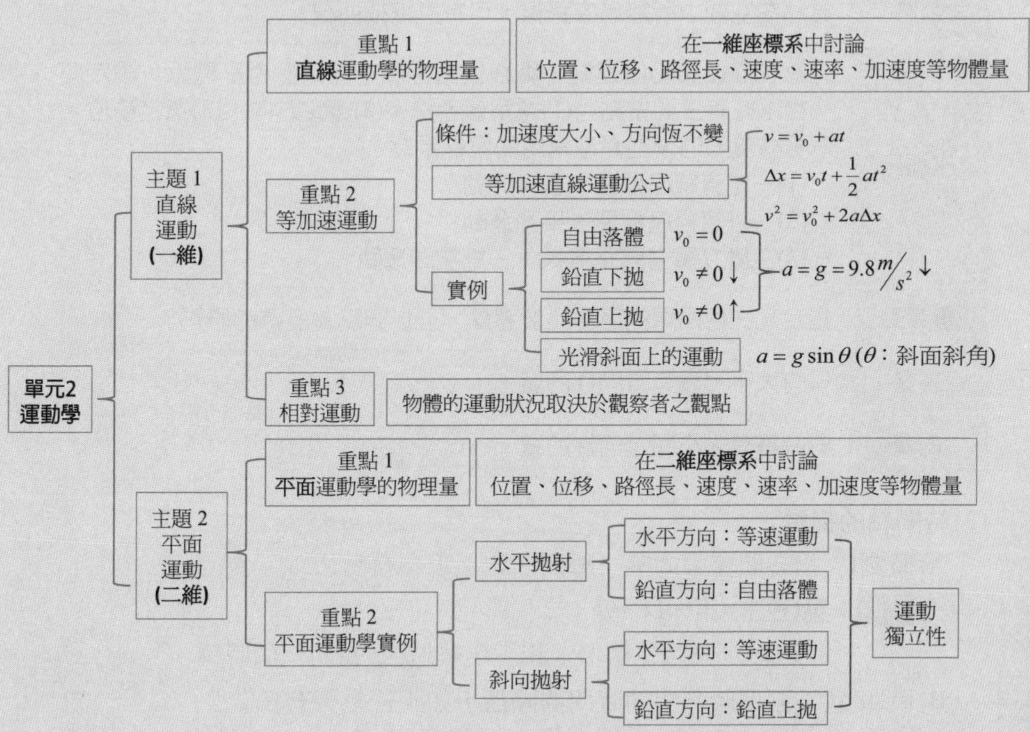

主題1 直線運動

關鍵重點

位置、位移、平均速度、瞬時速度、平均加速度、瞬時加速度、函數圖、等速運動、等加速運動、相對運動

重點1 直線運動學的物理量

Check! □□□

1 運動學的基本概念

(1)基本名詞解釋

概念	意義
質點	當物體的體積遠小於所討論的空間時，為了簡化物體運動問題，可將物體視為質點。
軌跡	質點在空間中所經過的路線，可為直線或曲線。
座標系	1. 為了描述質點的運動，應在運動空間中設定參考座標系，設定座標系時有三個重點：(1)選定參考點、(2)選定方向、(3)選定單位。 2. 根據質點的運動類型常用的座標系為： (1)一維直線座標系→直線運動 (2)二維直角座標系→平面運動 (3)三維立體空間座標系→三維空間運動
參考點	指定某一個明顯的目標為參考點，並以該點為座標的原點。
純量	只有大小，沒有方向性的量。
向量	同時具有大小和方向性的量。

(2)時間軸的描述

A. 時刻t：指時間流中的某一瞬間，如：現在幾點？

說明：第t秒末=第t+1秒初

「t=3」、「第3秒末」和「第4秒初」為同一個時刻。

B. 時距Δt：兩個時刻中的時間間隔值，如：一堂課有多久？

說明：t秒內與第t秒（內）意思不同

①3秒內：t=0至t=3之間，時距 $\Delta t = 3 - 0 = 3$ 秒

②第3秒（內）：t=2至t=3之間，時距 $\Delta t = 3 - 2 = 1$ 秒

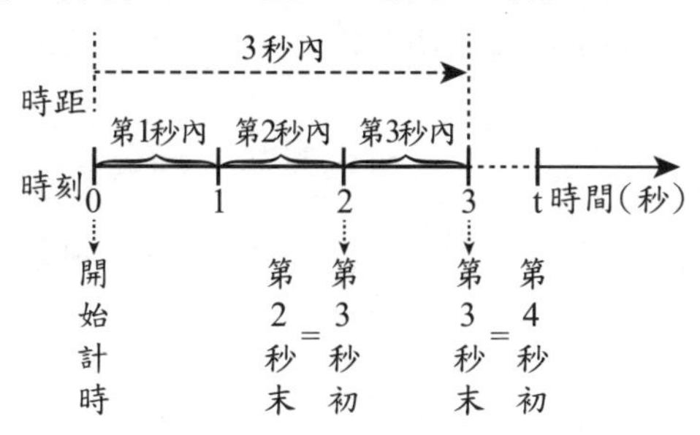

2 位置、位移與路徑長

(1)**位置**：物體相對於參考點（座標原點）的距離和方向，為一向量。

A. 直線運動中，可用數線上的座標點來表示質點位置。

B. 例：原點O點：O、P點的位置：+3m、Q點的位置：−3

(質點在O點右方為正，質點在O點左方為負)

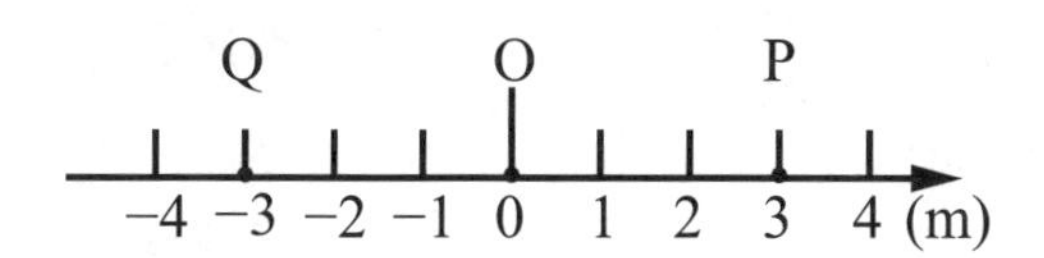

✰習慣上規定在原點右方或上方之值為正，左方或下方之值為負。

重要 **(2)位移與路徑長**

物理量	位移 $\Delta\bar{x}$	路徑長 $\Delta\ell$
定義	位置的變化量，求值時不用考慮運動過程。	運動過程中軌跡的總長度，求值時需考慮運動過程。
向量/純量	向量	純量

物理量	位移 $\Delta\vec{x}$	路徑長 $\Delta\ell$
數學式	$\Delta\vec{x}=\vec{x}_f-\vec{x}_i$ (位移=末位置－初位置)	無
單位	公尺(m)、公分(cm)	
關係	路徑長≥位移大小(不折返的直線運動等號成立)	

3 速度與速率

物理量		速度	速率
定義		單位時間內的位移	單位時間內的路徑長
向量/純量		向量	純量
數學式	時距較長	平均速度 $\vec{v}_{av}=\frac{\Delta\vec{x}}{\Delta t}$	平均速率 $v_{av}=\frac{\Delta\ell}{\Delta t}$
	時距極短	瞬時速度 $\vec{v}=\lim\limits_{\Delta t\to 0}\frac{\Delta\vec{x}}{\Delta t}=\frac{d\vec{x}}{dt}$	瞬時速率 $v=\lim\limits_{\Delta t\to 0}\frac{\Delta\ell}{\Delta t}=\frac{d\ell}{dt}$
單位		公尺/秒(m/s)、公分/秒(cm/s)、公里/時(km/hr)	
速度與速率		(1)瞬時速度＝瞬時速率＋方向 (2)同一物體在同時距的運動，其平均速率≥平均速度大小。 （∵路徑長≥位移大小） (3)兩物體等速率不一定等速度，速度須考慮其方向性。 (4)物體作等速度運動其運動快慢方向皆不變，故必為直線運動。 (5)等速率運動不一定是等速度運動，如：等速率圓周運動。	

重要 4 加速度

物理量		加速度
定義		單位時間內之速度變化
說明		為一向量，即物體在運動過程中速率改變或運動方向改變，則有加速度存在。
數學式	時距較長	平均加速度 $\vec{a}_{av}=\dfrac{\Delta\vec{v}}{\Delta t}$
	時距較短	瞬時加速度 $\vec{a}=\lim\limits_{\Delta t\to 0}\dfrac{\Delta\vec{v}}{\Delta t}=\dfrac{d\vec{v}}{dt}$
單位		公尺/秒^2(m/s^2)、公分/秒^2 (cm/s^2)
速度與加速度的關係		(1) $\vec{v}$ 、 $\vec{a}$ 平行同向→物體運動速率變快。 (2) $\vec{v}$ 、 $\vec{a}$ 平行反向→物體運動速率變慢。 (3) $\vec{v}$ 、 $\vec{a}$ 垂直→物體運動速率不變，但運動方向改變。

重要 5 函數圖

函數圖		x-t圖 位置對時間的關係圖		v-t圖 速度對時間的關係圖		a-t圖 加速度對時間的關係圖
斜率	割線斜率	速度	平均速度	加速度	平均加速度	
	切線斜率		瞬時速度		瞬時加速度	
圖形與時間軸圍成的面積				位移		速度變化量

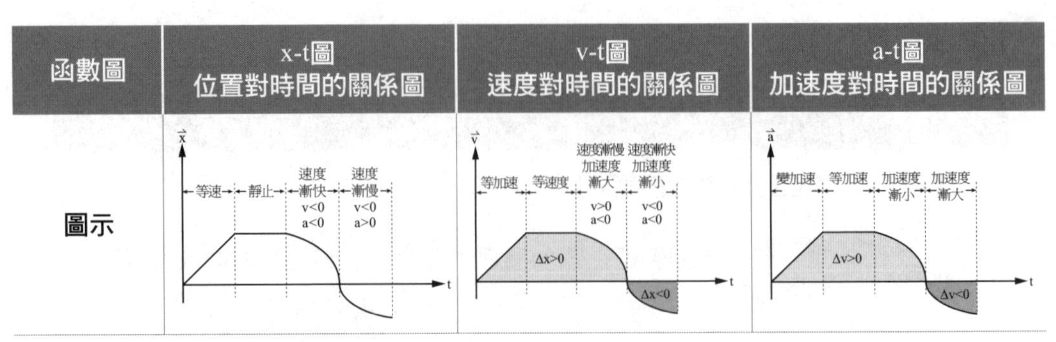

函數圖	x-t圖 位置對時間的關係圖	v-t圖 速度對時間的關係圖	a-t圖 加速度對時間的關係圖
圖示			

註：在時間軸的上方的面積為正，下方的面積為負，正負值分別代表不同的方向。

範例 2-1　　難易度★★☆

有一質點作直線運動，其位置(x)－時間(t)的關係如右圖，則下列敘述何者錯誤？
(A)CD區間加速度為正
(B)CD區間速度為負，且量值漸大
(C)AB區間位移為正
(D)AB區間速度為正，且量值漸小。

x　A　B　C　D　E　t

答：(B)。

(1)x-t圖的斜率表示速度。

(2)物體運動速率變快表示v・a＞0（平行同向），反之v・a＜0（平行反向）。

(3)位移=末位置－初位置。

AB區間：位移為正，速度為正，且量值漸小，故加速度為負。

BC區間：位移為負，速度為負，且量值漸大，故加速度為負。

CD區間：位移為負，速度為負，且量值漸小，故加速度為正。

DE區間：位移為正，速度為正，且量值漸大，故加速度為正。

6 微分在運動學上的應用

(1)除了利用函數圖了解質點的運動過程，解多項式更能讓我們得到精確的結果。若質點運動位置x對時間t的函數，可用 $x = f(t)$ 表示。同理，質點運動速度v對時間t的函數，可用 $v = f(t)$ 表示；質點運動加速度a對時間t的函數，可用 $a = f(t)$ 表示。

(2)微分在運動學上的應用

A. x(t)對t微分可得v(t)：速度函數 $v(t)=\dfrac{dx}{dt}=x'(t)$

B. v(t)對t微分可得a(t)：加速度函數 $a(t)=\dfrac{dv}{dt}=v'(t)=x''(t)$

若$x(t)=a_nt^n+a_{n-1}t^{n-1}+......+a_2t^2+a_1t+a_0$

則 $v(t)=x'(t)=na_nt^{n-1}+(n-1)a_{n-1}t^{n-2}+......+2a_2t+a_1$

$a(t)=v'(t)=x''(t)=n(n-1)a_nt^{n-2}+(n-1)(n-2)a_{n-1}t^{n-3}+......+2a_2$

範例 2-2

難易度★★☆

已知質點運動的位置x(m)與時間t(s)的關係式為 $x(t)=2t^2-4t+4$ ，則

(1)**其最初位置為何？**

(2)**初速為何？何時離原點最近？其位置為何？**

(3)**加速度為何？**

答：**(1) 4m　(2)–4m/s、1s、2m　(3)4m/s²**

(1)t=0代入，x(0)=4m

(2)質點速度與時間的關係式：$v(t)=x'(t)=4t-4$ ，$v(0)=-4m/s$ 。當速度為零時發生折返，故 $4t-4=0\rightarrow t=1\,s$，其離原點最近的位置 $x(1)=2\cdot(1)^2-4\cdot1+4=2\,m$。

(3)質點加速度與時間的關係式：$a(t)=v'(t)=x''(t)=4m/s^2$ ，質點作等加速運動。

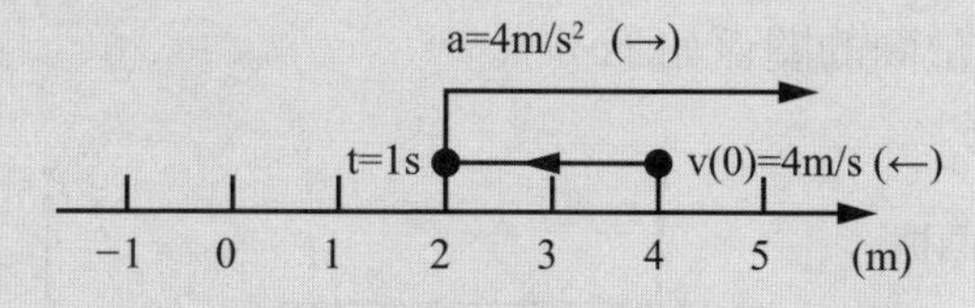

重點 2 等加速運動

Check! □□□

1 等加速運動

(1)等加速度運動特性

A. 加速度之大小與方向恆為定值的運動。

B. 任一時刻之瞬時加速度等於任一時距之平均加速度。

C. v-t圖為一斜直線，斜率為定值。

D. 質點運動軌跡可能為直線或拋物線運動。

(2)等加速直線運動的函數圖

函數圖	加速度和時間關係圖（a－t 圖）	速度和時間關係圖（v－t 圖）	位置和時間關係圖（x－t 圖）
圖示	a, t	v, t, 初速為0	x, t, 從原點出發
圖型特色	水平直線	斜直線	二次曲線

必背 **(3)等加速直線運動公式**

一質點作等加速度直線運動，其初速v_0、加速度a、t秒後之速度v、位移Δx，則各物理量間的關係如下：

A. $v = v_0 + at$

B. $\Delta x = v - t$圖的面積

$$= \frac{(v+v_0)t}{2} = v_0 t + \frac{1}{2}at^2$$

C. $v^2 = {v_0}^2 + 2a\Delta x$

D. $\overline{v} = \frac{v+v_0}{2} = v_{\frac{t}{2}}$

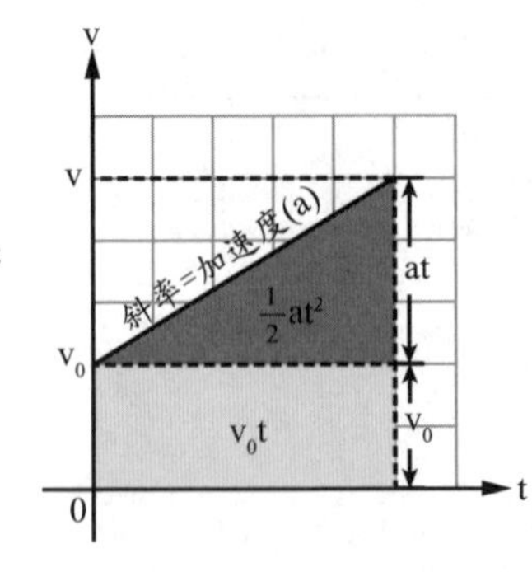

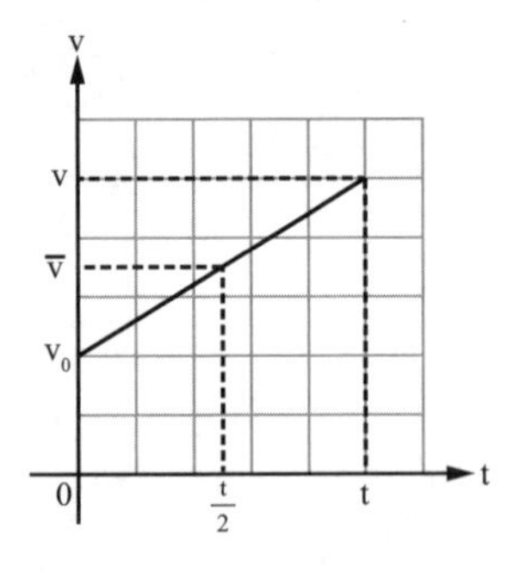

（等加速運動期間之平均速度＝初速與末速的算術平均數＝此段時間中點之瞬時速度）

範例 2-3　難易度★☆☆

一輛汽車由靜止開始，以等加速度方式直線前進，達到40公尺／秒的瞬時速率，此時汽車移動的距離為100公尺。試求汽車的加速度為多少公尺／秒^2？　(A)2　(B)4　(C)8　(D)16。

答：**(C)**。設加速度為a，$v^2=v_0^2+2a\Delta x$，$40^2=0+2a\times100 \Rightarrow a=8m/s^2$

重要 2 常見的等加速運動

(1) **自由落體**

A. 初始條件：$v_0=0$

B. 加速度：重力加速度$g=9.8m/s^2\downarrow$

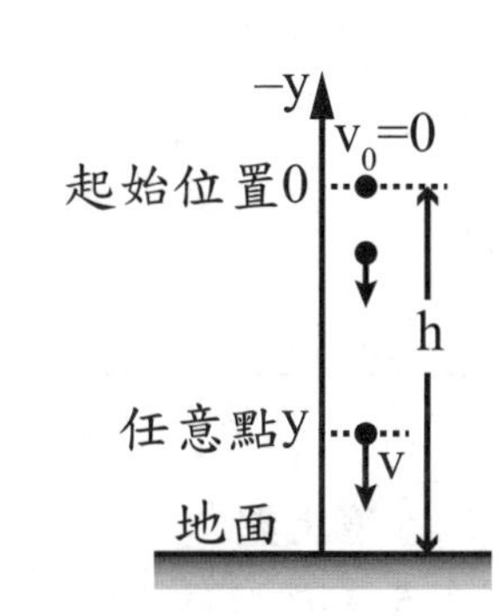

C. 等加速運動公式：$\begin{cases} v=gt \\ \Delta y=\dfrac{1}{2}gt^2 \\ v^2=2g\Delta y \end{cases}$（定向下為正）

D. 函數圖：

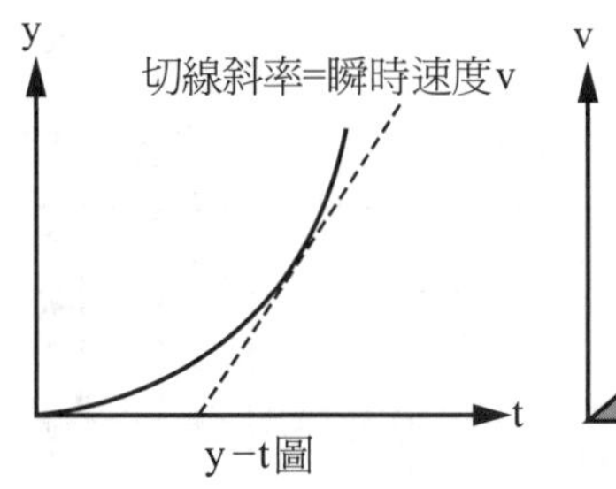

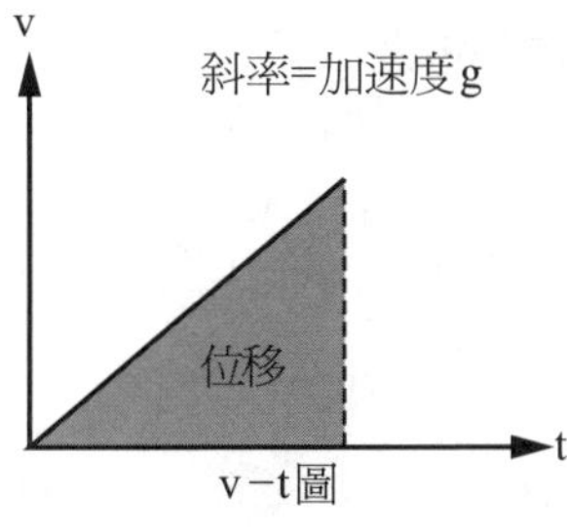

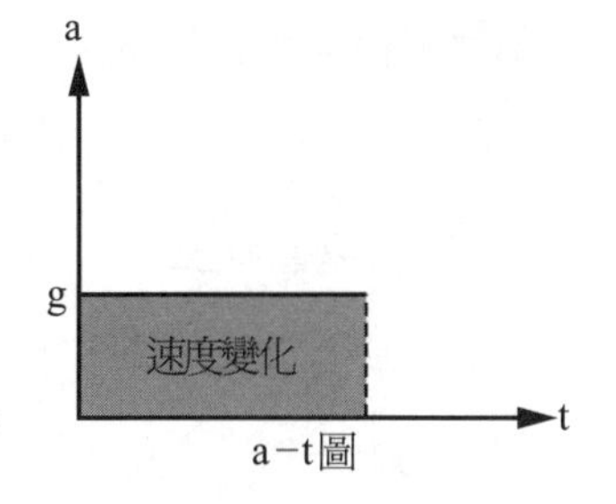

E. 討論：物體自離地高h處靜止自由落下

必背 a. 由$h=\dfrac{1}{2}gt^2 \Rightarrow$由高h處落下需時$t=\sqrt{\dfrac{2h}{g}}$。

必背 b. $v^2=2gh \Rightarrow$由高h處落下後著地速度為$v=\sqrt{2gh}$。

(2)鉛直下拋

A. 初始條件：$v_0 \neq 0 \downarrow$

B. 加速度：重力加速度$g=9.8m/s^2 \downarrow$

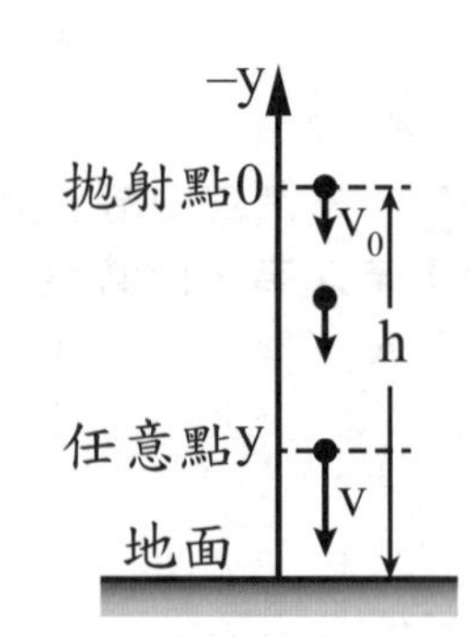

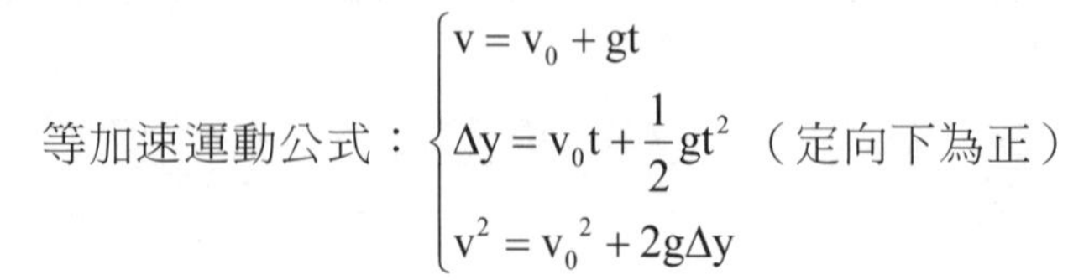
等加速運動公式：$\begin{cases} v = v_0 + gt \\ \Delta y = v_0 t + \frac{1}{2}gt^2 \\ v^2 = {v_0}^2 + 2g\Delta y \end{cases}$ （定向下為正）

C. 函數圖：

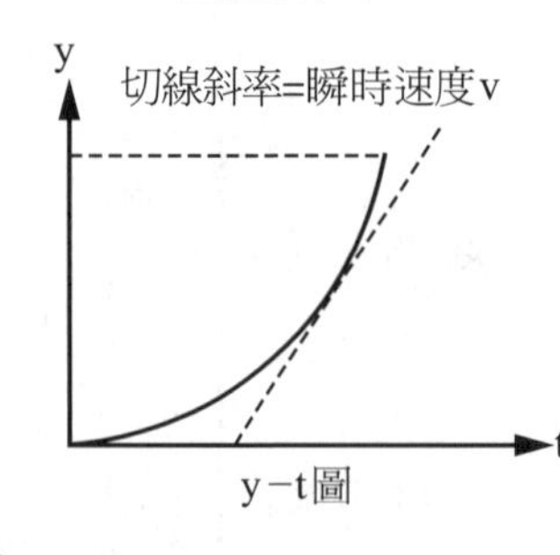

y−t圖

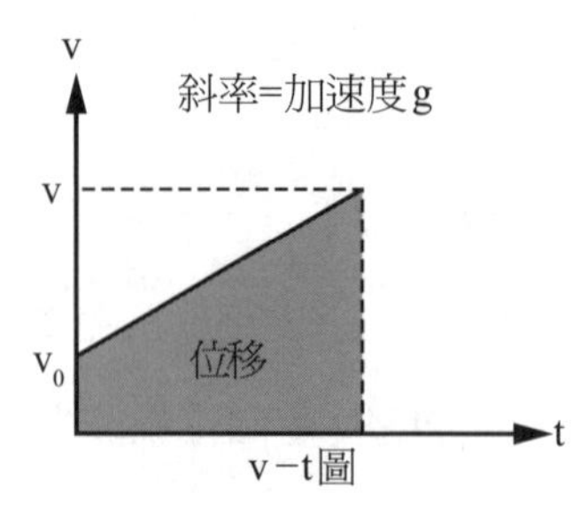

v−t圖

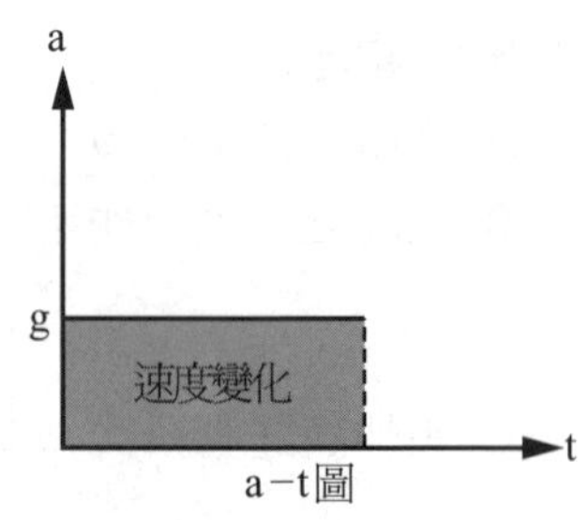

a−t圖

重要 **(3)鉛直上拋**

A. 初始條件：$v_0 \neq 0 \uparrow$

B. 加速度：重力加速度$g=9.8m/s^2 \downarrow$

C. 等加速運動公式：$\begin{cases} v = v_0 - gt \\ \Delta y = v_0 t - \frac{1}{2}gt^2 \\ v^2 = {v_0}^2 - 2g\Delta y \end{cases}$ （定向上為正）

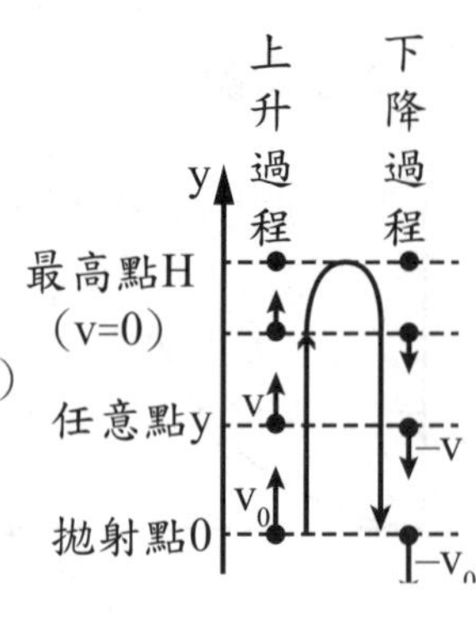

D. 函數圖：

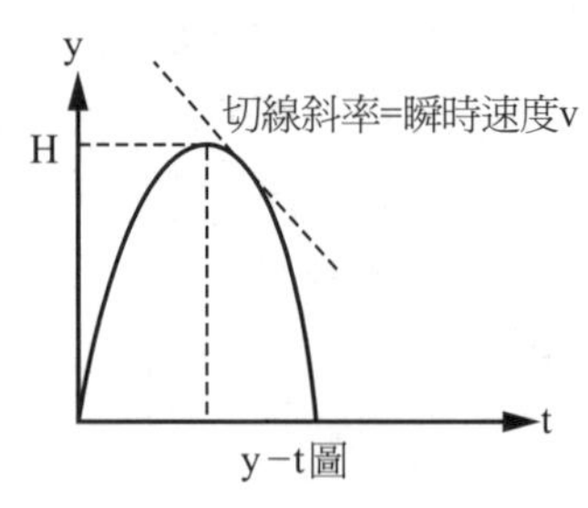

y−t圖

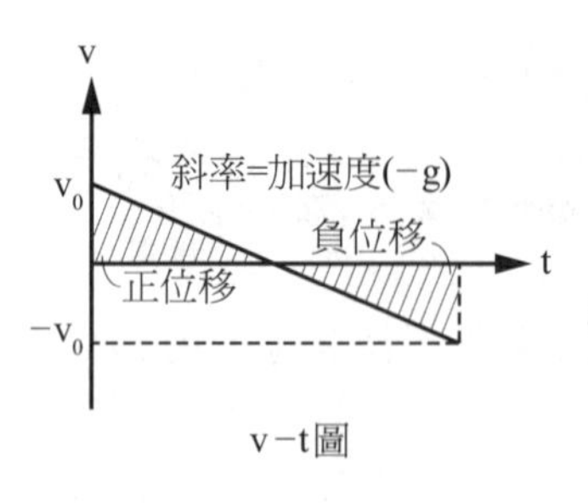

v−t圖

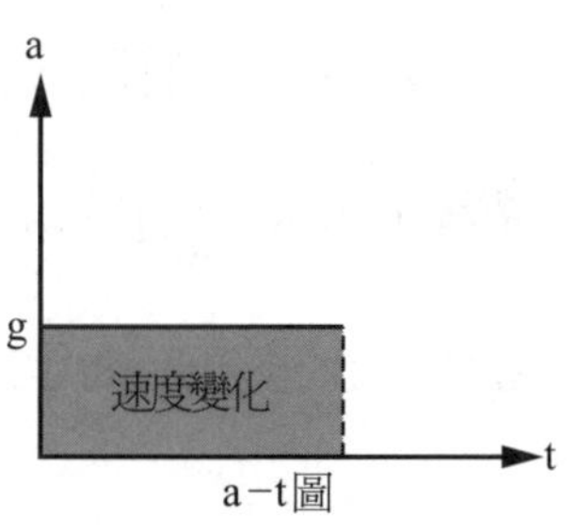

a−t圖

E. 討論：

a. 上升過程：$v_上>0$，由於此時速度與加速度方向相反，故物體速率漸減。

b. 最高點：

■ 瞬時速度v=0、加速度$g=9.8m/s^2\downarrow$

■ 由拋出至最高點的時間：$t_上=\frac{v_0}{g}$ $(\because v=v_0-gt_上=0)$

■ 上升之最大高度：$H=\frac{{v_0}^2}{2g}$ $(\because v^2={v_0}^2-2gH=0)$

c. 下降過程：可視為自由落體運動，$v_下<0$，由於此時速度與加速度方向相同，故物體速率漸增。

d. 落回拋出點時：

■ 位移為0；速度為$v_0\downarrow$。

■ 從拋出至落回原拋射點，在空中的飛行時間為$t_總=\frac{2v_0}{g}$

$(\because \Delta y=v_0t_總-\frac{1}{2}g{t_總}^2=0)$

■ 後半程的飛行時間：$t_下=\frac{v_0}{g}$ $(\because t_下=t_總-t_上)$

F. 結論：鉛直上拋的運動對稱性

a. 時間對稱：物體通過兩水平面間，上升時間等於下降時間。

b. 速率對稱：物體通過同一點時，其速率相同、方向相反。

範例 2-4 難易度★☆☆

一鐵球鉛直上拋後自由落下，不計空氣阻力時，下列敘述何者正確？
(A)鐵球鉛直上拋與自由落下時所受的重力大小相同，方向相同
(B)鐵球達最高點時，速度與加速度均為零
(C)鐵球鉛直上拋所經歷的時間大於自由落下所經歷的時間
(D)鐵球鉛直上拋與自由落下時所受的加速度大小相同，方向相反。

答：**(A)**。

(B)×，速度為零，加速度為重力加速度$9.8m/s^2\downarrow$。

(C)×，不計阻力的情況下，時間有對稱性，上拋所經歷的時間等於自由落下所經歷的時間。

(D)×，整個鉛直上拋和自由落下的過程皆受重力加速度$9.8m/s^2\downarrow$。

3 物體在光滑斜面上的等加速運動

必背

(1)物體在光滑斜面上的等加速運動

如圖所示，物體受平行於斜面的重力分量作用，使物體沿光滑斜面作等加速度運動，其加速度大小a=gsinθ，θ為斜面的斜角。

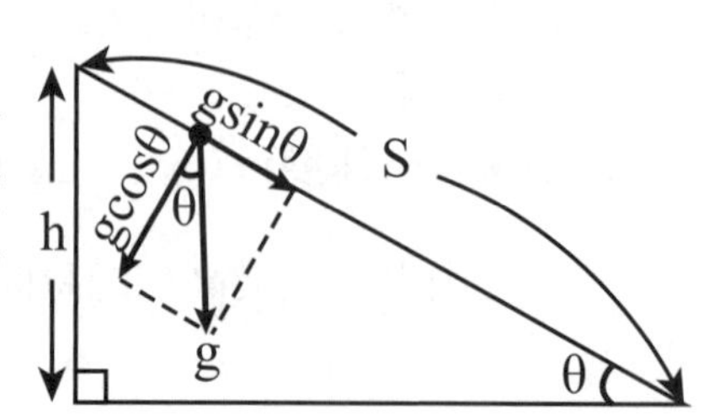

範例 2-5 難易度★☆☆

斜角θ時物體在斜面加速度為a，則斜角2θ時加速度為：

(A)2．s．sinθ (B)2．a．sinθ (C)2．a．cosθ (D)2．g．cosθ。

答：**(C)**。斜角2θ時，斜面加速度a'=gsin2θ=g2sinθcosθ=2acosθ

(2)三種沿光滑斜面上等加速運動

沿光滑斜面的等加速運動	圖示	運動公式
物體自斜面上靜止下滑(觀念同自由落體)	$v_0=0$	定沿斜面向**下**為正，加速度 $a=g\sin\theta$ $\begin{cases} v=g\sin\theta\cdot t \\ S=\frac{1}{2}g\sin\theta\cdot t^2 \\ v^2=2g\sin\theta\cdot S \end{cases}$
物體以初速 v_0 沿斜面下滑(觀念同鉛直下拋)	v_0	定沿斜面向**下**為正，加速度 $a=g\sin\theta$ $\begin{cases} v=v_0+g\sin\theta\cdot t \\ S=v_0t+\frac{1}{2}g\sin\theta\cdot t^2 \\ v^2=v_0^2+2g\sin\theta\cdot S \end{cases}$
物體以初速 v_0 沿斜面上滑(觀念同鉛直上拋)	v_0	定沿斜面向**上**為正，加速度 $a=-g\sin\theta$ $\begin{cases} v=v_0-g\sin\theta\cdot t \\ S=v_0t-\frac{1}{2}g\sin\theta\cdot t^2 \\ v^2=v_0^2-2g\sin\theta\cdot S \end{cases}$

2-6　　難易度★★☆

範例　**一物體質量為m，從一長12公尺的光滑斜面頂端由靜止下滑，經2秒到達斜面底部。今將此物體從斜面底部以初速v_0，沿斜面上滑，經6秒後又滑回斜面底部，則(1)斜面斜角為幾度？(2)v_0為多少公尺/秒？（$g=10m/s^2$）**

答：**(1)37°　(2)18m/s**。

設斜面加速度a

(1)定沿斜面向下為正，$S=\frac{1}{2}a\cdot t^2$，$12=\frac{1}{2}a\cdot 2^2$→斜面加速度$a=6m/s^2$（方向沿斜面向下）。又$a=g\sin\theta$，θ為斜面斜角，$6=10\cdot\sin\theta$，$\sin\theta=\frac{3}{5}\rightarrow\theta=37°$

(2)定沿斜面向上為正，由$v=v_0+a\cdot t$，$-v_0=v_0+(-6)\times 6$，$2v_0=36\rightarrow v_0=18m/s$

4 紙帶分析

(1)打點計時器（電鈴計時器）：實驗中常用的計時裝置，撞針會作規律且快速的振動，並會在複寫紙下方的白紙帶上留下點痕。

(2)紙帶上的兩點痕間的時距固定，可藉由測量點痕間的距離計算出物體的速度與加速度。

重要 **(3)物體作等加速運動之紙帶分析**

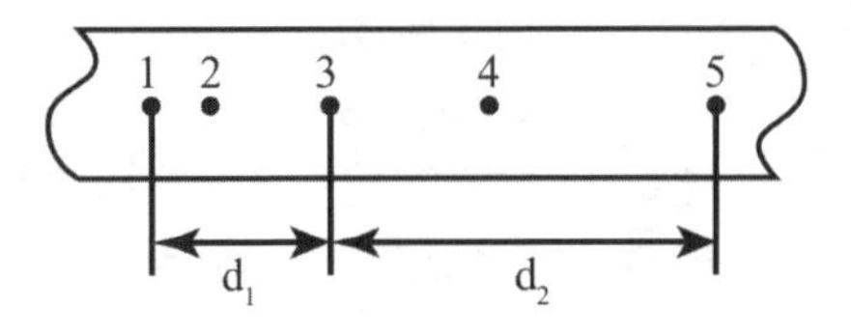

A. 相鄰兩點痕間的時距：$\Delta t=\frac{1}{振動頻率}$

B. 某時距內的平均速度=該時距時間中點的瞬時速度

C. 物體加速度：$a=\frac{d_2-d_1}{(\Delta t')^2}=\frac{\Delta d}{(\Delta t')^2}=\frac{公差}{(時距)^2}$。

說明：$\begin{cases} v_2=\bar{v}_{1\sim3}=\frac{d_1}{\Delta t_{1\sim3}} \\ v_4=\bar{v}_{3\sim5}=\frac{d_2}{\Delta t_{3\sim5}} \end{cases}\Rightarrow a=\frac{v_4-v_2}{\Delta t_{2\sim4}}=\frac{\frac{d_2-d_1}{\Delta t'}}{\Delta t'}=\frac{\Delta d}{(\Delta t')^2}$

※ $\Delta t'=\Delta t_{1\sim3}=\Delta t_{3\sim5}=\Delta t_{2\sim4}=2\Delta t$

D. 當時距相等增加時，其點距必為一等差數列。

範例 2-7 難易度★★☆

以滑車作等加速度直線運動的實驗，得到紙帶上的點痕如圖所示，若電鈴計時器的振動頻率為20Hz，則滑車的加速度大小為多少？

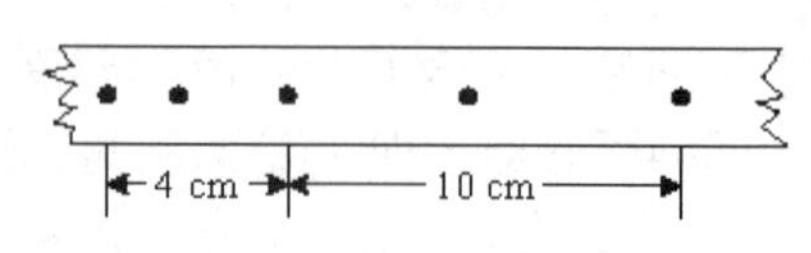

(A) $1.5 m/s^2$ (B) $3 m/s^2$ (C) $6 m/s^2$ (D) $8 m/s^2$。

答：(C)。

兩點痕間之時距：$\Delta t=\dfrac{1}{振動頻率}=\dfrac{1}{20}=0.05\ s$，得 $\Delta t'=2\Delta t=0.1\ s$

$$a=\frac{d_2-d_1}{(\Delta t')^2}=\frac{0.1-0.04}{(0.1)^2}=6\,m/s^2$$

重點3 相對運動

Check! □□□

(1)物體的運動狀況，完全由觀察者的觀點來決定，不同運動狀態的觀察者對同一個運動體之觀測並不相同。

(2)兩質點間的相對物理量

相對物理量	定義	數學式	例子
相對位置	以A為參考點，B對A的相對位置(即A看B之位置)	$\vec{x}_{BA}=\vec{x}_B-\vec{x}_A=-\vec{x}_{AB}$	A B；x：0 2 5；x'：0 3；(以A為參考點) ($5-2=3$，$\vec{x}_B-\vec{x}_A=\vec{x}_{BA}$)
相對位移	以A為參考點，B對A的相對位移(即A看B之位移)	$\Delta\vec{x}_{BA}=\Delta\vec{x}_B-\Delta\vec{x}_A=-\Delta\vec{x}_{AB}$	A B；x：0 2 5；5；2 3；x'：0 3；(以A為參考點)

相對物理量	定義	數學式	例子
相對速度	以A為參考點，B對A的相對速度(即A看B之速度)	$\vec{v}_{BA}=\vec{v}_B-\vec{v}_A$ $=-\vec{v}_{AB}$	$v_A=10m/s$　$v_B=20m/s$ A　B $v_{BA}=10m/s$ A　B (以A爲參考點)
相對加速度	以A為參考點，B對A的相對加速度(即A看B之加速度)	$\vec{a}_{BA}=\vec{a}_B-\vec{a}_A$ $=-\vec{a}_{AB}$	$a_A=5m/s^2$　$a_B=10m/s^2$ A　B $a_{BA}=5m/s^2$ A　B (以A爲參考點)

主題 2　平面運動

關鍵重點

向量、切線加速度、法線加速度、水平拋射、斜向拋射

重點 1　平面運動學的物理量

Check! □□□

1　向量的性質

(1)向量與純量

向量（vector）	純量（scalar）
同時具備大小（量值）和方向	只有大小（量值），沒有方向的量
例：位置、位移、速度、力等物理量。	例：時間、溫度、功、能量、路徑長等物理量。

(2)向量的運算

A. 加法：

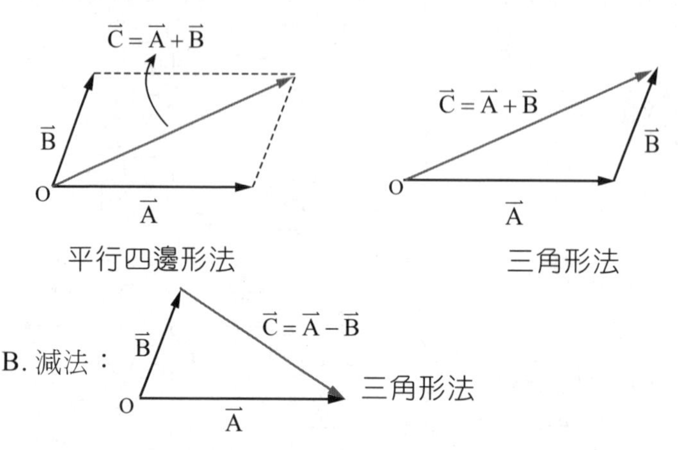

B. 減法：

C. 內積：$\vec{A}\cdot\vec{B}=|\vec{A}||\vec{B}|\cos\theta$

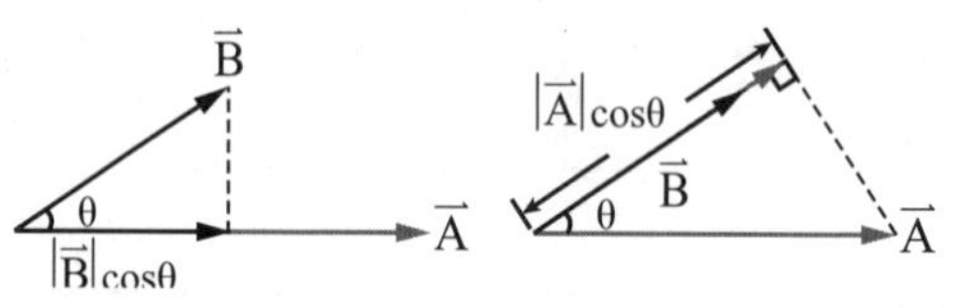

D. 外積：$|\vec{A}\times\vec{B}|=|\vec{A}||\vec{B}|\sin\theta$

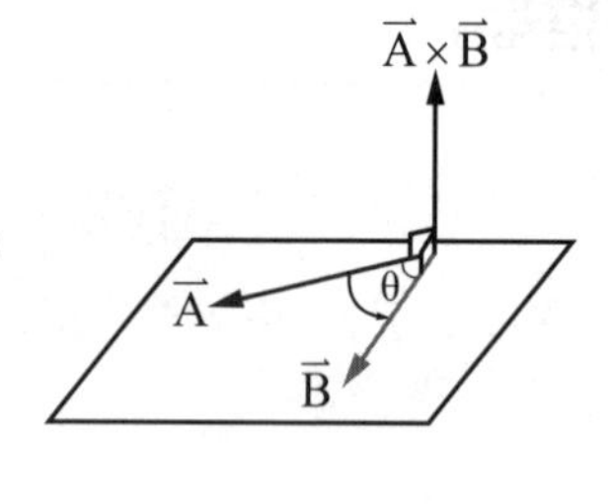

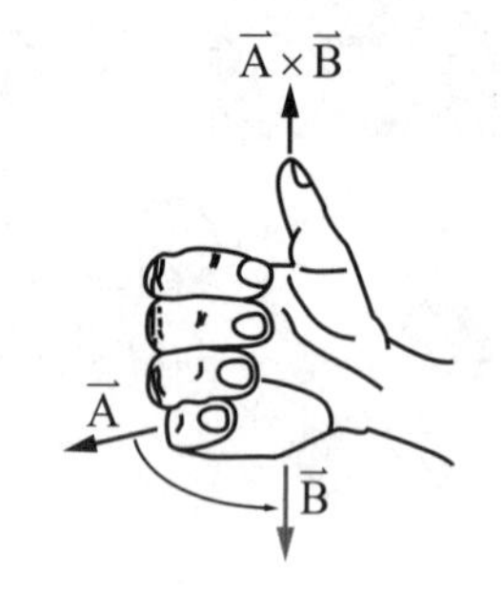

2-8 難易度★☆☆

範例

有 $\vec{A}$、$\vec{B}$ 兩非零向量，若 $|\vec{A}|=|\vec{B}|=|\vec{A}+\vec{B}|$，則 $|\vec{A}-\vec{B}|$ 應為多少？

答：**(D)**。如圖所示

$\because |\vec{A}|=|\vec{B}|=|\vec{A}+\vec{B}|$ $\therefore |\vec{A}-\vec{B}|=\sqrt{3}|\vec{A}|$

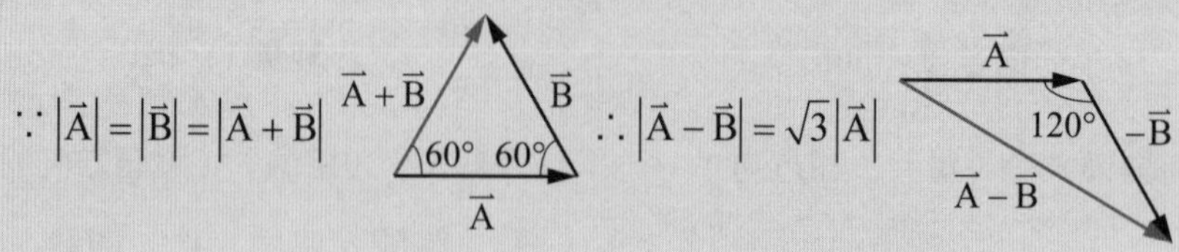

重要 2 平面運動中各物理量之向量表示法

(1)**位置** $\vec{r}$

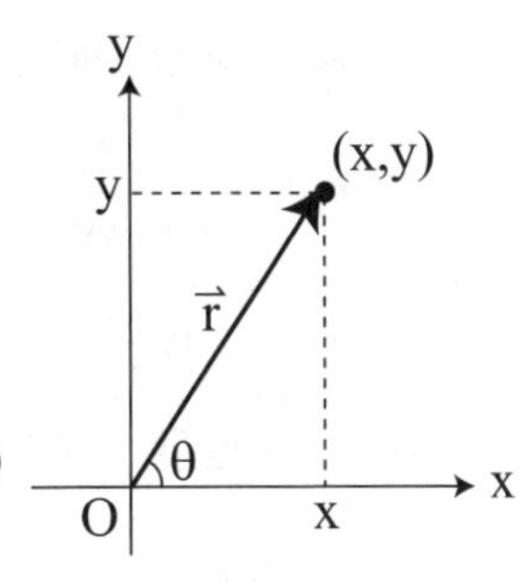

A. $\vec{r} = x\hat{i} + y\hat{j} = (x, y)$

B. 位置向量的大小：$|\vec{r}| = \sqrt{x^2 + y^2}$

C. 位置向量的方向：$\tan\theta = \dfrac{y}{x}$（$\theta$為 $\vec{r}$ 與x軸的夾角）

(2)**位移** $\Delta\vec{r}$

A. 位移：$\Delta\vec{r} = \vec{r}_2 - \vec{r}_1 = (x_2 - x_1)\hat{i} + (y_2 - y_1)\hat{j} = \Delta x\hat{i} + \Delta y\hat{j}$

B. 位移量值 $|\Delta\vec{r}| = \sqrt{(\Delta x)^2 + (\Delta y)^2}$

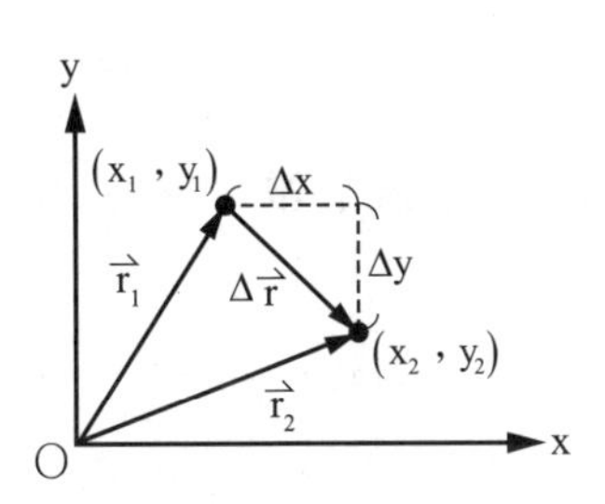

範例 2-9　難易度★☆☆

一人向西行6公尺，轉向北行4公尺，再轉向東行9公尺，其位移大小為多少公尺？ (A)19　(B)15　(C)7　(D)5。

答：**(D)**。

如右圖所示，位移大小為5公尺。（位移有方向性，須考慮方向問題。）

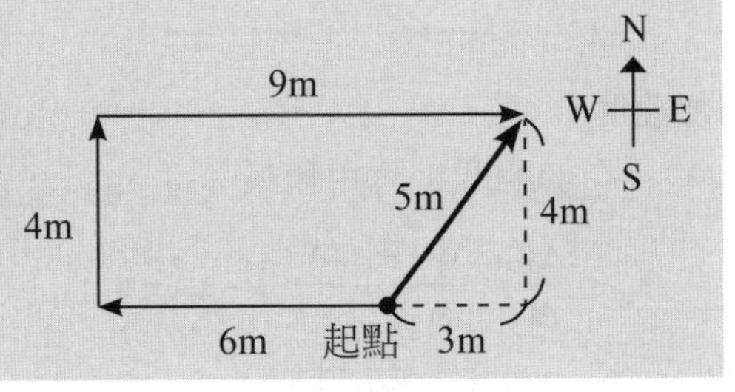

(3)**速度**

A. 平均速度（時距較長）

$$\vec{v}_{av}=\frac{\Delta\vec{r}}{\Delta t}=\frac{\Delta x}{\Delta t}\hat{i}+\frac{\Delta y}{\Delta t}\hat{j}=\overline{v}_x\hat{i}+\overline{v}_y\hat{j}$$

大小：$\left|\vec{v}_{av}\right|=\sqrt{\overline{v}_x^2+\overline{v}_y^2}$

B. 瞬時速度（時距較短）

$$\vec{v}=\lim_{\Delta t\to 0}\frac{\Delta\vec{r}}{\Delta t}=\left(\lim_{\Delta t\to 0}\frac{\Delta x}{\Delta t}\right)\hat{i}+\left(\lim_{\Delta t\to 0}\frac{\Delta y}{\Delta t}\right)\hat{j}=v_x\hat{i}+v_y\hat{j}$$

大小：$\left|\vec{v}\right|=\sqrt{v_x^2+v_y^2}$

範例 2-10 難易度★☆☆

一質點以等速率沿半徑5m做圓周運動，它每20秒繞1圈，則$\frac{1}{4}$圈之平均速度大小為多少？

(A)0m/sec (B)0.28 m/sec (C)1.57 m/sec (D)1.414 m/sec。

答：**(D)**。

繞$\frac{1}{4}$圈所花的時間 $\Delta t=\frac{20}{4}=5s$

平均速度 $\left|\vec{v}_{av}\right|=\frac{\left|\Delta\vec{r}\right|}{\Delta t}=\frac{5\sqrt{2}}{5}=\sqrt{2}\approx 1.414m/s$

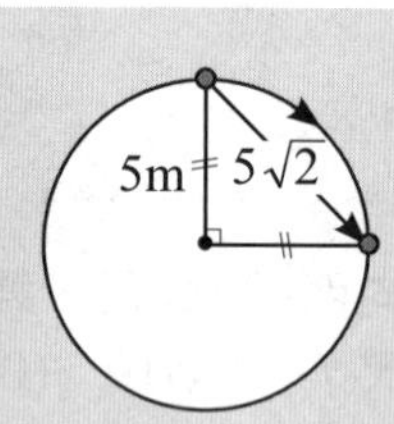

(4)**加速度**

A. 平均加速度（時距較長）

$$\vec{a}_{av}=\frac{\Delta\vec{v}}{\Delta t}=\frac{\Delta v_x}{\Delta t}\hat{i}+\frac{\Delta v_y}{\Delta t}\hat{j}=\overline{a}_x\hat{i}+\overline{a}_y\hat{j}$$

大小：$\left|\vec{a}_{av}\right|=\sqrt{\overline{a}_x^2+\overline{a}_y^2}$

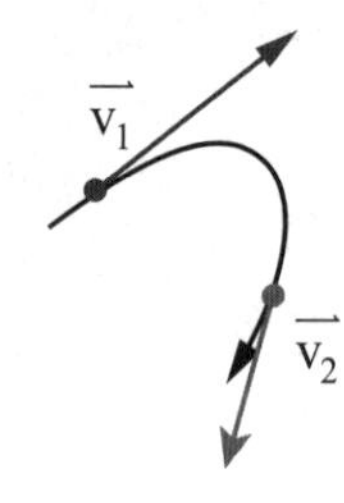

$\vec{v}_1$ $\vec{v}_2$ $\Delta\vec{v}=\vec{v}_2-\vec{v}_1$

B. 瞬時加速度（時距較短）

$$\vec{a}=\lim_{\Delta t\to 0}\frac{\Delta\vec{v}}{\Delta t}=\left(\lim_{\Delta t\to 0}\frac{\Delta v_x}{\Delta t}\right)\hat{i}+\left(\lim_{\Delta t\to 0}\frac{\Delta v_y}{\Delta t}\right)\hat{j}=a_x\hat{i}+a_y\hat{j}$$

大小：$\left|\vec{a}\right|=\sqrt{a_x^2+a_y^2}$

(5)切線加速度與法線加速度

根據向量的可分解性，瞬時加速度可用運動過程任意瞬間之切線和法線之方向，來分解成兩相互垂直之分量，即 $\vec{a}=\vec{a}_T+\vec{a}_N$。

加速度	切線加速度($\vec{a}_T$)	法線加速度($\vec{a}_N$)
說明	加速度方向和運動軌跡切線方向相同 （即平行速度方向）	加速度方向和運動軌跡的法線方向相同 （即垂直速度方向）
功能	與速度快慢的變化有關	與運動的方向改變有關
數學式	$\vec{a}=\vec{a}_T+\vec{a}_N \Rightarrow \begin{cases} a_T=a\cos\theta \\ a_N=a\sin\theta \end{cases} \Rightarrow$	$\begin{cases} \text{加速度的大小：} a=\sqrt{a_T^2+a_N^2} \\ \text{加速度的方向：} \tan\theta=\dfrac{a_N}{a_T} \end{cases}$
圖示		

重點 2 平面運動實例—水平拋射與斜向拋射

Check! □□□

1 運動的獨立性

物體水平方向與鉛直方向的運動彼此不互相干擾，獨立改變並可分開處理，稱為運動的獨立性。

2 水平拋射

物體自離地H處以初速度v_0水平拋射出，以出發點O為原點，建立直角座標系

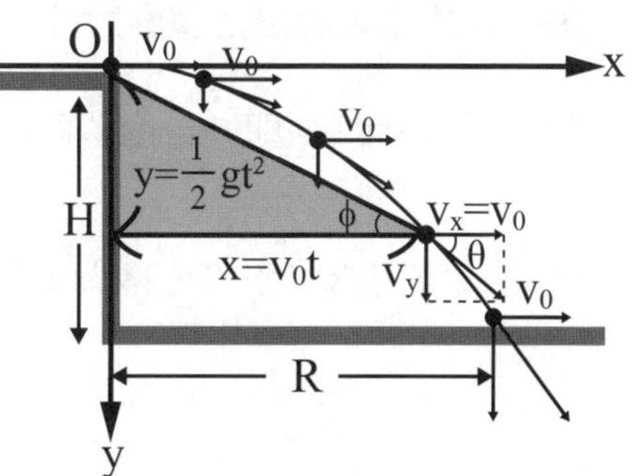

統。（註：取向下及向右方向為正）

(1)**起始條件：**初速 $\vec{v}_0=(v_0, 0)$

(2)**受力與加速度分析**

$$\begin{cases}\text{水平方向 (x) 受力}=0\\ \text{鉛直方向 (y) 受力}=mg\end{cases} \Rightarrow \begin{cases}F_x=0=ma_x\\ F_y=mg=ma_y\end{cases} \Rightarrow \begin{cases}a_x=0\\ a_y=g\end{cases} \Rightarrow \vec{a}=(0,g)$$

(3)**運動的獨立性：**$\begin{cases}\text{水平方向(x)：等速運動}\\ \text{鉛直方向(y)：自由落體}\end{cases}$

(4)**速度分析（任意時刻t）**

$$\Rightarrow \begin{cases}v_x(t)=v_0\\ v_y(t)=gt\end{cases}$$

$$\Rightarrow \text{合速度}\quad \vec{v}(t)=(v_0,gt)=v_0\,\hat{i}+gt\,\hat{j} \Rightarrow \begin{cases}\text{大小：}|\vec{v}|=\sqrt{v_0^2+(gt)^2}\\ \text{方向：}\tan\theta=\dfrac{v_y}{v_x}=\dfrac{gt}{v_0}\end{cases}$$

(5)**位置分析（任意時刻t）**

$$\Rightarrow \begin{cases}x(t)=v_0t\\ y(t)=\dfrac{1}{2}gt^2\end{cases}$$

$$\Rightarrow \text{合位移}\quad \vec{r}(t)=(v_0t,\frac{1}{2}gt^2)=v_0t\,\hat{i}+\frac{1}{2}gt^2\hat{j} \Rightarrow \begin{cases}\text{大小：}|\vec{r}|=\sqrt{v_0^2t^2+(\frac{1}{2}gt^2)^2}\\ \text{方向：}\tan\phi=\dfrac{y}{x}=\dfrac{gt}{2v_0}\end{cases}$$

(6)**軌跡方程式：**$\begin{cases}x=v_0t\\ y=\dfrac{1}{2}gt^2\end{cases}\xrightarrow{\text{消去}t} y=\dfrac{g}{2v_0^2}x^2$

(7)**由H高處水平拋出之運動討論：**

A. 飛行時間T：即為自由落體由H高處掉落之時間 $T=\sqrt{\dfrac{2H}{g}}$

B. 水平射程R：水平位移大小為 $R=v_0T=v_0\sqrt{\dfrac{2H}{g}}$

範例 2-11　難易度★★☆

一轟炸機以100公尺／秒的速率直線水平飛行而接近目標，若目標與飛機的垂直高度差為490公尺，則飛機應在距離目標上空水平距離多少公尺處就要投下炸彈，才能準確地命中目標物？（重力加速度為9.8 公尺／秒^2）

(A)400　(B)600　(C)800　(D)1000。

答：**(D)**。

炸彈作水平拋射運動

炸彈鉛直方向作自由落體：$h=\frac{1}{2}gt^2$，落地時間 $t=\sqrt{\frac{2h}{g}}=10$ 秒

炸彈水平方向作等速運動：$R=v_0t=100\times10=1000$ 公尺

3 斜向拋射

物體以初速度v_0、仰角θ_0斜向射出，以出發點O為原點，建立直角座標系統。（註：取向上及向右方向為正）

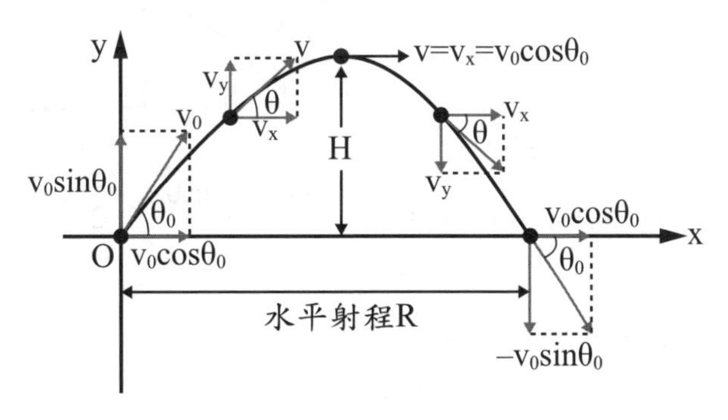

(1)**起始條件：**初速 $\vec{v}_0=\left(v_0\cos\theta_0, v_0\sin\theta_0\right)$

(2)**受力與加速度分析**

$$\begin{cases}\text{水平方向 (x) 受力}=0\\ \text{鉛直方向 (y) 受力}=-mg\end{cases}\Rightarrow\begin{cases}F_x=0=ma_x\\ F_y=-mg=ma_y\end{cases}\Rightarrow\begin{cases}a_x=0\\ a_y=-g\end{cases}\Rightarrow\vec{a}=\left(0,-g\right)$$

(3)運動的獨立性： $\begin{cases}\text{水平方向(x)：等速運動}\\ \text{鉛直方向(y)：鉛直上拋}\end{cases}$

(4)速度分析（任意時刻t）$\Rightarrow \begin{cases} v_x(t) = v_0\cos\theta_0 \\ v_y(t) = v_0\sin\theta_0 - gt \end{cases}$

$\Rightarrow$ 合速度 $\vec{v}(t) = (v_0\cos\theta_0, v_0\sin\theta_0 t - gt) = (v_0\cos\theta_0)\,\hat{i} + (v_0\sin\theta_0 t - gt)\,\hat{j}$

$\Rightarrow \begin{cases} \text{大小：} |\vec{v}| = \sqrt{v_x^2 + v_y^2} \\ \text{方向：} \tan\theta = \dfrac{v_y}{v_x} \end{cases}$

(5)位置分析（任意時刻t）$\Rightarrow \begin{cases} x = v_0\cos\theta_0 t \\ y = v_0\sin\theta_0 t - \dfrac{1}{2}gt^2 \end{cases}$

$\Rightarrow$ 合位移 $\vec{r}(t) = (v_0\cos\theta_0 t, v_0\sin\theta_0 t - \dfrac{1}{2}gt^2) = (v_0\cos\theta_0 t)\,\hat{i} + (v_0\sin\theta_0 t - \dfrac{1}{2}gt^2)\,\hat{j}$

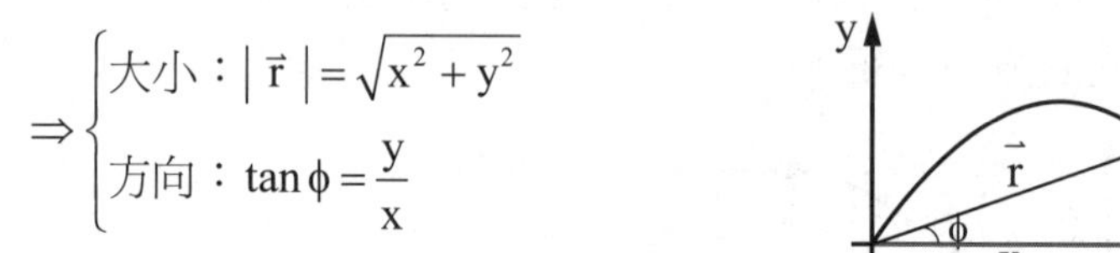

$\Rightarrow \begin{cases} \text{大小：} |\vec{r}| = \sqrt{x^2 + y^2} \\ \text{方向：} \tan\phi = \dfrac{y}{x} \end{cases}$

(6)軌跡方程式： $\begin{cases} x = v_0\cos\theta_0 t \\ y = v_0\sin\theta_0 t - \dfrac{1}{2}gt^2 \end{cases} \xrightarrow{\text{消去t}} y = \tan\theta_0 x - \dfrac{g}{2v_0^2\cos^2\theta_0}x^2$

(7)斜向拋射的對稱性

A. 通過同一水平面時，其速率相同。

B. 通過兩水平面間，其上升時間等於下降時間。

重要 **(8)重要性質**

A. 到達最高點時間：$t = \dfrac{v_0\sin\theta_0}{g}$（$\because 0 = v_0\sin\theta_0 - gt$）

B. 總飛行時間：$T = 2t = \dfrac{2v_0\sin\theta_0}{g}$（運動對稱性知，$t_{上升} = t_{下降} = t \rightarrow T = 2t$）

C. 最大高度： $H=\dfrac{v_0^2\sin^2\theta_0}{2g}$

（$\because v_2=v_0^2+2a\Delta y \Rightarrow 0=(v_0\sin\theta_0)^2-2gH$）

D. 水平射程： $R=\dfrac{2v_0^2\sin\theta_0\cos\theta_0}{g}=\dfrac{v_0^2\sin 2\theta_0}{g}$

（$R=v_0\cos\theta_0\times T=v_0\cos\theta_0\times\dfrac{2v_0\sin\theta_0}{g}=\dfrac{2v_0\cos\theta_0\sin\theta_0}{g}=\dfrac{v_0^2\sin 2\theta_0}{g}$，

當 $\theta_0=45^\circ \Rightarrow R_{max}=\dfrac{v_0^2}{g}$）

E. 相同初速v_0仰角互餘時→水平射程相同。

範例 2-12　　難易度★★☆

不計空氣阻力的影響，且重力加速度g為10公尺／秒^2。一砲彈以仰角θ=37°和100公尺／秒的初速度斜向射出，若落地點與發射點位於同一水平面，請回答下列問題：

(1)砲彈在空中的飛行時間為多少秒？

(2)砲彈在空中的最大高度為多少公尺？

(3)砲彈落地時的水平射程為多少公尺？

(4)砲彈落地的瞬時速度為何？

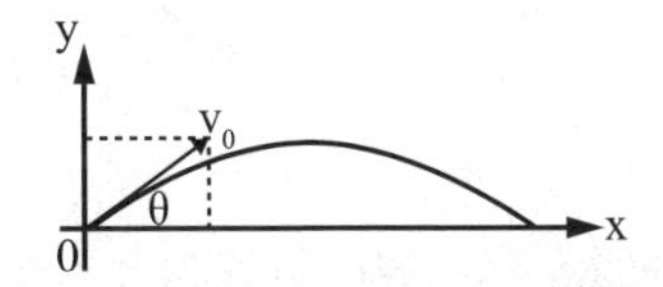

答：**(1)12s　(2)180m　(3)960m　(4)100m/s**。

(1) 飛行時間 $T=\dfrac{2v_0\sin\theta}{g}=\dfrac{2\cdot100\cdot0.6}{10}=12\text{ s}$

(2) 最大高度 $H=\dfrac{v_0^2\sin^2\theta}{2g}=\dfrac{v_{y0}^2}{2g}=\dfrac{60^2}{2\cdot10}=180\text{ m}$

(3)水平方向作等速運動

→水平射程 $R=v_{x0}T=(v_0\cos\theta)T=80\cdot12=960\text{ m}$

(4)由於運動對稱性，落地瞬時速度為100公尺／秒，俯角37°。

單元重點整理

Check! □□□

1 直線運動中各種物理量

物理量	定義	數學式	SI制單位
位置 $\vec{x}$	相對於參考點的空間關係	無	公尺 (m)
位移 $\Delta\vec{x}$	位置的變化	$\Delta\vec{x} = \overrightarrow{x_f} - \overrightarrow{x_i}$	公尺 (m)
路徑長 $\Delta\ell$	運動軌跡的總長度	無	公尺 (m)
速度 $\vec{v}$	單位時間內的位移	平均速度 $\vec{v}_{av} = \frac{\Delta\vec{x}}{\Delta t}$ 瞬時速度 $\vec{v} = \lim_{\Delta t \to 0} \frac{\Delta\vec{x}}{\Delta t}$	公尺/秒 (m/s)
速率 v	單位時間內的路徑長	平均速率 $v_{av} = \frac{\Delta\ell}{\Delta t}$ 瞬時速率 $v = \lim_{\Delta t \to 0} \frac{\Delta\ell}{\Delta t}$	公尺/秒 (m/s)
加速度 $\vec{a}$	單位時間內的速度變化	平均加速度 $\vec{a}_{av} = \frac{\Delta\vec{v}}{\Delta t}$ 瞬時加速度 $\vec{a} = \lim_{\Delta t \to 0} \frac{\Delta\vec{v}}{\Delta t}$	公尺/秒^2 (m/s^2)

Check! □□□

2 若加速度 $\vec{a}$，必有速度變化 $\Delta\vec{v}$

有可能 →
- 僅運動快慢改變
- 僅運動方向改變
- 運動快慢和方向皆改變

Check!□□□

3 $\vec{v}$、$\vec{a}$平行同向，速率變快；$\vec{v}$、$\vec{a}$平行反向，速率變慢

Check!□□□

4 等加速直線運動公式

$$\begin{cases} v = v_0 + at \\ \Delta x = v_0 t + \frac{1}{2}at^2 \\ v^2 = v_0^2 + 2a\Delta x \end{cases}$$

（v_0：初速、v：末速、a：加速度、Δx：位移、t：時間）

Check!□□□

5 常見的等加速直線運動

等加速運動	自由落體	鉛直下拋	鉛直上拋
初始條件	$v_0=0$	$v_0\neq 0$ ↓	$v_0\neq 0$ ↑
加速度	重力加速度 g↓		
等加速運動公式	定向下為正 $\begin{cases} v = gt \\ \Delta y = \frac{1}{2}gt^2 \\ v^2 = 2g\Delta y \end{cases}$	定向下為正 $\begin{cases} v = v_0 + gt \\ \Delta y = v_0 t + \frac{1}{2}gt^2 \\ v^2 = v_0^2 + 2g\Delta y \end{cases}$	定向上為正 $\begin{cases} v = v_0 - gt \\ \Delta y = v_0 t - \frac{1}{2}gt^2 \\ v^2 = v_0^2 - 2g\Delta y \end{cases}$

Check!□□□

6 鉛直上拋的上升時間：$t_{上升} = \frac{v_0}{g}$（v_0：上拋初速）

Check!□□□

7 鉛直上拋運動對稱性

(1)時間對稱：物體通過兩水平面間，上升時間等於下降時間。

(2)速率對稱：物體通過同一點時，其速率相同、方向相反。

Check!□□□

8 物體在光滑斜面上作等加速運動，其加速度大小為$a = g\sin\theta$，θ為斜面斜角。

Check!

9 切線加速度 $\vec{a}_T$

與速度方向平行的加速度分量，使速度快慢改變。

Check!

10 法線加速度 $\vec{a}_N$

與速度方向垂直的加速度分量，使速度方向改變。

Check!

11 平面運動

平面運動	水平拋射	斜向拋射
起始條件	初速 $\vec{v}_0=(v_0,0)$	初速 $\vec{v}_0=(v_0\cos\theta_0, v_0\sin\theta_0)$
受力	僅鉛直方向受重力作用	
	$\vec{F}=(0，mg)$	$\vec{F}=(0，-mg)$
加速度	重力加速度g↓	
	$\vec{a}=(0，g)$	$\vec{a}=(0，-g)$
水平運動	等速直線運動	
鉛直運動	自由落體	鉛直上拋
任意時刻速度	$\vec{v}(t)=(v_0,gt)$	$\vec{v}(t)=(v_0\cos\theta_0, v_0\sin\theta_0 t-gt)$
任意時刻位置	$\vec{r}(t)=(v_0t,\frac{1}{2}gt^2)$	$\vec{r}(t)=(v_0\cos\theta_0 t, v_0\sin\theta_0 t-\frac{1}{2}gt^2)$
圖示	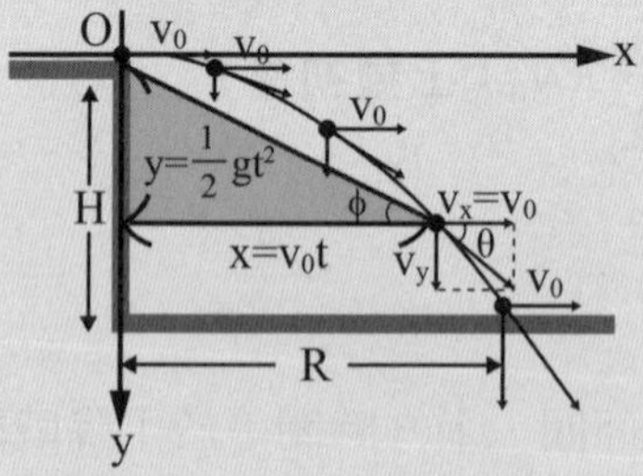 O, x, y, v_0, $y=\frac{1}{2}gt^2$, H, $x=v_0t$, ϕ, $v_x=v_0$, v_y, θ, R (取向下及向右方向為正)	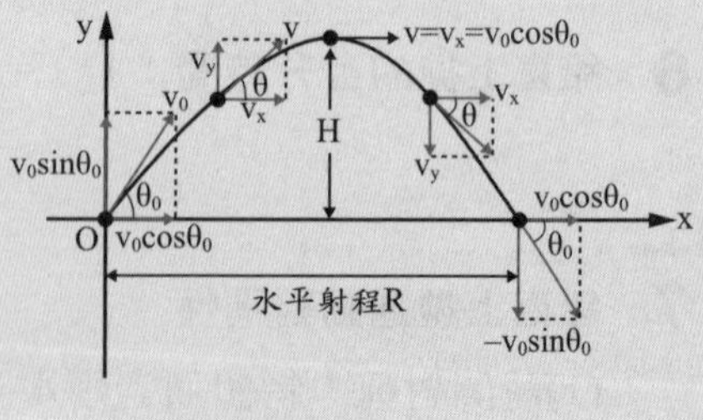 y, x, O, $v=v_x=v_0\cos\theta_0$, v_0, v_y, v_x, θ, H, $v_0\sin\theta_0$, θ_0, $v_0\cos\theta_0$, 水平射程R, $-v_0\sin\theta_0$ (取向上及向右方向為正)

[精選・試題]

基礎題

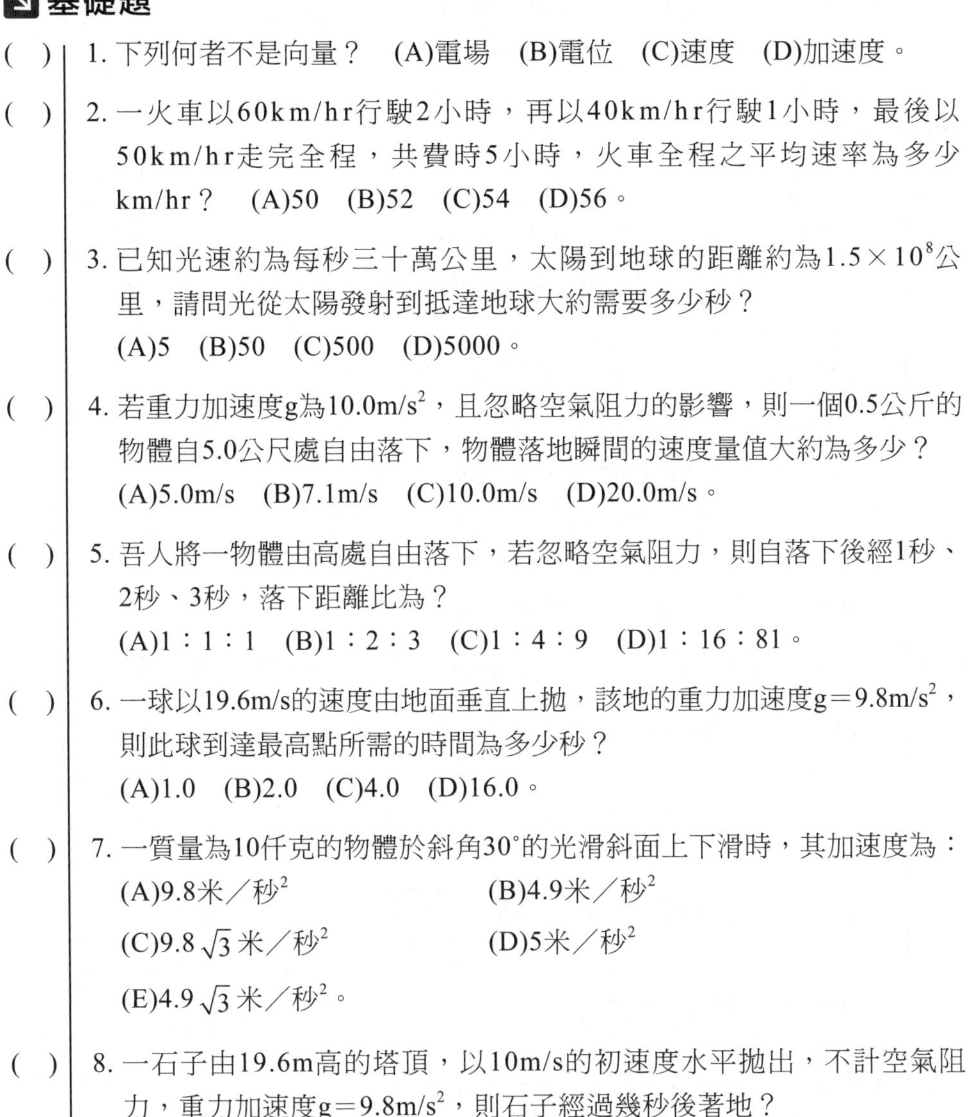

( ) 1. 下列何者不是向量？ (A)電場 (B)電位 (C)速度 (D)加速度。

( ) 2. 一火車以60km/hr行駛2小時，再以40km/hr行駛1小時，最後以50km/hr走完全程，共費時5小時，火車全程之平均速率為多少km/hr？ (A)50 (B)52 (C)54 (D)56。

( ) 3. 已知光速約為每秒三十萬公里，太陽到地球的距離約為1.5×10^{8}公里，請問光從太陽發射到抵達地球大約需要多少秒？
(A)5 (B)50 (C)500 (D)5000。

( ) 4. 若重力加速度g為$10.0m/s^2$，且忽略空氣阻力的影響，則一個0.5公斤的物體自5.0公尺處自由落下，物體落地瞬間的速度量值大約為多少？
(A)5.0m/s (B)7.1m/s (C)10.0m/s (D)20.0m/s。

( ) 5. 吾人將一物體由高處自由落下，若忽略空氣阻力，則自落下後經1秒、2秒、3秒，落下距離比為？
(A)1：1：1 (B)1：2：3 (C)1：4：9 (D)1：16：81。

( ) 6. 一球以19.6m/s的速度由地面垂直上拋，該地的重力加速度$g=9.8m/s^2$，則此球到達最高點所需的時間為多少秒？
(A)1.0 (B)2.0 (C)4.0 (D)16.0。

( ) 7. 一質量為10仟克的物體於斜角30°的光滑斜面上下滑時，其加速度為：
(A)9.8米／秒^2 (B)4.9米／秒^2
(C)$9.8\sqrt{3}$米／秒^2 (D)5米／秒^2
(E)$4.9\sqrt{3}$米／秒^2。

( ) 8. 一石子由19.6m高的塔頂，以10m/s的初速度水平拋出，不計空氣阻力，重力加速度$g=9.8m/s^2$，則石子經過幾秒後著地？
(A)1 (B)2 (C)3 (D)4。

( ) 9. 以初速度為15m/s，仰角為45°，斜向將一球抛出，則此球在最高點時的加速度大小為：
(A)4.9m/s^2 (B)8.7 m/s^2 (C)9.8 m/s^2 (D)19.6 m/s^2。

( ) 10. 斜向拋射，欲獲得最遠之水平射程，與水平面的夾角θ應為：
(A)45° (B)30° (C)60° (D)0° (E)90°。

進階題

( ) 1. 如右圖，有一人在地球表面以45°仰角逆風將一小球拋出，設風在水平方向，其阻力恰等於小球之重量，則此小球之軌跡應為何？
(A)直線 (B)拋物線 (C)雙曲線 (D)圓。

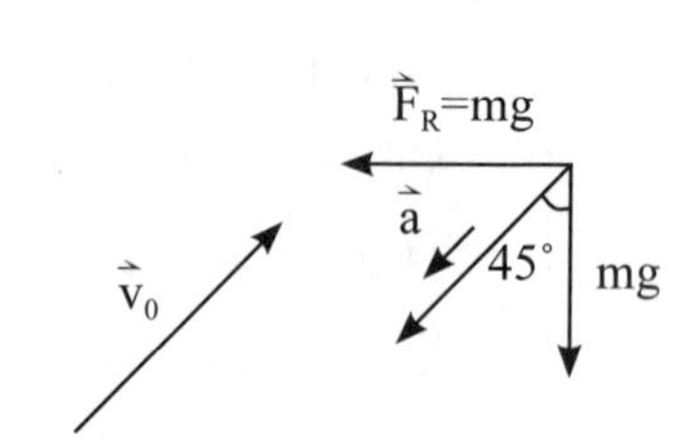

( ) 2. 下列敘述何者正確？
(A)作變速度運動的物體，其軌跡必為彎曲線
(B)作等加速度運動的物體，其法線加速度必為零
(C)作等速度運動的物體，其軌跡可為曲線
(D)等速率圓周運動為變加速度運動。

( ) 3. 質點以等速率v，在半徑為r的圓周上運動，則下列敘述何者正確？
(A)經$\frac{1}{4}$圓周的平均速度量值為$\frac{v}{4}$
(B)經$\frac{1}{4}$圓周的平均速率為$\frac{v}{4}$
(C)經$\frac{1}{4}$圓周的平均加速度量值為$\frac{2\sqrt{2}v^2}{\pi r}$
(D)法線加速度量值為$\frac{v}{r^2}$。

( ) 4. 右圖為某一物體沿直線運動時的位置-時間關係圖，則在圖中加速度為正，速度為負的區域為何？
(A)OA (B)AB (C)BC (D)CD。

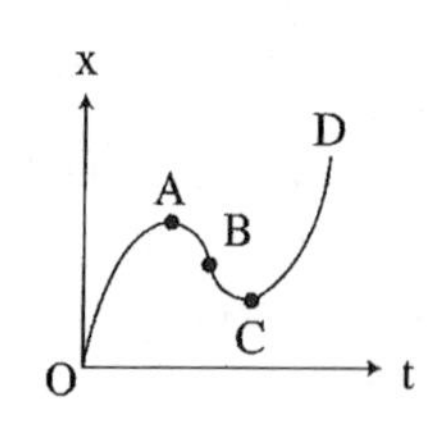

( ) 5. 有一作直線運動的物體，其速度v對時間t的函數圖如右圖所示，則下列何者正確？

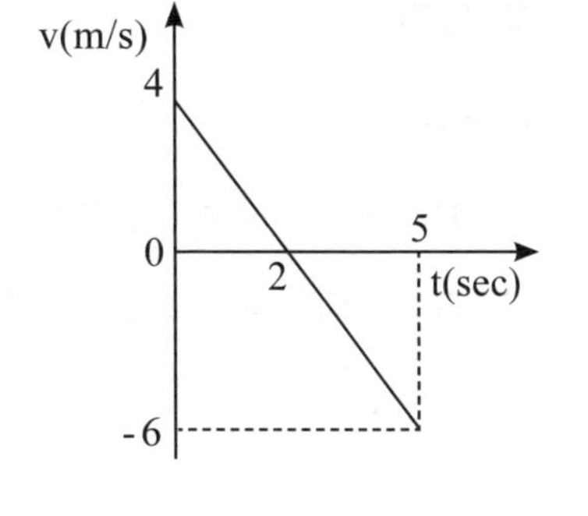

(A)此物體作等速度運動

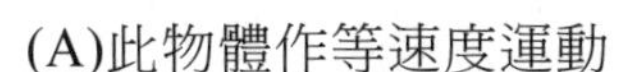
(B)5秒內的平均速度大小為$\frac{13}{5}$ m/s

(C)2秒末發生折返

(D)4秒末回到出發點

(E)此物體作等加速度運動。（多選題）

( ) 6. 一作直線運動質點從出發開始10秒的v-t圖如右，則下列敘述何者正確？

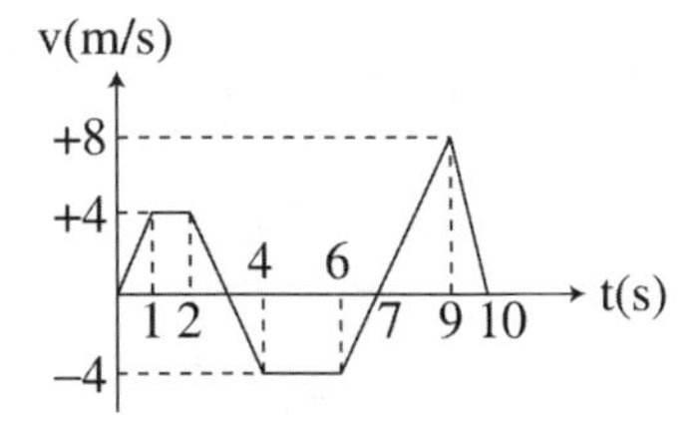

(A)全程共改變兩次方向

(B)1~2秒為靜止狀態

(C)全程的速度變化量為零

(D)全程的位移為＋4m

(E)全程移動的路徑長為36m。（多選題）

( ) 7. 高度差為14.7m之甲球與乙球，同時自由落下，則甲球比乙球遲1s著地。甲球原來之高度： (A)39.2 (B)29.4 (C)24.5 (D)19.6 m。

( ) 8. 由等速20公尺／秒上升之汽球中落下一物體，此物經5秒著地，此物自開始落下2秒與最後3秒時段內的平均加速度大小分別為若干公尺／秒^2？（設重力加速度g＝9.8公尺／秒^2）

(A)0；9.8 (B)4.9；9.8 (C)4.9；4.9 (D)9.8；9.8。

( ) 9. 一物體以9.8m / s的初速從地面沿仰角為30°的光滑斜面上運動。此物體所能達到的最大高度為？ (A)2.45 (B)4.9 (C)9.8 (D)l4.7m。

( ) 10. 在某次職棒比賽中，打擊手把球打向中間方向，中外野手同時以8m/s的速率衝過去，在球落地前瞬間恰好接殺，若中外野手費時4秒，則此球的最大高度為多少公尺？（假設g＝10m/s^2）

(A)32

(B)20

(C)36

(D)80。

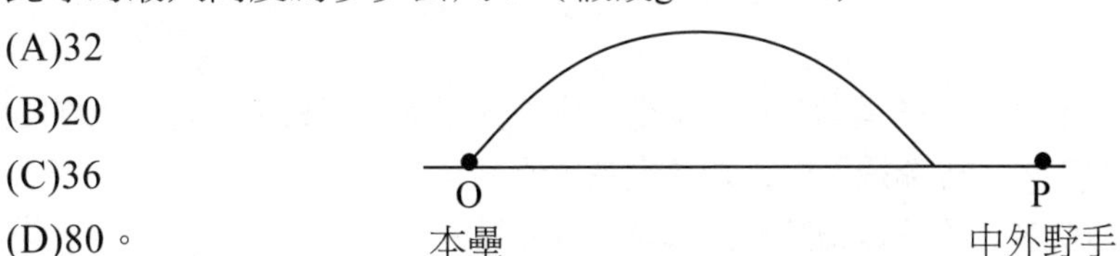

解答與解析

基礎題

1. **B**。電位為單位正電荷所具有的電位能，無方向性，故為純量。

2. **B**。平均速率為單位時間的路徑長

$$v_{av}=\frac{\Delta \ell}{\Delta t}=\frac{60\times 2+40\times 1+50\times (5-2-1)}{5}=52\,km/hr$$

3. **C**。 $t=\frac{\ell}{v}=\frac{1.5\times 10^8}{3\times 10^5}=500s$

4. **C**。 $v^2=v_0^2+2g\Delta y$ ， $v=\sqrt{2g\Delta y}=\sqrt{2\times 10\times 5}=10\,m/s$

5. **C**。 $h=\frac{1}{2}gt^2\propto t^2\Rightarrow h_1 : h_2 : h_3=1^2:2^2:3^2=1:4:9$

6. **B**。鉛直上拋最高點速度為零

$$v=v_0-gt\Rightarrow t=\frac{v_0}{g}=\frac{19.6}{9.8}=2s$$

7. **B**。光滑斜面的加速度 $a=g\sin\theta=9.8\times\sin 30°=4.9\,m/s^2$

8. **B**。水平拋射鉛直方向作自由落體，故落下時間 $t=\sqrt{\frac{2h}{g}}=\sqrt{\frac{2\times 19.6}{9.8}}=2s$ 。

9. **C**。斜向拋射為平面的等加速運動，加速度在任何位置皆為 $g=9.8\,m/s^2\downarrow$ 。

10. **A**。斜拋水平射程 $R=\frac{2v_0^2\sin\theta\cos\theta}{g}=\frac{v_0^2\sin 2\theta}{g}$ ，
    當 $\sin 2\theta=1$ 有最大值，故 $2\theta=90°\Rightarrow\theta=45°$

進階題

1. **A**。小球所受加速度與初速平行反向，即為切線加速度，不會改變小球的運動方向。

2. **D**。(A)×，變速運動軌可以改變運動方向或快慢，故不一定必為彎曲線。
   (B)×，等加速運動為加速度為定值。
   (C)×，等速運動其運動軌跡必為直線。

3. **C**。週期 $T=\dfrac{2\pi r}{v}$

(A)平均速度量值

$$|\vec{v}_{av}|=\frac{\Delta r}{\Delta t}=\frac{\sqrt{2}r}{T/4}=\frac{\sqrt{2}r}{2\pi r/4v}=\frac{2\sqrt{2}v}{\pi}$$

(B)平均速率

$$v_{av}=\frac{\Delta \ell}{\Delta t}=\frac{2\pi r/4}{T/4}=\frac{2\pi r}{2\pi r/v}=v$$

(C)平均加速度量值

$$|\vec{a}_{av}|=\frac{\Delta v}{\Delta t}=\frac{\sqrt{2}v}{T/4}=\frac{\sqrt{2}v}{2\pi r/4v}=\frac{2\sqrt{2}v^2}{\pi r}$$

(D)法線加速度即向心加速度為 $\dfrac{v^2}{r}$（參見單元4）

4. **C**。x-t圖的斜率表示速度

OA區間：速度為正，且量值漸小，故加速度為負。

AB區間：速度為負，且量值漸大，故加速度為負。

BC區間：速度為負，且量值漸小，故加速度為正。

CD區間：速度為正，且量值漸大，故加速度為正。

5. **CDE**。(A)×；(E)○。v-t圖的斜率為加速度，由v-t圖得知，物體作等加速運動，加速度 $a=\dfrac{-6-4}{5}=-2\,m/s^2$

(B)×，$|v_{av}|=\dfrac{\Delta x}{\Delta t}=\dfrac{\Delta x_{0\sim2秒}+\Delta x_{2\sim5秒}}{5}$

$$=\frac{\frac{1}{2}\cdot2\cdot4+\frac{1}{2}\cdot(5-2)\cdot(-6)}{5}$$

$$=\frac{4+(-9)}{5}=-1\,m/s$$

(C)○，由v-t圖得知，$t=2s$ 時速度方向改變即發生折返

(D)○，設T秒回到出發點，物體無位移，

由 $\Delta x=v_0T+\dfrac{1}{2}aT^2$，$0=4T+\dfrac{1}{2}(-2)T^2\Rightarrow T=4s$

6. **AC**。(A)○，由v-t圖得知，在第3秒和第7秒時方向改變。

(B)×，1~2秒內質點作等速運動 $v = 4\,{}^{m}\!/\!{}_{s}$ 。

(C)○， $\Delta v = v_f - v_i = 0$

(D)(E) ×， $\begin{cases} \Delta x_{0\sim3秒} = 梯形面積 = \dfrac{(1+3)\cdot 4}{2} = 8公尺(正位移) \\ \Delta x_{3\sim7秒} = 梯形面積 = \dfrac{(2+4)\cdot 4}{2} = 12公尺(負位移) \\ \Delta x_{7\sim10秒} = 三角形面積 = \dfrac{1}{2}\cdot 3\cdot 8 = 12公尺(正位移) \end{cases}$

$\Rightarrow \begin{cases} 全程位移\Delta x = 8 + (-12) + 12 = 8公尺(正位移) \\ 全程路徑長S = 8 + |-12| + 12 = 32公尺 \end{cases}$

7. **D**。假設乙球花t秒著地、甲球花t+1秒著地

$\Delta h = \frac{1}{2}g(t+1)^2 - \frac{1}{2}gt^2 = gt + \frac{g}{2} = 14.7 \Rightarrow t = 1\ s$

甲球原來高度： $h_{甲} = \frac{1}{2} \times 9.8 \times 2^2 = 19.6\ m$

8. **D**。物體作等加速運動，加速度為重力加速度g＝9.8 公尺／秒^2，故任意時段內的平均加速度等於瞬時加速度。

9. **B**。 $v^2 = v_0^2 - 2g\sin 30^\circ S \Rightarrow S = 9.8\ m$

物體上升最大高度 $H = S \times \sin 30^\circ = 4.9\ m$

10. **B**。棒球飛行時間共為4秒，根據鉛直方向運動時間對稱性得知，棒球從最高點至落地共花2秒。

自最高點至著地棒球鉛直方向作自由落體

$\Rightarrow H = \frac{1}{2}gt^2 = \frac{1}{2}\cdot 10\cdot 2^2 = 20公尺$。

頻出度 A B C

依據出題頻率分為：A頻率高 B頻率中 C頻率低

單元 3

靜力學與牛頓運動定律

靜力學是專門討論物體受力後靜止或維持等速運動的平衡狀態，力的合成與分解是靜力學中的基礎，考生應多練習如何分析力且畫出物體在各種情況下的受力圖。另外，牛頓三大運動定律是力學最重要的概念，表面上內容看似簡單，但考生往往沒有了解其中真正的涵意，建議多思考基礎概念的意義，對往後單元的學習有重大影響及幫助。

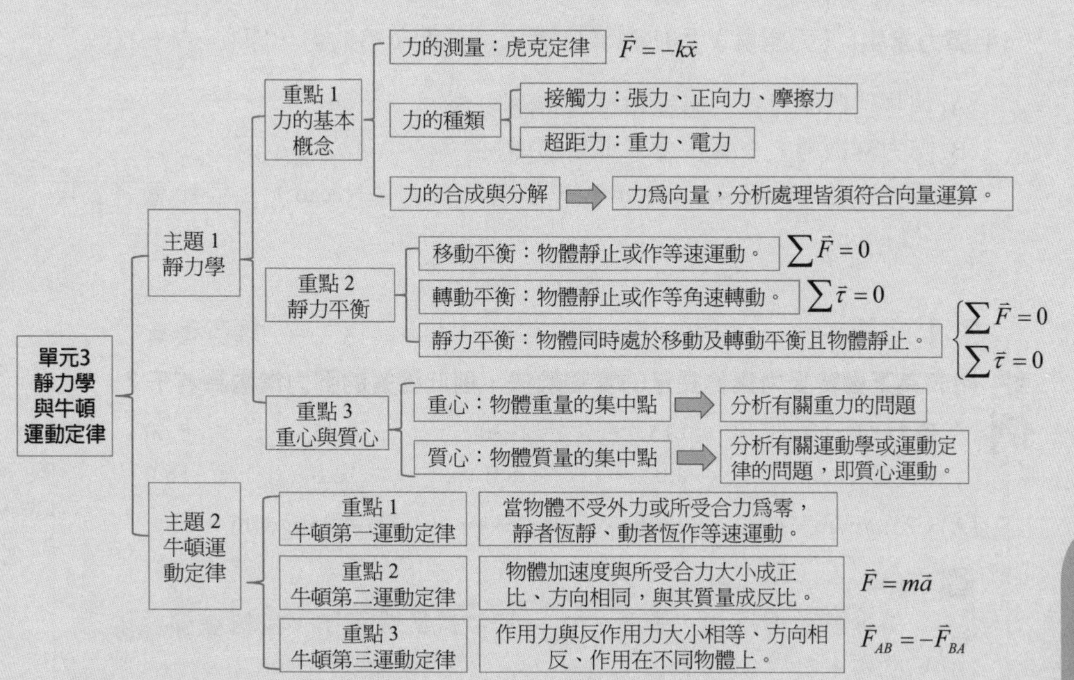

主題 1 靜力學

關鍵重點

虎克定律、力的合成與分解、力矩、移動平衡、轉動平衡、靜力平衡

重點 1 力的基本概念

Check! □□□

1 力的測量

(1)**力的定義：**使物體發生運動狀態的改變或形變的作用。

(2)**彈力：**又稱恢復力，因彈簧形變而產生。

(3)**虎克定律：**由虎克提出，彈簧在彈性限度內其形變量與彈力大小成正比，但方向相反，即 $\vec{F}=-k\vec{x}$（k：彈力常數，$\vec{x}$：形變量）。

(4)**彈力常數k（力常數）：**使彈簧形變單位長度所需的力，即 $k=\dfrac{F}{x}$。

A. 與彈性體的材質、粗細和長短有關。

B. 彈力常數愈大→彈簧愈不容易形變。

C. 單位：牛頓／公尺（N/m）、牛頓／公分（N/cm）、公斤重／公尺（kgw/m）等。

範例 3-1 難易度★☆☆

附表為某彈簧受力與伸長量的實驗數據，則此彈簧的彈力常數為若干？

受力（kgw）	0.15	0.30	0.45	0.60
伸長量（cm）	4.0	8.0	12.0	16.0

(A)3.75kgw/m (B)2.67kgw/m (C)1.75kgw/m (D)4.25kgw/m。

答：**(A)**。

由實驗數據得知，彈簧受力與其伸長量成正比，且皆在彈性限度內。

虎克定律F=kx，$k=\dfrac{F}{x}=\dfrac{0.30}{0.08}=3.75\text{kgw/m}$

重要 (5)彈簧串並聯

兩彈簧串並聯	彈簧的串聯	彈簧的並聯
公式	$\frac{1}{k_s}=\frac{1}{k_1}+\frac{1}{k_2}$	$k_p=k_1+k_2$
圖示	k_1　k_2　x　F　F_1　F_2　x_1　x_2 ($\because x=x_1+x_2$ 且 $F=F_1=F_2$)	k_1　k_2　x　F　F_1　F_2 ($\because F=F_1+F_2$ 且 $x=x_1=x_2$)
說明	串聯後等效彈力常數小於任一條單獨彈簧，即串聯後的彈簧比串聯前更**容易**形變。	並聯後等效彈力常數大於任一條單獨彈簧，即並聯後的彈簧比並聯前更**不容易**形變。
推廣	多條串聯 $\frac{1}{k_s}=\frac{1}{k_1}+\frac{1}{k_2}+\frac{1}{k_3}+\cdots=\sum\frac{1}{k_i}$	多條並聯 $k_p=k_1+k_2+k_3+\cdots=\sum k_i$

範例 3-2　難易度★☆☆

以1牛頓之力作用於1根彈簧，彈簧的伸長量為x，若將二根同樣的彈簧並聯成彈簧組，且以6牛頓之力作用此彈簧組，則此彈簧組每根彈簧的伸長量為　(A)2x　(B)3x　(C)4x　(D)5x。

答：**(B)**。虎克定律F=kx，彈力常數 $k=\frac{F}{x}=\frac{1}{x}$

彈簧並聯後的等效彈力常數 $k_p=k+k=\frac{2}{x}$，

$F'=k_px'\rightarrow x'=\frac{F'}{k_p}=\frac{6}{2/x}=3x$ 。

(6)**彈簧的分割**

彈簧的分割	等分為n段	分割為長度比a：b兩段
說明	將彈力常數為k的彈簧等分成n段，則每一小段之彈力常數 $k_n = nk$ 。 （視為n個彈簧串聯）	將彈力常數為k的彈簧分割成長度比為a：b的兩段，則此兩段的彈力常數分別為⇒ $\begin{cases} k_a = \dfrac{a+b}{a}k \\ k_b = \dfrac{a+b}{b}k \end{cases}$ 。 （串聯是任一彈簧的恢復力相同，$k_a a = k_b b = k(a+b)$ ）
圖示	k_n k_n k_n k_n 共n段	共a段 k_a　共b段 k_b

重要 2 力的合成與分解

(1)**力的三要素：**量值、方向及施力點。

(2)力為**向量**，以箭矢的長度表示力的大小；箭矢的方向表示力的方向，故分析處理上須符合向量運算。

(3)**力的合成：**

A. 兩力的合成

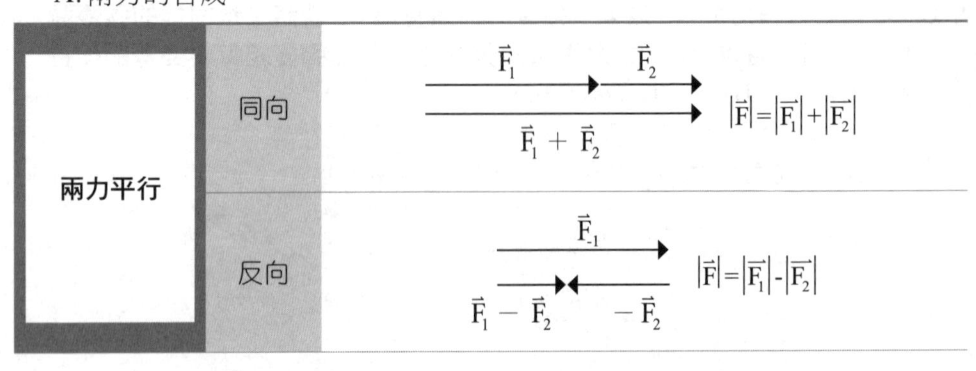

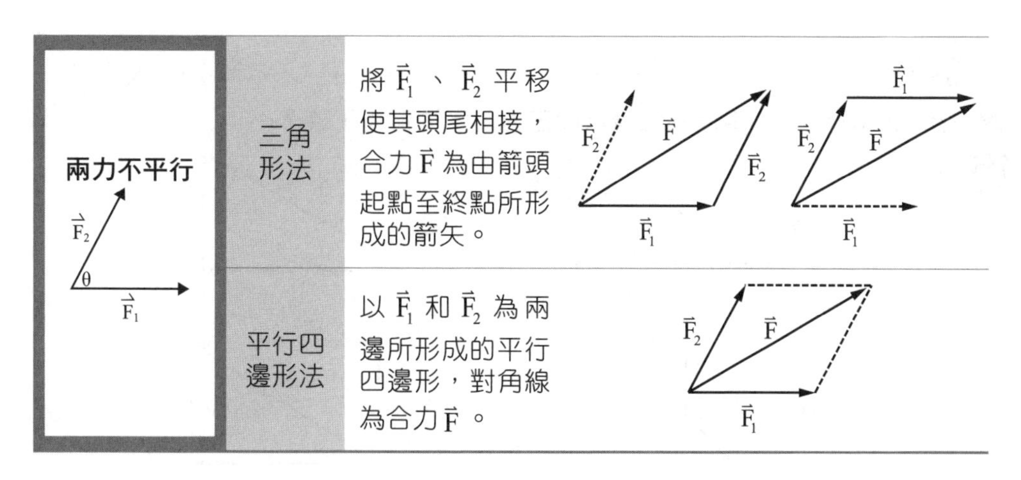

兩力不平行	三角形法	將 $\vec{F}_1$、$\vec{F}_2$ 平移使其頭尾相接，合力 $\vec{F}$ 為由箭頭起點至終點所形成的箭矢。
	平行四邊形法	以 $\vec{F}_1$ 和 $\vec{F}_2$ 為兩邊所形成的平行四邊形，對角線為合力 $\vec{F}$。

B.多力的合成：頭尾相接法

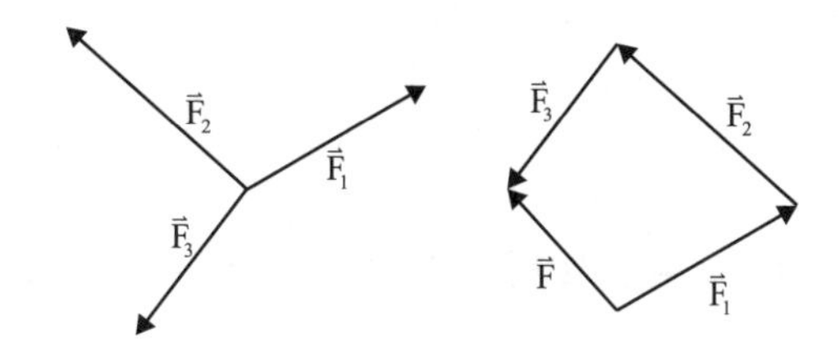

(4)**力的分解：**任一向量的分解有無窮多種方法，根據運動的獨立性，通常將力分解在兩相互垂直的方向上。

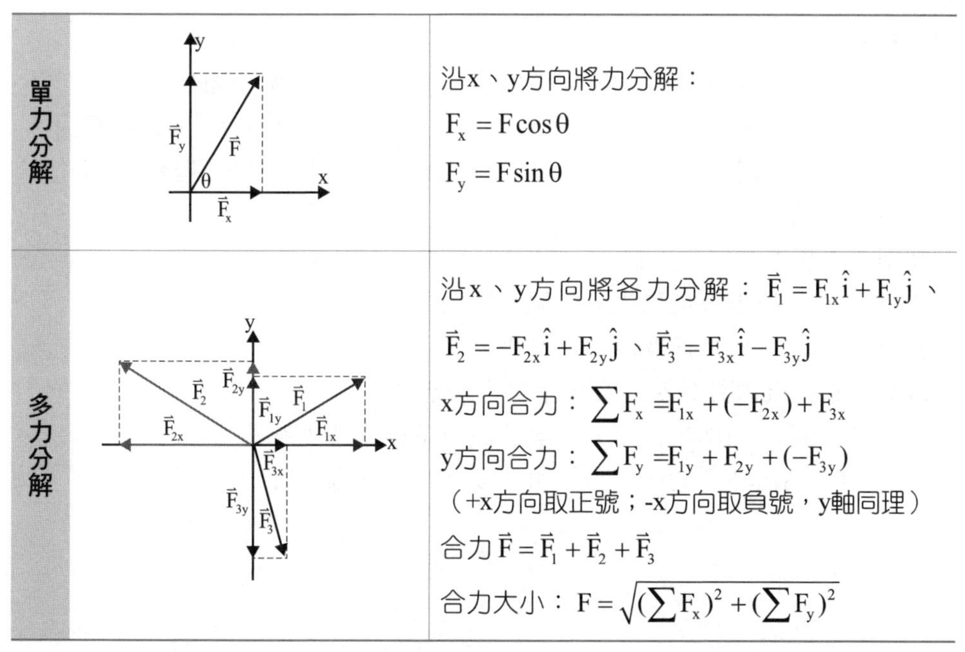

單力分解	沿x、y方向將力分解： $F_x = F\cos\theta$ $F_y = F\sin\theta$
多力分解	沿x、y方向將各力分解：$\vec{F}_1 = F_{1x}\hat{i} + F_{1y}\hat{j}$、$\vec{F}_2 = -F_{2x}\hat{i} + F_{2y}\hat{j}$、$\vec{F}_3 = F_{3x}\hat{i} - F_{3y}\hat{j}$ x方向合力：$\sum F_x = F_{1x} + (-F_{2x}) + F_{3x}$ y方向合力：$\sum F_y = F_{1y} + F_{2y} + (-F_{3y})$ （+x方向取正號；-x方向取負號，y軸同理） 合力 $\vec{F} = \vec{F}_1 + \vec{F}_2 + \vec{F}_3$ 合力大小：$F = \sqrt{(\sum F_x)^2 + (\sum F_y)^2}$

範例

f為f_1和f_2之合力，用作圖法表示此三力，下列何組正確？

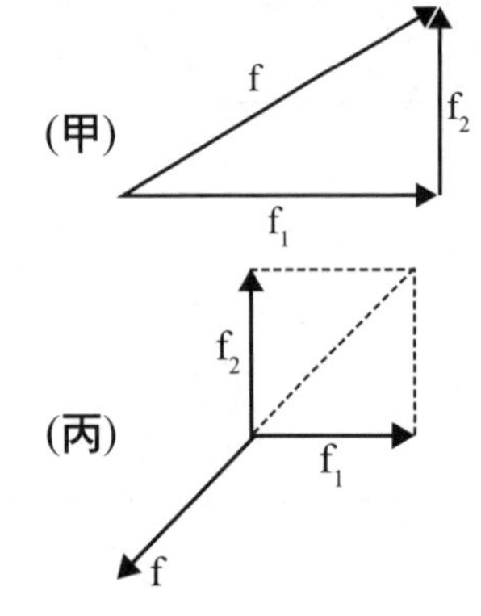

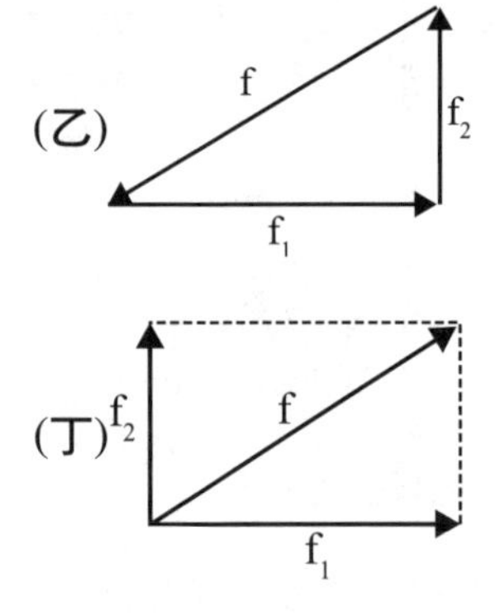

(A)甲乙 (B)乙丙 (C)甲丁 (D)丙丁。

答：(C)。

$\vec{f}=\vec{f_1}+\vec{f_2}$

力為向量，力的合成依照向量加法處理：三角形法、平行四邊形法。

3 力的種類

(1)**接觸力：**施力體與受力體必須接觸才能產生作用。

A. 繩張力：呈張緊的繩對施力者的反作用力，此力沿著繩的方向。

B. 正向力：存在於物體與接觸面之間，正向力與接觸面垂直且指離接觸面。

C. 摩擦力：物體與接觸面間作相對運動或有相對運動的趨勢時，平行於接觸面間會產生摩擦力。

(2)**超距力：**施力體與受力體不須接觸也能產生作用。

A. 重力：即物體與地球之間的萬有引力。

B. 電力：存在於電荷間的一種作用力。

(3)**以受力在系統內外分為（系統是自己決定的）**

A. 內力：系統內部的作用力，無法改變系統的運動狀態。

B. 外力：系統外部的作用力，可改變系統的運動狀態。

(4)**物體受力分析SOP**

A. 確定受力對象，即受力體。

B. 找出有哪些施力（包含超距力和接觸力）作用於受力體上。

C. 確定力的作用點畫出受力體的力圖。

重要 4 摩擦力

(1)當兩物體彼此接觸，且兩者有相對運動的現象或趨勢時，其接觸面間存在平行接觸面之摩擦力。

(2)**摩擦力的性質：**

A. 摩擦力與接觸面大小無關，與接觸面性質有關。

B. 摩擦力的方向可能與運動方向同向、反向或垂直。

(3)**摩擦力的種類**

摩擦力種類	靜摩擦力f_s	最大靜摩擦力$f_{s(max)}$	動摩擦力f_k
物體與接觸面	相對靜止		相對運動
大小	$f_s = F$ 隨外力而變	$f_{s(max)} = \mu_s N$ 定值（μ_s：靜摩擦係數，N：正向力）	$f_k = \mu_k N$ 定值（μ_k：動摩擦係數，N：正向力）
意義	阻止物體與接觸面產生**相對運動趨勢**之作用力	靜摩擦力的最大值，$F = f_{s(max)}$ 時，物體**恰啟動**。	阻止物體與接觸面產生**相對運動**之作用力
圖示	摩擦力f $f_{s(max)}$ f_k 最大靜摩擦力 動摩擦力 靜摩擦力 外力F		

(4)摩擦係數（μ）與接觸面間的粗糙度有關，依運動的性質，可分為靜摩擦係數μ_s和動摩擦係數μ_k，數值上$\mu_s > \mu_k$。

範例 3-4 難易度★☆☆

關於摩擦力的性質，下列敘述何者正確？ (A)物體置於粗糙的平面上必受摩擦力 (B)摩擦力的方向可能與物體的運動方向相同 (C)動摩擦力必小於靜摩擦力 (D)物體置於桌面上時，若物體與桌面間的接觸面積越大，則摩擦力越大。

答：**(B)**。

(A)×，視情況而定，當物體水平方向無外力作用時，無摩擦力作用。

(C)×，動摩擦力必小於最大靜摩擦力。

(D)×，摩擦力與接觸面積無關。

範例 3-5 難易度★☆☆

一10牛頓的物體與地面之最大靜摩擦係數為0.5，若在水平方向施以4牛頓的力時，則摩擦力為多少牛頓？ (A)5 (B)4 (C)3 (D)2。

答：**(B)**。

物體與地面的最大靜摩擦力

$f_{s(max)} = \mu_s N = \mu_s mg = 0.5 \times 10 = 5N > 4N$，

故物體仍靜止受靜摩擦力作用 $\Rightarrow f_s =$ 水平施力 $= 4N$。

重點2 靜力平衡

Check! □□□

1 移動平衡

(1)**移動平衡：**物體所受合力為零，則物體會靜止或作等速運動 $\Rightarrow \sum \vec{F} = 0$。

(2)**二力平衡：**二力大小相等、方向相反，且作用在同一條直線上。若不是作用在同一直線，則會造成轉動的現象。

重要 (3)**三力平衡（不共線）**

A. 三力必**共平面**，且三力的作用線或其延長線必相交於同一點。

B. 任兩力的合力其量值等於第三力且方向相反，作用在同一直線上。

C. 向量平移三力可箭矢頭尾相接，圍成一封閉三角形。依據三角形性質，任兩力的大小和必大於第三力。

D. 拉密定理（正弦定理）：$\dfrac{F_1}{\sin\theta_1}=\dfrac{F_2}{\sin\theta_2}=\dfrac{F_3}{\sin\theta_3}$ 。

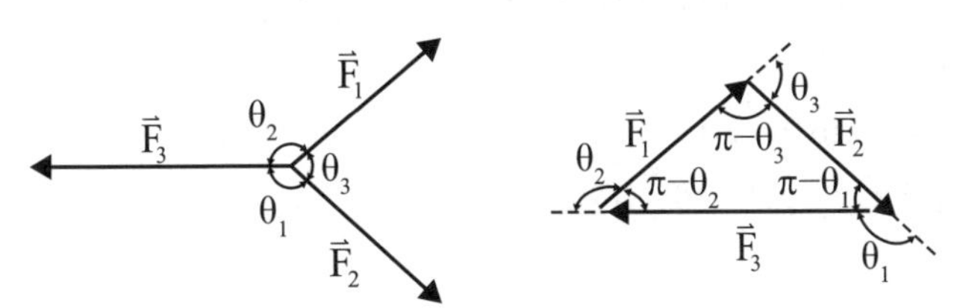

(4)**多力平衡：**將物體的受力分解在相互垂直的x、y方向上，且水平與鉛直方向分開討論。

範例 3-6　難易度★★☆

一條100cm長的細繩，在其下端繫上重量大於30N的重物會將其扯斷。今若將細繩對摺，並在摺疊處掛上30N的重物，而用手拉住細繩之兩端，慢慢往左、右兩邊張開，欲使細繩不被扯斷，則細繩兩端最多可被拉開至相距幾cm？　(A)25　(B)50　(C) $50\sqrt{3}$　(D)100　cm。

答：**(C)**。

設繩張力T，且 $T_{max}=30N$，

水平方向力平衡：$T\cos\theta=T\cos\theta$

鉛直方向力平衡：$2T\sin\theta=30$，

當 $T_{max}=30N$，得 $\sin\theta=\dfrac{1}{2}\Rightarrow\theta=30^\circ$ 。

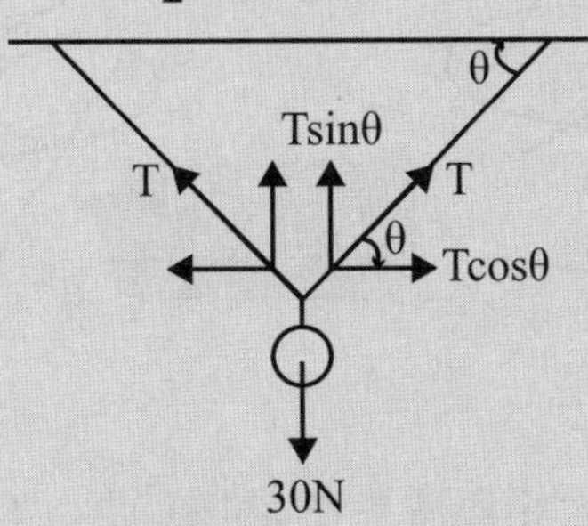

如圖所示，繩兩端最多可被拉開距離 $\ell=2\times25\sqrt{3}=50\sqrt{3}\text{cm}$

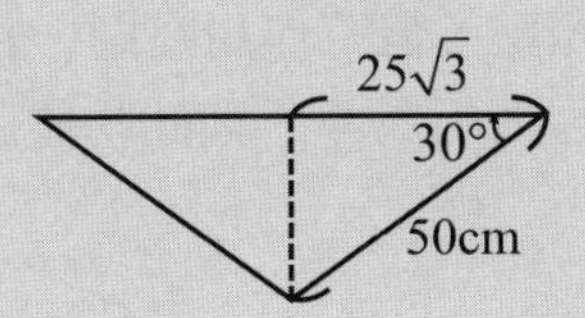

2 轉動平衡

(1)**力矩 τ：**當物體因受力而使其轉動的難易程度之物理量。

A. 定義：$\vec{\tau} = \vec{r} \times \vec{F}$

B. 大小：$\tau = rF\sin\theta = Fd$

$\begin{cases} \vec{r}:\text{支點至施力點的位置向量} \\ \vec{F}:\text{施力} \\ \theta:\vec{r}\text{與}\vec{F}\text{的夾角} \\ d:\text{力臂(支點至力作用線的垂直距離)} \end{cases}$

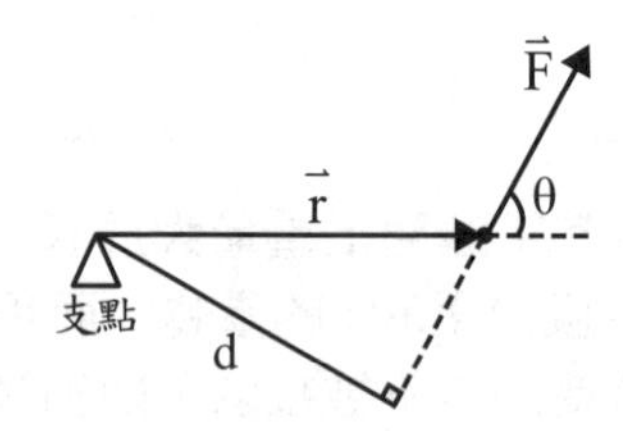

C. 單位：公尺・牛頓（m・N）

D. 方向：依右手螺旋定則判斷，使物體逆時針轉動的力矩為正；使物體順時針轉動的力矩為負。

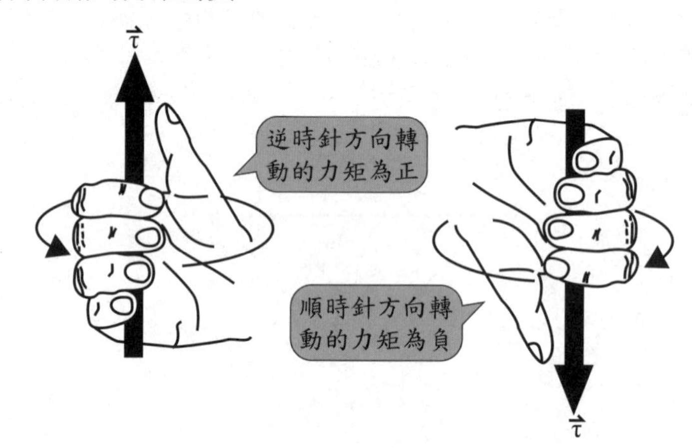

E. 力矩性質：力矩的大小與支點的選擇有關，但若達平衡時不論選擇哪個支點，合力矩皆為零。

(2)**力偶：**大小相等、方向相反，但不作用在同一直線上的兩力。

(3)**轉動平衡：**物體所受的合力矩為零，則此物體就不會轉動或作等角速度的轉動⇒$\sum\vec{\tau} = 0$。

範例 3-7　難易度★★☆

水平地面上放置一密度不均勻的直桿AB，長為4m，欲將A端提起，最少需64kgw；欲將B端提起，最少需80kgw。桿的質量為？

(A)144　(B)72　(C)80　(D)14.7　kg。

答：**(A)**。設重心距離A端x公尺、直桿質量m、重力加速度g。

以B端為支點，合力矩為零：$64g\times4\cos\theta = mg(4-x)\cos\theta \cdots$ ①

以A端為支點，合力矩為零：$80g\times4\cos\theta' = mg\cdot x\cdot\cos\theta' \cdots$ ②

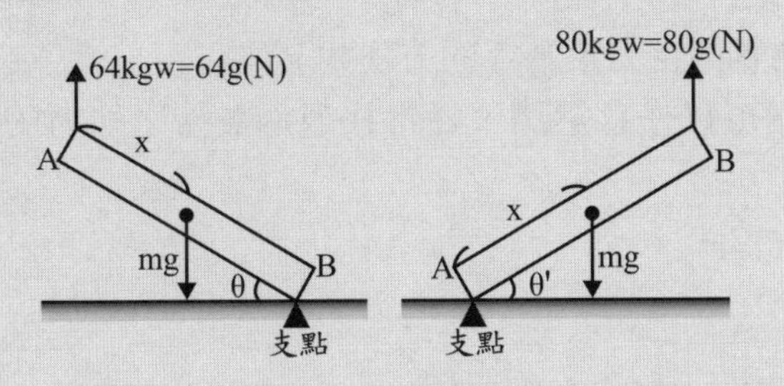

①②相除 $\Rightarrow \frac{64}{80}=\frac{4}{5}=\frac{4-x}{x}$，$x=\frac{20}{9}$ m 代入②→ $m=16\times9=144$ kg

範例 3-8　難易度★★☆

下圖所示，用兩條不可伸長的繩子T_1、T_2，使一質量均勻分布的平台懸吊成水平，平台上甲至庚的每一區塊寬度都相同，平台和繩子的質量可忽略。若小黑的體重為70公斤重，而每條繩子最多只能施力50公斤重，則小黑站在平台上的哪些區塊是安全的？

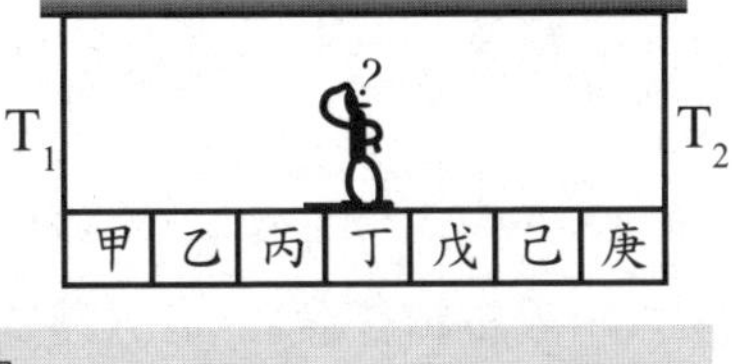

(A)只有丙、丁、戊

(B)只有丁

(C)只有乙、丙、丁、戊、己

(D)所有區塊。

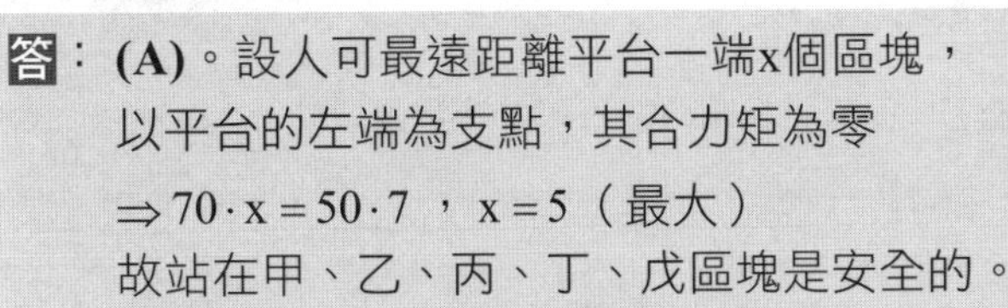

答：**(A)**。設人可最遠距離平台一端x個區塊，

以平台的左端為支點，其合力矩為零

$\Rightarrow 70\cdot x = 50\cdot 7$，$x=5$（最大）

故站在甲、乙、丙、丁、戊區塊是安全的。

同理，以平台右端為支點，

得丙、丁、戊、己、庚區塊是安全的。

取交集，只有站在丙、丁、戊區塊才安全。

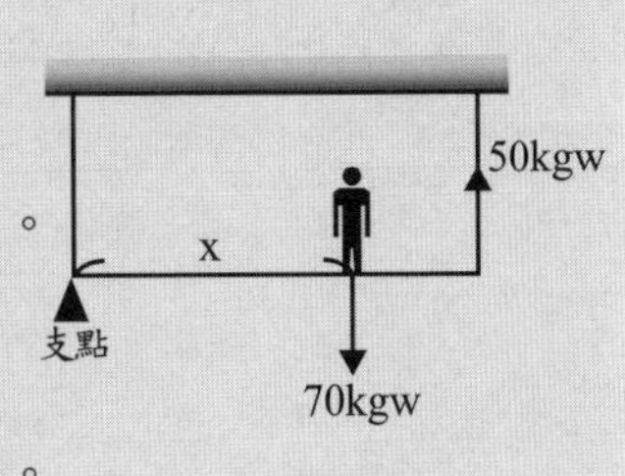

重要 3 靜力平衡

(1)**靜力平衡條件：**同時處於$\begin{cases}\text{移動平衡} \rightarrow \sum \vec{F} = 0 \\ \text{轉動平衡} \rightarrow \sum \vec{\tau} = 0\end{cases}$，且處於靜止狀態。

(2)**靜力平衡解題**SOP

A. 圈選出待分析的物體或系統。

B. 畫出受力體的力圖，標出大小與方向，未知力以代號表示。

C. 選擇一適當之直角坐標。

D. 寫下合力為零與合力矩為零的方程式。

E. 力矩的支點可以任意選擇，通常找通過最多未知力的作用點為支點最理想。

F. 解聯立的方程式。

範例 3-9　難易度★★☆

有一均質木棒重量為W，倚靠於光滑牆面上，於木棒的下端接地處施一水平作用力F，使棒與水平地面夾37°角而平衡，如右圖所示，則此平行地面作用於木棒之力F的大小為多少？

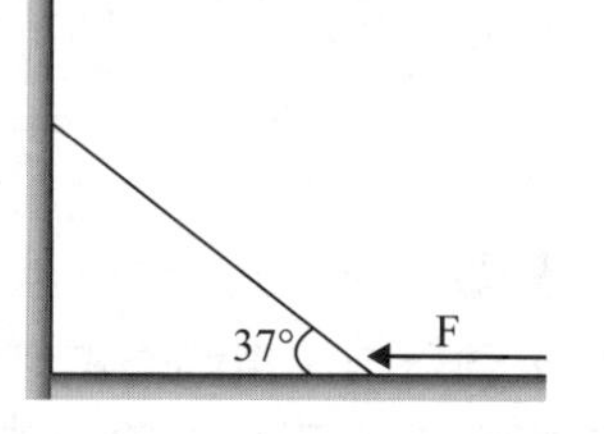

(A) $\frac{\sqrt{13}}{3}W$ (B) $\frac{2\sqrt{3}}{5}W$ (C) $\frac{3}{2}W$ (D) $\frac{2}{3}W$。

答：**(D)**。

靜止木棒處於靜力平衡，

故合力為零、合力矩為零。

$\sum \vec{F} = 0 \begin{cases}x\text{方向 } F = N' \\ y\text{方向 } W = N\end{cases}$

設木棒長度L，以A為支點

$\sum \vec{\tau} = 0$，$W \cdot \frac{L}{2} \cdot \cos 37^\circ = N' \cdot L \cdot \sin 37^\circ \Rightarrow N' = \frac{2}{3}W = F$

4 靜力學應用實例

(1)**槓桿的分類**

槓桿	第一種槓桿	第二種槓桿	第三種槓桿
中間位置為	支點	抗力點	施力點
圖示	施力　抗力 支點	抗力 施力 支點	施力 抗力　支點
功能	省時或省力	省力但費時	省時但費力
實例	剪刀	開瓶器、大型釘書機	掃把、鑷子、麵包夾

(2)**斜面：**若欲利用斜面將重量mg的物體升高到不同高度，不計摩擦力的影響，所需推力$F=mg\sin\theta<mg$。但至相同的高度處的物體在斜面移動的長度比上升的鉛直高度更長，故斜面是省力但費時的工具。

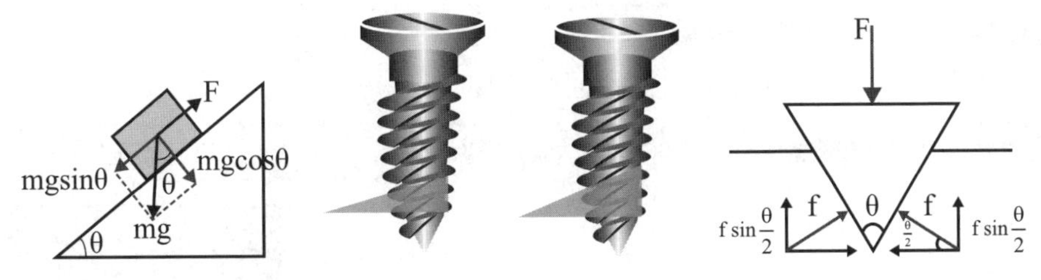

(3)**斜面的應用**

A. 螺旋：若將斜面圍繞在圓柱上則形成螺旋，常見於螺釘、螺旋起重機等工具。

B. 劈：若將兩個斜面結合在一起，則形成劈。為一縱切面為三角形的剛硬物體，可用來劈開物體，常見於斧頭、刀子等工具。

$\Rightarrow F=2f\sin\frac{\theta}{2}$（F：施力、f：抗力），劈的頂角θ愈小，愈省力。

(4)**輪軸**：為兩個半徑大小不同，有共同轉動軸心的圓柱體所組成，其中半徑較大的稱為輪，半徑較小的稱為軸，其運作方式與支點在中間的槓桿原理相同。依據轉動平衡，合力矩為零 ⇒ $F \times R = W \times r$ 。

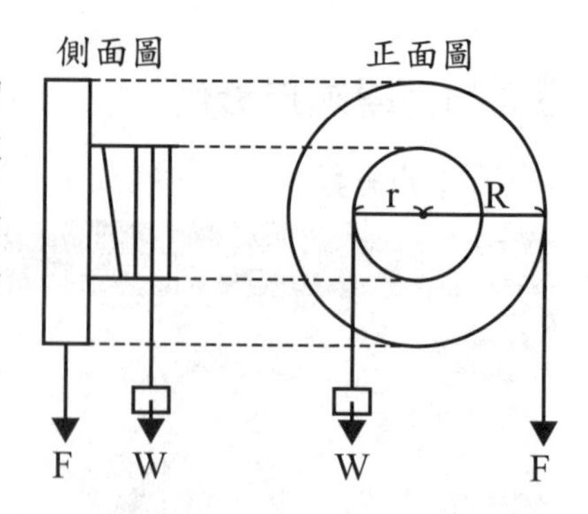

重點 3 重心與質心

Check! □□□

1 重心G

(1)**重心**：系統各質點所受重力之合力的作用點，物體重量的集中點。

(2)**重心重量**：重心所受重力大小等於物體重量 ⇒ $W_G = \sum W_i$ 。

(3)**重心的意義**

A. 重心所受重力 = 所有質點所受的重力和 = 物體的總重量。

B. 重心所受的力矩 = 所有質點所產生的力矩和。

重要 (4)**在均勻重力場中重心位置**

A. 形狀規則的均質物體：在幾何中心處。

形狀規則的均質物體	在均勻重力場中重心位置	圖示
矩形板	二對角線交點	
圓形板或環重心	圓心或環心	
三角形板狀	三角形重心 （即中線的交點）	

B. 形狀不規則物體：在物體任取兩點用線懸吊，則經此兩點之鉛垂線的交點處即為重心位置。

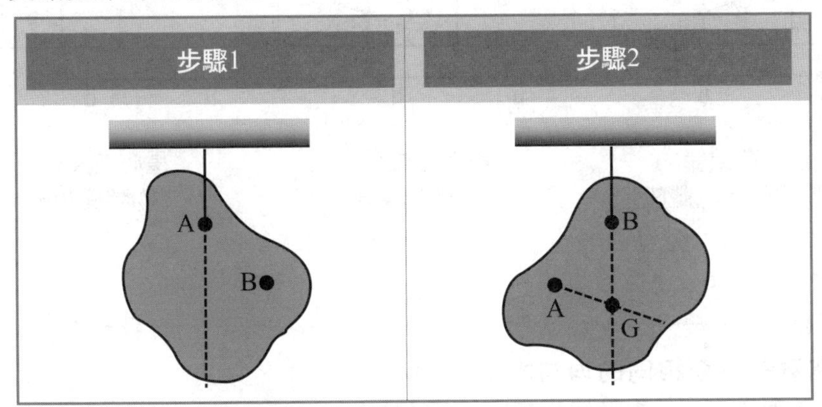

必背 (5) **多質點系統的重心位置坐標**(x_G, y_G, z_G)

$$\Rightarrow \begin{cases} x_G = \dfrac{W_1x_1 + W_2x_2 + W_3x_3 + \ldots}{W_1 + W_2 + W_3 + \ldots} = \dfrac{\sum W_i x_i}{\sum W_i} \\ y_G = \dfrac{W_1y_1 + W_2y_2 + W_3y_3 + \ldots}{W_1 + W_2 + W_3 + \ldots} = \dfrac{\sum W_i y_i}{\sum W_i} \\ z_G = \dfrac{W_1z_1 + W_2z_2 + W_3z_3 + \ldots}{W_1 + W_2 + W_3 + \ldots} = \dfrac{\sum W_i z_i}{\sum W_i} \end{cases}$$

或 $\vec{r}_G = \dfrac{W_1\vec{r}_1 + W_2\vec{r}_2 + W_3\vec{r}_3 + \ldots}{W_1 + W_2 + W_3 + \ldots} = \dfrac{\sum W_i \vec{r}_i}{\sum W_i}$

(6) **重心的特性**

A. 重心位置只有一個，重心處不一定要有質點，可在物體的內部或外部。

B. 重心位置與坐標原點選擇無關。

C. 在均勻重力場中，物體的重心不因物體位置或方向的改變而改變其位置。

D. 在均勻重力場中，形狀規則之均質物體，其重心在其幾何中心處。

E. 以物體的重心當支點，其合力矩為零。

F. 在無重力場處，重心無意義。

(7) **重心與平衡：** 通過物體重心的鉛垂線如超出底面範圍外，則因重力產生力矩，會使物體旋轉而傾倒，故若欲使物體保持平衡，重心不能超過底部支撐範圍。

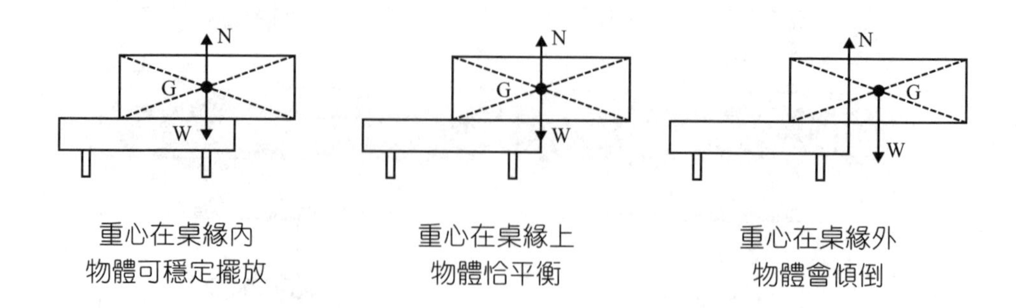

範例 3-10

難易度★☆☆

三個重量完全相同的均勻木塊A、B、C，長度均為L，依序相疊如圖。當A木塊相對於B木塊突出長度 $\frac{L}{2}$，在能保持平衡的條件下，求x的最大值為何？

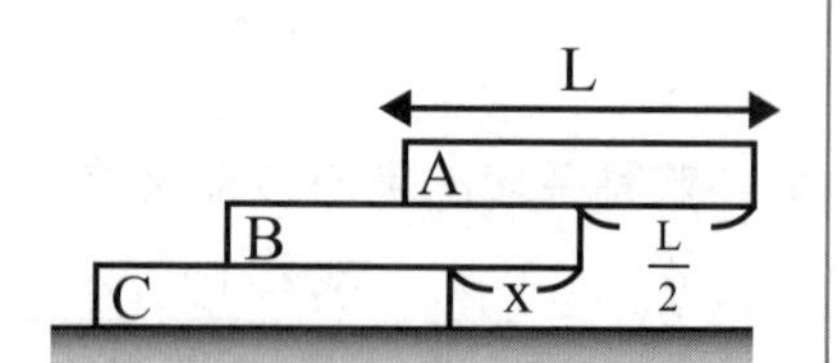

答：$\frac{L}{4}$。

A木塊的重心恰在B木塊的邊緣呈平衡狀態，欲求x的最大值，故A+B合體的重心位置需恰在C木塊的邊緣。

設 $w_A = w_B = w_C = w$

$$x_G = \frac{w_A x_A + w_B x_B}{w_A + w_B} = \frac{w \cdot (L + x) + w \cdot (x + \frac{L}{2})}{2w} = L，$$

$$L + x + x + \frac{L}{2} = 2L \Rightarrow x = \frac{L}{4}$$

(8)**平衡的種類**

A. 穩定平衡：物體受外力擾動時，重心會升高，重心仍在底面範圍內，物體因重力矩而恢復原狀（如：不倒翁）。

B. 不穩定平衡：物體受外力擾動時，重心會降低，重心在底面範圍外，物體會傾倒。

C. 隨遇平衡：物體稍微移動時，重心高度不變，物體會在新位置平衡。

2 質心C

(1)**質心：**系統中所有質點質量的集中點，此點可以代表該物體整體的運動。

(2)**質心的質量：**為各質點的質量和 $\Rightarrow M_C = \sum m_i$ 。

必背 (3)**多質點系統的質心位置坐標** (x_C, y_C, z_C)

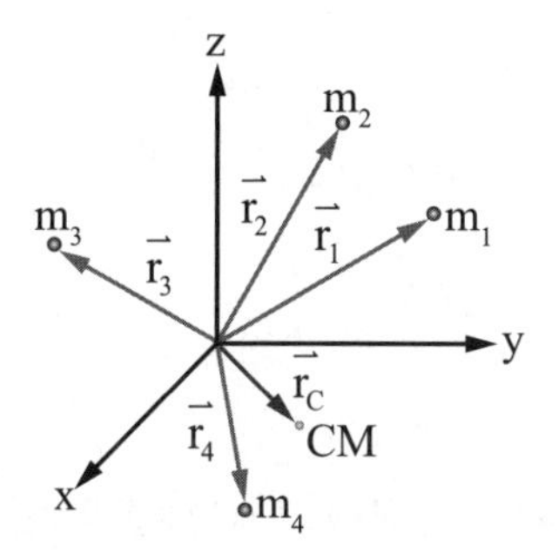

$$\Rightarrow \begin{cases} x_C = \dfrac{m_1x_1 + m_2x_2 + m_3x_3 + \dots}{m_1 + m_2 + m_3 + \dots} = \dfrac{\sum m_i x_i}{\sum m_i} \\ y_C = \dfrac{m_1y_1 + m_2y_2 + m_3y_3 + \dots}{m_1 + m_2 + m_3 + \dots} = \dfrac{\sum m_i y_i}{\sum m_i} \\ z_C = \dfrac{m_1z_1 + m_2z_2 + m_3z_3 + \dots}{m_1 + m_2 + m_3 + \dots} = \dfrac{\sum m_i z_i}{\sum m_i} \end{cases}$$

或 $$\vec{r}_C = \frac{m_1\vec{r}_1 + m_2\vec{r}_2 + m_3\vec{r}_3 + \cdots}{m_1 + m_2 + m_3 + \cdots} = \frac{\sum m_i \vec{r}_i}{\sum m_i}$$

(4)質心的性質

A. 質心位置只有一個，質心處不一定要有質點，可在物體的內部或外部。

B. 質心位置與坐標原點選擇無關。

C. 物體的質心不因物體位置或方向的改變而改變其位置。

D. 形狀規則之均質物體，其質心在其幾何中心處。

E. 在均勻重力場中重心與質心位置重合。

F. 在無重力場處，質心仍存在。

範例 3-11 難易度★★☆

質量m_1**、長**4R**之均質木棍與質量為**m_2**、半徑為**R**之圓球緊密接合，如右圖所示，則此系統之質心與球心**O**之距離為：**

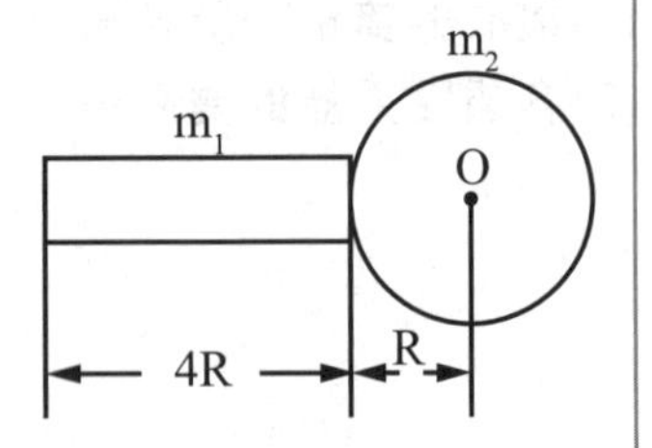

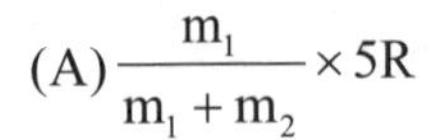
(A) $\dfrac{m_1}{m_1+m_2}\times 5R$ (B) $\dfrac{m_2}{m_1+m_2}\times 5R$

(C) $\dfrac{m_1}{m_1+m_2}\times 3R$ (D) $\dfrac{m_2}{m_1+m_2}\times 3R$

答：**(C)**。

設系統質心與球心O之距離x，以O為參考點

由 $x_C=\dfrac{\sum m_i x_i}{\sum m_i}\rightarrow x=\dfrac{m_1\cdot 3R+m_2\cdot 0}{m_1+m_2}=\dfrac{m_1}{m_1+m_2}\times 3R$

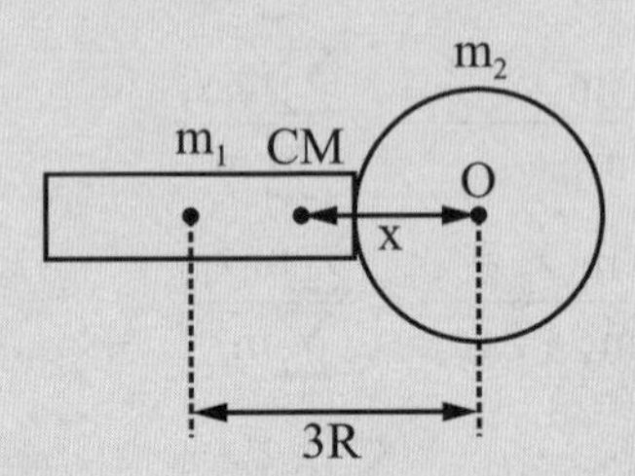

主題 2　牛頓運動定律

關鍵重點

慣性、牛頓第二運動定律、$\sum\vec{F}=\sum m\vec{a}$、連接體、假想力、作用力與反作用力

重點 1　牛頓第一定律

Check! □□□

1　慣性

(1)**對力的看法**

A. **亞里斯多德**認為力是**維持**物體的運動狀態。（錯誤！）

B. **伽利略**認為力是**改變**物體運動狀態。

(2)**慣性：**物體不受外力時，仍保持原來運動狀態的性質，是物體固有的性質。

(3)**慣性的大小：**以質量表示

A. 質量大的物體不易改變運動狀態→慣性大。

B. 質量小的物體易改變運動狀態→慣性小。

2　牛頓第一運動定律

(1)**牛頓第一運動定律：**物體不受外力或所受合力為零，靜者恆靜、動者恆作等速運動。

(2)**生活中的常見慣性現象**

A. 搭乘汽車時，若汽車突然開動，人體向後仰；而當汽車突然停止時，人體向前衝。

B. 甩動雨傘除去傘上的水；手拍衣服可去除灰塵。

C. 等速前進的車中，上拋一球仍會回到手中。

D. 刀柄鬆脫，只須將柄在地上一擊，刀就會嵌入柄中。

重點2 牛頓第二定律

Check! □□□

1 牛頓第二運動定律

(1)**牛頓第二運動定律：**物體的加速度與合力成正比，與其質量成反比，且加速度方向與合力方向相同 ⇒ $\sum \vec{F} = m\vec{a}$ 。

物理量	力（F）	質量（m）	加速度(a)
SI制單位	牛頓（N）	公斤（kg）	公尺/秒^2（m/s^2）

註：1牛頓為使1公斤物體產生$1m/s^2$的加速度。
僅適用於慣性坐標系中的低速運動物體（小於光速）。

3-12 難易度★☆☆

範例 **今有兩個方向相反的作用力，其量值分別為16N與12N，同時作用在一靜止的物體上，若作用過程中，此物體產生加速度的量值為$1m/s^2$，則此物體的質量為多少kg？** (A)1 (B)2 (C)4 (D)8。

答：(C)。

根據牛頓第二運動定律：$\sum \vec{F} = m\vec{a}$

$16-12 = m\times 1 \Rightarrow m = 4kg$

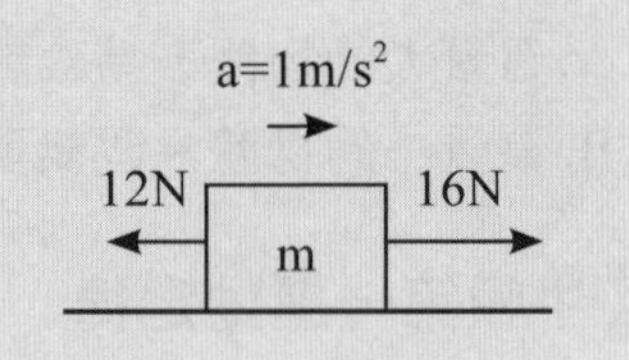

(2)**慣性質量（m_i）與重力質量（m_g）**

質量	慣性質量（m_i）	重力質量（m_g）
測量方式	藉由牛頓第二運動定律所計算求得的質量，為所受合力與產生加速度之比值。	藉由天平所測得的質量。
數學式	$m_i = \frac{F}{a}$	$W = m_g g$

註：重力質量只在有重力場的地方才可測量出來。相同單位下，同一物體的慣性質量與重力質量相同。

(3)**牛頓第二定律解題SOP**

A. 確認受力物：視需求可分析個體或全體。

B. 畫受力圖：找尋被分析物體所受的所有力（超距力與接觸力）。

C. 力的分解：按運動的獨立性，將受力分解為兩個垂直方向的分量，而方向的選擇依據物體的運動狀態決定。

D. 列方程式：

a. 若物體在某方向為靜止或作等速運動 $\Rightarrow \sum \vec{F}=0$。

b. 若物體在某方向作等加速運動 $\Rightarrow \sum \vec{F}=m\vec{a}$。

E. 解方程式：若有N個未知數，則須有N個方程式才能求解。

範例 3-13　難易度★★☆

一汽球載有沙包6包時，以加速度a垂直下降，載有沙包3包，以速度a垂直上升，若不計汽球質量及沙包之浮力，則欲其不升降應載沙包： (A)2包 (B)3包 (C)4包 (D)5包。

答：**(C)**。

設氣球浮力為F、沙包質量為m

載沙包6包時：6mg－F=6ma…①

載沙包3包時：F－3mg=3ma…②

F　F　a　a　6mg　3mg

①＋②$\Rightarrow a=\dfrac{g}{3}$、F=4mg，故欲氣球不升降應載4包沙包。

2 牛頓第二運動定律之題型討論

(1)**非光滑固定斜面**

運動方向	物體上滑	物體下滑
分析	$\sum \vec{F}=mg\sin\theta+f_k=ma$ 又 $f_k=\mu_k N=\mu_k mg\cos\theta$ $\Rightarrow a=g(\sin\theta+\mu_k\cos\theta)$ ↙	$\sum \vec{F}=mg\sin\theta-f_k=ma$ 又 $f_k=\mu_k N=\mu_k mg\cos\theta$ $\Rightarrow a=g(\sin\theta-\mu_k\cos\theta)$ ↙

運動方向	物體上滑	物體下滑
說明	物體沿斜面上滑減速	物體沿斜面下滑加速
圖示	N, v, mgsinθ, $\mu_k N$, mg, mgcosθ, θ	N, $\mu_k N$, v, mgsinθ, mg, mgcosθ, θ 恰等速下滑 $a=0 \Rightarrow \mu_k = \tan\theta$

(2)**阿特午機（以下討論皆忽略滑輪的質量及繩子與滑輪間的摩擦力）**

A. 定滑輪：

a. 用於**改變力的方向，但不省力**。

b. 兩側繩子的張力、位移、速度、加速度**大小相等方向相反**。

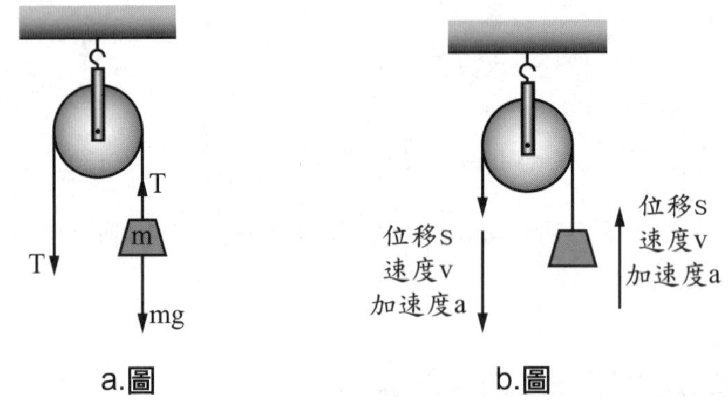

a.圖　　b.圖

■ 範例說明（右圖）：（ $m_1 > m_2$ ）

①分析 $m_1 + m_2$ 系統，張力T為系統內力

$$m_1 g - m_2 g = (m_1 + m_2)a \Rightarrow a = \frac{m_1 - m_2}{m_1 + m_2} g$$

②分析 m_1

$$m_1 g - T = m_1 a = m_1 \frac{m_1 - m_2}{m_1 + m_2} g \Rightarrow T = \frac{2m_1 m_2}{m_1 + m_2} g$$

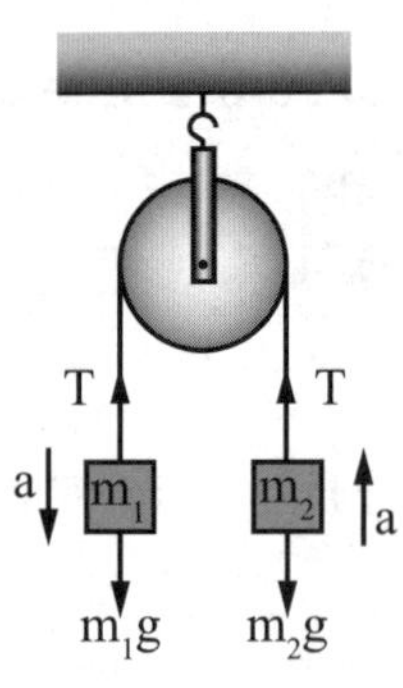

B. 動滑輪：

a. **無法改變力的方向，但可省力。**

b. 繞過動滑輪的繩子其張力為固定在動滑輪上繩子的 $\frac{1}{2}$ 倍，但位移、速度、加速度的大小為**兩倍方向相反**。

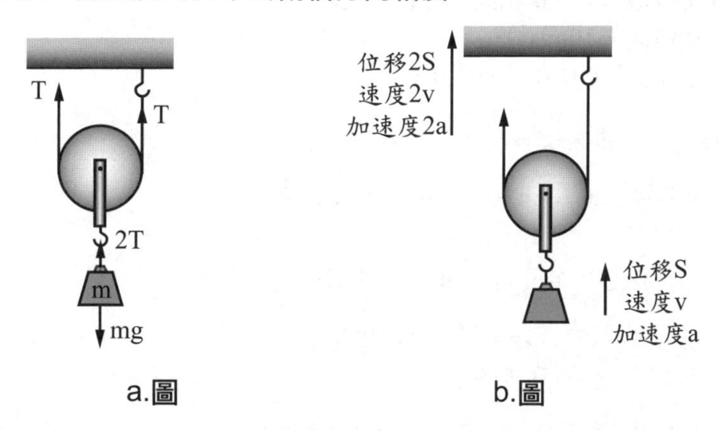

a.圖　　b.圖

C. 滑輪組：將動滑輪與定滑輪組合使用，達方便操作與省力的目的。

■ 範例說明（右圖）：（ $m_1 > 2m_2$ ）

設 $T_B = T$ ， $T_A = 2T$ ，已知 $a_2 = 2a_1$

分析 m_1 ： $m_1g - 2T = m_1a_1 \cdots$ ①

分析 m_2 ： $T - m_2g = m_2a_2 = 2m_2a_1 \cdots$ ②

①②解聯立 $\Rightarrow a_1 = \frac{m_1 - 2m_2}{m_1 + 4m_2}g$

$\Rightarrow T_A = \frac{6m_1m_2}{m_1 + 4m_2}g$ 、 $\Rightarrow T_B = \frac{3m_1m_2}{m_1 + 4m_2}g$

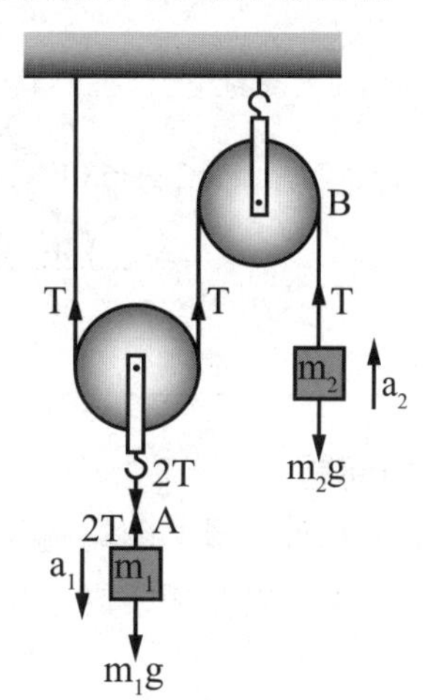

範例 3-14

難易度★★☆

甲乙兩物體的質量各為1.0kg 和4.0kg，以細繩連接，跨過質量可不計的滑輪，置於兩個斜角均為30° 的光滑長斜面上，如右圖所示。若兩物體自靜止釋放，乙物體的加速度為多少m/s^2？（設重力加速度為$10m/s^2$）

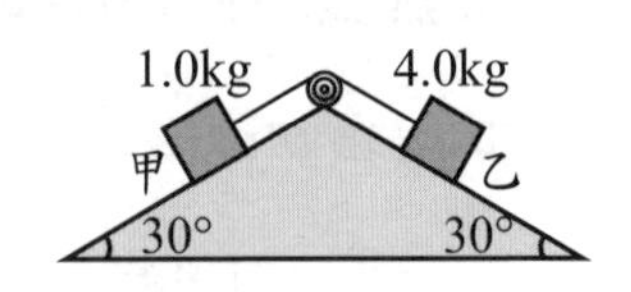

(A)6.0 (B)3.0 (C)1.0 (D)5.0。

答：**(B)**。

甲的下滑力 $F_{甲} = m_{甲}g \cdot \sin 30^\circ = 1 \times 10 \times \frac{1}{2} = 5N$

乙的下滑力 $F_{乙} = m_{乙}g \cdot \sin 30^\circ = 4 \times 10 \times \frac{1}{2} = 20N$

（∵是定滑輪 ∴只改變力的方向）

分析（甲+乙）系統的加速度，

$\sum \vec{F} = 20 - 5 = (m_{甲} + m_{乙})a = 5a$，$a = 3m/s^2$

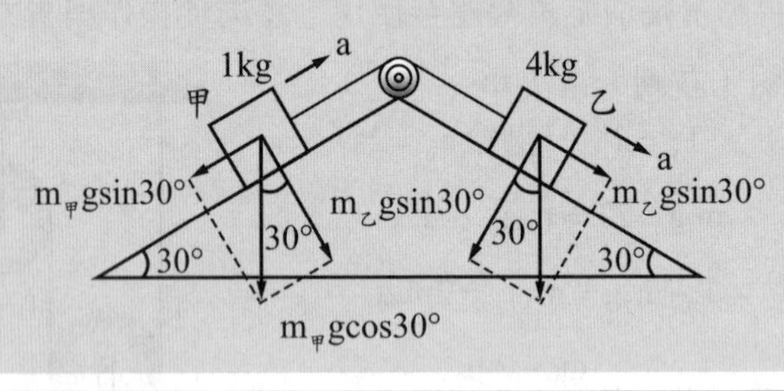

(3)**張力問題**

A. 輕（細）繩：忽略繩子的質量。

同條輕繩上任一處之張力大小相等，方向視討論對象而定。

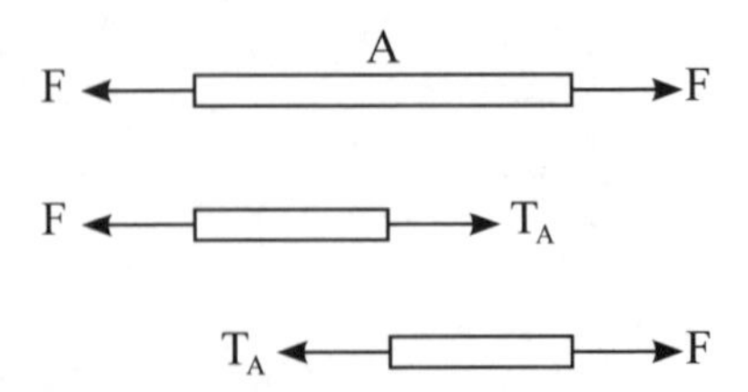

B. 重（粗）繩：需考慮繩子的質量。

a. 當重繩靜止或作等速運動時：同條重繩上任一處之張力大小相等，方向視討論對象而定。

b. 當重繩作等加速運動時：同條重繩上任一處之張力大小均不同，需利用牛頓第二運動定律分析。

說明：求重繩C點的張力，設重繩質量為m

當 $F > f$ ，$\sum \vec{F} = m\vec{a}$ ，$F - f = ma \rightarrow a = \dfrac{F-f}{m}$

$$F - T_C = (\frac{x}{L}m)\cdot a = (\frac{x}{L}m)\cdot\frac{F-f}{m} = \frac{(F-f)x}{L}$$

$$\Rightarrow T_C = F - \frac{(F-f)x}{L}$$

(4)**連結體：**如圖所示，連結體是把幾個物體組成一系統，物體間的連接方式可以直接疊放、排擠或用繩、彈簧等來連接。

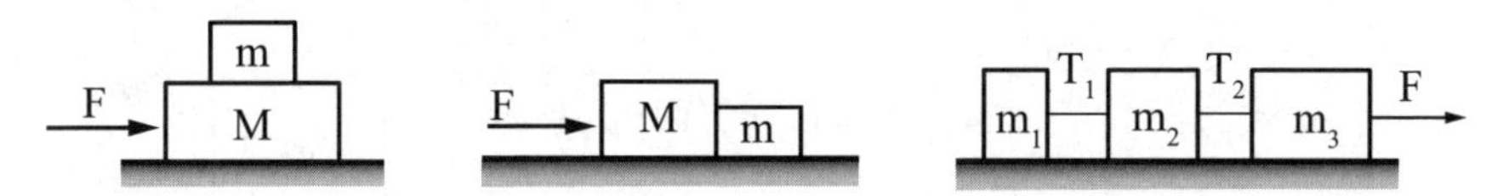

■ 解題方法：

討論情況：兩木塊質量分別為m_1、m_2，至於光滑水平面上以細繩連接，向右施水平力F作用於m_2，求連結體的加速度a和繩張力T。

a. 先分析系統(m_1+m_2)，此時繩張力T為系統內力，不影響系統的運動。

連接體所受的合力F=(m_1+m_2)a，故加速度 $a = \dfrac{F}{(m_1+m_2)}$ 。

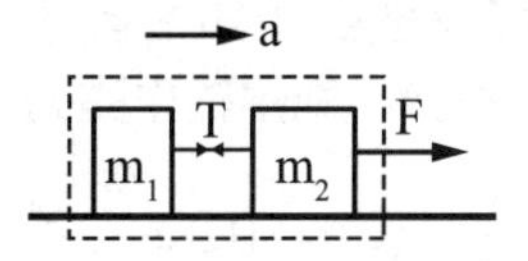

b. 取 m_1 或 m_2 為系統，依據牛頓第二定律分析求繩張力。

分析 m_1 ：$\sum F = T = m_1 a = \dfrac{m_1 F}{(m_1+m_2)}$

分析 m_2 ：$\sum F = F - T = m_2 a = \dfrac{m_2 F}{(m_1+m_2)} \Rightarrow T = \dfrac{m_1 F}{(m_1+m_2)}$ 。

範例 3-15

難易度★☆☆

質量分別為M與m的兩物體，並排放在光滑水平面上，今以水平力F作用於物體M上，如右圖所示，則二物體之間作用力的量值為何？

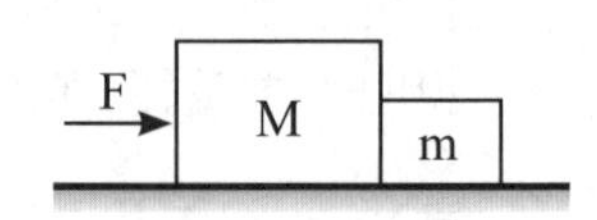

答：$\dfrac{mF}{M+m}$。

(1) 分析M + m：

連結體的加速度，由牛頓第二定律

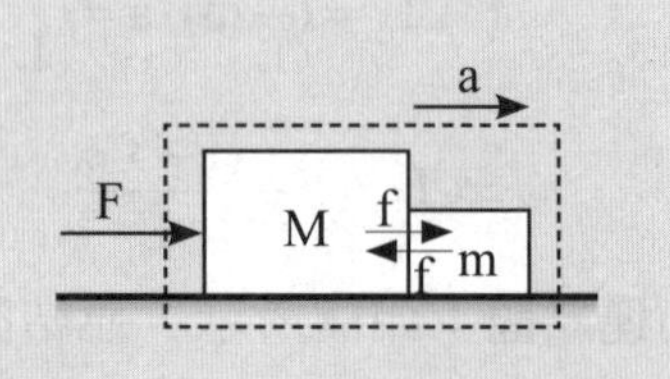

$$F=(M+m)a \rightarrow a=\frac{F}{M+m}$$

設二物體間的作用力f

(2) 分析m：

m所受的合力，即二物體間的作用力f

根據牛頓第二運動定律等於質量乘加速度

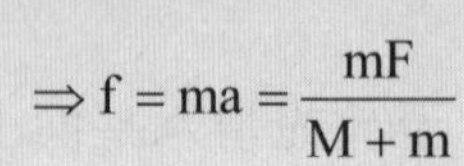

$$\Rightarrow f=ma=\frac{mF}{M+m}$$

範例 3-16

難易度★★☆

三木塊質量均為m置於光滑桌面上，以細繩串連，受拉力F而向右作等速運動（如右圖所示）。設細繩質量可以忽略不計，則兩繩中張力之比T_1/T_2為？ (A)$\frac{1}{3}$ (B)$\frac{1}{2}$ (C)1 (D) 2。

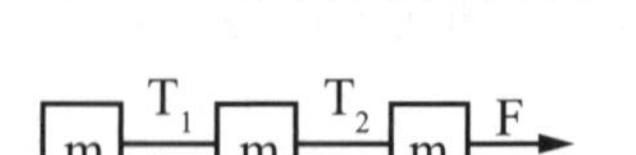

答：**(B)**。

(1)以三木塊為系統，求連結體的加速度a

$$\sum F=F=(m+m+m)a=3ma \text{，} a=\frac{F}{3m}$$

(2)分析m：$T_1=ma$

(3)分析m+m：$T_2=2ma$

$$\Rightarrow \frac{T_1}{T_2}=\frac{1}{2}$$

(5)**加速座標系與假想力**

A. 參考座標系 $\begin{cases}\text{慣性座標系：靜止或作等速運動的座標系統。}\\ \text{加速座標系：加速度運動的座標系統。}\end{cases}$

B. 假想力：當觀察者處在加速座標系中，所觀察到物體的運動與處在慣性座標系中的觀察者不同，需引入假想力修正，在慣性座標系中此力並不存在。

C. 特性：假想力只有受力體而沒有施力體，因無反作用力，故不適用於牛頓第三運動定律。

D. $\vec{F}_{假}$ = (被觀察物的質量)×(−觀察者加速度) = $-m\vec{a}$

（負號表示假想力的方向與觀察者加速度方向相反）

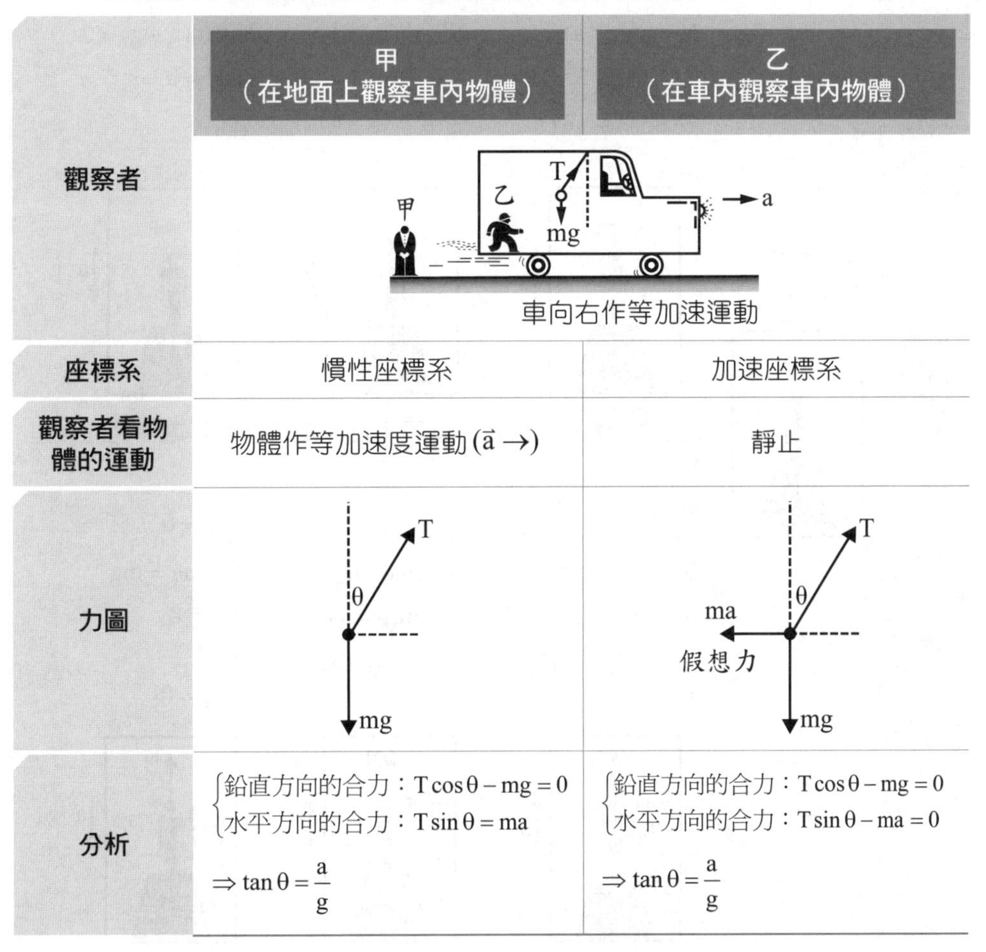

	甲（在地面上觀察車內物體）	乙（在車內觀察車內物體）
觀察者	甲　乙　T　mg　a 車向右作等加速運動	
座標系	慣性座標系	加速座標系
觀察者看物體的運動	物體作等加速度運動 ($\vec{a}$ →)	靜止
力圖	T　θ　mg	T　θ　ma　假想力　mg
分析	$\begin{cases}\text{鉛直方向的合力：}T\cos\theta - mg = 0\\ \text{水平方向的合力：}T\sin\theta = ma\end{cases}$ $\Rightarrow \tan\theta = \dfrac{a}{g}$	$\begin{cases}\text{鉛直方向的合力：}T\cos\theta - mg = 0\\ \text{水平方向的合力：}T\sin\theta - ma = 0\end{cases}$ $\Rightarrow \tan\theta = \dfrac{a}{g}$

(6)視重

A. 實重：物體實際的重量，W＝mg。

B. 視重：磅秤或彈簧秤上的讀數，N＝mg'。

C. 等效重力加速度g'：為在加速度座標系中之視重力加速度。

電梯運動狀況	靜止或等速度運動	加速度a向上	加速度a向下	自由落下（失重）
分析說明與圖示	合力為零 $N = mg$ 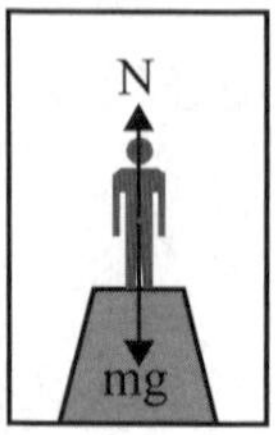 N mg	方法1：牛頓第二運動定律，觀察者站在地面觀察電梯裡的人有加速度a。		
		$\sum \vec{F} = m\vec{a}$ $N - mg = ma$ $N = m(g + a)$ $= mg'$ $\Rightarrow g' = (g + a)$	$\sum \vec{F} = m\vec{a}$ $mg - N = ma$ $N = m(g - a)$ $= mg'$ $\Rightarrow g' = (g - a)$	$\sum \vec{F} = m\vec{a}$ $mg - N = mg$ $N = m(g - g) = 0$ $\Rightarrow g' = 0$
		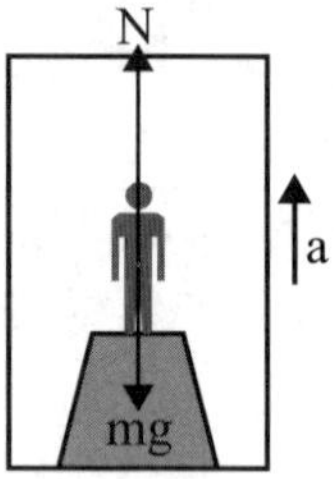 N a mg	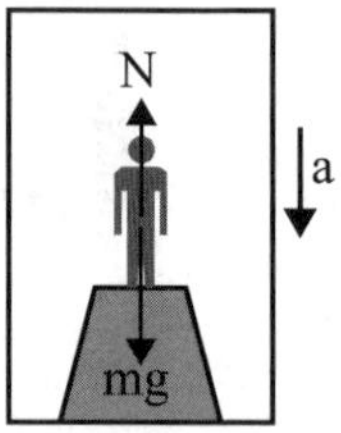 N a mg	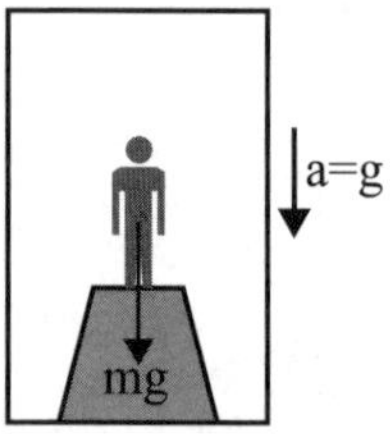 a=g mg
		方法2：使用假想力，觀察者站在電梯內觀察電梯裡的人呈靜止。		
		$\sum \vec{F} = 0$ $N = mg + ma$ $N = m(g + a)$ $\Rightarrow g' = (g + a)$	$\sum \vec{F} = 0$ $N + ma = mg$ $N = m(g - a)$ $\Rightarrow g' = (g - a)$	$\sum \vec{F} = 0$ $N + ma = mg$ 又 $a = g$ $N = 0$ $\Rightarrow g' = 0$
		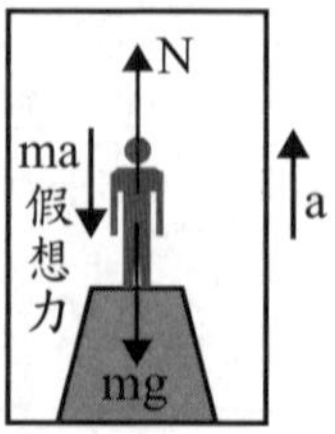 N ma 假想力 a mg	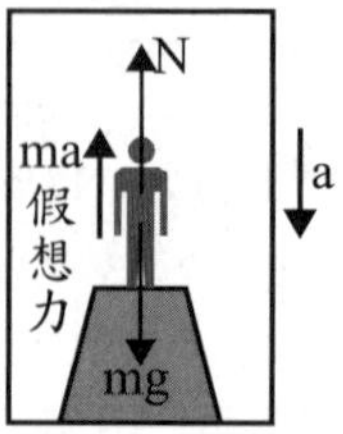 N ma 假想力 a mg	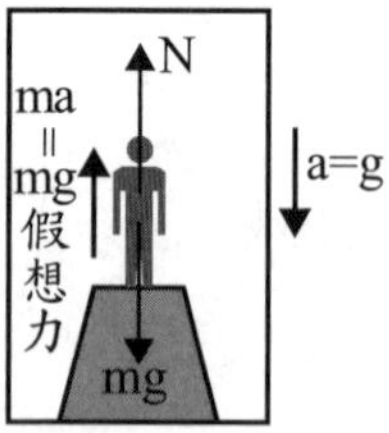 N ma = mg 假想力 a=g mg
視重	N= W	N>W	N<W	N =0

範例 3-17　難易度★★☆

將一彈簧秤掛於電梯的天花板，秤的下端懸掛一個1kg 的物體，設重力場強度g＝10m/s^2，則下列敘述何者正確？
(A)當電梯以等加速度10m/s^{2}下降時，秤的讀數為0
(B)當電梯以等加速度1m/s^{2}上升時，秤的讀數為11牛頓
(C)當電梯以等加速度1m/s^{2}下降時，秤的讀數為11牛頓
(D)當電梯以等速度3m/s上升時，秤的讀數為1牛頓
(E)當電梯以等加速度10m/s^{2}上升時，秤的讀數為0。（多選題）

答：**(A)(B)**。
以觀察者在電梯外的觀點討論

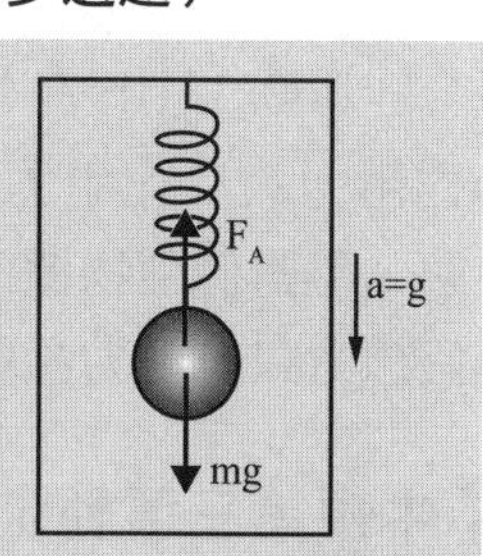

(A) ○，當電梯以加速度10m/s^2↓，秤讀數為F_A
$mg-F_A=ma$
$\Rightarrow F_A=m(g-a)=0$

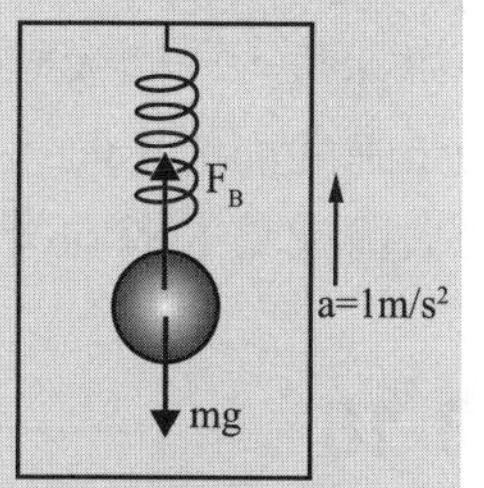

(B) ○，當電梯以加速度1m/s^2↑，秤讀數為F_B
$F_B-mg=ma$
$\Rightarrow F_B=m(g+a)=1\cdot(10+1)=11N$

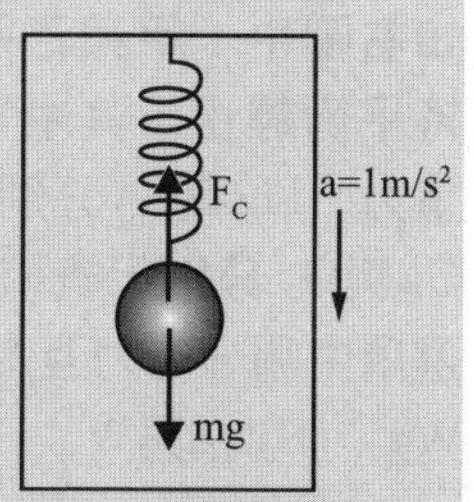

(C) ×，當電梯以加速度1m/s^2↓，秤讀數為F_C
$mg-F_C=ma$
$\Rightarrow F_C=m(g-a)=1\cdot(10-1)=9N$

(D) ×，當電梯作等速運動時，合力為零
$\Rightarrow$秤讀數$F_D=mg=10N$

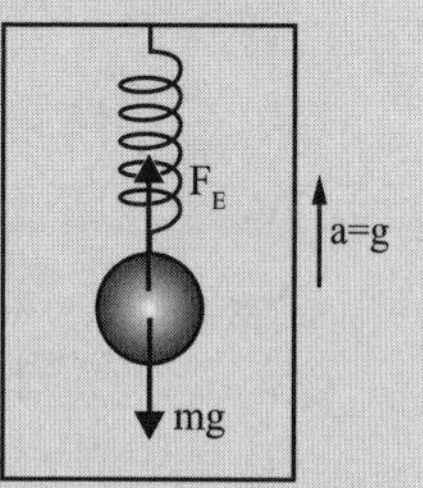

(E) ×，電梯以加速度10m/s^2↑，秤讀數為F_E
$F_E-mg=ma$
$\Rightarrow F_E=m(g+a)=1\cdot(10+10)=20N$

重點 3 牛頓第三定律

Check! □□□

1 牛頓第三運動定律

若有一作用力，則同時必有一反作用力存在，二者大小相等，且方向相反。

2 牛頓第三運動定律的特性

(1)作用力與反作用力同時產生、同時消失。

(2)甲施力於乙，必有反作用力由乙施力於甲。作用力與反作用力分別作用於不同物體，不可互相抵消，$\vec{F}_{甲乙}=-\vec{F}_{乙甲}$。

(3)作用力與反作用力對兩物組成的系統而言為內力，不影響系統的運動狀態，但對個別物體而言為外力，可影響物體之運動狀態。

(4)假想力只有受力體而無施力體，故無反作用力。

3 牛頓第三運動定律常見的例子

(1)游泳時，手向後划水，身體往前游出。

(2)子彈向前射出時，槍枝往後退。

(3)火箭或噴射機向後噴出大量廢氣，火箭或噴射機向前衝。

3-18 難易度★★☆

範例

如右圖中，甲與乙兩物體在等臂天平兩端，天平保持平衡靜止，其中$W_甲$與$W_乙$分別代表甲與乙所受的重力，$N_甲$與$N_乙$分別為天平對甲與乙的向上拉力，若$G_甲$與$G_乙$分別代表甲與乙對地球的萬有引力，則下列選項中哪一對力互為作用力與反作用力？ (A)$W_甲$與$W_乙$ (B)$N_甲$與$W_甲$ (C)$N_甲$與$N_乙$ (D)$G_甲$與$W_甲$。

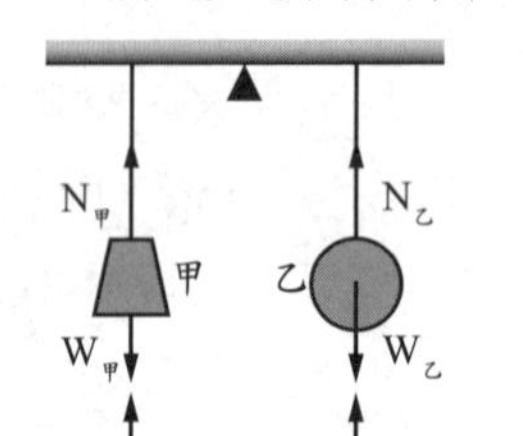

答：**(D)**。

$W_甲$＝甲所受的重力＝地球吸引甲的作用力

$W_乙$＝乙所受的重力＝地球吸引乙的作用力

$N_甲$＝天平對甲所施的向上拉力；反作用力為甲對天平向下的拉力

$N_乙$＝天平對乙所施的向上拉力；反作用力為乙對天平向下的拉力

$G_甲$＝甲吸引地球的作用力

$G_乙$＝乙吸引地球的作用力

得$G_甲$與$W_甲$、$G_乙$與$W_乙$互為作用力與反作用力，故選(D)。

3-19 難易度★★☆

範例 甲、乙兩人各立於一彈簧秤上，體重各為70公斤重、40公斤重。今甲對乙施20公斤重之垂直向上力，則兩人所立彈簧秤顯示應各為若干公斤重？
(A)均為0公斤重 (B)甲90，乙20 (C)甲50，乙60 (D)甲40，乙70。

答：**(B)**。
根據牛頓第三運動定律（作用力與反作用力），當甲對乙施20公斤重垂直向上力，同時乙對甲施20公斤重垂直向下力。
甲所立彈簧秤顯示：$N_{甲}=70+20=90$kgw
乙所立彈簧秤顯示：$N_{乙}=40-20=20$kgw

單元補充

液體中的浮力

1. **浮力的來源：**因液體對物體的壓力差所造成的結果。
2. **浮力原理（阿基米得原理）：**物體在液體中所受的浮力B等於其所排開的液體重量⇒$B=\rho V_{排}g$（ρ：液體密度、$V_{排}$：物體在液面下的體積）
3. **密度與浮力：**（設物體密度d，液體密度ρ）
   (1)當$d>\rho$（沉體）：則物體下沉，$B=\rho V_{物體}g$。
   (2)當$d<\rho$（浮體）：則物體浮在液體表面上，$B=\rho V_{液面下}g=W$。
   由於物體靜止，合力=0→B＝W，$\rho V_{液面下}g=dV_{物體}g \Rightarrow \dfrac{V_{液面下}}{V_{物體}}=\dfrac{d}{\rho}$
   (3)當$d=\rho$：則物體可停留在液體中任一處。
   （W：物體的重量；$V_{物體}$：物體體積；$V_{液面下}$：物體在液面下的體積）
4. **浮力中心：**浮力的作用點，即物體在液面下體積之幾何重心。
5. 浮力也存在於氣體中。如：浮在空中的氣球。
6. 液體和氣體統稱流體。

範例 3-20 難易度★★☆

一底面積為$25cm^2$的燒杯，直立浮於水中。若以吸管自燒杯中取出$100cm^3$的液體，則浮於水中的燒杯會上升3.4cm，如下圖所示。已知水的密度為$1.0g/cm^3$，試問此液體的密度為多少g/cm^3？ (A)0.78 (B)0.85 (C)0.95 (D)1.1。

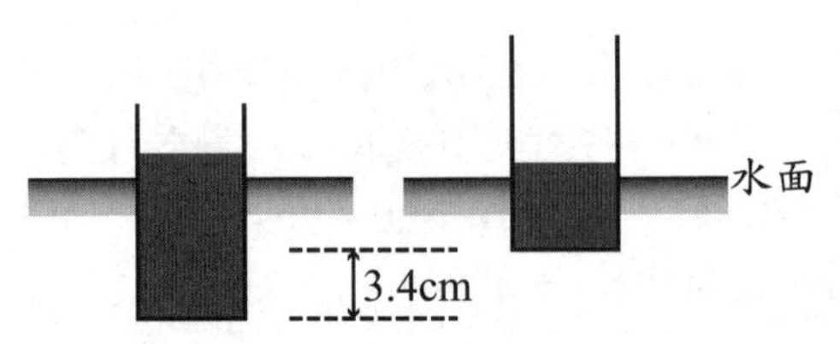

答：**(B)**。
設液體密度d
取出的液體重量＝減少的浮力
$d \cdot 100 \cdot g = 1 \cdot (25 \times 3.4) \cdot g$，$d = 0.85 g/cm^3$

單元重點整理

Check!□□□

1 平衡

移動平衡	物體所受合力為零，則物體會靜止或作等速運動。
轉動平衡	物體所受的合力矩為零，則此物體就不會轉動或作等角速度的轉動。
靜力平衡	物體所受合力為零且合力矩為零，物體靜止。

Check!□□□

2 重量與質量

	重量W	質量m
意義	物體與地球間的萬有引力	物質的量，屬於物體的特性
測量方式	彈簧秤	天平

	重量W	質量m
單位	牛頓（N）、公斤重（kgw）、克重（gw）	公斤（kg）、克（g）
關係	與重力加速度有關，隨重力場而改變。	與重力加速度無關，不受重力場影響。

Check! □□□

3 重心與質心

代表點	重心	質心
意義	重量的集中點	質量的集中點
位置	$\vec{r}_G = \dfrac{\sum_{i=1}^{i=n} W_i \vec{r}_i}{\sum_{i=1}^{i=n} W_i}$	$\vec{r}_C = \dfrac{\sum_{i=1}^{i=n} m_i \vec{r}_i}{\sum_{i=1}^{i=n} m_i}$
形狀規則之均質物體	若物體於均勻重力場中，其重心位置在幾何中心處。	在幾何中心處
均勻重力場處	同一物的重心與質心重合	
非均勻重力場處	同一物的重心與質心不一定重合	
無重力場處	無意義	質心不變，質量是物體本身的特性，與重力無關。

Check! □□□

4 牛頓運動定律

牛頓運動定律	內容
牛頓第一運動定律（慣性定律）	物體不受外力或所受合力為零，靜者恆靜、動者恆作等速度運動。
牛頓第二運動定律（運動定律）	物體的加速度與合力成正比，與其質量成反比，且加速度方向與合力方向相同。
牛頓第三運動定律（作用力與反作用力）	若有一作用力，則同時必有一反作用力存在，二者大小相等，方向相反，作用在不同物體上。

[精選・試題]

基礎題

( ) 1. 某物掛於彈簧秤上使彈簧全長12公分，若再加掛一個質量相同的物體則彈簧伸長為16公分，則彈簧未掛物體時原長為何？（皆在彈性限度內）　(A)6公分　(B)8公分　(C)10公分　(D)12公分。

( ) 2. 作用1牛頓之力於1根彈簧，其伸長為x，若並聯二根同樣的彈簧，並作用8牛頓之力，則伸長將為：　(A)2x　(B)3x　(C)4x　(D)8x。

( ) 3. 一重量為20kgw的物體，靜置於粗糙的水平桌面上。已知物體與桌面之間的靜摩擦係數為0.25，動摩擦係數為0.20，若欲推動此物體，則所需的水平施力至少為多少kgw？
(A)1　(B)2　(C)4　(D)5。

( ) 4. 同一秤盤質量不等之等臂天平秤重；將一物置於左右兩盤分別秤出質量為10克及6克，則此物之真實質量為：
(A)16克　(B)4克　(C)8克　(D)30克。

( ) 5. 一輕桿長3公尺，今將一重物掛於距右端1公尺處，重物重75公斤，輕桿左右兩端分別由甲、乙肩負，試求乙負重為多少公斤重（輕桿重量不計）？　(A)50　(B)25　(C)75　(D)15。

( ) 6. 沿一直線上，重量分別為2牛頓、3牛頓、5牛頓的三個質點，其在數線上的座標分別為－2、2、4，求此系統的重心座標為何？
(A)2.2　(B)2.6　(C)3.0　(D)3.2。

( ) 7. 一個質量10kg的物體置在光滑水平面上以10m/s的速度向東運動，當物體受到一個定力作用5秒後，速度變成西向10m/s，關於物體此5秒內運動狀態的敘述，下列何者正確？
(A)加速度為4m/s^2向西　　(B)加速度為4m/s^2向東
(C)受力為20N向西　　(D)受力為20N向東。

( ) 8. 質點的運動常因受力的情況而不同。下列有關質點受力與運動的敘述，何項正確？
(A)當質點受力作用時，其速率一定會改變
(B)質點所受的合力方向恆與運動方向相同
(C)當質點的速度發生變化時，必受到力的作用
(D)在運動過程中，當質點的速度為零時，其所受的合力也必為零。

( ) 9. 以10牛頓的力在水平方向推動一置於粗糙水平面之物體，該物體重3千克，可產生1公尺／秒^{2}的加速度。若改用13牛頓的力推動，則該物體的加速度為多少公尺／秒^2？ (A)1 (B)1.3 (C)2 (D)3。

( ) 10. 某人用一雙筷子夾一個滷蛋，靜止於空中，滷蛋不會掉下之原因是
(A)筷子給予滷蛋的靜摩擦力大於滷蛋重量
(B)筷子給予滷蛋的動摩擦力大於滷蛋重量
(C)筷子給予滷蛋的正向力等於滷蛋重量
(D)筷子給予滷蛋的靜摩擦力等於滷蛋重量。

( ) 11. 比重2.0之某金屬質量為80克，當其全部體積浸入比重0.8之酒精時，所受的浮力為：
(A)24克重 (B)32克重
(C)40克重 (D)72克重。

( ) 12. 有一木塊置於水中時，其體積有$\frac{1}{5}$浮出水面，請問此木塊之密度應為多少公克／立方公分？
(A)0.8 (B)0.6
(C)0.4 (D)0.2。

( ) 13. 假設甲、乙兩物體等重，甲的密度為0.3g/cm^3，乙的密度為0.9g/cm^3，則甲、乙兩物體沒入水中部分的體積比積為：
(A)1：1 (B)1：3
(C)3：1 (D)1：6。

進階題

(　) 1. 如右圖，小球放在一個斜角 α 小於90度的斜面上，用一鉛直板擋住，假設所有的接觸面均為光滑面，且小球的重量為W，則下列敘述何者正確？

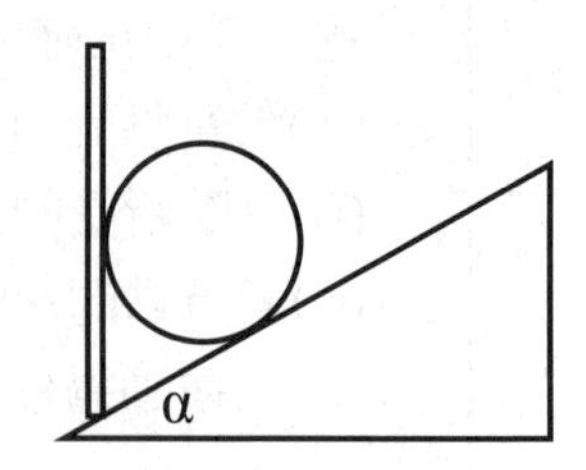

(A)擋板對小球的作用力一定大於W
(B)斜面對小球的作用力一定大於W
(C)當斜角 α 增加時，斜面對小球的作用力變小
(D)當斜角 α 增加時，擋板對小球的作用力變小。

(　) 2. 質量為m之物體，置於傾斜角為θ之斜面上，而保持平衡。斜面施於此物之正向力為N，摩擦力為f，靜摩擦係數為μ_s，重力加速度為g。下列敘述中，哪些是正確的？（多選題）

(A) $N\cos\theta = mg$　(B) $N\sin\theta = f\cos\theta$
(C) $N^2 + f^2 = (mg)^2$　(D) $f = \mu_s N$　(E) $N^2 = (mg)^2 + f^2$ 。

(　) 3. 將a、b、c三個體積相同、密度不同的小球置於水中，平衡後如右圖，則下列敘述何者正確？

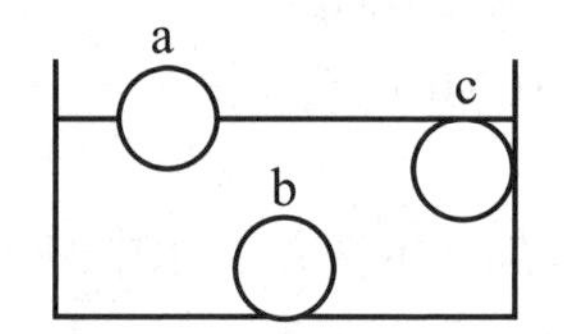

(A)a球所受浮力最小
(B)c球密度最大
(C)a球密度最大
(D)b球所受浮力最小。

(　) 4. 如下圖所示，將燒杯盛定量的水後置於磅秤上，再將一金屬球按各種不同方式放置。若此磅秤在甲、乙、丙、丁四種情況下之讀數分別為A、B、C、D，則下列何者正確？（設細繩質量不計，空氣的影響也不計）　(A)D＜B＜C＜A　(B)D＞B＞C＝A　(C)B＝C＝D＞A　(D)D＞B＞C＞A。

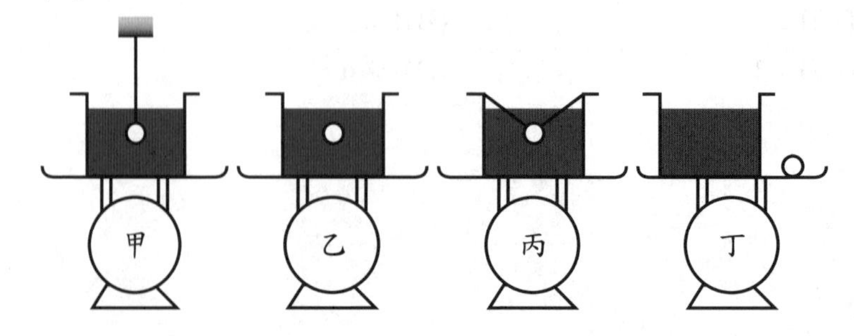

( ) 5. 設右圖中之彈簧秤及質量系統一齊作等速運動，其速率為0.1m／s，則彈簧秤上指標所顯示之值應為：

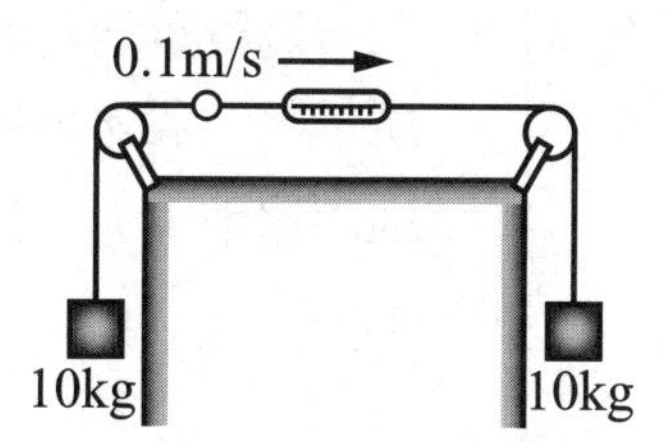

(A)196 (B)98
(C)20 (D)10 N。

( ) 6. 時速36km／hr的汽車煞車後，以等加速度滑行20m才停止，在同一路面上汽車時速增加到72km／hr時，煞車後所滑行的距離為？
(A)30 (B)40 (C)60 (D)80 m。

( ) 7. 若由靜止開始下落的物體，受到與瞬時速率成正比的阻力，則其速率與時間的關係為：

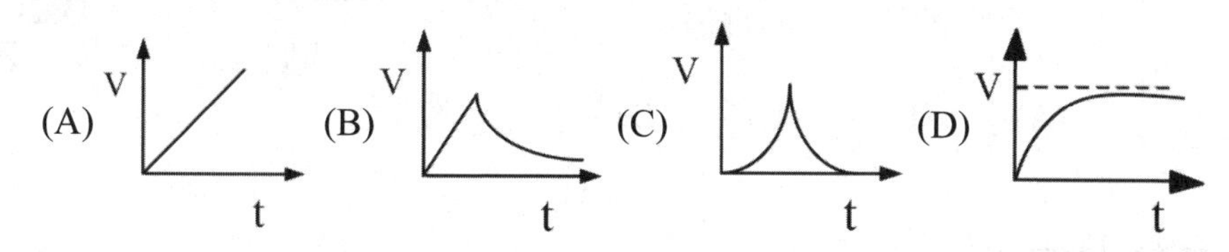

( ) 8. 質量5kg的物體受到一大小與方向皆固定的力作用時，下列敘述何者正確？
(A)必沿直線作等加速度運動
(B)可作等速率圓周運動
(C)相同時間內的速度變化量必相同
(D)物體受力的過程中必遵守動量守恆。

( ) 9. 質量分別為M與m的兩物體，並排放在光滑水平面上，今以水平力F_1與F_2分別作用於物體上，如右圖所示，則二物體之間作用力的量值為何？

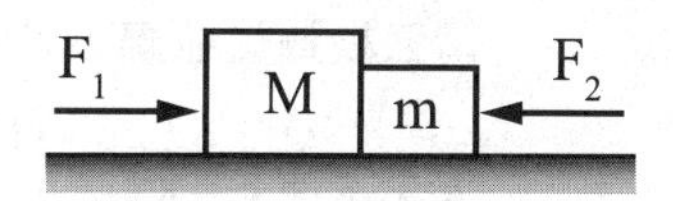

(A) $F_1 - F_2$ (B) $\frac{F_1 - F_2}{M + m}$
(C) $\frac{MF_1 + mF_2}{M + m}$ (D) $\frac{mF_1 + MF_2}{M + m}$ 。

( ) 10. 三木塊質量均為m，以細繩串連，受拉力F而向右作等速運動（如下圖所示）。設木塊與桌面之摩擦係數均相同，細繩質量可以忽略不計，則兩繩中張力之比 T_1/T_2 為？

(A)$\frac{1}{3}$ (B)$\frac{1}{2}$ (C)1 (D)2。

( ) 11. 如圖1所示，一輕繩跨過定滑輪，兩端各懸掛三個質量皆相等的木塊，呈平衡狀態。現將右端的一個木塊取下，改掛至左端，如圖2所示。若摩擦力可不計，試問繩上張力變為原來平衡狀態時的幾倍？

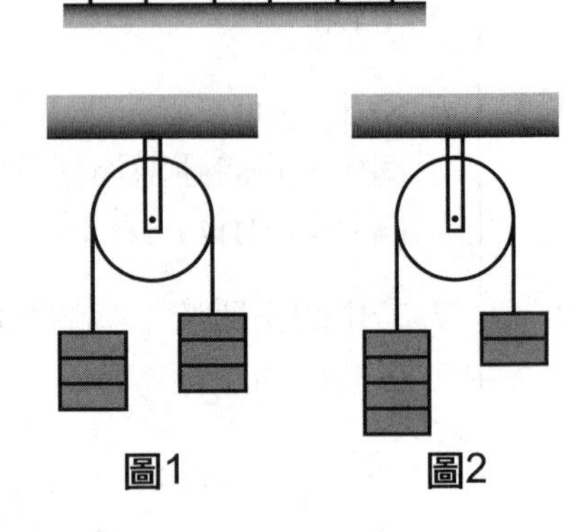
圖1 圖2

(A)$\frac{3}{2}$ (B)$\frac{4}{3}$ (C)$\frac{9}{8}$ (D)$\frac{8}{9}$倍。

解答與解析

基礎題

1. **B**。設彈簧原長 ℓ_0、物體質量m、彈簧彈力常數k

   虎克定律 $F=kx$，$\begin{cases} mg=k\cdot(12-\ell_0)\cdots(1) \\ 2mg=k\cdot(16-\ell_0)\cdots(2) \end{cases}$，兩式相除 $\frac{(1)}{(2)} \Rightarrow \ell_0=8$ 公分。

2. **C**。設彈簧彈力常數k

   當二根彈簧並聯，其等效彈力常數 $k'=k+k=2k$。

   虎克定律 $F=kx$，$\begin{cases} 1=kx\cdots(1) \\ 8=k'x'=2kx'\cdots(2) \end{cases}$，兩式相除 $\frac{(1)}{(2)} \Rightarrow x'=4x$

3. **D**。欲推動物體須克服其與桌面之間的最大靜摩擦力 $f_{s(max)}$，

   $\Rightarrow$ 水平施力 $F \geq f_{s(max)}=\mu_s N=0.25\times 20=5\text{kgw}$。

4. **C**。設物體質量m、左秤盤質量a、右秤盤質量b

   等臂天平當左右兩側等重時（包括秤盤的重量），天平呈水平狀態，

   故 $\begin{matrix} m+a=10+b\cdots(1) \\ 6+a=m+b\cdots(2) \end{matrix}$，兩式相減(1)－(2)，$m-6=10-m \Rightarrow m=8$ 克。

5. **A**。如圖所示，定甲肩為支點，輕桿呈力矩平衡。

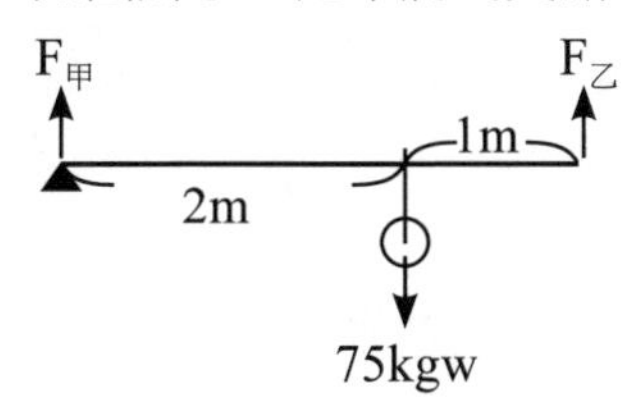

$\tau_{順}=\tau_{逆}$，$75\times2=F_乙\times3\Rightarrow F_乙=50$ 公斤重。

6. **A**。$x_G=\dfrac{W_1x_1+W_2x_2+W_3x_3}{W_1+W_2+W_3}=\dfrac{2\times(-2)+3\times2+5\times4}{2+3+5}=2.2$

7. **A**。根據牛頓第二運動定律，物體作等加速運動，且加速度與定力方向同向。
定向東為＋，向西為－。
$v=v_0+at$，$-10=10+a\cdot5\Rightarrow a=-4\,m/s^2$，負號代表向西，故選(A)。
受力 $F=ma=10\cdot(-4)=-40N$，負號代表向西。

8. **C**。(A)×，當質點受力作用時，其速率或運動方向會改變。
(B)×，質點所受的合力方向恆與加速度方向相同，即牛頓第二運動定律。
(D)×，質點速度為零時，其所受的合力不一定為零，如：質點作鉛直上拋的運動過程中，在最高點速度為零，但仍受重力作用。

9. **C**。設物體所受的動摩擦力為f_k
根據牛頓第二運動定律，$10-f_k=3\times1$，$f_k=7$牛頓。
改用13牛頓推動物體，該物體的加速度為a，
$13-f_k=13-7=3\times a\Rightarrow a=2$公尺/秒^2

10. **D**。滷蛋受摩擦力與重力作用而呈現平衡狀態靜止於空中，又滷蛋與筷子相對靜止，故此摩擦力屬於靜摩擦力。

11. **B**。浮力＝排開的液體重$\Rightarrow B=\rho_{液}V_{排}g=0.8\times40g=32gw$

12. **A**。浮體所受的浮力等於物重，在水面上呈平衡。
$B=\rho_{液}V_{排}g=\rho_{水}V_{水面下}g=W=d_{木}V_{木}g$，
$\dfrac{V_{水面下}}{V_{木}}=\dfrac{d_{木}}{\rho_{水}}\Rightarrow d_{木}=\dfrac{4}{5}\times1=0.8\,g/cm^3$

13. **A**。甲、乙兩物體等重，且其密度皆小於水的密度，可知甲、乙皆為浮體。
浮體所受的浮力等於物重，浮力又等於排開的液體重，故甲、乙兩物沒入水中部分的體積比相等。

進階題

1. **B**。如圖所示，小球三力平衡，三力可為成一封閉三角形

   (A)×，擋板對小球的作用力不一定大於W

   (B)○，三角形的斜邊必大於鄰邊

   (C)×，斜邊對小球的作用力變大 N' > N

   (D)×，擋板對小球的作用力變大 F' > F

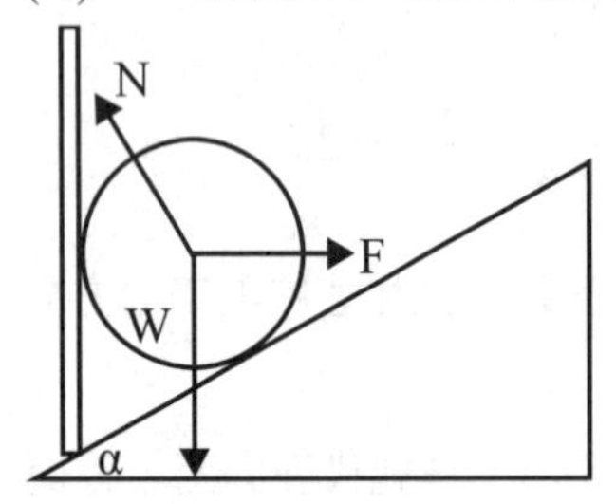

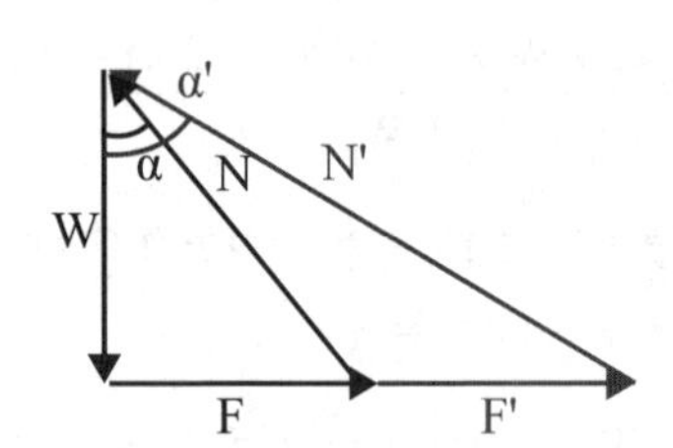

2. **BC**。

   (1) ∵物體靜止於斜面上

   ∴f有可能是靜摩擦力或最大靜摩擦力

   $\Rightarrow f \le f_{s(max)} = \mu_s N$

   $\begin{cases} x：f = mg\sin\theta \\ y：N = mg\cos\theta \end{cases}$ 兩式相除移項

   $\Rightarrow f\cos\theta = N\sin\theta$。

   (2)三力平衡如圖，

   力可平移成封閉直角三角形

   $\Rightarrow (mg)^2 = f^2 + N^2$

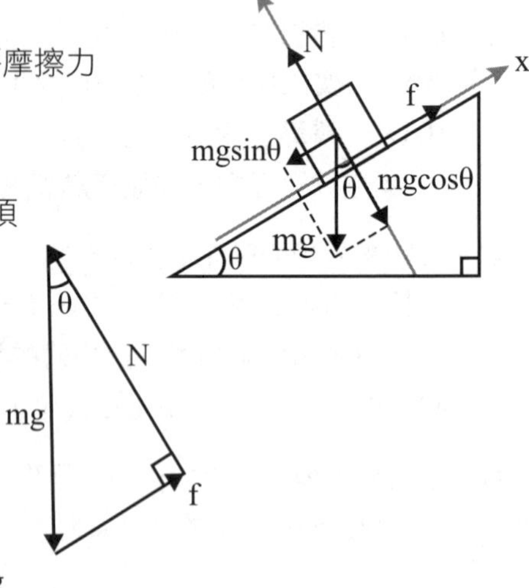

3. **A**。浮力為排開的液體重⇒$B_{浮}=\rho_{液}V_{排}g$

   ∵如圖所示，a為浮體、b為沉體、c隨處靜止，且$V_{排a} < V_{排b} < V_{排c}$

   ∴密度大小：$d_a < d_c < d_b$；浮力大小：$B_a < B_b = B_c$，故選(A)。

4. **C**。甲秤＝杯重+水重+球的浮力B（B＝W－T）

   乙秤＝丙秤＝丁秤＝杯重+水重+球重W

   →B＝C＝D＞A

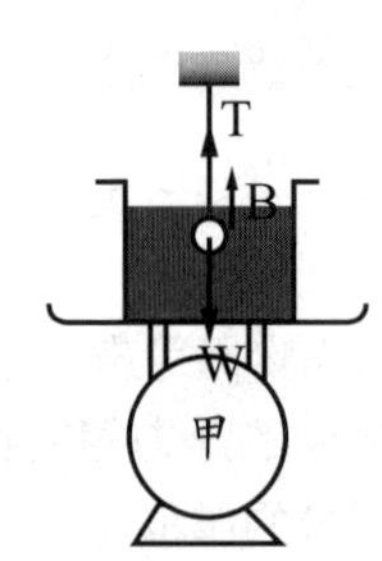

5. **B**。∵系統作等速運動

∴彈簧秤所受合力為零

⇒彈力F_s＝T＝mg＝10×9.8＝98N

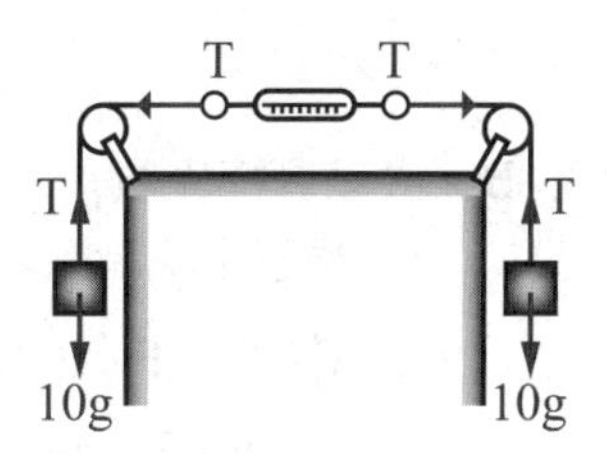

6. **D**。36km/hr＝10m/s；72km/hr＝20m/s

∵滑行過程中，汽車水平方向僅受動摩擦力作用，且動摩擦力為定值。

∴汽車作等加速運動。

設汽車的加速度a

利用等加速運動公式：$v^2 = v_0^2 + 2a\Delta x$

$0 = 10^2 - 2a \cdot 20$…①，$0 = 20^2 - 2a \cdot \Delta x'$…②

兩式相除⇒$\Delta x' = 80m$

7. **D**。mg－f＝mg－kv＝ma，速度隨時間增加，

故f也會增加，物體加速度減小。

直到f＝mg後，物體作等速度下降（終端速度）。

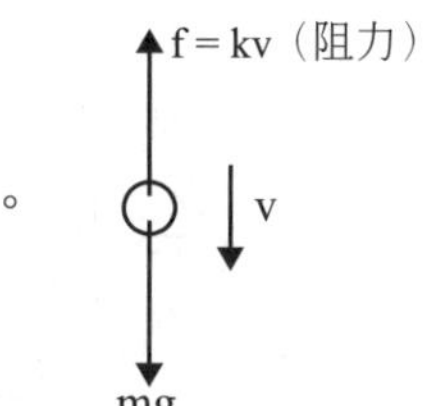

8. **C**。∵物體受定力作用∴物體作等加速運動

(A)×，等加速運動軌跡可為直線或曲線

(B)×，等速率圓周運動為變加速運動（見單元4）

(C)○，加速度定義：單位時間內的速度變化

(D)×，系統不受外力→動量守恆（見單元4）

9. **D**。設$F_1 > F_2$，二物體之間作用力F，連結體的加速度a

(1)分析M＋m

由$\sum \vec{F} = m\vec{a}$，$F_1 - F_2 = (M+m)a$，

得$a = \dfrac{F_1 - F_2}{M+m}(\rightarrow)$

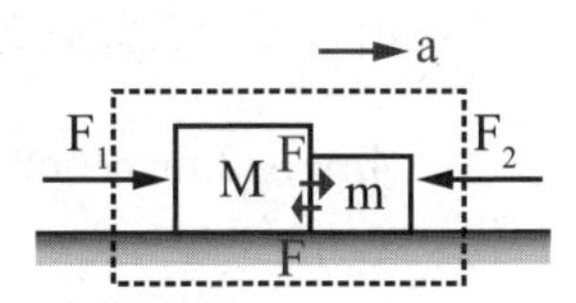

(2)分析m

m所受的合力，根據牛頓第二運動定律等於質量乘加速度

$ma = m\dfrac{F_1 - F_2}{M+m} = F - F_2$，

$\Rightarrow F = \dfrac{mF_1 + MF_2}{M+m}$。

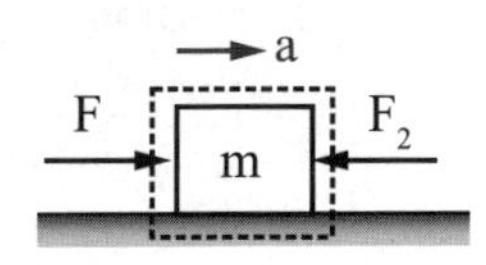

10. **B**。設動摩擦係數 μ_k，$f_k = \mu_k N$

(1)視三木塊為系統，求連結體的加速度a

$F - f_k = F - \mu_k(m+m+m)g = F - 3\mu_k mg = (m+m+m)a = 3ma$，

$a = \dfrac{F - 3\mu_k mg}{3m}$

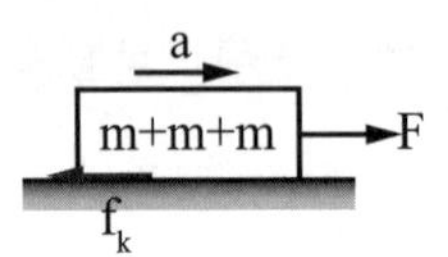

(2)分析m：$T_1 - f_{k1} = T_1 - \mu_k mg = ma$，$T_1 = ma + \mu_k mg$

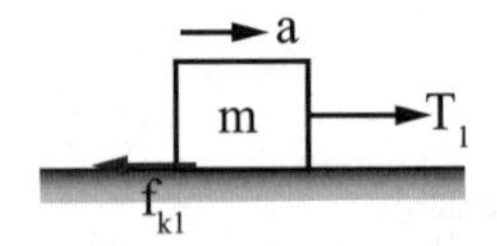

(3)分析m+m：$T_2 - f_{k2} = T_2 - 2\mu_k mg = 2ma$，$T_2 = 2ma + 2\mu_k mg$

$\Rightarrow \dfrac{T_1}{T_2} = \dfrac{1}{2}$

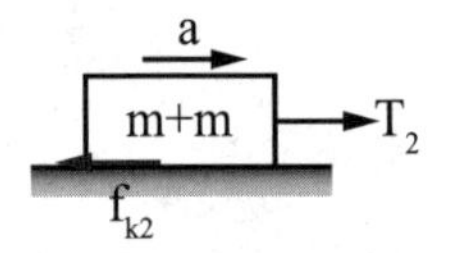

11. **D**。設木塊質量皆為m

分析圖1：∵呈平衡狀態 $T_1 = 3mg$

分析圖2：設木塊加速度為a

由牛頓第二運動定律

$4mg - 2mg = 6ma$，$a = \dfrac{g}{3}$

又 $T_2 - 2mg = 2ma = \dfrac{2mg}{3}$，$T_2 = \dfrac{8mg}{3}$

$\Rightarrow \dfrac{T_2}{T_1} = \dfrac{8mg/3}{3mg} = \dfrac{8}{9}$

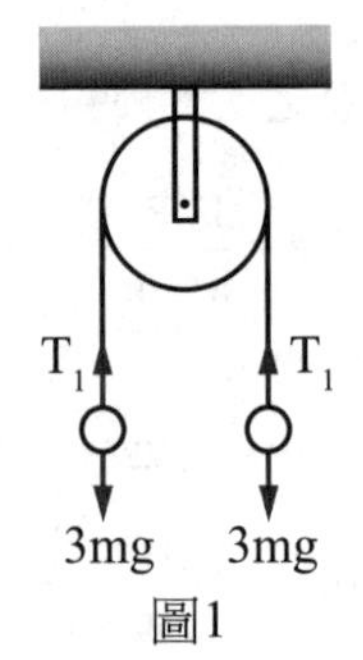

圖1

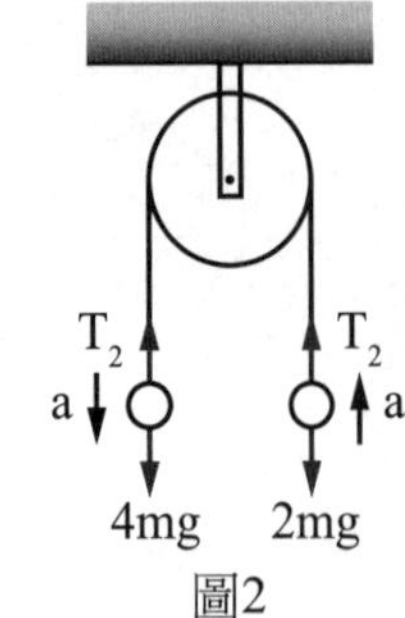

圖2

頻出度 A B C

依據出題頻率分為：A頻率高 B頻率中 C頻率低

單元 4

動量與牛頓運動定律的應用

本單元為單元3的延伸，基礎概念的推廣，分為三個主題：「動量、動量守恆與角動量」、「週期運動」及「克卜勒行星運動定律與萬有引力定律」。考生應熟悉各物理量及運動形式的基本定義，學習起來會更有效率。

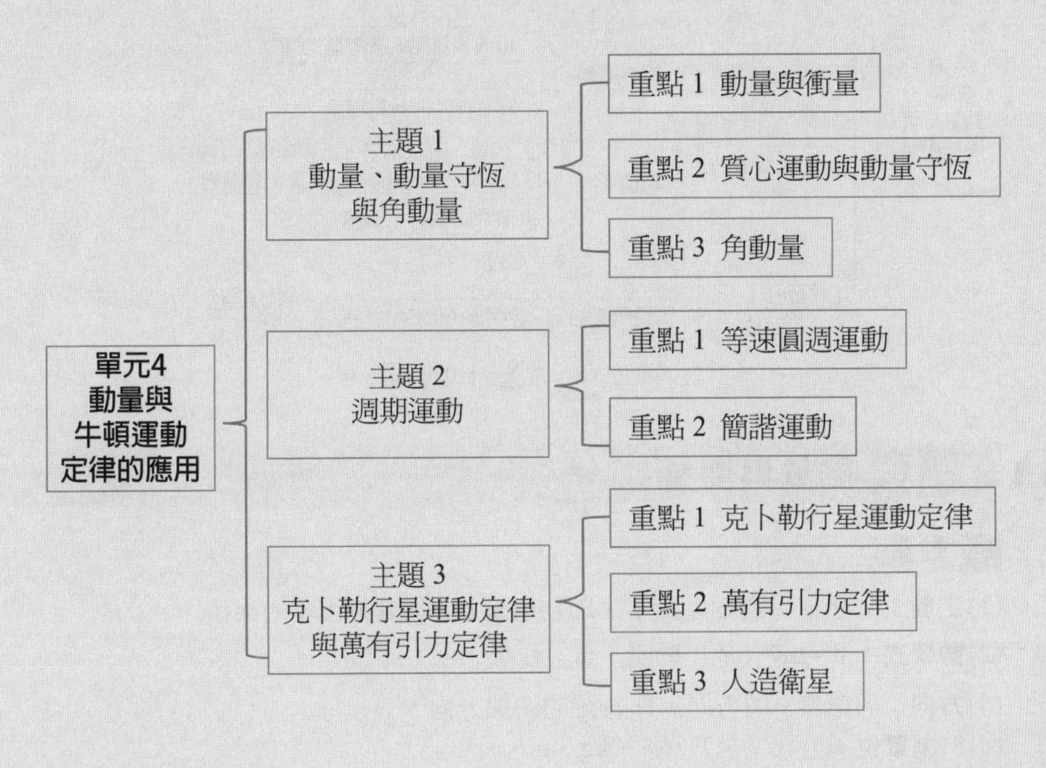

主題 1 動量、動量守恆與角動量

關鍵重點

動量、$\vec{p}=m\vec{v}$、平均力 $\vec{F}_{av}=\dfrac{\Delta\vec{p}}{\Delta t}$、衝量 $\vec{J}=\vec{F}\cdot\Delta t=\Delta\vec{p}$、動量守恆、質心運動、角動量、角動量守恆

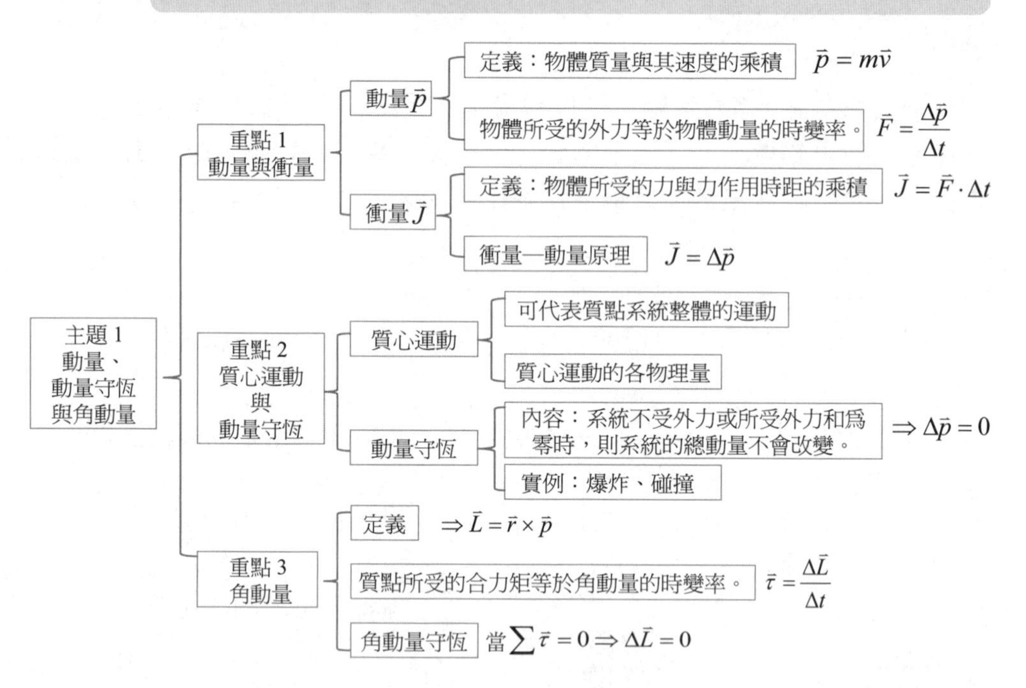

重點 1 動量與衝量

Check! □□□

1 動量 $\vec{p}$

(1)**定義：** 牛頓稱「運動之量」，即物體質量m與其速度 $\vec{v}$ 的乘積。

(2)**數學式：** $\vec{p}=m\vec{v}$（$\vec{p}$：動量，m：質量，$\vec{v}$：速度）

(3)**方向：** 與速度 $\vec{v}$ 同方向，即軌跡的切線方向。

(4)**SI制單位：** 公斤．公尺/秒 （kg．m/s）

範例 4-1　難易度★☆☆

一質量50kg的物體，以8m/s的速度向右運動，求該物體的動量為何？

答：**400kg．m/s**。（向右）

p=mv=50×8=400kg．m/s，動量方向與速度方向同向，故向右。

2 平均力

(1)牛頓第二定律之原著敘述「**物體所受的外力等於物體動量的時變率**」。

(2)**物體所受的平均力：**$\vec{F}_{av}=\dfrac{\Delta\vec{p}}{\Delta t}=\dfrac{m\Delta\vec{v}}{\Delta t}=m\vec{a}_{av}$（m固定）。

(3)由 $\vec{F}_{av}=\dfrac{\Delta\vec{p}}{\Delta t}$ 得知，一物體有相同的動量變化時，若受力時距愈長，則受力愈小。如：跳高選手落下時，會藉由軟墊緩衝增加受力時距，使身體受力減小降低傷害。

範例 4-2　難易度★★☆

牛先生坐在蘋果樹下時，有顆成熟的蘋果落下，恰打在他頭上，並在接觸0.10s後靜止於頭上，設蘋果質量為0.20kg，落下的距離為2.5m，則在碰撞過程中，蘋果所受淨力的平均值為？ (A)2.0　(B)10　(C)14　(D)28　N。

答：**(C)**。

蘋果自由落下，擊中頭前的瞬時速度大小為 $v_1=\sqrt{2gh}=\sqrt{49}=7\,m/s$

擊中頭後蘋果靜止 $v_2=0$，方向定下正上負。

$$\vec{F}_{av}=\frac{\Delta\vec{p}}{\Delta t}=\frac{m\Delta\vec{v}}{\Delta t}=\frac{m(\vec{v}_2-\vec{v}_1)}{\Delta t}=\frac{0.2\cdot(0-7)}{0.1}=-14N$$

（負號表示方向向上）

3 衝量$\vec{J}$

(1)**定義：**物體所受衝量$\vec{J}$為物體所受的力F與力作用時距Δt的乘積。

(2)**數學式：**$\vec{J}=\vec{F}\cdot\Delta t$（$\vec{J}$：衝量，$\vec{F}$：作用力，$\Delta t$：作用時間）

(3)SI**制單位：**牛頓‧秒（$N\cdot s=kg\cdot m/s$）

(4)**性質：**

A. 衝量為向量，與作用力的方向同向。

B. 一物體在**同時距**受多力作用時，該物體所受合力的衝量等於各力的衝量和$\Rightarrow\vec{J}=(\sum\vec{F_i})\cdot\Delta t=\vec{F_1}\Delta t+\vec{F_2}\Delta t+\cdots$。

C. 一物體在**不同時距**受多力作用時，該物體所受的衝量為各力的衝量和$\Rightarrow\vec{J}=\sum(\vec{F_i}\Delta t_i)=\vec{F_1}\Delta t_1+\vec{F_2}\Delta t_2+\cdots$。

D. F-t圖曲線與t軸所包圍的面積代表該物體所受的衝量大小。

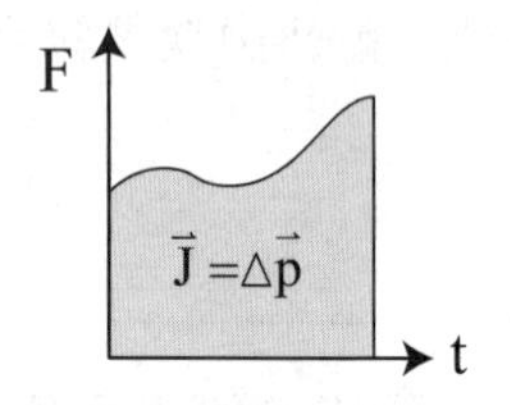

(5)**衝量—動量原理：**物體所受的衝量等於其動量變化，即$\vec{J}=\Delta\vec{p}$。

$\because\vec{F}=\dfrac{\Delta\vec{p}}{\Delta t}\quad\therefore\vec{J}=\vec{F}\cdot\Delta t=\Delta\vec{p}$

(6)由$\vec{J}=\vec{F}\cdot\Delta t=m\vec{a}\cdot\Delta t=\Delta\vec{p}=m\Delta\vec{v}$得知，**衝量、作用力、加速度、動量變化**及**速度變化**的方向均相同。

範例 4-3 難易度★☆☆

質量為120公克之物體置於水平無摩擦之表面上，在5牛頓定力的作用下，由靜止開始運動，求5秒末（t=5）物體之動量為多少kg‧m/s？

(A)15 (B)20 (C)25 (D)30

答：**(C)**。$\vec{J}=\vec{F}\cdot\Delta t=\Delta\vec{p}=\vec{p_f}-\vec{p_i}$，$p_f-0=5\times5\Rightarrow p_f=25kg\cdot m/s$

4-4 難易度★★☆

範例 **物體動量變化方向與下列何者相同？ (A)位移變化的方向 (B)速度的方向 (C)加速度方向 (D)衝量方向 (E)受力方向 。（多選題）**

答：**(C)(D)(E)**。$\vec{J}=\vec{F}\cdot\Delta t=m\vec{a}\cdot\Delta t=\Delta\vec{p}=m\Delta\vec{v}$ 得知，衝量、作用力、加速度、動量變化及速度變化的方向均相同。

重點2 質心運動與動量守恆

Check! □□□

1 質心運動

(1)**系統的質心可代表質點系統整體的運動。**

(2)**質心運動的各物理量：**

A. 質心質量：$M=\sum_i m_i$。

B. 質心位置：$\vec{r}_c=\dfrac{\sum_i m_i\vec{r}_i}{\sum_i m_i}$。

C. 質心位移：$\Delta\vec{r}_c=\dfrac{\sum_i m_i\Delta\vec{r}_i}{\sum_i m_i}$。

D. 質心速度：$\vec{v}_c=\dfrac{\sum_i m_i\vec{v}_i}{\sum_i m_i}$。

E. 質心加速度：$\vec{a}_c=\dfrac{\sum_i m_i\vec{a}_i}{\sum_i m_i}$。

F. 質心的動量等於系統各質點的動量和：

$\Rightarrow \vec{P}_c=M\vec{v}_c=m\vec{v}_1+m\vec{v}_2+\cdots=\vec{p}_1+\vec{p}_2+\cdots=\sum\vec{p}_i$。

✰若以質心為參考點，則在質心上看系統各質點的總動量為零。

$\Rightarrow \vec{P}_{cc}=M\vec{v}_{cc}=m\vec{v}_{1c}+m\vec{v}_{2c}+\cdots=\vec{p}_{1c}+\vec{p}_{2c}+\cdots=0$

G. 質心受力等於系統受外力的合力：

$\Rightarrow \vec{F}_c=M\vec{a}_c=m\vec{a}_1+m\vec{a}_2+\cdots=\vec{F}_1+\vec{F}_2+\cdots=\sum\vec{F}_{外}$

結論 只有外力會影響整個系統的質心運動：若系統所受外力和為零，則質心靜者恆靜，動者恆作等速運動；若系統所受外力和不為零，則質心會因外力改變其運動狀態。

(3)**質心運動實例：**

作斜向拋射運動的炸彈在空中爆炸成許多碎片，因爆炸前後系統所受的外力合不變（即重力），故系統質心的運動軌跡不受爆炸影響仍為拋物線，直到有任何一碎片落地後，即系統受到其他外力而破壞。

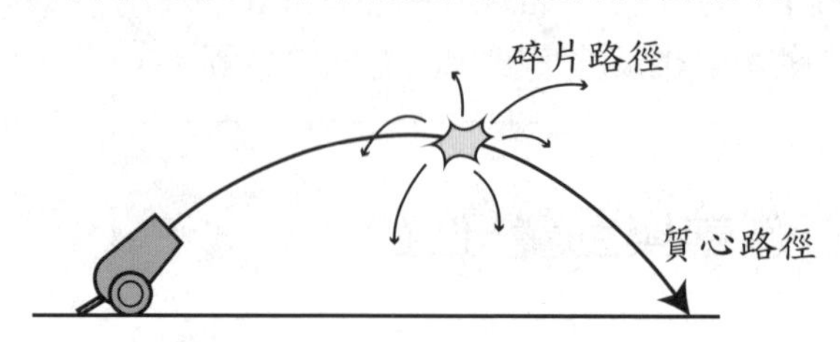

(4)**兩質點系統的質心位置**

A. 兩質點系統的質心必在兩質點的連線上，且兩質點到質心的距離與兩質點質量成反比，即$\dfrac{d_1}{d_2}=\dfrac{m_2}{m_1}$ 。

B. 若兩質點彼此作用（系統內力）而產生位移，則各質點的位移大小與其質量成反比且方向相反，即$\dfrac{\Delta d_1}{\Delta d_2}=\dfrac{m_2}{m_1}$ 。

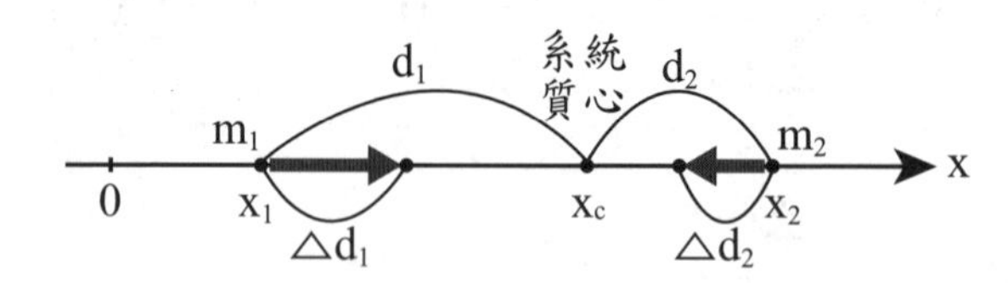

範例 4-5　難易度★☆☆

斜向射出之砲彈在空中爆炸成許多碎片，則下列何種物理量不隨時間而改變？ (A)質心位置 (B)質心速度 (C)質心動量 (D)各碎片對質心之動量和。

答：**(D)**。(A)(B)(C)砲彈受重力作用，質心位置、質心速度及質心動量皆隨時間改變。(D)各碎片對質心之動量和，即觀察者在質心上看系統各質點的總動量恆為零。

範例 4-6

難易度★☆☆

甲、乙兩物體質量分別為6kg及4kg，加速度量值分別為$2m/s^2$及$4m/s^2$方向互相垂直，則甲乙兩物體共同質心加速度為 (A)2.8　(B)3　(C)2　(D)0.4 m/s^2。

答：**(C)**。$\vec{a}_c=\dfrac{m_1\vec{a}_1+m_2\vec{a}_2}{m_1+m_2}=\dfrac{6\cdot(2\hat{i})+4\cdot(4\hat{j})}{6+4}=\dfrac{6}{5}\hat{i}+\dfrac{8}{5}\hat{j}$

（代公式時需考慮物理量的方向性）

$$|\vec{a}_c|=\sqrt{(\frac{6}{5})^2+(\frac{8}{5})^2}=2\,m/s^2$$

範例 4-7

難易度★☆☆

有一重250kgw，長6m之頭尾對稱，密度均勻之船隻靜止於水中，當重量為50kgw的人由船頭走到船尾，則此時間內船身移動多少距離？

(A)1　(B)1.2　(C)1.5　(D)2　m。

答：**(A)**。人+船視為一系統，系統受外力和為零，故系統質心位置固定不變。

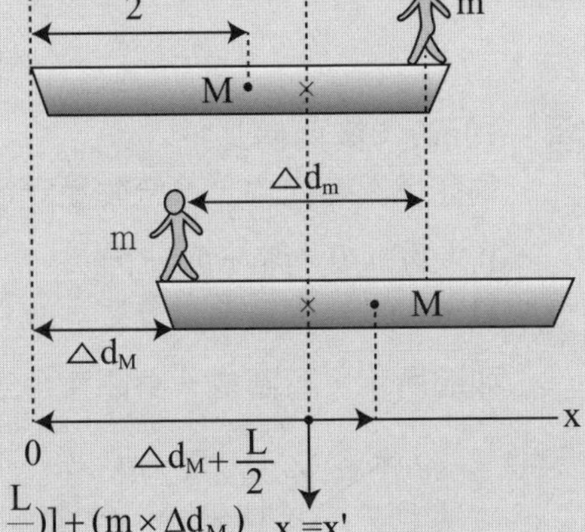

方法1：

$$\frac{\Delta d_m}{\Delta d_M}=\frac{M}{m}=\frac{250}{50}=5$$

且$\Delta d_M+\Delta d_m=L=6$

$$\Delta d_M=\frac{m}{M+m}L=\frac{1}{6}\times6=1\,m$$

方法2：

$x_c=x'_c$

$$\frac{(M\times\frac{L}{2})+(m\times L)}{M+m}=\frac{[M\times(\Delta d_M+\frac{L}{2})]+(m\times\Delta d_M)}{M+m}$$

$$\Rightarrow\Delta d_M=\frac{m}{M+m}L=\frac{1}{6}\times6=1\,m$$

重要 2 動量守恆

(1)**動量守恆定律：**系統不受外力或所受外力和為零時，則系統的總動量不會改變，即 $\Delta\vec{p}=0$ 。（ $\vec{F}=\dfrac{\Delta\vec{p}}{\Delta t}$ ， $\vec{F}=0\Rightarrow\Delta\vec{p}=0$ ）

(2)**動量守恆實例：**

A. 系統不受外力或所受外力和為零：

a.系統總動量保持不變 $\vec{p}=m\vec{v}_1+m\vec{v}_2+\cdots=m\vec{v}'_1+m\vec{v}'_2+\cdots=\vec{p}'$

b. 質心速度也維持不變 $\vec{v}_c=\dfrac{m_1\vec{v}_1+m_2\vec{v}_2+\cdots}{m_1+m_2+\cdots}=\dfrac{m_1\vec{v}'_1+m_2\vec{v}'_2+\cdots}{m_1+m_2+\cdots}=\vec{v}'_c$

由於動量有方向性，若系統在某方向不受外力或所受外力和為零時，則系統該方向的總動量與質心速度皆守恆。

B. 外力作用時間極短：如在空中爆炸的砲彈，爆炸過程重力作時間極短，爆炸前後瞬間系統鉛直方向仍可視為動量守恆。

範例 4-8

難易度★☆☆

如右圖，原為靜止的物體爆裂成甲、乙、丙三塊，已知爆裂後的碎塊在同一水平面上，且質量皆相等，若甲以8m/s向東飛出，丙以6m/s向南飛去，則乙的速度為何？

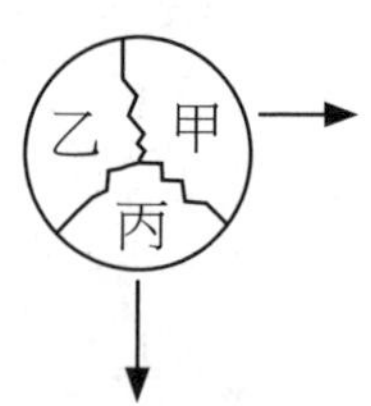

答：**10m/s**。向西偏北37°。

物體爆裂屬內力，系統動量守恆。

$\vec{p}_i=\vec{p}_f$ ， $0=\vec{p}_{甲}+\vec{p}_{乙}+\vec{p}_{丙}$ ，

設甲、乙、丙三塊質量皆為m，

如圖所示，可圍成一封閉直角三角形，故 $v_{乙}=10\text{m/s}$ 。

乙 甲 $\vec{p}_{甲}=m\cdot 8$

丙 $\vec{p}_{丙}=m\cdot 6$

$\vec{p}_{甲}=m\cdot 8$ ， $\vec{p}_{丙}=m\cdot 6$ ， $\vec{p}_{乙}=m\cdot 10$ ，37°

重點 3 角動量

Check! □□□

1 角動量 $\vec{L}$

(1)**定義：** 質點的質量m、速度 $\vec{v}$ 對參考點O運動時，若質點對O的位置向量 $\vec{r}$，則此質點對O點的角動量為 $\Rightarrow \vec{L}=\vec{r}\times\vec{p}=\vec{r}\times m\vec{v}$。

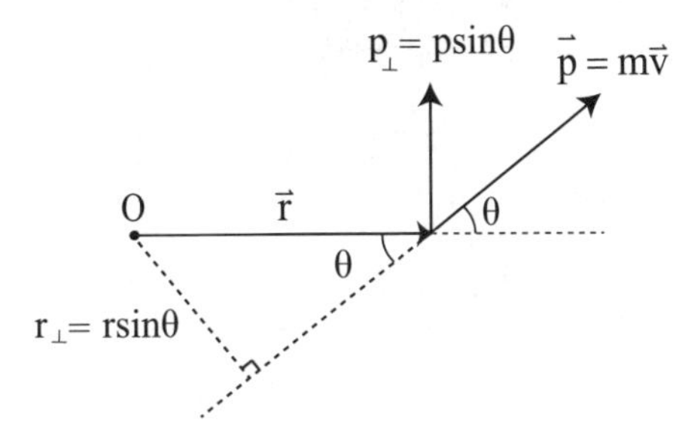

(2)**大小：** $L=r(p\sin\theta)=(r\sin\theta)p=rmv\sin\theta$
（θ：$\vec{r}$ 與 $\vec{p}$ 的夾角）

(3)**方向：** 右手螺旋定則

(4)**SI制單位：** 公斤・公尺^2/秒（$kg\cdot m^2/s$）

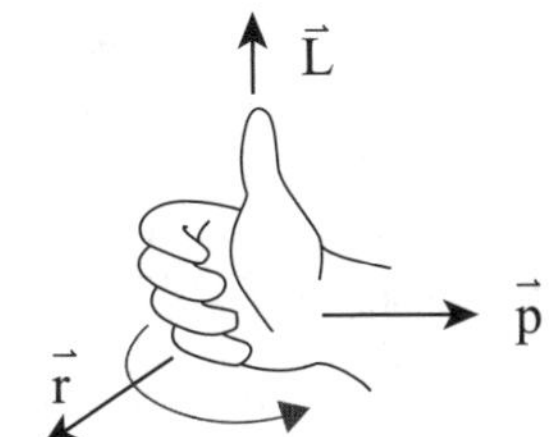

以右手螺旋判定 $\vec{L}$ 方向

2 角動量變化與力矩 $\vec{\tau}$ 的關係

(1)在慣性參考系中，質點所受的合力矩等於角動量的時變率。

(2)**數學式：** $\vec{\tau}=\vec{r}\times\vec{F}=\vec{r}\times\lim\limits_{\Delta t\to 0}\dfrac{\Delta\vec{P}}{\Delta t}=\lim\limits_{\Delta t\to 0}\dfrac{\vec{r}\times\Delta\vec{P}}{\Delta t}=\lim\limits_{\Delta t\to 0}\dfrac{\Delta\vec{L}}{\Delta t}$

(3)**SI制單位：** 牛頓・公尺（$N\cdot m$）

(4)質點受力矩與其角動量的關係 $\vec{\tau}=\dfrac{\Delta\vec{L}}{\Delta t}$ 類似質點受外力與其動量的關係 $\vec{F}=\dfrac{\Delta\vec{p}}{\Delta t}$。

3 角動量守恆定律

(1)在慣性參考系中，若質點所受的合力矩等於零，則其角動量不隨時間改變，稱為**角動量守恆**。（$\vec{\tau}=\dfrac{\Delta\vec{L}}{\Delta t}$，$\vec{\tau}=0\Rightarrow\Delta\vec{L}=0$）

(2)**實例：** 行星繞太陽的運行過程，行星與太陽間受萬有引力作用且為連心力，以太陽為參考點，行星所受的合力矩為零，因此其運行過程角動量守恆，此概念可解釋克卜勒第二定律。

主題2 週期運動

關鍵重點

等速圓周運動、向心力、向心加速度 $a_c=\dfrac{v^2}{R}=R\omega^2=\dfrac{4\pi^2R}{T^2}$、

簡諧運動 $\vec{F}=-k\vec{x}$、簡諧運動週期 $T=2\pi\sqrt{\dfrac{m}{k}}$、單擺週期 $T=2\pi\sqrt{\dfrac{L}{g}}$

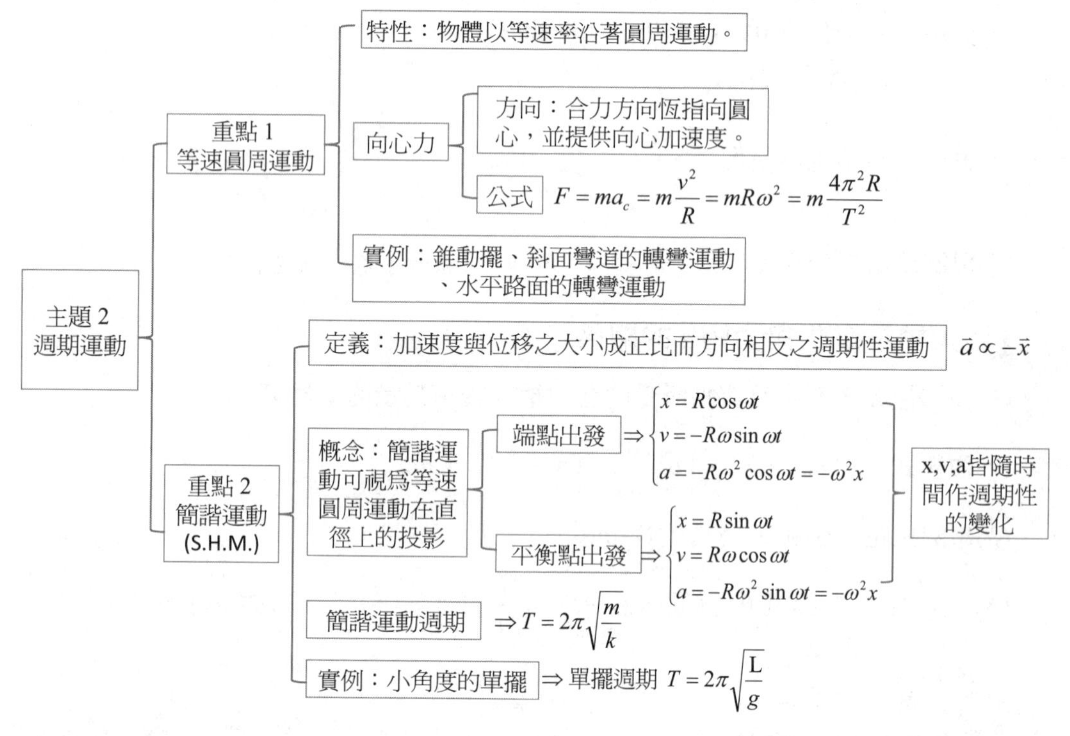

重點1 等速圓周運動

Check! □□□

1 等速圓周運動

(1)**等速圓周運動：**物體以等速率沿著圓周運動，稱為等速圓周運動。

(2)等速圓周運動的物理量：

A. 週期T：質點繞圓心轉動一周所需要的時間，單位為秒（s）。

B. 頻率f：質點在單位時間內所繞圓周的圈數，單位為赫茲（Hz）。

✰ 週期與頻率成倒數關係，即 $f=\frac{1}{T}$ 。

C. 角位移 $\Delta\theta$ ：角位置的變化，即質點所轉的角度，單位為弧度（rad）。

a. 弧長與角位移的關係： $S=R\Delta\theta$

b. 角度與弧度的關係： $1^{\circ}=\frac{\pi}{180}\text{rad}$

必背 D. 角速度ω：描述轉動的快慢，為單位時間內的角位移，單位為弧度/秒（rad/s） $\Rightarrow \omega=\frac{\Delta\theta}{\Delta t}=\frac{2\pi}{T}=2\pi f$

★1rps（轉/秒）＝60rpm（轉/分）＝ 2πrad/s

必背 E. 速率v：描述質點沿圓周運動的快慢， $v=\frac{2\pi R}{T}=\omega R$ 。

必背 F. 向心加速度 a_c ：描述切線速度方向改變的快慢，

$a_c=v\omega=\frac{v^2}{R}=R\omega^2=\frac{4\pi^2R}{T^2}=4\pi^2Rf^2$ ，方向恆指向圓心。

說明：如下圖，v_1、v_2、Δv構成一等腰三角形 $\Delta v=v\cdot\Delta\theta$ ，

$$a=\frac{\Delta v}{\Delta t}=\frac{v\cdot\Delta\theta}{\Delta t}=v\omega$$

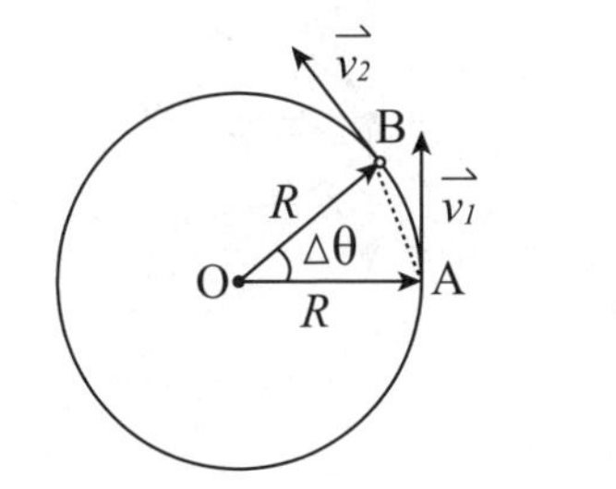

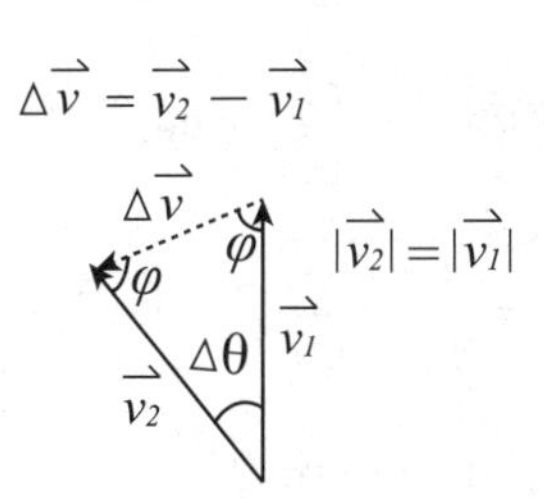

必背 G. 向心力 F_c：要產生向心加速度以改變質點運動方向，一定要有向心力

$\Rightarrow F_c=ma_c=m\frac{v^2}{R}=mR\omega^2=m\frac{4\pi^2R}{T^2}=m4\pi^2Rf^2$ 。

(3)**討論：**

A. 向心加速度只能改變速度的方向，不能改變速度的大小。

B. 加速度的方向隨時間而改變，恆指向圓心，故等速圓周運動為變加速度運動。

C. 向心力突然消失時，物體將沿**切線方向飛出**。（∵慣性原理）

(4)**曲線運動：**

當物體做曲線運動時，在一段極短的時間內，其運動可視為圓周運動的一部分，此圓的半徑稱為曲率半徑（如：R、r）。若質點在A、B位置的切線速率分別為v_A、v_B，則質點在A、B位置的向心加速度大小分別為

$a_c=\dfrac{v_A^2}{R}$、$a_c'=\dfrac{v_B^2}{r}$。

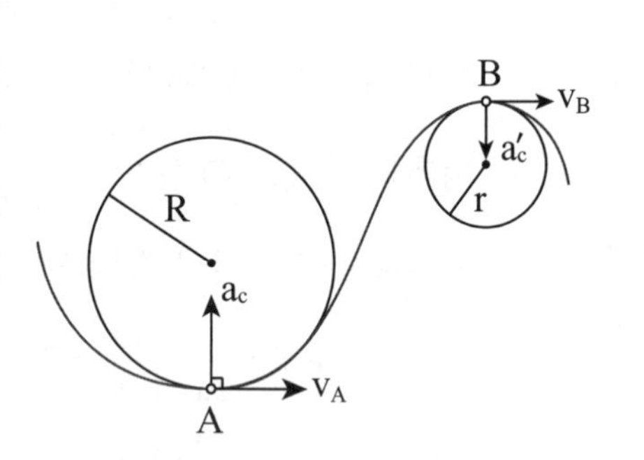

2 等速圓周運動的實例

(1)**錐動擺：**擺球受重力mg和擺繩張力F_T作用。

A. 迴轉半徑 $R=L\sin\theta$

B. 向心力 $F_c=ma_c=mg\tan\theta$

C. 擺繩張力 $F_T=\dfrac{mg}{\cos\theta}$

D. 向心加速度 $a_c=\dfrac{F_c}{m}=g\tan\theta$

E. 角速度 $\omega=\sqrt{\dfrac{g}{L\cos\theta}}$

F. 速率 $v=\sqrt{gL\tan\theta\sin\theta}$

必背 G. 週期 $T=2\pi\sqrt{\dfrac{L\cos\theta}{g}}=2\pi\sqrt{\dfrac{h}{g}}$

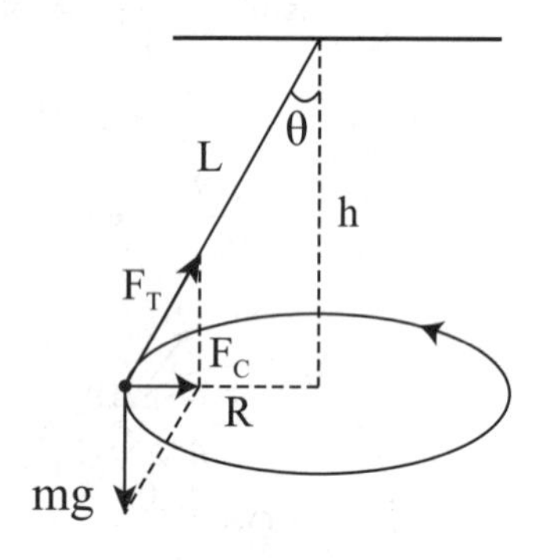

說明：由$a_c=\omega^2R=\dfrac{v^2}{R}=\dfrac{4\pi^2R}{T^2}=g\tan\theta$，$\omega^2(L\sin\theta)=\dfrac{v^2}{L\sin\theta}=\dfrac{4\pi^2L\sin\theta}{T^2}=g\tan\theta$

求v

求T

求ω

(2)**斜面彎道的轉彎運動：**

A. 車受重力mg和正向力N作用。

B. 向心力 $F_c = ma_c = mg\tan\theta$

C. 向心加速度 $a_c = \dfrac{v^2}{R} = g\tan\theta$（R為轉彎半徑）

$\Rightarrow$轉彎速度 $v = \sqrt{gR\tan\theta}$

D. 傾斜角： $tsn\theta = \dfrac{v^2}{gR}$，與轉彎速度大小、半徑有關。

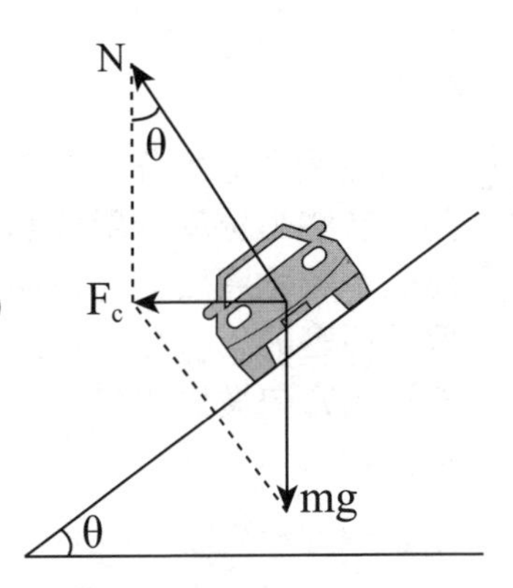

(3)**水平路面的轉彎運動：**

A. 人車系統受重力mg和地面作用力N'作用。（N'為正向力N與靜摩擦力f_s的合力）

B. 系統鉛直方向：

合力為零 $\Rightarrow N = mg$。

C. 系統水平方向：靜摩擦力f_s提供人車系統作圓周運動的向心力

$\Rightarrow f_s = F_c = ma_c = mg\tan\theta \le f_{s(max)} = \mu_s N$

$\Rightarrow m\dfrac{v^2}{R} = mg\tan\theta \le \mu_s mg$

$\Rightarrow \tan\theta = \dfrac{v^2}{Rg}$ 、 $\mu_s \ge \dfrac{v^2}{Rg}$

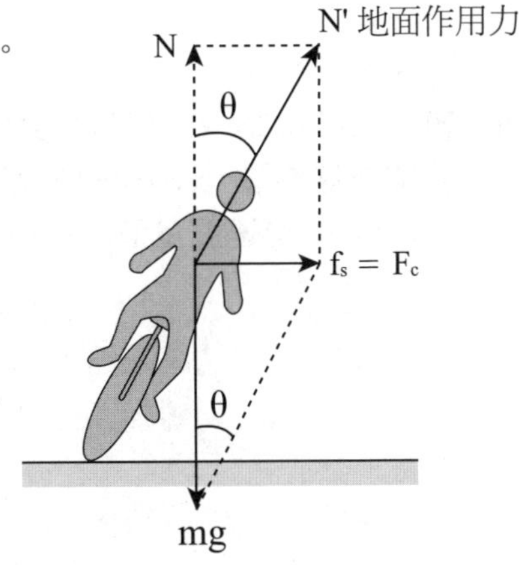

D. 結論：若轉彎速率愈大，則θ與μ_s均需愈大。

必背 (4)若質點的質量m，以速率v、角速度ω作半徑r的等速圓周運動，其對圓心的角動量大小：$L=rp=rmv=mr^2\omega$。

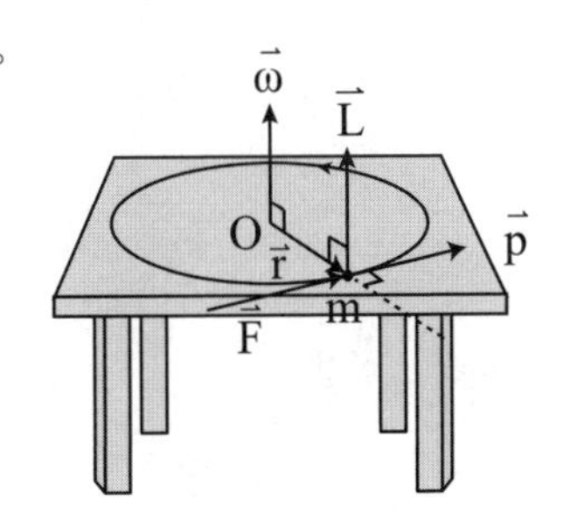

範例 4-9

難易度★☆☆

某物體受向心力作用，於水平面上作等速率圓周運動或稱為等速圓周運動，有關等速率圓周運動的敘述，下列何者正確？ (A)如果向心力突然消失，物體將沿半徑方向，向外射出 (B)等速圓周運動的向心力方向是保持不變的 (C)向心力對物體產生向心加速度，向心加速度可以使物體的運動方向發生改變 (D)向心力與物體的運動方向垂直，因此向心力持續作功。

答：**(C)**。

(A)×，向心力突然消失，物體因慣性原理沿切線方向射出去。

(B)×，向心力方向恆指向圓心。

(D)×，向心力恆與運動方向垂直，故向心力不對物體作功。

範例 4-10

難易度★☆☆

質點以等速率v在半徑為r的圓周上運動，下列敘述何者為正確？ (A)法線加速度為零 (B)切線加速度為v/r^2 (C)經1/4周的平均速率為v (D)經1/4周的平均速度量值為v/4。

答：**(C)**。

(A) ×，法線加速度即為向心加速度。

(B) ×，切線加速度為零。

(D) ×，平均速度$=\dfrac{位移}{時間}=\dfrac{\sqrt{2}r}{T/4}=\dfrac{4\sqrt{2}r}{T}$，又$v=\dfrac{2\pi r}{T}$

$\Rightarrow$ 平均速度$=\dfrac{2\sqrt{2}v}{\pi}$。

r

$\sqrt{2}r$

r

範例 4-11　難易度★☆☆

汽車以V之速率轉彎，需要F之向心力。若車速增加為2V，繞同一彎道轉彎，則所需之向心力為：　(A)F　(B)$\sqrt{2}$F　(C)2F　(D)4F

答：**(D)**。向心力 $F_C = m\dfrac{v^2}{R} \propto v^2$，故當車速增加為2V，向心力變成4F。

範例 4-12　難易度★★☆

右圖表示一飛輪傳動系統，各輪的轉軸均固定且相互平行。甲、乙兩輪同軸且無相對轉動。已知甲、乙、丙、丁四輪的半徑比為5:2:3:1，若傳動帶在各輪轉動中不打滑，則以下何者不正確？

(A)甲輪及乙輪的角速度之比值為1

(B)丙輪及丁輪的角速度之比值為2:15

(C)甲輪及丙輪之輪緣的切線速度比為5:3

(D)乙輪及丁輪轉動的角速度比1:5。

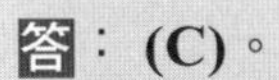

答：**(C)**。

已知$r_甲：r_乙：r_丙：r_丁$=5：2：3：1，切線速度與角速度的關係v=ωr。

∵甲、乙兩輪同軸

$$\therefore \omega_甲 = \omega_乙,\ \frac{v_甲}{r_甲} = \frac{v_乙}{r_乙} \Rightarrow v_甲:v_乙 = r_甲:r_乙 = 5:2$$

∵乙、丙兩輪同傳動帶相連

$$\therefore v_乙 = v_丙,\ \omega_乙 r_乙 = \omega_丙 r_丙 \Rightarrow \frac{\omega_乙}{\omega_丙} = \frac{r_丙}{r_乙} = \frac{3}{2}$$

同理，$v_甲 = v_丁$，$\omega_甲 r_甲 = \omega_丁 r_丁 \Rightarrow \dfrac{\omega_甲}{\omega_丁} = \dfrac{r_丁}{r_甲} = \dfrac{1}{5}$

$$\Rightarrow v_甲:v_乙:v_丙:v_丁 = 5:2:2:5$$

$$\Rightarrow \omega_甲:\omega_乙:\omega_丙:\omega_丁 = 3:3:2:15$$

(C)×，$v_甲:v_丙 = 5:2$

重點2 簡諧運動

Check! □□□

1 簡諧運動（S.H.M.）

(1)**簡諧運動：**是一種來回往返的週期性運動，其物體的受力大小F與偏離平衡位置的位移x成正比，且方向相反，即 $\vec{F}=-k\vec{x}$ 。（k為力常數）

(2)由 $\vec{F}=m\vec{a}=-k\vec{x}\Rightarrow\vec{a}=-\frac{k}{m}\vec{x}$ ，即簡諧運動亦可定義為**加速度與位移之大小成正比而方向相反之週期性運動**，即 $\vec{a}\propto-\vec{x}$ 。

(3)**名詞解釋**

A. 平衡點：簡諧運動軌跡的中點，即 $x=0$ 。

B. 位移 $\vec{x}$ ：自平衡點至質點所在位置的向量。

C. 振幅R：簡諧運動最大位移的量值，即平衡點到端點之距離。

D. 週期T：完成一次往返所需的時間。

E. 頻率f：單位時間往返運動的次數。

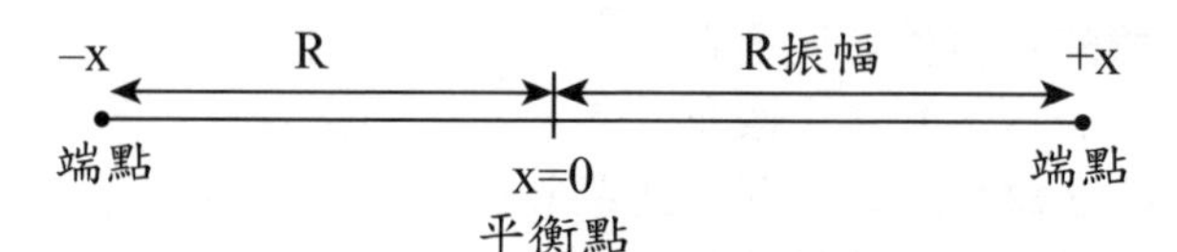

重要 2 等速圓周運動的投影

(1)**簡諧運動可視為等速圓周運動在直徑上的投影**

（設質點以角速度ω作等速圓周運動）

A. 起始位置在右端點（已知t=0時，x=R，且θ=ωt），下圖說明圓周運動在x軸上的投影。

	位移（以平衡為原點）	速度	加速度
圖示	平行光；y；x；R；θ；P₂；P₁；−R；+R	平行光；y；x；v；θ；v_x；P₂；P₁；−R；+R	平行光；y；x；a_x；θ；a；P₂；P₁；−R；+R

	位移 （以平衡為原點）	速度	加速度
數學式	$x = R\cos\theta$ $= R\cos\omega t$	$v_x = -v\sin\theta$ $= -R\omega\sin\omega t$	$a_x = -a\cos\theta$ $= -\omega^2 R\cos\omega t$ $= -\omega^2 x$
函數圖形			

B. 起始位置在平衡點（已知t=0時，y=0，且θ=ωt），下圖說明圓周運動在y軸上的投影。

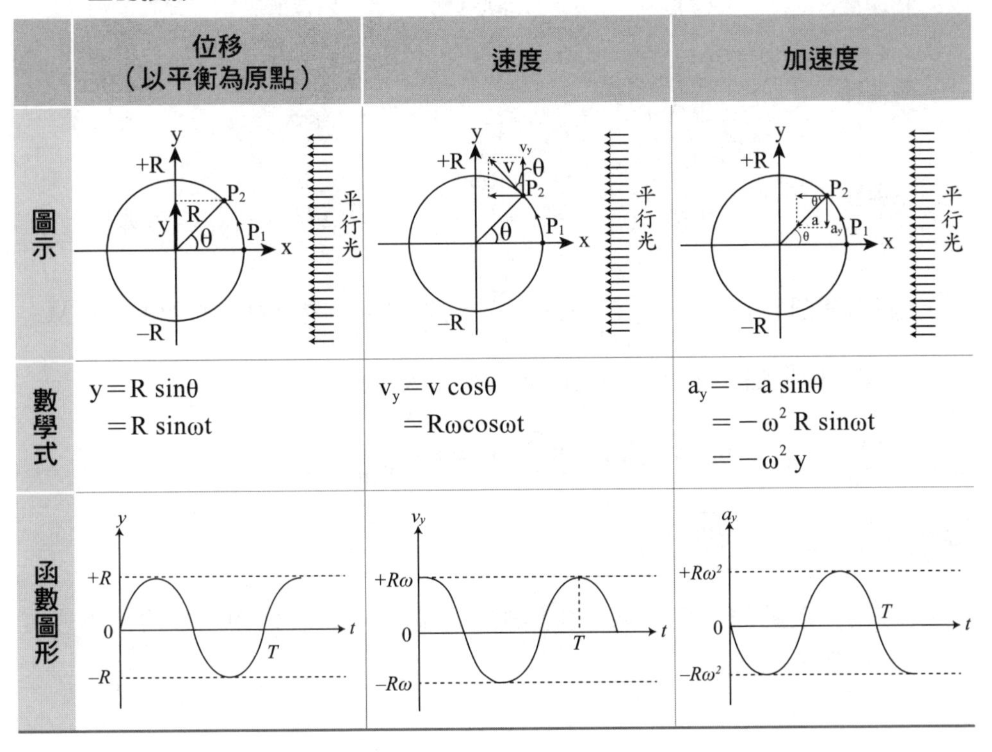

	位移 （以平衡為原點）	速度	加速度
圖示			
數學式	$y = R\sin\theta$ $= R\sin\omega t$	$v_y = v\cos\theta$ $= R\omega\cos\omega t$	$a_y = -a\sin\theta$ $= -\omega^2 R\sin\omega t$ $= -\omega^2 y$
函數圖形			

(2)簡諧運動與等速圓周運動的對應關係

SHM運動	參考圓運動	圖示
平衡點	圓心	
振幅	半徑	
週期	週期	
平衡點之速度量值（v_{max}）	切線速度量值$R\omega$	
端點之加速度量值（a_{max}）	向心加速度量值$R\omega^2$	
端點之受力量值（F_{max}）	向心力量值$mR\omega^2$	

(3)簡諧運動的討論

A. 特殊位置討論

物理量	位移	速度	加速度	受力
兩端點	$\pm R$ （最大）	0 （最小）	$\mp R\omega^2$ （最大）	$\mp mR\omega^2$ （最大）
平衡點	0 （最小）	$\mp R\omega$ （最大）	0 （最小）	0 （最小）

B. 簡諧運動的週期：$T=\frac{2\pi}{\omega}=2\pi\sqrt{\frac{m}{k}}$，式中k及m是常數，故可知S.H.M之週期T與振幅、速度、加速度或受力的大小無關。

$\because \vec{F}=m\vec{a}=-m\omega^2\vec{x}=-k\vec{x}$，$k=m\omega^2 \Rightarrow \omega=\sqrt{\frac{k}{m}}$

必背 $\therefore T=\frac{2\pi}{\omega}=2\pi\sqrt{\frac{m}{k}}$

C. 作簡諧運動的物體距離平衡點相同位移大小時，則物理量的大小皆有對稱性。

範例 4-13　難易度★★☆

下列有關「簡諧運動」的敘述，何者正確？
(A)物體所受外力方向與運動方向相反
(B)物體至平衡點的距離與加速度成正比
(C)物體運動至平衡點時，動能最大
(D)週期與振幅的大小無關
(E)物體運動至平衡點時，加速度為零。（多選題）

答：**(B)(C)(D)(E)**。
(A)×，物體作簡諧運動時，物體從端點至平衡點的過程中，物體所受外力方向與運動方向相同，故物體速率漸增；物體從平衡點至端點的過程中，物體所受外力方向與運動方向相反，故物體速率漸減。

範例 4-14　難易度★☆☆

一物體作簡諧運動，其位置與時間的關係式為：x(t)=5cos2t（SI單位），求該物體的：(1)振幅。(2)角速率。(3)週期。(4)最大速率。(5)最大加速度量值。

答：**(1)5m　(2)2rad/s　(3)πs　(4)10m/s　(5)20m/s²**。

(1)(2) $x(t)=R\cos\omega t=5\cos 2t \Rightarrow R=5m$，$\omega=2\,rad/s$

(3) $T=\frac{2\pi}{\omega}=\frac{2\pi}{2}=\pi\,s$

(4) $v_{max}=\omega R=2\times 5=10\,m/s$

(5) $a_{max}=\omega^2 R=2^2\times 5=20\,m/s^2$

3 小角度的單擺運動

(1)一單擺擺長L、擺錘質量為m，作一小角度（$\theta<5^\circ$）擺動。若擺繩質量不計，且忽略所有摩擦力，則其擺錘幾乎是在一直線上來回運動，可視擺鐘作簡諧運動。。

(2)**說明**：∵單擺作小角度擺動時，擺錘幾乎是在一直線上來回運動。

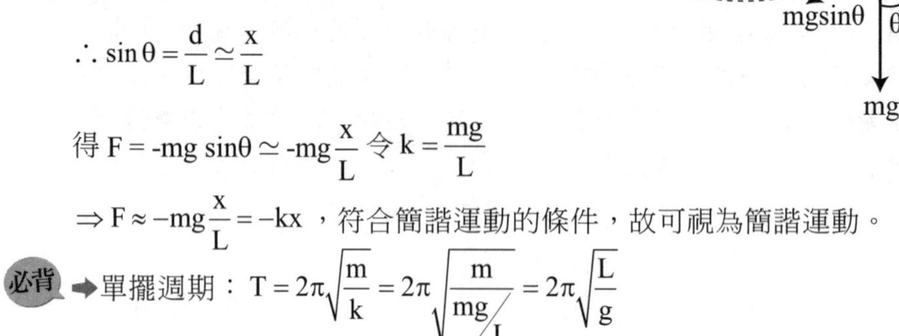

$\therefore \sin\theta = \dfrac{d}{L} \simeq \dfrac{x}{L}$

得 $F = -mg\sin\theta \simeq -mg\dfrac{x}{L}$ 令 $k = \dfrac{mg}{L}$

$\Rightarrow F \approx -mg\dfrac{x}{L} = -kx$，符合簡諧運動的條件，故可視為簡諧運動。

必背 ➡單擺週期：$T = 2\pi\sqrt{\dfrac{m}{k}} = 2\pi\sqrt{\dfrac{m}{mg/L}} = 2\pi\sqrt{\dfrac{L}{g}}$

(3)**結論**：小角度的單擺週期T只與擺長L及重力加速度g有關，和擺錘質量m、擺角大小θ無關。

範例 4-15　難易度★☆☆

若理想單擺來回擺動50次費時200秒，g值為$10m/s^2$，則擺長大約為多少m？

(A)$\dfrac{25}{16}\pi^2$　(B)$\dfrac{40}{\pi^2}$　(C)$25\pi^2$　(D)$\dfrac{16}{25}\pi^2$　(E)$\dfrac{125}{2\pi^2}$。

答：**(B)**。

單擺週期 $T = 2\pi\sqrt{\dfrac{L}{g}}$（L：單擺擺長）

$\dfrac{200}{50} = 4 = 2\pi\sqrt{\dfrac{L}{10}} \Rightarrow L = \dfrac{40}{\pi^2}$。

主題 3　克卜勒行星運動與萬有引力定律

關鍵重點

克卜勒行星運動定律、橢圓軌道、近日點、遠日點、平均軌道半徑 $R=\frac{r_{min}+r_{max}}{2}=$ 半長軸、等面積速率 $\frac{\Delta A}{\Delta t}=$ 定值、週期定律 $\frac{R^3}{T^2}=$ 定值、萬有引力定律 $F=\frac{Gm_1m_2}{r^2}$、重力加速度 $g=\frac{GM}{r^2}$

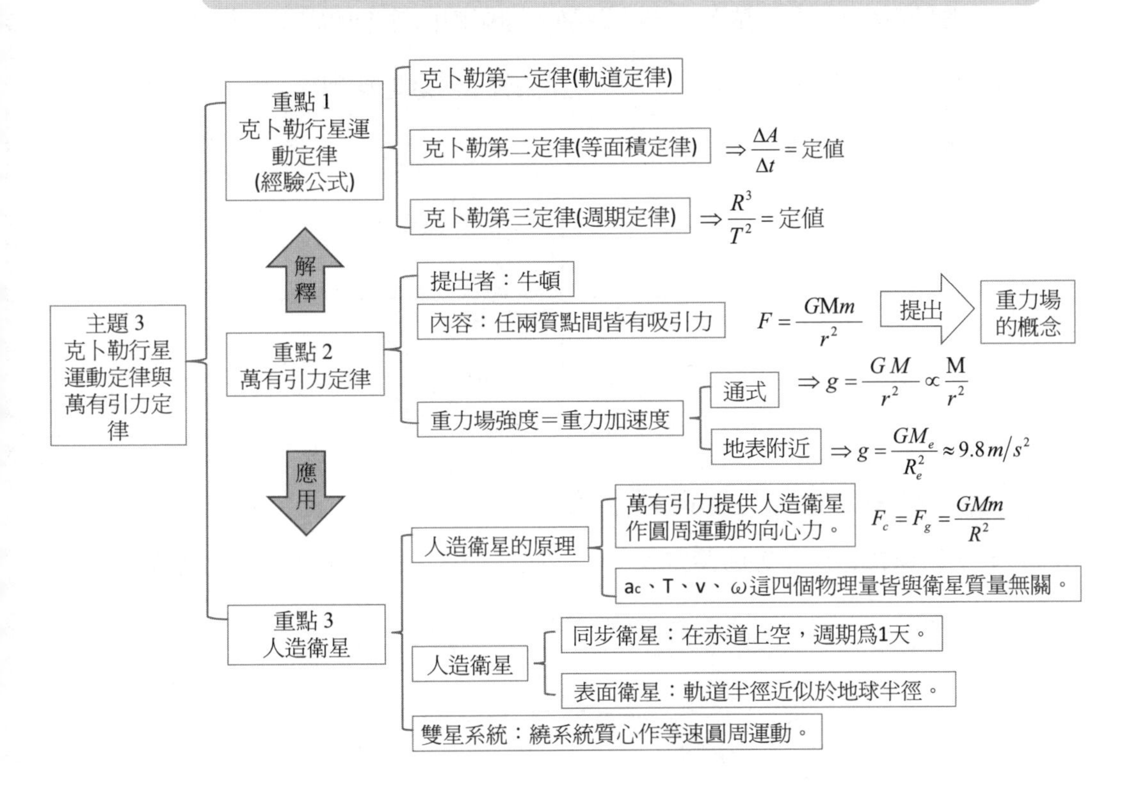

重點1 克卜勒行星運動

Check!

1 克卜勒第一定律（軌道定律）

(1)**克卜勒第一定律（軌道定律）：**行星以橢圓軌道繞太陽運行，而太陽位於橢圓軌道的其中一個焦點上。

(2)**橢圓軌道介紹**

- 近日點：行星繞太陽公轉時，離太陽最近處。
- 遠日點：行星繞太陽公轉時，離太陽最遠處。
- 近日距r_{min}：近日點至太陽的距離，即橢圓曲線中與太陽的最短距離。
- 遠日距r_{max}：遠日點至太陽的距離，即橢圓曲線中與太陽的最遠距離。
- 平均軌道半徑：$R=\frac{r_{min}+r_{max}}{2}$=半長軸a，定地球與太陽的平均軌道半徑為1天文單位。

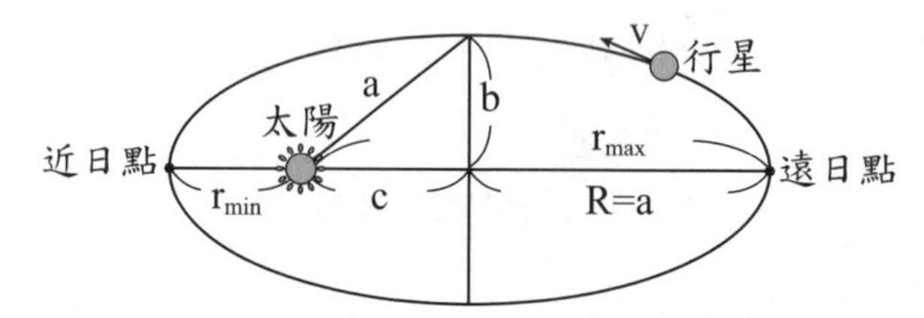

a：半長軸，b：半短軸，c：焦距　　$(a^2=b^2+c^2)$

2 克卜勒第二定律（等面積定律）

(1)**克卜勒第二定律（等面積定律）：**在等時距內同一行星與太陽的連線掃過的面積相等，即面積速率為定值（$\frac{\Delta A}{\Delta t}$=定值）。

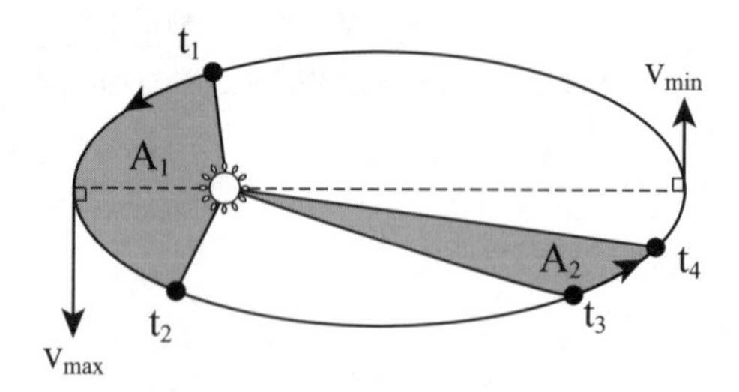

說明：若$t_2-t_1=t_4-t_5$，則$A_1=A_2$。

(2)**補充：** $\dfrac{\Delta A}{\Delta t}=\dfrac{1}{2}rv\sin\theta=\dfrac{1}{2}r^2\omega=\dfrac{\pi ab}{T}=$定值（T：作橢圓軌道運轉之行星週期）

克卜勒第二定律為角動量守恆的結果，設在極短時間內，$\overline{OP}$ 連線掃經一小角度 $\Delta\phi$ ，則：

$\Delta OPQ\approx$扇形面積 ，$\dfrac{1}{2}r(v\cdot\Delta t)\cdot\sin\theta\approx\pi r^2\cdot\dfrac{\Delta\phi}{2\pi}=\dfrac{1}{2}r^2(\Delta\phi)$

必背 ⇒面積速率：$\dfrac{\Delta A}{\Delta t}=\dfrac{1}{2}rv\sin\theta=\dfrac{1}{2}r^2\omega$（v：運行速率，ω：角速度）

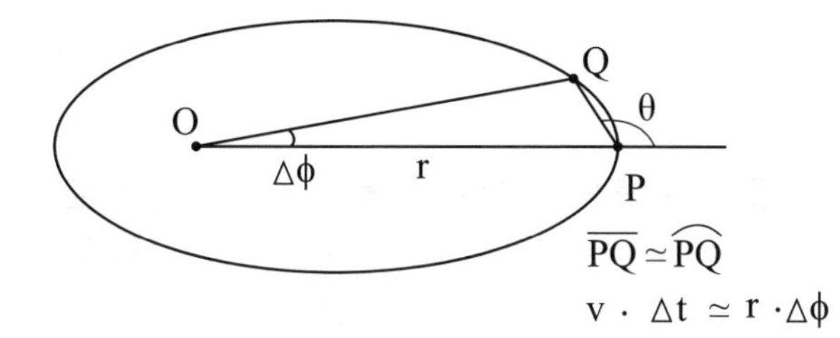

(3)**討論**

A. 行星在橢圓軌道上以變速率運行。

必背 B. 近日點與遠日點之間的關係 ⇒ $r_{近}v_{近}=r_{遠}v_{遠}$ 、 $r_{近}^2\omega_{近}=r_{遠}^2\omega_{遠}$ 。

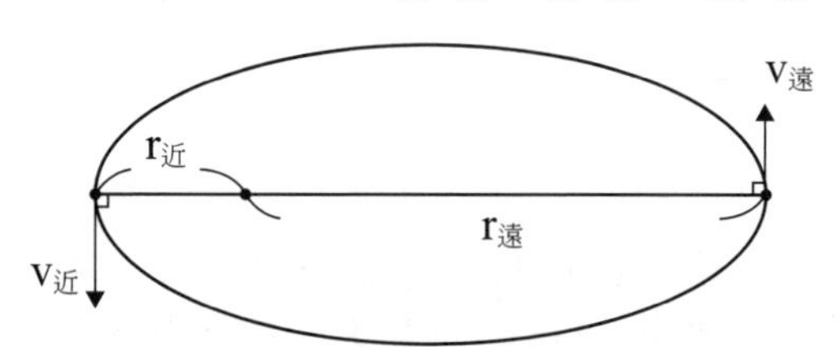

C. 行星在近日點時速率最大；遠日點時速率最小。

D. 行星由近日點移至遠日點時，其速率愈來愈小。

E. 行星由遠日點移至近日點時，其速率愈來愈大。

範例 4-16　難易度★☆☆

某行星在以太陽為焦點之橢圓形軌道上運動，則此行星與太陽之連線在相等之時間間隔內掃過相等的　(A)軌道長度　(B)圓心角　(C)面積　(D)位移。

答：(C)。克卜勒第二定律：在等時距內同一行星與太陽的連線掃過的面積相等。

範例 4-17

難易度★★☆

某彗星以橢圓形軌跡繞太陽公轉，其與太陽之最大距離為其與太陽最短距離之100倍。今測得此彗星在最接近太陽時之速率為1000km/s，其在最遠離太陽時之速率為？ (A) 10 (B) 10^3 (C) 10^4 (D) 10^5 km/s。

答：**(A)**。

設彗星的近日距為r，遠日距為100r

根據克卜勒第二定律 $r_{近}v_{近}=r_{遠}v_{遠}$，$r\cdot 1000=100rv_{遠}\Rightarrow v_{遠}=10\text{km/s}$

範例 4-18

難易度★★☆

克卜勒第二定律衛星繞其恆心運行，掃過的面積率一定，其理由為：(A)動量守恆 (B)角動量守恆 (C)力學能守恆 (D)質量守恆。

答：**(B)**。

面積速率 $\dfrac{\Delta A}{\Delta t}=\dfrac{1}{2}rv\sin\theta=\dfrac{1}{2m}rmv\sin\theta=\dfrac{1}{2m}|\vec{r}\times\vec{p}|=\dfrac{|\vec{L}|}{2m}=$定值，

故為角動量守恆。

範例 4-19

難易度★★☆

有一彗星質量為m，繞日運行時，在近日點之速率為v，與太陽的距離為r。若此行星在近日點與遠日點時離太陽的距離比為1：16，則行星在遠日點時對太陽之角動量量值為 (A)16mvr (B)mvr (C)mvr/4 (D)mvr/16。

答：**(B)**。

$\because$角動量守恆 $\therefore L_{遠}=L_{近}=rmv\sin 90^\circ=mvr$

3 克卜勒第三定律（週期定律）

(1)**克卜勒第三定律（週期定律）**：所有繞同一恆星公轉的行星，其平均軌道半徑的立方與軌道週期的平方成正比，即$\frac{R^3}{T^2}=$定值。

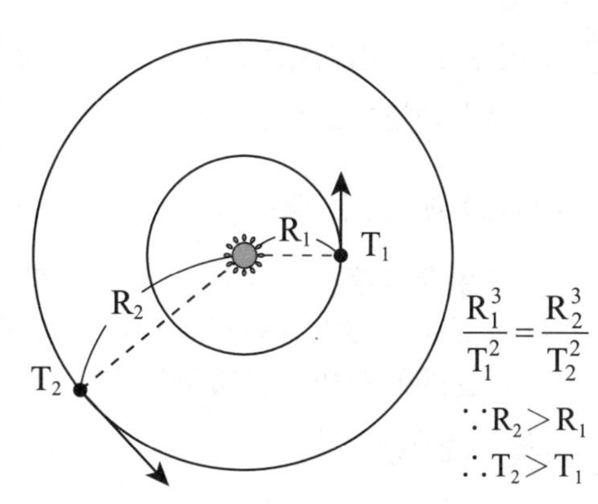

(2)太陽系中繞太陽的行星與彗星的$\frac{R^3}{T^2}$都相同，皆可與地球作比較，即$\frac{R_{行}^3}{T_{行}^2}=\frac{R_{地}^3}{T_{地}^2}=\frac{1(AU)^3}{1(年)^2}$。

(3)軌道半徑愈大，其公轉週期愈長。

範例 4-20　難易度★★☆

若定義地球公轉之軌道半徑為1 天文單位（1A.U.），假設人類在太陽系發現一新彗星，其週期為125 年，同時測得其近日點與太陽的距離為2A.U.，則此彗星行至遠日點時與太陽的距離為？ (A)25A.U.　(B)50A.U.　(C)48A.U.　(D)24A.U.。

答：**(C)**。

根據克卜勒第三定律$\frac{R^3}{T^2}=$定值，R為平均軌道半徑。

設彗星的遠日距為r_{max}

$$\frac{R_{地}^3}{T_{地}^2}=\frac{R_{彗}^3}{T_{彗}^2}，\frac{1^3}{1^2}=\frac{R_{彗}^3}{125^2}，R_{彗}=25\text{ A.U.}$$

$$R_{彗}=\frac{r_{min}+r_{max}}{2}=\frac{2+r_{max}}{2}=25，r_{max}=48\text{A.U.}。$$

範例 4-21 難易度★★☆

太陽系中行星繞太陽運行，下列敘述何者正確？

(A)克卜勒第二定律中的$r^2\omega$＝常數，對太陽系所有行星而言，此常數皆相等

(B)克卜勒第三定律中的$\frac{T^2}{r^3}$＝常數，對太陽系所有行星而言，此常數皆相等

(C)行星運行至近日點時，行星的速率有最大值

(D)行星由近日點運行至遠日點，速率愈來愈快

(E)行星的週期與行星質量的平方根成正比。（多選題）

答：**(B)(C)**。

(A)×，克卜勒第二定律是針對同一個行星的$r^2\omega$＝常數。

(D)×，速率應愈來愈慢。

(E)×，克卜勒第三定律$\frac{T^2}{r^3}$=定值，即$T \propto r^{3/2}$，與行星質量無關。

重點2 萬有引力定律

Check! □□□

1 萬有引力定律

(1)**萬有引力定律：**任兩質點間的吸引力與其質量乘積成正比，與其距離平方成反比。

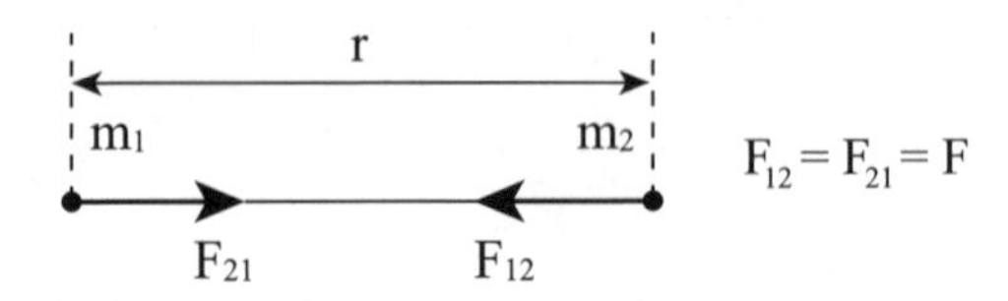

(2)**公式：** $F=\frac{Gm_1m_2}{r^2}$ $\begin{cases} G=6.67\times10^{-11}\ \text{N}\cdot\text{m}^2/\text{kg}^2 \\ r：兩質點間的距離 \end{cases}$

(3)**討論：**

A. 萬有引力又稱重力，方向在兩質點的**連心線**上，且兩者大小相等、方向相反，是一對作用力與反作用力。

B. G為重力常數，由卡文狄西利用**扭秤**所測出。

C. 公式 $F=\frac{Gm_1m_2}{r^2}$ 只適用於兩**質點**間引力的計算，若體積較大的物體視為由多質點組成，則應為各質點間的重力之向量和。

D. 若為**均勻球體（殼）**，可將質量集中在球（殼）心，r取球心至球心的距離以計算萬有引力。

(4)**利用萬有引力定律證明克卜勒第三定律**

$F_g=F_c$，$\frac{GMm}{r^2}=m\frac{4\pi^2r}{T^2}\Rightarrow\frac{r^3}{T^2}=\frac{GM}{4\pi^2}\propto M$（M為被繞物的質量，T為週期）

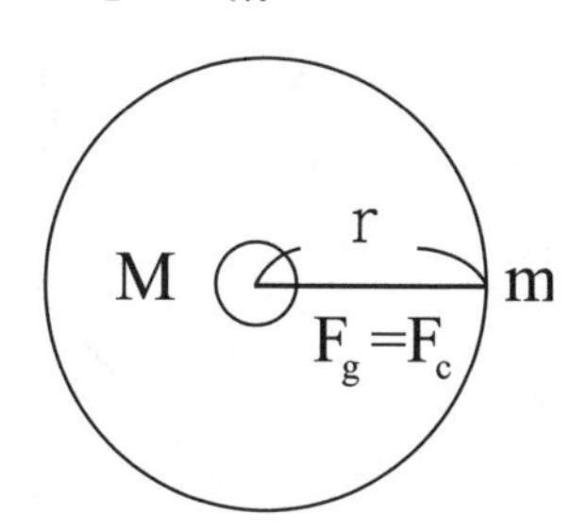

2 重力場強度 $\vec{g}$

(1)萬有引力是超距力，一般以「場」來描述**萬有引力的作用範圍**，稱為**重力場**。

(2)**重力場強度 $\vec{g}$：**每單位質量物體所受的重力，即該處的重力加速度。

(3)**數學式：** $g=\frac{F}{m}=\frac{\frac{GMm}{r^2}}{m}=\frac{GM}{r^2}\propto\frac{M}{r^2}$

（M：場源質量，r：到場中心的距離）

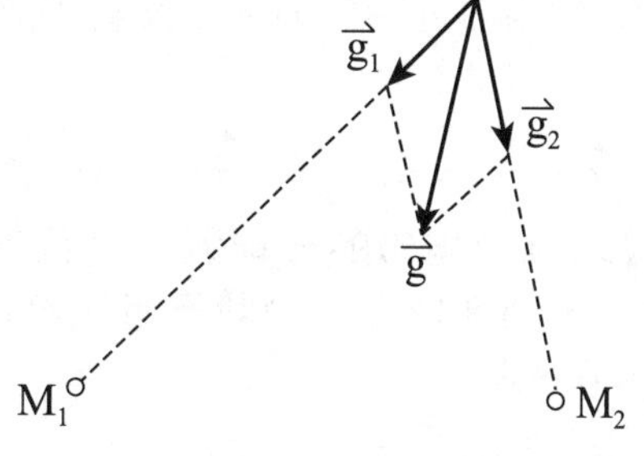

(4)**單位：** N/kg 或 m/s^2

(5)**方向：** $\vec{g}$ 恆指向場源中心。

(6)多個物體所產生重力場強度，以向量方法合成。

重要 3 地球的重力加速度

(1)**重量：**地表附近的物體，其重量源自於物體與地球間的萬有引力，即所受重力的量值。

(2)**重力的數學式：** $g=\frac{GM_e m}{r^2}=mg$（M_e為地球質量，m為物體質量，r為物體與地心的距離）。

$\Rightarrow$地球的重力加速度 $g=\frac{GM_e}{r^2}\propto\frac{1}{r^2}$

(3)**地球建立的重力場強度分布：**

A. 地球外部的位置（$r>R_e$）：

$g=\frac{GM_e}{r^2}$

B. 地球表面的位置（$r=R_e$）：

$g=\frac{GM_e}{R_e^2}\approx 9.8\text{m/s}^2$

C. 地球內部的位置（$r<R_e$）：

$g=(\frac{GM_e}{R_e^3})r$

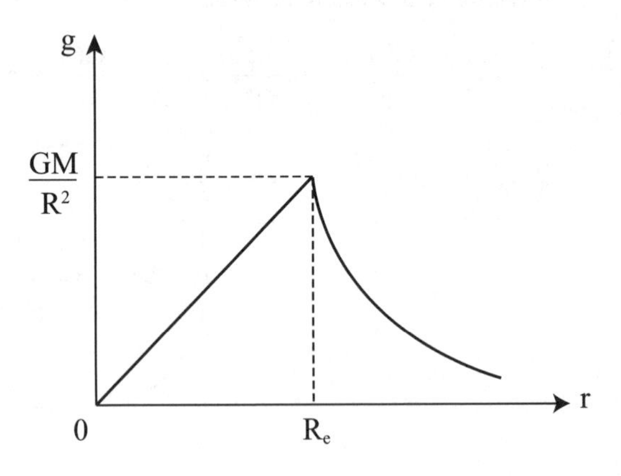

(4)**特性**

A. 地球略呈扁橢圓形，故南北極的重力加速度略大於赤道。

B. 重力加速度會隨地點不同而不同，距離地表愈高處，重力加速度愈小。

C. 地表附近的重力加速度約等於9.8m/s^2

範例 4-22

難易度★★☆

設地球為均勻的一球體，又設地球保持現有密度不變，而將半徑縮小1/2，則地球上之物體重量變為原來的： (A)2倍 (B)1/2倍 (C)4倍 (D)1/8倍。

答：(B)。

物體重量 $W=mg\propto g$ 。

$g=\frac{GM}{R^2}=\frac{G(\frac{4}{3}\pi R^3\cdot\rho)}{R^2}=\frac{4}{3}G\pi R\rho\propto R$（M：地球質量、R：地球半徑、ρ：地球密度），故當地球半徑縮小$\frac{1}{2}$，地表的重力加速度為原來的$\frac{1}{2}$，地球上物體的重量為原來的$\frac{1}{2}$。

重點 3 人造衛星

Check! □□□

1 人造衛星的基本原理

(1)**原理：**若一人造衛星在距地心r的軌道上做等速圓周運動，則萬有引力為提供人造衛星做圓周運動所需之向心力。

$$F_g = F_c，\frac{GMm}{r^2} = m\frac{4\pi^2 r}{T^2}$$

(2)**人造衛星的物理量**

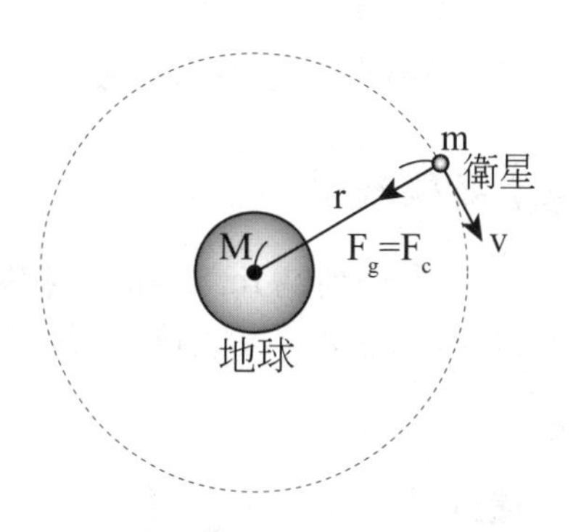

A. 向心力：$F_c = F_g = \frac{GMm}{r^2}$

B. 向心加速度：$a_c = \frac{F_c}{m} = \frac{GM}{r^2}$。

a_c與衛星的質量m**無關**。

C. 軌道速率：$\frac{GMm}{r^2} = m\frac{v^2}{r} \Rightarrow v = \sqrt{\frac{GM}{r}}$

a. v與衛星的質量m**無關**。

b. 衛星的軌道愈高，所需的切線速度**愈小**。

D. 軌道週期：$\frac{GMm}{r^2} = m\frac{4\pi^2 r}{T^2} \Rightarrow T = 2\pi\sqrt{\frac{r^3}{GM}}$

a. 人造衛星的週期T與衛星質量m**無關**。

b. 人造衛星的軌道愈高，其週期**愈長**。

範例 4-23 難易度★★☆

若地球質量為M，半徑為R，萬有引力常數為G，現有一人造衛星質量m，在距地面高度為h 的軌道上運行，則此人造衛星的速率為

(A) $\sqrt{\frac{GMm}{R}}$　(B) $\sqrt{\frac{GMm}{h}}$　(C) $\sqrt{\frac{GMm}{R+h}}$　(D) $\sqrt{\frac{GM}{R+h}}$。

答：**(D)**。

$$F_g = F_c。\frac{GMm}{(R+h)^2} = m\frac{v^2}{(R+h)}，v = \sqrt{\frac{GM}{(R+h)}}$$

2 人造衛星

(1)**同步衛星**

A. 與地球自轉同步，**週期為一天**。

B. 在**赤道**某處的正上方，距地心約為地球半徑的6.6倍。

C. 對地面的觀察者來說，同步衛星**恆停留**在地球上空某處。

(2)**表面衛星（又稱地表衛星、貼地衛星）**

A. 軌道半徑約為地球半徑。

B. 是所有衛星中速率最快、週期最短者。

3 雙星系統

質量分別為 m_1 、 m_2 且相距d的兩個星球構成一個獨立系統，雙星以其共同質心為圓心，互繞運行作等速圓周運動，而所需之向心力為兩者間的萬有引力。

(1)**軌道半徑**：$r_1 = \frac{m_2}{m_1 + m_2}d$ ， $r_2 = \frac{m_1}{m_1 + m_2}d$

(2)**向心力**：$F_c = F = \frac{Gm_1m_2}{d^2}$

(3)**向心加速度**：$a_1 = \frac{F}{m_1} = \frac{Gm_2}{d^2}$ ， $a_2 = \frac{F}{m_2} = \frac{Gm_1}{d^2}$

(4)**軌道速率**：$\frac{Gm_1m_2}{d^2} = m_1\frac{v_1^2}{r_1} \Rightarrow v_1 = m_2\sqrt{\frac{G}{d(m_1 + m_2)}}$ ，

同理 $v_2 = m_1\sqrt{\frac{G}{d(m_1 + m_2)}}$ 。

(5)**軌道週期**：$\frac{Gm_1m_2}{d^2} = m_1\frac{4\pi^2 r_1}{T_1^2} = m_2\frac{4\pi^2 r_2}{T_2^2}$

$\Rightarrow T_1 = T_2 = 2\pi\sqrt{\frac{d^3}{G(m_1 + m_2)}}$

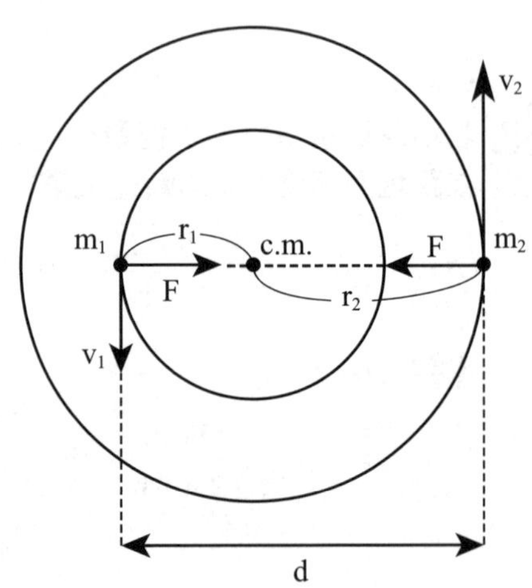

單元補充

等角加速度運動

1. **角加速度(α)**

(1)角加速度：單位時間內的角速度變化，為一向量。

(2)公式：

$$\begin{cases} \text{平均角加速度：} \bar{\alpha} = \dfrac{\Delta\omega}{\Delta t} \\ \text{瞬時角加速度：} \alpha = \lim\limits_{\Delta t \to 0} \dfrac{\Delta\omega}{\Delta t} \end{cases} \quad (\omega\text{：角速度})$$

(3)單位：弧度/秒^2(rad/s^2)

2. **線運動與轉動間物理量的關係**

(1)弧長S與角位移$\Delta\theta$：$S=R\Delta\theta$

(2)速度v與角速度ω：$v=R\omega$

(3)切線加速度a_T與角加速度α：$a_T=R\alpha$

(4)法線加速度a_N與角速度ω：$a_N=R\omega^2$（R：轉動半徑）

3. **等角加速度運動**

(1)定義：轉動過程中角加速度為定值，即平均角加速度等於瞬時角加速度。

(2)公式：

等角加速度（轉動）		等加速運動（移動）
$\omega = \omega_0 + \alpha t$	$\xleftrightarrow{\text{對應}}$	$v = v_0 + at$
$\Delta\theta = \omega_0 t + \frac{1}{2}\alpha t^2 = \frac{1}{2}(\omega_0 + \omega)t$	$\xleftrightarrow{\text{對應}}$	$\Delta x = v_0 t + \frac{1}{2}at^2 = \frac{1}{2}(v_0 + v)t$
$\omega^2 = \omega_0^2 + 2\alpha\Delta\theta$	$\xleftrightarrow{\text{對應}}$	$v^2 = v_0^2 + 2a\Delta x$

範例 4-25 難易度★☆☆

一圓輪在做等角加速度運動，經過25轉之後，角速度由100轉／秒增至150轉／秒，則其角加速度值為多少？ (A)100轉／秒^2 (B)125轉／秒^2 (C)150轉／秒^2 (D)250轉／秒^2。

答：(D)。$\omega^2 = \omega_0^2 + 2\alpha\Delta\theta$，$150^2 = 100^2 + 2\alpha \cdot 25 \Rightarrow \alpha = 250$轉/秒^2

單元重點整理

Check! □□□

1 動量與角動量

移動與轉動的對應關係			
移動		轉動	
動量	p	角動量	L
力	F	力矩	τ
關係	$F=\dfrac{\Delta p}{\Delta t}$	關係	$\tau=\dfrac{\Delta L}{\Delta t}$
說明	力F的作用使動量p改變	說明	力矩τ的作用使角動量L改變
動量守恆	$\sum\vec{F}=0\Rightarrow\Delta\vec{p}=0$	角動量守恆	$\sum\vec{\tau}=0\Rightarrow\Delta\vec{L}=0$

Check! □□□

2 質心運動

物理量	質心位置	質心位移	質心速度	質心加速度
公式	$\vec{r}_c=\dfrac{\sum_i m_i\vec{r}_i}{\sum_i m_i}$	$\Delta\vec{r}_c=\dfrac{\sum_i m_i\Delta\vec{r}_i}{\sum_i m_i}$	$\vec{v}_c=\dfrac{\sum_i m_i\vec{v}_i}{\sum_i m_i}$	$\vec{a}_c=\dfrac{\sum_i m_i\vec{a}_i}{\sum_i m_i}$
重要觀念	(1)質心動量＝系統總動量。 (2)只有外力可改變質心運動。			

Check!☐☐☐

3 等速圓周運動

物理量	代號	單位	數學式
週期	T	秒（s）	$T=\frac{1}{f}$
頻率	f	赫茲（Hz）	
角位移	$\Delta\theta$	弧度（rad）	弧長與角位移的關係：$S=R\Delta\theta$
角速度	ω	弧度/秒（rad/s）	$\omega=\frac{\Delta\theta}{\Delta t}=\frac{2\pi}{T}$
速率	v	公尺/秒（m/s）	$v=\frac{2\pi R}{T}=\omega R$
向心加速度	a_c	公尺/秒^2（m/s^2）	$a_c=\frac{v^2}{R}=\omega^2 R=\frac{4\pi^2 R}{T^2}$
向心力	F_c	牛頓（N）	$F_c=ma_c=m\frac{v^2}{R}=m\omega^2 R=m\frac{4\pi^2 R}{T^2}$

Check!☐☐☐

4 簡諧運動（S.H.M.）

定義	物體的受力與位移符合 $\vec{F}=-k\vec{x}$ 並作週期性的振盪。
週期	$T=2\pi\sqrt{\frac{m}{k}}$
振幅R	位移的最大值，可視為參考圓的半徑
端點	$v=0$、$a_{max}=\omega^2 R$、$F_{max}=m\omega^2 R$，可視為參考圓直徑的兩端
平衡點	$v_{max}=\omega R$、$a=0$、$F=0$，可視為參考圓的圓心

Check!□□□

5 克卜勒行星運動定律

克卜勒第一定律（軌道定律）	行星以橢圓軌道繞太陽運行，而太陽位於橢圓軌道的其中一個焦點上。 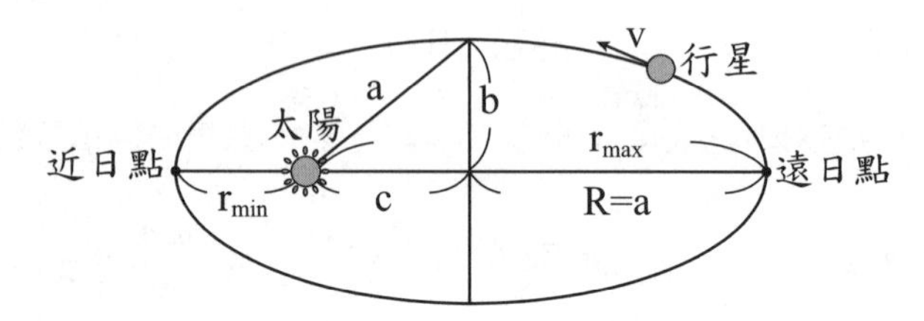
克卜勒第二定律（等面積定律）	在等時距內同一行星與太陽的連線掃過的面積相等，即面積速率為定值（$\frac{\Delta A}{\Delta t}$＝定值）。 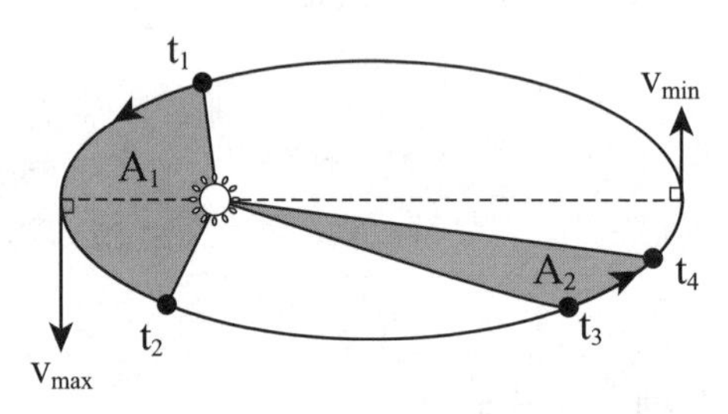 （若$t_2-t_1=t_4-t_3$，則$A_1=A_2$）
克卜勒第三定律（週期定律）	所有繞同一恆星公轉的行星，其平均軌道半徑的立方與軌道週期的平方成正比，即$\frac{R^3}{T^2}$＝定值。 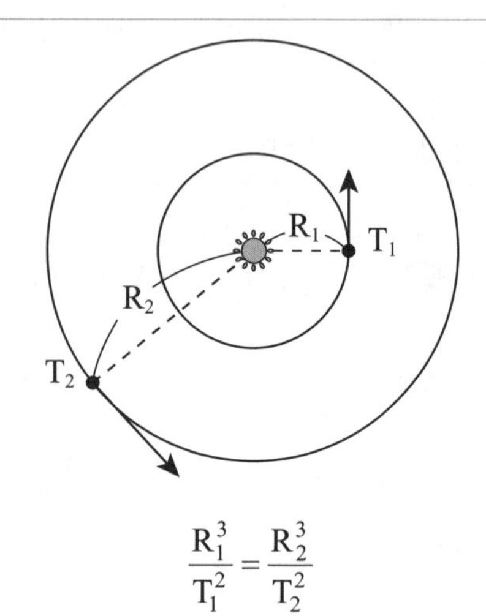 $\frac{R_1^3}{T_1^2}=\frac{R_2^3}{T_2^2}$

Check!

6 萬有引力定律與重力加速度

物理量	內容	數學式	說明
萬有引力 F	兩質點間的吸引力，與兩質點的質量乘積成正比，與其距離平方成反比	$F=\frac{GMm}{r^2}$ G：重力常數 M、m：質點質量 r：兩質點間的距離	只適用於質點或均質球體（殼）間，可把均質球體（殼）的質量當成集中於球心。
重力加速度g	物體受重力產生的加速度	$g=\frac{W}{m}=\frac{GM}{r^2}$ M：星球質量 r：至星球球心的距離	距離星球球心愈遠，重力加速度愈小
地表附近的重力加速度$g_{地}$	物體在地表附近受重力產生的加速度	$g_{地}=\frac{GM_{地}}{R_{地}^2}\approx 9.8\,m/s^2$ $M_{地}$：地球質量 $R_{地}$：地球半徑	事實上地球並非正球形且密度不均，故在地表各處之g值並不完全相同。

[精選．試題]

基礎題

( ) 1. 有1個子彈質量為10g，以速度700m/s運動；此時，若有1輪車子質量為1000kg，要以何種速度運動才能具有相同之動量？（假設為理想狀態）

(A)0.007m/s (B)$\sqrt{7}$ m/s (C)7m/s

(D)0.035m/s (E)$\frac{7}{\sqrt{1000}}$ m/s。

( ) 2. 一顆5公克的子彈在平滑無摩擦的槍管中前進時，在0.01秒內其速度由0公尺／秒變為200公尺／秒，在此瞬間子彈受到的平均力為多少牛頓？ (A)75 (B)100 (C)200 (D)1000。

( ) 3. 質量為2kg和3kg的滑車，以被壓縮之輕彈簧相連，一起以30cm/s之速度向東運動，中途彈簧彈開，以致2kg之滑車以45cm/s之速度向西運動，則3kg之滑車速度為： (A)8m/s向西 (B)0.8m/s向東 (C)0.8m/s向西 (D)8m/s向東。

( ) 4. 當一部砂石車與小轎車發生碰撞時，下列敘述何者正確？

(A)砂石車所受衝量的量值較小

(B)小轎車所受衝撞力量的量值較大

(C)小轎車的動量變化量值較大

(D)兩車所受衝量量值相等。

( ) 5. 質量分別為70公斤及30公斤的A、B二人，A的質量較大，分別自長10公尺，質量50公斤的平台車兩端相向而行，假設台車與地面間光滑無摩擦，則下列敘述何者正確？

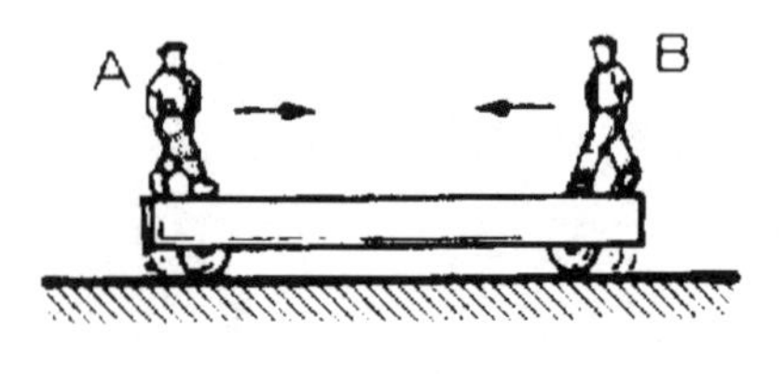

(A)當二人走至台車中點時，系統（二人與台車）的質心位置會比原來向左移動

(B)當二人走至對端時，系統（二人與台車）的質心位置比剛開始時向左偏移了一些

(C)因為A的質量最大，所以當A向右走時，不論A、B兩人走到什麼位置，系統（二人與台車）整體的質心都會向左移

(D)不論兩人走到什麼位置，系統（二人與台車）的質心位置不會改變。

( ) 6. 一個離心器正以5400rpm在轉動，其運動週期為何？
(A)0.011s (B)90s (C)565s (D)1.85×10^{-4}s。

( ) 7. 下列何者為簡諧運動（S.H.M）？
(A)彈簧在無摩擦力平面上自由振動
(B)跳水運動
(C)單擺運動
(D)等速率圓周運動之直徑上投影
(E)棒球投手投出棒球。（多選題）

( ) 8. 下列哪些運動（空氣阻力不計）屬於等加速度運動？
(A)自由落體運動
(B)鉛直上拋運動
(C)水平拋射運動
(D)簡諧運動
(E)等速率圓周運動。（多選題）

( ) 9. 一艘漁船滿載著漁貨，當它由北極海駛向赤道時，漁貨的重量變化為何？
(A)增加 (B)減少
(C)不變 (D)無法比較。

( ) 10. 地球以橢圓軌道繞太陽運行時，下列敘述何者正確？
(A)地球遵守線動量守恆
(B)地球對橢圓中心遵守角動量守恆
(C)地球距橢圓中心等遠的各位置處，速率相同
(D)地球在近日點的速率大於遠日點的速率。

進階題

( ) 1. 如圖，一小球的質量為1.0公斤，從距離水平地面高度1.8公尺處，以初速度為零自由下落。小球與水平地面發生碰撞後，鉛直反彈到距離水平地面高度為0.8公尺處，假設小球與地面的碰撞接觸時間為0.10秒。已知重力加速度$g=10.0m/s^2$，求小球與地面的碰撞過程中，小球所受的合力量值約為多少牛頓？

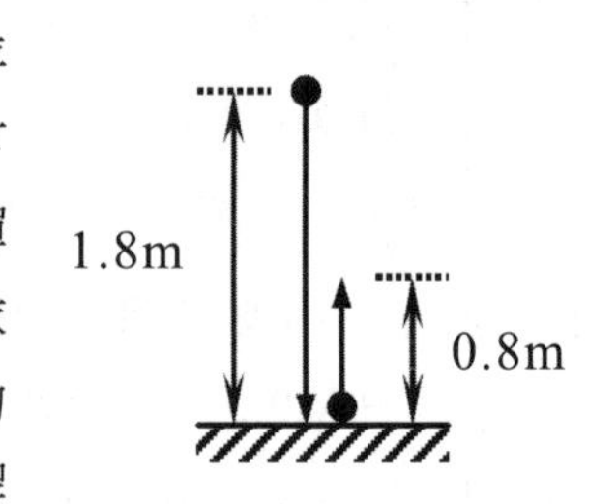

(A)20牛頓 (B)40牛頓 (C)100牛頓 (D)200牛頓。

( ) 2. 質心在C點的木棒PQ，正由如圖所示的位置鉛直落下，設地面光滑，且棒不反彈，則棒之P端觸地後，C點的軌跡以下列何圖箭頭所描述的最適當？

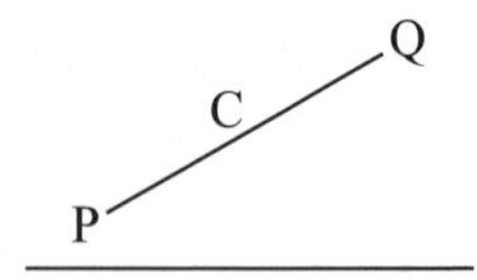

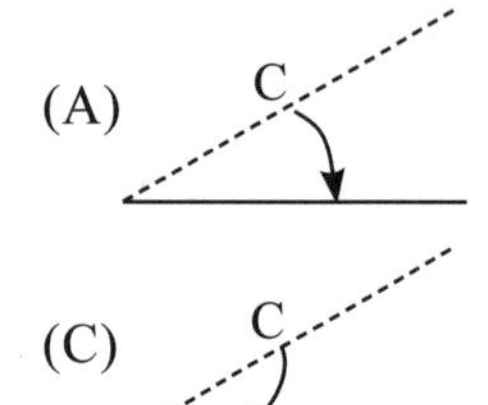

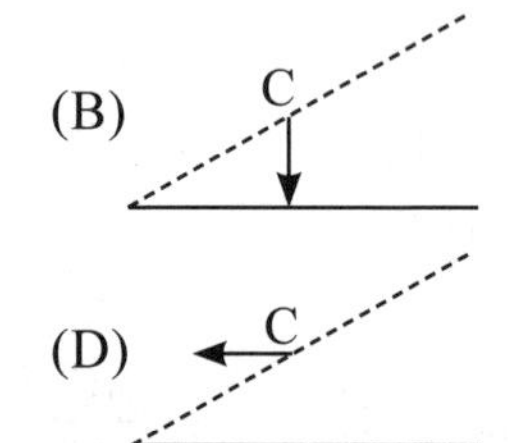

( ) 3. 一砲彈自地面斜向發射而於途中爆炸，當爆炸後所有碎片尚未著地前，下列敘述何者正確？
(A)爆炸後質心加速度受爆炸力的影響而改變
(B)爆炸後質心仍作等加速度運動
(C)當碎片下落時，質心遵守動量守恆
(D)無論砲彈有無爆炸，其質心的運動軌跡不變
(E)整個過程遵守動能守恆。（多選題）

( ) 4. 下列敘述何者正確？
(A)物體所受的合力為零時，則其所受的合力矩亦為零
(B)砲彈斜向拋射至空中僅受重力作用時，則運動過程中遵守動能守恆
(C)物體所受的合力矩為零時，則其所受的合力亦為零
(D)物體所受的合力矩為零時，角動量一定不變
(E)物體所受的合力為零時，動量一定不變。（多選題）

( ) 5. 質量分別為2m、m與m的甲、乙、丙三物體，放在旋轉圓盤上，它們與軸心的距離分別為R、R及2R，如下圖。當圓盤以等角速度旋轉而物體在圓盤上相對靜止時，下列有關各物體所受的向心力及對軸心O點的角動量的敘述，何者正確？

甲 乙 丙
R O R R

(A)甲所受向心力最小，甲對O點的角動量最大
(B)甲所受向心力最小，乙對O點的角動量最小
(C)乙所受向心力最小，乙對O點的角動量亦最小
(D)丙所受向心力最小，丙對O點的角動量最大。

( ) 6. 一質點作半徑32m的圓周運動時，其移動的路徑長與時間的關係為$S=2t^2$，則質點在第2秒時的加速度值為何？
(A)$4m/s^2$ (B)$2m/s^2$
(C)$4.47m/s^2$ (D)$5.48m/s^2$。

( ) 7. 有一單擺週期為T，若欲使週期變成2T，則須將擺長改為原來的：
(A)0.25倍 (B)0.5倍 (C)2倍 (D)4倍 (E)1.5倍。

( ) 8. 關於作簡諧運動（S.H.M.）的物體，下列敘述何者正確？
(A)速率最大時，物體受力也最大
(B)在平衡點，物體速率最大，加速度為零
(C)物體所受的作用力為變力且物體所受作用力的方向恆指向平衡點
(D)物體加速度的大小與物體離開平衡點的距離成正比
(E)是一種等加速度運動。（多選題）

( ) 9. 假設地球的重力場強度g減為原來的一半，則下列物理量何者保持不變？
(A)同一單擺的週期
(B)同一錐動擺的週期
(C)同一彈簧下端掛一個質量為m的物體，使物體作鉛直簡諧運動時的週期
(D)物體作自由落體的落下時間。

( ) 10. 若地球之質量不變，但體積變為現在的$\frac{1}{8}$，則改變後地面上物體重量為原來的多少倍？ (A)4 (B)2 (C)$\frac{1}{2}$ (D)$\frac{1}{4}$。

( ) 11. 一衛星環繞一行星做橢圓軌道運動，設此衛星至行星最遠距離與最近距離之比為2：1，則相對應的角速度之比為何？
(A)1：2 (B)4：1 (C)2：1 (D)1：4。

解答與解析

基礎題

1. **A**。動量的定義 $\vec{p}=m\vec{v}$，設車子的速度v
子彈之動量＝車子之動量
$0.01\times700=1000v \Rightarrow v=0.007\,m/s$

2. **B**。平均力 $F_{av}=\dfrac{\Delta p}{\Delta t}=\dfrac{0.005\times(200-0)}{0.01}=100$ 牛頓

3. **B**。系統不受外力作用（彈力為系統的內力），故系統動量守恆
設彈簧彈開後，滑車速度v，定向東為＋、向西為－
$\vec{p}_i=\vec{p}_f$，$(2+3)\times30=2\times(-45)+3v$
$\Rightarrow$v=80cm/s=0.8m/s（向東）

4. **D**。視砂石車與小轎車為一系統，碰撞後兩車有相同的動量變化，即衝量量值。$\vec{p}_1+\vec{p}_2=\vec{p}'_1+\vec{p}'_2$，$\vec{p}_1-\vec{p}'_1=\vec{p}'_2-\vec{p}_2 \Rightarrow |\Delta\vec{p}_1|=|\Delta\vec{p}_2|$

5. **D**。系統（A+B+車）不受外力作用，故系統質心位置不變。

6. **A**。角速度：$\omega=5400rpm=180\pi\,rad/s$
週期：$T=\dfrac{2\pi}{\omega}=\dfrac{2\pi}{180\pi}\approx0.011s$

7. **ACD**。簡諧運動是一種來回往返的週期性運動，其物體的受力大小F與偏離平衡位置的位移x成正比，且方向相反，故選(A)(C)(D)。

8. **ABC**。(A)(B)(C)物體所受重力加速度g，(D)(E)變加速運動。

9. **B**。由於真實的地球為扁狀的橢圓球體，故 $g_{赤道}<g_{北極} \Rightarrow W_{赤道}<W_{北極}$。

10. **D**。(A)×(B)×，地球對太陽遵守角動量守恆。
(C)×，地球以橢圓軌道繞太陽時作變速率運動。
(D)◯，地球在近日點有最大速率；遠日點有最小速率。

進階題

1. **C**。著地前速度 $v_1=\sqrt{2gh}=\sqrt{2\times10\times1.8}=6\,m/s\downarrow$

   反彈後離地前的速度 $v_2=\sqrt{2gh'}=\sqrt{2\times10\times0.8}=4\,m/s\uparrow$

   平均力 $F_{av}=\dfrac{\Delta p}{\Delta t}=\dfrac{1\times[4-(-6)]}{0.1}=100$ 牛頓。

2. **B**。∵地面光滑，水平方向無外力作用。

   ∴質心水平方向無位移。

3. **BD**。砲彈爆炸屬內力作用，不影響質心運動，故系統質心仍作等加速運動，運動軌跡為拋物線。當碎片著地，系統受外力作用，質心偏離拋物線軌跡，故選(B)(D)。

4. **DE**。(A)×，合力矩不一定為零。

   (B)×，鉛直方向受重力作用，故只有水平方向動量守恆，鉛直方向動量不守恆。

   (C)×，合力不一定為零。

   (D)○，$\vec{\tau}=\dfrac{\Delta\vec{L}}{\Delta t}$，當 $\tau=0\Rightarrow\Delta L=0$，故角動量無變化。

   (E)○，物體所受合力為零時，靜止恆靜，動者恆作等速運動，故動量不變。

5. **C**。甲、乙、丙三物體作圓周運動且角速度皆相同，

   物體向心力大小為 $F_c=m\omega^2r\propto mr$，

   物體角動量大小為 $L=mr^2\omega\propto mr^2$。

   $F_{甲c}\propto 2mR$、$F_{乙c}\propto mR$、$F_{丙c}\propto m2R=2mR$，$F_{乙c}<F_{甲c}=F_{丙c}$。

   $L_{甲}=2mR^2\omega$、$L_{乙}=mR^2\omega$、$L_{丙}=m(2R)^2\omega=4mR^2\omega$，

   $L_{乙}<L_{甲}<L_{丙}$。

6. **C**。$S=2t^2\xrightarrow{微分}v=4t\xrightarrow{微分}a_t=4m/s^2$（切線加速度為常數）

   當t＝2，v(2)＝4×2＝8m/s

   第2秒時的法線加速 $a_n=\dfrac{v^2}{r}=\dfrac{8^2}{32}=2\,m/s^2$

   $\Rightarrow a=\sqrt{a_t^2+a_n^2}=\sqrt{4^2+2^2}=\sqrt{20}\approx4.47\,m/s^2$

7. **D**。單擺週期 $T=2\pi\sqrt{\frac{L}{g}}\propto\sqrt{L}$（L為擺長）

$$\frac{T'}{T}=\sqrt{\frac{L'}{L}}=\frac{2T}{T}\Rightarrow L'=4L$$

8. **BCD**。(A)×，平衡點有最大速率，受力最小F=0。(E)×，變加速度運動。

9. **C**。重力場強度

(A) $T=2\pi\sqrt{\frac{L}{g}}\propto\frac{1}{\sqrt{g}}$，為原來的 $\sqrt{2}$ 倍。

(B) $T=2\pi\sqrt{\frac{h}{g}}\propto\frac{1}{\sqrt{g}}$，為原來的 $\sqrt{2}$ 倍。

(C) $T=2\pi\sqrt{\frac{m}{k}}$，與g無關。

(D) $t=\sqrt{\frac{2h}{g}}\propto\frac{1}{\sqrt{g}}$，為原來的 $\sqrt{2}$ 倍。

10. **A**。∵球體體積V與半徑r的關係為 $V=\frac{4}{3}\pi r^3$

∴當體積變為現在的 $\frac{1}{8}$，地球半徑變為現在的 $\frac{1}{2}$。

地表的重力加速度 $g=\frac{GM}{r^2}\propto\frac{1}{r^2}$，$\frac{g'}{g}=(\frac{r}{r/2})^2=4$。

又 $W'=mg'\propto g'$，故物體重量為原來的4倍。

11. **D**。根據克卜勒第二定律

$$r_{近}v_{近}=r_{遠}v_{遠}，r_{近}^2\omega_{近}=r_{遠}^2\omega_{遠}\Rightarrow\frac{\omega_{遠}}{\omega_{近}}=\frac{r_{近}^2}{r_{遠}^2}=(\frac{1}{2})^2=\frac{1}{4}$$

頻出度 A B C

依據出題頻率分為：A頻率高 B頻率中 C頻率低

能量學

能量學是物理學重要的概念，有些問題利用牛頓力學去解釋時，計算過程較為複雜，但由能量學的觀點去思考可以簡化問題和計算。碰撞為日常生活中常見的物理問題，需利用之前所學的動量守恆與本單元能量學的觀念來解決。若考生能分先清楚碰撞的種類，對於碰撞的學習有事半功倍的效果。

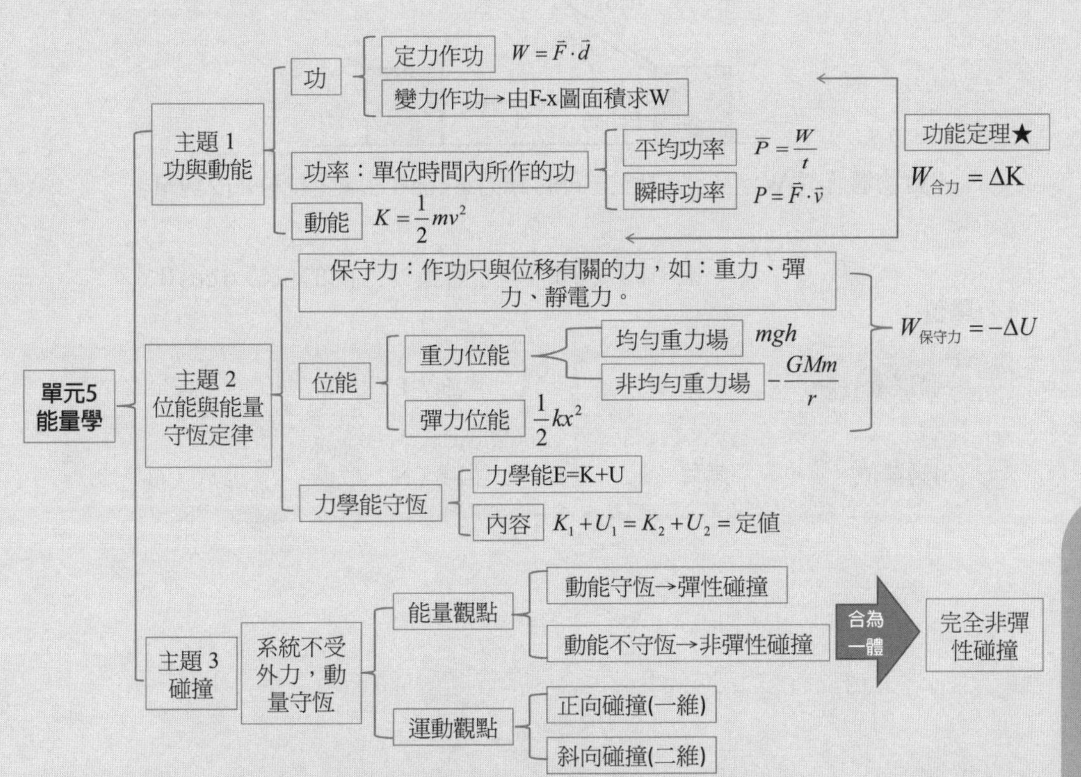

主題 1 功與動能

關鍵重點

功 $W=\vec{F}\cdot\vec{d}$、功率、動能 $K=\frac{1}{2}mv^2$、功能定理 $W_{合力}=\Delta K$

重點 1 功與功率

Check! □□□

1 功W

(1)**意義：**「作功」代表能量的轉移。

(2)**定義：**力 $\vec{F}$ 與位移 $\vec{d}$ 的內積

必背 (3)**公式：** $W=\vec{F}\cdot\vec{d}=Fd\cos\theta$，$\theta$ 為 $\vec{F}$ 與 $\vec{d}$ 兩向量的夾角。

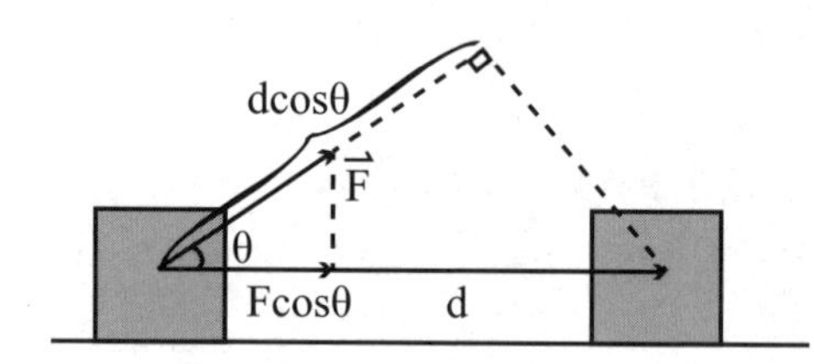

F對物體作功W＝〔沿位移方向的分力 $F\cos\theta$ 〕×〔位移的大小d〕

或

＝〔施力的大小F〕×〔沿施力方向的位移 $d\cos\theta$ 〕

(4)**單位：**

物理量	功W	施力F	位移d
SI制單位	焦耳（J）	牛頓（N）	公尺（m）

(5)**功的性質：**

A. 功為純量，沒有方向性，但有正、負值之分。

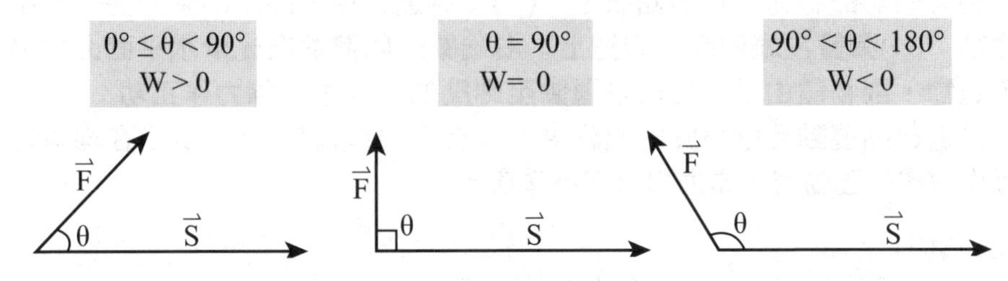

B. 多力作功

a. 若一物體**同時**受多力作用，使得物體的總位移為 $\vec{S}$ 時，
則各分力作功之代數和＝合力所作之功。

$$W_{總} = \vec{F}_1 \cdot \vec{S} + \vec{F}_2 \cdot \vec{S} + \vec{F}_3 \cdot \vec{S} + \cdots = (\sum_i \vec{F}_i) \cdot \vec{S}$$

b. 若一物體**不同時**受多力作用，所作的功可以純量相加。

$$W_{總} = \vec{F}_1 \cdot \vec{S}_1 + \vec{F}_2 \cdot \vec{S}_2 + \vec{F}_3 \cdot \vec{S}_3 + \cdots = \sum_i W_i$$

重要 (6)**變力作功**

A. 若物體所受的力是變力且力與位移平行時，則力對物體作功的量值為力與位置函數圖形下所圍的面積大小。

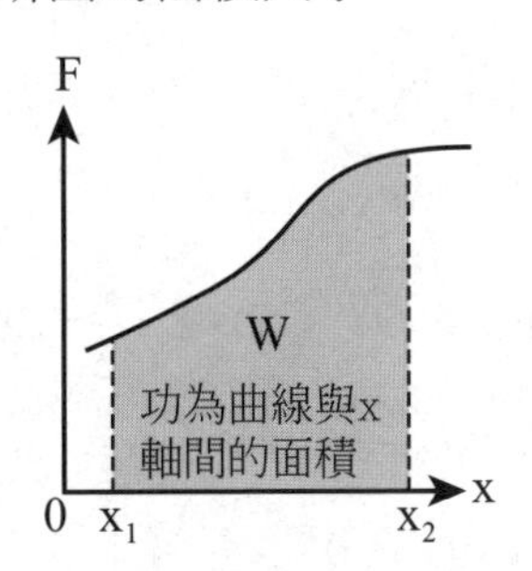

B. 力對物體作正功或負功是由力和物體位移的方向共同決定。

$\Rightarrow \begin{cases} \text{力與位移方向同向：正功} \\ \text{力與位移方向反向：負功} \end{cases}$

範例 5-1

難易度★☆☆

下列有關功的敘述，何者錯誤？ (A)單擺運動中，繩子的張力對擺錘不作功 (B)彈簧左端固定在牆壁上，右端繫一物體並在光滑水平面上作簡諧運動，則物體由平衡點向左運動至端點的過程中，彈力作正功 (C)地球由近日點運動至遠日點的過程中，萬有引力作負功 (D)質子在均勻磁場中做螺旋運動時，磁力對質子不作功。

答：**(B)**。

(A)○，繩張力恆與擺錘運動方向垂直，故不作功。

(B)×，彈力與位移方向相反，故作負功。

(C)○，萬有引力與位移的夾角恆大於90°，故作負功。

(D)○，磁力恆與質子運動方向垂直，故不作功。（參見單元10）

範例 5-2

難易度★★☆

一人在水平路上推一購物車向前進，推力50牛頓，方向與水平成60° 向斜下方，若車子在10秒內等速前進8公尺，則： (A)推力所作之功為200焦耳 (B)推力所作之功為400焦耳 (C)摩擦力所作之功為－400焦耳 (D)重力所作之功為346 焦耳。

答：**(A)**。

∵車子等速前進 ∴合力為零，

故摩擦力大小 $f_k = F_x = 50 \times \cos 60^\circ = 25N$

(A)○(B)×， $W_F = Fd\cos 60^\circ = 50 \times 8 \times \frac{1}{2} = 200J$

(C)×， $W_{f_k} = f_k d\cos 180^\circ = 25 \times 8 \times (-1) = -200J$

(D)×， $W_{mg} = mgd\cos 90^\circ = 0$

範例 5-3　難易度★★☆

一彈簧的彈力常數為200N/m，原來已伸長10公分，若欲將此彈簧在彈性限度內再伸長10公分，須作功多少焦耳？　(A)0.75　(B)1.0　(C)2.0　(D)3.0。

答：**(D)**。

∵彈力為變力

∴利用F-x圖求解，

功為函數圖的面積大小

（注意單位換算）。

$$\Rightarrow W=\frac{(20+40)\cdot 0.1}{2}=3J$$

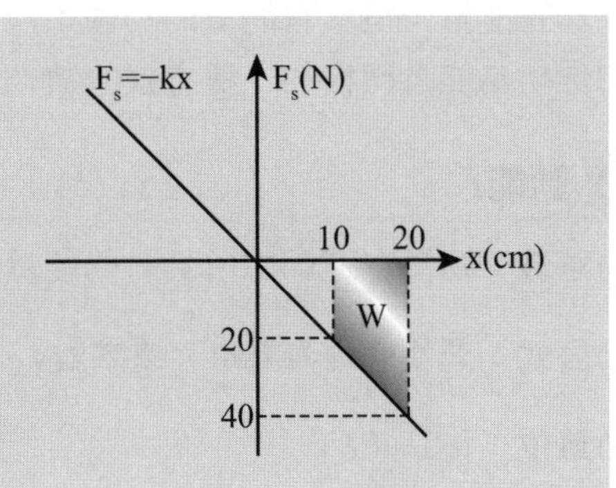

2 功率P

物理量		功率（power）
定義		單位時間內所作的功
說明		功率為純量，有正、負之分。
數學式	時距較長	平均功率 $\overline{P}=\frac{\Delta W}{\Delta t}$
	時距較短	瞬時功率 $P=\lim\limits_{\Delta t\to 0}\frac{\Delta W}{\Delta t}$ 說明： 必背 $P=\lim\limits_{\Delta t\to 0}\frac{\Delta W}{\Delta t}=\lim\limits_{\Delta t\to 0}\frac{\vec{F}\cdot\Delta\vec{d}}{\Delta t}=\vec{F}\cdot\vec{v}=F\,v\cos\theta$ （F：施力，v：瞬時速度，θ：$\vec{F}$及$\vec{v}$的夾角）
單位		瓦特（W）＝焦耳／秒（J/s）

※1馬力（HP）=746瓦特

※功率一仟瓦之的電器連續使用1小時所消耗的能量稱為1度。

1度 =1仟瓦-小時 =1000瓦×3600秒=3.6×10^6焦耳

重點2 動能與功能定理

Check! □□□

1 功與能

(1)能量為描述物體作功能力大小的物理量。一物體能對外作功，表示此物體具有能量；但具有能量的物體不一定可對外作功。

(2)作功為能量轉移的一種方式，故功與能的單位相同。

重要 2 動能K

(1)**意義**：物體在運動中所具有的能量。

必背 (2)**公式**：若物體質量為m，速率為v，則物體的動能 $K=\frac{1}{2}mv^2$ 。

(3)**單位**：焦耳（J）。

(4)**性質**：動能是純量，與速度方向無關，且恆為正值。

重要 3 功能定理

(1)**內容**：合力對物體所作的功等於物體動能的變化量。

$$W_{合力}=\Delta K=K_{末}-K_{初}=\frac{1}{2}mv_{末}^2-\frac{1}{2}mv_{初}^2$$

(2)**說明**：
$$\begin{cases} W_{合力}>0 \Rightarrow \Delta K>0 \text{，物體動能增加。} \\ W_{合力}<0 \Rightarrow \Delta K<0 \text{，物體動能減少。} \\ W_{合力}=0 \Rightarrow \Delta K=0 \text{，物體動能不變。} \end{cases}$$

(3)**證明**：

如圖，質量m的物體受到定力F作用，設加速度為a，物體速度由v_1變為v_2，位移為△x，則：

證：$v_2^2=v_1^2+2a\Delta x$ ，$v_2^2=v_1^2+2\times\frac{F}{m}\times\Delta x \Rightarrow F\Delta x=\frac{1}{2}mv_2^2-\frac{1}{2}mv_1^2$

$\Rightarrow W_{合力}=\Delta K$ （功能定理）

範例 5-4　難易度★★☆

一質量2.0公斤的物體放在水平桌面上，物體與桌面的滑動摩擦係數為0.25。以6.0牛頓的定力沿水平方向推物體，使物體作等加速度運動，當物體移動5.0公尺時，此物體的動能約增加多少焦耳？（設重力加速度為10 m／s²）　(A)30.0　(B)27.5　(C)55.0　(D) 5.0。

答：**(D)**。由功能定理 ⇒ $W_{合力} = \Delta K$，

合力＝定力－動摩擦力 $= F - \mu_k N = F - \mu_k mg$

$W_{合力} = (6 - 0.25 \cdot 2 \cdot 10) \cdot 5 = 5J = \Delta K$

主題 2　位能與能量守恆定律

關鍵重點

保守力、$W_{保守力} = -\Delta U$、重力位能mgh、重力位能一般式 $-\frac{GMm}{r}$、彈力位能 $\frac{1}{2}kx^2$、力學能守恆 $E = K + U =$ 定值

重點 1　均勻重力場的位能

Check! □□□

1　保守力

(1)**保守力：**保守力對物體作功僅和其起點與終點的位置有關，和其所經路徑無關。

(2)在高中教材中只介紹三種保守力，分別是**重力**、**彈力**和**靜電力**。

(3)**非保守力：**非保守力對物體作功和其所經路徑有關，和其起點與終點的位置無關。如：摩擦力、阻力等。

2　位能U

(1)**定義：**物體因反抗保守力作功，使物體產生形變或位置改變時所儲存的能量，稱為位能U。

(2)**位能的特性：**

A. 在保守力場中才會有位能的存在。如：重力→重力位能；彈力→彈力位能；電力→電位能。

B. 位能是屬於**系統所共有**，並非由某一個物體單獨擁有。

C. 因位能為相對量而非絕對量，零位面一般選在受力為零處，但在定力場中可取任意處為零位面。

(3)**保守力作功等於系統位能變化量的負值，即$W_{保守力}>0=-\Delta U$。**

A. $W_{保守力}>0 \Rightarrow \Delta U<0$，位能減少。

B. $W_{保守力}<0 \Rightarrow \Delta U>0$，位能增加。

3 均勻重力場的重力位能

(1)**地表附近的重力加速度$\vec{g}=9.8m/s^2$，故可視為一均勻重力場。**

(2)**公式：**U=mgh（h：與零位面的高度差）

(3)**說明：**將物體從零位面上升高度h時

$W_{保守力}=-\Delta U$，$-mgh=-(U-0) \Rightarrow U=mgh$

(4)**零位面：**可任意選擇，一般以地表為零位面。

4 力學能守恆

(1)**力學能E：**動能K與位能U的統稱，又稱機械能，即$E=K+U$。

(2)**力學能守恆：**若一物體僅受保守力作用，則其力學能為一定值。

(3)**說明：**由功能定理 $W_{合力}=\Delta K \Rightarrow W_{保守力}=-\Delta U=\Delta K$

$-(U_2-U_1)=K_2-K_1$，

$K_1+U_1=K_2+U_2 \Rightarrow E_1=E_2$

5 地表附近的力學能守恆

(1)**說明1：**地表上一物體質量m若僅受重力作功由A點移至B點，則A點的力學能等於B點的力學能。

$$\Rightarrow \frac{1}{2}mv_A^2+mgh_A=\frac{1}{2}mv_B^2+mgh_B$$

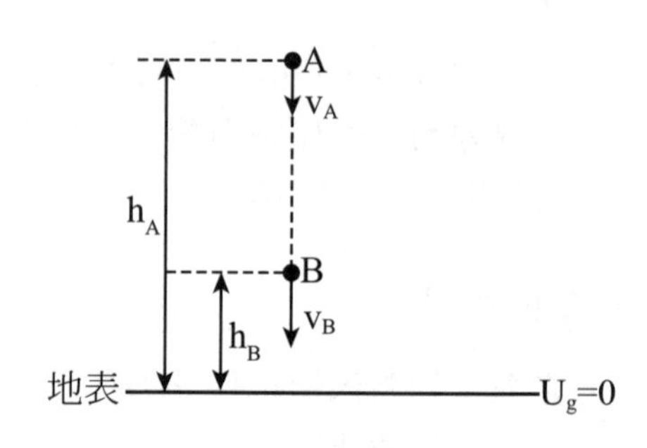

(2)**說明**2：擺錘作週期運動，若運動過程僅受重力作功，則擺錘整個擺動期間力學能守恆，即 $E=E_{A最高點}=E_{B最低點}=E_{C任意點}$。

$$\Rightarrow E=\underbrace{mgL(1-\cos\theta)}_{E_A}=\underbrace{\frac{1}{2}mv_{max}^2}_{E_B}$$

$$=\underbrace{\frac{1}{2}mv^2+mgL(1-\cos\alpha)}_{E_C}$$

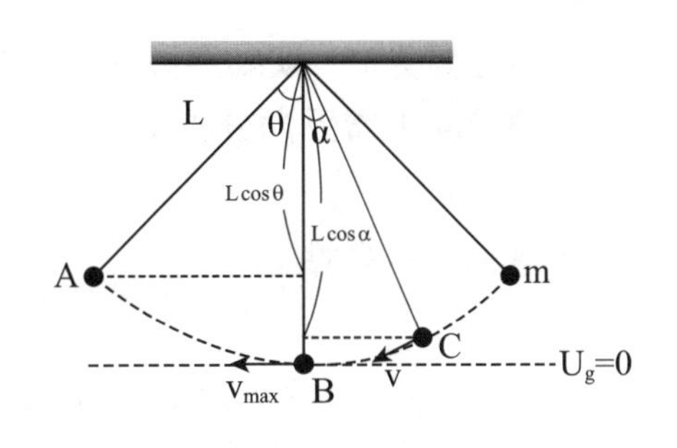

範例 5-5　難易度★★☆

如圖，定滑輪的兩端各繫有質量M的物體A與質量m之物體B（M>m）。B在地面上而A在離地面h處。當物體從靜止狀態開始運動時（不計滑輪與繩子之質量及其間之摩擦力，又設重力加速度為g），物體AB到同一高度時的總動能為？

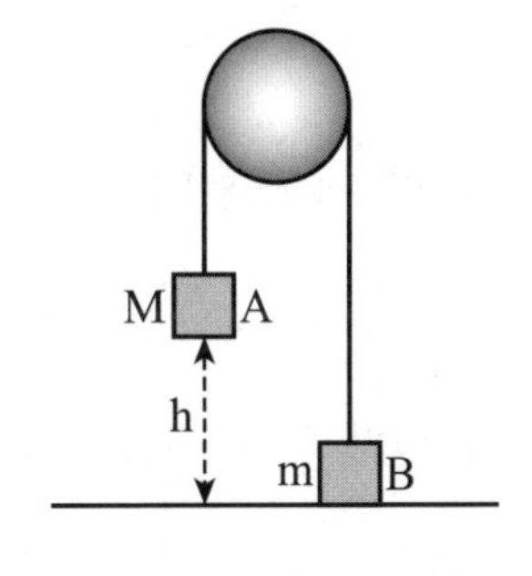

(A) $\sqrt{Mmgh}$　(B)(M+m)gh

(C) $\frac{1}{2}(M-m)gh$　(D)Mgh。

答：**(C)**。

A、B升降過程只受重力作功，
故A+B系統的力學能守恆。

$E_A+E_B=E'_A+E'_B$

$(K_A+U_A)+(K_B+U_B)=(K'_A+U'_A)+(K'_B+U'_B)$

$(0+Mgh)+(0+0)=(K'_A+\frac{Mgh}{2})+(K'_B+\frac{mgh}{2})$

$\Rightarrow K'_A+K'_B=\frac{1}{2}(M-m)gh$

6 鉛直圓周運動（變速率圓周運動）

(1)**一質點質量m，以細繩繫住，使其在鉛直面作圓周運動。**

(2)**不同質點位置受力分析：**

■ A點（最高點）：$\begin{cases} 切線方向F_t = 0 \\ 法線方向(向心力)F_C = T_A + mg = m\dfrac{v_A^2}{r} \end{cases}$

■ B點（半高點）：$\begin{cases} 切線方向F_t = mg \\ 法線方向(向心力)F_C = T_B = m\dfrac{v_B^2}{r} \end{cases}$

■ C點（最低點）：$\begin{cases} 切線方向F_t = 0 \\ 法線方向(向心力)F_C = T_C - mg = m\dfrac{v_C^2}{r} \end{cases}$

■ P點（任意點1）：$\begin{cases} 切線方向F_t = mg\sin\theta \\ 法線方向(向心力)F_C = T_P + mg\cos\theta = m\dfrac{v_P^2}{r} \end{cases}$

■ Q點（任意點2）：$\begin{cases} 切線方向F_t = mg\sin\theta \\ 法線方向(向心力)F_C = T_Q - mg\cos\theta = m\dfrac{v_Q^2}{r} \end{cases}$

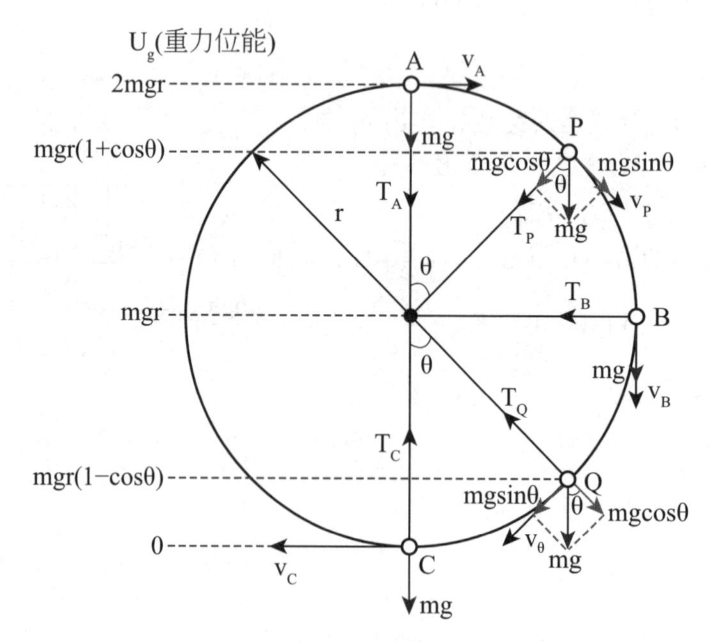

(3)不同質點位置能量分析

∵繩張力T與速度垂直　∴不作功

運動過程只受重力（保守力）作功，故質點力學能守恆

$$\Rightarrow E=\frac{1}{2}mv_A^2+2mgr=\frac{1}{2}mv_B^2+mgr=\frac{1}{2}mv_C^2$$

$$=\frac{1}{2}mv_P^2+mgr(1+\cos\theta)$$

$$=\frac{1}{2}mv_Q^2+mgr(1-\cos\theta)$$

(4)臨界速率

恰可使質點在鉛直面上作圓周運動（$T_A=0$）

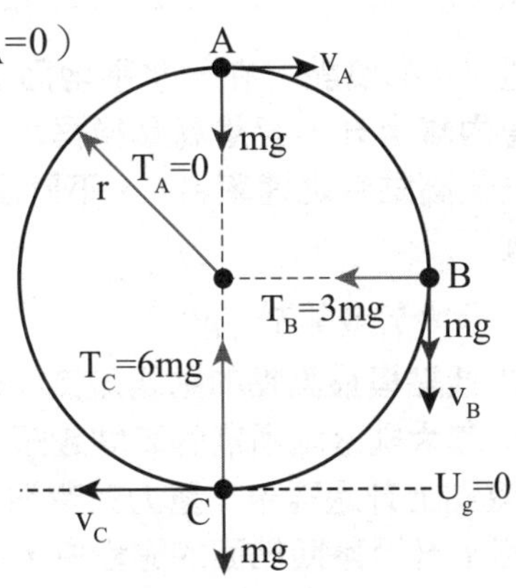

■ A（最高點）：

$$mg+T_A=m\frac{v_A^2}{r}$$

$$T_A=0\Rightarrow v_A=\sqrt{gr}$$

■ B（半高點）

∵力學能守恆

$$\therefore\frac{1}{2}mv_B^2+mgr=\frac{1}{2}mv_A^2+mg\cdot 2r$$

$$\Rightarrow v_B=\sqrt{3gr}$$

$$\Rightarrow T_B=m\frac{v_B^2}{r}=3mg$$

■ C（最低點）

∵力學能守恆

$$\therefore\frac{1}{2}mv_C^2=\frac{1}{2}mv_A^2+mg\cdot 2r\Rightarrow v_C=\sqrt{5gr}$$

$$T_C-mg=m\frac{v_C^2}{r}=5mg\Rightarrow T_C=6mg$$

必背 ■ 整理

質點位置	臨界速率	切線加速度	向心加速度	張力
A（最高點）	$\sqrt{gr}$	0	g	0
B（半高點）	$\sqrt{3gr}$	g	3g	3mg
C（最低點）	$\sqrt{5gr}$	0	5g	6mg

範例 5-6

難易度★★☆

質量為m的質點，在一水平地面上以速率V_0前進，沿一半徑為R之半圓形軌道內緣上升，至最高點後再水平射出，如圖所示。若重力場強度為g，到達最高點時之速率為V，不計空氣阻力及摩擦力的影響，下列敘述何者正確？

(A)V須大於或等於 $\sqrt{gR}$

(B)最低點與最高點的動能差為2mgR

(C)V 越大則落地所需的時間越短

(D)質點上升過程中，重力對質點作正功

(E)從上升至落回地面的過程中，質點遵守力學能守恆。（多選題）

V_0 → m R

答：**(A)(B)(E)**。

(A)○，最高點的臨界速率為 $\sqrt{gR}$

(B)○(E)○，質點整個運動過程只受重力（保守力）作功，故力學能守恆。$E_{最低點}=E_{最高點}$，$K_{最低點}+0=K_{最高點}+2mgR \Rightarrow \Delta K=2mgR$

(C)×，落地時間只與鉛直高度有關

(D)×，上升過程重力對質點作負功，質點動能減少轉換成位能。

7 能量守恆定律

(1)**非保守力作功：非保守力對物體所作的功等於物體力學能的變化，即** $W_{非保守力}=\Delta E$。

(2)**說明：**由功能定理 $W_{合力}=\Delta K \Rightarrow W_{保守力}+W_{非保守力}=\Delta K$

又∵ $W_{保守力}=-\Delta U$，$-\Delta U+W_{非保守力}=\Delta K$

$$\Rightarrow W_{非保守力}=\Delta K+\Delta U=\Delta E，\begin{cases} W_{非保守力}>0 \rightarrow 力學能增加。\\ W_{非保守力}<0 \rightarrow 力學能減少。\\ W_{非保守力}=0 \rightarrow 力學能守恆。\end{cases}$$

(3)**能量守恆定律：**為自然界基本定律之一，在一孤立的系統中，能量可以從一種形式轉變為另一種形式，但系統的總能量保持不變。

(4)**各種形式的能量**

各種形式的能量	說明
動能	物體因運動而具有的能量。
位能	物體因所在位置或受所處狀態（如：形變）所具有的能量。
光能	光是電磁波的一種，電磁波都有能量，亦可稱為輻射能。
熱能	使物體溫度提高或產生相變的能量。
電磁能	包括電能與磁能。電能使電器裝置運作；磁能使磁鐵吸引磁性材料，兩者經常密不可分。
化學能	儲存在物質內部，經由化學反應釋放出的能量。
聲能	由物體急速振動所造成的能量。
核能	因原子核分裂或融合而釋放出來的能量。

範例 5-7 難易度★☆☆

下列有關各種形式的能量轉換敘述，何者不正確？ (A)光使照相底片感光：光能→化學能 (B)汽油燃燒使汽車行駛：化學能→力學能 (C)乾電池放進手電筒供照明用：化學能→電能→光能 (D)水力發電：熱能→動能→電能。

答：**(D)**。(D)×，水力發電：位能→動能→電能。

重點2 重力位能一般式

Check! □□□

1 非均勻重力場的重力位能

(1)由 $g=\frac{GM}{r^2}$ 可知，實際上重力場強度並非均勻，故遠離地表的重力位能不可表示為mgh。

必背 (2)**重力位能一般式：** $U(r)=-\frac{GMm}{r}$ (令$r=\infty$時，$U(\infty)=0$)

- U：物體與地球間的重力位能
- M：地球的質量
- m：物體的質量
- r：物體與地球間的距離(物體軌道半徑)
- G：重力常數

(3)**說明：**假設質量m的物體由無窮遠處等速移至距離地球球心r處。

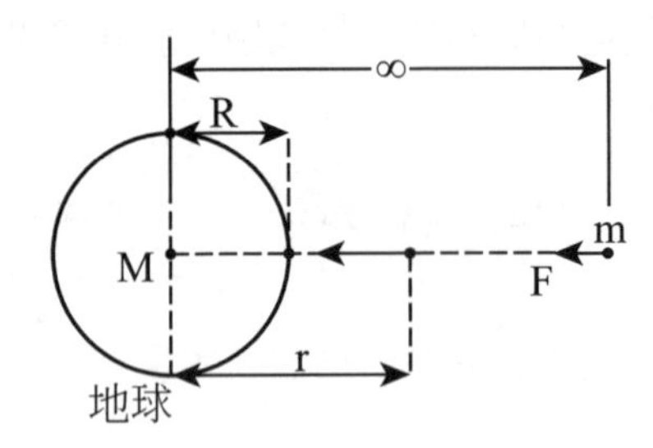

$\because W_{保守力}=-\Delta U\Rightarrow W=-\Delta U$（W：重力作功）

等速移動過程中萬有引力為變力，故利用F-r圖求重力作功大小。

如圖所示，積分結果得：$W=\dfrac{GMm}{r}$

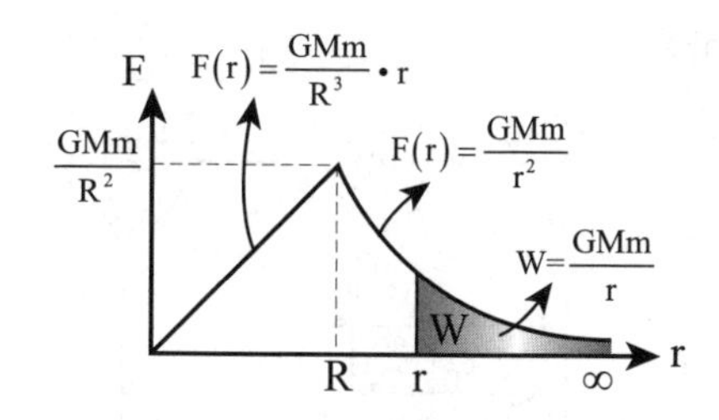

故 $\dfrac{GMm}{r}=-[U(r)-U(\infty)]=-U(r)$（∵ 令$U(\infty)=0$）

$\Rightarrow U(r)=-\dfrac{GMm}{r}$

(4)**多質點系統的重力位能**：位能為純量，整個系統的重力位能等於所有成對質點的重力位能之代數和。

$$U=U_{12}+U_{23}+U_{13}=(-\frac{Gm_1m_2}{r_{12}})+(-\frac{Gm_2m_3}{r_{23}})+(-\frac{Gm_1m_3}{r_{13}})$$

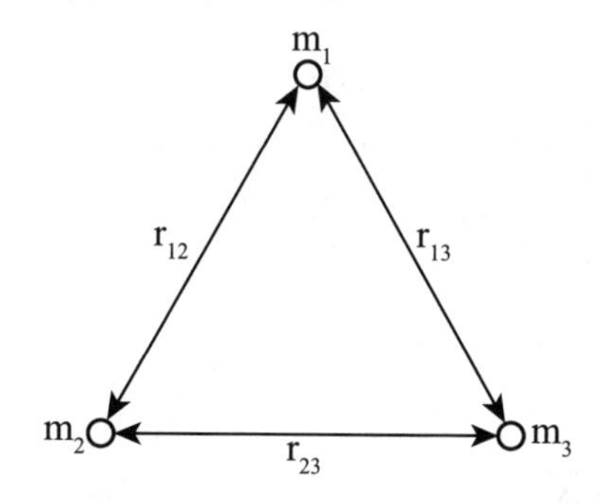

(5)非均勻重力場中的力學能守恆

質量m的物體只受重力作用，從距離地心 r_1 移至距離地心 r_2 的過程中力學能守恆。（地球質量M）

$$\Rightarrow E = K + U = \frac{1}{2}mv_1^2 + (-\frac{GMm}{r_1}) = \frac{1}{2}mv_2^2 + (-\frac{GMm}{r_2}) = \text{定值}$$

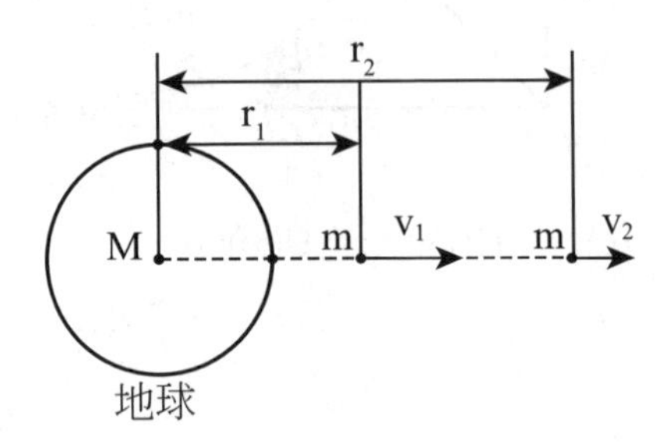

2 人造衛星的能量探討

(1)質量m的衛星以軌道半徑r繞地球M作等速圓周運動

A. 衛星的萬有引力（向心力）：$F_g = \frac{GMm}{r^2} = F_c$

B. 衛星的向心加速度：$a_c = g = \frac{GM}{r^2}$

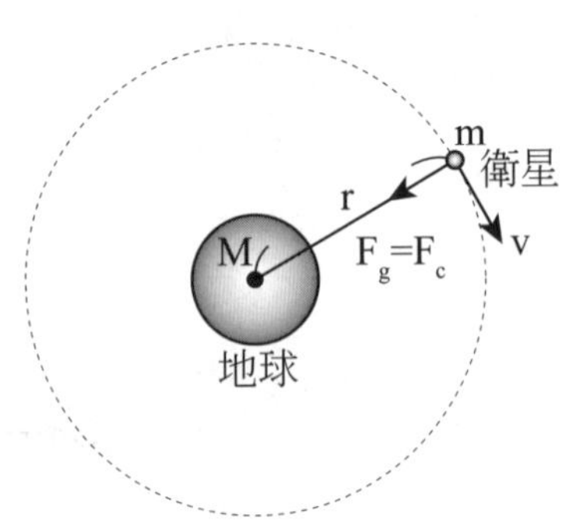

C. 衛星的位能：$U(r) = -\frac{GMm}{r}$

D. 衛星的動能：$K = \frac{GMm}{2r} = \left|\frac{U}{2}\right|$

$\because$ 軌道速率 $v = \sqrt{\frac{GM}{r}}$

$$K = \frac{1}{2}mv^2 = \frac{1}{2}m \cdot \frac{GM}{r} = \frac{GMm}{2r} = \left|\frac{U}{2}\right|$$

E. 衛星的力學能：$E = -\frac{GMm}{2r} = \frac{U}{2}$

$$E = K + U = \frac{GMm}{2r} - \frac{GMm}{r} = -\frac{GMm}{2r} = \frac{U}{2}$$

(2)從地球表面上向空中發射的物體

A. 脫離速度 v_e：由地球表面發射一物體至無窮遠處所需的最小速率。

$\because$ 力學能守恆，故 $E_R=E_\infty$。

$\therefore \frac{1}{2}mv_e^2-\frac{GMm}{R}=0+0 \Rightarrow v_e=\sqrt{\frac{2GM}{R}}$（R：地球半徑）

B. 束縛能 E_b：使物體脫離行星引力至∞處所需的最小能量。

$E+E_b=0 \Rightarrow E_b=-E$

C. 脫離動能 E_e：使物體脫離行星引力至∞處所需的最小動能。

$U+E_e=0 \Rightarrow E_e=-U$

範例 5-8　難易度★★☆

自地面發射一人造衛星，使其繞地球作等速率圓周運動，如欲使衛星的軌道半徑增大，則下列敘述何者正確？

(A)發射時所需的能量愈大　**(B)在軌道上的束縛能愈小**

(C)在軌道上運行的動能愈大　**(D)在軌道上的位能愈大**

(E)在軌道上的總能量愈大。（多選題）

答：**(A)(B)(D)(E)**。

設M為地球質量、m為人造衛星質量、r為軌道半徑

(A)○，人造衛星原靜止在地表上，

其力學能 $A=K+U=0+(-\frac{GMm}{R_e})=-\frac{GMm}{R_e}$。（$R_e$為地球半徑）

發射時所需的能量 $=E-A=-\frac{GMm}{2r}+\frac{GMm}{R_e}$，

故r增大所需能量愈大。（E為在軌道上的力學能）

(B)○，$E_b=-E=\frac{GMm}{2r}\propto\frac{1}{r}$，故r增大能量愈小。

(C)×，$K=\frac{GMm}{2r}\propto\frac{1}{r}$，故r增大能量愈小。

(D) ○，$U(r)=-\frac{GMm}{r}\propto-\frac{1}{r}$，故r增大能量愈大。

(E) ○，$E=-\frac{GMm}{2r}\propto-\frac{1}{r}$，故r增大能量愈大。

重點 3 彈性位能

Check! □□□

1 彈性位能U_s

(1)當彈簧伸長或壓縮時，系統有彈力位能的變化。

必背 (2)**公式：** $U_s=\frac{1}{2}kx^2$（k：彈力常數，x：彈簧的形變量）

物理量	彈性位能U_s	彈力常數k	形變量x
SI制單位	焦耳（J）	牛頓/公尺（N/m）	公尺（m）

(3)**說明：**

如圖所示，一物體自平衡點向右位移至使彈簧形變x，過程中彈力對物體作負功，彈力作功大小為F-x函數圖的面積。

$W_{保守力}=-\Delta U$ ，$W_{彈力}=-\Delta U_s$ ，取彈簧未形變時的彈性位能為0，

故 $-\frac{1}{2}kx^2=-(U-0)\Rightarrow U=\frac{1}{2}kx^2$

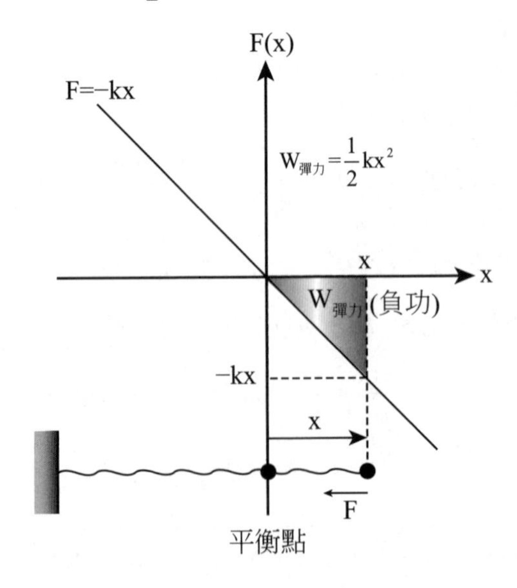

必背 (4)**推廣：**如圖所示，彈簧連接的物體，由彈簧形變量x_1變成x_2，則彈力對物體作功$\Rightarrow W_{彈力}=\frac{1}{2}kx_1^2-\frac{1}{2}kx_2^2$

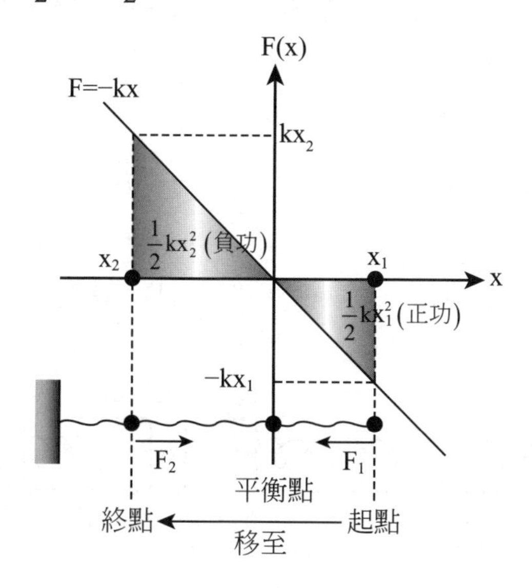

範例 5-9　　難易度★★☆

置於光滑水平桌面上的輕彈簧原長30cm，一端固定於牆壁上，另一端施以20N之力，可使其伸長至40cm。若欲使該彈簧從40cm的長度再伸長至60cm，則需對其再作功多少？ (A)4　(B)8　(C)9　(D)40　J。

答：**(B)**。

由虎克定律F=kx，$k=\frac{F}{x}=\frac{20}{(0.4-0.3)}=200\ \text{N/m}$

$$W_{彈力}=\frac{1}{2}kx_1^2-\frac{1}{2}kx_2^2=\frac{1}{2}\cdot 200\cdot(0.1^2-0.3^2)=-8\text{J}$$

（$x_1=0.4-0.3=0.1\text{m}$，$x_2=0.6-0.3=0.3\text{m}$）

2 只有彈力作功的力學能守恆

(1)彈力為保守力，故系統力學能守恆

(2)如圖，物體在水平光滑桌面作簡諧運動，由於整個系統只受彈力作功，故物體運動過程力學能守恆。

$$E_{任意點} = E_{平衡點} = E_{端點}$$

$$E = K + U_s = \frac{1}{2}mv_1^2 + \frac{1}{2}kx_1^2 = \frac{1}{2}mv_0^2(K_{max}) = \frac{1}{2}kR^2(U_{max})$$

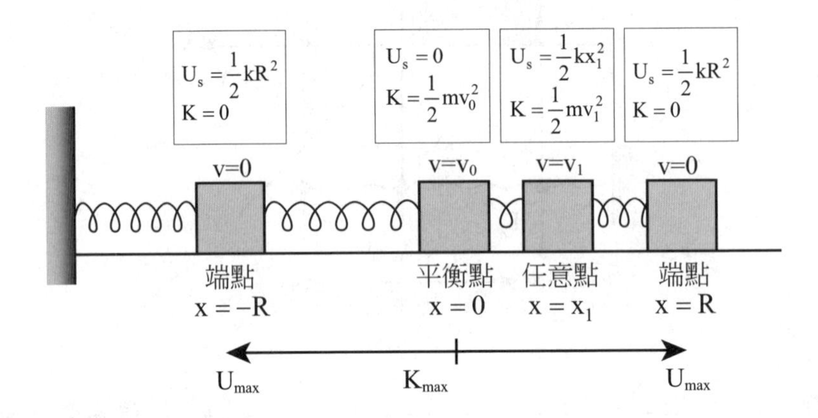

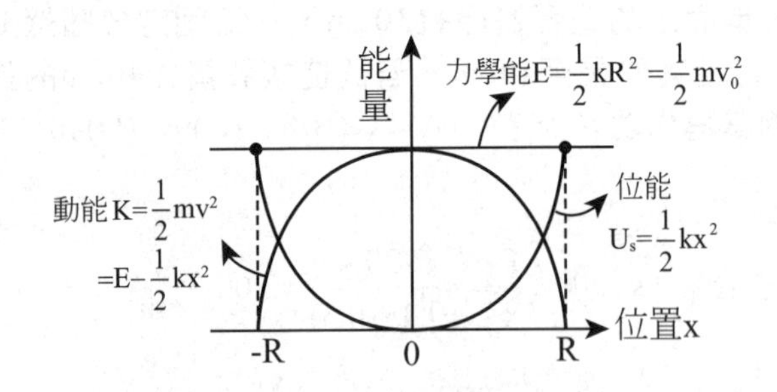

主題 3 碰撞

關鍵重點

碰撞、彈性碰撞、非彈性碰撞、完全非彈性碰撞

重點 1 一維碰撞

1 碰撞種類

(1)**碰撞：**兩物體間以接觸力或超距力彼此交互作用的現象。

(2)**依據動能變化可分為**

A. 彈性碰撞：碰撞過程力學能守恆，碰撞前後總動能不變。

B. 非彈性碰撞：碰撞過程力學能不守恆，碰撞前後總動能減少。動能減少最大時，即碰撞後兩物體合為一體，稱為完全非彈性碰撞。

(3)**依據碰撞運動軌跡可分為**

A. 正向碰撞（一維）：碰撞前後兩物體的運動方向在同一**直線**上。

B. 斜向碰撞（二維）：碰撞前後兩物體的運動方向在同一**平面**上。

(4)**結論：**無論是哪種碰撞，系統必遵守動量守恆，且質心速度不變。

重要 2 一維彈性碰撞

(1)**彈性碰撞條件：**兩物體碰撞前後，系統**總動量**及**總動能**皆守恆。

(2)**碰撞過程：**

A. 兩物體開始碰撞至相對接近過程：

a. 兩物體受力及獲得的衝量，大小相等、方向相反。

b. 系統損失的動能＝系統儲存的位能

B. 兩物體最接近瞬間：系統只剩質心動能，此時位能有最大值。

C. 兩物體相對分離至結束碰撞過程：

a. 兩物體受力及獲得的衝量，大小相等、方向相反。

b. 系統釋放的位能＝系統增加的動能。

(3)**一維彈性碰撞的數學分析：**

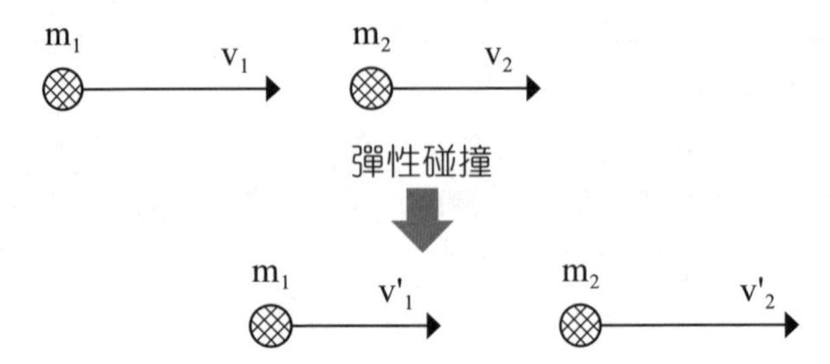

碰撞前後系統同時滿足**動量**守恆及**動能**守恆

由**動量**守恆：$m_1v_1 + m_2v_2 = m_1v_1' + m_2v_2'$ ……… (A)

由**動能**守恆：$\frac{1}{2}m_1v_1^2 + \frac{1}{2}m_2v_2^2 = \frac{1}{2}m_1v_1'^2 + \frac{1}{2}m_2v_2'^2$ ……… (B)

由(A) $\Rightarrow m_1(v_1 - v_1') = m_2(v_2' - v_2)$ …… (C)

由(B) $\Rightarrow m_1(v_1^2 - v_1'^2) = m_2(v_2'^2 - v_2^2)$ …… (D)

$\frac{(D)}{(C)}$ 得 $v_1 + v_1' = v_2' + v_2$

必背 $\therefore v_1 - v_2 = v_2' - v_1' \Rightarrow$ 接近的速率等於分離速率

必背 $\vec{v}_1' = \frac{m_1 - m_2}{m_1 + m_2}\vec{v}_1 + \frac{2m_2}{m_1 + m_2}\vec{v}_2$ $\vec{v}_2' = \frac{2m_1}{m_1 + m_2}\vec{v}_1 + \frac{m_2 - m_1}{m_1 + m_2}\vec{v}_2$

(4)**一維彈性碰撞特例討論：**

A. 若$m_1 = m_2$，則$v_1' = v_2$且$v_2' = v_1$，即兩質點的速度、動量、動能交換。

B. 若被撞物體m_2原為靜止時，即$v_2 = 0$。

則公式可簡化為 $v_1' = \frac{m_1 - m_2}{m_1 + m_2}v_1$ $v_2' = \frac{2m_1}{m_1 + m_2}v_1$

a. 若$\mathbf{m_1 > m_2}$，則$v_1' > 0$，$v_2' > 0$（撞完m_1繼續前進）

b. 若$\mathbf{m_1 < m_2}$，則$v_1' < 0$，$v_2' > 0$（撞完m_1反彈）

c. 若$\mathbf{m_1 = m_2}$，則$v_1' = 0$，$v_2' = v_1$，即兩質點的速度、動量、動能交換（m_2獲得最大動能）

d. 若$\mathbf{m_1 >> m_2}$，則$v_1' \fallingdotseq v_1$，$v_2' \fallingdotseq 2v_1$（m_2獲得最大速率）

e. 若$\mathbf{m_1 << m_2}$，則$v_1' \fallingdotseq -v_1$，$v_2' \fallingdotseq 0$（m_2獲得最大衝量）

5-10　　難易度★★☆

範例

質量1kg之物A以8m/s之等速度向東運動，迎面撞上質量2kg之物。後者之速度為4m/s，向西。在一直線上作正向彈性碰撞，求碰撞後兩物的速度各為何？

答：$\vec{v}_A'=8\text{m/s}$ **，向西；** $\vec{v}_B'=4\text{m/s}$ **，向東**。

∵系統作正向彈性碰撞　∴可直接代公式求解

令向東為"+"方向

$$\vec{v}_A'=\frac{m_A-m_B}{m_A+m_B}\vec{v}_A+\frac{2m_B}{m_A+m_B}\vec{v}_B$$

$$=\frac{1-2}{1+2}\cdot 8+\frac{2\cdot 2}{1+2}\cdot(-4)=\frac{-1}{3}\cdot 8+\frac{4}{3}\cdot(-4)=-8\text{m/s}$$

$$\vec{v}_B'=\frac{2m_A}{m_A+m_B}\vec{v}_A+\frac{m_B-m_A}{m_A+m_B}\vec{v}_B$$

$$=\frac{2\cdot 1}{1+2}\cdot 8+\frac{2-1}{1+2}\cdot(-4)=\frac{2}{3}\cdot 8+\frac{1}{3}\cdot(-4)=4\text{m/s}$$

3 一維非彈性碰撞

(1)一維非彈性碰撞

A. 碰撞前後系統動量守恆，但動能不守恆。

B. 系統碰撞後的動能小於碰撞前的動能，損失的動能轉換成熱能。

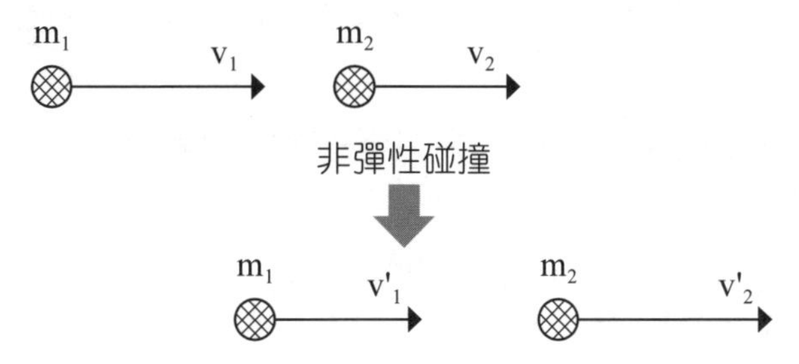

由動量守恆：$m_1v_1+m_2v_2=m_1v'_1+m_2v'_2$

由能量守恆：$\frac{1}{2}m_1v_1^2+\frac{1}{2}m_2v_2^2=\frac{1}{2}m_1v_1'^2+\frac{1}{2}m_2v_2'^2+H$(熱能)

重要 (2)完全非彈性碰撞

A. 兩物體碰撞後合為一體，稱為完全非彈性碰撞。

B. 系統碰撞後的速度為質心速度v_C，動能只剩質心動能K_C，損失動能轉換成熱能或位能。

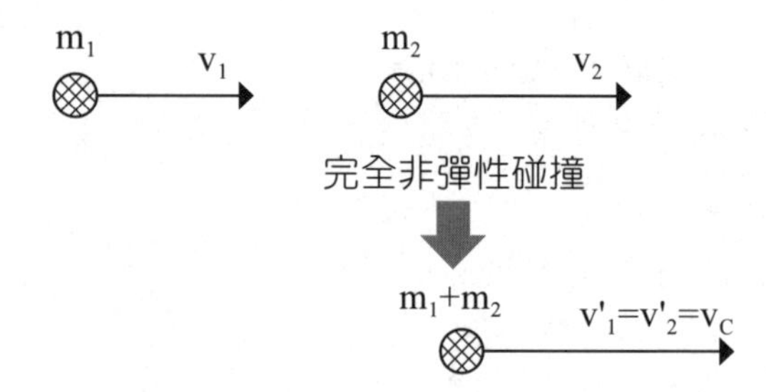

由動量守恆：$m_1v_1+m_2v_2=(m_1+m_2)v_C \Rightarrow v_C=\dfrac{m_1v_1+m_2v_2}{m_1+m_2}$

由能量守恆：$\dfrac{1}{2}m_1v_1^2+\dfrac{1}{2}m_2v_2^2=\dfrac{1}{2}(m_1+m_2)v_C^2+H$(熱能或位能)

碰撞後系統的總動能=質心動能 $K_C=\dfrac{1}{2}(m_1+m_2)v_C^2=\dfrac{(m_1v_1+m_2v_2)^2}{2(m_1+m_2)}$

範例 5-11　難易度★☆☆

質量1kg之物A以8m/s之等速度向東運動，迎面撞上質量2kg之物。後者之速度為4m/s，向西。碰撞後，二物合為一體，則此新成之物體的速度為：
(A) 0　(B) 2 m/s，**向西**　(C) 2.7 m/s，**向東**　(D) 6 m/s，**向東**。

答：**(A)**。
∵碰撞後二物合為一體 ∴為完全非彈性碰撞
令向東為“+”方向
由動量守恆：$m_A\vec{v}_A+m_B\vec{v}_B=(m_A+m_B)\vec{v}_C$，
$1\cdot 8+2\cdot(-4)=(1+2)v_C$
$v_C=0$

範例 5-12　難易度★★☆

一質量為m的子彈，以水平速度V，射入一個質量為M且置於光滑平面上的靜止木塊內，子彈射入木塊後嵌入其中，下列敘述何者錯誤？
(A)碰撞前後動量守恆
(B)碰撞前後動能守恆
(C)子彈嵌入木塊後，木塊獲得速度 $\frac{mV}{m+M}$
(D)若木塊用一質量可忽略之輕繩吊著，則子彈嵌入木塊後，木塊上升之高度為 $\frac{m^2V^2}{2g(m+M)^2}$（g 為重力場強度）。

答：**(B)**。
∵子彈射入木塊後嵌入其中　∴此系統作完全非彈性碰撞

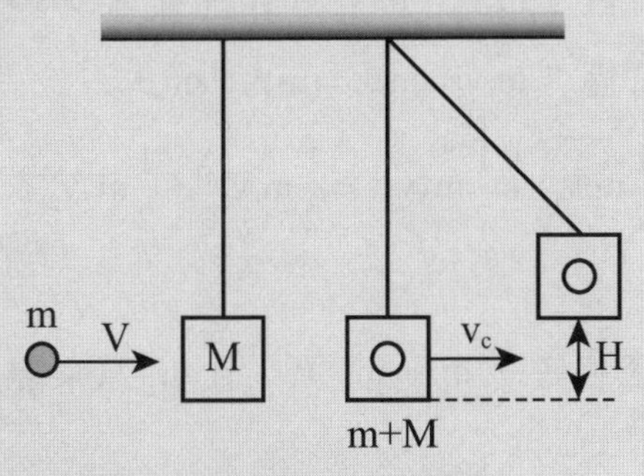

(A)○，只要是碰撞，系統動量守恆。
(B)×，系統作完全非彈性碰撞，故有動能損失轉換成熱能。
(C)○，$mV=(m+M)v_C \Rightarrow v_C=\frac{mV}{m+M}$
(D)○，碰撞後系統總動能全部轉換成位能，

$$K_C=U，\frac{m^2V^2}{2(m+M)}=(m+M)gH \Rightarrow H=\frac{m^2V^2}{2g(m+M)^2}$$

重點2 二維碰撞（斜向碰撞）

Check! □□□

1 二維彈性碰撞

(1)**條件**：兩物碰撞前後不在一直線上，而是在同平面上運動。

(2)**二維彈性碰撞的數學分析**

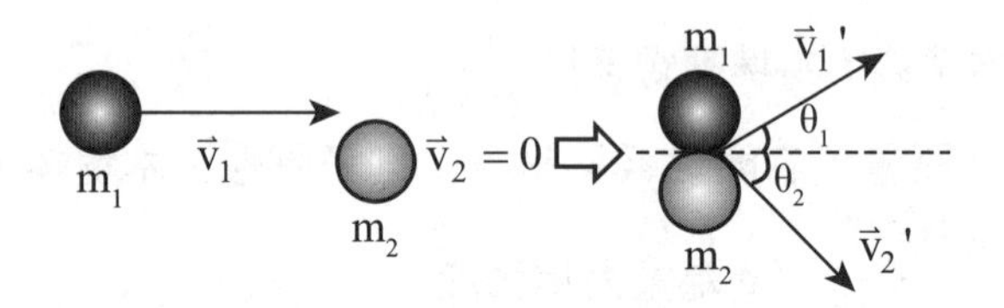

A. 由動量守恆：$m_1\vec{v}_1 + m_2\vec{v}_2 = m_1\vec{v}_1 = m_1\vec{v}_1' + m_2\vec{v}_2'$（$\because v_2 = 0$）

或

$$\begin{cases} \text{水平方向動量守恆：} m_1v_1 = m_1v_1'\cos\theta_1 + m_2v_2'\cos\theta_2 \\ \text{鉛直方向動量守恆：} m_1v_1'\sin\theta_1 = m_2v_2'\sin\theta_2 \end{cases}$$

B. 由動能守恆：$\frac{1}{2}m_1v_1^2 + \frac{1}{2}m_2v_2^2 = \frac{1}{2}m_1v_1'^2 + \frac{1}{2}m_2v_2'^2$

(3)**特殊情況討論**

A. 若兩物體的質量相等（$m_1 = m_2$），且 m_2 原來靜止，則碰撞後兩者的運動方向互相垂直。

B. 數學分析

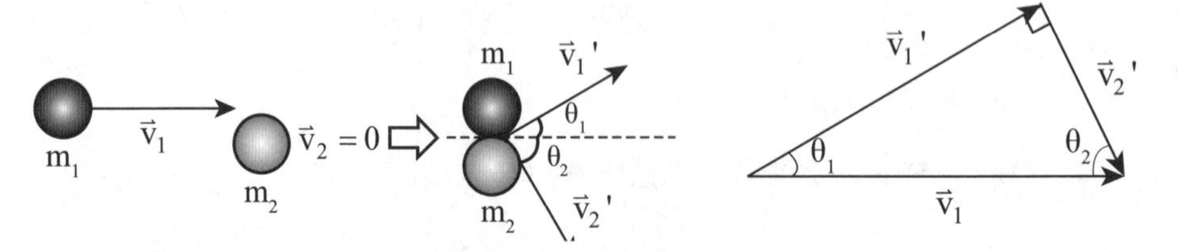

由動量守恆：$m\vec{v}_1 = m\vec{v}_1' + m\vec{v}_2' \Rightarrow \vec{v}_1 = \vec{v}_1' + \vec{v}_2'$（可圍成一封閉三角形）

由動能守恆：$\frac{1}{2}mv_1^2 = \frac{1}{2}mv_1'^2 + \frac{1}{2}mv_2'^2 \Rightarrow v_1^2 = v_1'^2 + v_2'^2$

（由畢氏定理可知此三角形為直角三角形）

5-13　範例　難易度★★☆

質量2kg之質點A，以5m/s的速率斜向碰撞質量相等之質點B，若兩質點間的碰撞為彈性碰撞，且碰撞後A的出射方向與原入射方向夾37°角，則B的速率為何？　(A)6　(B)4　(C)3　(D)2　m/s。

答：**(C)**。

∵質量相等的質點且作斜向彈性碰撞

∴如圖所示，可由直角三角形的邊長關係求解

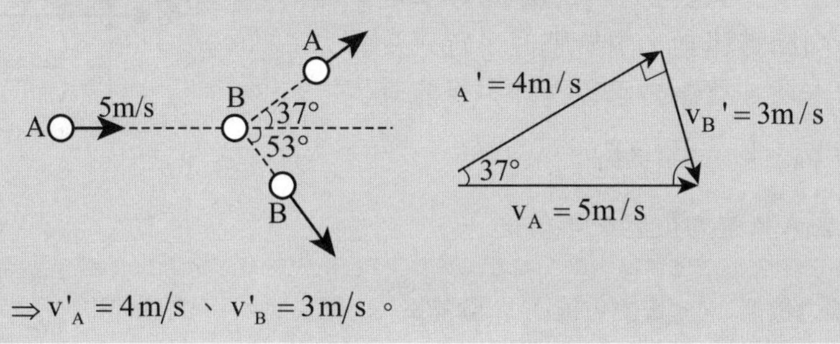

$\Rightarrow v'_A = 4m/s$ 、 $v'_B = 3m/s$ 。

2 二維非彈性碰撞

(1)碰撞前後系統動量守恆，但動能不守恆。

(2)碰撞後的動能小於碰撞前的動能，損失的動能轉換成熱能。

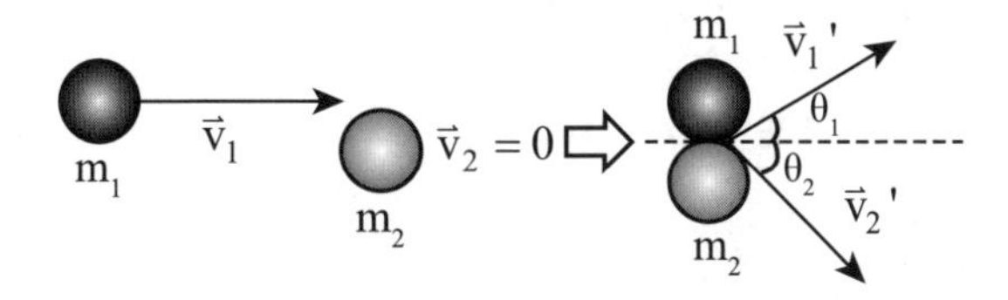

由動量守恆： $m_1\vec{v}_1 = m_1\vec{v}_1' + m_2\vec{v}_2'$

由能量守恆： $\frac{1}{2}m_1v_1^2 = \frac{1}{2}m_1v_1'^2 + \frac{1}{2}m_2v_2'^2 + H(熱能)$

單元補充

彈簧鉛直簡諧運動

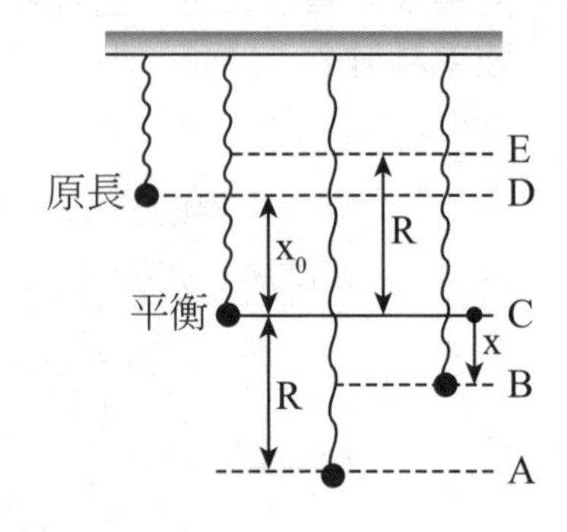

1. 物體質量m以彈簧鉛直懸掛，達平衡後，伸長量 $x_0 = \frac{mg}{k}$ (k：彈力常數)，再下拉或上推R後釋放，不考慮阻力，物體在A、E之間作鉛直方向簡諧運動，由於整個系統只受彈力及重力作功，故振動過程遵守力學能守恆，即 $E_A = E_B = E_C = E_D = E_E$ 。

2. 以最低點A為重力位能之零位面

位置	彈力位能U_s	重力位能U_g	動能K	力學能E
A	$\frac{1}{2}k(R+x_0)^2$	0	0	$E_A = \frac{1}{2}kR^2 + \underline{mgR + \frac{1}{2}kx_0^2}$
B	$\frac{1}{2}k(x+x_0)^2$	$mg(R-x)$	$\frac{1}{2}mv_B^2$	$E_B = \frac{1}{2}kx^2 + \frac{1}{2}mv_B^2 + \underline{mgR + \frac{1}{2}kx_0^2}$
C	$\frac{1}{2}kx_0^2$	mgR	$\frac{1}{2}mv_C^2$	$E_C = \frac{1}{2}mv_C^2 + \underline{mgR + \frac{1}{2}kx_0^2}$
D	0	$mg(R+x_0)$	$\frac{1}{2}mv_D^2$	$E_D = \frac{1}{2}kx_0^2 + \frac{1}{2}mv_D^2 + \underline{mgR + \frac{1}{2}kx_0^2}$
E	$\frac{1}{2}k(R-x_0)^2$	mg2R	0	$E_E = \frac{1}{2}kR^2 + \underline{mgR + \frac{1}{2}kx_0^2}$

重要 3. 若以原長至平衡點之中點為重力位能之零位面，則平衡點的總位能（$U=U_s+U_g$）為零。可以把重力位能及彈力位能合併為總位能$U=\frac{1}{2}kx^2$來計算，其中形變量x以「平衡點C」為參考點算起。

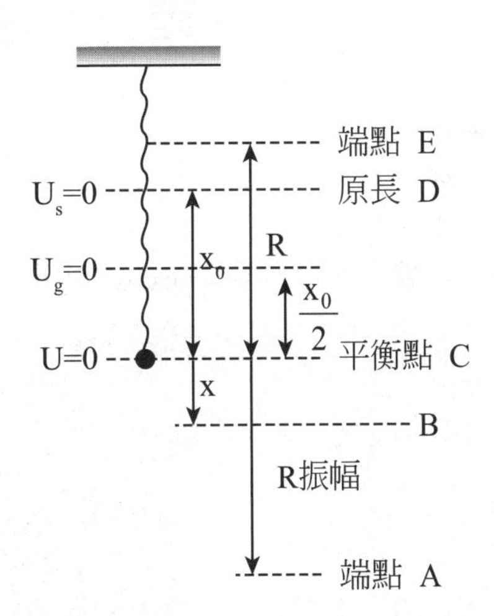

■整理⇒ $\underbrace{\frac{1}{2}kR^2}_{E_A、E_E}=\underbrace{\frac{1}{2}kx^2+\frac{1}{2}mv_B^2}_{E_B}=\underbrace{\frac{1}{2}mv_C^2}_{E_C}=\underbrace{\frac{1}{2}kx_0^2+\frac{1}{2}mv_D^2}_{E_D}$

範例 5-14

難易度★★☆

一力常數為k的彈簧，上端固定，下端懸掛一質量為m的重錘，若重錘從彈簧的自然長度自由落下至最低點時其最大伸長量為x，則重錘在彈簧下端作鉛直簡諧運動的過程中，最大動能為何？ (A)$kx^2/2$ (B)$kx^2/4$ (C)$kx^2/8$ (D)$m^2g^2/2k$ (E)$m^2g^2/4k$。**（多選題）**

答：**(C)(D)**。

重錘運動過程力學能守恆，

故最大動能（平衡點）＝最大位能（端點）。

定自然長度至平衡點之中點為重力位能之零位面

$$K_{max}=U_{max}=\frac{1}{2}kR^2=\frac{1}{2}k(\frac{x}{2})^2=\frac{kx^2}{8}$$

$\because mg=k\frac{x}{2}$，$x=\frac{2mg}{k}$代入⇒$K_{max}=\frac{kx^2}{8}=\frac{m^2g^2}{2k}$。

單元重點整理

Check! □□□

1 功

功的定義：$W=\vec{F}\cdot\vec{d}=Fd\cos\theta$（$\vec{F}$：作用力，$\vec{d}$：位移，$\theta$：$\vec{F}$與$\vec{d}$的夾角）

θ的大小	cos θ 的值	W的值	受力體能量的增減
$0^\circ\leq\theta<90^\circ$	$\cos\theta>0$	$W>0$（作正功）	增加
$\theta=90^\circ$	$\cos\theta=0$	$W=0$（不作功）	不變
$90^\circ<\theta\leq180^\circ$	$\cos\theta<0$	$W<0$（作負功）	減少

Check! □□□

2 動能與動量的比較

物理量	動能 $K=\frac{1}{2}mv^2$	動量 $\vec{p}=m\vec{v}$
SI制單位	焦耳(J)	公斤・公尺/秒(kg・m/s)
向量或純量	純量	向量
兩者大小關係	$K=\frac{p^2}{2m}$ 或 $p=\sqrt{2mK}$	

Check! □□□

3 功與能的關係

合力作功＝動能變化量	$W_{合力}=\Delta K$
保守力作功＝位能變化量的負值	$W_{保守力}=-\Delta U$
非保守力作功＝力學能變化量	$W_{非保守力}=\Delta E=\Delta K+\Delta U$

Check!

4 守恆定律

力學能守恆	若系統僅受保守力作用，則系統的力學能（動能＋位能）恆為定值，即$E=K_{初}+U_{初}=K_{末}+U_{末}$＝定值。
能量守恆	在一孤立系統中，能量可從一種形式轉換成另一種形式，但系統的總能量保持不變。

Check!

5 保守力F與其所對應的位能函數U

保守力F	位能函數U	力學能守恆E
重力 mg	地表附近的重力位能 mgh	$\frac{1}{2}mv_{初}^2+mgh_{初}=\frac{1}{2}mv_{末}^2+mgh_{末}$
萬有引力 $\frac{GMm}{r^2}$	重力位能一般式 $-\frac{GMm}{r}$	$\frac{1}{2}mv_{初}^2+(-\frac{GMm}{r_{初}})=\frac{1}{2}mv_{末}^2+(-\frac{GMm}{r_{末}})$
彈力 kx	彈力位能$\frac{1}{2}kx^2$	$\frac{1}{2}mv_{初}^2+\frac{1}{2}kx_{初}^2=\frac{1}{2}mv_{末}^2+\frac{1}{2}kx_{末}^2$

Check!

6 一維碰撞

碰撞	碰撞種類		重要公式
動量守恆	總動能守恆	彈性碰撞	碰撞後末速： $\vec{v}_1'=\frac{m_1-m_2}{m_1+m_2}\vec{v}_1+\frac{2m_2}{m_1+m_2}\vec{v}_2$ $\vec{v}_2'=\frac{2m_1}{m_1+m_2}\vec{v}_1+\frac{m_2-m_1}{m_1+m_2}\vec{v}_2$ m_1 v_1 m_2 v_2 碰撞後 m_1 v_1' m_2 v_2'
	總動能不守恆	非彈性碰撞	無
		完全非彈性碰撞	質心速度：$v_C=\frac{m_1v_1+m_2v_2}{m_1+m_2}$ 質心動能：$K_C=\frac{(m_1v_1+m_2v_2)^2}{2(m_1+m_2)}$ m_1 v_1 m_2 v_2 碰撞後 m_1+m_2 v_C

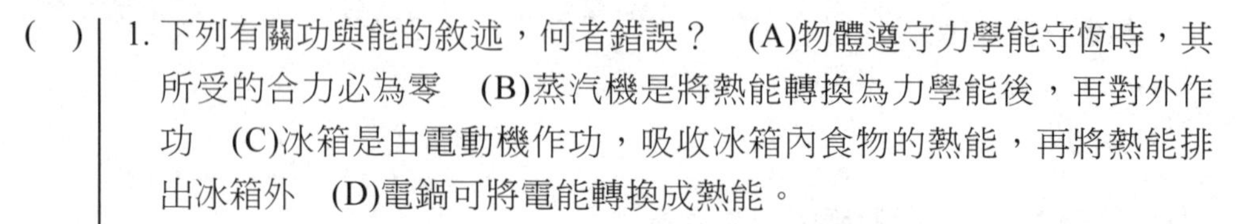

基礎題

( ) 1. 下列有關功與能的敘述，何者錯誤？ (A)物體遵守力學能守恆時，其所受的合力必為零 (B)蒸汽機是將熱能轉換為力學能後，再對外作功 (C)冰箱是由電動機作功，吸收冰箱內食物的熱能，再將熱能排出冰箱外 (D)電鍋可將電能轉換成熱能。

( ) 2. 一質量2公斤的物體，沿30°的斜面下滑。設物體受有2牛頓的摩擦力，則當物體移動5公尺時，重力對物體所作的功為多少焦耳？ (A)19 (B)29 (C)39 (D)49。

( ) 3. 質量m的小孩以0.5g的加速度沿著繩索上爬h高，此小孩已作多少功？ (A)0 (B)0.5mgh (C)mgh (D)1.5mgh。

( ) 4. 以60牛頓（N）之力垂直地面舉起質量3kg物體，使離地加速上升，經0.2秒後求舉物之力作功約為多少焦耳(J)？ (A)12 (B)15 (C)7.5 (D)6。

( ) 5. 一人以20秒時間爬上高40公尺的竹竿，若該人體重為50公斤，則其所作功率為多少瓦特？ (A)200 (B)490 (C)500 (D)980。

( ) 6. 職棒投手將200公克重之棒球以時速144公里投出，則該棒球之動能為多少焦耳？ (A)28.8 (B)160 (C)288 (D)2073.6。

( ) 7. 質量4.0kg的物體在光滑水平的地面上以10m/s速度運動時，因受力作用，以$5.0m/s^2$的加速度運行100m，則此力對物體作的功為若干焦耳？ (A)400 (B)800 (C)1500 (D)2000。

( ) 8. 一塊小石塊被斜向拋到空中，然後落地。對此過程之敘述，以下何者正確？ (A)石塊上升時，動能持續減少 (B)石塊在最高點時，重力位能最小 (C)石塊下降時，力學能持續增加 (D)石塊著地瞬間，受重力最大。

( ) 9. 若彈簧彈性係數為K，在彈性範圍內承受垂宜壓縮力為F，則此彈簧所儲存的彈性位能為： (A)$\frac{K}{2F}$ (B)$\frac{K^2}{2F}$ (C)$\frac{F^2}{K}$ (D)KF^2 (E)$\frac{F^2}{2K}$。

(　) 10. 已知中子、氦原子核和氮原子核的質量比為1：4：14，若以相同速率的中子分別與靜止的氦核與氮核作正向彈性碰撞，則碰撞後氦核和氮核的速率比率為何？ (A)7：1 (B)9：1 (C)7：2 (D)3：1。

(　) 11. 甲、乙二物體，甲重4kgw以速度20m/s運動，乙重6kgw以速度5m/s與甲成反方向運動，若二物體碰撞後合成一體，則碰撞後的速度為：(A)2.4m/s (B)4m/s (C)5m/s (D)6.5m/s (E)11m/s。

(　) 12. A球與質量相同之靜止B球作彈性碰撞後，A球運動方向與原方向夾60°，則撞後A、B兩球之動能比為： (A)2：1 (B)3：1 (C)$\sqrt{2}$：1 (D)1：3。

(　) 13. 小明上學時，從家裡走路到學校的路程共須走1.5公里。當小明走路的速率為1公尺／秒時，身體消耗的能量速率為每分鐘1800焦耳。若小明以此等速率上學，從家裡走路到學校的路程中，身體總共大約須消耗多少焦耳的能量？ (A)4.5×10^2焦耳 (B)4.5×10^3焦耳 (C)4.5×10^4焦耳 (D)4.5×10^5焦耳。

進階題

(　) 1. 鐵球2kg、銅球0.5kg，兩球發生正向彈性碰撞時，下列敘述何者正確？(A)銅球所受的撞擊力為鐵球的四倍 (B)銅球的動量變化量為鐵球的四倍 (C)銅球的動能變化量與鐵球相同 (D)銅球的速度變化量為鐵球的四倍。

(　) 2. 壓縮一彈簧x長，需施力F，作功W。若再繼續壓縮x長，則： (A)需力F (B)需力2F (C)需再作功2W (D)需再作功3W (E)需再作功$\frac{3}{2}$Fx。（多選題）

(　) 3. 如圖，質量為M之空心球殼，以一定速度v在水平面上向前滑動，今將一質量為m之質點置入球殼內壁最低點，設物面（即質點與球殼內壁）均光滑，則此質點沿內壁上升之高度為

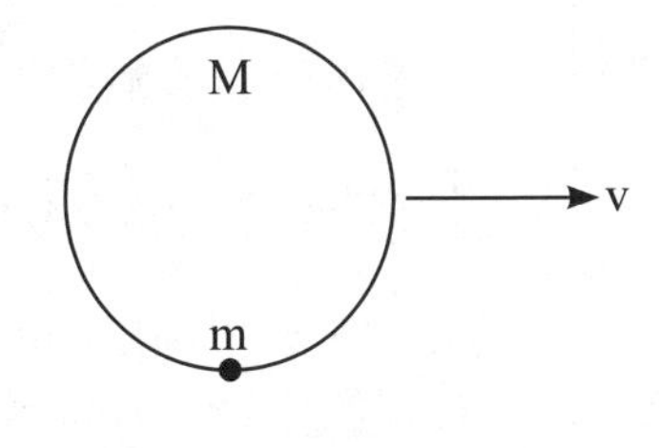

(A)$\frac{Mv^2}{(M+m)g}$ (B)$\frac{mv^2}{(M+m)g}$ (C)$\frac{Mv^2}{2(M+m)g}$ (D)$\frac{mv^2}{2(M+m)g}$。

( ) 4. 將A、B、C三物體自同一高處，以同一速率同時拋出，A物體為鉛直上拋，B物體為水平拋射，C物體為仰角60°的斜向拋射，下列敘述何者錯誤？

(A)飛行期間三物體的加速度大小為$a_A=a_B=a_C$

(B)落地瞬間三物體的速度大小關係為$v_A>v_C>v_B$

(C)三物體在空中飛行的時間為$t_A>t_C>t_B$

(D)不計空氣阻力，物體的質量大小與其在空中的時間無關。

( ) 5. 將質量m的物體以初速v，自地面鉛直上拋，若不考慮摩擦力的影響，則此物體自上拋迄至落回地面的過程中，下列敘述何者正確？

(A)動量變化為0 (B)所受的衝量為mv向下 (C)其動能變化為0 (D)重力作功為0 (E)整個過程遵守動量守恆。（多選題）

( ) 6. 如圖所示，某小球從無摩擦的光滑曲線軌道上端A點處，由靜止開始自由滑下滑到B點，然後以37°的仰角離開B點作斜向拋射，已知Ha＝9公尺、Hb＝4公尺，則以下敘述何者正確？

(A)在A點處小球動能最小

(B)小球在B點處的力學能小於在A點時的力學能

(C)在軌道上的任一位置小球的動能加位能和恆為定值

(D)軌道對小球有正向力作用，此正向力對小球所作的功為零

(E)小球離開軌道後因受重力作用力學能不再守恆。（多選題）

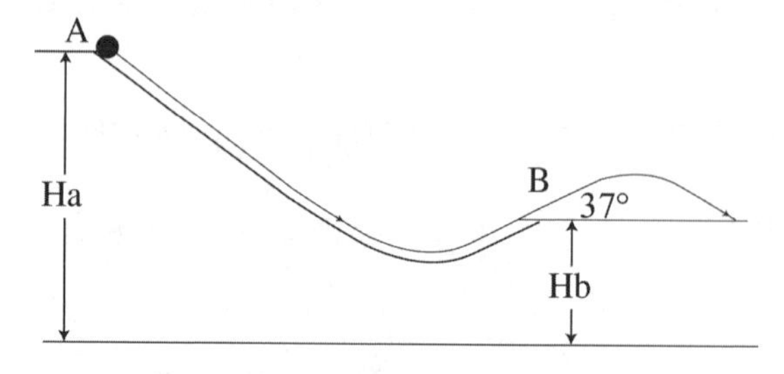

( ) 7. 如圖所示，質量相同的P、Q兩球，P球繫在一原長為ℓ的細線一端，Q球繫在一原長為$\frac{2\ell}{3}$的橡皮筋一端，細線和橡皮筋的另一端皆固定在O點，今用手將兩球保持在水平位置，並使橡皮筋與細線的長度恰好等於原長，然後將兩球由靜止釋放，若兩球在最低點A發生正向碰撞，則下列敘述何者正確？

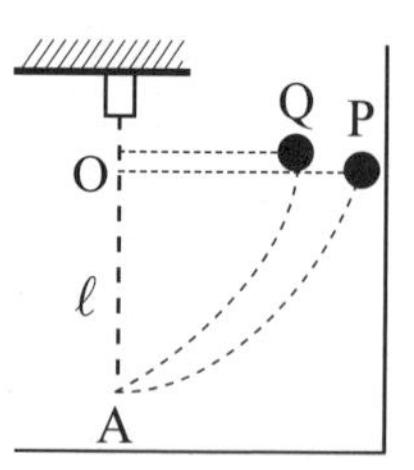

(A)兩球在下落過程皆遵守力學能守恆。
(B)在最低點A，兩球碰撞前的速度相等。
(C)承(B)，P球的速度大於Q球的速度。
(D)兩球在下落到最低點的過程中，重力對兩球所作的功皆相同。
(E)承(D)，重力對Q球所作的功較大。（多選題）

( ) 8. 某物體在外力F與重力的作用下，向上加速離地升起，若物體動能增加ΔE_k，重力位能增加ΔU，則下列何者正確？
(A)合力對物體所作的功等於ΔE_k
(B)合力對物體所作的功等於$\Delta E_k + \Delta U$
(C)外力F對物體所作的功等於ΔE_k
(D)外力F對物體所作的功等於$\Delta E_k + \Delta U$
(E)重力對物體作正功其值等於ΔU。（多選題）

( ) 9. 相同的兩個人造衛星以不同的旋轉半徑繞地球作等速率圓周運動，其中距離地球較遠的衛星，具有下列何種特性？ (A)速度較小 (B)總能量較小 (C)加速度較小 (D)位能較小 (E)動能較小。（多選題）

( ) 10. 有一部抽水馬達每分鐘能將100公升的水，由3公尺深的地下室抽上來，並以每秒6公尺的速率排出，如不計其他損失，則此抽水馬達之平均功率為多少瓦？（假設g＝10公尺/秒^2） (A)50 (B)80 (C)3000 (D)4800。

解答與解析

基礎題

1. **A**。(A)×，力學能守恆的條件為僅受保守力作用，合力可不必為零。

2. **D**。 $W_g = m\vec{g}\cdot\vec{d} = 2\times9.8\times5\times\cos60° = 49J$

3. **D**。設小孩施外力F沿繩索上爬
根據牛頓第二運動定律 $F - mg = m\times0.5g$ ，$F = 1.5mg$ ，
故小孩作功 $W_F = Fh = 1.5mg\times h = 1.5mgh$ 。

4. **A**。設物體以加速度a上升作等加速度運動，根據牛頓第二運動定律 $60 - 3g = 3a$ ，$a = 10m/s^2$ 。

上升高度$S=\frac{1}{2}at^2=\frac{1}{2}\times 10\times(0.2)^2=0.2m$，

故舉物之力作功$W_F=FS=60\times 0.2=12J$。

5. **D**。功率$P=\frac{\Delta W}{\Delta t}=\frac{mg\cdot h}{\Delta t}=\frac{50\times 9.8\times 40}{20}=980W$

6. **B**。單位換算：$144km/hr=40m/s$，動能$K=\frac{1}{2}mv^2=\frac{1}{2}\times 0.2\times(40)^2=160J$

7. **D**。等加速運動公式$v^2=v_0^2+2aS$，$v^2=10^2+2\times 5\times 100$，末速$v=\sqrt{1100}m/s$。
   利用功能定理$W_{合力}=\Delta K$，由於物體只受外力F作用，
   故$W_F=\Delta K=K_末-K_初=\frac{1}{2}\cdot 4\cdot(\sqrt{1100})^2-\frac{1}{2}\cdot 4\cdot 10^2=2000J$。

8. **A**。(A)○，上升過程重力作負功，故動能減少。(B)×，石塊在最高點的重力位能最大。(C)×，小石塊作斜向拋射，過程只受重力作用，故力學能守恆。(D)×，重力為定力，運動過程都相同。

9. **E**。由虎克定律$F=Kx$，$x=\frac{F}{K}$（x：形變量）
   彈力位能$U=\frac{1}{2}Kx^2=\frac{1}{2}K\cdot(\frac{F}{K})^2=\frac{F^2}{2K}$

10. **D**。∵正向彈性碰撞∴被撞物碰撞後速率$v'_2=\frac{2m_1}{m_1+m_2}v_1$
    $\Rightarrow v'_{He}=\frac{2\cdot 1}{1+4}v_1=\frac{2}{5}v_1$、$v'_N=\frac{2\cdot 1}{1+14}v_1=\frac{2}{15}v_1$，故$v'_{He}$：$v'_N=3$：$1$。

11. **C**。∵甲、乙二物體碰撞後合成一體　∴二物體作完全非彈性碰撞
    設碰撞後速度為v_c，碰撞前後系統動量守恆$\vec{p}_i=\vec{p}_f$，
    $4\times 20+6\times(-5)=(4+6)v_c\Rightarrow v_c=5m/s$。

12. **D**。質量相同之兩球作斜向彈性碰撞，碰撞後兩球運動方向互相垂直。$v_A':v_B'=1:\sqrt{3}$，則$K_A':K_B'=1:3$。

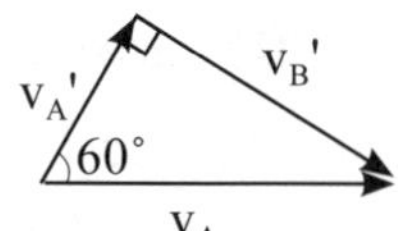

13. **C**。小明從家裡走路到學校所花的時間：$t=\frac{S}{v}=\frac{1.5\times 1000}{1}=1500秒=25分鐘$。
    小明身體須消耗的能量：$E=1800\times 25=4.5\times 10^4$焦耳。

進階題

1. **D**。(A)×，兩球所受的撞擊力大小相等、方向相反，為一對作用力與反作用力。
   (B)×，視兩球為一系統，撞擊力為系統的內力，故系統動量守恆，
   即 $\vec{p}_{鐵}+\vec{p}_{銅}=\vec{p}'_{鐵}+\vec{p}'_{銅}$，$\Rightarrow \vec{p}_{鐵}-\vec{p}'_{鐵}=\vec{p}'_{銅}-\vec{p}_{銅}$，$\Delta\vec{p}_{鐵}=-\Delta\vec{p}_{銅}$，
   兩球動量變化量大小相同、方向相反。
   (C)×，$\because \Delta K=\dfrac{(\Delta p)^2}{2m}\propto\dfrac{1}{m}\ \therefore \Delta K_{銅}>\Delta K_{鐵}$
   (D)○，$\Delta\vec{p}_{鐵}=-\Delta\vec{p}_{銅}$，$m_{鐵}\Delta\vec{v}_{鐵}=-m_{銅}\Delta\vec{v}_{銅}$，$m_{鐵}\Delta\vec{v}_{鐵}=-m_{銅}\Delta\vec{v}_{銅}$，
   $2\Delta\vec{v}_{鐵}=-0.5\Delta\vec{v}_{銅}\Rightarrow\left|\dfrac{\Delta\vec{v}_{銅}}{\Delta\vec{v}_{鐵}}\right|=4$。

2. **BDE**。取“－”表示彈簧壓縮，施力向左。
   變力作功，利用f-x圖面積求作功大小。
   (A)×(B)○，如圖所示，需力2F
   (C)×(D)○，如圖所示，需再作功3W
   (E)○，梯形面積 $\Rightarrow\dfrac{(F+2F)x}{2}=\dfrac{3}{2}Fx$

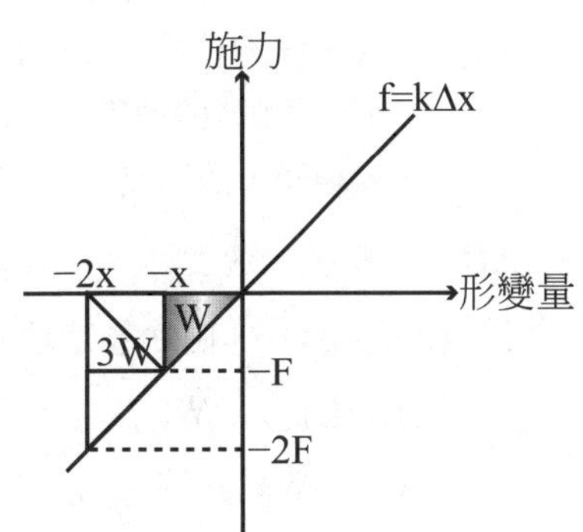

3. **C**。視兩物作完全非彈性碰撞，損失的動能轉換成m的位能。
   由動量守恆：$Mv=(M+m)v_C\Rightarrow v_C=\dfrac{Mv}{M+m}$
   損失動能：$|\Delta K|=|\Delta U|$，$\dfrac{1}{2}Mv^2-\dfrac{1}{2}(M+m)v_C^2=mgH$
   $$\frac{1}{2}Mv^2-\frac{1}{2}(M+m)(\frac{Mv}{M+m})^2=\frac{1}{2}Mv^2(1-\frac{M}{M+m})=\frac{1}{2}Mv^2\cdot\frac{m}{M+m}=mgH$$
   $$\Rightarrow H=\frac{Mv^2}{2(M+m)g}$$

4. **B**。(A)○，三物體的加速度皆為重力加速度g
   (B)×，三物體皆只受重力作功，故力學能守恆。且三物體皆自同一高度、以相同初速拋出，故三物體有相同的力學能。落地瞬間三物的力學能全部轉換成物體動能，因此三物體有相同的末速，即 $v_A=v_B=v_C$。
   (C)○(D)○，飛行時間只與鉛直方向的運動有關和物體質量無關，三物體鉛直方向的初速 $v_{A0}>v_{C0}>v_{B0}$，故空中飛行時間 $t_A>t_C>t_B$。

5. **CD**。(A)×(B)×，∵鉛直上拋運動有對稱性，取向上為"＋"，

$\Delta\vec{p} = -mv - mv = -2mv = \vec{J}$（－表示向下）

(C)○，∵鉛直上拋運動有對稱性，∴同一水平面的速度大小相同⇒ $\Delta K = 0$

(D)○，物體自上拋迄至落回地面，鉛直方向無位移，故重力作功為0。

(E)×，整個運動過程受重力作用，故動量不守恆。

6. **ACD**。(A)○，小球自A點靜止自由下滑初速為0，故K_A=0。

(B)×(C)○(E)×，小球整個運動過程只受重力作功，故力學能（動能+位能）守恆。(D)○，正向力恆垂直於小球運動方向，故不作功。

7. **ACD**。(A)○，兩球皆只受重力作功，故力學能守恆。(B)×(C)○，P球在最低點A，其重力位能轉換成其動能；Q球在最低點A，其重力位能轉換成其動能和彈力位能，由於P、Q兩球在相同高度靜止釋放，具有相同的重力位能，故P球的速度大於Q球的速度。(D)○(E)×，兩球下落的過程中，因質量相同，故所受重力相同；又因鉛直方向的位移相同，故重力作功相同。

8. **AD**。∵物體加速上升　∴外力F大於重力

(A)○(B)×，由功能定理 $W_{合力} = \Delta E_k$ 。

(C)×(D)○， $W_{非保守力} = \Delta E = \Delta E_k + \Delta U$

(E)×， $W_{重力} = W_{保守力} = -\Delta U$ ，重力對物體作負功。

9. **ACE**。(A)○，速度 $v = \sqrt{\frac{GM}{r}} \propto \frac{1}{r}$ ，故r愈大v愈小。

(B)×，總能量 $E = -\frac{GMm}{2r} \propto -\frac{1}{r}$ ，故r愈大E愈大。

(C)○，加速度 $g = \frac{GM}{r^2} \propto \frac{1}{r^2}$ ，故r愈大v愈小。

(D)×，位能 $U = -\frac{GMm}{r} \propto -\frac{1}{r}$ ，故r愈大U愈大。

(E)○，動能 $K = \frac{GMm}{2r} \propto \frac{1}{r}$ ，故r愈大K愈小。

（r為軌道半徑）

10. **B**。馬達的平均功率＝$\frac{馬達對水作功(抽上＋排出)}{時間}$

$$\overline{P} = \frac{mgh + \frac{1}{2}mv^2}{t} = \frac{(100\times10\times3)+(\frac{1}{2}\times100\times6^2)}{60} = 80瓦$$

頻出度 A B C

依據出題頻率分為：A頻率高 B頻率中 C頻率低

單元6 熱力學

本單元分成兩大主題：「熱學」及「氣體動力論」。熱學的主要概念是溫度與熱，當物體溫度發生變化時，常伴隨有能量的轉移、膨脹或狀態變化等；氣體動力論是將熱學與力學結合的理論，把壓力、溫度等宏觀量與氣體分子速率、平均動能等微觀量作連結。

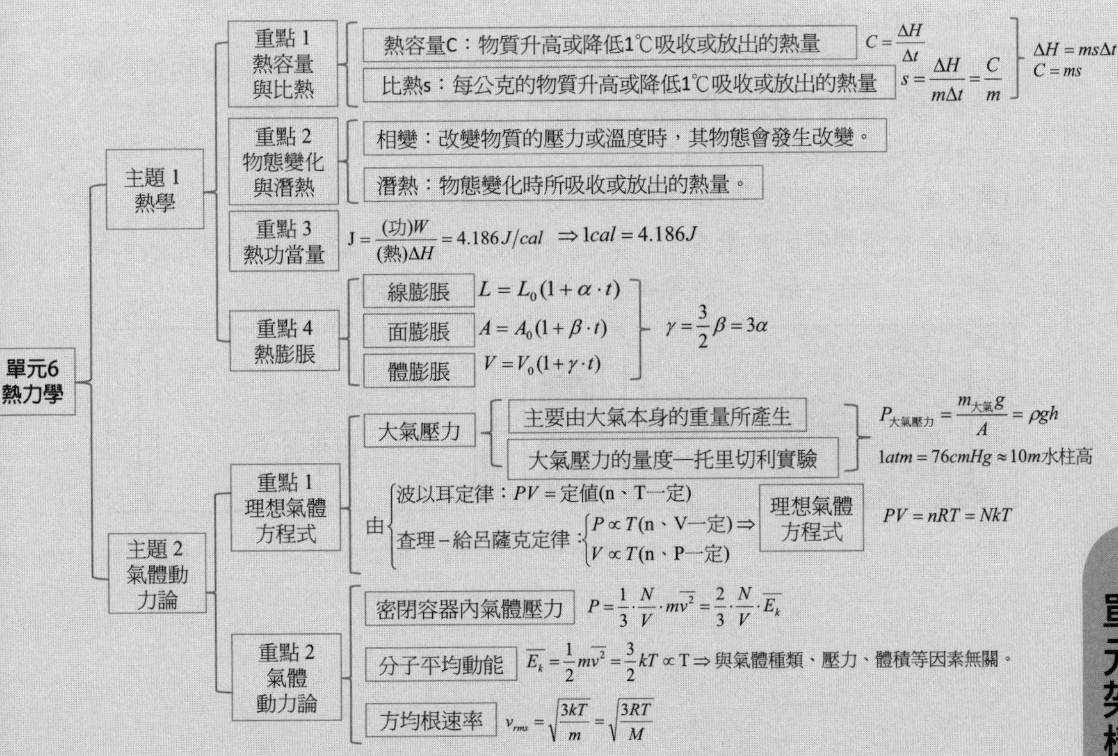

主題1 熱學

關鍵重點

熱量、熱平衡、溫標換算、熱容量、比熱、物質三態、相變、潛熱、三相圖、熱功當量、熱膨脹、膨脹係數

重點1 熱容量與比熱

Check! □□□

1 溫度、熱量與熱平衡

(1)**溫度：**物理學中客觀表示物體冷熱程度的物理量。

重要 (2)**熱量（ΔH）：**

A. 意義：物質的溫度改變時，會有能量的轉移，轉移的能量叫作熱量。

B. 單位：卡（cal），其定義為使1公克的水，在一大氣壓下由14.5°C升到15.5°C所需的熱量為1卡。

C. 熱量是指熱傳遞過程中，物體吸收或釋放的能量，故熱量與物體自身的溫度無關。因此不能認為溫度高的物體所含的熱量較多，熱量只有在熱傳遞的過程中才具有意義。

(3)**熱平衡：**當溫度不同的兩物體接觸時，熱量由溫度高的物體流向溫度低的物體。高溫物質因熱量流出，使溫度逐漸下降；低溫物質因熱量流入，使溫度逐漸上升，最終兩者達成熱平衡，兩物體溫度相同。

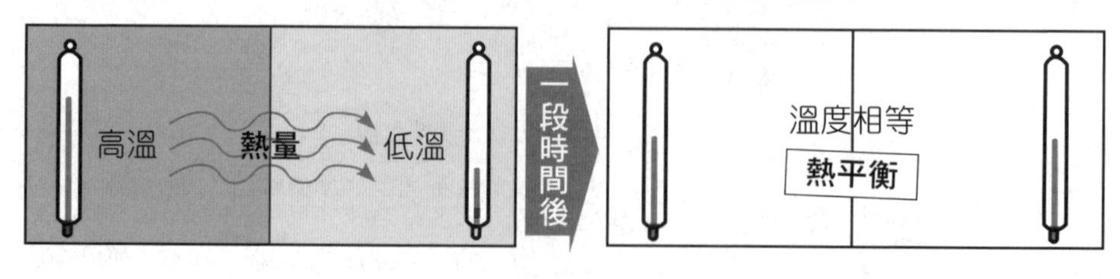

6-1　範例　難易度★☆☆

有甲、乙、丙三個物體，當甲和乙接觸時，熱由甲流向乙；而當乙和丙接觸時，熱由乙流向丙。則下列敘述何者正確？　(A)甲所含熱量一定比乙多　(B)甲所含熱量一定比乙少　(C)乙的溫度一定比丙高　(D)甲的溫度一定比丙低　(E)若將甲和丙接觸，則熱必由丙流向甲。（多選題）

答：**(C)**。

(A)×(B)×，轉移的熱能稱為熱量，故熱量只有在熱傳遞的過程中才具有意義。

(C)○(D)×，當溫度不同的兩物體接觸時，熱量由溫度高的物體流向溫度低的物體 $\Rightarrow t_{甲} > t_{乙} > t_{丙}$

(E)×，$\because t_{甲} > t_{丙}$　$\therefore$熱必由甲流向丙。

2 溫度計與溫標

(1)**熱力學第零定律：**三物體A、B、C，當A和B兩物體分別與C物體形成熱平衡時，則A與B也會處於熱平衡狀態。

(2)溫度計測量溫度的基本原理是運用熱力學第零定律，當溫度計與待測物達熱平衡時，溫度計與待測物負有相同的溫度。

(3)**溫標換算**

	攝氏℃	華氏℉	絕對溫標K	自訂Z
純水的沸點	100℃	212℉	373K	Y
純水的冰點	0℃	32℉	273K	X
換算	$\frac{C-0}{100-0}=\frac{F-32}{212-32}=\frac{K-273}{373-273}=\frac{Z-X}{Y-X}$			

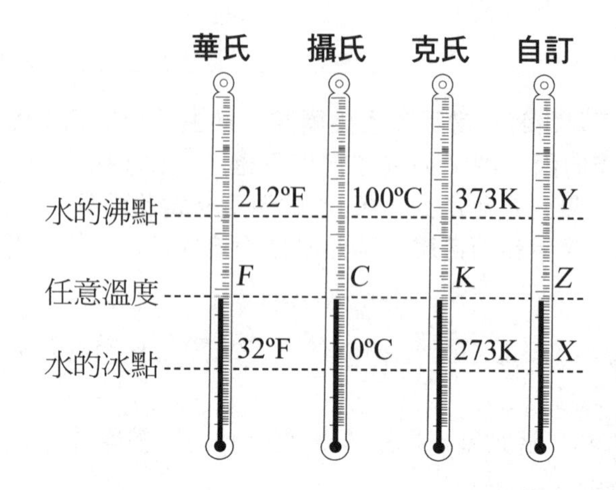

6-2 範例 難易度★☆☆

攝氏30度，求其所對應的華氏溫度為何？

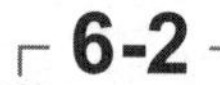

答：**86°F**。

$$\frac{C-0}{100-0}=\frac{F-32}{212-32}，\frac{30}{100}=\frac{F-32}{180}\Rightarrow F=6\times 9+32=86°F$$

重要 3 熱容量C

(1)**熱容量C：**物質每升高或降低1℃時，所吸收或放出的熱量（ΔH）。

(2)**數學式：** $C=\frac{\Delta H}{\Delta t}$ （ΔH：熱量的變化，Δt：溫度變化量）

(3)**單位：**cal/℃

(4)**水當量：**物體對熱反應的程度與M克的水相當，其值與熱容量相等。

重要 4 比熱s

(1)**比熱s：**每公克的物質升高或降低1℃吸收或放出的熱量（ΔH），即單位質量的熱容量。

(2)**數學式：** $s=\frac{\Delta H}{m\Delta t}=\frac{C}{m}$ （m：物質質量，Δt：溫度變化量）

(3)**單位：**cal/g．℃

(4)在一般溫度範圍內，比熱為物質特性之一。同種物質在不同物態有不同比熱，如：$s_{水}=1cal/g\cdot{}^{\circ}C$、$s_{冰}=0.5cal/g\cdot{}^{\circ}C$。

(5)在相同熱源供應下，質量相等的兩物質中，比熱大者的溫度較難上升或下降。

必背 (6)**比熱與熱容量的關係：** $C=ms$

(7)**多種物質混合**

A. 混合物之熱容量：$C=C_1+C_2+\cdots=\sum C$

B. 混合物之平均比熱：$s=\dfrac{m_1s_1+m_2s_2+\cdots}{m_1+m_2+\cdots}$

範例 6-3　難易度★☆☆

已知銅的比熱為0.093卡/公克．°C，則1000公克的銅之熱容量為何？

答：**93cal/°C**。

$$C=ms=1000\times0.093=93\,cal/{}^{\circ}C$$

範例 6-4　難易度★★☆

下列有關熱容量與比熱的敘述，何者正確？　(A)同一物質的熱容量與物質的質量無關　(B)同一物質的熱容量與物質的質量成正比　(C)不同質量的同一物質比熱相等　(D)相同質量的兩物質比熱不相同　(E)比熱越大者，熱容量也越大。（多選題）

答：**(B)(C)(D)**。

(A)×(B)〇，同一物質的熱容量與物質的質量有關，且與質量成正比$C=ms\propto m$。

(C)〇，在一般溫度範圍內，比熱為物質特性之一，與質量大小無關。

(D)〇，相同質量的兩物質，比熱不同、熱容量亦不同。

(E)×，熱容量$C=ms$，與物質的質量和比熱皆有關。

重要 5 多種物質混合後達熱平衡

(1)在一絕熱系統，有溫度不同的物體混合後達熱平衡，則低溫物體所吸收的熱量等於高溫物體所放出的熱量，即 $\Delta H_{吸熱} = \Delta H_{放熱}$ 。

必背 (2)**公式：** $\Delta H = ms\Delta t$

說明：比熱的定義： $s = \dfrac{\Delta H}{m\Delta t} \Rightarrow \Delta H = ms\Delta t$

物理量	符號	單位
熱量	ΔH	卡（cal）
物質質量	m	公克（g）
比熱	s	cal/g・℃
溫度變化	Δt	℃

6-5 難易度★☆☆

範例 **將15°C、6公升的冷水與80°C、9公升的熱水，在一絕熱容器內混合。在達到熱平衡後，若忽略容器吸收的熱，則水的溫度為下列何者？**

答：**54°C**。

設達熱平衡後水溫為t°C，利用公式 $\Delta H = ms\Delta t$

冷水吸熱＝熱水放熱

$(6\times1000)\times1\times(t-15) = (9\times1000)\times1\times(80-t) \Rightarrow t = 54°C$

重點2 物質的三態變化與潛熱

Check! □□□

1 物態三態

物態	固體（s）	液體（ℓ）	氣體（g）
分子間的距離	最小	次之	最大
分子間的位能	最小	次之	最大

物態	固體（s）	液體（ℓ）	氣體（g）
分子間作用力	最大	次之	最小
分子排列的結構	有特定規則	無規則	無規則
分子運動情況	在各自的平衡點附近作微小的振動	分子振動的速度加快	分子振動的速度更快
外部特徵	有一定體積、有一定形狀	有一定體積、無一定形狀	無一定體積、無一定形狀
圖示			
特例：固態水分子間的距離＞液態水分子間的距離			

2 物態的變化（相變）

(1)影響物態變化的主要因素為**溫度**與**壓力**。

(2)**相變：**當物體的溫度或壓力改變時，其物態會發生改變。

A. 熔化和凝固：
- 由固態變成液態 → 熔化(吸熱)
- 由液態變成固態 → 凝固(放熱)

B. 汽化和凝結：
- 由液態變成氣態 → 汽化(吸熱)
- 由氣態變成液態 → 凝結(放熱)

a. 汽化方式：
- 蒸發：在任何溫度下都能發生，且只在液體表面的緩慢汽化現象。
- 沸騰：在特定溫度下發生，且在液體表面和內部同時進行的劇烈汽化現象。

b. 凝結又稱液化。

C. 昇華和凝華：
- 由固態變成氣態 → 昇華(吸熱)
- 由氣態變成固態 → 凝華(放熱)

(3)**發生相變時的溫度**

A. 熔點（凝固點）：定壓下，固體熔化成液體時的溫度，稱為**熔點**，反之為**凝固點**。

B. 沸點（凝結點）：定壓下，液體汽化成氣體時的溫度，稱為**沸點**，反之為**凝結點**。

重要 3 潛熱

(1)**潛熱：**物態變化時所吸收或放出的熱量。

(2)物態變化時，所吸收或放出的熱量，只改變分子間的位能，而不改變分子運動的動能，因此其溫度保持不變。

(3)**熔化熱（凝固熱）：**定壓下，每1公克固態物質，熔化成同溫度的液體，所需吸收的熱量稱為**熔化熱**，反之為凝固熱。如：在一大氣壓下，冰的熔化熱或水的凝固熱為80卡/公克。

(4)**汽化熱（凝結熱）：**定壓下，每1公克液態物質，汽化成同溫度的氣體，所需吸收的熱量稱為**汽化熱**，反之為**凝結熱**。如：在一大氣壓下，水的汽化熱或水蒸氣的凝結熱約為540卡/公克。

(5)**說明：**水（H_2O）

①冰：熱能轉換成水分子的動能，使冰的溫度上升至熔點。

②冰和水共存：熱能轉換成水分子間的位能，加熱期間固液共存至固體完全熔化。

③水：熱能轉換成水分子的動能，使水的溫度上升至沸點。

④水和水蒸氣共存：熱能轉換成水分子間的位能，加熱期間液氣共存至液體完全汽化。

⑤水蒸氣：熱能轉換成水分子的動能，使水蒸氣的溫度上升。

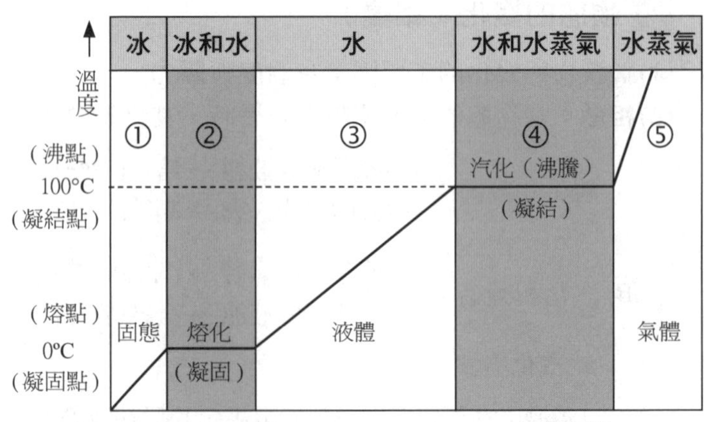

範例 6-6　難易度★★☆

溫度為$-10^\circ C$、質量為10公克的冰，若每秒固定吸收1.0卡的熱量，在到達如右圖所示的D狀態時，完全轉換成溫度為$20^\circ C$的水。此圖呈現冰（或水）的溫度t（$^\circ C$）隨時間T(s)變化關係的示意圖（未完全依比例作圖）。已知冰的熔化熱為80卡/公克，水與冰的比熱分別為1.00卡/公克·$^\circ C$及0.50卡/公克·$^\circ C$。下列敘述中，哪些正確？（多選題）

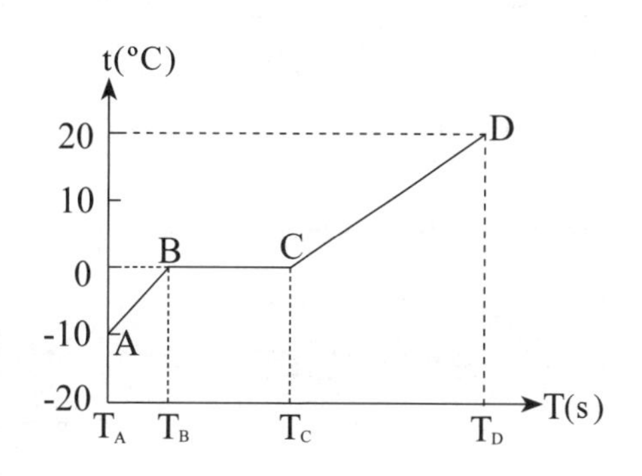

(A)$T_B-T_A=50$秒　(B)$T_C-T_B=600$秒　(C)$T_D-T_C=300$秒　(D)$T_B\rightarrow T_C$時段內，冰與水共存　(E)CD線段的斜率為AB線段斜率的0.5倍。

答：(A)(D)(E)。

(A)○，A→B：冰

$\Delta H_{AB}=ms_{冰}\Delta t=10\times0.5\times[0-(-10)]=50cal$，故$T_B-T_A=50$秒。

(B)×(D)○，B→C：冰正在熔化（固液共存）

$\Delta H_{CD}=10\times80=800cal$，故$T_C-T_B=800$秒。

(C)×，C→D：水

$\Delta H_{CD}=ms_{水}\Delta t=10\times1\times(20-0)=200cal$，故$T_D-T_C=200$秒。

(E)○，$m_{CD}=\frac{20}{200}=0.1$，$m_{AB}=\frac{10}{50}=0.2\Rightarrow\frac{m_{CD}}{m_{AB}}=\frac{0.1}{0.2}=0.5$

範例 6-7　難易度★★☆

小華將100公克的$100^\circ C$沸水與150公克的$0^\circ C$冰塊放在絕熱容器中。當達成熱平衡時，剩下多少公克的冰未熔化？　(A)150　(B)100　(C)25　(D)10　(E)0。

答：(C)。熱平衡時，絕熱容器達$0^\circ C$，且冰與水共存。

設有x公克的冰熔化成$0^\circ C$的水，冰的熔化熱80cal/g

x公克的冰塊吸熱＝水放熱

$80x=100\times1\times(100-0)=10000$，$x=125g$

$\Rightarrow150-125=25g$

4 三相圖

(1)**三相圖（P-T圖）：**在發生物態變化時，其壓力P與溫度T的關係，可以三相圖來表示，三條曲線分別為熔化曲線、汽化曲線及昇華曲線。

(2)**三相點：**在三相圖上三條曲線的交點處，物質三態在此特定溫度、壓力下可共存。

(3)臨界點（CP）所對應之溫度為臨界溫度，壓力為臨界壓力。

一般物質的三相圖	少數物質的三相圖 （水、生鐵、銻、鉍等）
P 熔化曲線 固體 液體 CP P_2 汽化曲線 P_1 三相點 昇華曲線 氣體 T 熔點↑ 沸點↑	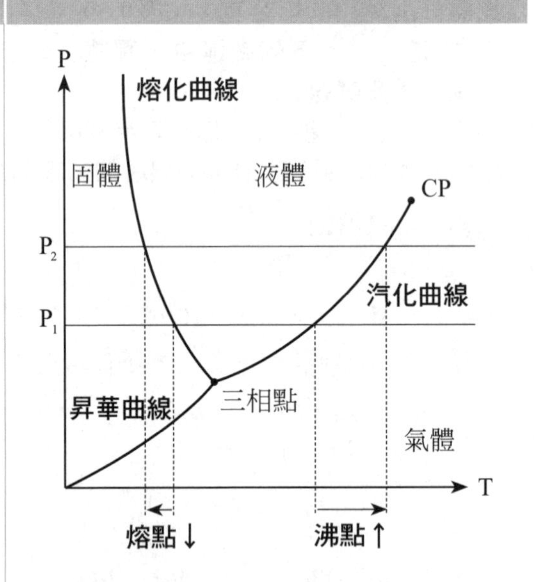
外加壓力增大時，其熔點與沸點均升高。	外加壓力增大時，其熔點降低但沸點升高。

範例 6-8　　難易度★★☆

右圖為純水在不同壓力與溫度時的狀態示意圖（未按實際比例）。若將純水的溫度維持0°C，壓力自10大氣壓下降，直至10^{-3}大氣壓。則在此過程中，純水的狀態改變情形，下列何者正確？

(A)固態→液態　(B)固態→氣態
(C)液態→氣態　(D)固態→液態→氣態
(E)液態→固態→氣態。

答：**(E)**。

如圖所示，當溫度維持0°C，壓力自10大氣壓下降，直至10^{-3}大氣壓，純水狀態會由液態→固態→氣態。

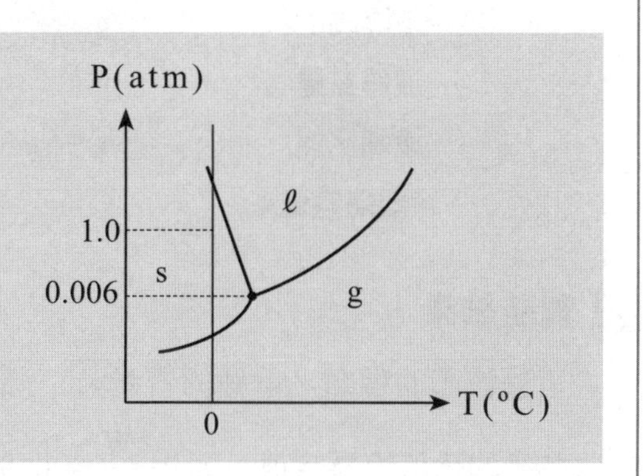

重點3 焦耳實驗與熱功當量

Check!

1 實驗目的

利用力學能轉換成熱能來驗證**熱是一種能量**。

2 實驗方法

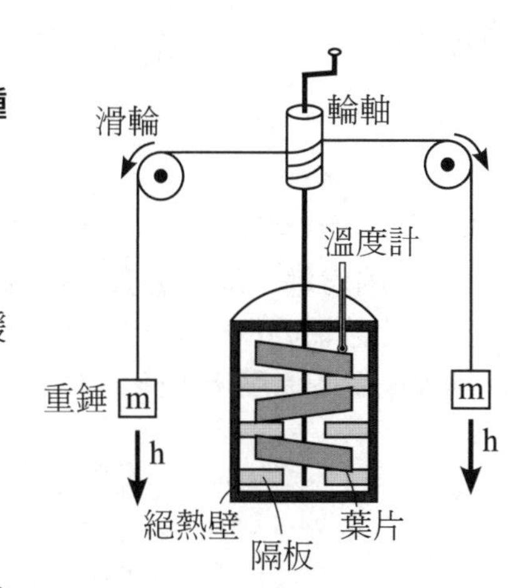

(1)將質量m公斤之兩重錘由高h公尺處緩緩下降，當重錘下降時，會帶動輪軸轉動，其下方連有可隨之轉動的葉片。

(2)當葉片轉動時，容器內的液體隨之流動，但流動的液體受到容器內固定隔板所阻，因液體受阻力甚大，重錘下降緩慢，所以液體的動能變化可忽略。

(3)重錘下降所損失的位能，由容器內的阻力作功轉移至液體及容器，使液體及容器溫度升高ΔT°C。

(4)若重錘升降N次後：

重錘減少的總重力位能U=重力作功W=N×2mgh（焦耳）

液體與容器所吸收的熱量$\Delta H=(m's+C)\Delta T$（卡）

⇒$N\times 2mgh=(m's+C)\Delta T\times$常數J（常數J使等號兩邊單位相同）

物理量	代號	單位
重錘質量	m	公斤（kg）
下降高度	h	公尺（m）
液體質量	m'	公克（g）
液體比熱	s	卡/克•°C（cal/g•°C）
容器熱容量	C	卡/克（cal/g）

3 實驗結果

不論液體的種類、重錘的質量及下降的高度如何改變，重力作功與系統吸收熱量的比值恆為定值，即$J=\dfrac{W}{\Delta H}=4.186\,J/cal$。

4 熱功當量J

必背 熱功當量 $J=\dfrac{(\text{功})W}{(\text{熱})\Delta H}=4.186\,J/cal$，即欲產生一單位的熱量所輸入的功，換言之 $1cal=4.186J$。

範例 6-9 難易度★★☆

1公斤的鐵錘，以25公尺/秒的速度敲擊放在地上重100公克的銅塊。已知銅的比熱為0.093卡/公克．°C，假設有一半的力學能轉變為銅塊的熱能，則此銅塊的溫度增加多少°C？

答：**4°C**。鐵鎚有一半的力學能轉變為銅塊的熱能⇒$\dfrac{1}{2}\times K=\Delta H$

$$\frac{1}{2}\times(\frac{1}{2}\times 1\times 25^2)=(100\times 0.093\times \Delta t)\times 4.186 \Rightarrow \Delta t\approx 4°C$$

✰ 注意左右等號兩邊單位要一致

重點4 熱膨脹

Check! □□□

物體受熱後內部分子的熱運動會隨著溫度的增加而逐漸劇烈，使分子與分子間的平均距離增加，而造成物體的長度、面積與體積增加。

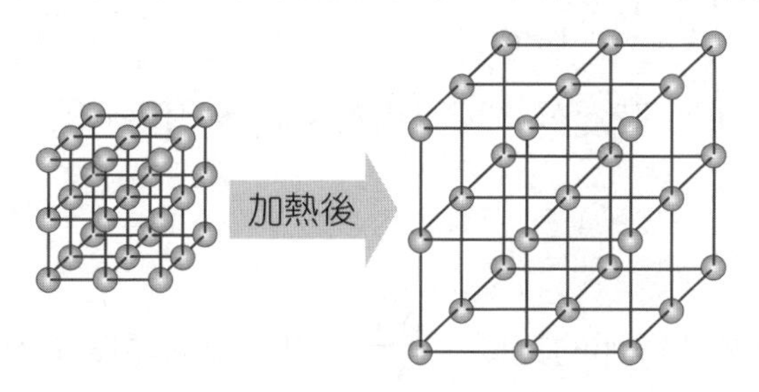

1 線膨脹

(1)**線膨脹：**物體長度增加的比例（$\frac{\Delta L}{L_0}$）與上升的溫度（Δt）成正比。

必背 (2)**線膨脹公式：** $L = L_0(1+\alpha \cdot t)$

（L_0：物體0℃時的長度、L：物體上升至t℃時的長度、α：線膨脹係數）

■ 說明：

線膨脹係數α：溫度上升1℃時，物體長度的增加量與其0℃時長度的比值。

$$\alpha = \frac{\Delta L}{L_0 \cdot t} = \frac{L - L_0}{L_0 \cdot t} \Rightarrow L = L_0(1+\alpha \cdot t)$$

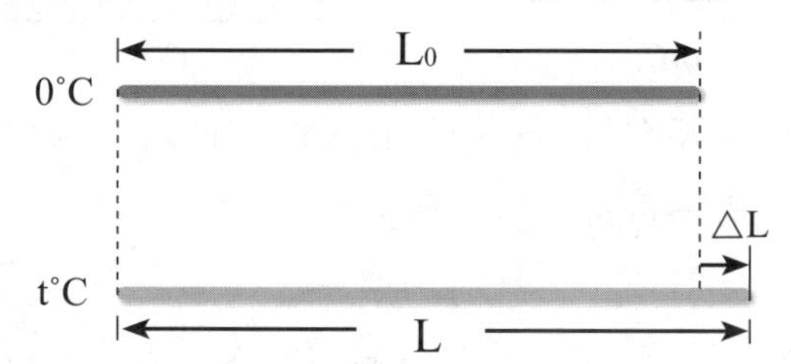

(3)**線膨脹係數α的討論**

A. 線膨脹係數α的物理意義為溫度每上升1℃時，長度增加0℃時長度的α倍，單位為1/℃。

B. 線膨脹係數α與材質的種類有關。

C. 兩金屬中線膨脹係數α值較大者，其長度容易伸長或縮短。

(4)**設 t_1°C 時之長度為 L_1，t_2°C 時之長度為 L_2**

$L_1 = L_0(1+\alpha t_1)$；$L_2 = L_0(1+\alpha t_2)$

$$\frac{L_2}{L_1} = \frac{1+\alpha t_2}{1+\alpha t_1} \Rightarrow L_2 = L_1 \times \frac{1+\alpha t_2}{1+\alpha t_1}$$

當線膨脹係數α很小時，公式可改寫為：$L_2 \approx L_1[1+\alpha(t_2 - t_1)]$。

2 面膨脹

(1)**面膨脹：**物體面積增加的比例（$\frac{\Delta A}{A_0}$）與上升的溫度（Δt）成正比。

必背 (2)**面膨脹公式：**$A = A_0(1+\beta \cdot t)$

（A_0：物體0℃時的面積、A：物體上升至t℃時的面積、β：面膨脹係數）

(3)**面膨脹係數β=線膨脹係數α的兩倍，即β=2α。**

■ 說明：有一長方形的物體，於0℃時長a_0，寬b_0；於t℃時長a，寬b。

$a = a_0(1+\alpha \cdot t)$；$b = b_0(1+\alpha \cdot t)$

$A = ab = a_0 b_0 (1+\alpha \cdot t)^2$

$\approx A_0(1+2\alpha \cdot t) = A_0(1+\beta \cdot t) \Rightarrow \beta = 2\alpha$

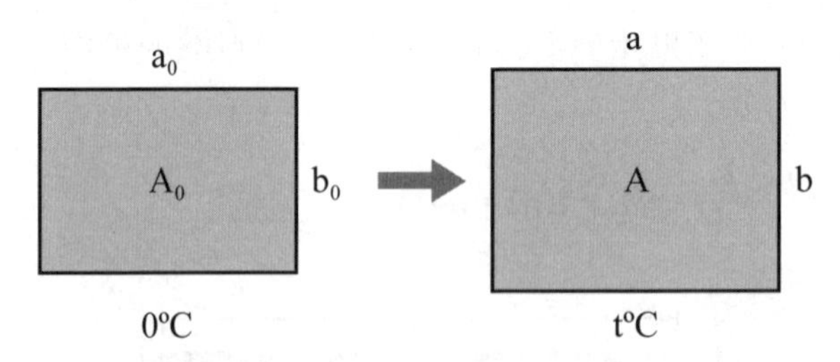

重要 (4)均勻中空的金屬圓板均勻加熱後，$R' > R$、$r' > r$、$R' - r' > R - r$、中空部分的面積及金屬部分的面積都會增加。

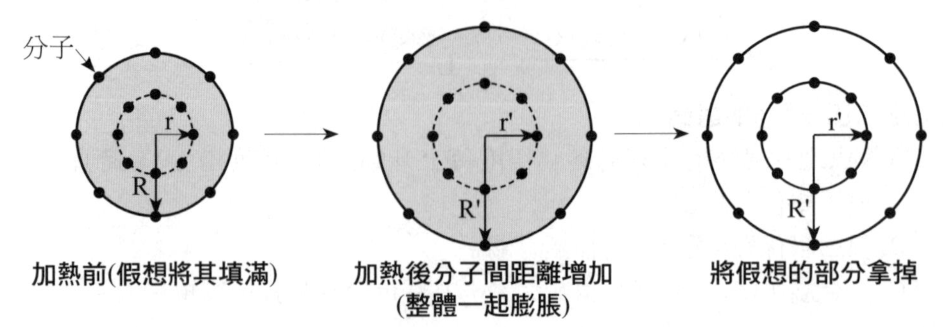

加熱前(假想將其填滿)　　加熱後分子間距離增加(整體一起膨脹)　　將假想的部分拿掉

3 體膨脹

(1)**體膨脹：**物體體積增加的比例（ $\frac{\Delta V}{V_0}$ ）與上升的溫度（ Δt ）成正比。

必背 (2)**體膨脹公式：** $V = V_0(1+\gamma \cdot t)$

（V_0：物體0℃時的體積、V：物體上升至t℃時的體積、γ：體膨脹係數）

(3)**體膨脹係數γ=線膨脹係數α的三倍，即**$\gamma = 3\alpha$ 。

■ 說明：有一長方體，於0℃時，長a_0、寬b_0、高c_0；於t℃時，長a、寬b、高c。

$a = a_0(1+\alpha \cdot t)$ ； $b = b_0(1+\alpha \cdot t)$ ； $c = c_0(1+\alpha \cdot t)$

$V = abc = a_0b_0c_0(1+\alpha \cdot t)^3 \approx V_0(1+3\alpha \cdot t) = V_0(1+\gamma \cdot t) \Rightarrow \gamma = 3\alpha$

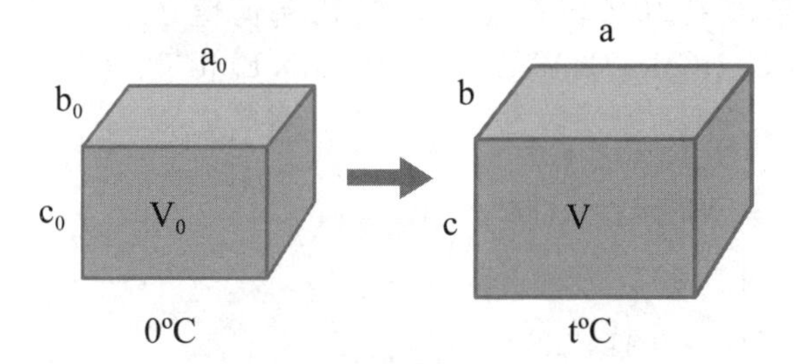

(4)**一般常見物質的體膨脹係數大小關係：**氣體＞液體＞固體。

4 熱膨脹的應用

(1)水銀溫度計的設計，就是利用水銀熱脹冷縮的性質。

(2)鐵軌或橋梁銜接處均預留空隙，其目的是避免在熱膨脹時產生擠壓變形。

(3)將兩個膨脹係數不同的金屬片黏合在一起，在溫度上升時會因為熱膨脹產生彎曲的效果，冷卻後又會恢復原狀。利用此性質可製成定溫開關、聖誕燈、指針式溫度計等。

(4)特例：水從4℃以下至0℃的溫度範圍，水的體積是熱縮冷脹，其密度在4℃最大。因此湖水結冰是從湖面開始，在湖底層的水溫可維持在4℃。

6-10

難易度★☆☆

範例 河水由表面開始結冰，其原因為： (A)與水的密度無關 (B)溫度高的水，密度小，浮於水面而先結冰 (C)溫度低的水，密度小，浮於水面而先結冰 (D)地底放出的地熱，使底層的水不會結冰。

答：**(C)**。(A)(B)×，與水的密度有關，密度大的下沉，密度小的上浮。水在4℃密度最大，低於4℃的水密度較小，故從河水表面開始結冰。(D) ×，與地熱無關。

6-11

難易度★★☆

範例 已知1公克的酒精在20°C及21°C所占的體積分別為1.26670公分^{3}及1.26807公分^3。試問酒精在20°C的體膨脹係數約為何值？ (A)1.25×10^{-6} 1/°C (B)1.42×10^{-5} 1/°C (C)1.37×10^{-4} 1/°C (D)1.08×10^{-3} 1/°C (E)1.28×10^{-2} 1/°C。

答：**(D)**。體膨脹公式：$V=V_0(1+\gamma\cdot t)$

20°C時：$1.26670=V_0(1+\gamma\cdot 20)\cdots(1)$

21°C時：$1.26807=V_0(1+\gamma\cdot 21)\cdots(2)$

$\frac{(1)}{(2)}\Rightarrow\frac{1.26670}{1.26807}=\frac{(1+20\gamma)}{(1+21\gamma)}$，$\gamma\approx1.08\times10^{-3}\ {}^{1}/_{°C}$

6-12

難易度★★☆

範例 一單擺的擺線由線膨脹係數為1.80×10^{-5} 1/°C的材料製成。在25°C時，此單擺的週期為T；在0°C時，其週期為T_0，則$T-T_0$約為 (A)$2.25\times10^{-4}\ T_0$ (B)$-2.25\times10^{-4}\ T_0$ (C)$4.50\times10^{-4}\ T_0$ (D)$-4.50\times10^{-4}\ T_0$ (E)$6.75\times10^{-4}\ T_0$。

答：**(A)**。單擺週期$T=2\pi\sqrt{\frac{\ell}{g}}$（ℓ：擺線長度）

$$\frac{T}{T_0}=\sqrt{\frac{L_0(1+25\alpha)}{L_0}}=\sqrt{(1+25\alpha)}\approx1+\frac{25}{2}\alpha$$（L_0：擺線0°C時的長度）

✩常用近似計算：$x<<1$時，$(1\pm x)^n\approx1\pm nx$（n可為正負整數或正負分數）

$\Rightarrow T-T_0=2.25\times10^{-4}T_0$

主題 2　氣體動力論

關鍵重點

大氣壓力、波以耳定律、查理-給呂薩克定律、理想氣體方程式 PV = nRT = NkT、方均根速率、分子平均動能

重點 1　理想氣體方程式

Check! □□□

1　壓力與大氣壓力

(1)**壓力（壓強）：**單位面積上所受的正向力。

A. 數學式：$P=\frac{F_{\perp}}{A}$（P：壓力，$F_{\perp}$：垂直於受力面積之作用力，A：受力面積）

B. 單位：

SI制	MKS制	CGS制
牛頓/公尺^2（N/m^2）=帕（Pa）	公斤重/公尺^2（kgw/m^2）	公克重/公分^2（gw/cm^2）

☆1巴（bar）=10^3毫巴（mb）=$10^5N/m^2$=10^5Pa，氣象學上使用。

C. 方向：恆與接觸面A垂直，非向量，亦非純量。

(2)**大氣壓力：**主要**是由空氣的重量而產生。**由於空氣的密度不均勻，故大氣壓力隨地表高度非線性遞減。

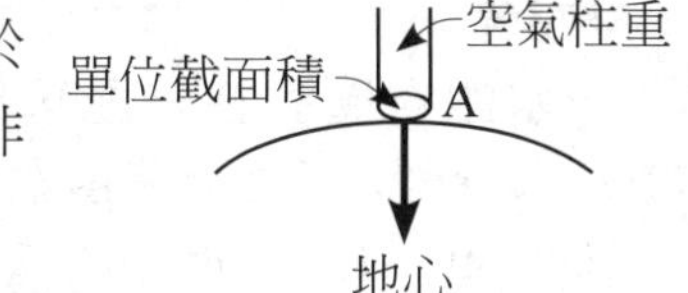

(3)**托里切利實驗：**以水銀柱的壓力來測量大氣壓力。

A. 實驗結果：如圖所示，管內水銀面下降至離槽內水銀面鉛直高度約為76cm，且與管的**粗細、形狀、傾斜成度無關**。

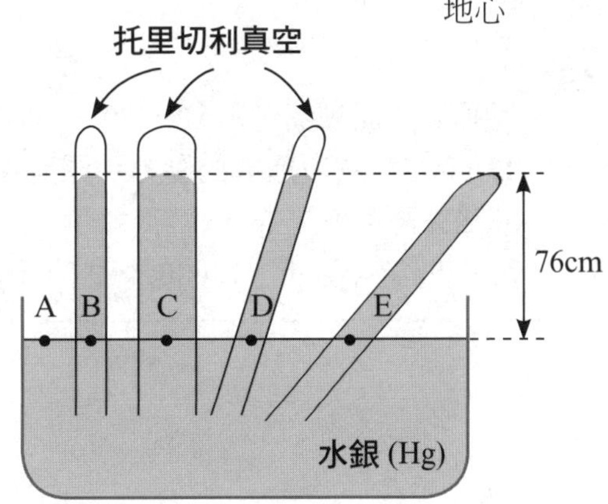

$P_A=P_B=P_C=P_D=P_E$

B. 水銀柱的高度不受重力場強度的影響。

說明：大氣壓力＝水銀柱高度造成的壓力，$\frac{mg}{A}=\rho gh \Rightarrow h=\frac{m}{A\rho}$。

（m：空氣質量，ρ：水銀密度，h：水銀柱高）

C. 一大氣壓（1atm）：在緯度45度的海平面處，溫度為0°C時的大氣壓力，定為一個標準大氣壓，此壓力和高76公分水銀柱所產生的壓力相等。

必背 D. 大氣壓力常用的單位

$$
\begin{aligned}
1\text{atm} &= 76\text{cm}-\text{Hg}=760\text{mm}-\text{Hg}=760\text{torr}\\
&=1033.6\text{cm}-\text{H}_2\text{O}=10.336\text{m}-\text{H}_2\text{O}\\
&=1033.6\,\text{gw}/\text{cm}^2=1.0336\times10^4\,\text{kgw}/\text{m}^2\\
&=1.013\times10^5\,\text{N}/\text{m}^2=1.013\times10^5\,\text{Pa}
\end{aligned}
$$

範例 6-13　　難易度★☆☆

已知一大氣壓約等於1.01×10^5牛頓／公尺^2。在水面下10公尺深的地方所承受的水壓力約為多少大氣壓？ (A)1　(B)3　(C)5　(D)10。

答：**(A)**。

1atm=76cm－Hg=1033.6cm－H_2O≈10水柱高所造成的壓力。

範例 6-14　　難易度★★☆

一水銀氣壓計在一屋頂讀得747mm而在地面760mm。設水銀密度為13600kg/m^{3}及空氣密度為1.29kg/m^3，房屋高度為何？ (A)174m　(B)13m　(C)76m　(D)137m。

答：**(D)**。

屋頂與地面的氣壓差ΔP=760－747=13mm-Hg。

13mm水銀柱所造成的壓力＝同房屋高度之空氣柱所造成的壓力

設房屋高度h

$\rho_{水銀}gh_{水銀}=\rho_{空氣}gh$，$13600g\times0.013=1.29g\times h\Rightarrow h\approx137m$

重要 (4)壓力計—封閉容器內氣體壓力的測定

開管壓力計：$P_A = P_0 \pm P_h$	閉管壓力計：$P_A = P \pm P_h$

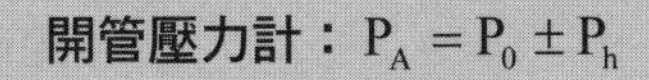

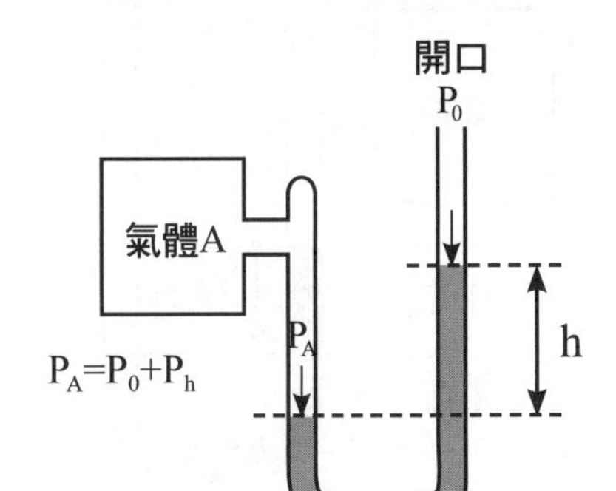

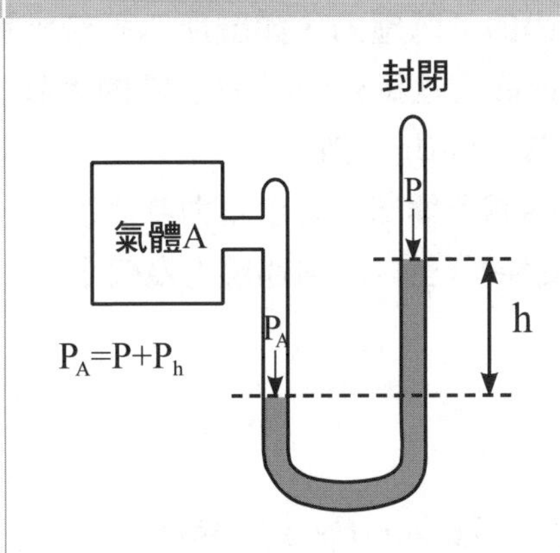

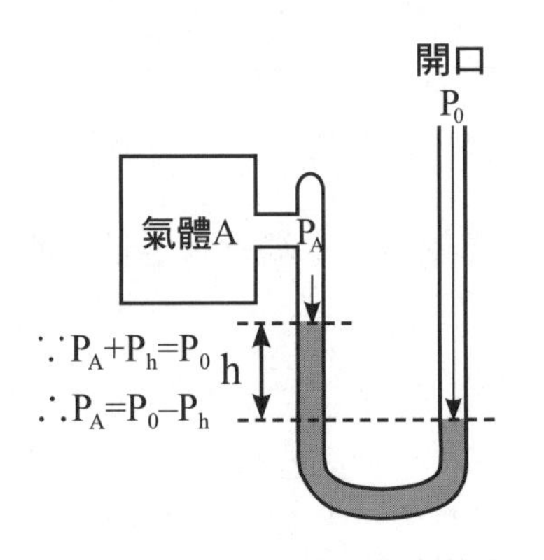

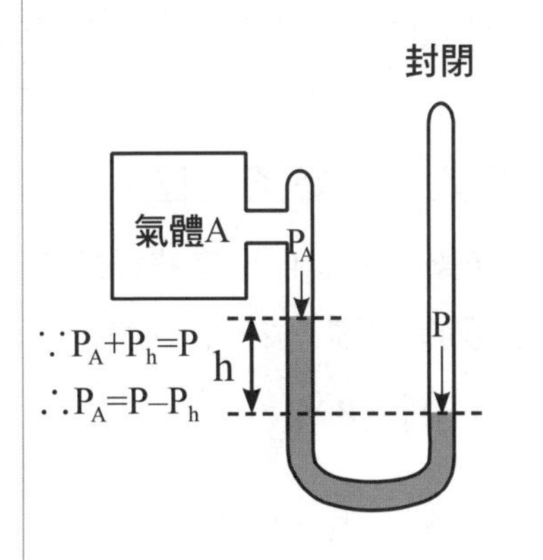

註：計示壓力P_h：左右兩管的壓力差值，即$P_h=\rho gh$。
（ρ：液體密度，h：兩管的液面高度差）

範例 6-15 難易度★★☆

用一開管水銀氣壓計，測量一密閉容器內的氣體壓力，如圖所示兩管水銀面的高度差為39cm，且當時的大氣壓力為75cmHg，則

(1)實驗所讀出的計示壓力為何？

(2)密閉容器內的氣體壓力為何？

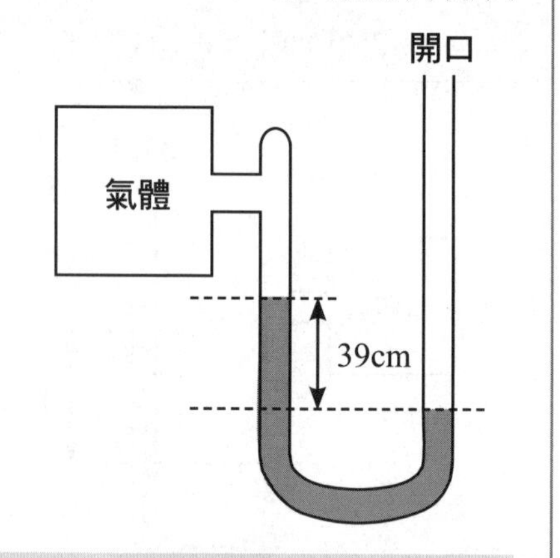

答：**(1)39cmHg (2)36cmHg**。

(1)計示壓力 P_h ＝左右兩管水銀高度差＝39cmHg

(2) $P_A = P_0 - P_h = 75 - 39 = 36\text{cmHg}$

2 波以耳定律（等溫過程）

(1)**波以耳定律：**英國化學家波以耳實驗發現，理想氣體在定溫下，定量氣體的壓力P與其體積V成反比，即 PV＝定值 。

(2)**數學式：** $P_1V_1 = P_2V_2$

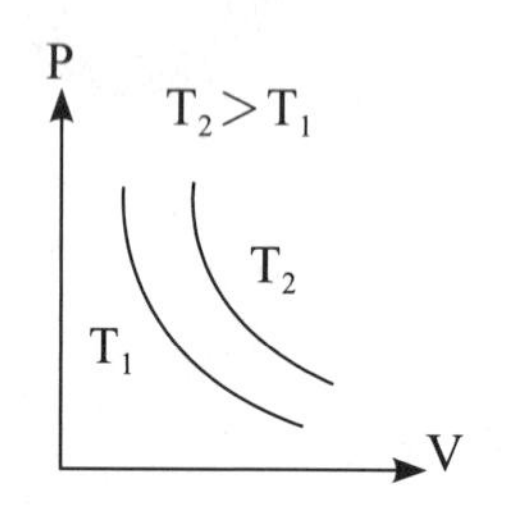

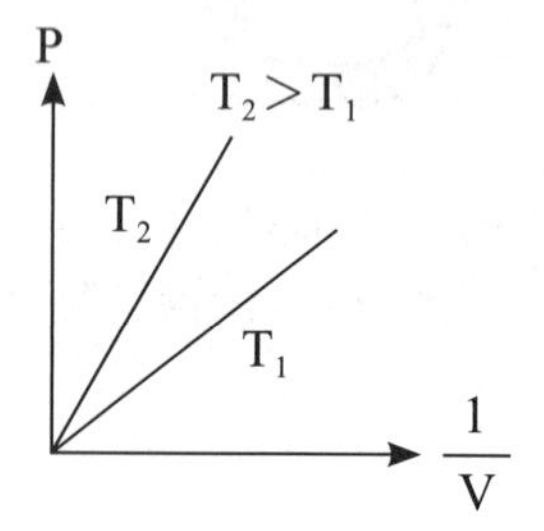

3 查理-給呂薩克定律（定容過程）

(1)**給呂薩克定律：**法國科學家給呂薩克發現，理想氣體在定容下，定量氣體的壓力P與其絕對溫度T成正比，即$\frac{P}{T}=$定值。

(2)**數學式：**$\frac{P_1}{T_1}=\frac{P_2}{T_2}$

(3)**壓力與攝氏溫度成線性關係：**溫度每增減1˚C，其壓力即增減在0˚C時壓力的$\frac{1}{273.15}$。

⇒若0˚C時的壓力為P_0，則t˚C時的壓力P：$P=P_0(1+\frac{t}{273.15})$

$\Rightarrow \frac{P}{P_0}=\frac{273.15+t}{273.15}=\frac{T}{273.15}$，$T(K)=t(°C)+273.15$，$P=\frac{P_0}{273.15}T$

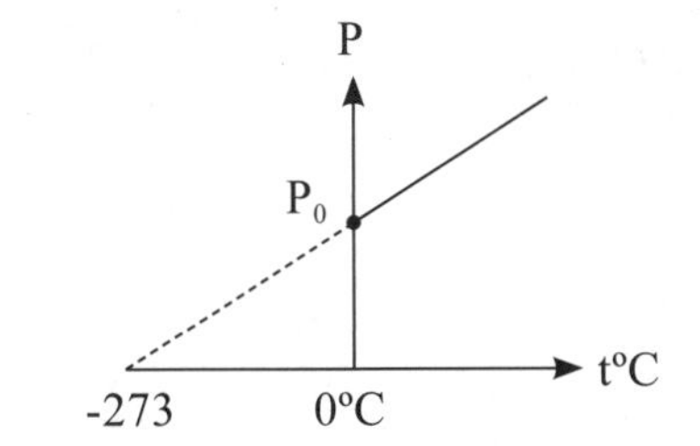

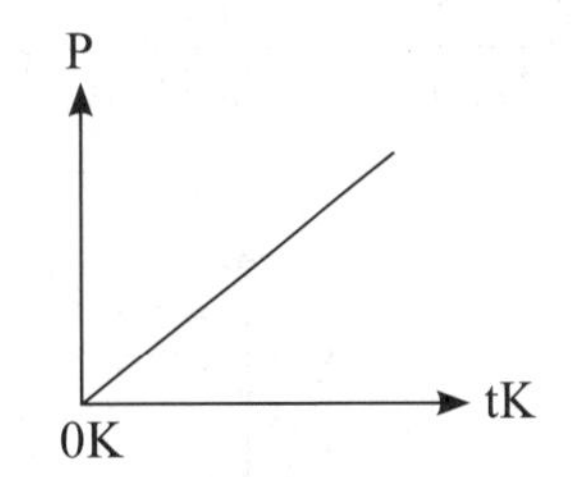

(4)**定容氣體溫度計：**利用給呂薩克定律（$P\propto T$）所設計的溫度計。測溫時，調整左管高度，使右管水銀面在S處，以保持氣體體積不變。此時從兩管水銀面的高度差和大氣壓力可知待測氣體的氣壓，進而求出待測氣體的溫度。

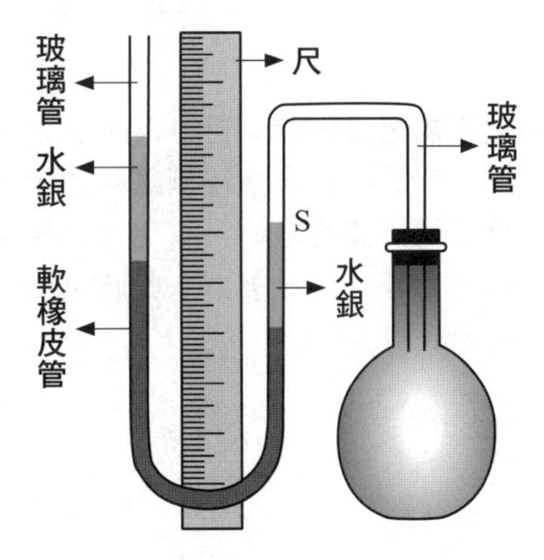

4 查理-給呂薩克定律（定壓過程）

(1)**查理定律：**法國物理學家查理發現，若將定量氣體的壓力P固定，則其體積V也與絕對溫度T成正比，$\frac{V}{T}=$定值。

(2)**數學式：**$\frac{V_1}{T_1}=\frac{V_2}{T_2}$

(3)**體積與攝氏溫度成線性關係：**溫度每增減1˚C，其體積即增減在0˚C時體積的$\frac{1}{273.15}$。

⇒若0˚C時的體積為V_0，則t˚C時的體積V：$V=V_0(1+\frac{t}{273.15})=V_0(1+\gamma\cdot t)$

（氣體體膨脹係數γ：$\frac{1}{273.15}$與氣體的種類無關）

$\Rightarrow\frac{V}{V_0}=\frac{273.15+t}{273.15}=\frac{T}{273.15}$，$T(K)=t(°C)+273.15$，$V=\frac{V_0}{273.15}T$

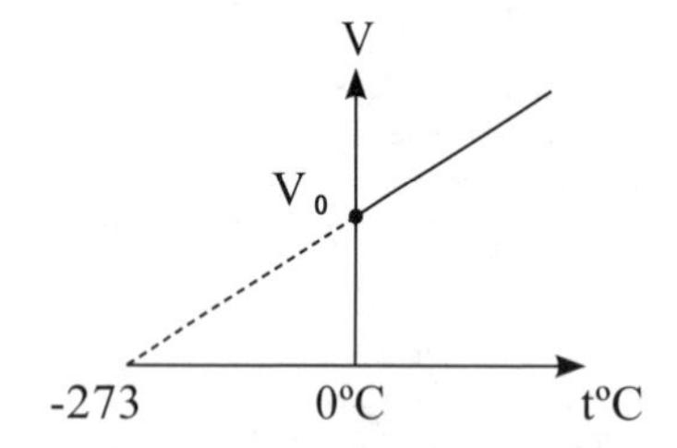

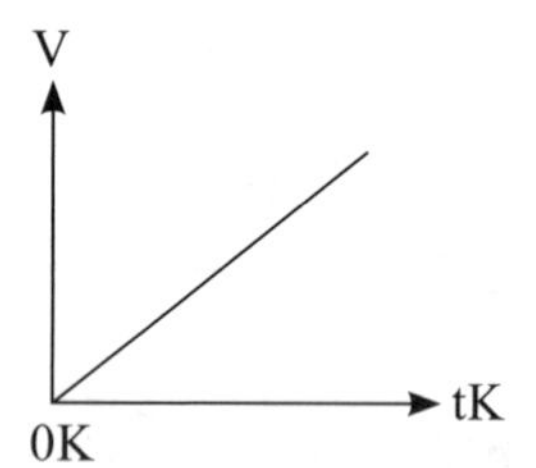

(4)**定壓氣體溫度計：**利用查理定律（V∝T）所設計的溫度計。當定量待測氣體的溫度發生變化時，會改變氣體的體積，有色液柱達平衡後，待測氣體壓力等於大氣壓力，此時可測定氣體體積進而求出氣體溫度。

5 理想氣體方程式

(1)**理想氣體：**是理想化的氣體模型，在高溫、低密度下的真實氣體愈接近理想氣體。

(2)**理想氣體方程式：**PV=nRT（n：氣體分子莫耳數、R：氣體常數）

$$\text{說明：由}\begin{cases}\text{波以耳定律：}PV=\text{定值}(n\text{、}T\text{一定})\\ \text{查理－給呂薩克定律：}\begin{cases}P\propto T(n\text{、}V\text{一定})\\ V\propto T(n\text{、}P\text{一定})\end{cases}\end{cases}\Rightarrow PV=nRT$$

(3)**氣體常數R：**是與氣體種類無關之常數，由實驗測得，其大小為：

$R=0.082\,atm\cdot L/mol\cdot K=8.31J/mol\cdot K$ 。

必背 (4)**理想氣體方程式的單位使用**

物理量	符號	物理單位（SI制）	化學單位（非SI制）
壓力	P	牛頓/公尺^2（N/m^2）	大氣壓（atm）
體積	V	公尺^3（m^3）	公升（L）
莫耳數	n	莫耳（mol）	莫耳（mol）
理想氣體常數	R	8.31J/mol · K	0.082atm · L/mol · K
溫度	T	K	K
1莫耳分子的質量	M	公斤（kg）	公克（g）

範例 6-16　　難易度★★☆

若某定量氣體在恆壓下，當攝氏溫度為t_1與$t_2(t_2>t_1)$時的體積分別為v_1與v_2，則絕對零度的攝氏數為：

(A)$\dfrac{v_1t_2-v_2t_1}{(v_1-v_2)^2}$　(B)$\dfrac{v_1t_1-v_2t_2}{v_1-v_2}$　(C)$\dfrac{v_1t_2-v_2t_1}{v_1-v_2}$　(D)$\dfrac{v_1t_1+v_2t_2}{v_1+v_2}$　(E)$\dfrac{v_1t_2+v_2t_1}{v_1-v_2}$

答：**(C)**。

設絕對零度K

根據查理定律 $V\propto T$，$\dfrac{v_1}{v_2}=\dfrac{t_1-K}{t_2-K}\Rightarrow K=\dfrac{v_1t_2-v_2t_1}{v_1-v_2}$

範例 6-17

難易度★☆☆

一座容積為224公尺^{3}的冷藏庫，內部溫度為－23°C，壓力為一大氣壓，當冷藏庫內未存放物品時，它約含有多少空氣分子？（假設為理想氣體）
(A)1.1莫耳 (B)22.4莫耳 (C)224莫耳 (D)2240莫耳 (E)11000莫耳。

答：**(E)**。

理想氣體方程式 $PV = nRT$，使用化學單位（非SI制）

$V = 224\text{m}^3 = 224\times10^3\ell$、$R = 0.082\,\text{atm}\cdot\text{L/mol}\cdot\text{K}$

$1\times(224\times10^3) = n\times0.082\times(-23+273) \Rightarrow n \approx 11000\text{mol}$

範例 6-18

難易度★★☆

對於某定量理想氣體，其壓力與溫度的關係如右圖，則a、b、c三種狀態中，體積的大小關係為何？
(A)c＞a＝b (B)b＞a＝c
(C)a＝b＞c (D)a＝c＞b。

答：**(B)**。

由理想氣體方程式 $PV = nRT$，

$P = \dfrac{nR}{V}T \Rightarrow$ 斜率$m = \dfrac{nR}{V}$。又n、R為定值，

故斜率大小與體積成反比（$m \propto \dfrac{1}{V}$）。

如圖所示，$m_a = m_c > m_b \Rightarrow V_a = V_c < V_b$，
故選(B)。

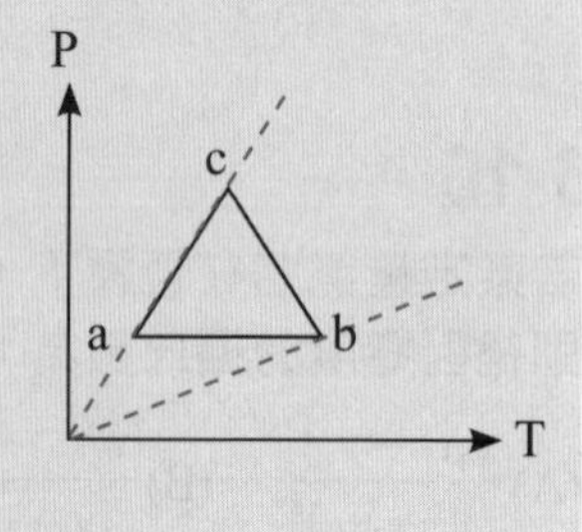

範例 6-19　難易度★★★

如圖所示，一個水平放置的絕熱容器，體積固定為V，以導熱性良好的活動隔板分成左、右兩室，內裝相同的理想氣體，容器與隔板的熱容量均可忽略。最初限制隔板不動，使兩室的氣體溫度均為T，但左室的氣體壓力與體積分別為右室的2倍與3倍。後來拆除限制，使隔板可以左右自由移動，則在兩室的氣體達成力平衡與熱平衡後，下列敘述何者正確？

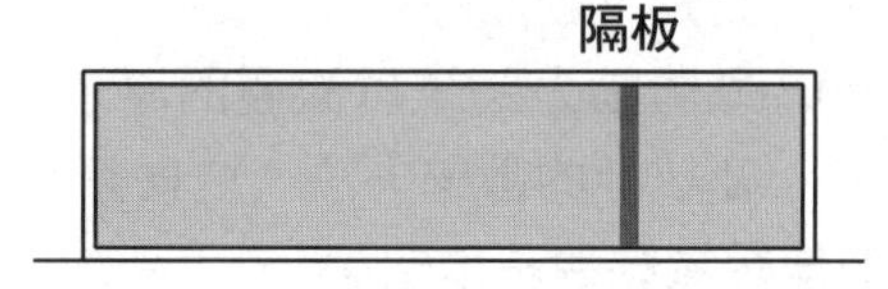

(A)左室的氣體體積為$\frac{6}{7}$V

(B)兩室的氣體溫度均較T為高

(C)左室的氣體體積為右室的2倍

(D)左室與右室氣體的壓力比為$\frac{3}{2}$

(E)右室的氣體分子數目為左室的6倍。

答：**(A)**。

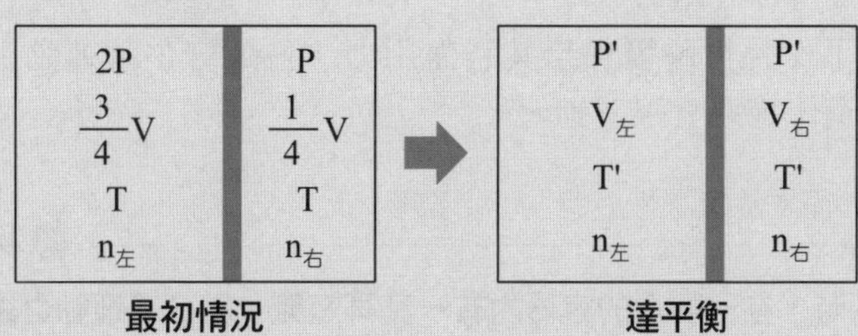

(E)×，$PV=nRT \Rightarrow n=\frac{PV}{RT}$，又最初兩室T相同$\Rightarrow n \propto PV$

$n_{左}:n_{右}=(2P\times\frac{3}{4}V):(P\times\frac{1}{4}V)=6:1$

(A)○(C)×(D)×，$P'V'=nRT'$，兩室的氣體達成力平衡與熱平衡後，左右室的溫度T'及壓力P'皆相同$\Rightarrow V'\propto n$

$V_{左}:V_{右}=n_{左}:n_{右}=6:1 \Rightarrow V_{左}=\frac{6}{7}V$、$V_{右}=\frac{1}{7}V$

(B)×，最初兩室溫度相等，隔板自由移動後，兩室溫度仍相等

$\Rightarrow T=T'$

重點2 氣體動力論

Check!
□□□

1 分子運動與氣體壓力

(1)氣體動力論

A. 氣體在巨觀下測量之物理量（巨觀量）：如壓力、溫度、體積等。

B. 氣體在微觀下測量之物理量（微觀量）：如每一個氣體分子的速率、動量、動能等。

C. 氣體動力論是以微觀的原子（分子）出發，配合牛頓力學並採用機率及統計的數學方法，把氣體的巨觀量和微觀量作連結。

必背 **(2)理想氣體的基本假設**

A. 理想氣體由極大量的分子所組成，並作無規則的運動，氣體分子朝各方向運動的機會相等。

B. 分子與分子間的距離遠大於分子本身的大小，氣體分子的體積比起氣體體積是可以忽略。

C. 分子除了作彈性碰撞外無其它作用力，並遵守牛頓運動定律，兩次碰撞間分子作等速直線運動。

範例 6-20 難易度★☆☆

當溫度300K時，在一靜止的容器內有一莫耳氦氣，其分子運動之總動量為？

(A)3.72×10^3kg-m/s　(B)12.4 J
(C)12.4 kg-m/s　(D) 0。

答：**(D)**。
根據理想氣體的基本假設，氣體分子數極大且運動零亂不規則，在任一時刻向各方向運動的分子數皆相等，故分子運動之總動量為0。

2 密閉容器內氣體壓力的推導

(1)密閉容器內的氣體壓力，主要是由氣體分子不斷地碰撞容器器壁所產生的結果。

(2)**密閉容器內氣體壓力的推導：**由理想氣體的基本假設出發，一正立方密閉容器，設其邊長為L，則容積$V=L^3$，若內含N個質量為m的氣體分子則：

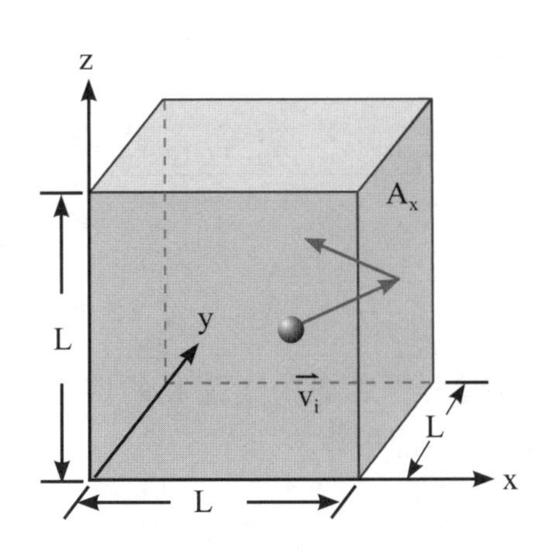

第i顆之氣體分子朝A_x面入射

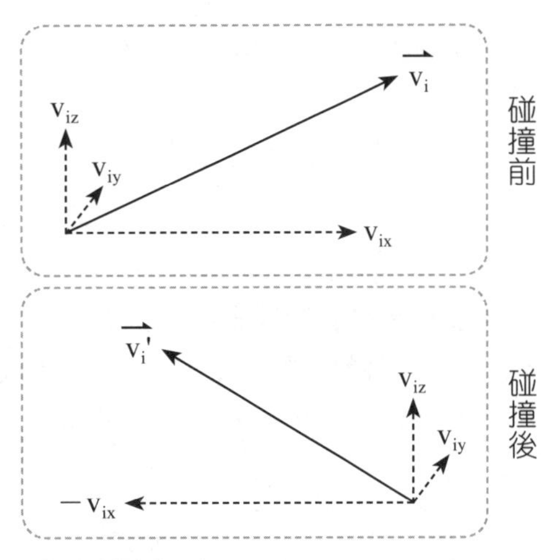

分子撞擊器壁，其速度變化的情形

A. 第i顆氣體分子與器壁每碰撞一次其動量變化為：

$$\Delta\vec{p}_i = mv_{ix} - (-mv_{ix}) = 2mv_{ix}$$

B. 第i顆氣體分子連續碰撞A_x面兩次所需的時間為：$\dfrac{2L}{v_{ix}}$

C. 由牛頓第三定律可知，A_x面施於第i顆氣體分子之平均作用力之大小＝第i顆氣體分子作用於A_x面之平均作用力之大小 $f_i = \dfrac{\Delta p_i}{\Delta t} = \dfrac{2mv_{ix}}{2L/v_{ix}} = \dfrac{mv_{ix}^2}{L}$

D. N個分子對A_x面的總力：

$$F = f_1 + f_2 + \cdots + f_N = \frac{mv_{1x}^2}{L} + \frac{mv_{2x}^2}{L} + \cdots + \frac{mv_{Nx}^2}{L} = \frac{m}{L}(v_{1x}^2 + v_{2x}^2 + \cdots + v_{Nx}^2)$$

E. 引入「平均」的觀點：

分子速度在x方向分量平方的平均值$\Rightarrow \overline{v_x^2}=\dfrac{v_{1x}^2+v_{2x}^2+\cdots+v_{Nx}^2}{N}$

F. 引入「機率」的觀點：

分子在各方向速度分量平方的平均值相等$\Rightarrow \overline{v_x^2}=\overline{v_y^2}=\overline{v_z^2}=\dfrac{1}{3}\overline{v^2}$

說明：分子速度平方的平均值 $\overline{v^2}=\dfrac{v_1^2+v_2^2+\cdots+v_N^2}{N}$

$$=\frac{(v_{1x}^2+v_{2x}^2+\cdots+v_{Nx}^2)+(v_{1y}^2+v_{2y}^2+\cdots+v_{Ny}^2)+(v_{1z}^2+v_{2z}^2+\cdots+v_{Nz}^2)}{N}$$

$$=\overline{v_x^2}+\overline{v_y^2}+\overline{v_z^2}$$

根據理想氣的基本假設內容之一：

理想氣體由極大量的分子所組成，氣體分子朝各方向運動的機會相等，故分子在各方向速度分量平方的平均值應相等。

$$\therefore \overline{v_x^2}=\overline{v_y^2}=\overline{v_z^2}=\frac{1}{3}\overline{v^2}$$

G. 由D.、E.和F.整理得，密閉容器內氣體壓力：

$$P=\frac{F}{A_x}=\frac{m}{L^3}(v_{1x}^2+v_{2x}^2+\cdots+v_{Nx}^2)=\frac{m}{V}(v_{1x}^2+v_{2x}^2+\cdots+v_{Nx}^2)$$

$$=\frac{N}{V}\cdot m\cdot\overline{v_x^2}=\frac{1}{3}\cdot\frac{N}{V}\cdot m\overline{v^2}$$

H. 密閉容器內壓力與平均動能的關係：$P=\dfrac{2}{3}\cdot\dfrac{N}{V}\cdot\overline{E_k}$

（$\overline{E_k}=\dfrac{1}{2}m\overline{v^2}$：平均動能）

I. 密閉容器內壓力與密度的關係：$P=\dfrac{1}{3}\rho\overline{v^2}$（$\rho=\dfrac{Nm}{V}$：氣體密度）

必背 J. 整理：密閉容器內氣體壓力 $P=\dfrac{1}{3}\cdot\dfrac{N}{V}\cdot m\overline{v^2}=\dfrac{2}{3}\cdot\dfrac{N}{V}\cdot\overline{E_k}=\dfrac{1}{3}\rho\overline{v^2}$

重要 3 分子平均動能與溫度

(1)**理想氣體方程式：** $PV = nRT = NkT$（k：波茲曼常數、N：氣體分子數）

說明：$PV = nRT = \frac{N}{N_0}RT = N\frac{R}{N_0}T = NkT$　（N_0：亞佛加厥數）

$$\text{波茲曼常數}k = \frac{R}{N_0} = \frac{8.31(J/mol\cdot K)}{6\times 10^{23}(\text{分子}/mol)} = 1.38\times 10^{-23}\text{（焦耳/分子·K）}$$

(2)**一個分子的平均移動動能：** $\overline{E_k} = \frac{1}{2}m\overline{v^2} = \frac{3}{2}kT$

A. 說明：由巨觀的理想氣體方程式及微觀的氣體動力論

$$\begin{cases}\text{巨觀}：PV = NkT \\ \text{微觀}：P = \frac{2}{3}\cdot\frac{N}{V}\cdot\overline{E_k}\end{cases} \text{得 } PV = \frac{2}{3}NE_k = NkT \Rightarrow \overline{E_k} = \frac{3}{2}kT$$

B. 意義：分子平均移動動能只與絕對溫度成正比，與氣體的種類、壓力、體積等無關。

C. N個分子的總動能：　$N\overline{E_k} = N\cdot\frac{1}{2}m\overline{v^2} = \frac{3}{2}NkT = \frac{3}{2}nRT = \frac{3}{2}PV$

(3)**氣體分子的方均根速率：** $v_{rms} = \sqrt{\overline{v^2}} = \sqrt{\frac{3kT}{m}} = \sqrt{\frac{3RT}{M}} = \sqrt{\frac{3P}{\rho}}$

m：一個分子的質量（kg/分子），M：分子量（kg/mol）
P：氣體壓力（N/m^2），ρ：氣體密度（kg/m^3）

說明：$v_{rms} = \sqrt{\frac{v_1^2 + v_2^2 + \cdots + v_N^2}{N}} = \sqrt{\overline{v^2}}$，

此速率可反應全體分子的平均運動快慢。

$$\overline{E_k} = \frac{1}{2}m\overline{v^2} = \frac{3}{2}kT \Rightarrow v_{rms} = \sqrt{\frac{3kT}{m}} = \sqrt{\frac{3N_0kT}{N_0m}} = \sqrt{\frac{3RT}{M}}$$

$$\rho = \frac{Nm}{V}，\frac{1}{m} = \frac{N}{\rho V} \Rightarrow v_{rms} = \sqrt{\frac{3kT}{m}} = \sqrt{\frac{3kTN}{\rho V}} = \sqrt{\frac{3P}{\rho}}$$

(4)碰撞頻率

A. 容器器壁每單位時間、單位面積碰撞器壁的次數： $\frac{N}{A\cdot\Delta t}\propto\frac{P}{\sqrt{MT}}$

說明：由壓力 $P=\frac{F}{A}=\frac{N\cdot\Delta p}{A\cdot\Delta t}=\frac{N\cdot 2mv}{A\cdot\Delta t}=\frac{N\cdot 2\sqrt{3mkT}}{A\cdot\Delta t}$

$$\Rightarrow\frac{N}{A\cdot\Delta t}=\frac{P}{\Delta p}=\frac{P}{2mv}\propto\frac{P}{\sqrt{mT}}\propto\frac{P}{\sqrt{MT}}$$

B. 容器器壁每單位時間碰撞器壁的次數： $\frac{N}{\Delta t}\propto\frac{PA}{\sqrt{MT}}=\frac{PV^{\frac{2}{3}}}{\sqrt{MT}}$

6-21 難易度★☆☆

範例

氦氣溫度27°C、壓力為一大氣壓，則氦原子在此溫度下的方均根速率約為何？

答：**1.37×10^3(m/s)**。

$$v_{rms}=\sqrt{\frac{3kT}{m}}=\sqrt{\frac{3RT}{M}}=\sqrt{\frac{3\times8.31\times(273+27)}{4\times10^{-3}}}\approx1.37\times10^3(m/s)$$

6-22 難易度★★☆

範例

密閉容器內的氣體溫度升高而體積不變時，下列的敘述哪些是正確的？(A)氣體壓力增大　(B)氣體分子的方均根速率增大　(C)氣體分子的平均動能增大　(D)氣體分子的分子數增多　(E)氣體分子的質量增多。（多選題）

答：**(A)(B)(C)**。

(A)○，∵ $PV=nRT$，由於固定n、V $\Rightarrow P\propto T$

(B)○，$v_{rms}=\sqrt{\frac{3kT}{m}}\propto\sqrt{T}$

(C) ○，$\overline{E_k}=\frac{3}{2}kT\propto T$

(D)×(E)×，密閉容器內的氣體分子數不變，故氣體質量亦不變。

範例 6-23　難易度★★☆

甲、乙兩鋼瓶分別裝有3莫耳的氦氣及1莫耳的氬氣，兩鋼瓶維持固定溫度，甲鋼瓶內氦氣的溫度為300K，乙鋼瓶內氬氣的溫度為450K，且甲鋼瓶容積為乙鋼瓶容積的2倍。下列有關兩鋼瓶內理想氣體的敘述中何者正確？（氦的原子量為4，氬的原子量為40）　(A)氦氣與氬氣的壓力不相等　(B)氦原子與氬原子的平均動能相等　(C)氦原子的平均動能小於氬原子的平均動能　(D)氦原子與氬原子的方均根速率相等　(E)氦原子的方均根速率小於氬原子的方均根速率。

答：**(C)**。

甲	乙
He	Ar
3mol	1mol
300K	450K
2V	V

(A)×，由 $PV = nRT \Rightarrow P = \frac{nRT}{V} \propto \frac{nT}{V}$

$P_{He} : P_{Ar} = \frac{3\times300}{2V} : \frac{1\times450}{V} = 1:1$

(B)×(C)○，$\overline{E_k} = \frac{3}{2}kT \propto T$

$\Rightarrow \overline{E_k}(He) < \overline{E_k}(Ar)$

(D)×(E)×，$v_{rms} = \sqrt{\frac{3RT}{M}} \propto \sqrt{\frac{T}{M}}$，

$v_{rms}(He) : v_{rms}(Ar) = \sqrt{\frac{300}{4}} : \sqrt{\frac{450}{40}}$

$\Rightarrow v_{rms}(He) > v_{rms}(Ar)$

重要 (5)無化學反應下的理想氣體混合

P_1　V_1 N_1　T_1	P_2　V_2 N_2　T_2	混合後 →	P', V', T', N'

A. 密閉空間中，混合前後總氣體分子數（莫耳數）守恆

$$N_1 + N_2 = N' \Rightarrow \frac{P_1V_1}{T_1} + \frac{P_2V_2}{T_2} = \frac{P'V'}{T'}$$

B. 當無能量損失，混合前後氣體分子總能量守恆

混合前	混合後
$N_1E_1+N_2E_2$	$(N_1+N_2)E'$
$N_1\cdot\frac{1}{2}m_1v_1^2+N_2\cdot\frac{1}{2}m_2v_2^2$	$N_1\cdot\frac{1}{2}m_1u_1^2+N_2\cdot\frac{1}{2}m_2u_2^2$ $(\frac{1}{2}m_1u_1^2=\frac{1}{2}m_2u_2^2)$
$N_1\cdot\frac{3}{2}kT_1+N_2\cdot\frac{3}{2}kT_2$	$(N_1+N_2)\cdot\frac{3}{2}kT'$
$\frac{3}{2}P_1V_1+\frac{3}{2}P_2V_2$	$\frac{3}{2}P'(V_1+V_2)$

根據題目已知左表任一式和右表任一式相等

範例 6-24

難易度★★☆

兩個玻璃球相連，分別充滿氮氣與氦氣，其體積與壓力各如右圖所示。維持一定溫度，將兩球中間的開關打開，過一陣子後，大球內的壓力是多少大氣壓？

(A)1 (B)1.5 (C)2 (D)2.5 (E)3。

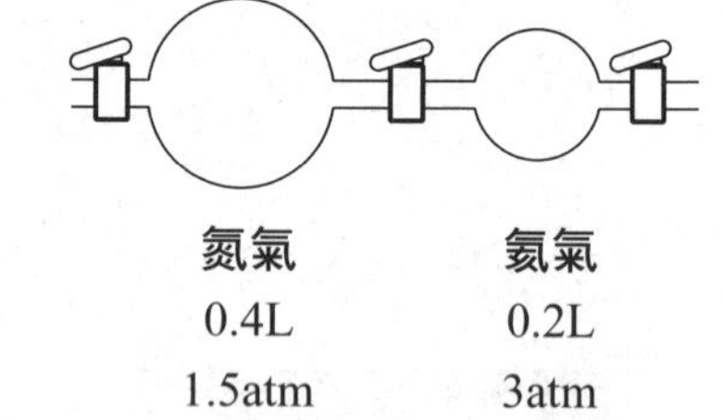

答：**(C)**。

由 $PV=nRT\Rightarrow n=\dfrac{PV}{RT}$

混合前總莫耳數＝$n_1+n_2=\dfrac{1.5\times0.4}{RT}+\dfrac{3\times0.2}{RT}=\dfrac{1.2}{RT}$

混合後總莫耳數＝$n'=\dfrac{(0.4+0.2)P}{RT}=\dfrac{0.6P}{RT}$（設混合後玻璃球內壓力P）

混合前後氣體總莫耳數不變 $n_1+n_2=n'$，$\dfrac{1.2}{RT}=\dfrac{0.6P}{RT}\Rightarrow P=2\text{atm}$

範例 6-25

難易度★★★

甲、乙兩容器中間以附有閘門的狹管相連，閘門關閉時，體積為20公升的甲容器內裝有3.0大氣壓的氮氣，體積為40公升的乙容器內裝有6.0大氣壓的空氣，兩容器的氣體溫度均為300K。閘門打開後兩容器氣體開始混合，並且將混合後氣體的溫度加熱至420K。若兩容器與狹管的體積不隨溫度而變，則平衡後容器內混合氣體的壓力為幾大氣壓？

(A)3.0　(B)4.0　(C)5.0　(D)6.0　(E)7.0。

答：**(E)**。

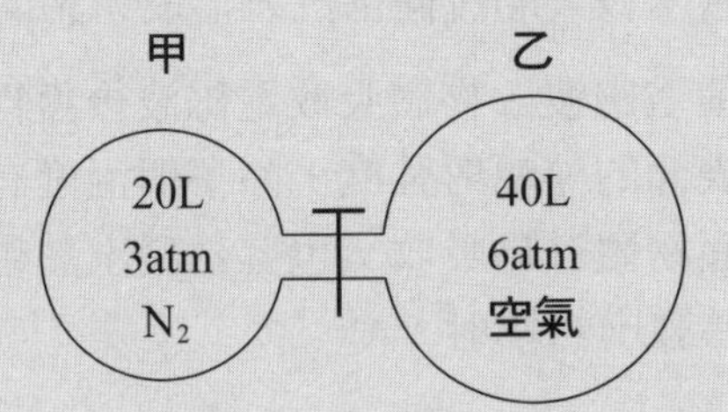

(1) 加熱前：閘門打開前後溫度均為300K，故氣體混合前後分子總能量守恆。

設甲、乙兩容器內氣體混合後的壓力P

$$\frac{3}{2}P_1V_1+\frac{3}{2}P_2V_2=\frac{3}{2}P(V_1+V_2)\text{，}$$

$$\frac{3}{2}(3\times 20)+\frac{3}{2}(6\times 40)_2=\frac{3}{2}P(20+40)$$

$$\Rightarrow P=5\text{atm}$$

(2) 加熱後：由 $PV=nRT$，又V、n為定值 $\Rightarrow P\propto T$

設平衡後容器內混合氣體的壓力為P'

$$\frac{P'}{5}=\frac{420}{300}\Rightarrow P'=7\text{atm}\text{。}$$

單元補充

1 熱傳播

熱由高溫物體傳到低溫物體，通常有三種傳播方式：傳導、對流、輻射。

(1)**傳導：**主要在固體中進行，熱經由物體的接觸，由高溫處傳送至低溫處。物質的導熱係數愈大，代表導熱效果愈佳，通常是固體(金屬)＞液體＞氣體。

(2)**對流：**液體或氣體（統稱流體）因受熱後，體積膨脹使密度變小而上升，而其它溫度較低、密度較大的流體下沉，形成所謂的對流。

(3)**輻射：**熱輻射是一種電磁波，物體吸收電磁波後獲得熱能，傳遞過程不需要任何介質。物體表面的熱輻射強度，除了與溫度有關外，也和其表面特性有關，如黑色表面物體容易吸收，也容易發出熱輻射；白色表面物體不容易吸收，也不容易發出熱輻射。

範例 6-26 難易度★☆☆

下列何者與熱對流無關？
(A)火災發生地點，四周常會有風的形成
(B)湖水結冰自湖面起
(C)在海灘夜間，風自陸地吹向海洋
(D)電冰箱內外漆成白色。

答：**(D)**。白色表面的物體不容易吸收也不容易發出熱輻射。

2 靜止液體的壓力

(1)**液面下深度為h處的靜止液體壓力公式：**$P=\rho gh$（ρ：液體密度、g：所處空間之重力加速度、h：液面下的深度）

(2)**單位：**SI制為N/m^2，又稱帕斯卡，簡稱帕(Pa)；gw/cm^2和kgw/m^2，也是常用的壓力單位。

物理量	SI制	CGS制
壓力P	牛頓/公尺^2(N/m^2)	克重/公分^2(gw/cm^2)
液體密度 ρ	公斤/公尺^3(kg/m^3)	克/公分^3(g/cm^3)
重力加速度g	$9.8m/s^2$	$980cm/s^2$
液面下的深度h	公尺(m)	公分(cm)

(3)靜止液體內的壓力皆垂直於器壁，且在靜止液體中的任一點，其在各方向的壓力皆相等。

(4)靜止液體的壓力只和深度有關且呈線性關係，只要離液面深度相同，即使在不同位置壓力亦相同，如：連通管原理。

範例 6-27 難易度★☆☆

大氣壓力為75公分汞柱（假設此時使用管徑為1公分之玻璃管），若改以比重$0.8g/cm^3$之酒精代替水銀（假設此時使用管徑為0.5公分之玻璃管），則酒精柱之高度為何？（水銀比重為$13.6g/cm^3$） (A)1033.6cm (B)1275cm (C)2550cm (D)637cm (E)75cm。

答：**(B)**。靜止液體的壓力只與高度有關與截面積無關，公式$P=\rho gh$。

$$P = 75cm-Hg = 75\times 13.6\,gw/cm^2 = \rho_{酒精}gh_{酒精} = 0.8h_{酒精}\,gw/cm^2$$

$\Rightarrow h_{酒精}=1275cm$

範例 6-28 難易度★★☆

佛朗基擬築一水壩寬W，且貯滿深度為H，密度為ρ的水，求水壩側面受到水的總力大小為？ (A)$\dfrac{\rho H^2Wg}{2}$ (B)ρH^2Wg (C)ρHWg (D)$2\rho H^2Wg$。

答：**(A)**。液體壓力隨深度成正比$P=\rho gh$

$$F = P\times A = \rho g\frac{H}{2}\times(H\times W) = \frac{\rho H^2Wg}{2}$$

3 帕斯卡原理

對一封閉的流體施一壓力，此壓力必按照原來大小均勻傳遞到流體中的每一部分，水壓機是利用此原理之裝置。

4 毛細現象

液體在兩端開口的細管中有上升或下降的現象，是液體之表面張力、內聚力及附著力相互作用的結果。

單元重點整理

Check!

1 熱學公式整理

物理量	內容	數學式	
熱容量C	物質升高或降低1℃吸收或放出的熱量	$C=\frac{\Delta H}{\Delta t}$	$C=ms$
比熱s	每公克的物質升高或降低1℃吸收或放出的熱量	$s=\frac{\Delta H}{m\Delta t}$	
熱平衡方程式	在一絕熱系統中，根據能量守恆定律，總釋放熱量等於總吸收熱量。	$\Delta H_{放}+\Delta H_{吸}=0$ $\Delta H=ms\Delta t$	

Check!

2 熱膨脹公式

線膨脹	面膨脹	體膨脹
$L=L_0(1+\alpha t)$	$A=A_0(1+\beta t)\approx A_0(1+2\alpha t)$	$V=V_0(1+\gamma t)\approx V_0(1+3\alpha t)$

Check!

3 熱功當量

$$J=\frac{W}{\Delta H}=4.186(J/cal)$$

Check!□□□

4 理想氣體

氣體定律	內容	數學式	理想氣體方程式
波以耳定律	定溫下，定量氣體的壓力與其體積成反比。	$P_1V_1 = P_2V_2$	$PV = nRT = NkT$
給呂薩克定律	定容下，定量氣體的壓力與絕對溫度成正比。	$\frac{P_1}{T_1} = \frac{P_2}{T_2}$	
查理定律	定壓下，定量氣體的體積與絕對溫度成正比。	$\frac{V_1}{T_1} = \frac{V_2}{T_2}$	

Check!□□□

5 氣體動力論

密閉容器內氣體壓力	$P = \frac{1}{3} \cdot \frac{N}{V} \cdot m\overline{v^2} = \frac{2}{3} \cdot \frac{N}{V} \cdot \overline{E_k} = \frac{1}{3}\rho\overline{v^2}$
分子平均動能	$\overline{E_k} = \frac{1}{2}m\overline{v^2} = \frac{1}{2}mv_{rms}^2 = \frac{3}{2}kT$ （只與溫度有關）
分子總動能	$N\overline{E_k} = N \cdot \frac{1}{2}m\overline{v^2} = \frac{3}{2}NkT = \frac{3}{2}nRT = \frac{3}{2}PV$
方均根速率	$v_{rms} = \sqrt{\overline{v^2}} = \sqrt{\frac{3kT}{m}} = \sqrt{\frac{3RT}{M}} = \sqrt{\frac{3P}{\rho}}$ （只與溫度及分子質量有關）

[精選・試題]

基礎題

( ) 1. 下列關於「熱現象」之敘述，何者為非？ (A)溫度係指物體冷熱之程度 (B)絕對零度為-273.15℃ (C)熱傳遞的方式一般分為：傳導、對流與輻射 (D)溫度較高的物體必具有較高的熱量。

( ) 2. 某溫度計放入0℃的冰水中，其讀數為-2℃，改置於100℃的沸水中，其讀數為103℃，今以此溫度計放入某液體中，得到讀數為19℃，則某液體實際溫度為多少度？ (A)18℃ (B)19℃ (C)20℃ (D)21℃。

( ) 3. 對兩相同質量之物體同時進行吸熱及散熱實驗，對比熱較小之物體而言，下列敘述何者正確？ (A)較易冷易熱 (B)較難冷易熱 (C)較易冷難熱 (D)較難冷難熱。

( ) 4. 下列敘述何者正確？ (A)物質放出潛熱時，溫度會降低 (B)水沸騰時即使再加熱，溫度也不升高，是因為水分子間的位能不再增加 (C)10克水的熱容量大於10克酒精的熱容量 (D)不同的物體，比熱越大，熱容量越大。

( ) 5. 取質量比為1：2的甲、乙兩銅塊，甲原來的溫度為200℃，乙原來的溫度為50℃，今將此兩銅塊，一同置於絕熱的容器內，並使之互相接觸，若忽略絕熱容器的熱容量，則達熱平衡時，兩銅塊的溫度變為多少℃？ (A)80 (B)100 (C)125 (D)150。

( ) 6. 不含雜質的冰塊在熔化過程中，有關其熱量及溫度變化的敘述，下列何者正確？ (A)吸熱、溫度下降 (B)放熱、溫度上升 (C)吸熱、溫度不變 (D)熱量沒有變化，溫度不變。

( ) 7. 已知冰的熔化熱為80卡／公克，今欲將50公克、0℃的冰完全融化成0℃的水，至少需要提供多少卡的熱量？ (A)800 (B)1600 (C)2500 (D)4000。

( ) 8. 焦耳實驗中，質量10kg之重物由高度1m處下降，旋轉槳輪攪動0.5kg的水，水最初溫度為5℃，則其最後溫度為何？（假設為理想狀態，重力加速度為$10m/s^2$，水的比熱為定值1cal/g-℃，1cal以4J計算） (A)5.5℃ (B)55℃ (C)10℃ (D)5.05℃ (E)6℃。

( ) 9. 某金屬之線膨脹係數為2×10^{-5}/℃，其於0℃時之體積為1000立方公分，請問在100℃時其體積為多少立方公分？
(A)1008 (B)1006 (C)1004 (D)1002。

( ) 10. 下列那些值約等於一大氣壓？
(A)10^5Pa (B)1034kg/ms^2 (C)760mmHg (D)1N/s^2。（多選題）

( ) 11. 對一定體積之氣體加熱，使其溫度為原來的2倍，則氣體壓力變為原來的： (A)$\frac{1}{2}$倍 (B)$\sqrt{\frac{1}{2}}$倍 (C)$\sqrt{2}$倍 (D)2倍。

( ) 12. 到醫院或診所看病時，護理師將耳溫槍的探測端塞到病患的耳朵裡，利用探測端內的紅外線檢測元件快速測量耳溫。耳溫槍能夠量到耳溫的主要原因，是利用哪一種熱傳播方式從耳膜傳到耳溫槍？
(A)輻射 (B)對流 (C)傳導 (D)線膨脹。

進階題

( ) 1. 若將華氏溫度劃在縱坐標，攝氏溫度劃在橫坐標，關於其圖形的敘述何者正確？
(A)斜率為$\frac{5}{9}$ (B)橫軸截距為32
(C)縱軸截距為32 (D)兩者成正比。

( ) 2. 兩個絕熱容器內裝有相同的理想氣體，壓力相等，其中一個容器的體積為V，溫度為150K，另一個容器的體積為2V，溫度為450K。若使這兩個容器互相連通，則熱平衡時氣體之溫度為：
(A)200K (B)250K (C)270K (D)350K。

( ) 3. 下列有關熱現象與熱能的敘述何者錯誤？
(A)定容氣體溫度計升高溫度時，瓶內單位體積之氣體分子數不變
(B)繼續加熱沸騰中的水，仍無法提高沸水的溫度，表示水分子沒有吸收熱能
(C)煮大塊的肉時，若插入幾根長的金屬針，會使它更快熟
(D)在寒帶地區，常會感覺熔雪比下雪天還冷。

( ) 4. 在線膨脹係數為α的銅板上挖一個圓孔，圓孔在0℃時的直徑為r，當加熱至T℃時，下列敘述何者正確？ (A)圓孔直徑減為r(1-αT) (B)圓孔直徑增加率為αT (C)圓孔周長減少率為αT (D)圓孔面積增加率為2αT (E)圓孔周長增加率為2αT。（多選題）

( ) 5. 把質量260克之冷金屬塊，投入質量為40克、溫度為5℃之水中、達熱平衡後金屬塊上附有一層4公克的冰。已知該金屬之比熱為0.10卡/克・℃，水之凝固熱為80卡/克，設整個系統沒有流失熱量，也沒有從外界獲得熱量，下列敘述何者錯誤？ (A)最後平衡時金屬塊溫度低於0℃ (B)最後平衡時的溫度為0℃ (C)金屬塊原本的溫度為零下20℃ (D)此系統達成最終熱平衡時為冰水共存的狀態。

( ) 6. 將同質量之100℃水蒸汽與0℃冰塊置於一絕熱容器內，當達熱平衡時，容器內溫度為何？ (A)100℃ (B)0℃ (C)50℃ (D)380℃（水蒸氣的凝結熱為540卡/克、冰的熔化熱為80卡/克）。

( ) 7. 一開管壓力計在1atm下，左管與一氣體連結時，發現左管的水銀面比右管低19cm，則左管氣體壓力為若干？ (A)1.25 (B)0.5 (C)0.75 (D)1.0 atm。

( ) 8. 如右圖，容器內裝一氣體，溫度為20℃，與大氣接觸的水銀面B比容器內水銀面A低30公分。若此氣體的溫度升高10℃，則器內水銀面A將如何移動？
(A)向下移動1.6公分 (B)向下移動0.8公分
(C)向上移動8.8公分 (D)向上移動17.6公分。

( ) 9. 當溫度300K時，在一靜止的容器內有一莫耳氦氣，其分子運動之總動量為 (A) 3.72×10^3 kg-m/s (B) 2.49×10^3 kg-m/s (C)12.4kg-m/s (D)0。（理想氣體常數R為8.31J/mole・K）

( ) 10. 已知理想氣體常數為R，波茲曼常數為k，則在一大氣壓下一莫耳的氦氣在27℃時，每升高1℃，其分子總動能增加若干？
(A) $\frac{3}{2}k$ (B) $\frac{3}{2}R$ (C) $\frac{3}{2}k(300)$ (D) $\frac{3}{2}R(300)$。

( ) 11. 有一密閉容器，裝有某單原子理想氣體，並測得其體積為V公尺^3，壓力為P牛頓／公尺^2，絕對溫度的量值為T，則瓶中全部氣體分子的總動能為多少焦耳？ (A)$\frac{3}{2}$PV (B)PV (C)$\frac{3}{2}$VT (D)VT。

( ) 12. 定質量、定體積的單原子理想氣體，當氣體溫度升高時，下列敘述何者錯誤？ (A)分子的平均動能增加 (B)氣體的壓力增大 (C)氣體的總動量增大 (D)氣體的密度不變。

( ) 13. 氣體溫度很高表示： (A)分子的速率很小 (B)分子的速率很大 (C)壓力很小 (D)分子的動能很大 (E)分子的半徑很小。（多選題）

( ) 14. a容器內裝有氧氣，b容器內裝有氮氣，已知a、b容器內的分子方均根速率相等，則下列敘述何者正確？ (A)兩容器內的氣體壓力相等 (B)兩容器內的分子總動量相等 (C)兩容器內的分子平均動能相等 (D)兩容器內的分子總能量相等。

解答與解析

基礎題

1. **D**。(D)×，轉移的熱能稱為熱量，故熱量只有在熱傳遞的過程中才具有意義。

2. **C**。設某液體實際溫度為t℃，溫標換算：$\frac{t-0}{100-0}=\frac{19-(-2)}{103-(-2)} \Rightarrow t=20°C$

3. **A**。比熱定義為每公克的物質升高或降低1℃吸收或放出的熱量，故比熱小者易冷易熱。

4. **C**。(A)×(B)×，物質在相變的過程中熱能轉換成位能，故溫度不變。
   (C)○，熱容量 $C=ms$，又 $s_{水}>s_{酒精} \Rightarrow C_{水}>C_{酒精}$
   (D) ×，熱容量 $C=ms$，除了比熱外，還需考慮物體質量的大小。

5. **B**。甲放熱＝乙吸熱
   設達熱平衡後溫度為t℃、銅塊比熱s
   利用公式 $\Delta H=ms\Delta t$，得 $1\times s\times(200-t)=2\times s\times(t-50) \Rightarrow t=100°C$

6. **C**。冰塊在熔化過程中，所吸收的熱量轉換成水分子間的位能，故溫度不變。

7. **D**。潛熱 $\Delta H=80\times 50=4000cal$

8. **D**。重物損失的位能＝水獲得的熱量

設水溫溫度變化為Δt℃

$U=\Delta H\times 4$，$m_{物}gh=m_{水}s\Delta t\times 4$，$10\times 10\times 1=(0.5\times 1000)\times 1\times \Delta t\times 4$，

$\Delta t=0.05$℃⇒最後溫度：$5+0.05=5.05$℃

9. **B**。體膨脹公式：$V=V_0(1+\gamma\Delta t)=1000(1+3\cdot 2\times 10^{-5}\cdot 100)=1006\text{cm}^3$

10. **AC**。$1\text{atm}=76\text{cmHg}=760\text{mmHg}=1033.6\text{gw}/\text{cm}^2\approx 10\text{m}$水柱高

$=1.013\times 10^5\ \text{N}/\text{m}^2=1.013\times 10^5\ \text{Pa}$

11. **D**。根據給呂薩克定律，定量理想氣體在定容下$P\propto T$，故氣體壓力變為原來的2倍。

12. **A**。紅外線是一種電磁波，故經由輻射進行熱傳播。

進階題

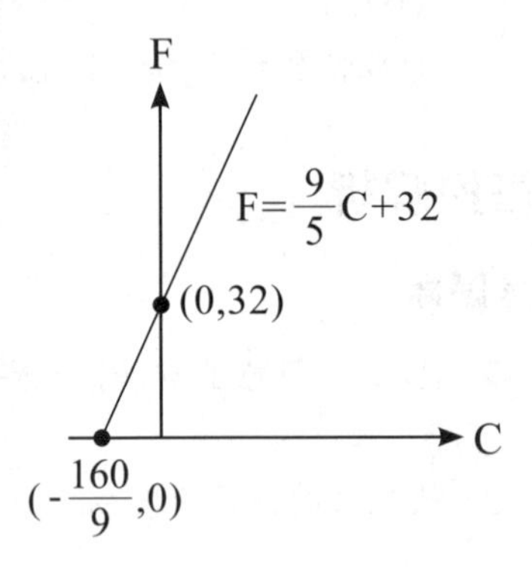

1. **C**。$\dfrac{C-0}{100-0}=\dfrac{F-32}{212-32}$，$\Rightarrow F=\dfrac{9}{5}C+32$

(A)×，斜率為$\dfrac{9}{5}$。

(B)×，橫軸截距為$-\dfrac{160}{9}$。

(D)×，兩者成線性關係非正比。

2. **C**。設氣體壓力P，熱平衡時的氣溫T

絕熱系統氣體混合前後氣體分子總數不變

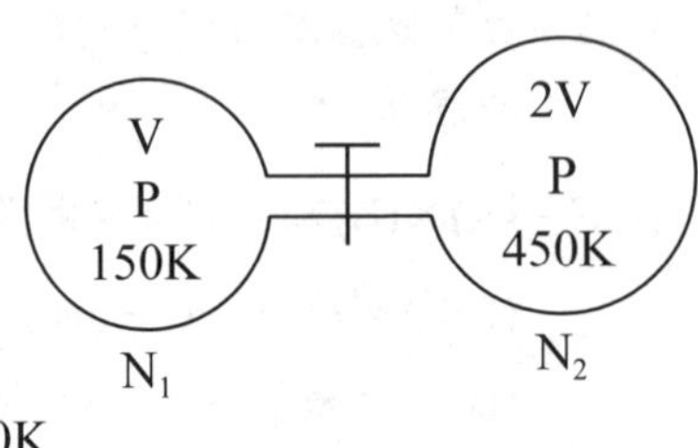

$PV=NkT$，$N=\dfrac{PV}{kT}$

N_1+N_2=兩氣室的氣體分子數，

$\dfrac{PV}{k\times 150}+\dfrac{P\times 2V}{k\times 450}=\dfrac{P\times(V+2V)}{kT}\Rightarrow T=270\text{K}$

3. **B**。(A)○，定容氣體溫度計的氣體分子數不變。

(B)×，相變期間熱能轉換成水分子間的位能，動能沒有增加，故無法提高溫度。

(C)○，金屬針加快熱傳播的速率。

(D)○，雪融化時會吸熱，故融雪比下雪天冷。

4. **BD**。(A)×，加熱後的直徑長度 $L = L_0(1+\alpha\Delta t) = 2r(1+\alpha T)$。

(B)○，直徑增加長度為 $\Delta L = 2r\alpha T$，故直徑增加率為 $\frac{\Delta L}{L_0} = \frac{2r\alpha T}{2r} = \alpha T$。

(C)×(E)×，圓孔周長增加為 $\Delta L = 2\pi r\alpha T$，故圓孔周長增加率為 $\frac{\Delta L}{L_0} = \frac{2\pi r\alpha T}{2\pi r} = \alpha T$。

(D)○，圓孔面積增加為 $\Delta A = A_0\beta T = A_0 2\alpha T$，故圓孔面積增加率為 $\frac{\Delta A}{A_0} = \frac{A_0 2\alpha T}{A_0} = 2\alpha T$。

5. **A**。∵達熱平衡後金屬塊上附有一層4 公克的冰
∴系統達熱平衡時為冰水共存的狀態，故最後平衡溫度為0℃
由於系統沒有流失熱量→冷金屬塊吸熱＝水的放熱＋水的凝固熱
利用公式 $\Delta H = ms\Delta t$，設金屬初溫t℃
$260\times 0.1\times(0-t) = 40\times 1\times(5-0) + 4\times 80 \Rightarrow t = -20°C$

6. **A**。設水蒸氣與冰的質量皆為m
$0°C冰 \xrightarrow{吸熱\Delta H_1} 0°C水 \xrightarrow{吸熱\Delta H_2} 100°C水$
$\Delta H_1 = m\times 80 = 80m\ cal$，$\Delta H_2 = m\times 1\times(100-0) = 100m\ cal$
0℃水→100℃水，共吸熱 $\Delta H_{吸} = \Delta H_1 + \Delta H_2 = 80m + 100m = 180m\ cal$
由於水蒸氣的凝結熱為540 卡/克，若全部的水蒸氣皆凝結為100℃水時，則水蒸氣所釋放的熱量為 $\Delta H_{放} = 540m > \Delta H_{吸} = 180m$，故達熱平衡時，容器內溫度為100℃，且水與水蒸氣共存。

7. **A**。$1atm = 76cm-Hg$
左管氣體壓力P
＝19cm水銀柱壓力+大氣壓力
$= (\frac{19}{76}+1)atm = 1.25atm$

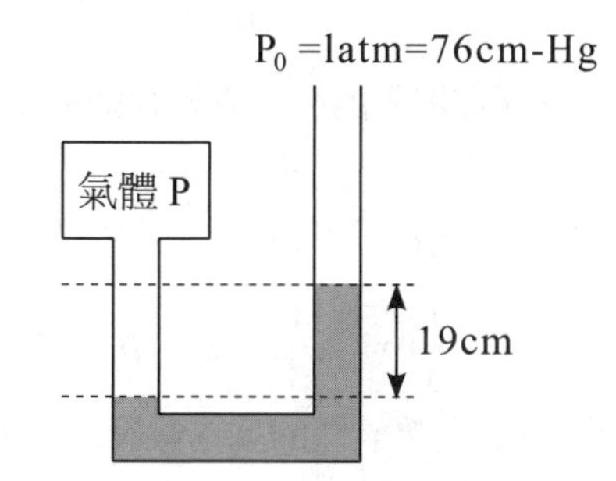

8. **B**。設外界大氣壓力為 $P_0 = 1atm = 76cm-Hg$，
容器內氣體原壓力為 $P+30=76cm-Hg \Rightarrow P=46cm-Hg$。
根據給呂薩克定律：密閉定容的氣體，其壓力與絕對溫度成正比，即$P \propto T$。
設升溫後氣體壓力P'，則 $\frac{46}{P'}=\frac{273+20}{273+30}=\frac{293}{303} \Rightarrow P' \approx 47.6cm-Hg$。
則溫度升高後，A面比B面高約28.4cm，故A面下降0.8cm，B面上升0.8cm。

9. **D**。根據理想氣體的基本假設，氣體分子數極大且運動零亂不規則，在任一時刻向各方項運動的分子數皆相等，故分子運動之總動量為0。

10. **B**。總動能增加量：$N \cdot \Delta\overline{E_k} = N \cdot \frac{3}{2}k\Delta T = \frac{3}{2}nR\Delta T$
當 $n=1$、$\Delta T=1 \Rightarrow N \cdot \Delta\overline{E_k} = \frac{3}{2}R$

11. **A**。總動能 $N\overline{E_k} = \frac{3}{2}NkT = \frac{3}{2}PV$

12. **C**。(A)○，$\overline{E_k} = \frac{3}{2}kT \propto T$
(B)○，理想氣體方程式 $PV=nRT$，定n、V下，$P \propto T$
(C)×，總動量不變
(D)○，n、V固定，密度不變。

13. **BD**。方均根速率 $v_{rms} = \sqrt{\frac{3kT}{m}} \propto \sqrt{T}$，氣體分子的平均動能 $\overline{E_k} = \frac{3}{2}kT \propto T$

14. **B**。已知a、b容器內的分子方均根速率相等
又 $v_{rms} = \sqrt{\frac{3RT}{M}} \propto \sqrt{\frac{T}{M}}$，（$M_{O_2}=32$、$M_{N_2}=28$）$\Rightarrow T_a > T_b$
(A)×，$P=\frac{1}{3}\rho\overline{v^2}=\frac{1}{3}\rho v_{rms}^2 \propto \rho$，條件不足無法確定。
(B)○，由理想氣體的基本假設，氣體分子朝各方向運動的機會相等，故總動量皆為0。
(C)×，$\overline{E_k} = \frac{3}{2}kT \propto T$，$\overline{E_{k\,a}} > \overline{E_{k\,b}}$
(D)×，$N\overline{E_k} = \frac{3}{2}NkT \propto NT$，條件不足無法確定。

依據出題頻率分為：A頻率高 B頻率中 C頻率低

單元7 波動學

生活中有許多事物以波動的形式出現：石子落入水中形成漣漪；手機和無線網路以電磁波的形式傳送訊息；聲波傳至耳朵使我們產生聽覺等，可見波動現象與我們生活密不可分。本單元分成兩大主題：主題1「波動」─主要介紹波動的基本性質；主題2「聲波」─特別針對聲波作進一步的討論。

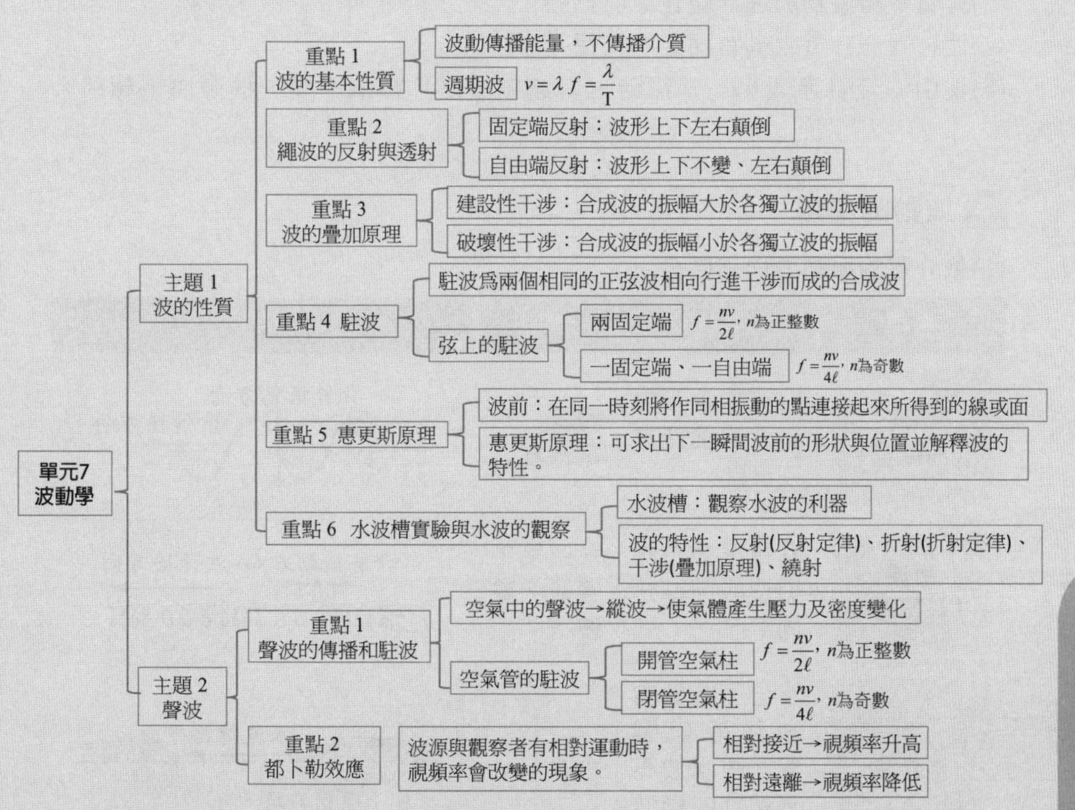

主題 1 波動

關鍵重點

橫波、縱波、力學波、非力學波、週期波、波的疊加原理、同相、反相、相位差、建設性干涉、破壞性干涉、駐波、水波槽、反射、折射、干涉、波程差、繞射

重點 1 波的基本性質

Check! □□□

1 波動的特性

(1)波動是擾動傳遞的現象。
(2)波動是傳遞能量的一種機制。
(3)介質不隨波動前進，僅在原處振動。
(4)波在同一介質中具有固定的傳播速率。
(5)波由一介質進入另一介質時，其速率改變且頻率不變，振源決定頻率大小。

2 波動的種類

(1)依介質的振動方向來區分

名稱	特性	實例	圖示
橫波（高低波）	介質振動方向與波的前進方向垂直	繩波 電磁波	介質振動方向 波傳播方向
縱波（疏密波）	介質振動方向與波的前進方向平行	在空氣中傳遞的聲波	介質振動方向 波傳播方向
混合波	水分子運動的軌跡近似圓周，故水波不是單純的橫波或縱波	水波	水波傳播方向 水分子運動軌跡

(2)依波動的傳遞是否需要介質來區分

名稱	特性	實例
力學波（機械波）	需要靠介質才能傳播的波動	聲波、繩波、水波
非力學波	不需要靠介質就能傳播的波動	電磁波

3 週期波

(1)脈衝波與週期波

A. 脈衝波（脈波）：波源只振動一次所產生的波動。

B. 週期波：波源作規則的週期性振動所產生的波動。

C. 正弦波：為最常見的週期波，波源作簡諧振動，其瞬間波形同正弦或餘弦的函數圖形。

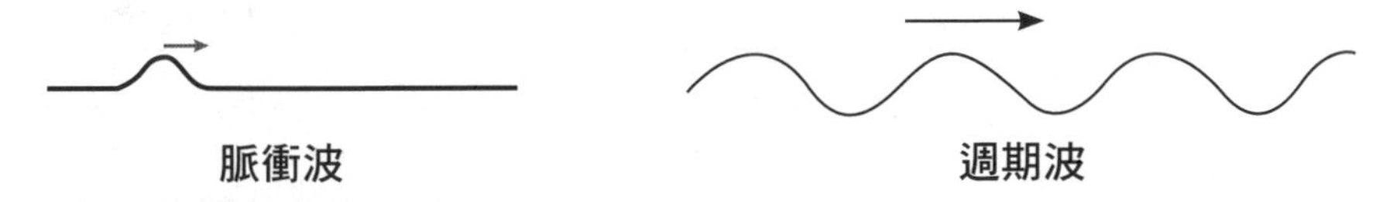

重要 **(2)週期波的名詞介紹**

鉛直振動的彈簧連接一細繩可以產生一向右傳播的正弦波。

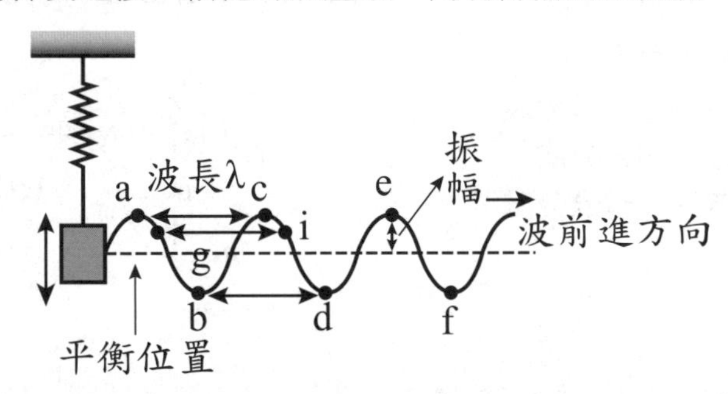

A. 平衡位質：圖中水平虛線的位置，質點未振動時的位置

B. 波峰：為圖中a、c、e各點

C. 波谷：為圖中b、d、f各點

D. 振幅R：質點偏離平衡位置的最大位移。

E. 波長 λ：兩相鄰相同振動狀態之對應點間的距離（如圖中$\overline{ac}$、$\overline{gi}$、$\overline{bd}$）。

F. 週期T：波前進一個波長或質點來回振動一次所需的時間。

G. 頻率f：每秒振動的次數，為週期的倒數（$f=\frac{1}{T}$），單位是1/秒或赫茲（Hz）。

必背 H. 波速v：波動在介質中傳播的速度，由波長的定義⇒$v=\frac{\lambda}{T}=f\lambda$。

註：波速≠介質振動的速度

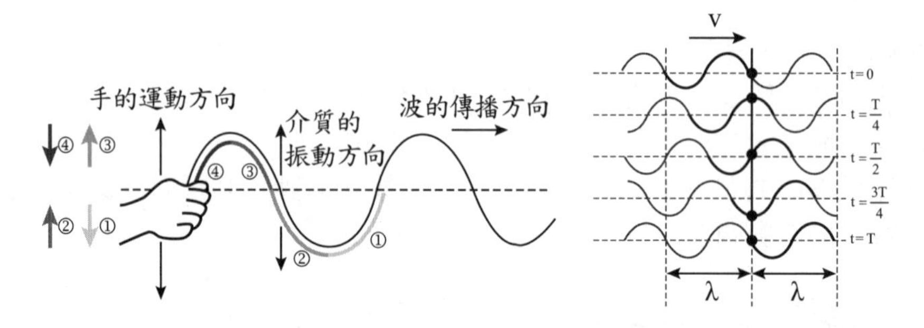

範例 7-1 難易度★☆☆

右圖為一向右傳播的繩波在某一時刻繩子各點的位置圖，經過$\frac{1}{2}$週期後，乙點的位置將移至何處？

(A)它的正下方y＝－4公分處
(B)它的正下方y＝0公分處
(C)它的正下方y＝－2公分處
(D)丁點處
(E)戊點處。

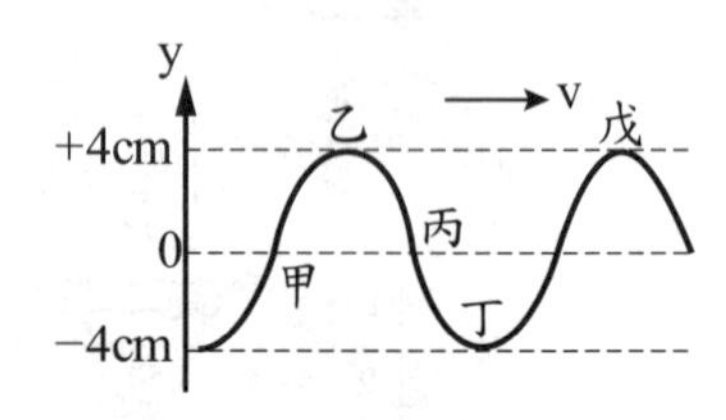

答：**(A)**。

繩子各點在原處作上下振動，經過$\frac{1}{2}$週期後，乙點從波峰的位置振動至波谷的位置，故移至正下方y＝－4公分處。

範例 7-2　難易度★★☆

一個連續週期繩波向x的方向傳播，如圖所示，若細繩上的各質點在原位置每分鐘上下振盪12次，則下列敘述何者正確？

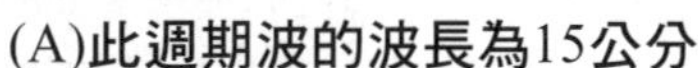

(A)此週期波的波長為15公分
(B)此週期波的振幅為4公分
(C)此週期波的頻率為12赫茲
(D)此週期波的波速為2.4公分/秒
(E)此週期波由位置3公分處傳播到27公分處需時18秒。

答：**(D)**。

(A)×，波長：兩相鄰相同振動狀態之對應點間的距離，
$\lambda=15-3=12\text{cm}$。

(B)×，振幅：質點偏離平衡位置的最大位移，為2公分。

(C)×，頻率：每秒振動的次數，$f=\frac{12}{60}=0.2\text{Hz}$。

(D)○，$v=\lambda f=12\times0.2=2.4\text{cm/s}$

(E)×，$t=\frac{27-3}{2.4}=10\text{s}$

4 繩波的波速

必背 (1)**繩波波速：** $v=\sqrt{\frac{F}{\mu}}$ （F：繩張力、μ：線密度）

(2)**單位：**

物理量	SI制單位
繩波波速v	公尺/秒（m/s）
繩張力F	牛頓（N）
線密度μ	公斤/公尺（kg/m）

(3)**說明：**

若繩上橫波以速率v向左移動，對同樣以速率v向左移動的觀察者而言，認為小段繩長Δs正以v的速率繞曲率中心C轉動，而Δs兩端張力的合力為向心力。

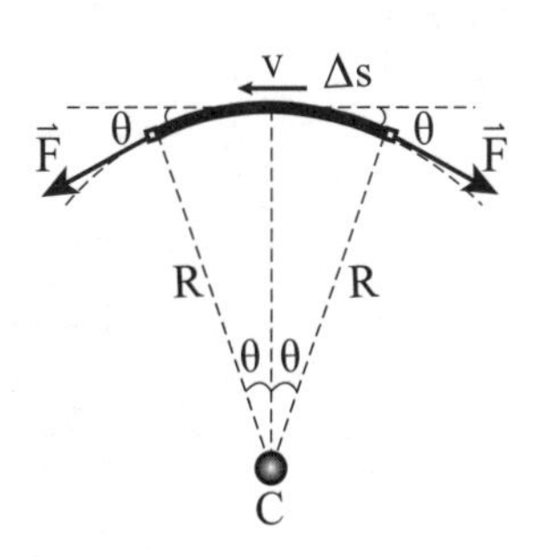

$$F_c = 2F\sin\theta = m\frac{v^2}{R} = (\Delta s\mu)\frac{v^2}{R} = \frac{(R2\theta\mu)v^2}{R} = 2\theta\mu v^2$$

$\because \theta$ 很小，故 $\sin\theta \approx \theta$ ，$2F\sin\theta \approx 2F\theta = 2\theta\mu v^2 \Rightarrow v = \sqrt{\frac{F}{\mu}}$

(4)對同一繩子而言，繩波波速為一定值，與其波形、振幅、頻率、波長等無關。

範例 7-3　　難易度★☆☆

在演奏吉他之前，常需要旋轉吉他頂端的旋鈕來調音，其目的主要是利用吉他弦線的鬆緊程度，來改變弦線振動時的何項物理量？　(A)波速　(B)能量　(C)波形　(D)振幅。

答：**(A)**。$\because v = \sqrt{\frac{F}{\mu}} \propto \sqrt{F}$　∴改變波速。

重點2 繩波的反射與透射

Check! □□□

波動傳播過程中若遇到交界處，由於波速不同，會發生部分反射與部分透射的現象。

1 繩波在固定端與自由端的反射

	固定端的反射	自由端的反射
圖示	入射波 反射波	入射波 反射波

	固定端的反射	**自由端的反射**
現象	1. 反射波的波形與入射波上下顛倒、左右相反。 2. 反射波與入射波的波速、頻率、波長、振幅皆不變。	1. 反射波的波形與入射波上下不顛倒、左右相反。 2. 反射波與入射波的波速、頻率、波長、振幅皆不變。
原理	牛頓第三運動定律	牛頓第一運動定律（慣性）
說明	脈衝波抵達固定端時，繩子對牆施向上的力，牆同時也施一大小相等、方向相反的力於繩子上，此力使繩向下振動，便產生一個與入射波振動方向相反的反射波。	脈衝波抵達自由端時，繩施力於套環將其拉起，使套環產生向上的位移而攀升，並將緊鄰的繩子也向上拉起。當套環由最高處下降時，便產生一個與入射波振動方向相同的反射波。

2 繩波在兩繩交界點處的反射與透射

情況	**輕繩→重繩** **（線密度小）→（線密度大）**	**重繩→輕繩** **（線密度大）→（線密度小）**
圖示	入射波→ →透射波 ←反射波	入射波→ 反射波← →透射波
反射波	1.波形上下顛倒、左右相反。 2.振幅變小。 3.波速不變。 4.波長不變。 ☆ 交界處視為**固定端**反射	1.波形上下不顛倒、左右相反。 2.振幅變小。 3.波速不變。 4.波長不變。 ☆ 交界處視為**自由端**反射
透射波	1.波形不變。 2.振幅變小。 3.波速變慢。 4.波長變短。	1.波形不變。 2.振幅**變大**。 3.波速變快。 4.波長變長。

範例 7-4

難易度★☆☆

一弦左端固定，右端可自由上下滑動。在t＝0時，一波向右行進如右圖甲所示。則t＞0以後，由於波在兩端點的反射，下列乙、丙及丁各波形首次出現的先後順序為

(A)乙、丙、丁　(B)乙、丁、丙

(C)丙、乙、丁　(D)丙、丁、乙

(E)丁、乙、丙。

答：**(C)**。自由端反射→波形上下不顛倒、左右相反。

固定端反射→波形上下顛倒、左右相反。

繩波右端作自由端反射，左端作固定端反射，故波形出現的先後順序為丙、乙、丁。

範例 7-5

難易度★★☆

一線密度較小的輕繩上，有一向右傳遞，向上振動之入射脈衝波（如圖所示）。在輕繩與線密度較大之重繩之交接處（P點），脈衝波產生第一次反射與透射。第一次透射波傳遞至牆壁上O點反射而回，至P點時再產生第二次之反射與透射。則下列有關脈衝波在P點之透射波與反射波之敘述，何者正確？　(A)第一次透射波為向上振動的脈衝波　(B)第二次透射波為向上振動的脈衝波　(C)第一次反射波與第二次反射波均為向下振動的脈衝波　(D)第二次透射波的振幅較入射波為小　(E)第一次透射波與第二次透射波的波速相同。（多選題）

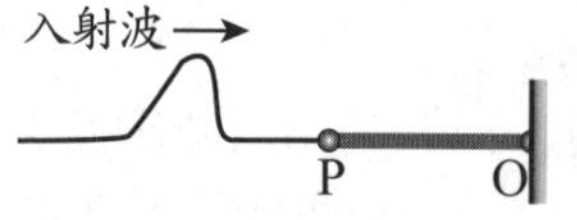

答：**(A)(C)(D)**。

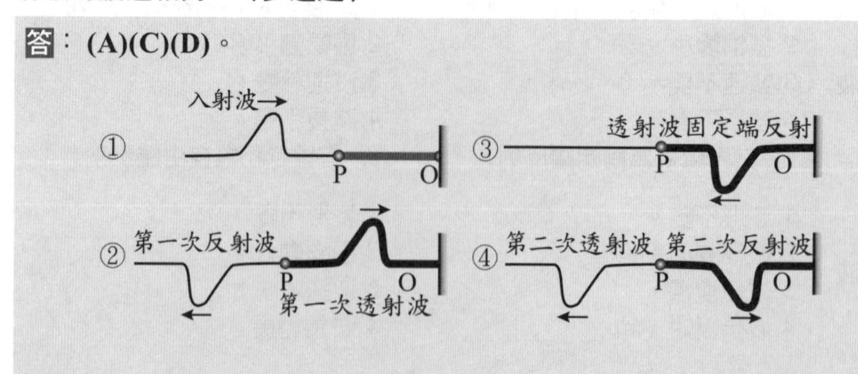

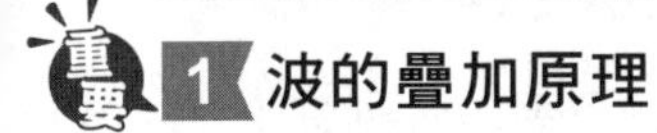

重點3 波的疊加原理

Check! □□□

重要 1 波的疊加原理

(1)**波的疊加原理：** 兩個或兩個以上脈衝波在介質中相遇而互相重疊時，重疊範圍內介質質點的振動位移等於各別波動所造成的位移和。

(2)**波的獨立性：** 不同的波動在彼此交會後的波形及波速等性質皆與原入射波相同。

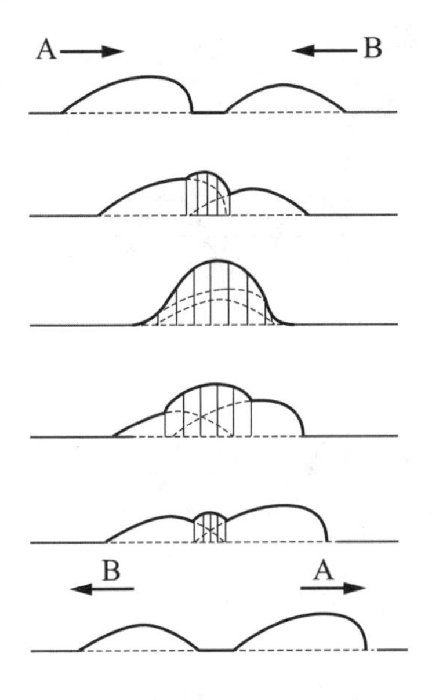

兩波形同方向脈衝波的重疊

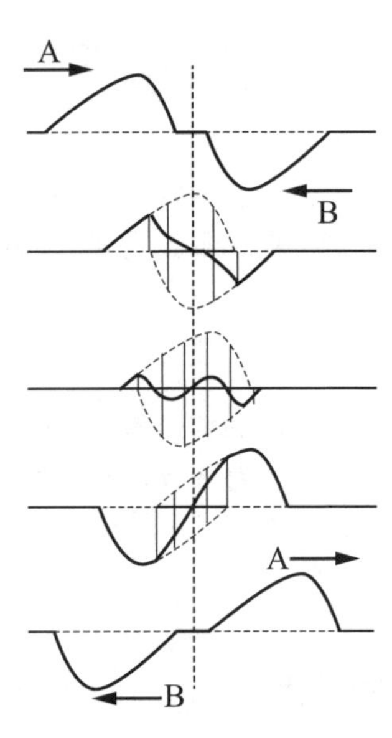

兩波形反方向脈衝波的重疊

重要 2 相位與相位差

(1)**相位 ϕ：** 用來描述週期波波形形狀的度量。由於週期波的波形有週期性，又參考圓每繞一周360°（2π）亦有週期性，故通常以角度（弧度）來量化，又稱相位角。

正弦波：完整的波OABCD $\xrightarrow{\text{對應}}$ 參考圓：一圈OABCD

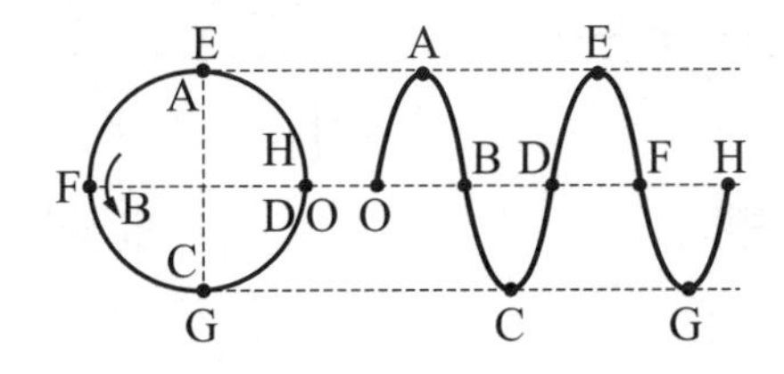

(2)**相位差 $\Delta\phi$ ：**描述在同一週期波上的兩個質點或兩個完全相同的波動在時間上或空間上的先後差異，即其相位的差值。

(3)在一週期波上，波峰各點彼此同相（如圖A、E二點），波谷各點彼此同相（如圖C、G二點），波峰與波谷反相（如圖A、C二點）。只要相位差為2π整數倍，稱為同相，質點的位移、振動速度均相同；相位差為π奇數倍，稱為反相，質點的位移、振動速度大小相同、方向相反。

(4)**兩波同相與反相**

名稱	內容	圖示
同相	兩波的波峰或波谷同時抵達同一位置，稱為兩波同相，相位差為0。	y x
反相	一波的波峰與另一波的波谷同時抵同一位置，稱為兩波反相，相位差為π。	y x

3 波的干涉

(1)**干涉：**兩個（或以上）的波動發生重疊而形成合成波的現象。

重要 (2)**干涉的種類：**

A. 建設性干涉（相長性干涉）：合成波的振幅大於各獨立波的振幅，稱為建設性干涉。若為同相干涉，合成波的振幅最大，等於原來兩波的振幅和，稱為完全建設性干涉。

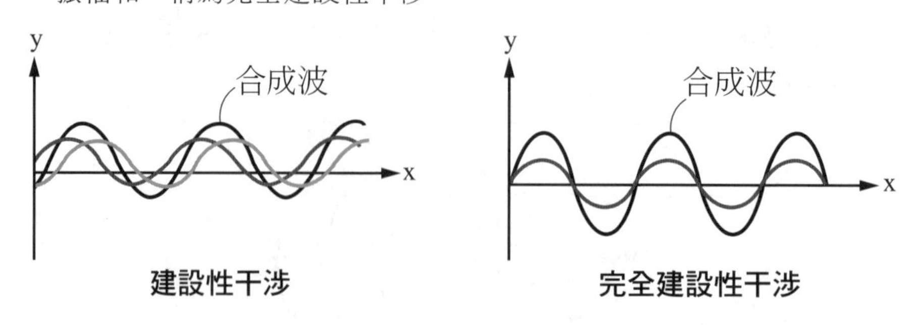

建設性干涉 **完全建設性干涉**

B. 破壞性干涉（相消性干涉）：合成波的振幅小於各獨立波的振幅，稱為破壞性干涉。若為反相干涉，合成波的振幅最小，等於原來兩波的振幅差，稱為完全破壞性干涉。

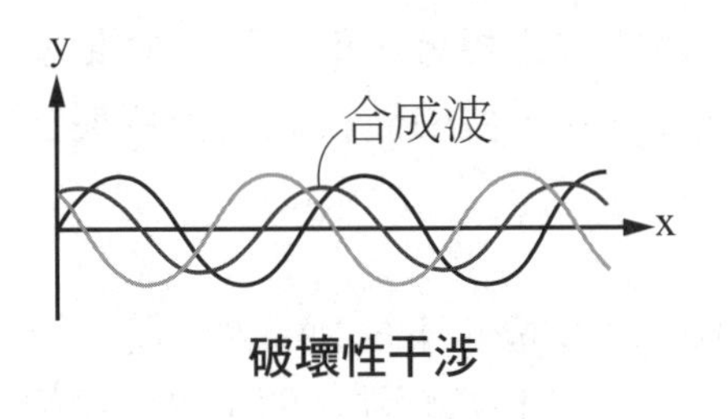

破壞性干涉

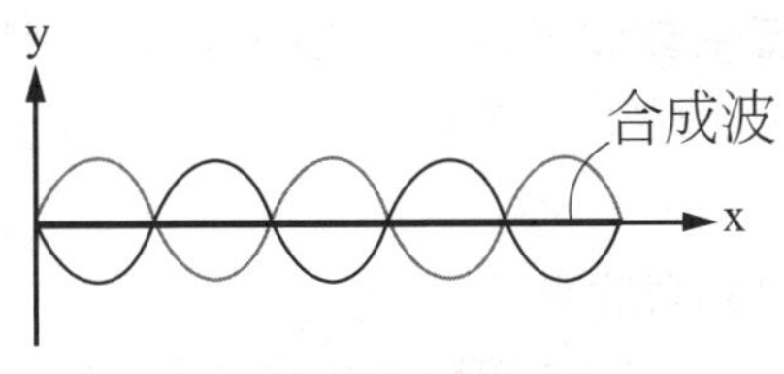

完全破壞性干涉

範例 7-6　難易度★★☆

在一條沿x軸拉緊的均勻細繩上，有甲與乙兩個脈波，以波速v分別向右與向左行進，當時間t＝0時，兩波的波形如圖所示。圖中的兩個三角形均為等腰，且高度H遠小於底邊的長度L（未依比例繪製）。若重力的影響可忽略不計，則下列有關這兩個脈波的敘述，何者正確？

(A)位於甲、乙兩脈波上的小段細繩均沿x方向運動　(B)位於甲、乙兩脈波上的小段細繩，其動能均為零　(C)當兩脈波完全重疊的瞬間，細繩成一直線　(D)當兩脈波完全重疊的瞬間，繩波動能為零　(E)當兩脈波完全重疊後，繩波就永遠消失。

答：**(C)**。

(A)×，細繩均沿y方向運動，不隨脈波前進。

(B)×，當質點有速度時，就會有動能。

(C)○，由於甲乙兩脈波波形完全相同、上下顛倒，當兩脈波完全重疊的瞬間，兩波作完全破壞性干涉，故細繩成一直線。

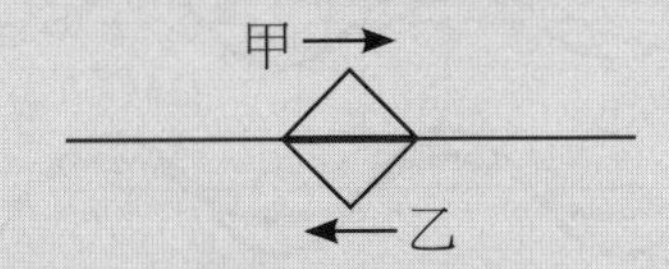

(D)×，兩脈衝波主要傳遞動能，當兩波作完全破壞性干涉時，波形看似相消，但動能恆為正不會抵消，且重疊瞬間後兩波各帶著動能離開。

(E)×，根據波的獨立性，重疊後甲乙兩脈波各自往原方向前進。

重點4 駐波

Check!

1 駐波

(1)**產生駐波條件：**振幅、波長、頻率（週期）皆**相等**，但行進方向**相反**的兩正弦波交會時，其合成波的波形不會移動，波幅僅在原地作週期性的漲落。

(2)**節點與腹點**

A. **節點N（波節）**：形成駐波的介質中，永遠靜止不振動的點。

B. **腹點A（波腹）**：形成駐波的介質中，位於相鄰兩節點間中央，振幅最大的點。

(3)**駐波的特性**

A. 駐波的腹點與節點等距分布，若進行波的波長為 λ，則駐波中相鄰兩腹點或相鄰兩節點間的距離 $=\dfrac{\lambda}{2}$，而相鄰之節點與腹點之距離 $=\dfrac{\lambda}{4}$。

B. 除節點外，介質上各點均在原處作簡諧運動，振動週期皆相同，其振幅則隨各質點的位置而不同，腹點振幅最大，愈接近節點處則愈小。

C. 駐波波形無法前進傳播能量，波的能量以動能和位能的形式交換儲存。

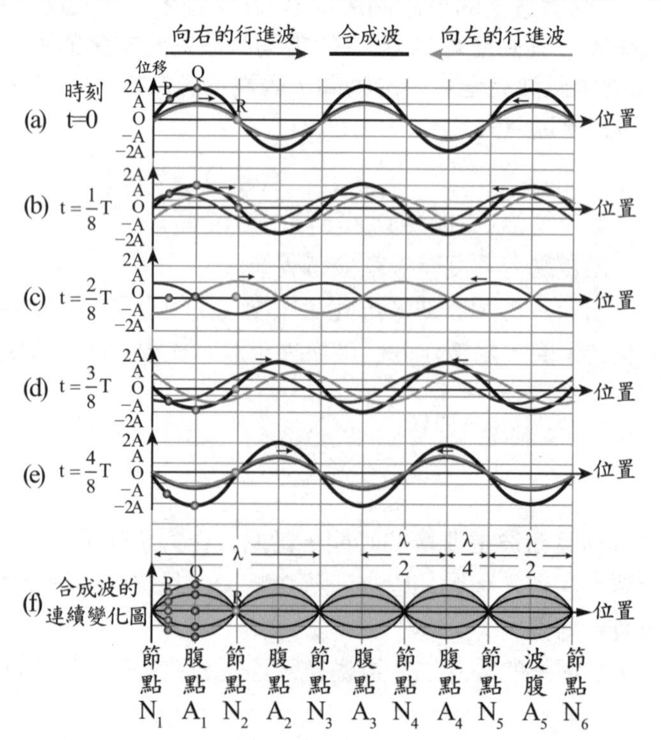

重要 2 繩上的駐波

(1)兩固定端（兩端視為節點）

將一長度L的彈性繩兩端固定，撥弄繩使之振動，產生波在繩上傳播，經兩固定端反射後，因為干涉而形成駐波。

A. 形成駐波的條件為：$L = n \cdot \frac{\lambda}{2}$

➲ 駐波的波長：$\lambda = \frac{2L}{n}$，其中 $n = 1$、2、3、…。

必背 B. 可產生駐波的頻率：$f = \frac{v}{\lambda} = \frac{nv}{2L} = \frac{n}{2L} \cdot \sqrt{\frac{F}{\mu}}$，其中 $n = 1$、2、3、…。

n值	名稱		頻率	圖示
n=1	基音	第一諧音	$f_1 = \frac{v}{2L}$	L；N　N
n=2	第一泛音	第二諧音	$f_2 = \frac{v}{L} = 2f_1$	N　N　N
n=3	第二泛音	第三諧音	$f_3 = \frac{3v}{2L} = 3f_1$	N　N　N　N
以此類推				

註：產生駐波的最低頻率稱為基頻或基音（n=1）；其它頻率較高的音（n>1，且n為正整數）稱為泛音，基音和泛音統稱諧音。

(2)一固定端、一自由端（固定端視為節點，自由端視為腹點）

將一長度L的彈性繩一端固定、一端為自由端，撥弄弦使之振動，產生波在弦上傳播，經兩端反射後，因為干涉而形成駐波。

A. 形成駐波的條件為：$L = n \cdot \frac{\lambda}{4}$

➲ 駐波的波長：$\lambda = \frac{4L}{n}$，其中 $n = 1$、3、5、…。

必背 B. 可產生駐波的頻率：$f=\frac{v}{\lambda}=\frac{nv}{4L}=\frac{n}{4L}\cdot\sqrt{\frac{F}{\mu}}$，其中 $n=1$、3、5、…。

	名稱		頻率	圖示
n＝1	基音	第一諧音	$f_1=\frac{v}{4L}$	L；N
n＝3	第一泛音	第三諧音	$f_3=\frac{3v}{4L}=3f_1$	N N
n＝5	第二泛音	第五諧音	$f_5=\frac{5v}{4L}=5f_1$	N N N
以此類推（註：沒有偶數的諧音）				

範例 7-7　難易度★☆☆

一條長度為5.0公尺、兩端固定的繩上所形成的駐波，其示意圖如圖。此駐波是由波形相同，但行進方向相反的二波重疊而成，此二波的波長為何？

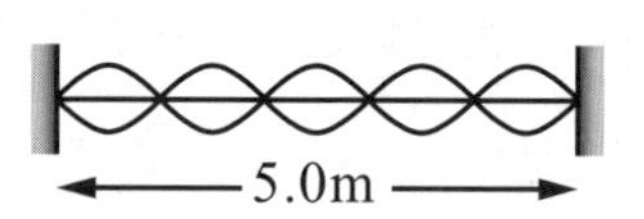

(A)1.0　(B)1.5　(C)2.0　(D)2.5　(E)3.0　公尺。

答：**(C)**。如圖所示，波長與繩長的關係：$L=\frac{\lambda}{2}\cdot 5=5 \Rightarrow \lambda=2m$

範例 7-8　難易度★☆☆

長2公尺的弦兩端固定，若一脈波從一端進行到另一端時需0.05秒，則此弦產生震動時的第一泛音頻率為多少Hz？　(A)5　(B)10　(C)15　(D)20 Hz。

答：**(D)**。弦兩端固定 $\Rightarrow f=\frac{nv}{2L}$，其中 $n=1$、2、3、…。

波速 $v=\frac{L}{t}=\frac{2}{0.05}=40m/s$，第一泛音 $n=2 \Rightarrow f_2=\frac{2v}{2L}=\frac{2\times 40}{2\times 2}=20Hz$

範例 7-9　難易度★★☆

弦線A的長度為L，線密度為μ，張力為T，兩端固定。另一弦線B，線密度為2μ，張力為3T，兩端也固定。欲使B弦的基頻與A弦的第三諧音頻率相同，則B弦長度應為何？

答：$\frac{\sqrt{6}}{6}L$。

弦兩端固定⇒$f=\frac{nv}{2L}$，其中$n=1$、2、3、…。

基頻n=1，第三諧音n=3

$f_{B1}=f_{A3}$，$\frac{1}{2L_B}\cdot\sqrt{\frac{3T}{2\mu}}=\frac{3}{2L}\cdot\sqrt{\frac{T}{\mu}}\Rightarrow L_B=\frac{\sqrt{6}}{6}L$

範例 7-10　難易度★★☆

當我們使用正確的頻率來回撥動浴缸裡的水，可以產生駐波，而使靠浴缸壁兩邊的水交替起伏（即一邊高時，另一邊低）。若水的波速為1.0公尺/秒，浴缸寬75公分，則下列何者為正確的頻率？ (A)0.67赫茲 (B)1.48赫茲 (C)2.65赫茲 (D)3.78赫茲 (E)4.23赫茲。

答：**(A)**。

∵浴缸裡的駐波兩邊一邊高、一邊低，如圖所示，浴缸寬與水波波長的關係$L=\frac{\lambda}{2}\cdot n$，$\lambda=\frac{2L}{n}$，

其中$n=1$、3、5、…⇒$f=\frac{nv}{2L}$，$n=1$、3、5、…

當$n=1$，$f_1=\frac{1}{2\times0.75}\approx0.67\text{Hz}$

當$n=3$，$f_3=\frac{3\times1}{2\times0.75}=2\text{Hz}$

當$n=5$，$f_5=\frac{5\times1}{2\times0.75}\approx3.33\text{Hz}$

當$n=7$，$f_7=\frac{7\times1}{2\times0.75}\approx4.67\text{Hz}$

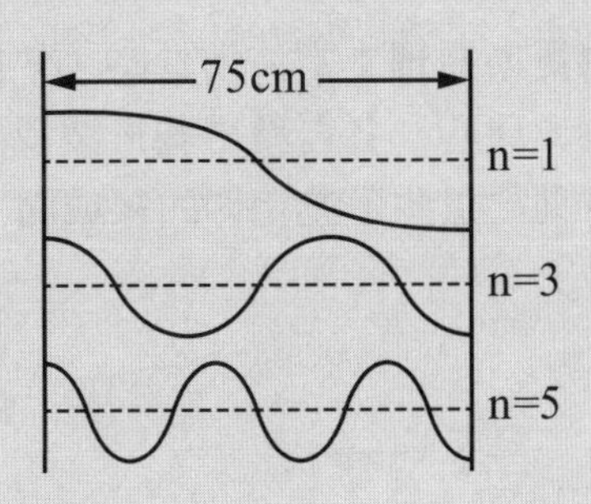

重點5 惠更斯原理

Check! □□□

1 波前

(1)**波前：**在同一時刻將作同相振動的點連接起來所得到的線或面。

(2)**特性：**

A. 波前不一定要波峰或波谷的連線。如右圖所示，A為波峰波前，C為波谷波前，而B亦為波前。

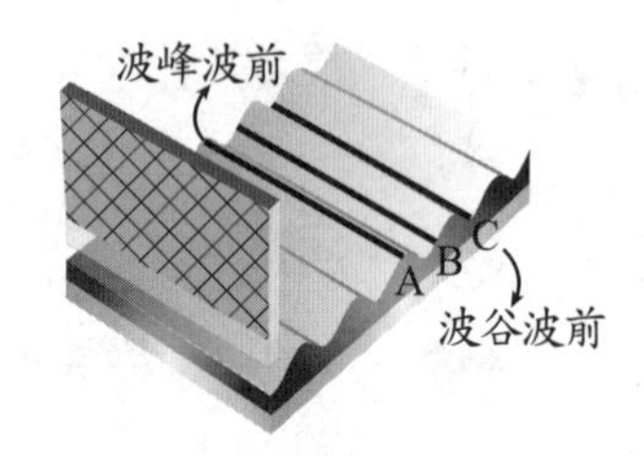

B. 兩相鄰波峰波前或兩相鄰波谷波前間的距離即為波長。

C. 波的傳播方向恆與波前**垂直**

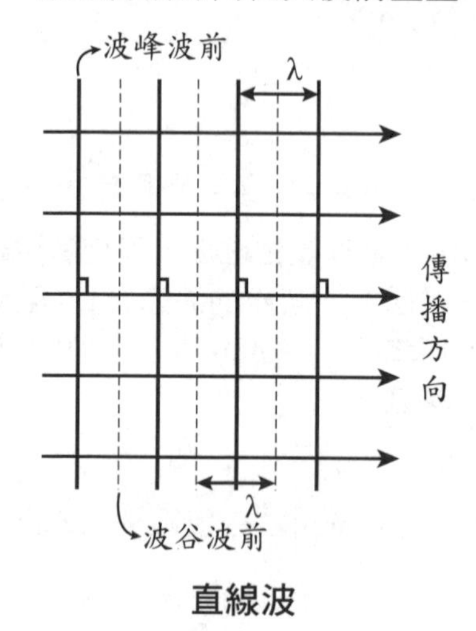

直線波

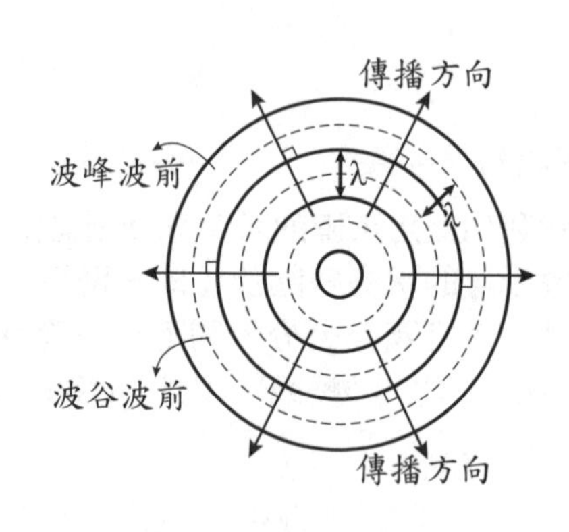

圓形波

2 惠更斯原理

(1)**惠更斯原理：**當波前進時，波前上每個點均可視為新的點波源，以其為圓心或球心，各自發出圓形波或球面波，稱為子波，並以波速前進。在任一時刻，這些子波相切的線或面，稱為包絡線或包絡面，即形成新的波前。

(2)惠更斯原理可求出下一瞬間波前的形狀與位置。

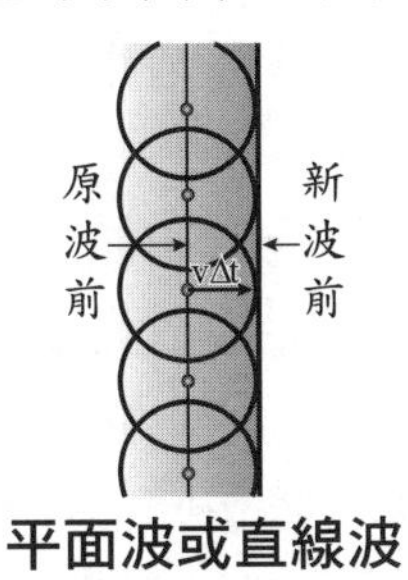

平面波或直線波

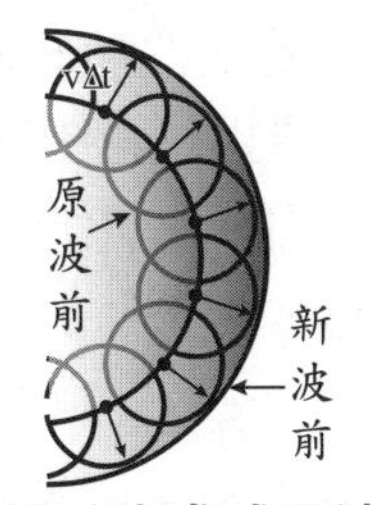

圓形波或球面波

(3)惠更斯利用此原理解釋波的反射及折射等現象，並提出光的波動說，有別於牛頓所提出光的微粒說。

重點6 水波槽實驗與水波的觀察

Check! □□□

1 水波槽實驗

(1)**實驗目的：**水波槽是觀察水波的利器，可觀察水波的反射、折射、干涉和繞射的現象。

(2)**實驗裝置：**如圖所示，以不同的起波器產生直線波或圓形波，在透明的玻璃水波槽上方裝置光源，並在水波槽正下方放置白紙，入射光源將水波影像投影在白紙上。

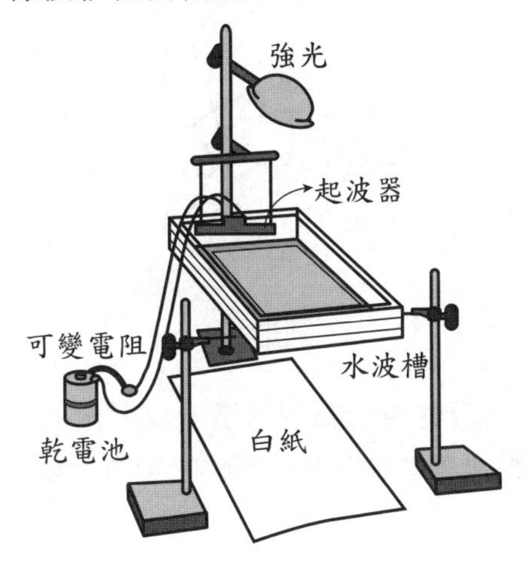

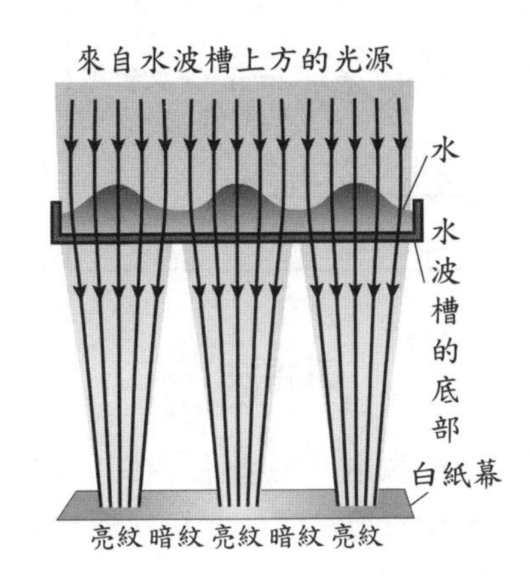

(3)**實驗說明：**

A. 當起波器尚未啟動時水面無波，上方的光線會穿透水而均勻照亮下方的白紙，使白紙各處亮度看起來相當。

B. 當水面上有水波起伏時，凸起處（波峰）如凸透鏡能會聚光線，故在白紙上形成亮紋；凹下處（波谷）如凹透鏡能發散光線，故在白紙上形成暗紋。

C. 若起波器作週期性振盪，則在白紙上形成亮暗相間的條紋，和水波同步移動。白紙上的亮紋為波峰的波前；暗紋為波谷的波前。

D. 白紙上兩相鄰亮紋之間的距離為「視波長」，並非水波真正的波長，因為實驗所使用的光源不是平行光。

2 水波的反射

(1)**波的反射：**波遇障礙物或界面時，返回原介質的現象。

(2)**水波反射實驗：**在水波槽中置一障礙物作為反射面，所放置的障礙物必須比水面高。起波器可用直線起波器或圓形起波器，以便觀察直線波及圓形波的反射情況。

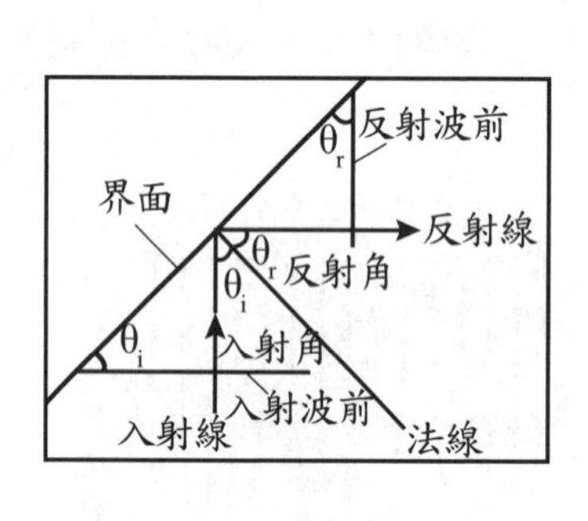

直線波

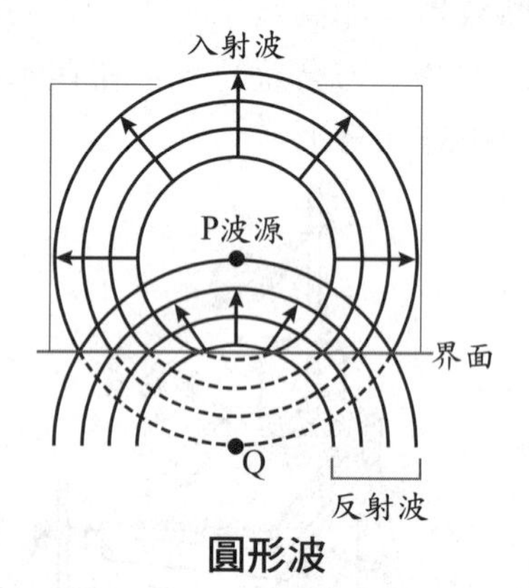

圓形波

(3)**圓形波的反射：**圓形波遇到直線障礙物**反射後仍為圓形波**。反射波的同心圓形波似從Q點發出，Q點與界面的距離等於波源P至界面的距離，Q可視為是P的鏡像。

(4)**反射定律**

A. 入射線、反射線與法線共平面，且入射線與反射線分別位於法線的兩側。

B. 入射角等於反射角，即$\theta_i = \theta_r$。

(5) 入射波的波前與界面的夾角等於入射角；反射波的波前與界面的夾角等於反射角。

證明：如圖所示，法線與界面垂直，

故 $\theta+\theta_W=90°$，

又∵ $\Delta OAO'$ 為直角三角形，

$\therefore \theta+\theta_{WF}=90° \Rightarrow \theta_W=\theta_{WF}$

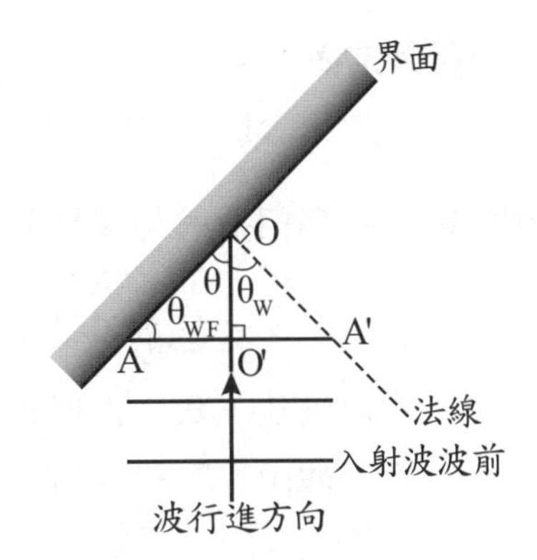

範例 7-11

難易度★☆☆

關於反射波與入射波的比較，下列敘述何者正確？

(A)反射波的頻率等於入射波的頻率　(B)反射波的波長小於入射波的波長
(C)反射波的波速小於入射波的波速　(D)反射波的振幅大於入射波的振幅

答：**(A)**。

(B)×，反射波波長等於入射波波長。

(C)×，波速只與所在介質有關，故反射波波速等於入射波波速。

(D)×，在能量無損失的情況下，反射波的振幅等於入射波的振幅。

重要 3 水波的折射

(1) **波的折射：**波從一介質進入另一介質時，因波速的不同使行進方向發生改變的現象。

(2) **水波折射實驗：**在水波槽中置一長方形玻璃板，其高度低於水面，與直線起波器成一傾斜角度。

(3) 玻璃板的用途是使水槽內區分出兩個不同深度的水域，形成兩種不同的傳播介質，玻璃板的邊界即為兩介質的界面。

(4) 水波的傳播速率 v 和水的深度 h 有關，即 $v \propto \sqrt{h}$。故深水區，水波波速較快；淺水區，水波波速較慢。

(5) 波行進過程中頻率不變（起波器振盪頻率固定），故水波在深水區的波長**較長**，在淺水區的波長**較短**。

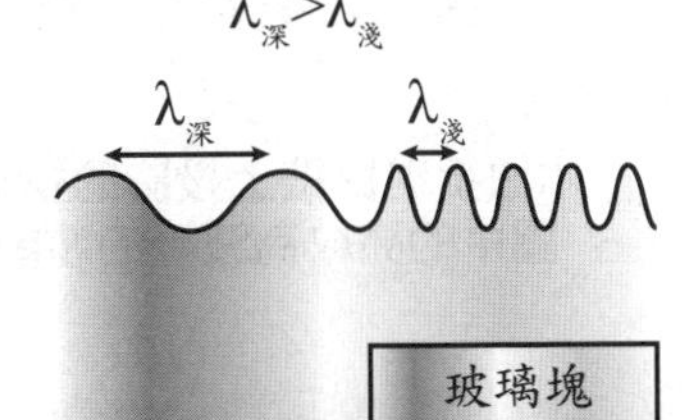

(6)**折射定律：**

A. 入射線、折射線與法線共平面，且入射線與折射線分別位於法線兩側。

必背 B. 入射角與折射角滿足關係式：$\dfrac{v_1}{v_2}=\dfrac{\lambda_1}{\lambda_2}=\dfrac{\sin\theta_1}{\sin\theta_2}=n_{12}=$ 定值

其中，v_1：入射波波速、v_2：折射波波速；λ_1：入射波波長、λ_2：折射波波長；θ_1：入射角、θ_2：折射角；n_{12}：介質2相對於介質1之折射率（波由介質1入射介質2之折射率）。

■ 說明：

根據惠更斯原理，在 Δt 時間內，Q點發出的子波抵達界面上的O點，同時界面上的A點發出的子波抵達B點，其中 $\overline{QO}=v_1\Delta t$、$\overline{AB}=v_2\Delta t$。同理，波前 $\overline{AQ}$ 上發出的子波在 Δt 後形成波前 $\overline{BO}$。

如右圖所示，$\sin\theta_1=\dfrac{v_1\Delta t}{\overline{AO}}$、$\sin\theta_2=\dfrac{v_2\Delta t}{\overline{AO}}$

$\Rightarrow \dfrac{\sin\theta_1}{\sin\theta_2}=\dfrac{v_1}{v_2}$（折射定律）。

(7)**實例說明：**水波由深水區進入淺水區

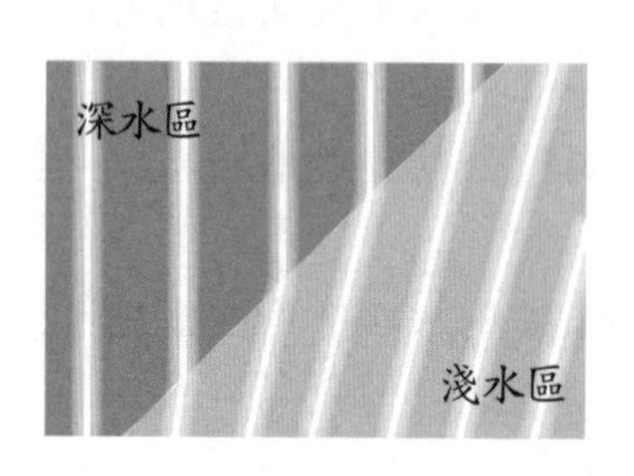

水波折射白紙上投影的情況，圖中的亮紋為波峰的波前。

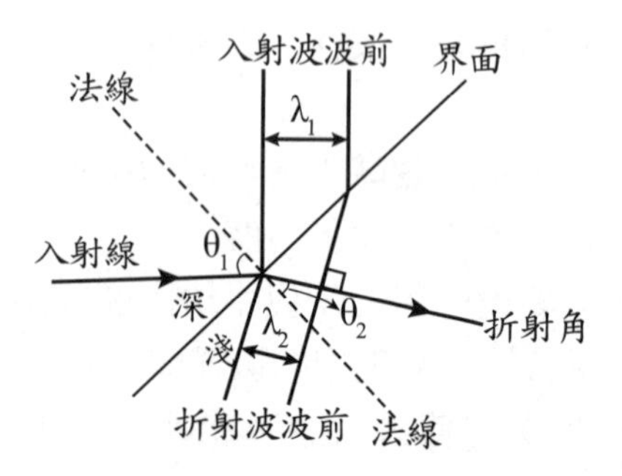

水波折射的示意圖
（λ_1：入射波波長、λ_2：折射波波長；θ_1：入射角、θ_2：折射角）

範例 7-12

難易度★★☆

水波槽中頻率為10赫茲的直線波，通過深淺不等的兩區，其部分波前如下圖所示，已知水波由B區傳向A區。則

(1)哪一區為深水區？

(2)折射波的波長？

(3)入射角？折射角？

(4)折射波的波速？

(5)入射波的波長？入射波的波速？

(6)A對B的水波折射率為何？

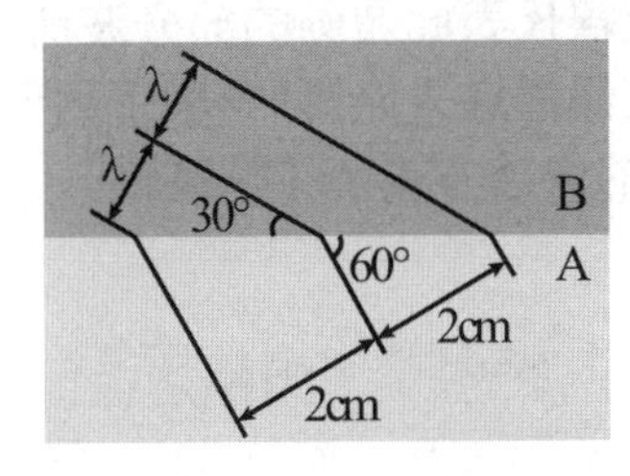

答：(1)A (2)2cm (3)30°，60° (4)20cm/s (5)$\frac{2}{\sqrt{3}}$cm，$\frac{20}{\sqrt{3}}$cm/s (6)$\frac{1}{\sqrt{3}}$。

(1)水波頻率在傳播過程中不變，又深水區波速快，故波長較長，由圖可知A區為深水區。

(2)波長為相鄰波前間的垂直距離，如圖所示，折射波的波長為2cm。

(3)由於入（折）射波的波前與界面的夾角為入（折）射角，故入射角為30°、折射角為60°。

(4) $v_A = \lambda_A f = 2 \times 10 = 20\,\text{cm/s}$

(5)折射定律：$\frac{\sin\theta_B}{\sin\theta_A} = \frac{\lambda_B}{\lambda_A} = \frac{v_B}{v_A}$，$\frac{\sin 30^\circ}{\sin 60^\circ} = \frac{1}{\sqrt{3}} = \frac{\lambda_B}{2} = \frac{v_B}{20}$

$\Rightarrow \lambda_B = \frac{2}{\sqrt{3}}\,\text{cm}$、$v_B = \frac{20}{\sqrt{3}}\,\text{cm/s}$

(6) $n_{BA} = \frac{\sin\theta_B}{\sin\theta_A} = \frac{\sin 30^\circ}{\sin 60^\circ} = \frac{1}{\sqrt{3}}$

7-13 難易度★★☆

範例 **右圖中波動在兩介質中的傳播速率分別為v_1與v_2。圖中直線代表此波動的部分波前。若波動由介質1經過界面傳播進入介質2，則下列何者可能為該波動在介質2的傳播方式？（多選題）**

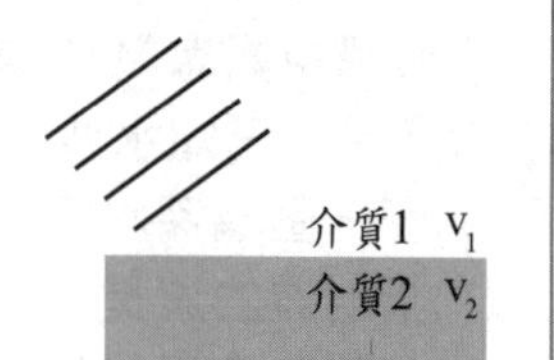

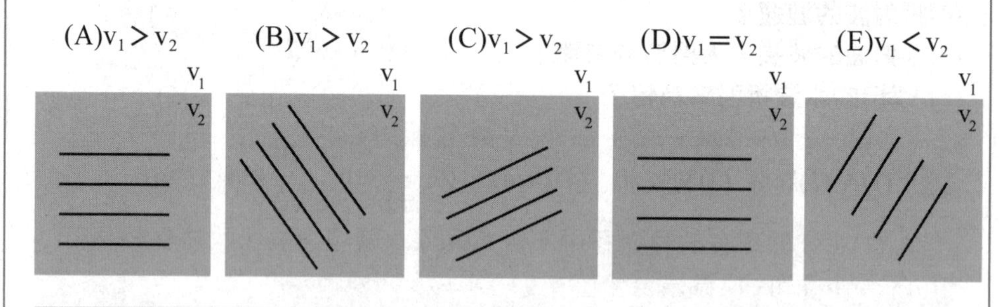

答：**(C)(E)**

若$v_1>v_2$，代表波動由深水區進入淺水區，波長變短，且偏向法線。

若$v_1<v_2$，代表波動由淺水區進入深水區，波長變長，且偏離法線。

若$v_1=v_2$，代表波動在同介質傳播，波長不變，行進方向不變。

重要 4 水波的干涉

(1)**波的干涉：**兩個（或以上）的波動發生重疊而形成合成波的現象。

(2)**水波干涉實驗：**裝置雙點波源起波器，兩個波動振動頻率及方向皆相同，故兩波為**同相波源**。

(3)**同調性：**

A. 若要在白紙上形成穩定的干涉圖形，兩波源的**相位差必須固定**，稱為波的同調性。

B. 兩個同調的波源，具有相同的頻率，不需要振幅相同。

(4)**波程差δ：**水波槽中的某點P與兩點波源S_1與S_2的距離差稱為**波程差**，即$\delta=|\overline{PS_1}-\overline{PS_2}|$。

重要 (5)**兩同相點波源的干涉**

同相波源S_1和S_2相距d，兩波源各自獨立產生圓形波向外傳遞，兩波源內側波動重疊產生干涉現象。

必背 A. 當 $\delta=\left|\overline{PS_1}-\overline{PS_2}\right|=n\lambda$（波長的整數倍），其中 $n=0$、1、2、…

⇒此處發生完全建設性干涉

n值	波程差δ	名稱
0	$\delta=0$	中央腹線
1	$\delta=\lambda$	第一腹線
2	$\delta=2\lambda$	第二腹線
以此類推		

■ 說明：

a. $\Delta\delta_R=\left|\overline{RS_1}-\overline{RS_2}\right|=4\lambda-3\lambda=\lambda$，為兩波波峰重疊處，故R點振動位移向上最大，為完全建設性干涉，稱為腹點，在白紙上顯現出亮紋。

b. $\delta_Q=\left|\overline{QS_1}-\overline{QS_2}\right|=3.5\lambda-2.5\lambda=\lambda$，為兩波波谷重疊處，故Q點振動位移向下最大，為完全建設性干涉，稱為腹點，在白紙上顯現出暗紋。

※相同波程差的腹點之連線則稱為**腹線。**

必背 B. 當 $\delta=\left|\overline{PS_1}-\overline{PS_2}\right|=(m-\frac{1}{2})\lambda$（半波長的奇數倍），其中m=1、2、3、…

⇒此處發生完全破壞性干涉

m值	波程差δ	名稱
1	$\delta=\frac{\lambda}{2}$	第一節線
2	$\delta=\frac{3\lambda}{2}$	第二節線
3	$\delta=\frac{5\lambda}{2}$	第三節線
以此類推		

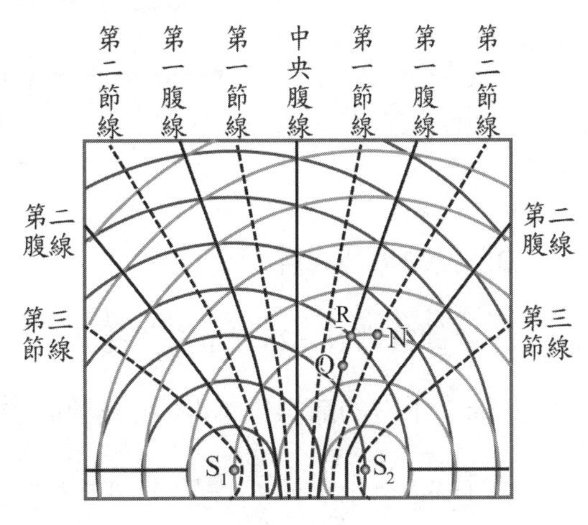

■ 說明：

$\Delta\delta_N=\left|\overline{NS_1}-\overline{NS_2}\right|=4.5\lambda-3\lambda=1.5\lambda$，為兩波波峰與波谷重疊處，故N點振動位移為零，為完全破壞性干涉，稱為節點，在白紙上顯現出灰色。

※相同波程差的節點之連線則稱為**節線。**

(6)**腹線與節線的特性**

A. 同相兩波源的腹（節）線左右對稱於中央腹線。除了中央腹線，腹（節）線為以兩波源為焦點的雙曲線，同一腹（節）線上的點至兩波源的波程差為定值。

B. 當腹（節）線通過波源本身時則退化成**直線。**

C. 在水波槽實驗中，腹線處水面振盪位移最大，故我們在白紙上看到的**腹線是亮暗相間、交替變化且動態遠離波源的線。**

D. 在水波槽實驗中，節線處水面恆靜止不動，故我們在白紙上看到的**節線是沒有明暗變化的靜止灰色曲線**。

(7)**同相干涉之腹線與節線的數目**

A. 方法1：利用干涉圖形的特性去計算。

兩波源連線間的水波形成駐波 ⇒ $\begin{cases} \text{相鄰兩節(腹)點的距離}：\dfrac{\lambda}{2} \\ \text{相鄰節點與腹點的距離}：\dfrac{\lambda}{4} \end{cases}$。

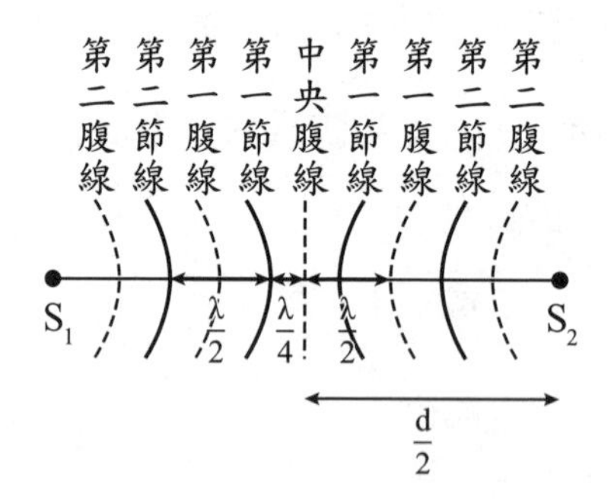

B. 方法2：公式解

總節線數 $N=2n$，$n \le \dfrac{d}{\lambda}+\dfrac{1}{2}$

n：半邊的節線數；d：兩波源間的距離

若 $n \le \dfrac{d}{\lambda}+\dfrac{1}{2}$ 為純小數，則 $n=0$。

若 $n \le \dfrac{d}{\lambda}+\dfrac{1}{2}$ 為帶有小數，則取整數部分為n。

若 $n \le \dfrac{d}{\lambda}+\dfrac{1}{2}$ 為整數，則n為此整數。（此含波源上的延長線）

說明：

設右半邊有n條節線，由駐波的幾何關係可知：波源連線上，最遠兩節點的距離 $(2n-1)\cdot\frac{\lambda}{2}\le$ 兩波源的距離d，故得 $n\le\frac{d}{\lambda}+\frac{1}{2}$ 。

總腹線數： $N'=2n'+1$ ， $n'\le\frac{d}{\lambda}$

n'：半邊的腹線數；d：兩波源間的距離

若 $n'\le\frac{d}{\lambda}$ 為純小數，則n'=0。

若 $n'\le\frac{d}{\lambda}$ 為帶有小數，則取整數部分為n'。

若 $n'\le\frac{d}{\lambda}$ 為整數，則n'為此整數。（此含波源上的延長線）

C. 若兩波源的振動為**反相**時，則其產生節線與腹線的情況和同相時恰好相反。

範例 7-14

難易度★★☆

兩水面波之同相點波源相距10.0公分，波長同為2.00公分，則(1)共有幾條腹線？(2)有幾條節線？

答：**(1)11條　(2)10條。**

(1) $n'\le\frac{d}{\lambda}=\frac{10}{2}=5$ ，總腹線數： $N'=2n'+1=2\times5+1=11$

(2) $n\le\frac{d}{\lambda}+\frac{1}{2}=\frac{10}{2}+\frac{1}{2}=5.5$ ，n取5，總節線數 $N=2n=2\times5=10$

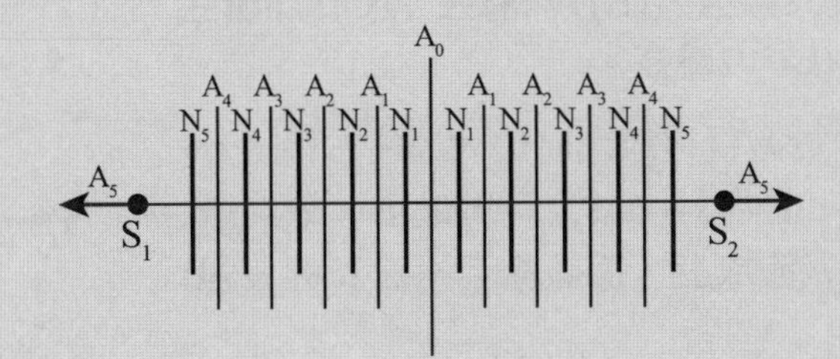

範例 7-15 難易度★★☆

兩聲源（揚聲器，俗稱喇叭）以相同的方式發出同頻率、同強度的相干聲波。右圖弧線所示為某瞬間，兩波之波谷的波前。A、B、C、D、E代表5位聽者的位置，有關這五位聽者，下列敘述何者正確？

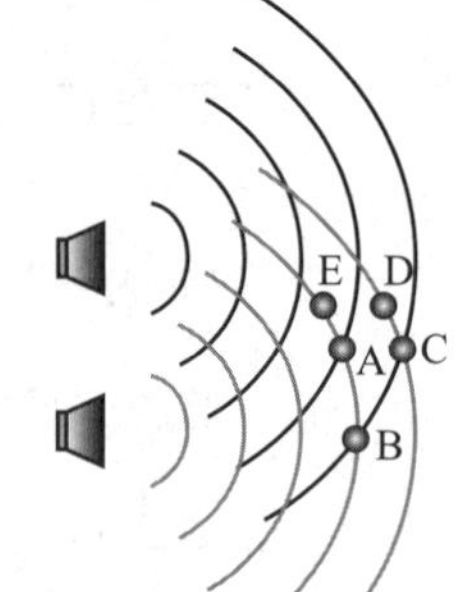

(A)A聽到的聲音最強
(B)A、C聽到的聲音一樣強
(C)B聽到的聲音最弱
(D)A聽到的聲音最弱
(E)B、E聽到的聲音一樣強。

答：**(A)**。A、C、B位於波谷與波谷的交會處，此處為完全建設性干涉；D、E位於波谷與波峰的交會處，此處為完全破壞性干涉，故A、C、B三位可聽到聲音，而D、E兩位聽不到聲音。
但聲音的振幅會隨著距離波源愈遠而愈小，故A、C、B三位聽到聲音的強度不同，且A聽到的聲音最強。

範例 7-16 難易度★★☆

S_1、S_2兩個喇叭，分別置於y＝12公尺，x＝±2.5公尺處（如右圖所示），由同一電源驅動發出相同的單頻聲音。一觀測者在x 軸的不同位置上可聽到音量有大小起伏的變化。已知音量在原點時最大，往右移則音量漸小，當移至x＝2.5公尺處時，音量最小。若聲速為344公尺/秒，則喇叭之音頻為 (A)158赫茲 (B)172赫茲 (C)316赫茲 (D)344赫茲 (E)502赫茲。

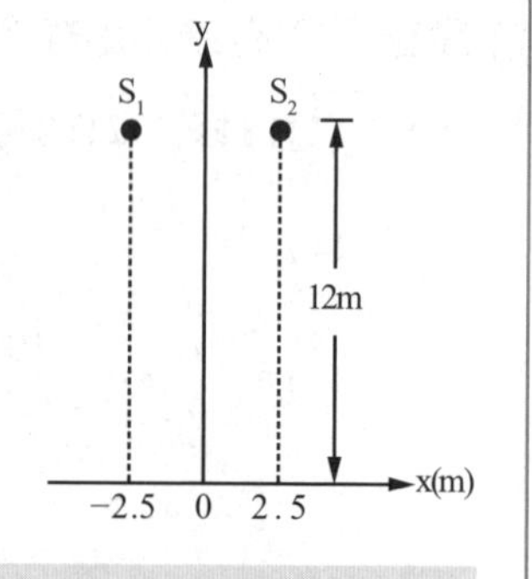

答：**(B)**。由於音量在原點時最大，往右移則音量漸小，且在x＝2.5公尺處最小，故該處位於第一節線上，即該處至兩波源的波程差為$\frac{\lambda}{2}$。如圖所示，$\delta = 13 - 12 = 1 = \frac{\lambda}{2}$，

得$\lambda = 2\text{m} \Rightarrow f = \frac{v}{\lambda} = \frac{344}{2} = 172\text{Hz}$。

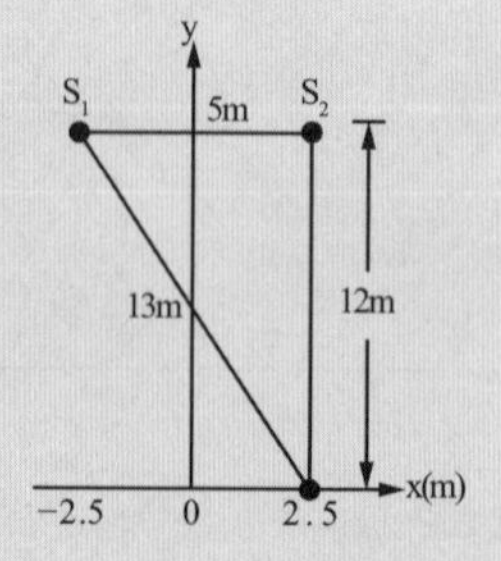

5 水波的繞射

(1)**波的繞射：**波在通過障礙物、障礙物邊緣或是小孔時，其波前形狀發生變化，導致行進方向改變的現象。

(2)**水波繞射實驗：**在水波槽內放置障礙物或小孔，實驗結果發現繞射現象的明顯程度與障礙物的大小或小孔開口的大小d有關，也和波的波長 λ 有關。

(3)**實驗結果**

A. 比較(a)(b)，若障礙物的大小相對於波長越小，繞射現象越明顯(b)。

B. 比較(c)(d)，若小孔寬度相對於波長越小，繞射現象越明顯(a)。

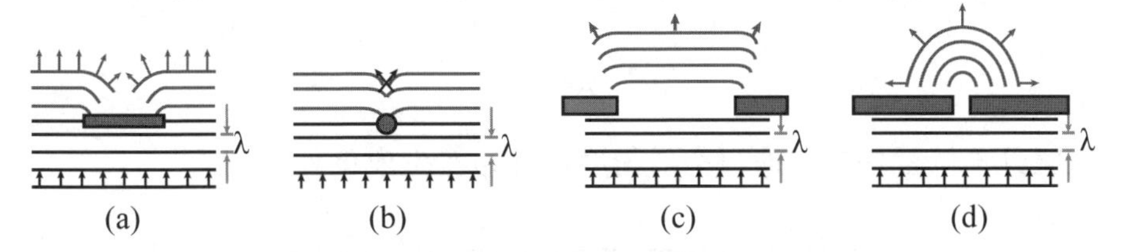

(a)　(b)　(c)　(d)

(4)**結論：**實驗證實 $\frac{d}{\lambda}$ 愈小，繞射現象愈明顯。

主題 2 聲波

關鍵重點

聲波、開管空氣柱、閉管空氣柱、共鳴空氣柱實驗、都卜勒效應

重點 1 聲波的傳播和駐波

Check!
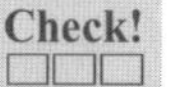

1 聲波

(1)**聲波的產生：**聲源振動時，擾動周圍的介質，利用介質的振動將聲能傳向四面八方。

(2)聲波是波動的一種，遵守波的性質（反射、折射、干涉及繞射）。

(3)聲波為力學波，需要靠介質傳播。一般來說，在固體中的聲速最大，液體次之，氣體中的聲速最小。

重要 2 空氣中的聲波

(1)空氣中的聲波是一種**縱波**，亦稱為疏密波。

(2)縱波質點作簡諧振動，方向與波前進方向平行，不易以圖形表達，故通常以橫波的函數圖形來表達。

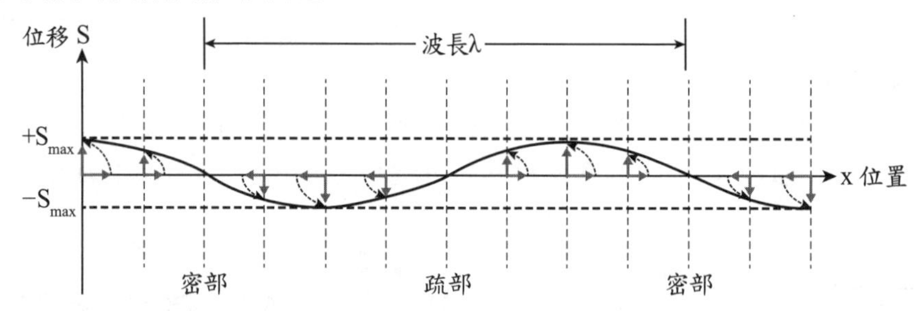

(3)氣體分子位置移動，使得空氣密度及壓力發生變化。

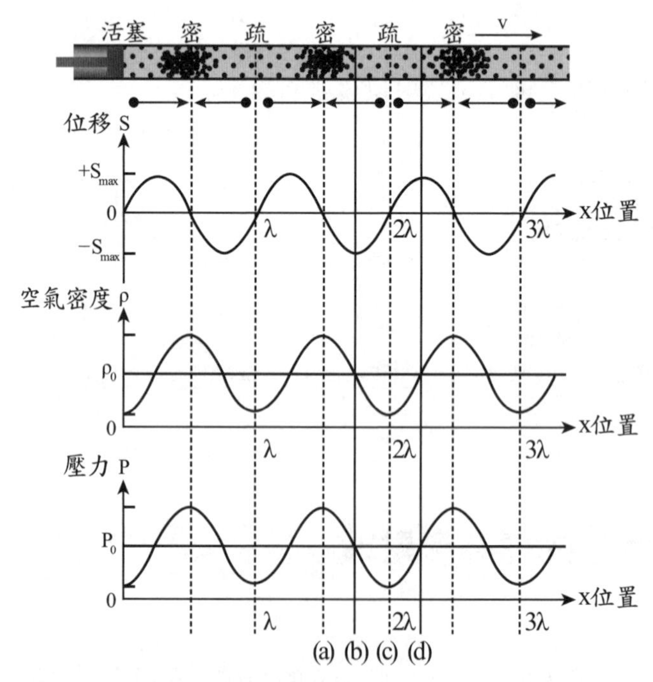

位置 / 物理量	(a)密部	(b)疏密中央（密部右邊）	(c)疏部	(d)疏密中央（密部左邊）
分子位移	0（平衡點）	向左最大（端點）	0（平衡點）	向右最大（端點）
振動速率	最大	0	最大	0

位置 / 物理量	(a)密部	(b)疏密中央（密部右邊）	(c)疏部	(d)疏密中央（密部左邊）
氣體密度	最大	同被壓縮前的氣體	最小	同被壓縮前的氣體
氣體壓力	最大	同被壓縮前的氣體	最小	同被壓縮前的氣體

必背 (4)在乾燥無風，一大氣壓下t°C時的聲速為：$v = 331 + 0.6t(m/s)$

(5)聲波的分類

類別	頻率範圍	實例
超音波（超聲波）	大於20000Hz	蝙蝠、海豚、鳥或昆蟲所發出的聲音。
聲波	20～20000Hz	人類聽得到的聲音，其對應波長約在17m~1.7cm之間。
聲下波（次音波）	小於20Hz	鯨魚或大象所發出的聲音、地震或火山爆發引起的聲波

範例 7-17　難易度★☆☆

具週期性的聲波在靜止空氣中傳播，下列有關其性質的敘述，哪些正確？ (A)此聲波為波動，不能傳播介質與能量　(B)空氣分子會隨此聲波傳播的方向一直前進　(C)空氣分子在原來的位置，與此聲速相同方向來回振動　(D)空氣分子在原來的位置，與此聲速垂直方向來回振動　(E)此聲波所到之處，空氣的壓力與密度均會呈現週期性變化。（多選題）

答：**(C)(E)**。波動傳播能量，不傳播介質。空氣分子在原處作簡諧運動，振動方向與波動行進方向平行。由於空氣分子的分部不均，造成空氣壓力與密度呈現週期性變化，故選(C)(E)。

範例 7-18　難易度★☆☆

有關聲波，下列敘述何者正確？　(A)講話講的愈快，聲速愈快　(B)凡是物體振動人耳一定可聽到聲音　(C)聲波的傳遞過程一定要有介質　(D)當水上芭蕾舞者潛入水中時，是無法聽到觀眾的掌聲。

答：**(C)**。(A)×，聲速只與介質有關，與講話快慢、大小聲無關。
(B)×，聲波須靠介質傳遞到人耳才可產生聽覺。
(D)×，聲波可經空氣和水至舞者的耳朵產生聽覺。

7-19 難易度★★☆

範例 **在一大氣壓空氣中，溫度每升高1℃，聲速增加0.6公尺/秒，若0℃時聲速為331公尺/秒，則氣溫15℃時，一人在兩山壁間某點發聲，由較近一壁傳來之回音抵達原發聲者共歷時2.5秒，由較遠一壁傳回之回音則歷時2.9秒，試求二山壁間之距離為多少公尺？** (A)340 (B)850 (C)918 (D)986。

答：**(C)**。

15℃時的聲速

$v = 331 + 0.6t = 331 + 0.6 \times 15 = 340\text{m/s}$

設二山壁之距離為S公尺

$(2.5 + 2.9) \times 340 = 2S \Rightarrow S = 918$公尺

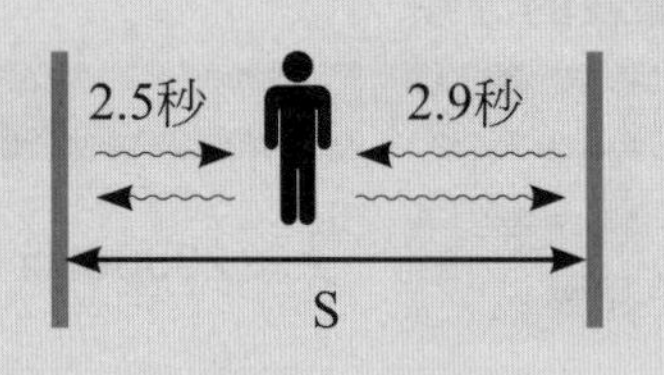

3 聲音的共鳴

(1)**自然頻率：**在沒有外來的擾動下，一個系統如果能以一定的頻率持續振動，則稱此頻率為自然頻率或固有頻率。一般的振動系統，通常具有不只一個自然頻率。

(2)**共振：**外來的振動頻率恰等於物體的自然頻率之一時，使物體隨之產生振動的現象。

(3)**共鳴：**聲波的共振現象稱為共鳴。

(4)**共鳴在樂器上的應用：**樂器通常有一空腔（共鳴箱），可藉其共振作用引起周圍較大體積的空氣擾動，故能產生較強的空氣壓力變化，而發出較強的聲響。

重要 4 聲波在管中形成駐波的條件

(1)**開管空氣柱：**兩端均為開口（腹點）

A. 形成駐波的條件為：$\ell = n \cdot \dfrac{\lambda}{2}$

➲駐波的波長：$\lambda = \dfrac{2\ell}{n}$，其中 $n = 1$、2、3、…。

必背 B. 可產生駐波的頻率：$f = \dfrac{v}{\lambda} = \dfrac{nv}{2\ell}$，其中 $n = 1$、2、3、…。

	名稱		頻率	圖示
n=1	基音	第一諧音	$f_1=\frac{v}{2\ell}$	
n=2	第一泛音	第二諧音	$f_2=\frac{v}{\ell}=2f_1$	
n=3	第二泛音	第三諧音	$f_3=\frac{3v}{2\ell}=3f_1$	
n=4	第三泛音	第四諧音	$f_4=\frac{2v}{\ell}=4f_1$	
以此類推（類似兩固定端繩上的駐波）				

(2)**閉管空氣柱：**一端為開口（腹點）、一端為閉口（節點）

A. 形成駐波的條件為：$\ell=n\cdot\frac{\lambda}{4}$

➡ 駐波的波長：$\lambda=\frac{4\ell}{n}$，其中 $n=1$、3、5、…。

必背 B. 可產生駐波的頻率：$f=\frac{v}{\lambda}=\frac{nv}{4\ell}$，其中 $n=1$、3、5、…。

	名稱		頻率	圖示
n=1	基音	第一諧音	$f_1=\frac{v}{4\ell}$	
n=3	第一泛音	第三諧音	$f_3=\frac{3v}{4\ell}=3f_1$	
n=5	第二泛音	第五諧音	$f_5=\frac{5v}{4\ell}=5f_1$	
n=7	第三泛音	第七諧音	$f_7=\frac{7v}{4\ell}=7f_1$	
以此類推（類似一固定端、一自由端繩上的駐波）				

重要 5 共鳴空氣柱實驗

(1)**實驗目的：**利用空氣柱的共鳴現象，來測定聲波的波長及其在空氣中傳播的速率。

(2)**實驗裝置與方法：**調整蓄水器的高度以調整玻璃管中液面的高度（連通管原理），進而改變空氣柱的長度。當在玻璃管口音叉的頻率與空氣柱的駐波頻率相等時，使管口振動的音叉與管內空氣柱產生共鳴。

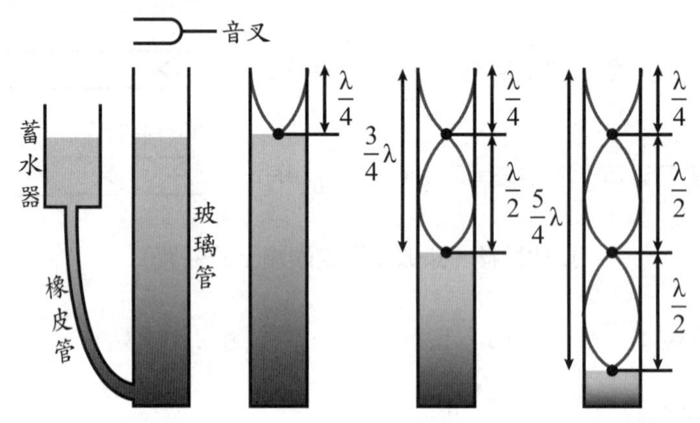

(3)**實驗結果**

A. 此空氣柱為閉管空氣柱，理論上第一次產生共鳴在空氣柱長度等於 $\frac{\lambda}{4}$，其次是 $\frac{3\lambda}{4}$，以此類推。

B. 玻璃管愈長可找到的共鳴點愈多。

C. 實際上，我們使用的不是理想共鳴管，因此管口處未必剛好是腹點，故第一個共鳴位置不一定恰發生在 $\frac{\lambda}{4}$ 處。

D. 即使不是理想共鳴管，兩相鄰共鳴點間的距離仍為 $\frac{\lambda}{2}$。

範例 7-20　難易度★★☆

如圖所示，將一揚聲器置於一管狀物的一端開口處，連續改變揚聲器發出的聲頻，發現當頻率為400赫茲、500赫茲及600赫茲時都會產生共鳴。關於此管狀物的敘述，下列何者可能為正確？

?

(A)另一端為閉口，基頻為100赫茲
(B)另一端為閉口，基頻為200赫茲
(C)另一端為開口，基頻為100赫茲
(D)另一端為開口，基頻為200赫茲。

答：**(C)**。

找最大公因數（400，500，600）＝100，基頻f_1=100Hz。

$\Rightarrow f_4=400Hz=4f_1$、$f_5=500Hz=5f_1$、$f_6=600Hz=6f_1$，由此可知，此管為開管空氣柱$f=\frac{nv}{2\ell}$，其中n=1、2、3、…。

範例 7-21　難易度★★☆

一內有空氣的長管子，下端封閉，上端開口。今測得管內空氣有258赫茲、430赫茲與602赫茲等振動頻率，但此三頻率均非空氣振動基頻。若空氣聲速為344公尺/秒，則此管之最小管長為　(A)0.5　(B)1.0　(C)1.5　(D)2.0　公尺。

答：**(B)**。

閉管空氣柱$\Rightarrow f=\frac{nv}{4\ell}$，其中n=1、3、5、…。

找最大公因數（258，430，602）＝86，

基頻$f_1=86=\frac{1\times344}{4\ell}\Rightarrow\ell=1m$。

範例 7-22

難易度★★☆

若樂器的空氣共振腔為一端閉口、另一端開口之圓柱型空管，而圓柱型空管內之聲速為v，其長度為 ℓ ，則下列哪些敘述正確？ (A)這樂器基音的頻率為 $\frac{v}{4\ell}$ (B)這樂器可演奏出頻率為 $\frac{v}{8\ell}$ 與 $\frac{v}{12\ell}$ 的泛音 (C)空氣分子在開口端的縱向（聲波傳遞方向）最大位移比閉口端的縱向最大位移大 (D)空氣分子在開口端的縱向（聲波傳遞方向）最大位移與閉口端的縱向最大位移相等 (E)若改用兩端都開口之空管，則基音的頻率會升高。（多選題）

答：**(A)(C)(E)**。

(A)○(B)×，閉管空氣柱 $\Rightarrow f=\frac{nv}{4\ell}$ ，其中n=1、3、5、…，故 $f=\frac{v}{4\ell}$ 、$\frac{3v}{4\ell}$ 、$\frac{5v}{4\ell}$ 、…。

(C)○(D)×，開口端空氣分子的縱向位移最大，視為腹點；閉口端空氣分子的縱向位移為零，視為節點。

(E)○，開管空氣柱 $f=\frac{nv}{2\ell}$ ，其中n=1、2、3、…

$$\Rightarrow f_{開1}=\frac{v}{2\ell}=2\times\frac{v}{4\ell}=2f_{閉1}$$

範例 7-23

難易度★★☆

某生作「共鳴空氣柱」實驗時，測得玻璃管的長度為0.80公尺，今某生先取音叉A作實驗，測得只有當空氣柱長為0.50公尺時，共鳴音量最大。再取音叉B作實驗，測得只有當空氣柱長為0.30公尺時，共鳴音量最大，則A音叉與B音叉頻率的比值為何？

答：$\frac{3}{5}$ 。「共鳴空氣柱」實驗為閉管空氣柱 $\Rightarrow f=\frac{nv}{4\ell}$ ，

其中n=1、3、5、…。由於根據題目敘述，音叉A和音叉B皆只測到一個共鳴點，故共鳴時的頻率皆為基頻（n=1）。

$$\begin{cases} f_A=\frac{1\times v}{4\times 0.5}=\frac{v}{2}\cdots(1) \\ f_B=\frac{1\times v}{4\times 0.3}=\frac{5v}{6}\cdots(2) \end{cases}，\frac{(1)}{(2)}\Rightarrow\frac{f_A}{f_B}=\frac{3}{5}$$

重點 2　都卜勒效應

Check! □□□

當聲源S與觀察者O在其連線上有「相對運動」時，觀察者所測得的頻率f（稱為視頻率）與聲源實際上所發出的頻率f_0不同，稱為都卜勒效應。

1　都卜勒效應的成因

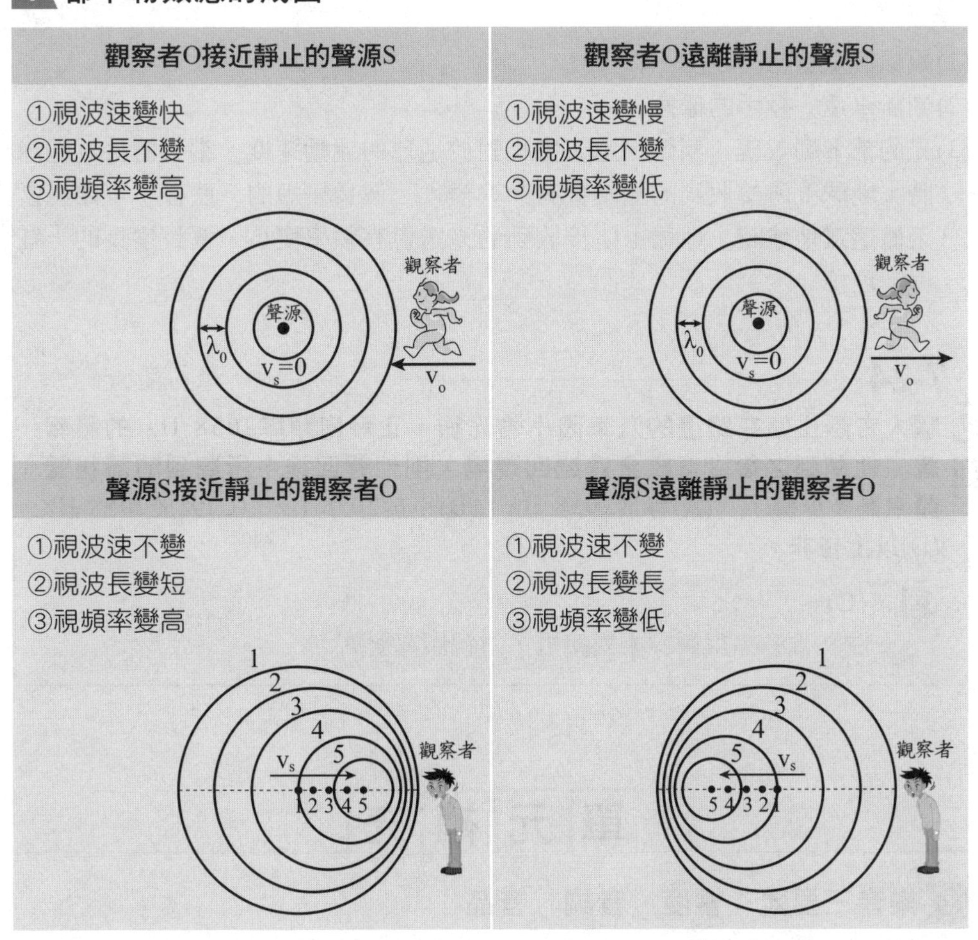

註：觀察者所測得的波速、波長及頻率稱為視波速、視波長及視頻率。

☆
- 觀察者移動 → 視波速改變。
- 聲源移動 → 視波長改變。

必背

2 結論

觀察者與聲源相對接近時，視頻率變高。
觀察者與聲源相對遠離時，視頻率變低。

都卜勒效應的明顯程度與觀察者與聲源的速度大小有關，但與兩者間的距離無關。

3 應用

(1)蝙蝠測量獵物的速度。

(2)判斷車速、投手的球速。

(3)光的都卜勒效應：判斷很遠天體相對於地球的運動速度。當天體接近地球時，地球上所接收到的光譜會有頻率變大、波長變短的「藍移」現象；當天體遠離地球時，地球上所接收到的光譜會有頻率變小、波長變長的「紅移」現象。

範例 7-24 難易度★☆☆

騙人布靜止停在路邊的汽車因小偷光顧，正發出頻率2058 Hz 的警報聲，他聽到之後沿直線全速趕回現場，則他趕回途中所聽到的警報聲頻率為多少赫？ (A)**等於**2058 Hz (B)**小於**2058 Hz (C)**大於**2058 Hz (D)**以上皆非。**

答：**(C)**。
由於觀察者與聲源相對接近，故視頻率變高。

單元補充

1 樂音三要素：響度、音調、音品

- **響度：**表示聲音的強度，與聲波的振幅有關。
- **音調：**表示聲音的高低，與聲波的頻率有關。
- **音品：**表示聲音的音色，與聲波的波形有關。

範例 7-25 難易度★☆☆

有關聲音以及在空氣中傳聲的敘述，下列敘述哪些正確？ (A)聲音愈強，聲速也愈快 (B)聲音音調愈高，人耳所聽到的聲音也愈強 (C)介質振動時，振幅愈大，聲速也愈快 (D)波速與介質振動頻率無關 (E)振幅愈大，聲音愈強。（多選題）

答：**(D)(E)**。

(A)×，聲音的強弱與振幅有關，聲速只與介質有關。

(B)×，聲音音調愈高，代表頻率愈大。

(C)×(E)○，振幅愈大，聲音愈強。

(D)○，波速為波動傳遞的速度，與介質振動的頻率無關。

2 聲音強度的表示

(1)分貝（dB）為聲音強度的單位。

(2)分貝值公式：$dB = 10\log\left(\frac{I}{I_0}\right)$，其中I為聲音強度，單位為瓦/公尺^2（$W/m^2$），

$I_0 = 10^{-12}\ W/m^2$ 為人耳所能聽見的最小聲音強度。

(3)0分貝不表示沒有聲音，而是人耳聽覺的底限。

(4)聲音每相差10分貝，強度就相差10倍。如：20分貝和50分貝的聲音強度差了3個10分貝，故強度相差10^3倍，即1000倍。

範例 7-26 難易度★☆☆

我們常用分貝來描述聲音的強度，請問100分貝聲波所傳播的能量大約是80分貝聲波的多少倍？ (A)1.25 (B)20 (C)100 (D)180。

答：**(C)**。

100分貝與80分貝相差2個10分貝，故能量差10^2倍，即100倍。

3 都卜勒效應之視頻率計算

$$f' = \frac{v \pm v_0}{v \mp v_s} \cdot f \begin{cases} + : v與v_0、v_s反向 \\ - : v與v_0、v_s同向 \end{cases}$$

式中f'為視頻率，f為聲源的頻率，v為聲波波速，v_0為觀察者的速率，v_s為聲源的速率。

單元重點整理

Check! □□□

1 波的特性

(1)波只會傳遞能量，不傳遞介質。

(2)波動傳遞的能量愈大，其振幅愈大。

(3)波的頻率取決於振源的頻率。

(4)波具有反射、折射、干涉及繞射的特性。

Check! □□□

2 繩波反射與透射

		波形	振幅	波速	波長	頻率
繩波遇固定端	反射波	上下顛倒 左右顛倒	不變	不變	不變	不變
繩波遇自由端	反射波	上下不變 左右顛倒	不變	不變	不變	不變
繩波由輕繩到重繩	反射波	上下顛倒 左右顛倒	變小	不變	不變	不變
	透射波	不變	變小	變小	變小	不變
繩波由重繩到輕繩	反射波	上下不變 左右顛倒	變小	不變	不變	不變
	透射波	不變	變大	變大	變大	不變

Check! □□□

3 繩波上的駐波與空氣柱的駐波公式

繩波上的駐波	空氣柱的駐波	頻率通式
兩固定端	閉管空氣柱	$f=\frac{nv}{2L}$，其中 $n=1$、2、3、…。
一固定端、一自由端	閉管空氣柱	$f=\frac{nv}{4L}$，其中 $n=1$、3、5、…。（無偶數諧音）

（v：波速，L：繩長或空氣柱長）

Check! □□□

4 水波的折射

	深水區進入淺水區	淺水區進入深水區
頻率	不變	不變
波速	變慢	變快
波長	變短	變長
波的行進方向	偏向法線	偏離法線
圖示	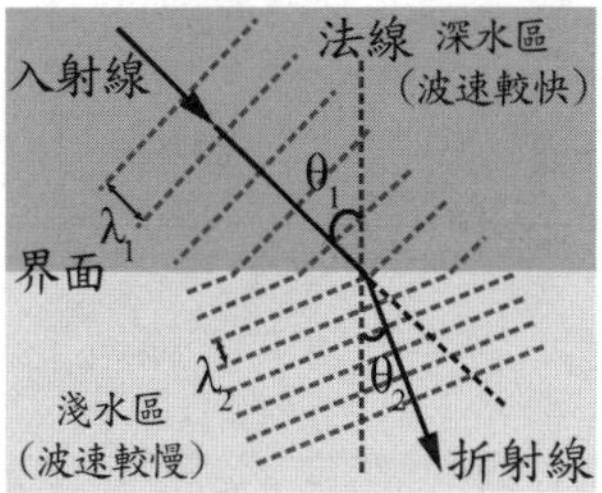	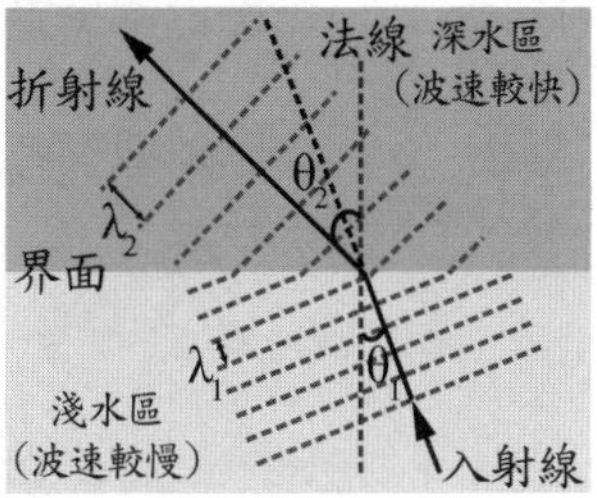

Check! □□□

5 水波的干涉

(1)相位差固定的兩波源稱為同調波源。

(2)要形成穩定的干涉條紋，兩波源必同調。

(3)兩同相波源干涉：

$$
當\begin{cases} \delta = n\lambda，其中 n = 0、1、2 \cdots \to 完全建設性干涉(腹點) \\ \delta = (n - \frac{1}{2})\lambda，其中 n = 1、3、5 \cdots \to 完全破壞性干涉(節點) \end{cases}
$$

(4)兩反相波源干涉：

$$
當\begin{cases} \delta = n\lambda，其中 n = 0、1、2 \cdots \to 完全破壞性干涉(節點) \\ \delta = (n - \frac{1}{2})\lambda，其中 n = 1、3、5 \cdots \to 完全建設性干涉(腹點) \end{cases}
$$

Check! □□□

6 都卜勒效應整理

觀察者O	聲源S	視波速	視波長	視頻率
靜止	靜止	不變	不變	不變
接近聲源	靜止	變大	不變	變高
遠離聲源	靜止	變小	不變	變低
靜止	接近觀察者	不變	變短	變高
靜止	遠離觀察者	不變	變長	變低

[精選·試題]

基礎題

( ) 1. 波在產生折射時，有那一特性不變？
(A)波速　(B)波長
(C)振幅　(D)頻率。

( ) 2. 在水波槽中，振源（起波器）每隔0.1秒振動1次，產生的水波波長為3公分，求其傳播速率為多少公分／秒？
(A)0.3　(B)3
(C)30　(D)300。

( ) 3. 一艘漁船停泊在海岸邊，由船上測得每隔20秒有5個浪打來，若已知海浪之速度為2.5公尺／秒，則海浪相鄰兩個波峰之距離為多少公尺？
(A)20　(B)10
(C)8　(D)4。

( ) 4. 有關波的折射現象產生的原因，下列敘述何者正確？
(A)波傳播時波速改變
(B)波傳播時能量增大
(C)波傳播時頻率改變
(D)波傳播時遇到障礙物。

( ) 5. 水波由深水區進入淺水區波長的變化，水波在深水區的波長為4cm，在淺水區的波長為3cm，關於水波的折射現象，下列敘述何者正確？
(A)波速：淺水區＝深水區
(B)頻率：淺水區＞深水區
(C)折射率：淺水區＝深水區
(D)入射角＞折射角。

( ) 6. 自海平面垂直向下發出10000赫茲的聲波，4秒後收到回聲，若當時海水聲速為1500公尺／秒，則海底深度為何？
(A)40000公尺 (B)6000公尺
(C)1500公尺 (D)3000公尺。

( ) 7. 頻率686 Hz的音叉，在20℃的環境下，所產生的聲波波長約為多少公分？ (A)100 (B)80 (C)50 (D)20 cm。

( ) 8. 醫療診所常使用超聲波（或稱為超音波）作為探測人體內部器官的醫療器材，工程師檢測飛機鋼件或橋樑的安全時也常使用超聲波協助。但是人類卻無法聽到超聲波，其主要是因為超聲波與一般聲波的比較情況為何？
(A)超聲波較一般聲波的速度快
(B)超聲波較一般聲波的速度慢
(C)超聲波較一般聲波的頻率高
(D)超聲波較一般聲波的頻率低。

( ) 9. 下列有關聲波的敘述，何者錯誤？
(A)兩端開口的玻璃管無法產生駐波
(B)頻率相同的音叉才可產生共振
(C)聲音在空氣中傳遞時，若聲源的速度小於聲速，則有可能發生都卜勒效應
(D)聲音在空氣中傳遞時，聲音的大小不影響聲速。

( ) 10. 在日常生活中我們比較容易聽到隔壁教室傳來的聲音，卻不容易看到隔壁教室的燈光，主要是下列何項原因所造成的？
(A)光波為橫波，聲波為縱波
(B)聲波的能量遠大於光波，所以能穿透牆壁
(C)聲波的波長比光波大很多，比較容易繞射
(D)可見光是一種電磁波，碰到牆壁時會被吸收，而聲音是力學波，不會被牆壁吸收。

( ) 11. 聲音的強度取決於單位面積單位時間所接收的聲波能量，其絕對單位為W/m^2。為讓大眾容易理解，我們常使用分貝（dB）值表示聲音的強弱，請問100dB的聲音之能量大約為60dB的多少倍？

(A)$\frac{5}{3}$　(B)4

(C)40　(D)10,000。

進階題

( ) 1. 材質相同的粗繩與細繩連接後，有一向上的脈波由粗繩端輸入並向細繩端前進。當此向上脈波行經兩繩接點時，下列敘述何者正確？
(A)粗繩上的反射波向上，細繩上的透射波向上
(B)粗繩上的反射波向下，細繩上的透射波向下
(C)粗繩上的反射波向上，細繩上的透射波向下
(D)粗繩上的反射波向下，細繩上的透射波向上。

( ) 2. 長2公尺的弦兩端固定，若一脈波從一端進行到另一端時需0.05秒，則此弦產生震動時的基音頻率為多少Hz？
(A)5 (B)10 (C)15 (D)20 Hz。

( ) 3. 長ℓ的繩子兩端固定，有兩個頻率為f的連續週期波反向行進，在繩上形成駐波，使繩子中間有五個節點，則下列敘述何者正確？

(A)原行進波的波長為$\frac{\ell}{3}$

(B)波速為$\frac{f\ell}{3}$

(C)相鄰兩節點間的距離為$\frac{\ell}{6}$

(D)兩固定端為節點
(E)共有6個腹點。（多選題）

( ) 4. 在共鳴空氣柱實驗中，管長為1.0公尺，使用音叉頻率為850Hz，已知當時的聲速為340公尺/秒，則於實驗時最多可測出幾個共鳴點？
(A)2 (B)3 (C)4 (D)5。

( ) 5. 水波槽實驗中，水波由深水區進入淺水區時，水波波長由4cm變成3cm，假設深水區的水波頻率為10Hz，則下列敘述何者正確？
(A)深水區的水波波速為40cm/s
(B)淺水區的水波波速為30cm/s
(C)淺水區對深水區的折射率為4/3
(D)淺水區的水波頻率為10Hz
(E)淺水區的水波頻率為7.5Hz。（多選題）

( ) 6. 兩波源以一定的相位差，發出同波長之水面波，則節線形狀可能為？
(A)直線 (B)圓 (C)橢圓
(D)拋物線 (E)雙曲線。（多選題）

( ) 7. 兩水面波之點波源相距10.0公分，波長同為2.00公分，但其波源相位相反，則共有節線
(A)11條 (B)9條
(C)8條 (D)5條。

( ) 8. 索隆觀察水波槽中兩同相點波源相距d，水波波長λ，在水波槽中產生4條節線，則d與λ之關係為何？
(A)$\frac{2}{7}d < \lambda \le \frac{2}{5}d$ (B)$\frac{2}{7}d \le \lambda \le \frac{2}{5}d$
(C)$\frac{2}{5}d < \lambda \le \frac{2}{3}d$ (D)$\frac{2}{5}d \le \lambda \le \frac{2}{3}d$。

( ) 9. 如圖，小明站在O點，聽到有一警車正在鳴笛，且作半徑為r的等速率圓周運動，則下列敘述何者正確？

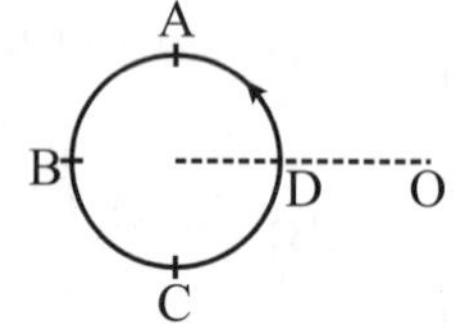

(A)警車由A→B的期間，小明聽到之頻率低於原有頻率。
(B)警車由B→C的期間，小明聽到之頻率低於原有頻率。
(C)警車由C→D的期間，小明聽到之頻率高於原有頻率。
(D)警車由D→A的期間，小明聽到之頻率高於原有頻率。
(E)警車由A→C的期間，小明聽到之頻率高於原有頻率。（多選題）

( ) 10. 將聲波傳入閉管空氣柱中，若管長為x，則下列何者可能為聲波波長？
(A)x/4 (B)2x/5 (C)x (D)4x。

( ) 11. 在兩端開口的管子，對其中一開口端吹氣，使之發出聲音，則下列敘述何者正確？
(A)管長必為發出聲波之半波長的整數倍
(B)此聲波的基音含兩個節點
(C)最低音的頻率為V/L，其中V為聲波波速，L為管長
(D)若將管子的一端封閉，則基音頻率增為兩倍。

解答與解析

基礎題

1. **D**。頻率只與振源有關，不隨介質不同而改變。

2. **C**。$f=\frac{1}{0.1}=10\text{Hz}$，$v=\lambda f=3\times10=30$公分/秒。

3. **B**。$f=\frac{5}{20}=0.25\text{Hz}$，$\lambda=\frac{v}{f}=\frac{2.5}{0.25}=10$公尺

4. **A**。波的折射現象主要是波進入不同介質時，波速改變所造成，使波的前進方向發生偏折。

5. **D**。(A)×，波速$v\propto\sqrt{h}$（h：深度），淺水區＜深水區。
(B)×，頻率不因折射而改變，淺水區＝深水區。
(C)×，折射率愈大表示波速愈慢，淺水區＞深水區。

6. **D**。因為4秒後收到回聲，表示聲波花2秒抵達海底，
故海底深度$h=vt=1500\times2=3000$公尺。

7. **C**。$v=331+0.6t=331+0.6\times20=343\text{m/s}$
$\lambda=\frac{v}{f}=\frac{343}{686}=0.5\text{m}=50\text{cm}$

8. **C**。頻率大於20000Hz的聲波稱為超聲波。

9. **A**。(A)×，只要用對的頻率，可產生駐波。兩端開口的玻璃管頻率與管長的關係 $f=\frac{nv}{2L}$，其中 $n=1$、2、3、…。

10. **C**。此現象主要是因為波的繞射，聲波波長約在17m~1.7cm之間，而可見光波長約在400nm~700nm之間，故聲波波長較接近日常生活中所謂「狹縫」（如：窗、門等）的尺度，因此有比較好的繞射效果。

11. **D**。100dB和60dB差了4個10分貝，故能量強度相差10^4倍，即10000倍。

進階題

1. **A**。脈波由粗繩傳播至細繩，交界處可視為自由端反射，故反射波波形同入射波向上。不論脈波由粗繩傳播至細繩或由細繩傳播至粗繩，透射波波形同入射波波形，上下左右皆相同。

2. **B**。弦兩端固定 $\Rightarrow f=\frac{nv}{2L}$，其中 $n=1$、2、3、…。

   波速 $v=\frac{L}{t}=\frac{2}{0.05}=40\,m/s$

   基音頻率 $n=1 \Rightarrow f_1=\frac{v}{2L}=\frac{40}{2\times 2}=10Hz$

3. **ABCDE**。

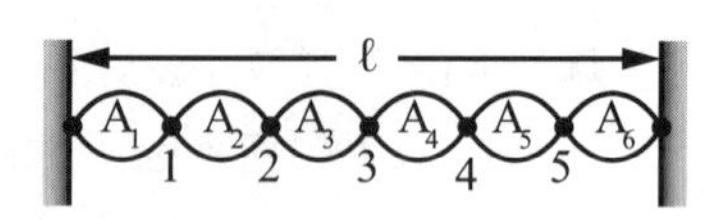

   (A)○，$\ell=\frac{\lambda}{2}\cdot 6=3\lambda \Rightarrow \lambda=\frac{\ell}{3}$

   (B)○，$v=\lambda f=\frac{f\ell}{3}$

   (C)○，相鄰兩節點間的距離 $=\frac{\lambda}{2}=\frac{\ell}{6}$

   (D)○，繩子兩端固定，質點靜止不動視為節點

   (E)○，如圖所示，共有6個腹點

4. **D**。聲波波長：$\lambda=\frac{v}{f}=\frac{340}{850}=0.4\text{m}$。

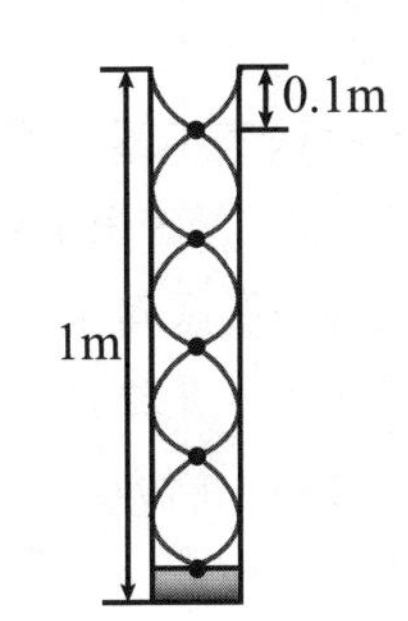

空氣柱長與波長的關係：

$L=\frac{\lambda}{4}\cdot n=0.1n$，其中 $n=1$、3、5、…。

當 $n=1$、3、5、7、9時，$L=0.1n<1$ 公尺，故實驗時最多可測出5個共鳴點。

5. **ABCD**。

水波頻率由起波器決定，與介質無關，故水波在深水區與淺水區傳播的過程，唯一不變者為頻率。

(A)○，$v_{深}=\lambda_{深}f_{深}=4\times10=40\text{cm/s}$

(B)○，$v_{淺}=\lambda_{淺}f_{淺}=3\times10=30\text{cm/s}$

(C)○，淺水區對深水區的折射率$=\frac{深水區波速}{淺水區波速}=\frac{40}{30}=\frac{4}{3}$

(D)○(E)×，頻率不變 $f_{深}=f_{淺}=10\text{Hz}$

6. **AE**。干涉條紋不論是節線或腹線都有可能為直線或以兩波源為焦點的雙曲線。

7. **A**。∵波源相位反相，兩波源之中垂線為節線，又干涉條紋左右對稱，故節線有奇數條。

$\therefore$半邊的節點數 $n'\leq\frac{d}{\lambda}=\frac{10}{2}=5$，

總節線數：$N'=2n'+1=2\times5+1=11$ 條。

8. **C**。同相波源，中央腹線兩側各兩條節線，

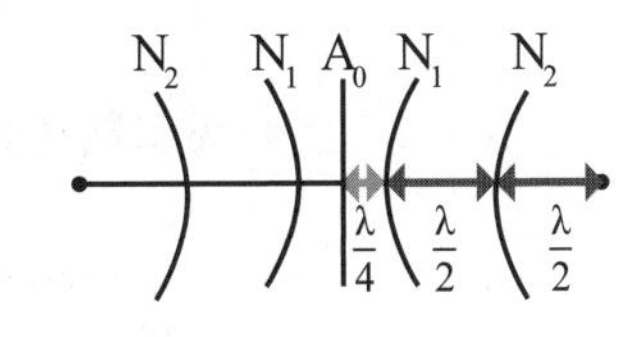

如圖所示 $d<\frac{5}{2}\lambda$ 且 $d\geq\frac{3}{2}\lambda$，

故 $\frac{2}{5}d<\lambda\leq\frac{2}{3}d$。

9. **AC**。

都卜勒效應：當聲源與觀察者在其連線上有「相對運動」時，觀察者所測得的頻率f與波源實際上所發出的頻率f_0不同。當聲源與觀察者相對遠離時，$f < f_0$；當聲源與觀察者相對遠接近時，$f > f_0$。

如圖所示，警車逆時針作等速圓周運動，除了在D、B點的瞬間聲源與觀察者的連線上無相對運動，警車由D→B的期間，聲源遠離觀察者，故小明聽到之頻率低於原有頻率；警車由B→D的期間，聲源接近觀察者，故小明聽到之頻率高於原有頻率。

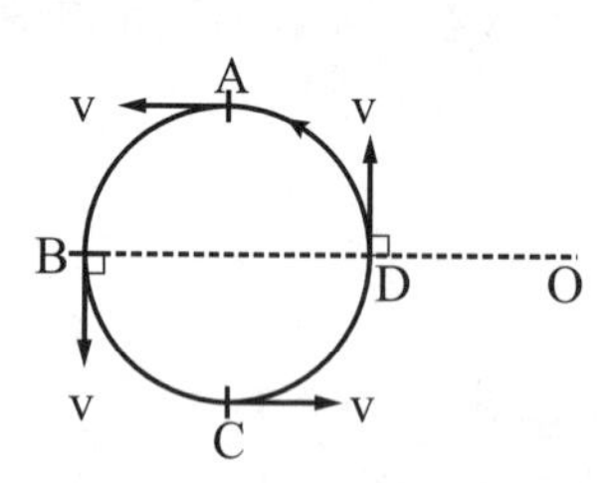

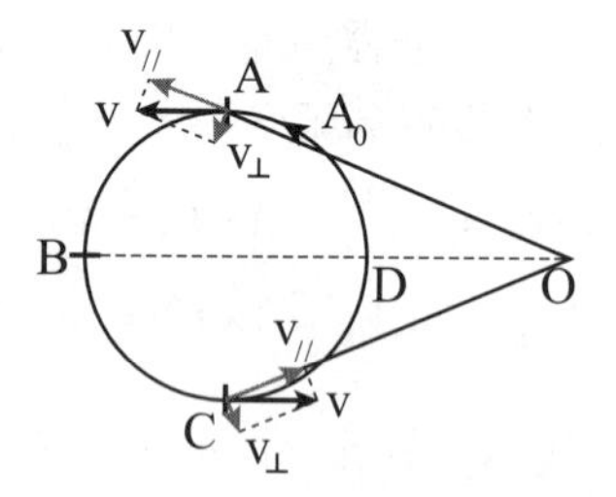

10. **D**。閉管空氣柱管長x與波長λ的關係：

$$x = \frac{\lambda}{4} \cdot n \Rightarrow \lambda = \frac{4x}{n}$$，其中$n = 1$、3、5、…。當$n = 1$，$\lambda = 4x$。

11. **A**。(A)○，兩端開口的管子，開口端視為腹點，管長$L = \frac{\lambda}{2} \cdot n$，

其中$n = 1$、2、3、…。

(B)×，如圖所示，基音含一個節點。

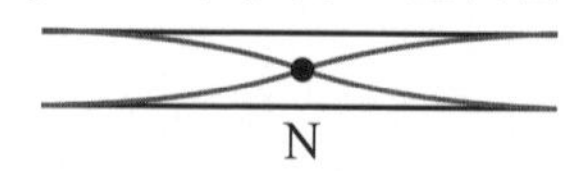

(C)×，最低頻率為基頻（n=1）$\Rightarrow f_{開} = \frac{V}{2L}$

(D)×，閉管空氣柱的基頻（n=1）$\Rightarrow f_{閉} = \frac{V}{4L} = \frac{f_{開}}{2}$，基音頻率減為$\frac{1}{2}$倍。

頻出度 A B C

依據出題頻率分為：A頻率高 B頻率中 C頻率低

單元 8 光學

光的本質一直是人類所好奇的，目前我們認知光具有粒子性和波動性。幾何光學主要討論光的反射和折射、面鏡成像和透鏡成像等，請考生務必熟悉其成像性質。另外，生活中的折射如：視深現象、全反射等，也是考試重點請考生多留意。而物理光學主要討論雙狹縫干涉和單狹縫繞射實驗，了解干涉條紋與繞射條紋的差異及亮暗條紋位置的計算。

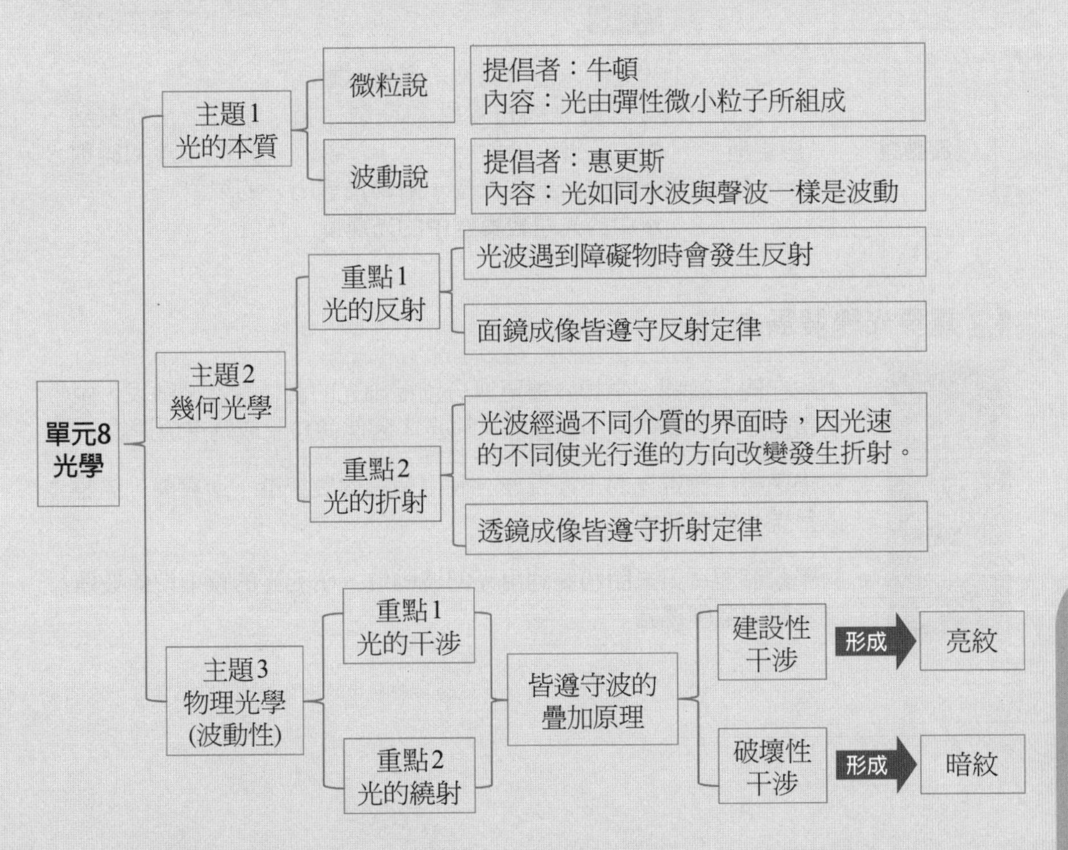

主題 1 光的本質

關鍵重點

牛頓的微粒說、惠更斯的波動說

重要 1 微粒說與波動說

理論	提出者	內容	缺點
微粒說（粒子說）	牛頓	(1)光由彈性微小粒子所組成 (2)可解釋光的直進性和反射、折射 (3)解釋光折射定律時，附帶推論出**水中的光速較真空中的光速快** **錯誤!!**	(1)無法解釋光的干涉現象 (2)經實驗結果得知水中的光速小於真空的光
波動說	惠更斯	(1)光如同水波與聲波一樣是波動 (2)可解釋光的直進性和反射、折射、干涉、繞射 (3)解釋光折射定律時，附帶推論出**水中的光速較真空中的光速慢**	當時無法觀察到光的干涉和繞射的現象

2 重要光學發展史

時間	事件
十七世紀末	大約在同一時期，牛頓與惠更斯分別提出光的微粒說及波動說，由於當時牛頓在學術界的聲望無人可及，因此微粒說成為主流理論。
西元1801年	科學家楊格發現光的干涉現象，利用有名的雙狹縫干涉實驗，清楚地呈現光的波動性。
西元1816年	科學家菲涅耳與夫朗和斐利用光的波動性，研究光的繞射現象並建立繞射的數學理論。

西元 1850年	菲左與傅科分別獨立測定光速，由實驗結果得知水中的光速小於真空的光速，因此牛頓的微粒說被證明是錯誤的，而波動說受到科學家的認同。
西元 1864年	馬克士威將電磁學集大成，提出著名的馬克士威方程式。由理論預測電磁波的存在，並推算出電磁波在真空中的波速與真空中的光速相等，因此認為光是一種電磁波。
西元 1887年	赫茲經實驗證實電磁波的存在，並確認電磁波具有反射、折射，以及其他的波動性質。
西元 1905年	波動說無法解釋光電效應的實驗結果，愛因斯坦為了解釋光電效應實驗提出「光量子說」，認為電磁波由僅具有能量而無質量的光子所組成，光的粒子性再度受到重視。
現在	波耳在1927年提出互補原理，目前科學界公認光在本質上具有**粒子性**與**波動性**的二象性質。

範例 8-1

難易度★☆☆

下列有關光的粒子說與波動說的敘述何者正確？
(A)粒子說可以解釋光的反射現象
(B)波動說可以解釋光的反射現象
(C)粒子說可以解釋光的折射現象與司乃耳定律
(D)粒子說與波動說對司乃耳定律均能加以解釋說明，但結果不同
(E)光的干涉現象需要以波動說的理論才能加以解釋。（多選題）

答：**(A)(B)(C)(D)(E)**。

(A)○(B)○(C)○，粒子說和波動說皆可解釋光的反射及折射現象。(D)○，由粒子說推論水中的光速較真空中的光速快；波動說推論水中的光速較真空中的光速慢。(E)○，光的干涉現象之亮暗條紋需利用波動的疊加原理才可圓滿解釋。

主題 2 幾何光學

關鍵重點

反射定律、面鏡成像、折射定律、司乃耳定律、視深、全反射、透鏡成像、成像公式、放大率

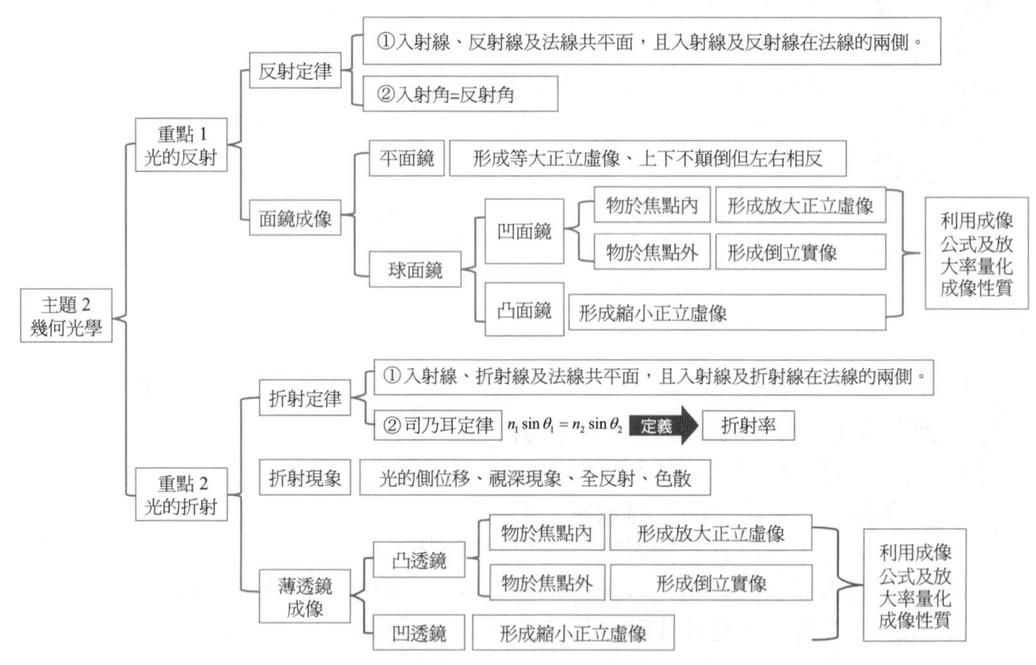

幾何光學：以光的直線前進為基礎，利用幾何學研究光的行為。如：(1)光的直進性、(2)光的反射定律、(3)光的折射定律、(4)光的可逆性。

重點 1 光的反射

Check! □□□

1 光的反射與平面鏡成像

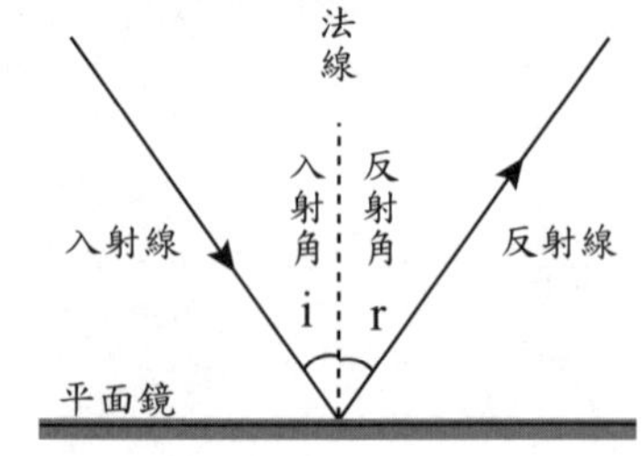

(1)反射定律

A. 入射線、反射線和法線位在同一平面上，入射線和反射線位在法線的兩側。

B. 入射角等於反射角（i=r）。

(2)面鏡反射與漫反射

光的反射	內容	圖示
面鏡反射	當平行光線入射光滑平面後，反射光線也是平行光。	
漫反射（或稱漫射）	①當平行光照射在粗糙的表面時，因入射在不同地方，其各點法線方向都不相同，故反射光會漫無方向的射向各處。 ②漫反射是日常生活中最普遍的表面反射方式，物體之所以能從各方向被看到，就是漫反射的結果。（例：教室裡的同學都能看見黑板上的字，就是因為光打到黑板上發生了漫反射。）	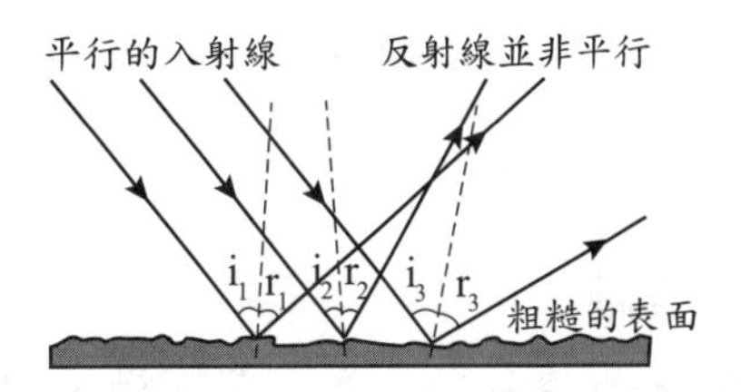

眼睛要看到物體產生視覺，必須物體有光線直接進入眼睛。此物體可能會自行發光，如：燈泡、太陽；或物體反射光，如：月亮。

(3)實像與虛像

由**實際光線**所交會而成的像，可成像於屏幕（紙、光屏、底片）上。如：針孔成像。

不是由實際光線所交會而成，而是將光線反方向延長後才交會而成的像，虛像**無法**成像於屏幕（紙、光屏、底片）上。如：平面鏡成像。

(4)平面鏡成像的性質（可回想自己每天照鏡子的情況）

A. 等大正立虛像。

B. 左右相反，如：站在鏡前舉右手，鏡中的自己舉左手。

C. 物距p＝像距q。

(5)如圖，物體在平面鏡前必成像，但不一定能看見。眼睛要看見像，像與眼睛的連線需通過面鏡。

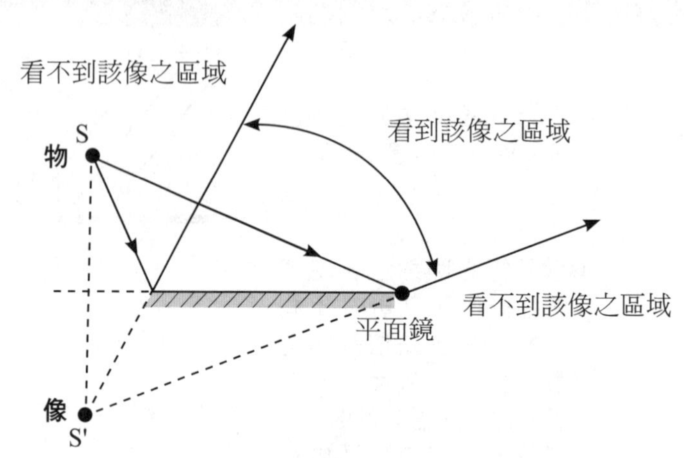

範例 8-2 難易度★★☆

一教室的牆上有一平面鏡，如右圖為其俯視圖，四位學生甲、乙、丙、丁，分別位於圖中所示的位置，當教師站在門口黑點的位置時，教師由鏡中可以看到哪一位學生？

(A)甲
(B)乙
(C)丙
(D)丁

答：(A)。
由圖可知教師只能看到甲，其餘視線皆被門扉檔住。

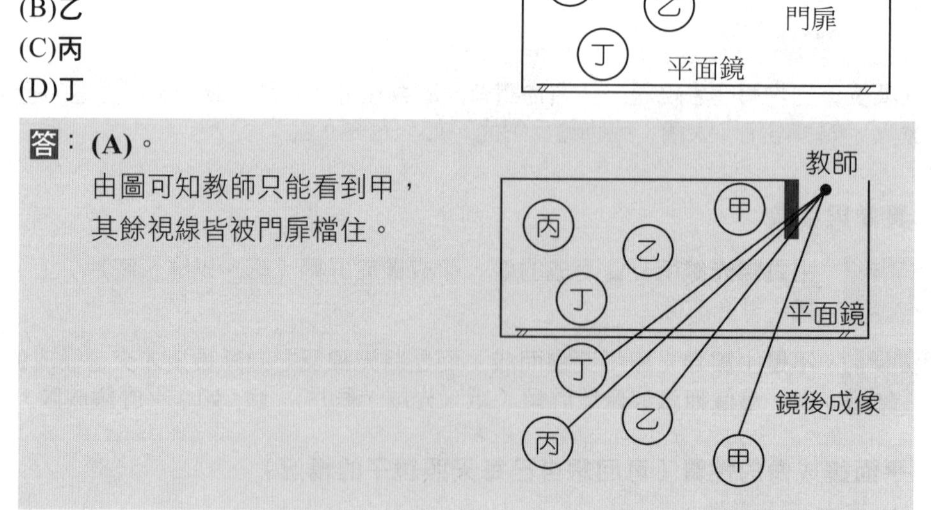

必背 (6)**最小平面鏡長**

A. 若欲利用平面鏡看見自己全身的像，

則 最小鏡長 $\Rightarrow \frac{1}{2}$身高 $= \frac{h}{2}$（$\because \Delta AEF \sim \Delta ADG$）

B. 平面鏡底端離地面的高度

$\Rightarrow \frac{1}{2}$眼睛高度 $= \frac{b}{2}$（$\because \Delta GFH \sim \Delta GAI$）

C. 平面鏡頂端離地面的高度

$\Rightarrow b + \frac{a}{2}$（$\because \Delta DEC \sim \Delta DAB$）

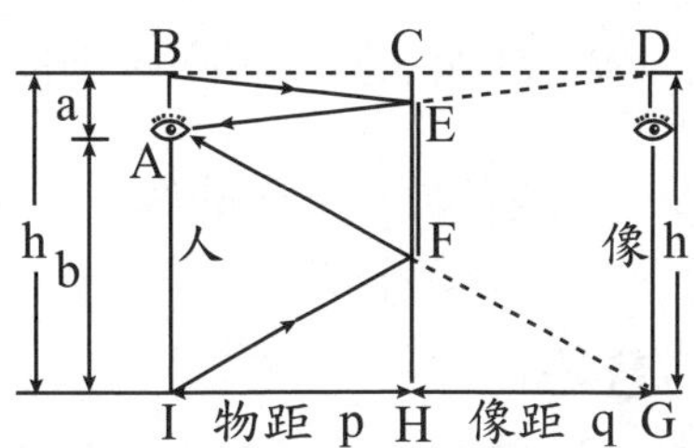

範例 8-3　難易度★☆☆

小明身高180公分，眼高170公分，欲利用平面鏡看見到自己全身的像，則鏡長至少為多少公分？

答：**90cm**。

欲利用平面鏡看見自己全身的像，則最小鏡長$\Rightarrow \frac{1}{2}$身高 $= \frac{180}{2} = 90$cm。

範例 8-4　難易度★★☆

甲身高180公分，眼高170公分，乙身160公分，眼高150公分，兩人同時站在平面鏡前相同位置，如果兩人皆想見到自己全身的像，則鏡長至少應為多少公分？　(A)170　(B)100　(C)90　(D)80　cm。

答：**(B)**。

兩人均能看見自己的全身像，則面鏡範圍要取聯集（$\overline{AD}$）。以高的人決定鏡的上緣（A點），矮的人決定鏡的下緣（D點）。

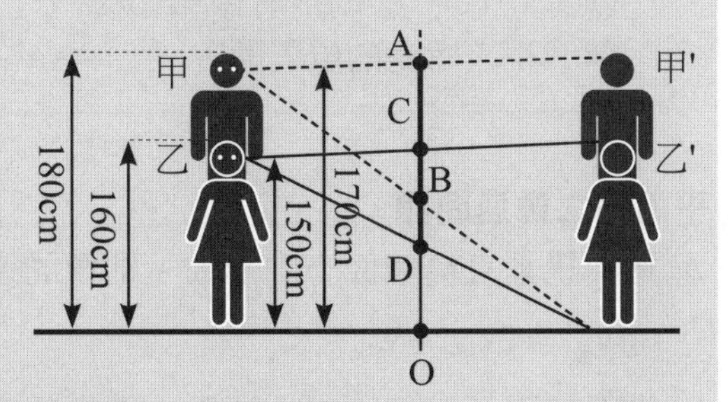

$\Rightarrow$鏡長$\overline{AD} = \overline{AO} - \overline{DO} = 175 - \frac{150}{2} = 100$cm，故選(B)。

(7)物在夾角為θ的兩平面鏡間，經多次反射

A. 當θ恰可整除360°，則成像數目：$N=\frac{360^\circ}{\theta}-1$

B. 當θ無法整除360°，則成像數目：$N=\left[\frac{360^\circ}{\theta}\right]$（取最小整數）

C. 經奇數次反射的像左右相反；偶數次反射的像左右不相反。

範例 8-5

難易度★★☆

如右圖所示，兩個平面鏡夾60°角，一人於其間S處，以下敘述何者正確？

(A)總共成5個虛像

(B)若此人舉左手，則總共有3個像舉左手

(C)其中2個像左右方向相同

(D)其中3個像左右方向相反

(E)由任何位置觀察，必可看到5個像。（多選題）

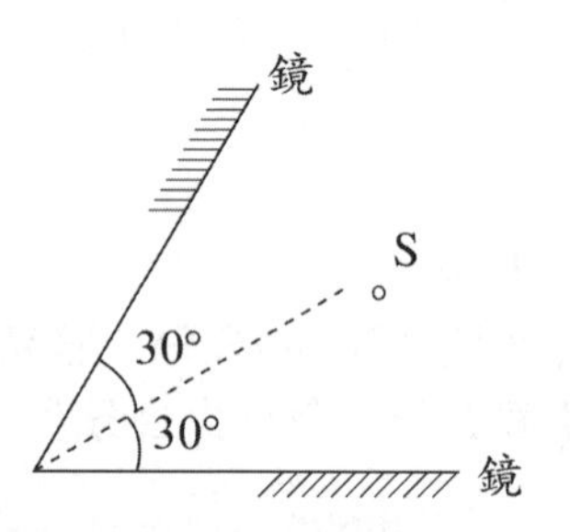

答：**(A)(C)(D)**。

(A)○，∵ θ=60°，$N=\frac{360^\circ}{60^\circ}-1=5$

(B)×(C)○(D)○，如圖，奇數次反射成像為A_1、B_1和A_3（B_3）的成像左右相反；偶數次反射成像為A_2和B_2的成像左右不相反。

(E)×，不一定能觀察到5個像，視人所處的位置而定。

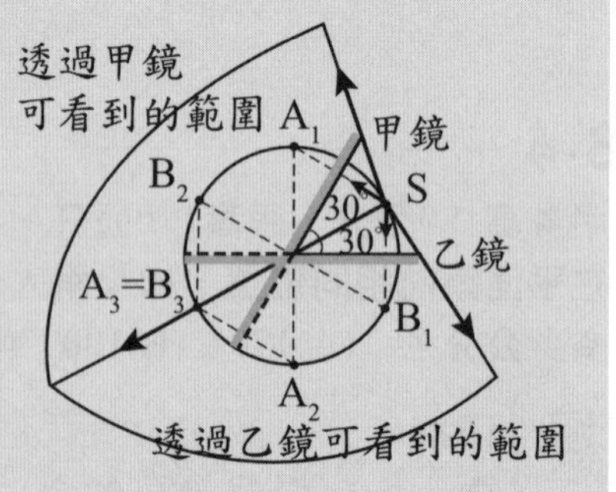

(8)平面鏡之像速問題

A. 物與鏡垂直於鏡面方向運動，則像的速度 $\vec{v}_{像x}=2\vec{v}_{鏡x}-\vec{v}_{物x}$

B. 物與鏡平行於鏡面方向運動，則像的速度 $\vec{v}_{像y}=\vec{v}_{物y}$（$\vec{v}_{鏡y}$ 對像速沒有影響）

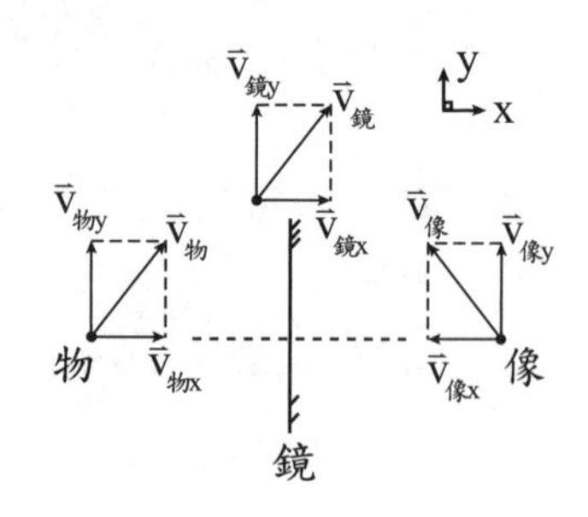

必背 (9)**光槓桿原理：**若入射光線不變，則當平面鏡偏轉一角度θ時，其反射線偏轉的角度等於2θ。

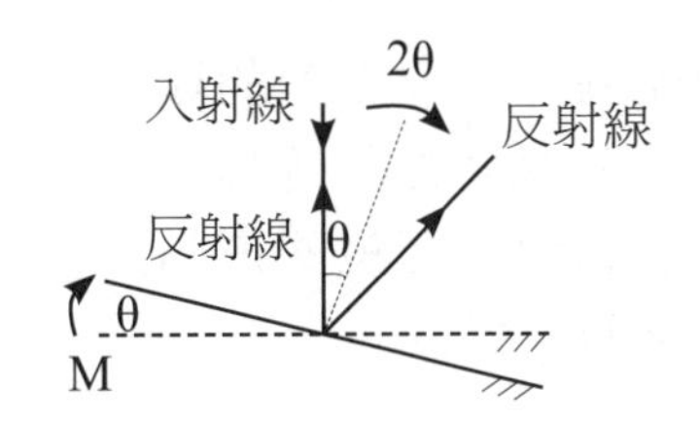

2 曲面鏡

(1)**曲面鏡：**以光滑曲面為反射面的鏡子，稱為曲面鏡，如：拋物面鏡、球面鏡。曲面鏡的成像可以是放大或縮小、正立或倒立、實像或虛像。

(2)**拋物面鏡：**若將**拋物線**繞著主軸（對稱軸）旋轉半周，則所形成的迴轉面，稱為拋物面。以拋物面之一部分為反射面的鏡子，稱為**拋物面鏡**。

A. 拋物凹面鏡：平行主軸的光線入射，經鏡面反射後會聚於鏡前主軸上的**焦點**F，F至鏡心O的距離則稱為拋物凹面鏡之焦距。（如圖a、b）

B. 拋物凸面鏡：平行主軸的光線入射，經鏡面反射後，其反射光的反方向延長線將會聚於鏡後主軸上的**虛焦點**F，F至鏡心O的距離則稱為拋物凸面鏡之焦距。（圖c）

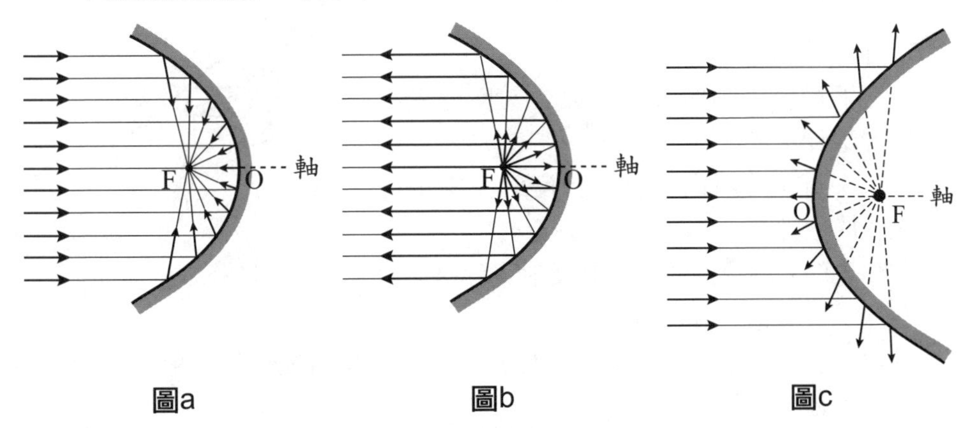

圖a　　圖b　　圖c

(3)**球面鏡：**為了便於製作，一般會截取球面的一部分，製成凹面鏡或是凸面鏡，統稱為**球面鏡**。

(4)**球面鏡名詞介紹**

C：曲率中心（球心）　R：曲率半徑（半徑）

$\overline{AB}$：孔徑　$\angle ACB$ 孔徑角

O：鏡心（鏡頂）　F：焦點

$\overline{OF}$：焦距f（$f=\frac{R}{2}$）

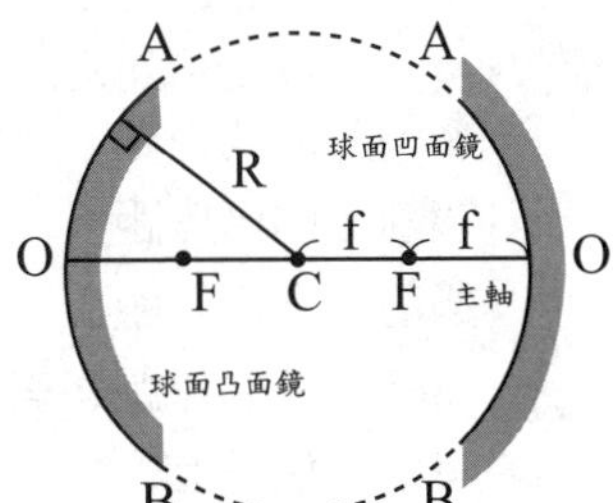

(5)如圖，小孔徑角的球面鏡近似拋物面鏡，入射的光線為近軸光線。此類球面鏡可兼具有拋物面鏡的優點及減少球面像差所帶來的困擾。

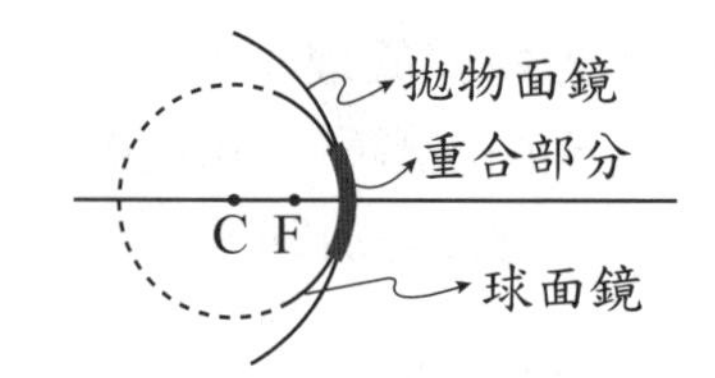

(6)**球面鏡的成像**

A. 凹面鏡作圖法則

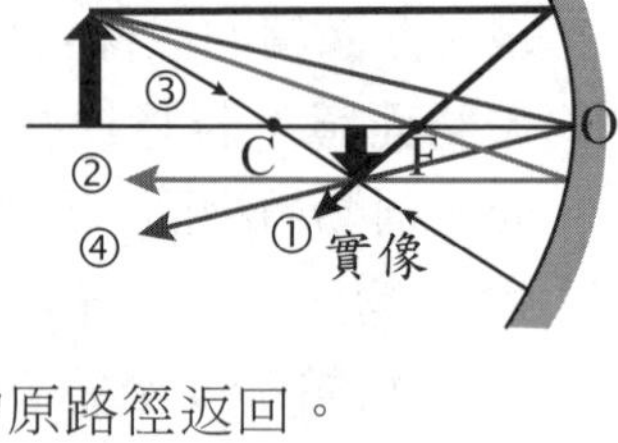

①平行於主軸的入射光線，其反射光線過焦點。

②入射光線過焦點，其反射光線平行於主軸。

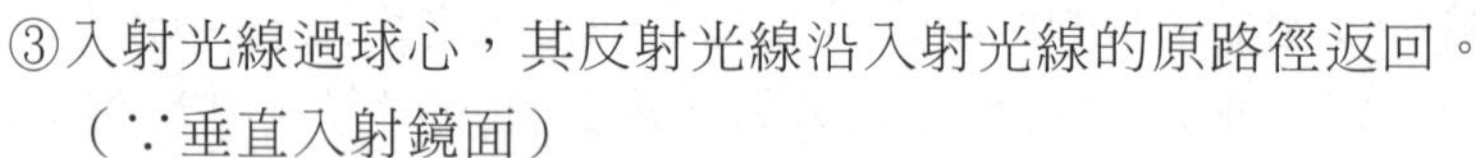

③入射光線過球心，其反射光線沿入射光線的原路徑返回。（∵垂直入射鏡面）

④入射於鏡心O的光線以主軸為法線，其反射光線與入射光線對稱於主軸。

B. 凸面鏡作圖法則

①平行於主軸的入射光線，其反射光之延長線過焦點。

②入射光線射向焦點，其反射光線平行於主軸。

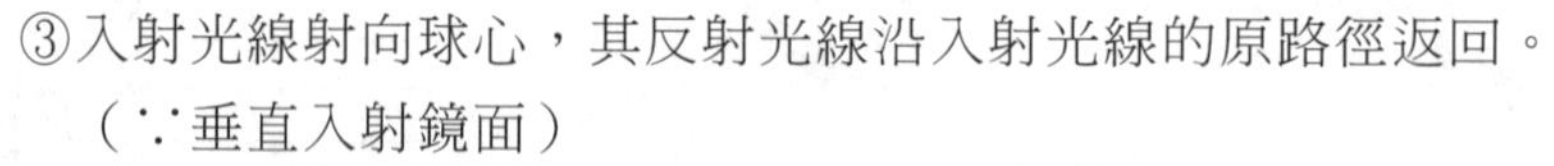

③入射光線射向球心，其反射光線沿入射光線的原路徑返回。（∵垂直入射鏡面）

④入射於鏡心O的光線以主軸為法線，其反射光線與入射光線對稱於主軸。

C. 球面鏡成像性質

球面鏡	物體位置	像的位置	實像或虛像	正立或倒立	放大或縮小
凹面鏡	鏡前，無窮遠處	鏡前，焦點上	實像		一點
	鏡前，兩倍焦距外	鏡前，兩倍焦距和焦距間	實像	倒立	縮小
	鏡前，兩倍焦距上	鏡前，兩倍焦距上	實像	倒立	等大
	鏡前，兩倍焦距和焦距間	鏡前，兩倍焦距外	實像	倒立	放大
	鏡前，焦點上	鏡前，無窮遠處			
	鏡前，焦距內	鏡後	虛像	正立	放大

球面鏡	物體位置	像的位置	實像或虛像	正立或倒立	放大或縮小
凸面鏡	鏡前，無窮遠處	鏡後，虛焦點上	虛像		一點
	鏡前，任何位置	鏡後，虛焦點內	虛像	正立	縮小

D. 球面鏡成像變化趨勢

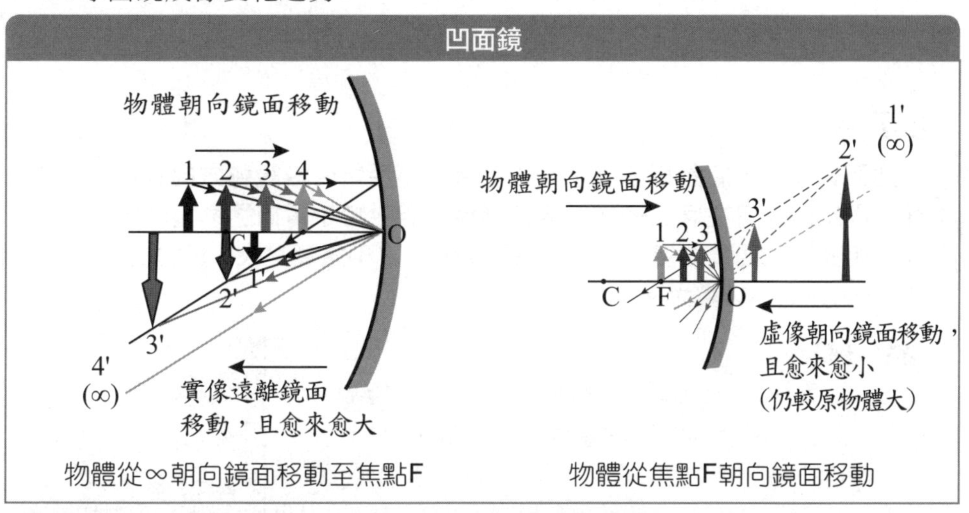

物體從∞朝向鏡面移動至焦點F　　物體從焦點F朝向鏡面移動

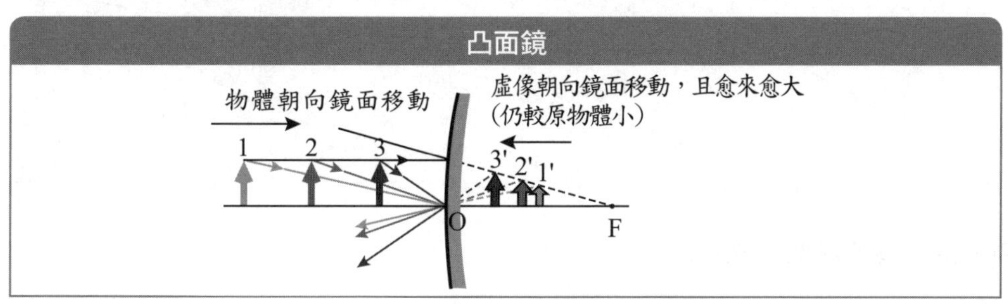

E. 球面鏡成像整理

凹面鏡	(1)實物經凹面鏡的成像不可能在鏡心與焦點之間 (2)實物沿主軸移動時，不論實像或虛像，像與實物移動方向恆相反 (3)實物經凹面鏡所產生之虛像恆大於實物
凸面鏡	(1)實物經凸面鏡的虛像恆在鏡後焦點內 (2)實物沿主軸移動時，虛像與實物移動方向恆相反 (3)實物經凸面鏡所產生之虛像恆小於實物

範例 8-6 難易度★☆☆

物體置於焦距f之單一凹面鏡前p處，若成像後像距為q，則下列哪一區域為q 不可能存在的位置？ (A)鏡頂與焦點之間 (B)鏡後 (C)焦點與曲率中心之間 (D)曲率中心外。

答：**(A)**。當p於鏡前∞朝向鏡前移動至焦點上，則q成像於焦點上遠離鏡面至∞；當p於鏡前焦點內，則q成像於鏡後。故選(A)。

範例 8-7 難易度★☆☆

一凸面鏡面對一牆鉛直豎立，某人手持一小手電筒沿鏡軸方向垂直照射鏡面，則反射光可在牆上形成一明亮區域。若手持手電筒逐漸遠離鏡面，則牆上明亮區域面積之變化為 (A)逐漸變小 (B)逐漸變大 (C)先變大後變小 (D)先變小後變大。

答：**(A)**。

如圖所示，光源愈遠離鏡面，入射角愈小，則牆上的明亮區域也愈小，故選(A)。

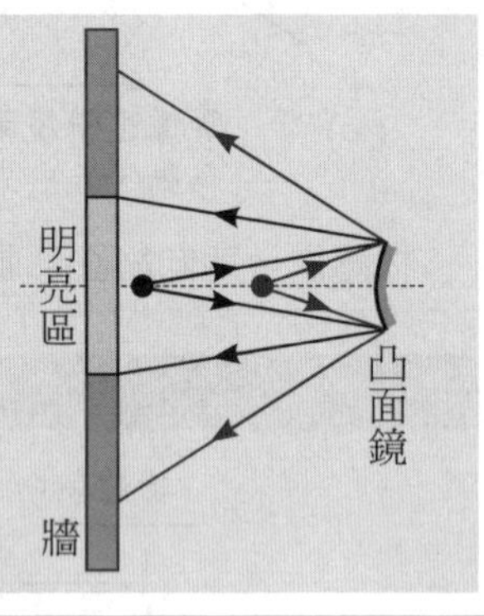

必背 (7)球面鏡的成像公式

A. 成像公式：$\frac{1}{p}+\frac{1}{q}=\frac{1}{f}=\frac{2}{R} \Rightarrow \begin{cases} p：物距 \\ q：像距 \\ f：焦距 \\ R：曲率半徑 \end{cases}$ （決定成像位置）

B. 橫向放大率：$m=\frac{h_i(像高)}{h_o(物高)}=-\frac{q}{p} \Rightarrow \begin{cases} |m|>1 放大 \\ |m|<1 縮小 \end{cases}$ （決定成像大小）

C. 符號法則：

物理量	符號	
	+	−
物距p	鏡前實物	鏡後虛物
像距q	鏡前實像	鏡後虛像
焦距f	凹面鏡	凸面鏡
放大率m	正立像	倒立像

範例 8-8　難易度★☆☆

一物體高度為5cm，置於焦距為2cm的凹面鏡前主軸上，物距為3cm，試問成像位置、像高和成像性質為何？

答：**鏡前6cm處，像高10cm的倒立實像。**

已知p=3(cm)、f=2(cm)。

由成像公式：$\frac{1}{p}+\frac{1}{q}=\frac{1}{f}\Rightarrow\frac{1}{3}+\frac{1}{q}=\frac{1}{2}\Rightarrow q=6\text{ cm}$

放大率 $m=\frac{h_i(\text{像高})}{h_o(\text{物高})}=-\frac{q}{p}=-\frac{6}{3}=-2$

$h_i=-2\times5=-10\text{ cm}$（－號代表倒立）

故成像在鏡前6cm處，形成像高為10cm的倒立實像。

範例 8-9　難易度★★☆

將上題範例8-8中的凹面鏡改成凸面鏡，其他條件不變，則試問成像位置、像高和成像性質為何？

答：**鏡後1.2cm處，像高2cm的正立虛像。**

已知p=3(cm)，∵為凸面鏡∴$f=-2$(cm)。

由成像公式：$\frac{1}{p}+\frac{1}{q}=\frac{1}{f}\Rightarrow\frac{1}{3}+\frac{1}{q}=\frac{1}{-2}\Rightarrow q=-\frac{6}{5}\text{ cm}$（－號代表虛像）

放大率 $m=\frac{h_i(\text{像高})}{h_o(\text{物高})}=-\frac{q}{p}=-\frac{-6/5}{3}=\frac{2}{5}$

$h_i=\frac{2}{5}\times5=2\text{ cm}$（＋號代表正立）

故成像在鏡後1.2cm處，形成像高為2cm的正立虛像。

重點2 光的折射

Check! □□□

1 折射定律

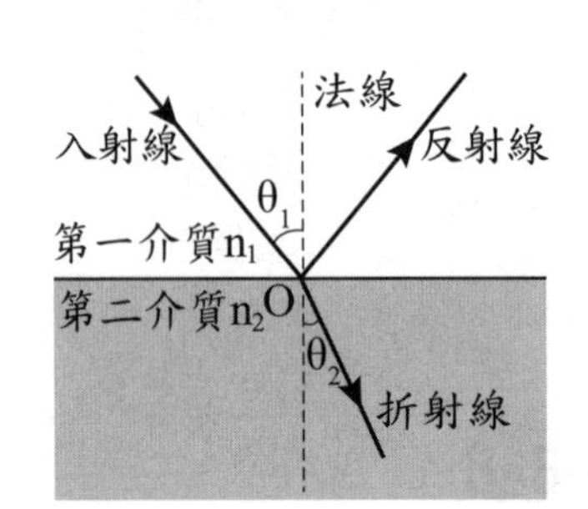

(1)**光的折射**：光由一種介質進入另一種介質時，因光在不同介質內的**光速不同**，故光的行進方向產生偏折的現象。

(2)**折射定律**n

A. 入射線、折射線與法線共平面，且入射線與折射線位於法線的兩側。

B. 入射角θ_1與折射角θ_2的正弦值的比值為定值，$\dfrac{\sin\theta_1}{\sin\theta_2}=n_{12}=$定值，又稱司乃耳定律。

(3)**折射率**n

A. 絕對折射率（$n\geq1$）：光在真空和在該物質中傳播速率的比值稱為折射率，即$n=\dfrac{c}{v}$。

B. 相對折射率（可能小於1）：光由介質1進入介質2，其入射角θ_1與折射角θ_2的正弦值之比值，稱為介質2對介質1的相對折射率，即$\dfrac{\sin\theta_1}{\sin\theta_2}=\dfrac{v_1}{v_2}=\dfrac{n_2}{n_1}=n_{12}$。

必背 C. 司乃耳定律：$n_1\sin\theta_1=n_2\sin\theta_2$

D. 折射率的意義：

a. 光進入介質時折射光偏折程度的相對大小。

b. 介質中的光速大小

如：水的折射率為$n=\dfrac{4}{3}$，故在水中的光速$v=\dfrac{c}{n}=\dfrac{3\times10^8}{4/3}=2.25\times10^8$ m/s

E. 兩介質中折射率較小者為光疏介質；折射率較大者為光密介質。

F. 折射率測定實驗：用插針法量測（圖中P、P'、P''的位置）並利用司乃耳定律計算出半圓柱形盒內液體的折射率。

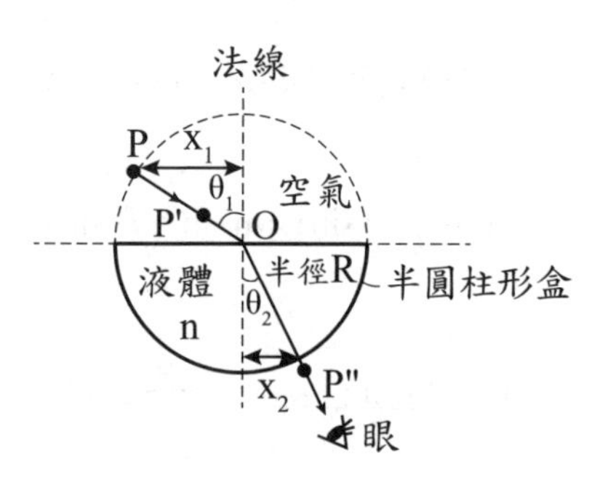

$1\times\sin\theta_1 = n\sin\theta_2$ ，

$1\times\dfrac{x_1}{R} = n\dfrac{x_2}{R} \Rightarrow n = \dfrac{x_1}{x_2}$

範例 8-10　難易度★★☆

空氣、玻璃與鑽石的折射率各為1.00、1.50及2.42，光通過上述三種物質時，下列敘述何者正確？ (A)在空氣中的速率比在玻璃中的速率小 (B)在鑽石中速率比在玻璃中的速率大 (C)從玻璃進入空氣時，入射角大於折射角 (D)從玻璃進入鑽石時，折射角小於入射角。

答：**(D)**。

折射率 $n=\dfrac{c}{v}$ ，故折射率愈大，表示光速愈小。

(A)×(B)×，$\because n_{空氣} < n_{玻璃} < n_{鑽石}$ $\therefore v_{空氣} > v_{玻璃} > v_{鑽石}$

(C)×，從玻璃進入空氣時（慢→快），光偏離法線，故入射角小於折射角。

範例 8-11　難易度★☆☆

光線自空氣進入一折射率為 $\sqrt{3}$ 之某介質時，若折射角為30°，則其入射角θ為 (A)15° (B)30° (C)45° (D) 60°。

答：**(D)**。

由司乃耳定律 $n_1\sin\theta_1 = n_2\sin\theta_2$

$1\times\sin\theta = \sqrt{3}\sin 30^\circ$ ，$\sin\theta = \dfrac{\sqrt{3}}{2}$ ，$\theta = 60^\circ$

2 光斜向入射平行板的側位移

(1)**折射光的側位移**：$D=d\sin i(1-\frac{\cos i}{\sqrt{n^2-\sin^2 i}})$

證明：$\because \sin i=n\sin r\Rightarrow \sin r=\frac{\sin i}{n}$，其中$\tan r=\frac{\sin i}{\sqrt{n^2-\sin^2 i}}$

$$D=\overline{AB}\sin(i-r)=\frac{d}{\cos r}\sin(i-r)=d(\sin i-\cos i\tan r)=d\sin i(1-\frac{\cos i}{\sqrt{n^2-\sin^2 i}})$$

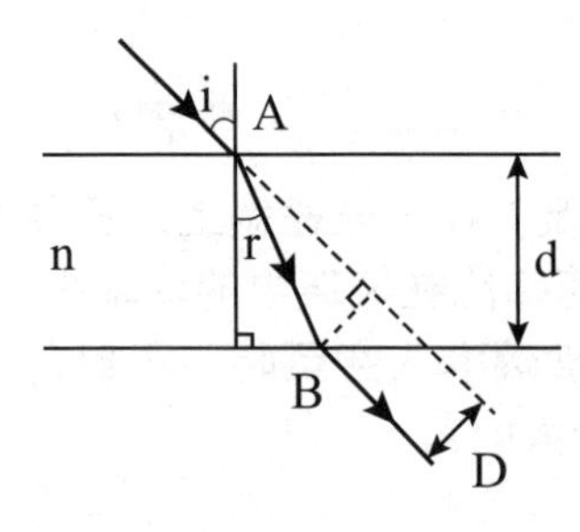

折射光的側位移

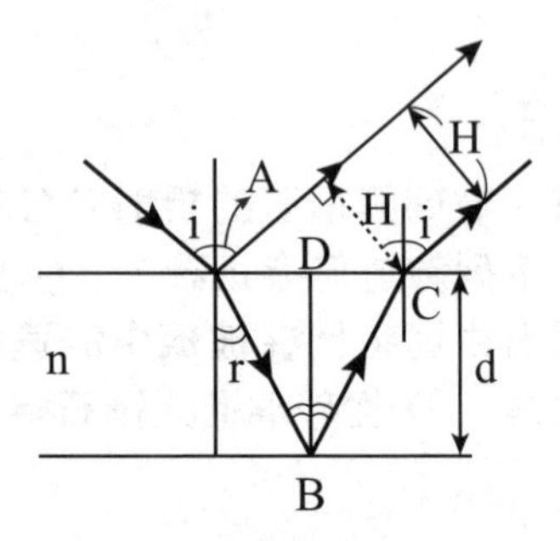

反射光的側位移

(2)**反射的光側位移**：$H=\frac{d\sin(2i)}{\sqrt{n^2-\sin^2 i}}$

證明：$\because \tan r=\frac{\sin i}{\sqrt{n^2-\sin^2 i}}=\frac{\overline{AD}}{d}$

$$H=\overline{AC}\sin(90^\circ-i)=2\overline{AD}\cos i=2d\tan r\cdot\cos i$$

$$=2d\cdot\frac{\sin i}{\sqrt{n^2-\sin^2 i}}\cdot\cos i=\frac{d\sin(2i)}{\sqrt{n^2-\sin^2 i}}$$

重要 3 視深現象（視線近乎垂直於界面觀看）

(1)**視深現象：**因光的折射引起，使物體看起來的深度（視深），與實際的深度（實深）不同的現象。

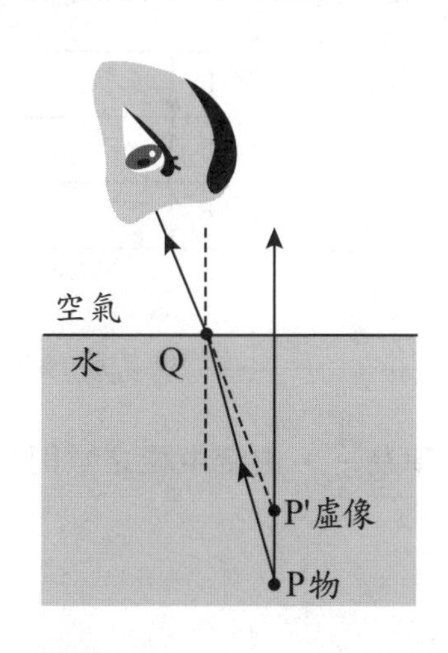

從空氣看水中的物體，覺得距離**變近**。

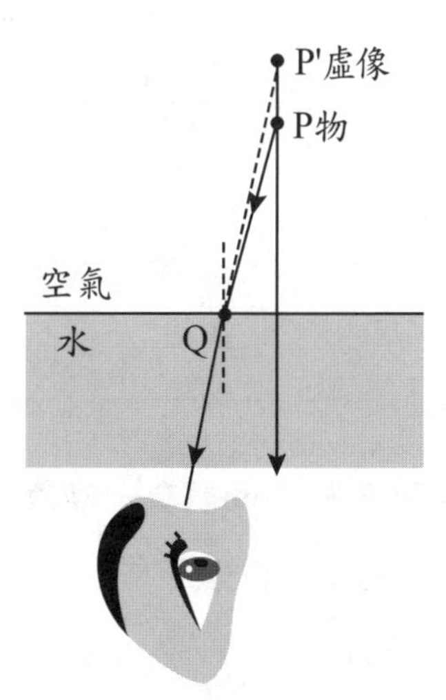

從水中看水面上物體，覺得距離**變遠**。

(2)**視深公式**

必背 A. 單層：$\dfrac{\text{視深}}{\text{觀察者所在介質的折射率}}=\dfrac{\text{實深}}{\text{物體所在介質的折射率}} \Rightarrow \dfrac{h_e}{n_e}=\dfrac{h}{n}$

證：$\because \theta_1$和θ_2很小

$\therefore \sin\theta_1 \simeq \tan\theta_1$，$\sin\theta_2 \simeq \tan\theta_2$

由司乃耳定律$n\sin\theta_1=n_e\sin\theta_2$

得$n\times\dfrac{s}{h}=n_e\times\dfrac{s}{h_e}$

$\Rightarrow \dfrac{h_e}{n_e}=\dfrac{h}{n}$

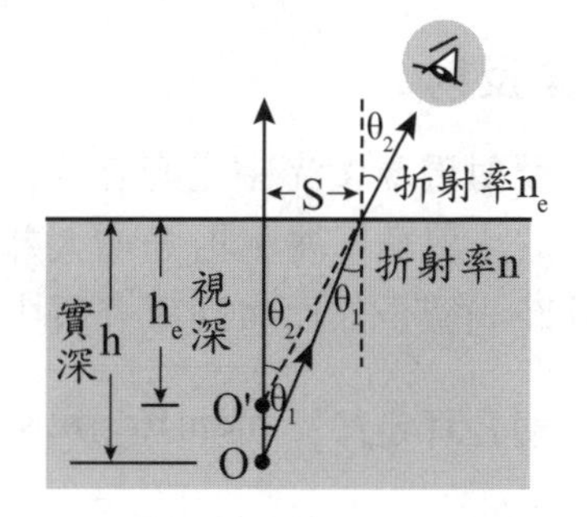

B. 多層介質：假設觀察者所在介質的折射率 n_e、視深 h_e，物體位於 n_1 介質深度 h_1、n_2 介質深度 h_2、n_3 介質深度 h_3 … n_m 介質深度 h_m 處，則

$$\Rightarrow \frac{h_e}{n_e}=\frac{h_1}{n_1}+\frac{h_2}{n_2}+\frac{h_3}{n_3}+\ldots+\frac{h_m}{n_m}$$ 。

觀察者 n_e h_m n_m h_3 n_3 h_2 n_2 h_1 n_1 物

範例 8-12

難易度★☆☆

在水面下方12cm處有一條魚，設水的折射率為 $\frac{4}{3}$，由空中視之，則見魚距離水面多少公分？

答：**9 cm**。

$$\frac{\text{視深}}{\text{觀察者所在介質的折射率}}=\frac{\text{實深}}{\text{物體所在介質的折射率}}\Rightarrow \frac{h_e}{n_e}=\frac{h}{n}$$

$$\frac{h_e}{1}=\frac{12}{4/3}\Rightarrow h_e=9\text{ cm}$$

重要 4 全反射

(1)**全反射現象：**光由光密介質進入光疏介質時，折射線偏離法線，即折射角大於入射角。當入射角增大為某角度θ_c時，折射角為90°，θ_c稱為臨界角，此時光線全部反射回原介質中。

由司乃耳定律得 $n_1\sin\theta_c=n_2\sin 90^\circ=n_2\Rightarrow \sin\theta_c=\frac{n_2}{n_1}$ 或 $\theta_c=\sin^{-1}(\frac{n_2}{n_1})$

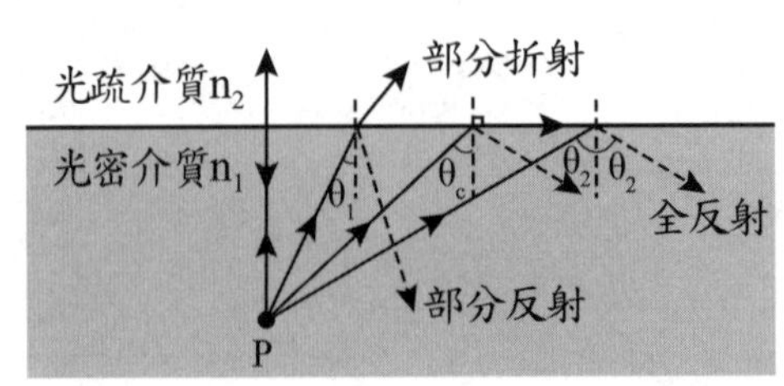

必背 **(2)發生全反射的條件**

A. 由光密介質到光疏介質，即折射率由大到小。

B. 入射角大於臨界角θ_c。

(3)生活中的全反射

A. 光線在光纖中全反射，能量損耗極低，故有效傳遞訊號至遠方。

B. 鑽石折射率大（約2.4），容易發生全反射。

(4)海市蜃樓為大氣折射及全反射的現象。

8-13　難易度★☆☆

範例

光自折射率為1.5之玻璃內，以60°之入射角射於另一種液體之界面上，恰可發生全反射，則該液體之折射率為何？　(A)1.0　(B)0.9　(C)1.1　(D)1.5　(E)1.3。

答：**(E)**。

設該液體之折射率為n

∵恰可發生全反射 $\therefore 1.5\times\sin 60^\circ = n\sin 90^\circ \Rightarrow n = 1.5\times\frac{\sqrt{3}}{2}\approx 1.3$

5 色散現象

(1)**色散：**白光入射三稜鏡會發生折射，通過稜鏡後光線會被分散呈現色彩光譜。如太陽光可被稜鏡分為紅、橙、黃、綠、藍、靛、紫等色光。

(2)**成因：**不同的色光在稜鏡中的速率不同，故偏折程度也不同，即偏向角也不同。

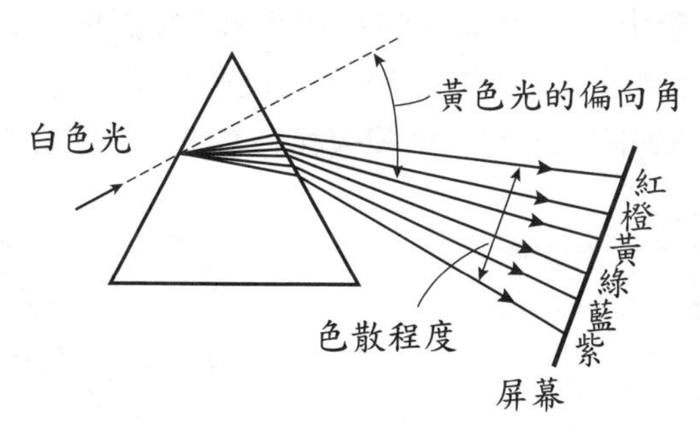

重要 **(3)各色光的比較**

各色光	紅、橙、黃、綠、藍、靛、紫
在真空中的光速c	相同$c \approx 3\times10^8$m/s
波長λ	長 ⟶ 短
頻率f	小 ⟶ 大
能量E=hf	小 ⟶ 大
介質的折射率n	小 ⟶ 大
介質中的光速v	快 ⟶ 慢
經稜鏡折射後的偏向角δ	小 ⟶ 大
臨界角θ_c	大 ⟶ 小
視深（觀察者在空氣中）	深 ⟶ 淺

範例 8-14 難易度★☆☆

在水中同一深度處排列五種色球。由水面上方鉛直俯視下去，覺得置於最淺者為？ (A)紫 (B)藍 (C)黃 (D)紅。

答：**(A)**。∵紫光在介質中的光速最慢 ∴偏向角最大、視深最淺。

(4)**自然界的色散現象：**虹與霓

A. 虹：平行陽光由空中近球形的小水滴經**2次折射、1次反射**的色散現象。看見的光譜紅光最上方（42°）、紫光最下方（40°）

B. 霓：平行陽光由空中近球形的小水滴經**2次折射、2次反射**的色散現象。看見的光譜紫光最上方（54°）、紅光最下方（51°）

C. 比較：當虹與霓同時出現，**內圈較亮者為虹、外圈較暗者為霓**。

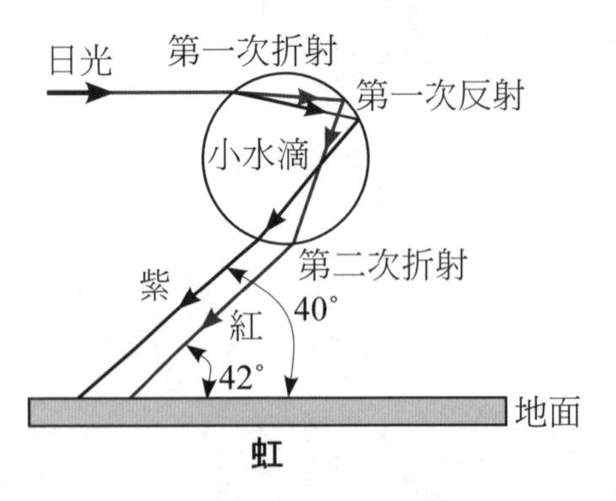

虹

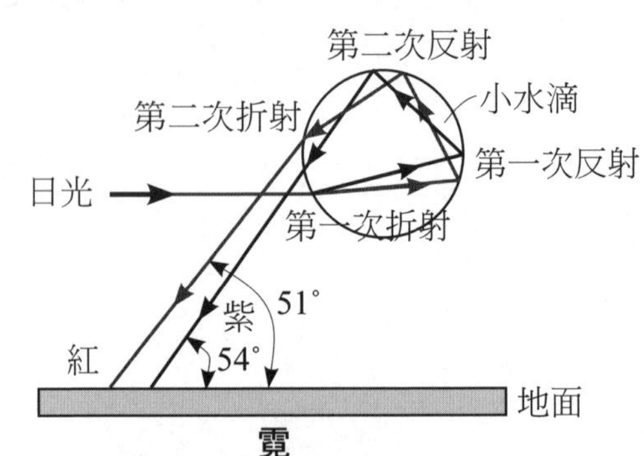

霓

範例 8-15　　難易度★★☆

下列有關「虹與霓」的敘述，何者正確？　(A)這是屬於光的色散現象　(B)虹的顏色較深，霓的顏色較淡　(C)這是因為各色光在水滴中的折射率不同所致　(D)虹的成因是光在水滴內進行一次全反射　(E)霓的成因是光在水滴內進行二次全反射。（多選題）

答：**(A)(B)(C)**。
虹與霓為自然界的色散現象，成因為各色光之折射率不同。同時出現時，虹在內、霓在外；虹較深、霓較淺。故(A)(B)(C)正確。(D)×(E)×，虹：經一次反射、二次折射；霓：經二次反射、二次折射。

重要 6 薄透鏡成像

(1)球面透鏡的種類

A. 凸透鏡（會聚透鏡）：凸透鏡中間部分較邊緣**厚**，平行於主軸的光，經凸透鏡折射後會聚於鏡後焦點。

B. 凹透鏡（發散透鏡）：凹透鏡中間部分較邊緣**薄**，平行於主軸的光，經凹透鏡折射後發散射出，若將發散光線反向延長，會相交於鏡前虛焦點。

(2)球面透鏡成像

A. 凸透鏡作圖法：

①平行於主軸的入射光，經凸透鏡折射後通過鏡後的焦點。

②通過鏡前焦點，經透鏡折射後平行於主軸。

③射向鏡心的光線，直接通過鏡心不偏折。

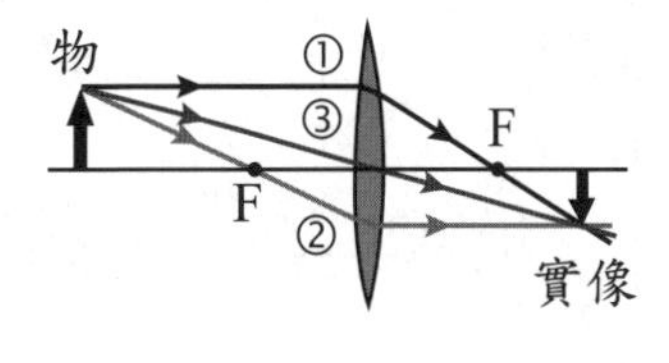

B. 凹透鏡作圖法：

①平行於主軸的入射光，經凹透鏡折射後反向延伸通過鏡前焦點。

②射向鏡後焦點的入射光，經透鏡折射後平行於主軸。

③射向鏡心的光線，直接通過鏡心不偏折。

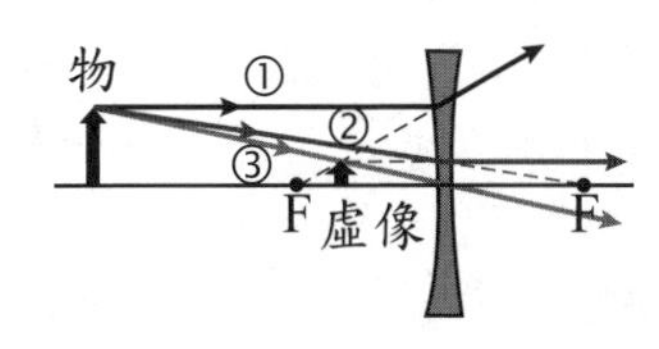

C. 薄透鏡成像性質：

	物體位置	像的位置	實像或虛像	正立或倒立	放大或縮小
凸透鏡	鏡前，無窮遠處	鏡後，焦點上	實像		一點
	鏡前，兩倍焦距外	鏡後，兩倍焦距和焦距間	實像	倒立	縮小
	鏡前，兩倍焦距上	鏡後，兩倍焦距上	實像	倒立	等大
	鏡前，兩倍焦距和焦距間	鏡後，兩倍焦距外	實像	倒立	放大
	鏡前，焦點上	鏡後，無窮遠處			
	鏡前，焦距內	鏡前	虛像	正立	放大
凹透鏡	鏡前，無窮遠處	鏡前，虛焦點上	虛像		一點
	鏡前，任何位置	鏡前，虛焦點內	虛像	正立	縮小

D. 薄透鏡成像變化趨勢

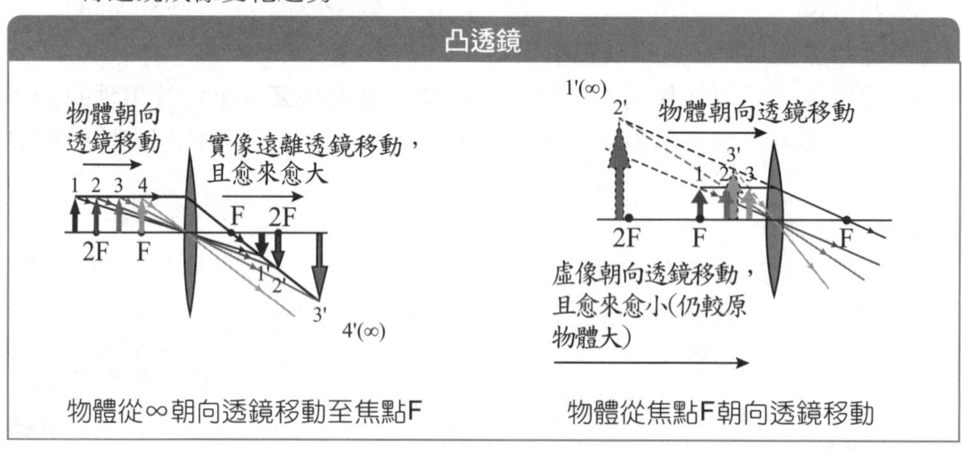

物體從∞朝向透鏡移動至焦點F　　物體從焦點F朝向透鏡移動

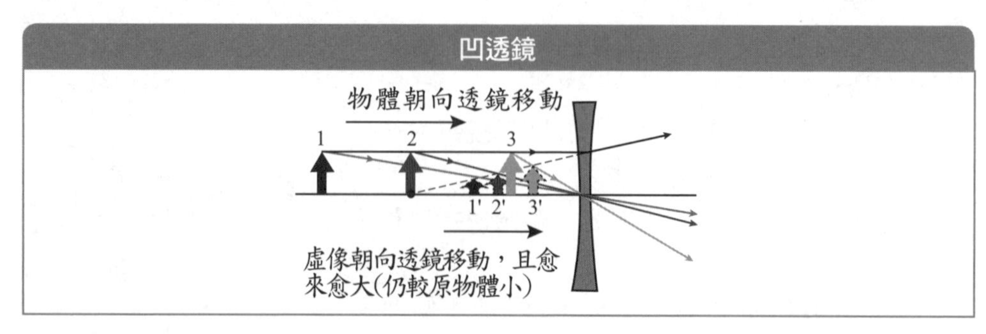

E. 薄透鏡成像整理

凸透鏡	(1)實物經凸透鏡成像不可能在鏡心與鏡後焦點之間 (2)實物沿主軸移動時，不論實像或虛像，像與實物移動方向恆相同 (3)實物經凸透鏡所產生之虛像恆大於實物（放大鏡）
凹透鏡	(1)實物經凹透鏡成像恆在鏡前焦點內 (2)實物沿主軸移動時，虛像與實物移動方向恆相同 (3)實物經凹透鏡所產生之虛像恆小於實物

必背 **(3)薄透鏡的成像公式**

A. 成像公式：$\frac{1}{p}+\frac{1}{q}=\frac{1}{f}=\frac{2}{R}\Rightarrow\begin{cases}p：物距\\q：像距\\f：焦距\\R：曲率半徑\end{cases}$（決定成像位置）

B. 橫向放大率：$m=\frac{h_i(像高)}{h_o(物高)}=-\frac{q}{p}\Rightarrow\begin{cases}|m|>1放大\\|m|<1縮小\end{cases}$（決定成像大小）

C. 符號法則：

物理量	符號	
	+	−
物距p	鏡前實物	鏡後虛物
像距q	鏡後實像	鏡前虛像
焦距f	凸透鏡	凹透鏡
放大率m	正立像	倒立像

8-16 難易度★☆☆

範例 一物體高度10cm，置於焦距為20cm的凸透鏡前主軸上，當物距為60cm時，試問成像位置、像高和成像性質為何？

答：**鏡後30cm處，像高5cm的倒立實像。**

已知p=60(cm)　f=20(cm)。

由成像公式：$\frac{1}{p}+\frac{1}{q}=\frac{1}{f} \Rightarrow \frac{1}{60}+\frac{1}{q}=\frac{1}{20} \Rightarrow q=30\text{ cm}$

放大率 $m=\frac{h_i(\text{像高})}{h_o(\text{物高})}=-\frac{q}{p}=-\frac{30}{60}=-\frac{1}{2}$

$h_i=-\frac{1}{2}\times 10=-5\text{ cm}$（－號代表倒立）

故成像在鏡後30cm處，形成像高為5cm的倒立實像。

8-17 難易度★★☆

範例 將上題範例中的凸透鏡改成凹透鏡，其他條件不變，則試問成像位置、像高和成像性質為何？

答：**鏡前15cm處，像高2.5cm的正立虛像。**

已知p=60(cm)，∵凹透鏡　∴f=-20(cm)。

由成像公式：$\frac{1}{p}+\frac{1}{q}=\frac{1}{f}$

$\Rightarrow \frac{1}{60}+\frac{1}{q}=\frac{1}{-20} \Rightarrow q=-15\text{ cm}$（－號代表虛像）

放大率 $m=\frac{h_i(\text{像高})}{h_o(\text{物高})}=-\frac{q}{p}=-\frac{-15}{60}=\frac{1}{4}$

$h_i=\frac{1}{4}\times 10=2.5\text{cm}$（＋號代表正立）

故成像在鏡前15cm處，形成像高為2.5cm的正立虛像。

主題 3 物理光學

關鍵重點

雙狹縫干涉實驗、$\Delta y = \frac{\lambda L}{d}$、單狹縫繞射實驗、$\Delta y = \frac{\lambda L}{a}$

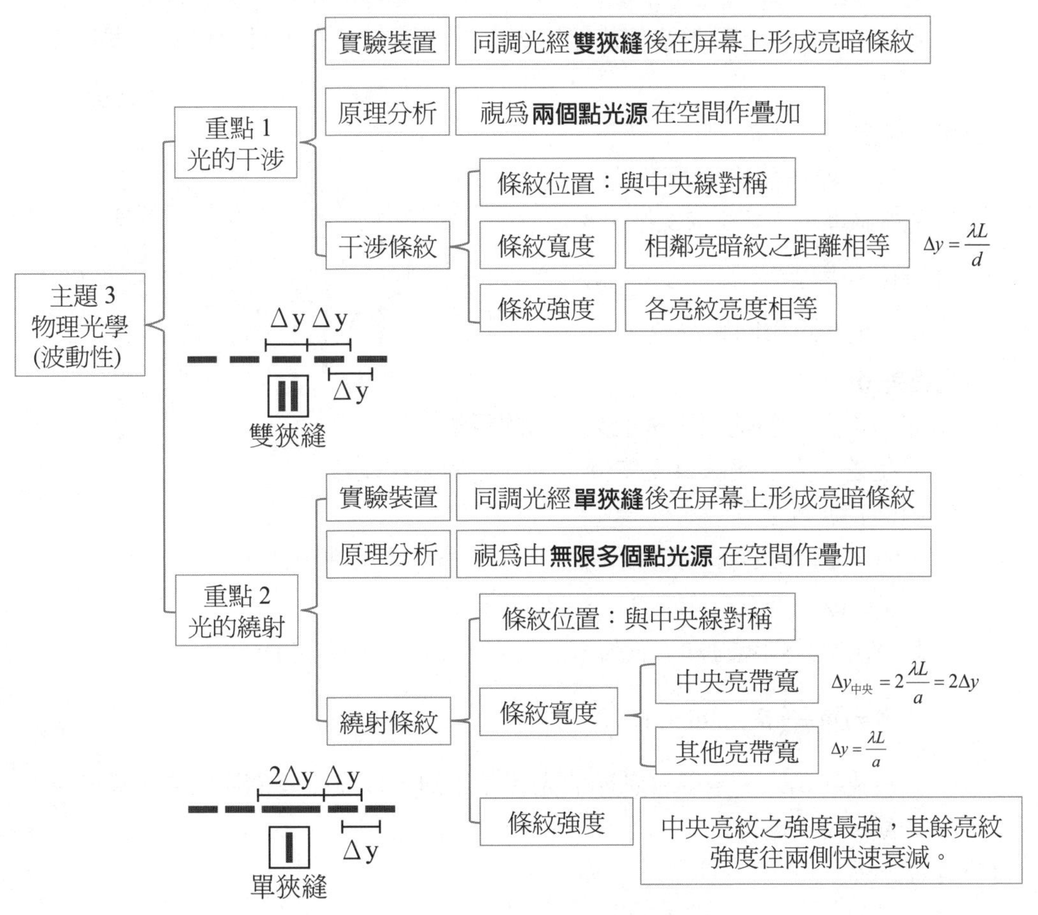

物理光學：將光視為波動來描述光的現象，如：(1)光的干涉、(2)光的繞射。

重點1 光的干涉

Check! □□□

楊格雙狹縫干涉實驗

(1)**光的干涉：**兩個以上的光波在空間中進行疊加，稱為光的干涉。

(2)**光屏上產生清晰可見的干涉條紋之條件**

A. 如同水波干涉，兩光源必為同調光，即頻率相同且相位差為定值。

B. 兩波相位可為同相（相位差為0）、反相（相位差為180°）或異相（相位差為θ），只要兩波相位差固定即為同調光，以下討論以同相同調光為主。

(3)**實驗裝置**

光源經過濾光器後成單色光，單色光經過屏A之單狹縫S_0後，光波的相位差固定，又$\overline{S_0S_1}=\overline{S_0S_2}$，故$S_1$、$S_2$為同相同調波源。

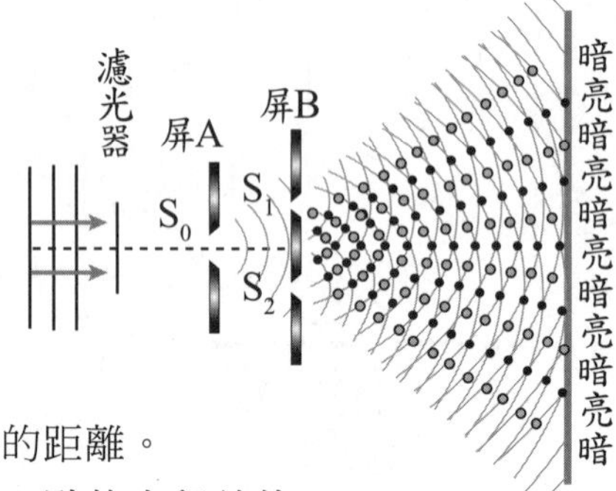

(4)**光程差δ**

A. 光程：光自狹縫到屏幕上某一點的距離。

B. 光程差：光自兩狹縫至空間上某一點的光程差值。

C. 對同相波源而言：

a. 光程差為波長的整數倍時，兩波為完全建設性干涉。

$\delta = n\lambda$，n = 0、1、2、3 …

b. 光程差為半波長的奇數倍時，兩波為完全破壞性干涉。

$\delta = (m-\frac{1}{2})\lambda$，m = 1、2、3 …

C. 由於光源S_1、S_2至屏幕各點的光程差不同，故產生**等間距的亮、暗干涉條紋**。

(5)**實驗分析**

$\because L >> d \quad \therefore \overline{PS_1}$、$\overline{PS_2}$與$\overline{PA}$幾乎平行→$\sin\theta \approx \tan\theta = \frac{y}{L}$

→光程差$\delta = \overline{BS_1} = d\sin\theta \approx d\frac{y}{L}$

- y：P點至中央線之距離
- L：狹縫至屏幕之距離
- d：兩狹縫之距離

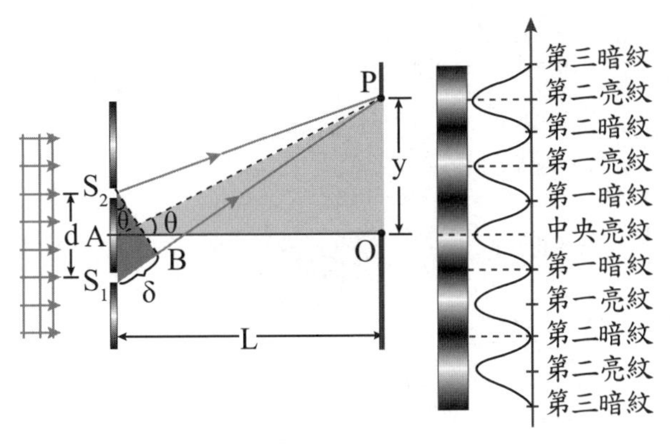

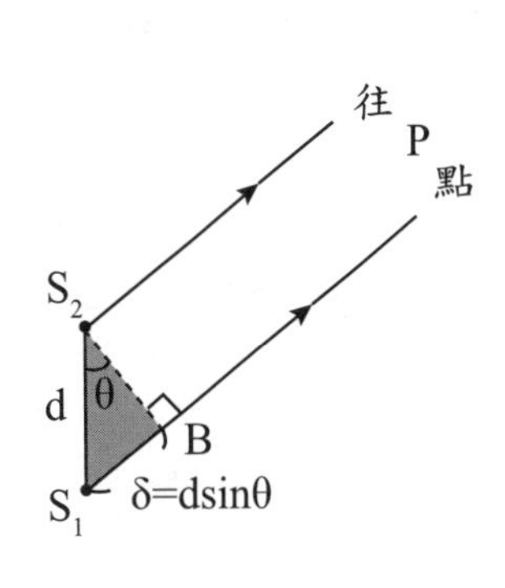

(6)**干涉條紋之位置分析**

A. 亮紋位置

a. 產生亮紋的條件：光源至屏幕的光程差為波長的整數倍

$$\delta = \left|\overline{PS_1} - \overline{PS_2}\right| = n\lambda = d\frac{y}{L} \quad n = 0、1、2、3\cdots$$

必背 b. 公式：$y_{亮n} = n\dfrac{\lambda L}{d}$　$n = 0、1、2、3\cdots$。

$$\begin{cases} n = 0 \rightarrow y_{亮0} = 0，中央亮紋 \\ n = 1 \rightarrow y_{亮1} = \dfrac{\lambda L}{d}，第一亮紋 \\ n = 2 \rightarrow y_{亮2} = 2\dfrac{\lambda L}{d}，第二亮紋 \\ \quad\vdots \end{cases}$$
（圖形對稱於中央線）

B. 暗紋位置

a. 產生暗紋的條件：光源至屏幕的光程差為 $\frac{1}{2}$ 波長的奇數倍

$$\delta = \left|\overline{PS_1} - \overline{PS_2}\right| = (m - \frac{1}{2})\lambda \quad m = 1、2、3\cdots$$

必背 b. 公式：$y_{暗m}=(m-\frac{1}{2})\frac{\lambda L}{d}$　m＝1、2、3 …

$$\begin{cases} m=1\rightarrow y_{暗1}=\frac{1}{2}\times\frac{\lambda L}{d}，第一暗紋 \\ m=2\rightarrow y_{暗2}=\frac{3}{2}\times\frac{\lambda L}{d}，第二暗紋 \\ m=3\rightarrow y_{暗3}=\frac{5}{2}\times\frac{\lambda L}{d}，第三暗紋 \\ \vdots \end{cases}$$
（圖形對稱於中央線）

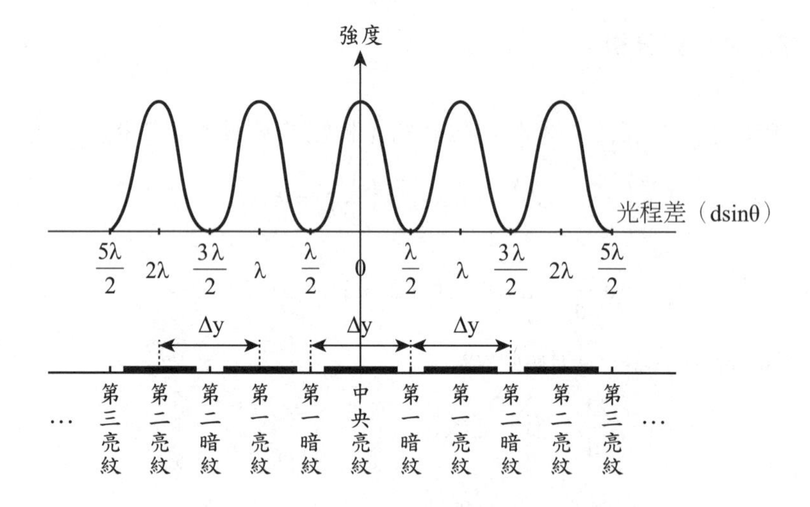

C. 相鄰兩亮紋或暗紋之間隔：$\Delta y=\frac{\lambda L}{d}$，故$\begin{cases} a.若L、d為定值\Rightarrow \Delta y\propto\lambda \\ b.若L、\lambda為定值\Rightarrow \Delta y\propto\frac{1}{d} \\ c.若\lambda、d為定值\Rightarrow \Delta y\propto L \end{cases}$

(7)**結論**

A. 干涉圖案為等明亮、等間格之對稱條紋。

B. 以同調白光作雙狹縫干涉實驗，干涉條紋中央為白色、兩側為彩色。

C. 若S_1、S_2為反相波源（相位差為180度），則亮暗紋的位置與同相波源的干涉條紋位置交換。

(8)若將狹縫旋轉θ，狹縫有效間隔變為$d'=d\cos\theta$，得$\Delta y'=\frac{\lambda L}{d'}=\frac{\lambda L}{d\cos\theta}=\frac{\Delta y}{\cos\theta}$。

(9)若將整個實驗裝置放入折射率為n之介質中，則波長變為$\lambda'=\frac{\lambda}{n}$，得

$\Delta y'=\frac{\lambda' L}{d}=\frac{\lambda L}{nd}=\frac{\Delta y}{n}$。

(10)日常生活中的干涉現象：

A.路面上彩色的油漬；B.肥皂泡沫的色彩；C.蝴蝶翅膀五彩繽紛。

範例 8-18　難易度★☆☆

以單色光作雙狹縫干涉實驗時，下列敘述何者正確？ (A)狹縫到光屏的距離增加時，亮紋的亮度會減弱 (B)在干涉條紋中，中央亮帶的寬度為其它亮紋寬度的兩倍 (C)光源由紅光改為藍光時，其亮紋寬度會增加 (D)狹縫間距減小時，亮紋寬度亦減小。

答：**(A)**。

由$\Delta y=\frac{\lambda L}{d}$得知：

(A)○，亮紋的亮度隨狹縫到光屏的距離增加而減弱。

(B)×，雙狹縫干涉實驗中，中央亮帶的寬度同其它亮紋的寬度。

(C)×，$\Delta y\propto\lambda$，紅光波長較藍光長，故$\Delta y_{紅}>\Delta y_{藍}$，亮紋寬度減小。

(D)×，$\Delta y\propto\frac{1}{d}$，當狹縫間距減小時，亮紋寬度增加。

重點2 光的繞射

Check! □□□

單狹縫繞射實驗

(1)**光的繞射：**光通過狹縫或遇到障礙物時，光繞過狹縫或障礙物在其後方進行波的疊加。

(2)**單狹縫繞射實驗裝置**

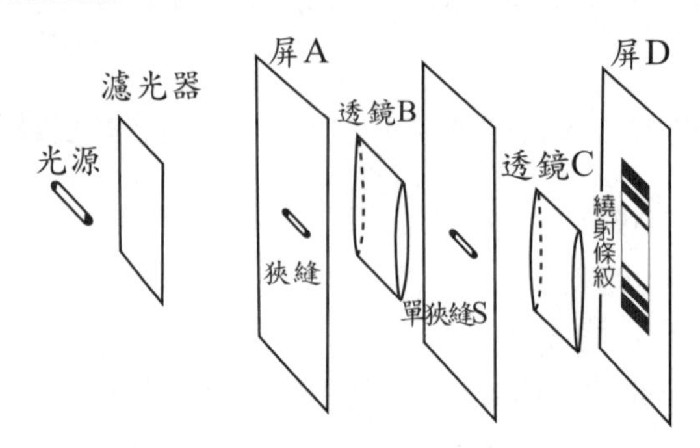

A. 光源經濾光器後成單色光，屏A置於透鏡B的焦點上，故光由屏A之狹縫及透鏡B後形成平行光射向單狹縫S。

B. 平行光由單狹縫S射出經透鏡C聚焦於置於透鏡C之焦點處的屏D，此種條件下的繞射，稱為夫朗和斐繞射。

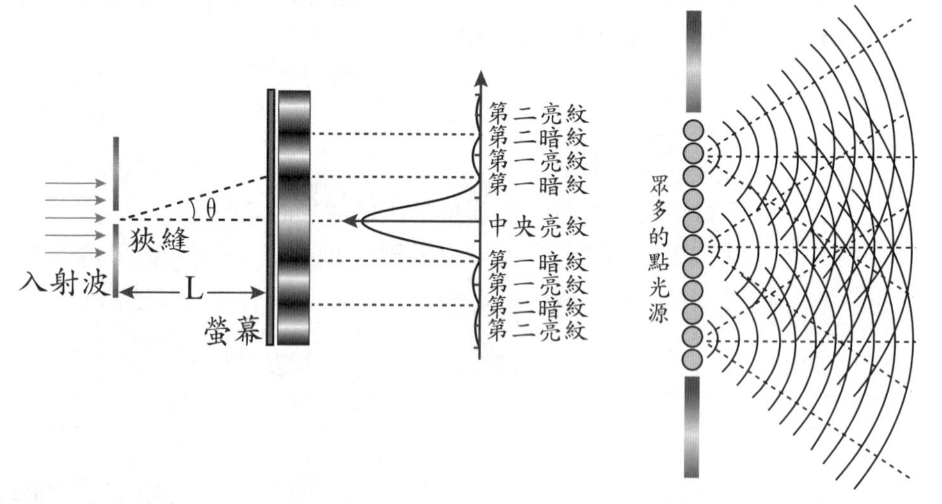

(3)**繞射原理分析**

A. 繞射分析利用惠更斯原理，將通過單狹縫的光波視為**無限多個點光源**所組成，這些同相子波在屏幕上疊加形成亮暗條紋。數學分析較雙狹縫干涉複雜，干涉條紋僅考慮兩個點光源疊加。

B. 在屏幕上產生亮紋及暗紋的條件，可由A、B兩端之光源置屏幕的光程差來作判斷，**稱為最大光程差**$\Delta \ell_{AB}$。（如下圖）

C. 最大光程差$\Delta \ell_{AB}$：

$$\because L >> a \quad \therefore \sin\theta \approx \tan\theta = \frac{y}{f} \approx \frac{y}{L}$$

$\Rightarrow$最大光程差 $\Delta\ell_{AB} = a\sin\theta \approx a\dfrac{y}{L} \approx a\dfrac{y}{f}$ $\begin{cases} y\text{：P點至中央線之距離} \\ L\text{：狹縫至屏幕之距離} \\ f\text{：透鏡C之焦距，且}f \approx L \\ a\text{：狹縫之寬度} \end{cases}$

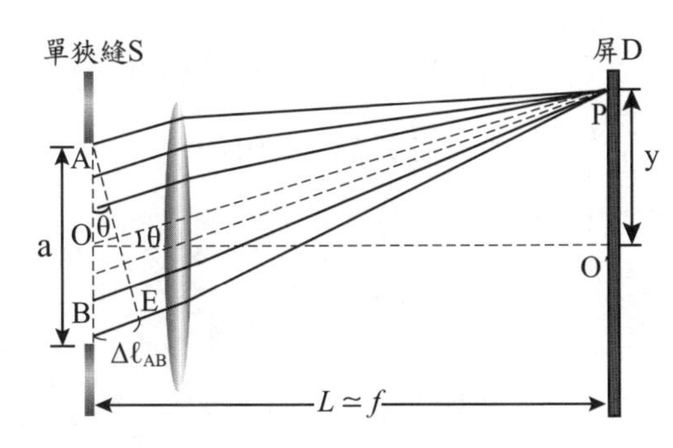

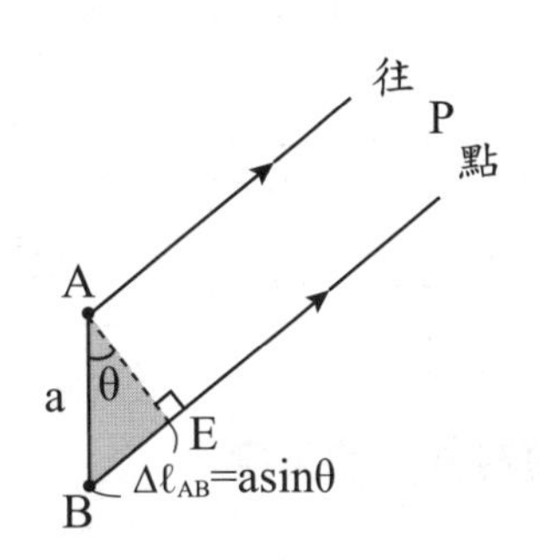

重要 (4)繞射條紋之位置分析

A. 暗紋位置：

a. 產生暗紋的條件：A、B兩點至P點的光程差為波長的整數倍時，P點必為暗紋。

$$\Delta\ell_{AB} = m\lambda = a\frac{y}{L}\text{，}m = 1\text{、}2\text{、}3\cdots$$

必背 b. 公式：$y_{\text{暗}m} = m\dfrac{\lambda L}{a}$，$m = 1$、$2$、$3\cdots$。

$$\begin{cases} m = 1 \rightarrow y_{\text{暗}1} = \dfrac{\lambda L}{a}\text{，第一暗紋} \\ m = 2 \rightarrow y_{\text{暗}2} = 2\dfrac{\lambda L}{a}\text{，第二暗紋} \\ m = 3 \rightarrow y_{\text{暗}3} = 3\dfrac{\lambda L}{a}\text{，第三暗紋} \\ \quad\vdots \end{cases}$$（圖形對稱於中央線）

B. 亮紋位置

a. 產生亮紋的條件：A、B兩點至P點的光程差為零或波長的 $(n+\frac{1}{2})$ 倍（n=1、2、3⋯）時，P點必為亮紋。

$$\begin{cases} \text{中央亮紋：}\Delta\ell_{AB} = 0 \\ \text{其他亮紋：}\Delta\ell_{AB} = (n+\dfrac{1}{2})\lambda = a\dfrac{y}{L}\text{，}n = 1\text{、}2\text{、}3\cdots \end{cases}$$

必背 b. 公式：$y_{中央}=a\sin\theta=0$，中央亮紋。

$y_{亮n}=(n+\frac{1}{2})\frac{\lambda L}{a}$，$n=1$、2、3 …。

$$\begin{cases} n=1\rightarrow y_{亮1}=\frac{3}{2}\times\frac{\lambda L}{a}, \text{第一亮紋} \\ n=2\rightarrow y_{亮2}=\frac{5}{2}\times\frac{\lambda L}{a}, \text{第二亮紋} \\ n=3\rightarrow y_{亮3}=\frac{7}{2}\times\frac{\lambda L}{a}, \text{第三亮紋} \\ \quad\vdots \end{cases}$$（圖形對稱於中央線）

(5)繞射條紋的寬度

A. 中央亮紋寬度：$\Delta y_{中央}=2y_{暗1}=2\frac{\lambda L}{a}=2\Delta y$

B. 其他亮紋寬度＝兩相鄰亮（暗）紋的間隔：

$$\Delta y=\frac{\lambda L}{a}\text{，故}\begin{cases} \text{a.若L、a爲定值}\Rightarrow \Delta y\propto\lambda \\ \text{b.若L、}\lambda\text{爲定值}\Rightarrow \Delta y\propto\frac{1}{a} \\ \text{c.若}\lambda\text{、a爲定值}\Rightarrow \Delta y\propto L \end{cases}$$

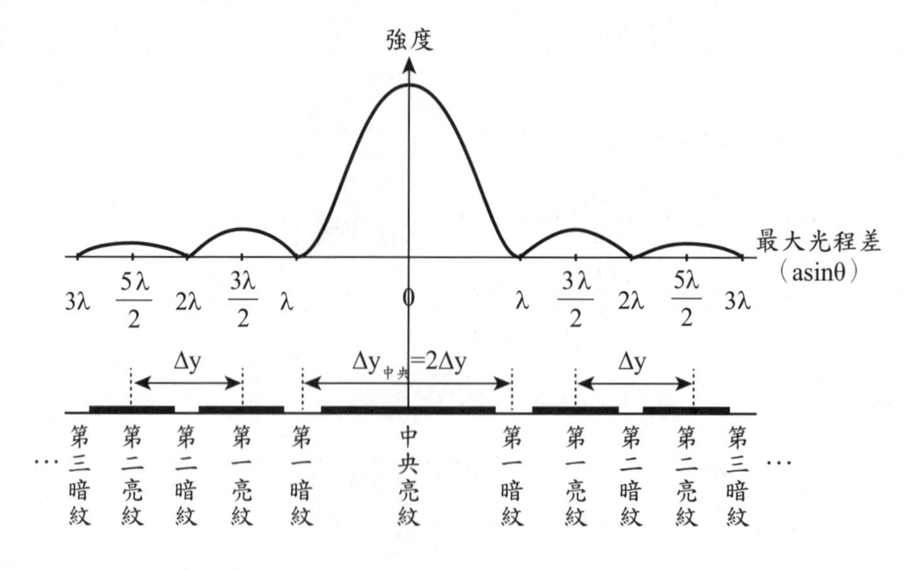

(6)**結論**

A. 繞射條紋之中央亮帶寬度為其他亮帶寬度的兩倍，中央亮帶強度最強，其他亮帶強度往兩側快速衰減。

B. 使用白光做單狹縫繞射實驗，不同顏色的色光有不同波長，故繞射條紋的間距不同。在正中央處為各色光的混合光，故中央亮紋為白光兩側為彩色條紋。

範例 8-19　難易度★☆☆

在單狹縫繞射實驗中，測得中央亮帶的寬度為D，則第二亮紋的中點至中央亮帶的中點其距離為何？　(A)D　(B)5D/4　(C)3D/2　(D)2D。

答：**(B)**。

$$\Delta y_{中央}=2\frac{\lambda L}{a}=2\Delta y=D\Rightarrow\Delta y=\frac{D}{2}$$

$$y_{亮2}=\frac{5}{2}\times\frac{\lambda L}{a}=\frac{5}{2}\Delta y=\frac{5}{2}\times\frac{D}{2}=\frac{5D}{4}$$

單元補充

物理量	單位	意義
輻射通量	瓦特（W）	單位時間光源發出的總能量，即光源的光功率。（光源的波段包括紅外光、紫外光及可見光）
光通量(F)	流明（ℓm）	人眼主觀感應到的單位時間由光源發出的可見光的總能量，即人眼感應到的光功率。
發光強度（I）	燭光（cd）	為SI制的七大基本單位之一，表示光源單位立體角內的光通量。
照度(E)	勒克司（ℓux）簡記（ℓx）	被照物每單位面積所接收的光通量，即照度（ℓux）$=\frac{光通量（\ell m）}{面積（m^2）}$，$1\ell ux=1\ell m/m^2$。（平常說的明暗程度就是指照度）

點光源的照度

若點光源的發光強度為I燭光，因各方向的全方位立體角為 4π 球面度，則所發出的光通量為 $F=4\pi I$ 。在以光源為中心，半徑為r的球面上，其照度為 $E=\frac{4\pi I}{4\pi r^2}=\frac{I}{r^2}$ ，故照度的大小取決於點光源的發光強度和被照物及點光源之間的距離。對同一點光源而言，距離光源越遠，被照物的照度越小且與距離成平方反比。

範例 8-20 難易度★★☆

兩個相同的點光源相距4公尺，今欲在兩光源間放置一光屏，使兩光源對光屏兩側之照度比為1：9，則此光屏距離較近的光源為多少公尺？
(A)0.5 (B)1 (C)1.5 (D)2。

答：**(B)**。

$E=\frac{I}{r^2}\propto\frac{1}{r^2}$ ，照度隨點光源和光屏之距離平方成反比，故距離比為3：1。又兩光源相距4公尺，則光屏距離較近的光源為1公尺。

範例 8-21 難易度★★☆

25燭光與100燭光的電燈要得到同樣照度，其距離之比應為： (A)1：4 (B)2：1 (C)4：1 (D)1：2。

答：**(D)**。

照度 $E=\frac{I}{r^2}$ ， $\frac{25}{r_1^2}=\frac{100}{r_2^2}\Rightarrow r_1:r_2=1:2$ 。

透鏡度D（焦度）

(1)定義：透鏡焦距（公尺）的倒數。

(2)數學式 $D=\frac{1}{f(\text{公尺})}$ （f：眼鏡之焦距）

(3)眼鏡的度數=D（焦度）×100

單元重點整理

Check!☐☐☐

1 面鏡成像

面鏡種類	成像性質	應用
平面鏡	(1)物距=像距 (2)在鏡後形成上下不顛倒、左右相反的等大正立虛像	一般鏡子
凹面鏡	(1)物置於焦點內：在鏡後形成放大正立虛像 (2)物置於焦點外：在鏡前形成倒立實像，大小隨物距而改變，可為放大、縮小或等大	化妝鏡、車頭前燈
凸面鏡	在鏡後形成正立縮小虛像	轉角反射鏡、超商監視鏡、汽機車側視鏡

Check!☐☐☐

2 透明平行板

當光以θ角入射透明平行板，光因折射產生側位移，折射後的光之行進方向與原方向平行。

Check!☐☐☐

3 透鏡成像

透鏡種類	成像性質	應用
凸透鏡	(1)物置於焦點內：在鏡前形成放大正立虛像 (2)物置於焦點外：在鏡後形成倒立實像，大小隨物距而改變，可為放大、縮小或等大	遠視眼鏡、放大鏡
凹透鏡	在鏡前形成正立縮小虛像	近視眼鏡

Check! □□□

4 雙狹縫干涉與單狹縫繞射（波動說有力的證據）

光的波動性	雙狹縫干涉	單狹縫繞射
原理	兩個同調波源在屏幕疊加形成亮暗條紋	根據惠更斯原理，單狹縫視為無限多個點波源在屏幕疊加形成亮暗條紋
條紋特色	亮帶同寬、強度相同	中央亮帶特別寬（為其他亮帶的2倍）、特別亮，強度由中央往兩側迅速遞減
條紋寬度公式	相鄰兩亮紋或暗紋之間隔：$\Delta y=\frac{\lambda L}{d}$	(1)中央亮紋寬度：$\Delta y_{中央}=2\frac{\lambda L}{a}=2\Delta y$ (2)其他亮紋寬度＝兩相鄰亮（暗）紋的間隔：$\Delta y=\frac{\lambda L}{a}$
圖示	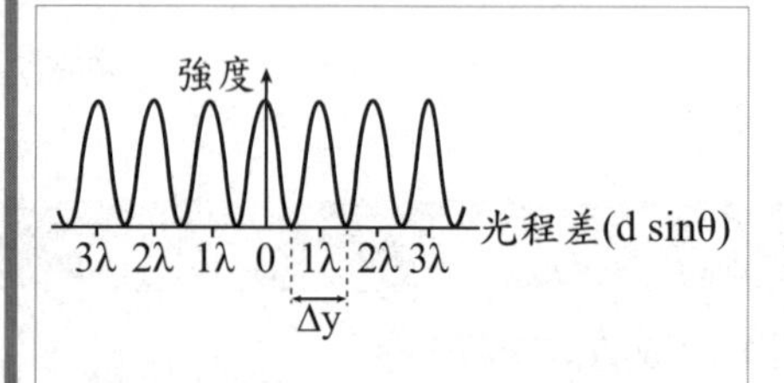	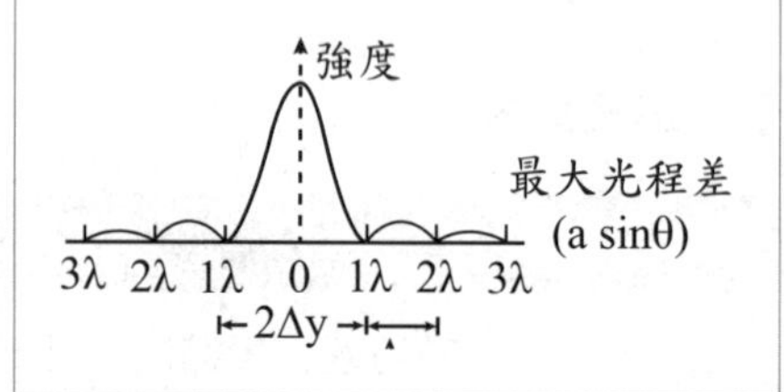

[精選·試題]

基礎題

( ) 1. 某學生身高為150公分，下午某時刻，該生發現自己於陽光下的影子長為75公分。同一時刻，在學生身旁有一水泥柱，其影子長度為2.0公尺，如不考慮其他物體的影響，則該水泥柱的實際高度約為多少公尺？ (A)1.0公尺 (B)2.0公尺 (C)3.0公尺 (D)4.0公尺。

( ) 2. 從一平面鏡中看一具有標線而無數字的鐘錶，其指針的位置為3時20分，則實際時刻為：
(A)3時20分 (B)8時40分
(C)7時20分 (D)9時40分。

( ) 3. 利用凹面鏡欲得物體的放大實像，物體應置於凹面鏡前
(A)焦距內 (B)焦點與兩倍焦距之間
(C)兩倍焦距與四倍焦距之間 (D)四倍焦距外。

( ) 4. 一物體高為5cm，置於焦距15cm之球凹面鏡前12cm處，則所成像之位置為何？ (A)60cm (B)6.7cm (C)15cm (D)12cm。

( ) 5. 承上題，則所成像之放大率及性質為何？
(A)放大率＝1/5（正立虛像） (B)放大率＝1/5（倒立實像）
(C)放大率＝5（正立虛像） (D)放大率＝5（倒立實像）。

( ) 6. 當光線由空氣射入水池時，若光線於水與空氣界面的入射角不等於零，則光線折射進入水中之後，下列哪一性質一定會保持不變？
(A)光線的速率 (B)光線的頻率
(C)光線的進行方向 (D)光線的波長。

( ) 7. 光由空氣中入射於某介質，某入射角為30度，折射角為60度，則該介質對空氣之折射率為多少？
(A)$\frac{1}{\sqrt{3}}$ (B)$\frac{1}{2}$ (C)$\sqrt{3}$ (D)2。

(　) 8. 空中一飛機高度240公尺（距水面），若水的折射率4/3，由水中視之則飛機高度（距水面）為多少公尺？
(A)480公尺　(B)360公尺　(C)320公尺　(D)180公尺　(E)120公尺。

(　) 9. 下列何者為產生全反射的條件？
(A)光由光疏介質射向光密介質，且入射角等於臨界角
(B)光由光疏介質射向光密介質，且入射角小於臨界角
(C)光由光疏介質射向光密介質，且入射角大於臨界角
(D)光由光密介質射向光疏介質，且入射角大於臨界角
(E)光由光密介質射向光疏介質，且入射角小於臨界角。

(　) 10. "彩虹"的形成是光線經水滴與下列何者之結果？
(A)反射　(B)折射
(C)反射加折射　(D)干射。

(　) 11. 已知玻璃的折射率為1.50，水的折射率為1.33。以玻璃製作單一凸透鏡，則此凸透鏡置於空氣中，以平行光線照射，得知凸透鏡的焦距為10公分。將此凸透鏡放入水中，仍以平行光線照射，則凸透鏡於水中的焦距將為何？
(A)於水中的焦距小於10公分
(B)於水中的焦距等於10公分
(C)於水中的焦距大於10公分
(D)於水中的焦距大小，需視光的顏色而定。

(　) 12. 焦距為f之凸透鏡，如欲使其產生1個放大倍率為1之倒立實像，則物體應放於鏡前何處？　(A)無窮遠　(B)$\frac{1}{2}$f　(C)f　(D)2f。

(　) 13. 若把物體放在凹透鏡前的焦點上（焦距為f），則該物體將會在何處成像？
(A)凹透鏡後2f　(B)凹透鏡後$\frac{1}{2}$f
(C)凹透鏡前$\frac{1}{2}$f　(D)凹透鏡前2f。

( ) 14. 有關單一凸透鏡或單一平面鏡之成像，下列敘述何者正確？
(A)物體於凸透鏡前，不論物距為何，所成之像一定為虛像
(B)物體於凸透鏡前，不論物距為何，所成之像一定為實像
(C)物體於平面鏡前，不論物距為何，所成之像一定為虛像
(D)物體於平面鏡前，不論物距為何，所成之像一定為實像。

( ) 15. 下列有關光的敘述，何者錯誤？
(A)光徑具有可逆性
(B)從水面上斜視水中的物體時，所見物體在水中的深度，比物體實際的深度更深
(C)凸面鏡所成的像皆為虛像
(D)許多公路上的急轉彎處，常設立一凸面鏡，其目的在於提供駕駛員更寬廣的視角，以觀看對方來車。

( ) 16. 下列各種物理現象中，那一現象無法使用幾何光學的理論來說明，而必須以物理光學（或稱為波動光學）的理論來解釋？
(A)肥皂泡沫受到白光照射後，所呈現的五顏六色
(B)平面鏡成像時，物距的量值等於像距的量值
(C)人站立於路燈的燈光下所形成的人影
(D)月蝕的成因。

( ) 17. 已知點光源的光屏上產生的照度與點光源到光屏的垂直距離有關。若距離某一點光源1.0公尺處的光屏之照度為400勒克斯（lux），則距離此點光源4.0公尺處的光屏之照度為多少勒克斯？
(A)25　(B)50　(C)100　(D)200。

進階題

( ) 1. 二平面鏡分別放置在x、y軸上。若一點光源置於兩平面鏡間，其座標為（3,2），則像的位置座標為？
(A)（−3,−2）　(B)（+2,−3）
(C)（+3,−2）　(D)（−2,+3）
(E)（2,3）。（多選題）

(　) 2. 對一固定之雙狹縫，如用6000Å之單色光為光源，其所生干涉條紋兩相鄰之暗紋間隔為0.10cm，若在同樣系統中使用4000Å之單色光，則相鄰兩暗紋之間隔為　(A) 0.067　(B) 0.015　(C) 0.032　(D) 0.15 cm。

(　) 3. 某雙狹縫干涉實驗中，若用頻率f之光，則紋寬為 W_1，若用頻率為3f之光，則紋寬變為 W_2，故 $W_1/W_2 =$　(A) 1/3　(B) 1　(C) 3　(D) 9。

(　) 4. 在「雙狹縫干涉與單狹縫繞射」的實驗中，得到雙狹縫干涉的條紋寬度為Δy，單狹縫繞射的中央亮帶寬度為D，若雙狹縫的狹縫間距為d，光源及狹縫至光屏的距離皆不變，則單狹縫的狹縫寬度為何？

(A) $\frac{D\Delta y}{2d}$　(B) $\frac{2D\Delta y}{d}$　(C) $\frac{dD}{2\Delta y}$　(D) $\frac{2d\Delta y}{D}$。

(　) 5. 光線從折射率為1.5的玻璃射向空氣，入射角θ略大於其臨界角θ_C。如將此入射角固定，而在玻璃表面覆上一層折射率為4／3的水膜，則下列表示光線傳遞的各圖（各圖中斜線部份為水膜，其上方為空氣，其下方為玻璃），何者最為正確？

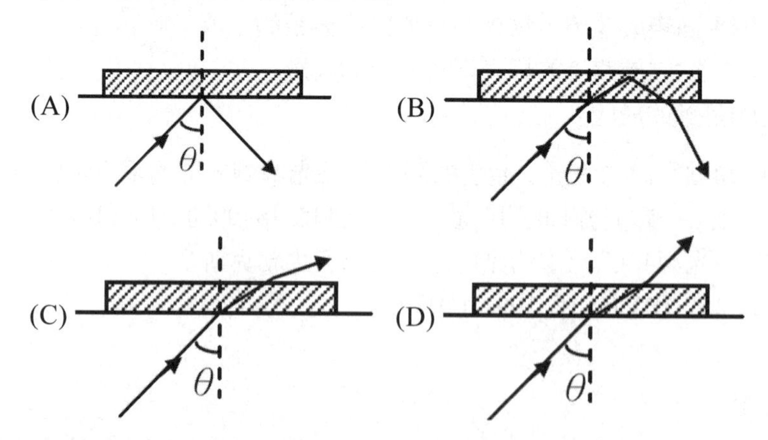

(　) 6. 若以紅光及藍光作為實驗的光源，下列敘述何者錯誤？
(A)水中同深度之處，以紅光及藍光分別自水中射向空氣時，水面上的人感覺紅光的視深較深
(B)對同一凸透鏡而言，紅光的焦距比藍光長
(C)光源經三稜鏡折射後，紅光的偏向角小於藍光
(D)各以相同的入射角斜向射入一厚度為d的透明平行板，則紅光射出平行板後的側位移比藍光大。

( ) 7. 將一實物放在凹面鏡前其位置與成像情形，哪些正確？
(A)焦點外，則成放大的實像
(B)焦點內，則成放大之虛像
(C)兩倍焦點外，則成縮小之虛像
(D)焦點外兩倍焦距內，則成放大之實像
(E)鏡前，則必成像於鏡後。（多選題）

( ) 8. 如圖所示，一球形透明物質之折射率為 $\sqrt{3}$，一光線沿x軸方向以60°之入射角自空氣射入球內，經兩次折射後，其折射光線與＋x軸夾幾度角？（令空氣折射率為1）
(A)15° (B)30° (C)45° (D)60°。

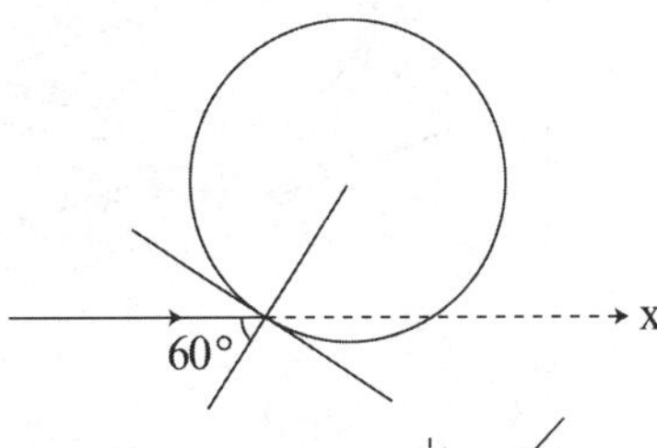

( ) 9. 如圖所示，有一光線自A點入射於一正方體的玻璃柱上，入射角為45°，於第二面上B點處能產生全反射時，玻璃折射率之最小值為：
(A) $\sqrt{2}$ (B) $\sqrt{3}$ (C) $\sqrt{\frac{3}{2}}$ (D) $\sqrt{\frac{4}{3}}$ 。

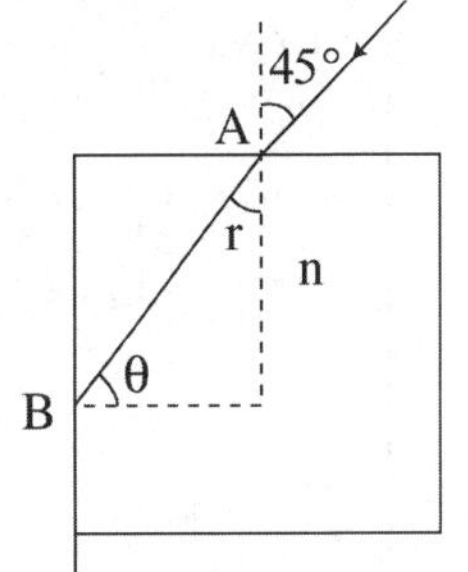

( ) 10. 小華以一透鏡觀察一物體，發現透過透鏡所看到的為倒立且縮小的影像，則以下敘述何者有誤？
(A)此透鏡為凹透鏡
(B)小華所看到的影像為實像
(C)物體與該透鏡間的距離大於該透鏡的焦距
(D)移動透鏡使透鏡與物體靠近則有可能看到正立的影像
(E)透鏡和物體的位置不變，只要小華向透鏡靠近就可以看到正立的影像。（多選題）

( ) 11. 一物體置於凸透鏡前，而在另一側成實像。若將凸透鏡上半部遮住則：
(A)僅成物體下半的像
(B)僅成物體上半的像
(C)仍成全部的實像，但亮度減低
(D)仍成全部的實像，亮度和不遮住時完全一樣。

(　) 12. 測量液體的折射率之實驗裝置如下圖所示，為一半圓形透明塑膠盒，其圓心為O，盒中盛某透明液體，由圖示位置觀察，發現A、B兩針與圓心O重合，則此液體之折射率n為：（令空氣折射率＝1）

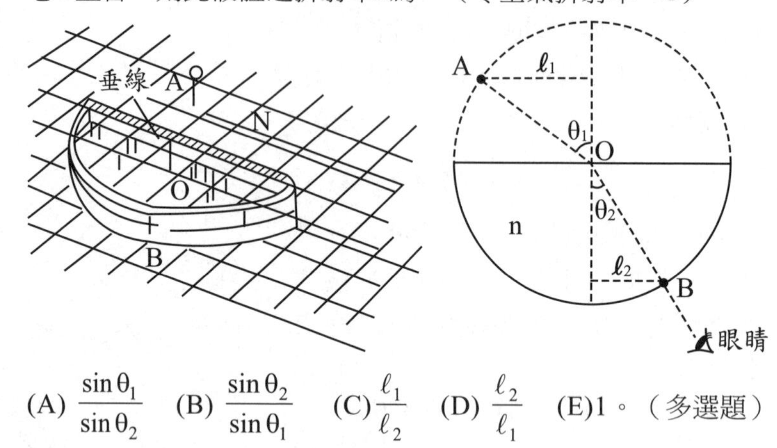

(A) $\dfrac{\sin\theta_1}{\sin\theta_2}$　(B) $\dfrac{\sin\theta_2}{\sin\theta_1}$　(C) $\dfrac{\ell_1}{\ell_2}$　(D) $\dfrac{\ell_2}{\ell_1}$　(E)1。（多選題）

(　) 13. 以半圓形透明盒裝透明液體做「光之折射」實驗。若入射角i和折射角r間的函數關係表示成下圖。其中對的是？

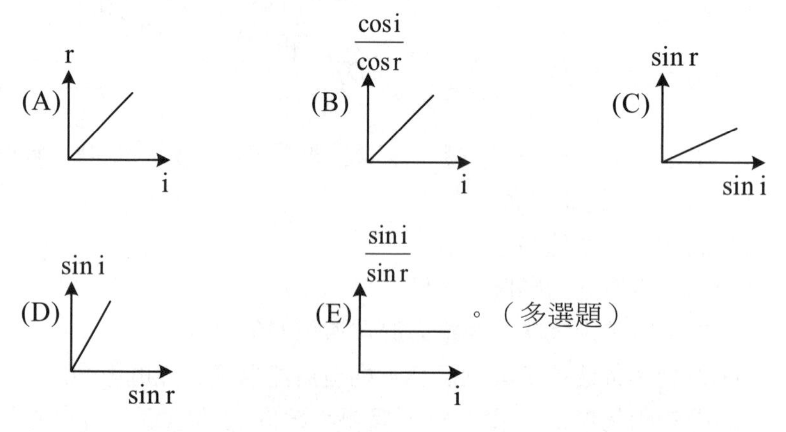

。（多選題）

(　) 14. 將兩個單獨白色光源，照射於白牆，我們用肉眼無法看到干涉條紋，其主要原因為：

(A)光不是波動，無干涉現象

(B)有干涉條紋但太密集，超出我們肉眼之觀察能力

(C)有干涉條紋，但其位置隨時改變變化太快，我們肉眼無從觀察

(D)有干涉條紋，但因各色光條紋重疊而變成白光 。

(　) 15. 如下圖為楊格雙狹縫干涉實驗示意圖。下列有關「楊格雙狹縫實驗」的敘述，何者正確？

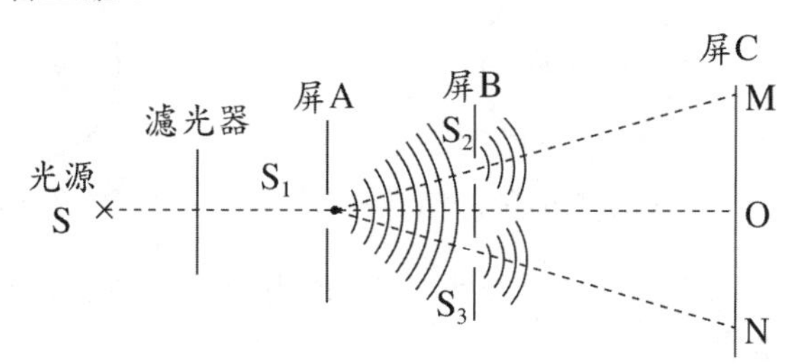

(A)圖中狹縫S_1到兩狹縫S_2及S_3的距離必須相等，才可在屏C上產生固定的干涉條紋
(B)若移去濾光器，並改用白色光源，則在屏C上不會有干涉條紋
(C)在屏B上的兩狹縫S_2及S_3的距離減小，則在屏C所見的干涉條紋間隔也會變小
(D)若縮短屏C與屏B的距離，則在屏C所見的干涉條紋變密。

(　) 16. 在空氣中以波長為λ之光源，做雙狹縫干涉，發現其暗紋間隔為Δx，若改用在空氣中之波長為$\frac{3}{2}\lambda$的光源，則其暗紋間隔為：

(A) $\frac{3}{2}\Delta x$　(B) $\frac{4}{3}\Delta x$　(C) $\frac{3}{4}\Delta x$　(D) $\frac{9}{8}\Delta x$ 。

解答與解析

基礎題

1. **D**。設水泥柱實際高度為h公尺，根據光的直進性，同一時刻物高與影子長度比例相同，

$\frac{150}{75}=\frac{h}{2}\Rightarrow h=4$ 公尺。

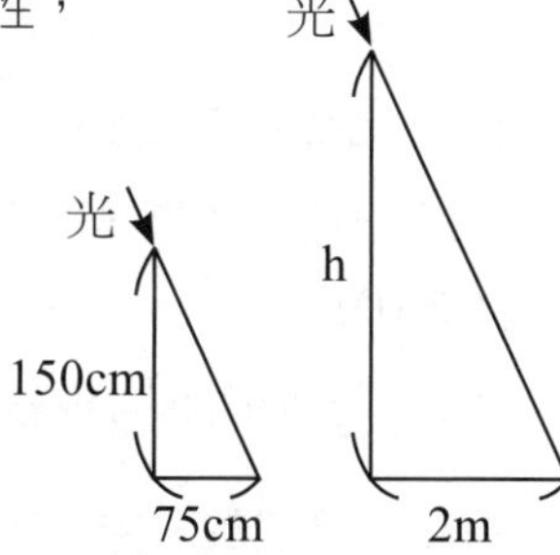

2. **B**。平面鏡成像上下不顛倒、左右相反，故實際時刻為8時40分。

3. **B**。欲利用凹面鏡得放大實像，故物體應置於凹面鏡前一倍焦距與兩倍焦距之間，故選(B)。

4. **A**。成像公式$\frac{1}{p}+\frac{1}{q}=\frac{1}{f}$，物距p=12cm、焦距f=15cm代入，

   $\frac{1}{12}+\frac{1}{q}=\frac{1}{15}\Rightarrow q=-60\text{cm}$（－號表示虛像）。

5. **C**。放大率$m=-\frac{q}{p}=-\frac{-60}{12}=5$（＋號表示正立），故選(C)。

6. **B**。此現象為光的折射，光線行進不同介質時，因不同的介質波速不同，造成光線行進方向改變。又頻率只與光源有關，根據$v=\lambda f\Rightarrow v\propto\lambda$。

7. **A**。設某介質的折射率為n，根據司乃耳定律$1\times\sin 30°=n\times\sin 60°$，$n=\frac{1}{\sqrt{3}}$。

   $\Rightarrow$該介質對空氣之折射率：$\frac{n_{介質}}{n_{空氣}}=\frac{1/\sqrt{3}}{1}=\frac{1}{\sqrt{3}}$。

8. **C**。由視深公式：$\frac{h_e}{n_e}=\frac{h}{n}\Rightarrow h_e=\frac{h}{n}\times n_e=\frac{240}{1}\times\frac{4}{3}=320$公尺。

9. **D**。產生全反射的條件：

   (1)由光密介質到光疏介質，即折射率大到小。

   (2)入射角大於臨界角θ_c。

   故選(D)。

10. **C**。彩虹為自然的色散現象，光線經小水滴2次折射、1次反射的結果。

11. **C**。將凸透鏡置於水中，因玻璃與水的折射率較為接近，使光偏折程度較不明顯，故於水中的焦距大於10公分。

12. **D**。設物距p，欲使產生放大倍率為1之倒立實像，則像距q＝p。

成像公式$\frac{1}{p}+\frac{1}{q}=\frac{1}{f}$，$\frac{1}{p}+\frac{1}{p}=\frac{2}{p}=\frac{1}{f}\Rightarrow p=2f$ 。

13. **C**。∵是凹透鏡∴焦距代負號，又 $p=f$ 代入成像公式，

$\frac{1}{f}+\frac{1}{q}=-\frac{1}{f}$，$\frac{1}{q}=-\frac{2}{f}\Rightarrow q=-\frac{f}{2}$（－號表示虛像）

14. **C**。(A)×(B)×，凸透鏡可成虛像或實像。(D)×，平面鏡一定成虛像。

15. **B**。(B)×，視深現象因光的折射所引起的，從空氣中看水中的物體，物體深度會變淺。

16. **A**。(A)○，肥皂泡呈現五顏六色為薄膜干涉現象，屬於物理光學。
(B)×，平面鏡成像可用光的直進性及光的反射來解釋，屬幾何光學。
(C)×(D)×，人影及月蝕的成因可用光的直進性來解釋，屬幾何光學。

17. **A**。照度 $E=\frac{I}{r^2}$，$400=\frac{I}{1^2}$，此點光源　的發光強度 $I=400$ 燭光。

$\Rightarrow E'=\frac{400}{4^2}=25$ 勒克斯。

進階題

1. **AC**。如圖，物在兩平面鏡間成3個像，位置分別位於（3,－2）、（－3,2）和（－3,－2）

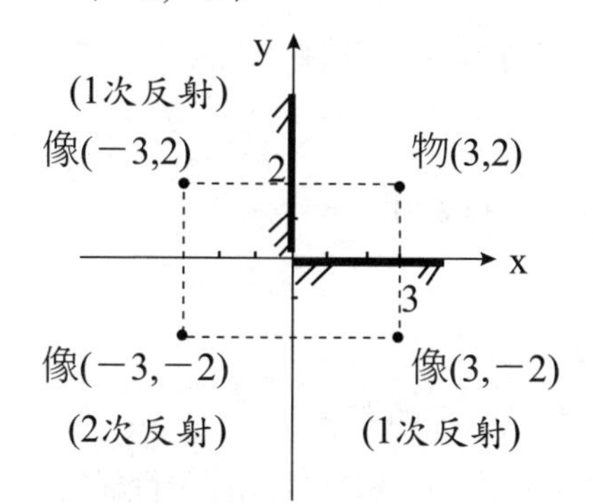

2. **A**。干涉條紋間隔 $\Delta y = \frac{\lambda L}{d} \propto \lambda$

$\frac{\Delta y'}{\Delta y} = \frac{\lambda'}{\lambda}$，$\frac{\Delta y'}{0.1} = \frac{4000}{6000} \Rightarrow \Delta y' \approx 0.067\ \text{cm}$

3. **C**。干涉條紋間隔 $\Delta y = \frac{\lambda L}{d} \propto \lambda \propto \frac{1}{f} \Rightarrow \frac{W_1}{W_2} = \frac{3f}{f} = 3$

4. **D**。雙狹縫干涉的條紋寬度 $\Delta y = \frac{\lambda L}{d}$

單狹縫繞射的中央亮帶寬度為其它亮帶寬度的兩倍 $D = 2\Delta y' = 2\frac{\lambda L}{a}$

（a為單狹縫的狹縫寬度）

故 $D = 2\frac{\lambda L}{a} = 2\frac{d\Delta y}{a} \Rightarrow a = \frac{2d\Delta y}{D}$

5. **B**。光自玻璃進入空氣的臨界角為 θ_C

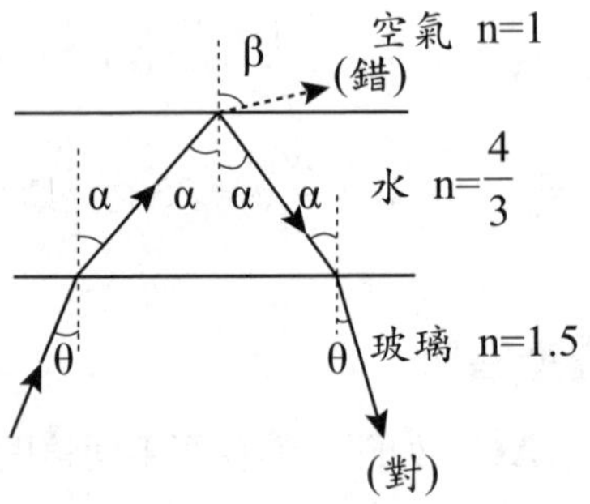

$\Rightarrow \sin\theta_C = \frac{1}{1.5} = \frac{2}{3}$

光自玻璃進入水的臨界角為 θ'_C

$\Rightarrow \sin\theta'_C = \frac{4/3}{1.5} = \frac{8}{9}$

$\because \frac{8}{9} > \frac{2}{3} \Rightarrow \theta'_C > \theta_C$

$\therefore$ 光以入射角 θ 自玻璃進入水膜，不會發生全反射。

光自玻璃→水→空氣，

由司乃耳定律得 $1.5 \times \sin\theta = \frac{4}{3} \times \sin\alpha = 1 \times \sin\beta$

$\Rightarrow \sin\beta = \frac{3}{2}\sin\theta > \frac{3}{2}\sin\theta_C = \frac{3}{2} \times \frac{2}{3} = 1$

$\sin\beta > 1 \rightarrow \beta$ 不存在，故發生全反射。（如圖）

6. **D**。(D)×，不同色光在介質中的波速並不相同，由於紅光在平行板的光速比藍光快（$v_{紅} > v_{藍}$），故紅光的側位移較藍光小。

7. **BD**。凹面鏡的成像性質（p：物距，f：焦距）

(1) $p<f$ ：像於鏡後焦點內，為正立放大虛像。

(2) $f<p<2f$ ：像於鏡前兩倍焦距外，為倒立放大實像。

(3) $p>2f$ ：像於鏡前焦點與兩倍焦距之間，為倒立縮小實像。

故選(B)(D)。

8. **D**。由司乃耳定律 $n_1\sin\theta_1=n_2\sin\theta_2$ ，$1\times\sin60^\circ=\sqrt{3}\sin\theta\Rightarrow\theta=30^\circ$

如圖，第二次折射的入射角為30°，

再由司乃耳定律 $\sqrt{3}\sin30^\circ=1\times\sin\alpha\Rightarrow\alpha=60^\circ$

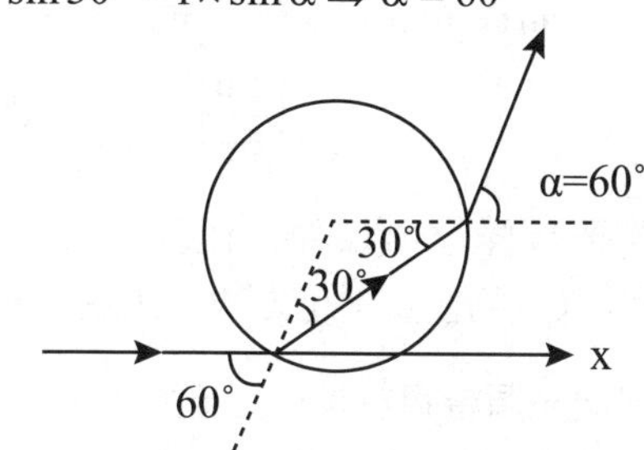

9. **C**。欲在B點處產生全反射 $\Rightarrow\theta=90^\circ-r\geq\theta_C$(臨界角)

司乃耳定律 $n_1\sin\theta_1=n_2\sin\theta_2$

A由空氣→玻璃：$1\times\sin45^\circ=n\sin r\Rightarrow n\sin r=\dfrac{1}{\sqrt{2}}\cdots$①

B由玻璃→空氣：$n\sin\theta\geq1\times\sin90^\circ\because\theta=90^\circ-r\Rightarrow n\cos r\geq1\cdots$②

①^2+②^2 $\Rightarrow(n\sin r)^2+(n\cos r)^2=n^2\geq\dfrac{1}{2}+1=\dfrac{3}{2}\Rightarrow n\geq\sqrt{\dfrac{3}{2}}$

10. **AE**。∵成像為倒立且縮小的影像

(A)×，∵成像為倒立且縮小的影像∴透鏡為凸透鏡。

(B)○，∵成像為倒立∴為實像。

(C)○，由成像性質得知，物體至於2f外，像介於f~2f之間，故物距大於像距。

(D)○，使物體至於透鏡焦點內，則可看到正立放大的虛像（放大鏡）。

(E)×，人與透鏡的距離不影響成像性質。

11. **C**。將凸透鏡上半部遮住仍可成像，但光強度減低。

12. **AC**。司乃耳定律 $n_1 \sin\theta_1 = n_2 \sin\theta_2$

$$1 \times \sin\theta_1 = n \sin\theta_2 \Rightarrow n = \frac{\sin\theta_1}{\sin\theta_2}$$

$$1 \times \frac{\ell_1}{R} = n \frac{\ell_2}{R} \Rightarrow n = \frac{\ell_1}{\ell_2}$$ （R：塑膠盒半徑）

13. **CDE**。由司乃耳定律 $n_1 \sin\theta_1 = n_2 \sin\theta_2$，

$$1 \times \sin i = n \sin r \Rightarrow \sin i = n \sin r \Rightarrow \begin{cases} \sin i \propto \sin r \\ \text{或} \\ \dfrac{\sin i}{\sin r} = n = \text{常數} \end{cases}$$

14. **C**。產生清晰可見干涉條紋之條件：兩光源為同調光（同頻率且相位差固定），否則干涉條紋的位置變化太快，肉眼不易觀察。

15. **D**。(A)×，只要同調光源皆可在屏C上產生固定的干涉條紋，不一定要同相光源，只差在亮暗紋的相對位置有所不同。

(B)×，若改用白光，干涉條紋正中央處為白色，兩側外為彩色的干涉條紋。

(C)×，干涉條紋間隔 $\Delta y = \dfrac{\lambda L}{d} \propto \dfrac{1}{d}$，當d↓，Δy↑。

(D)○，干涉條紋間隔 $\Delta y = \dfrac{\lambda L}{d} \propto L$，當L↓，Δy↓故會變密。

（d：兩狹縫S_2及S_3的距離，L：屏C與屏B的距離）

16. **A**。雙狹縫干涉暗紋間隔 $\Delta x = \dfrac{\lambda L}{d} \propto \lambda$，故選(A)。

頻出度 A B C

依據出題頻率分為：A頻率高 B頻率中 C頻率低

單元9 電學

電學分為兩大主題：靜電學和電路學。學習靜電學應與萬有引力定律相互比較有助於學習，其中電力、電場為向量；電位能、電位為純量，運算上有所不同。電路學主要討論電荷流動的情況，著重在等效電阻的計算、簡化電路、利用克希何夫分析較複雜的電路。另外，與生活相關的電學概念也應多留意，如：電費計算、家庭用電、燈泡的亮暗問題及串並聯對燈泡亮暗問題的影響等。

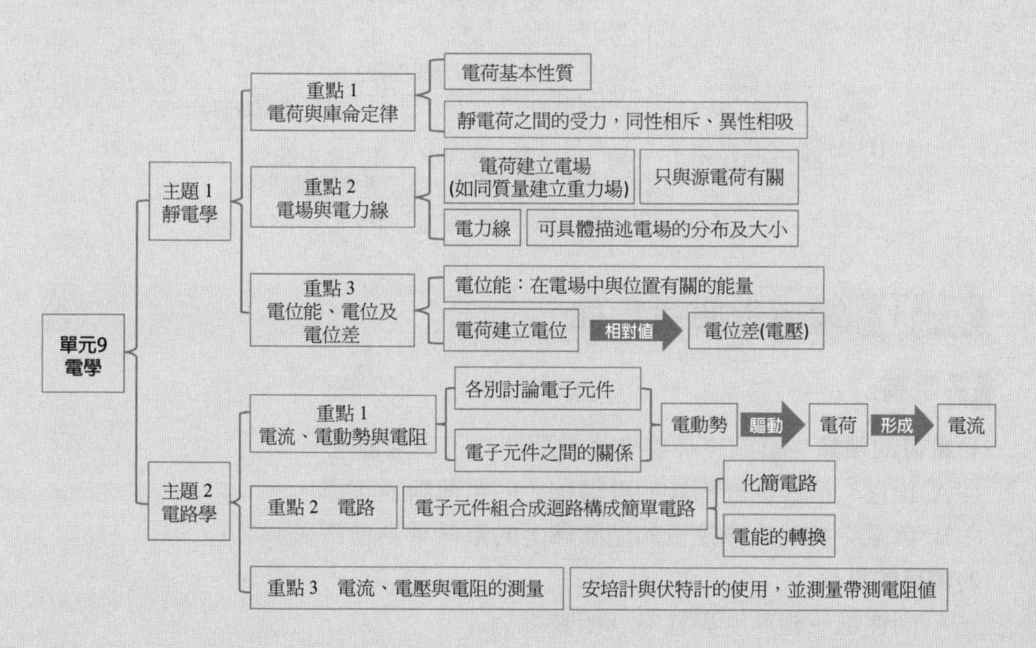

單元架構

主題 1 靜電學

關鍵重點

靜電感應、庫侖定律、電場、電位能、電位、電位差、電場中的力學能守恆

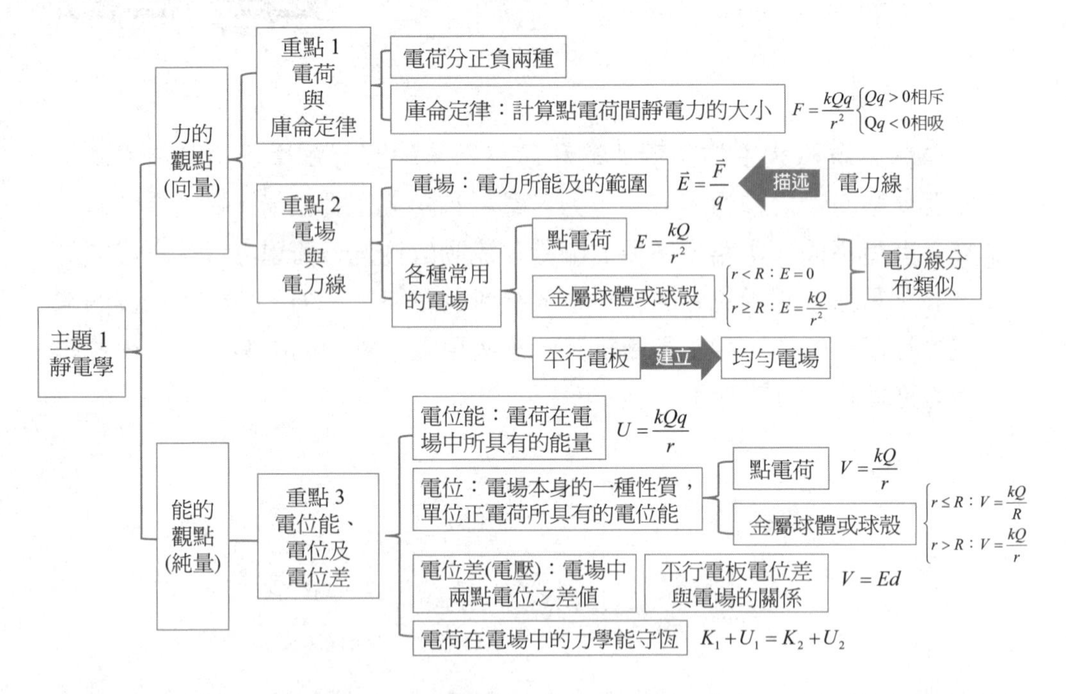

重點 1 電荷與庫侖定律

Check!

1 電荷

(1)**電荷的種類：**富蘭克林首先將電荷分為正負兩種。

A. 正電：被絲絹摩擦後的玻璃棒上的電荷稱為正電。

B. 負電：被毛皮摩擦後的塑膠棒上的電荷稱為負電。

(2)**電荷的性質：**

A. 同性電→相斥；異性電→相吸。

B. 不帶電物體能被帶正電或帶負電的物體吸引。

(3)**基本電荷e：**一個電子或質子為自然界中電荷的基本單位，稱為基本電荷，以e來表示。任何帶電體的電量為e的整數倍一個基本電荷的電量為 $e=1.6\times10^{-19}$庫侖，庫侖（C）為電量的SI制單位。

(4)**摩擦起電：**兩物摩擦後使電子發生**轉移**，其中獲得電子者帶負電，失去電子者帶正電，故兩物所帶**電量相等、電性相反**。

(5)**電荷守恆定律：**自然界的基本定律之一，在孤立系統中的總電荷量保持不變。

(6)**電量量子化（不連續性）：**物體帶電由電子增減而來，故所帶的電量應為e的整數倍。

範例 9-1　難易度★☆☆

有關靜電現象之敘述，下列何者正確？　(A)絲絹與玻璃棒摩擦後，可使玻璃棒帶靜電，是因為帶正電的粒子由絲絹轉移到玻璃棒上　(B)使用烘乾機來烘乾衣服，因為摩擦及乾燥等因素，易使衣服上帶有靜電　(C)傳統冰箱的門全部是藉由靜電吸附關閉　(D)摩擦過的塑膠尺雖然帶有靜電，但不能吸引不帶電的小紙片。

答：**(B)**。(A)×，摩擦後的玻璃棒帶正電，是因為電子由玻璃棒轉移到絲絹上。(C)×，傳統冰箱的門是藉由磁條吸附緊閉。(D)×，帶有靜電的塑膠尺能吸引不帶電的小紙片。

重要 2 靜電感應

(1)**靜電感應：**帶電物體接近（但未接觸）另一不帶電的物體，使物體內部正負電荷暫時分離的現象。

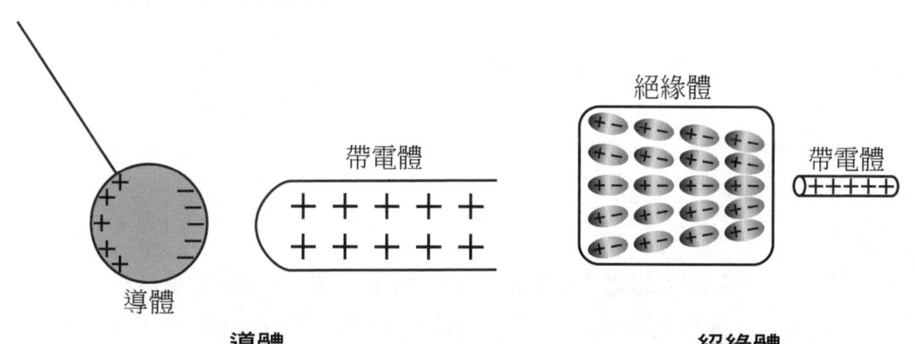

靜電感應示意圖

(2)**感應起電：**利用靜電感應的原理，使物體帶電的現象。

A. 使導體帶異性電：

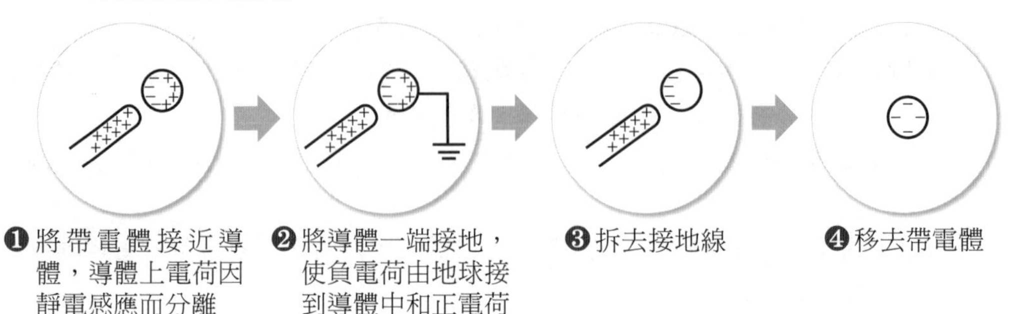

B. 使兩導體同時帶異性電：

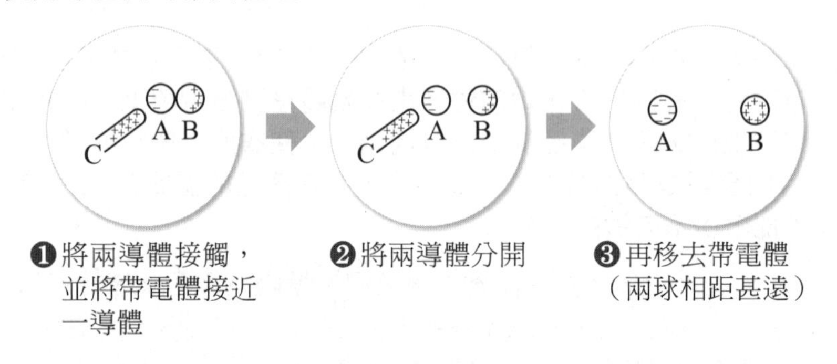

範例 9-2

難易度★★☆

如右圖所示，設有一接地之金屬球殼，如將另一正電荷＋q由遠處移近球殼，則下列現象那一個會發生？

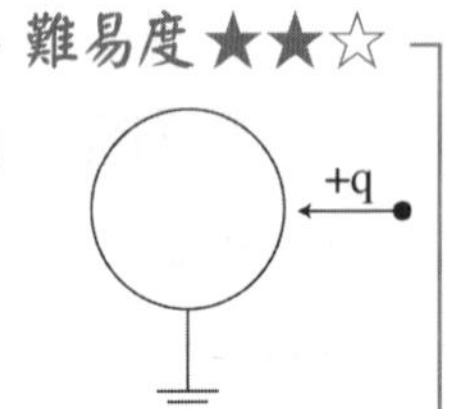

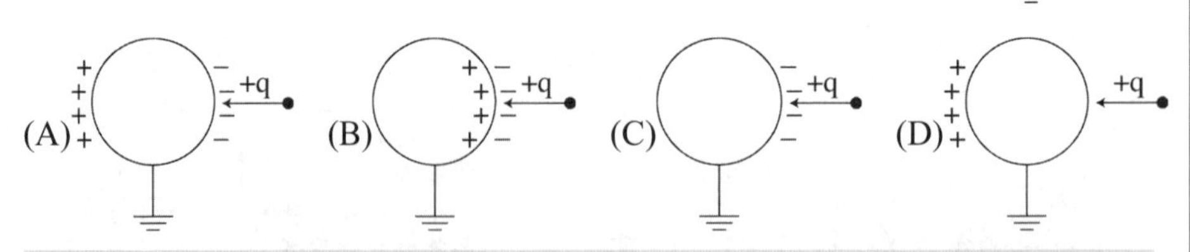

答：**(C)**。

正電荷＋q接近金屬球殼時發生靜電感應現象，因為金屬球殼接地，所以應將金屬球殼與地球視為同一導體，靠近＋q端自由電子與正電荷相互吸引。

3 金箔驗電器

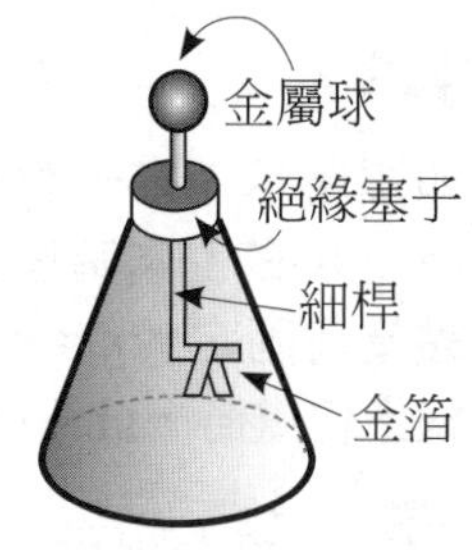

金箔驗電器

(1)**金箔驗電器的構造：**金屬球、細桿與金箔為導體，以絕緣塞子固定於玻璃瓶中，當金箔不帶電時因本身重量而下垂閉合，當金箔帶電時因靜電斥力而張開。

(2)**金箔驗電器的用途**

A. 利用未帶電的驗電器，檢驗物體是否帶電。

B. 利用已帶電的驗電器，檢驗物體所帶電性：

a. 若金箔張角變大，則帶電體的電性與驗電器的電性相同。

b. 若金箔張角變小或變小後再張大，則帶電體的電性與驗電器的電性相反。

重要 4 庫侖定律

(1)**庫侖定律：**由庫侖的扭秤實驗提出，兩點電荷間的靜電力F_e大小與兩點電荷之電量Q、q乘積成正比，與兩點電荷間距離r平方成反比，且靜電力的方向在兩點電荷的連心線上。

(2)**數學式：** $F_e = \dfrac{kQq}{r^2} \Rightarrow \begin{cases} Q、q為同性電：相斥 \\ Q、q為異性電：相吸 \\ k為庫侖常數(大小約為9\times10^9\ \ N\cdot m^2/C^2) \end{cases}$

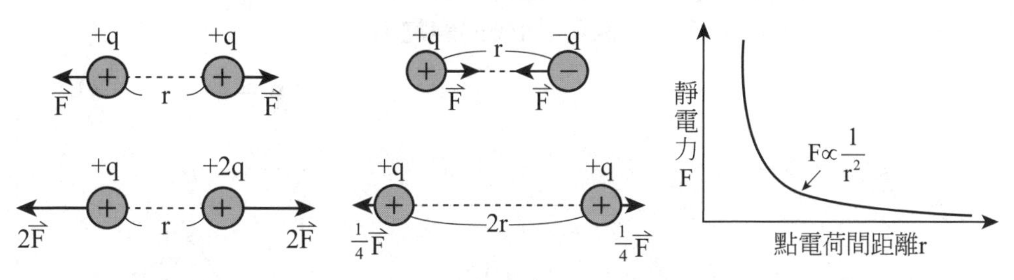

(3)**適用條件：**「點電荷」或「帶電體的大小遠小於兩者間的距離」。

(4)**疊加原理：**若有兩個以上的點電荷同時作用於第三電荷時，則第三電荷所受的靜電力之合力需以向量運算處理 $\vec{F} = \sum_i \vec{F_i}$。

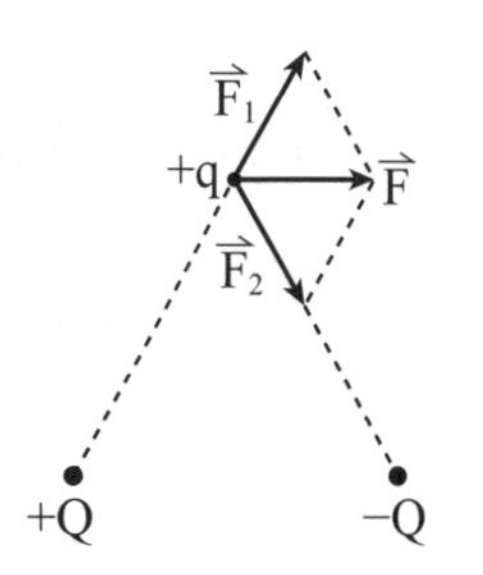

範例 9-3　難易度★☆☆

如圖所示，在一直線上有兩個點電荷。電量為＋4Q的點電荷固定於x＝5a，電量為－Q的點電荷固定於x＝9a。將一點電荷＋Q置於直線上何處時，此＋Q電荷所受的靜電力為零？

0　5a　10a　15a　x

+4Q　－Q

答：**13a**。

擺法1　擺法2　擺法3

擺法1：+Q（P）　+4Q　－Q

擺法2：+4Q　+Q（P）　－Q

擺法3：+4Q　－Q　+Q（P）

由圖可判斷＋Q必須擺在－Q的右側（擺法3），其所受的靜電力才有可能為零。

設+Q置於x處

$$\frac{k\times 4Q\times Q}{(x-5a)^2}=\frac{k\times Q\times Q}{(x-9a)^2}$$，等號兩邊相消和同開根號後 $\Rightarrow x=13a$

範例 9-4　難易度★★☆

如圖所示，在邊長為a的正三角形A、B兩頂點上，分別置電量為+Q、－Q的點電荷，另一頂點C置電量+q的點電荷，求電荷q所受的靜電力大小為何？

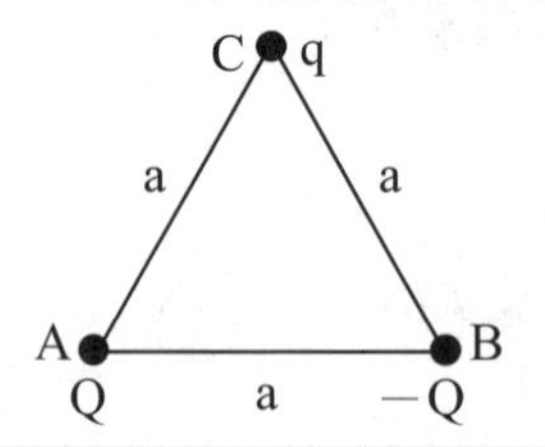

答：$\frac{kQq}{a^2}$。

由庫侖定律：$\left|\vec{F}_{AC}\right|=\left|\vec{F}_{BC}\right|=F'=\frac{kQq}{a^2}$

$\vec{F}=2F'\cos 60^\circ=2\times\frac{kQq}{a^2}\times\frac{1}{2}=\frac{kQq}{a^2}(\rightarrow)$

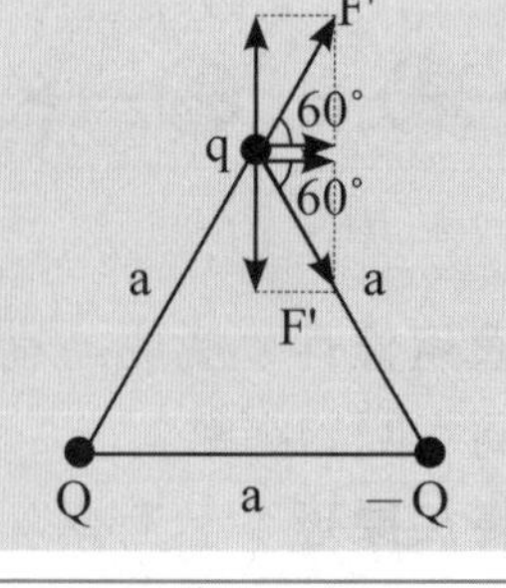

重點2 電場與電力線

Check! □□□

1 電場

(1)**電場：**電力作用的範圍，（源）電荷Q在空間中建立電場，對空間中其他（測試）電荷q產生作用力。

(2)**電場強度** $\vec{E}$

A. 定義：單位正電荷在電場中某點所受的靜電力，稱為該點的電場強度 $\vec{E}$，簡稱為電場。

B. 公式：$\vec{E}=\dfrac{\vec{F}_e}{q}\Rightarrow\begin{cases}\vec{F}_e\text{爲靜電力}\\ q\text{爲測試正電荷}\end{cases}$

C. 單位：牛頓/庫侖(N/C)

D. 方向：電場的方向為正電荷所受的電力方向，若為負電荷方向則相反。

(3)**若某處電場為** $\vec{E}$ **，則電荷q在此處所受的靜電力大小為**

$$\vec{F}_e=q\vec{E}\Rightarrow\begin{cases}q>0\rightarrow\text{靜電力與電場同向}\\ q<0\rightarrow\text{靜電力與電場反向}\end{cases}$$

範例 9-5 難易度★★☆

已知一帶負電的點電荷，電荷量為2庫侖，今若將其放置於空間中某區域內的任意位置，皆受到10牛頓向右之電力作用，則下列敘述何者錯誤？(A)該區域為均勻電場　(B)該區域的電場方向為向右　(C)該區域的電場量值為5牛頓/庫侖　(D)若將3庫侖正電的點電荷置於該區域，則受15牛頓向左之電力。

答：**(B)**。

(A)○(B)×，由於帶負電的點電荷在空間中某區域內的任意位置皆受到10N向右之電力，根據靜電力與電場的關係式 $\vec{F}_e=q\vec{E}$，得知該區域為均勻電場，且電場方向與受力方向相反（向左）。

(C)○，電場量值 $E=\dfrac{F_e}{q}=\dfrac{10}{2}=5$ 牛頓/庫侖。

(D)○，$\vec{F}_e=q\vec{E}=3\times5=15$ 牛頓（方向向左）。

2 電力線

(1)法拉第提出的假想線，為了具體的描述電場的分部及大小。

必背 (2)**電力線的性質：**

A. 電力線總是由正電荷出發，終止於負電荷，但**可為不封閉的曲線**，且電力線的數目隨電荷大小成正比。

B. 電力線上各點的切線方向為該點電場的方向，即正電荷的受力方向，但不一定為正電荷的運動軌跡。

C. 任兩條電力線不相交。

D. 電力線的密集程度代表電場強度的大小。

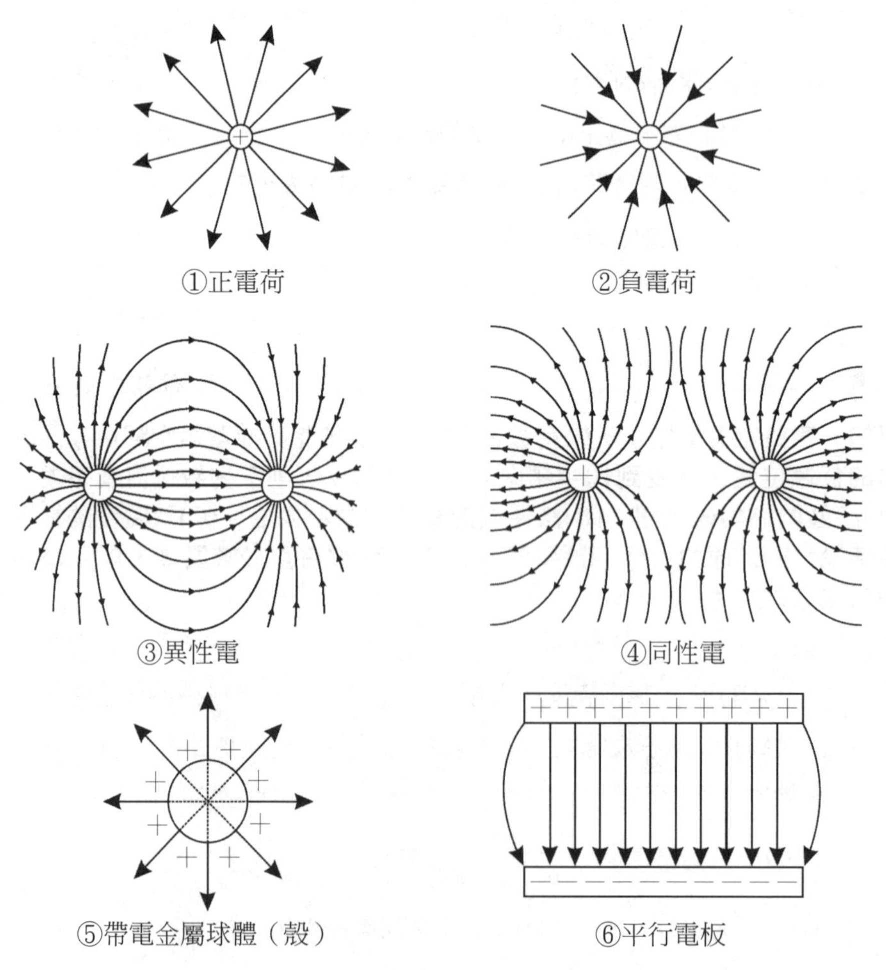

常見的電力線分布情形

重要 3 各種常用的電場

(1)點電荷所建立的電場

A. 帶電量Q的點電荷，在與其距離r處所建立之電場大小

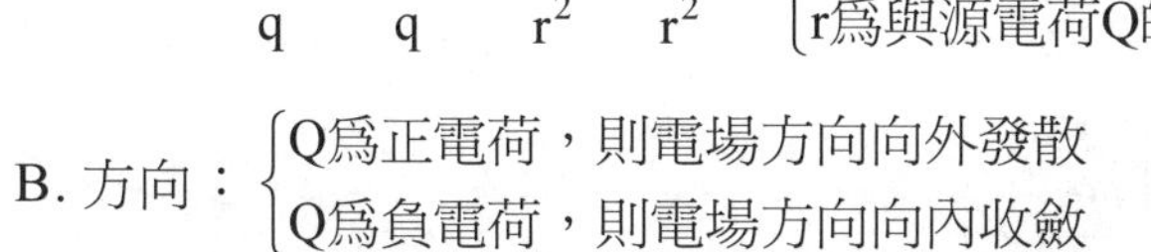

$$\Rightarrow \vec{E} = \frac{\vec{F}_e}{q} = \frac{\frac{kqQ}{r^2}}{q} = \frac{kQ}{r^2} \propto \frac{Q}{r^2}$$ $\begin{cases} q\text{爲測試電荷} \\ r\text{爲與源電荷Q的距離} \end{cases}$

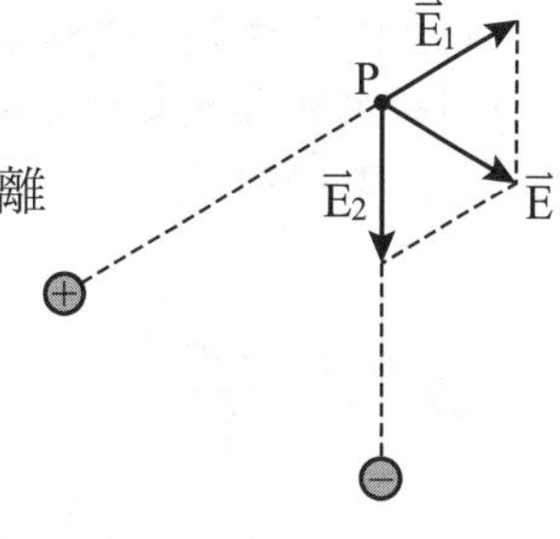

B. 方向：$\begin{cases} \text{Q爲正電荷，則電場方向向外發散} \\ \text{Q爲負電荷，則電場方向向內收斂} \end{cases}$

C. 疊加原理：若空間中同時存在許多點電荷時，

則空間中某點的電場需以向量運算處理 $\vec{E} = \sum_i \vec{E}_i$ 。

9-7 難易度★☆☆

範例

如圖所示，在邊長為a的正三角形A、B兩頂點上，分別置電量為+Q、－Q的點電荷，請問
(1)頂點C處電場為何？
(2)若置電量q的電荷於C，則電荷q所受的靜電力大小為何？

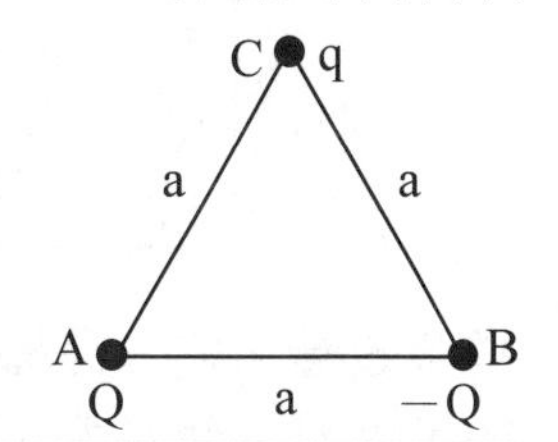

答：(1) $\frac{kQ}{a^2}(\rightarrow)$ (2) $\frac{kQq}{a^2}(\rightarrow)$

(1)點電荷所建立的電場大小：

$\left|\vec{E}_A\right| = \left|\vec{E}_B\right| = E' = \frac{kQ}{a^2}$ ，

$\vec{E} = 2E'\cos 60^\circ = 2 \times \frac{kQ}{a^2} \times \frac{1}{2} = \frac{kQ}{a^2}(\rightarrow)$

(2) $\vec{F}_e = q\vec{E} = q \times \frac{kQ}{a^2} = \frac{kQq}{a^2}(\rightarrow)$

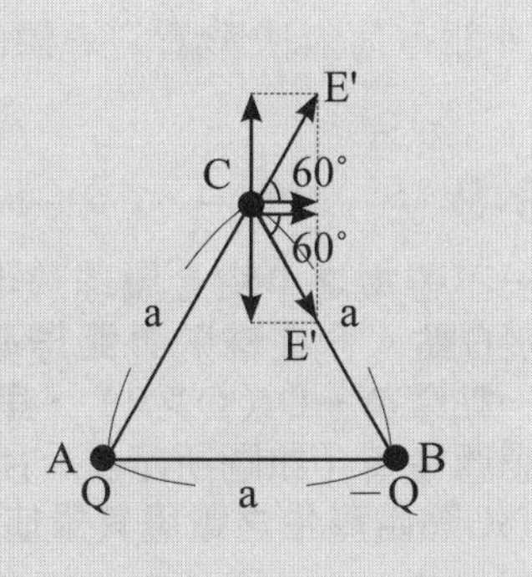

範例 9-8

難易度★★☆

如圖所示，邊長為d的正四邊形，其四個頂點各置點電荷－q、q、2q及q，則
(1)四邊形中點O處電場之量值為何？
(2)若另置電荷Q於O處，該點電荷所受靜電力大小為何？

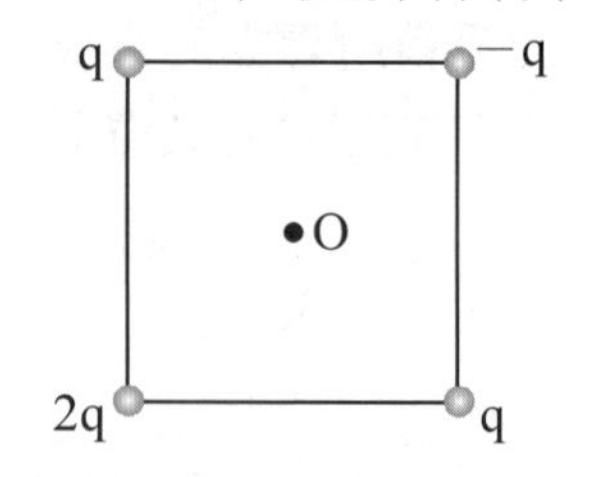

答：(1) $\frac{6kq}{d^2}$(↗)　(2) $\frac{6kQq}{d^2}$(↗)

(1)如圖 $r=\frac{d}{\sqrt{2}}$，$\vec{E}_1+\vec{E}_3=0$

$$\vec{E}_O=\vec{E}_1+\vec{E}_2+\vec{E}_3+\vec{E}_4=\vec{E}_2+\vec{E}_4$$

$$=\frac{k2q}{r^2}+\frac{kq}{r^2}=\frac{3kq}{r^2}=\frac{6kq}{d^2}\nearrow$$

(2) $\vec{F}_e=q\vec{E}_O=Q\times\frac{6kq}{d^2}=\frac{6kQq}{d^2}\nearrow$

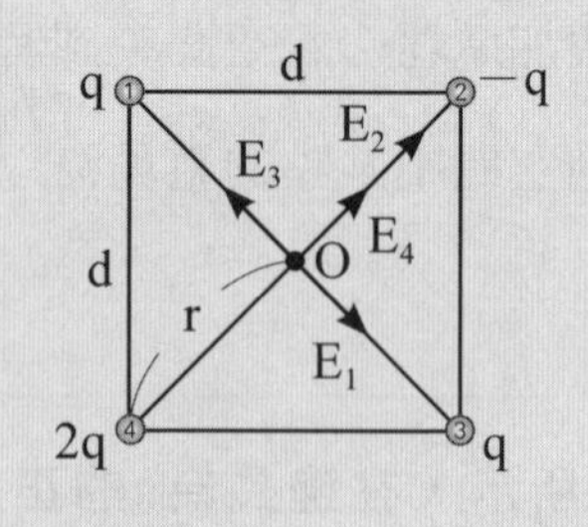

(2)**屏蔽效應：**將一帶電體接近金屬殼，金屬殼因靜電感應而產生感應電荷。帶電體對金屬殼內部產生的電場與感應電荷所產生的電場抵消，故金屬殼外部電荷無法影響到導體內部的電場。

範例 9-9

難易度★★☆

一不帶電之中空金屬球殼半徑為R，中心位於O點。今在球殼外距球心距離為d處放置一點電荷－Q（Q＞0），則金屬球上會產生感應電荷（如圖所示）。所有感應電荷在球心O點處產生之電場其量值及方向為

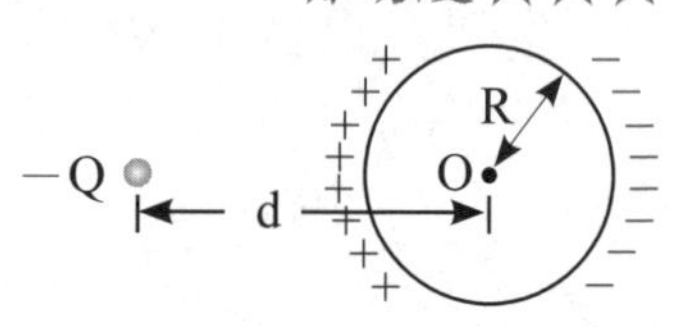

(A) $\frac{kQ}{R^2}$(→)　(B) $\frac{kQ}{R^2}$(←)　(C) $\frac{kQ}{d^2}$(→)　(D) $\frac{kQ}{d^2}$(←)。

答：**(C)**。由於屏蔽效應，感應電荷在球心O點處產生之電場與－Q在O點處產生之電場其量值相同及方向相反。

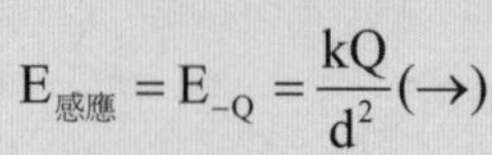
$E_{感應}=E_{-Q}=\frac{kQ}{d^2}(\rightarrow)$

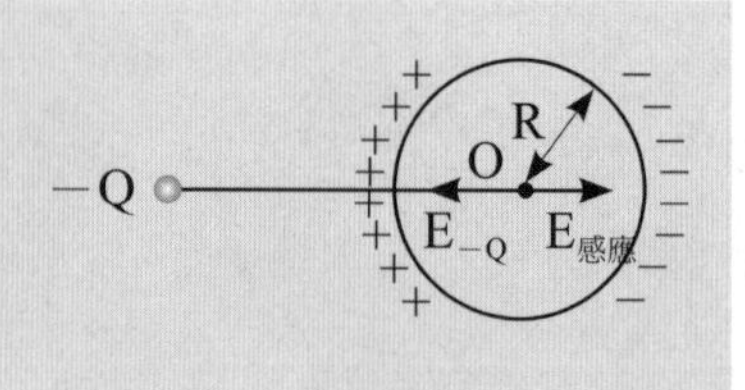

(3)**靜電平衡**

A. 導體上的自由電子因靜電力作用相斥而分布於導體的表面，**導體內部必無淨電荷，電場必為零**，否則自由電子仍會受力而移動。

B. 導體表面的**電力線會垂直於導體的表面**，否則自由電子仍會沿表面移動。

範例 9-10　難易度★☆☆

中空金屬塊的表面電量增加時，其內部中空處的電場強度會如何變化？

(A)電場強度與表面電量成反比　**(B)電場強度與表面電量成正比**

(C)電場強度隨金屬塊的形狀不同而改變　**(D)電場強度不變。**

答：**(D)**。

自由電子因靜電力作用相斥而分布導體的表面，金屬內部的電場強度恆為零。

(4)**帶靜電導體球（或空心金屬球殼）所建立的電場：**設半徑R的導體球，帶電量+Q，達靜電平衡時，**球外電力線分布的情況與將電荷Q集中在球心時相同**，故⇒

必背

$$\begin{cases} \text{球內}(r<R)：E=0 \\ \text{表面}(r=R)：E=\dfrac{kQ}{R^2} \\ \text{球外}(r>R)：E=\dfrac{kQ}{r^2} \end{cases}$$

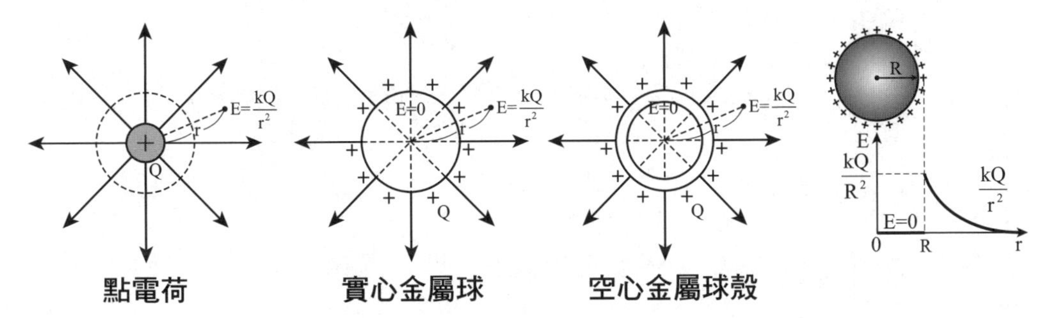

範例 9-11　　難易度★★☆

如右圖所示，一不帶電金屬厚球殼內外球殼半徑各為為r_1、r_2，其內部有一半徑r帶電量+q的實心金屬球與金屬厚球殼同心。圖中A、B、C、D、E五點分別與球心相距r_A、r_B、r_C、r_D及r_E，則

(1)A處的電場大小？　(2)B處的電場大小？

(3)C處的電場大小？　(4)D處的電場大小？

(5)E處的電場大小？

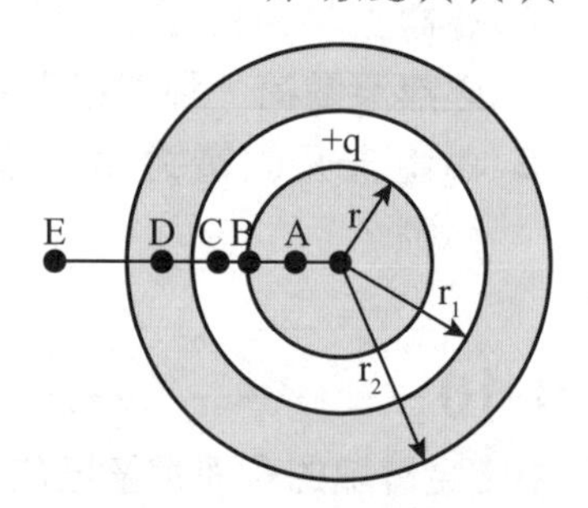

答：(1) $E_A=0$　(2) $E_B=\frac{kq}{r^2}$　(3) $E_C=\frac{kq}{r_C^2}$　(4) $E_D=0$　(5) $E_E=\frac{kq}{r_E^2}$ 。

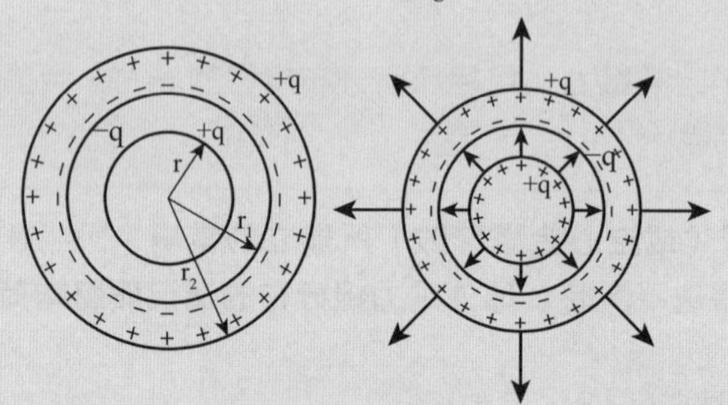

如圖所示，金屬球殼內表面會被感應－q的電荷，金屬球殼外表面會被感應+q的電荷，兩者均勻分布。

(1)實心球內部電場 $E_A=0$

(2)實心球表面電場 $E_B=\frac{kq}{r_B^2}+0+0=\frac{kq}{r_B^2}=\frac{kq}{r^2}$

(3)實心球與內球殼之間的電場 $E_C=\frac{kq}{r_C^2}+0+0=\frac{kq}{r_C^2}$

(4)球殼內電場 $E_D=\frac{kq}{r_D^2}+\frac{k(-q)}{r_D^2}+0=0$

(5)球殼外電場 $E_E=\frac{kq}{r_E^2}+\frac{k(-q)}{r_E^2}+\frac{kq}{r_E^2}=\frac{kq}{r_E^2}$

※帶電金屬球體（殼），電荷對球體（殼）外的電場可將電荷視為集中在球心向外作用，但對球體（殼）內無貢獻。

(5)**帶電圓環所建立的電場：**一均勻帶Q電荷、半徑為R的圓環，則

$$\Rightarrow \begin{cases} 距環心x處：E_P = \dfrac{kQ}{(R^2+x^2)^{\frac{3}{2}}}x \\ 環心處：E_O = 0 \end{cases}$$

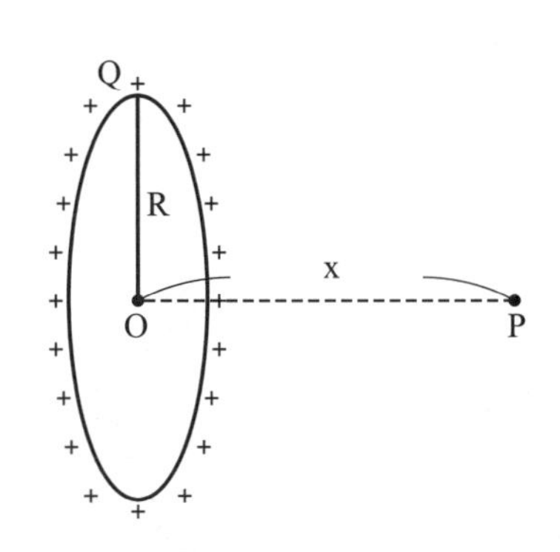

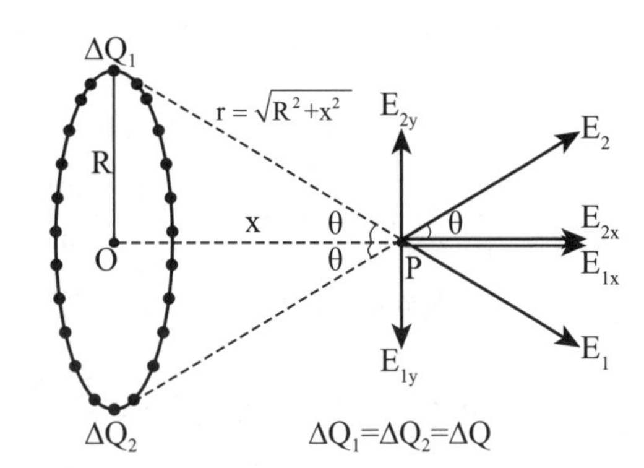

分析方法 將圓環視為無窮多個帶電量為 ΔQ 的點電荷，其 $Q = \sum \Delta Q$

(6)**均勻帶電之無限大金屬板所建立的電場**

A. 無限大金屬板兩側**電場均勻**，電力線與金屬板**垂直**。

B. 電場大小與距離金屬板的遠近**無關**。

C. 若兩帶等量異性電的平行金屬板，則根據電場的疊加性質：

$$\Rightarrow \begin{cases} 兩板間的電場量直加倍 \\ 板外兩側的電場相互抵銷 \end{cases}$$

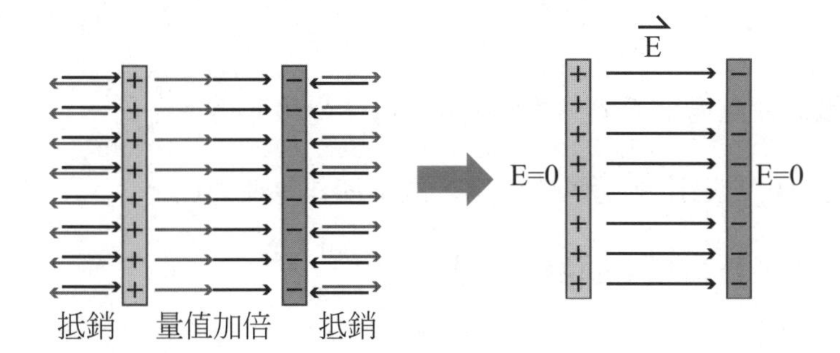

(7)一對長L之平行金屬板，其間電場為E，將質量m、電量q的電荷以初速v_0垂直均勻電場方向射入，若僅考慮電力，則：

A. 電荷在均勻電場中的受電力作用，故電荷作等加速運動，其運動軌跡為拋物線。

a. 水平方向（作等速運動）：$L = v_0 t \Rightarrow$ 在電場中運動的時間$t = \dfrac{L}{v_0}$

b. 鉛直方向（作等加速度運動）：

$$\begin{cases} 在電場中的加速度 a_y = \dfrac{F}{m} = \dfrac{qE}{m} \\ 恰離開電場時的鉛直方向速度 v_y = a_y t = \dfrac{qEL}{mv_0} \\ 恰離開電場時的側位移 y = \dfrac{1}{2} a_y t^2 = \dfrac{qEL^2}{2mv_0^2} \\ 恰離開電場時的偏向角之正切值 \tan\theta = \dfrac{v_y}{v_x} = \dfrac{qEL/mv_0}{v_0} = \dfrac{qEL}{mv_0^2} \end{cases}$$

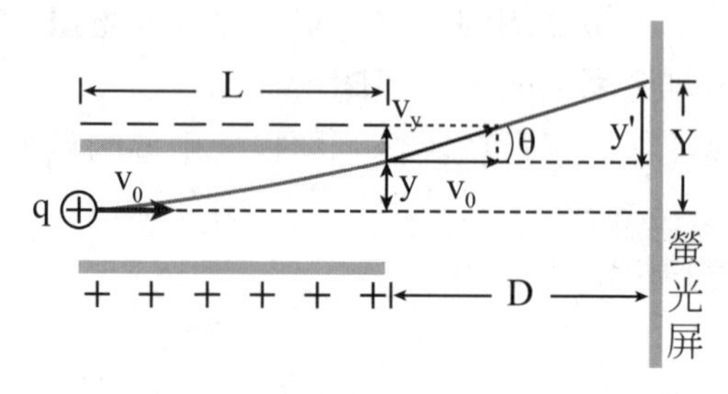

c. 電荷在電場中所獲得的動能：$\Delta E_k = W_e = F \times y = \dfrac{q^2E^2L^2}{2mv_0^2}$

B. 電荷射出電場後不受電力作用，故電荷作等速運動。

a. 電場外鉛直方向的位移 $y' = D\tan\theta = \dfrac{qELD}{mv_0^2}$

b. 電荷鉛直偏向位移 $Y = y + y' = \dfrac{qEL^2}{2mv_0^2} + \dfrac{qELD}{mv_0^2} = \dfrac{qEL}{2mv_0^2}(L + 2D)$

重點3 電位能、電位與電位差

Check! □□□

1 電位能U_e

(1)**電位能的定義：**若令無窮遠處的電位能為0，則將電荷q自距Q無窮遠處等速移至與Q相距為r處時，外力對該點電荷所作的功便是該電荷在該位置所具有的電位能。

(2)**電位能為純量，有正、負，但無方向性，其值與零位面的選擇有關。**

(3)**點電荷Q和q相距r時的電位能**

必背 A. 公式：$U_e = \frac{kQq}{r}$

B. 單位：焦耳（J）

C. 證明：將電荷q自距Q無窮遠處等速移至與Q相距為r處，外力與靜電力等大反向。又靜電力屬於保守力，故 $W_e = -\Delta U_e = -W_{外}$ 。

$$W_{外} = \Delta U_e = U_e(r) - U_e(\infty) = U_e(r) = \frac{kQq}{r}\text{ ，令 } U_e(\infty) = 0$$

（外力對電荷q作正功，大小為$F_{外}$－r圖與r軸所圍的面積大小$\frac{kQq}{r}$）

$$\Rightarrow U_e(r) = \frac{kQq}{r} \quad \begin{cases} \text{Q、q爲同性電：} U_e > 0\text{，相距愈遠電位能愈小} \\ \text{Q、q爲異性電：} U_e < 0\text{，相距愈近電位能愈小} \end{cases}$$

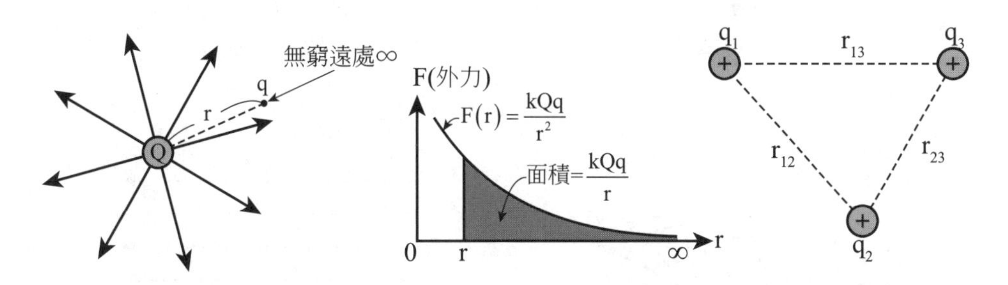

(4)若系統中有多個點電荷，則此系統的電位能等於每一對電荷之電位能的代數和 $\Rightarrow U_e = \frac{kq_1q_2}{r_{12}} + \frac{kq_2q_3}{r_{23}} + \frac{kq_1q_3}{r_{13}}$ 。

2 電位V

(1)**電位的意義：**測試電荷q在電場中某點的電位能U_e與其電量的比值稱為該

點的電位。

(2)**電位V**

A. 定義：單位正電荷所具有的電位能，即 $V=\dfrac{U_e}{q}$ 。

B. 單位：焦耳/庫侖（J/C），稱為伏特（V）。

C. 若點電荷q所在位置的電位為V，則q具有的電位能U_c=qV。

(3)電位數值不具絕對意義，只具相對意義，與零位面的選取有關，通常定無窮遠處的電位為0。

(4)**等電位**

A. 等位線：如同地圖的等高線，把相同電位的點以圓滑曲線連接起來，稱為等位線。

B. 由於等位線上的電位能不變，故電場不會對此電荷作功，電力線必與等位線垂直。

C. 電力線方向：高電位→低電位。

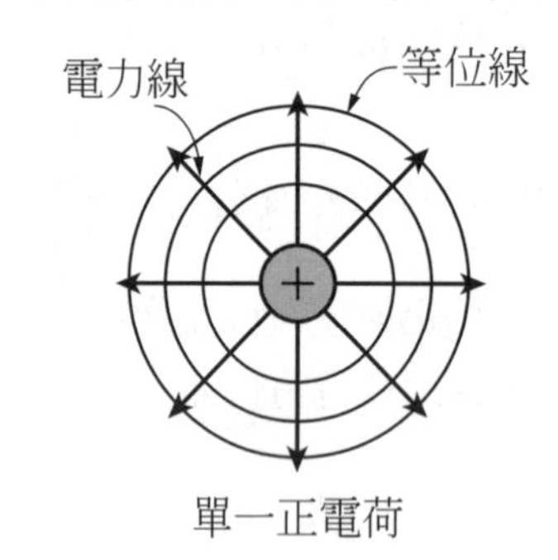

單一正電荷

等位線
電力線
等量異性電荷

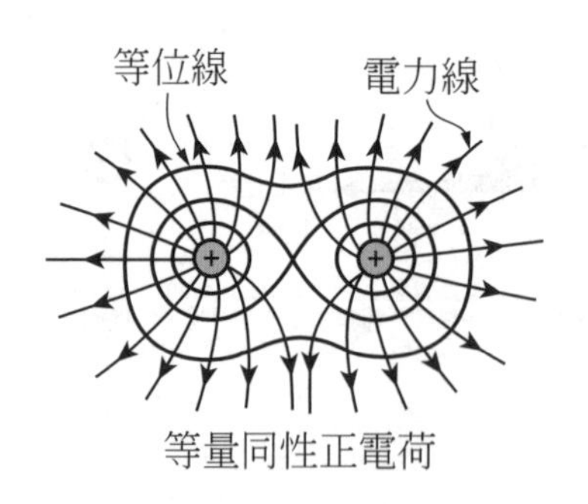

等量同性正電荷

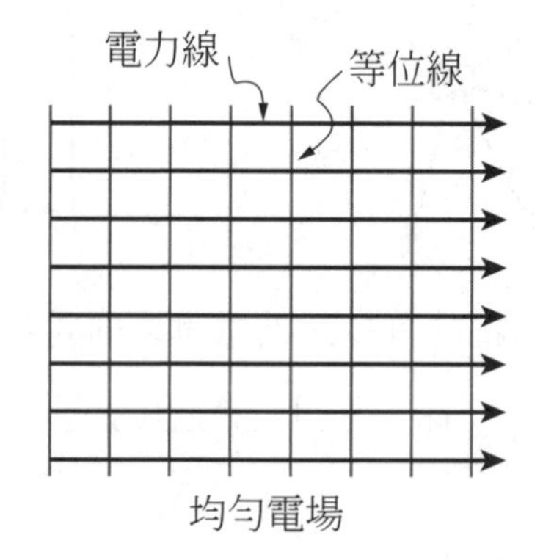

均勻電場

(5)**電荷在電場中的自然運動方向**

A. 正電荷：高電位→低電位；高電位能→低電位能。

B. 負電荷：低電位→高電位；高電位能→低電位能。

9-12　　難易度★☆☆

範例

電子由電池的負極經外電路移至正極。在移動過程中電子的：

(A)電位升高　(B)電位降低　(C)電位能增加

(D)電位能減少　(E)電位與電位能均不變。（多選題）

答：**(A)(D)**。

電子的自然運動方向：低電位→高電位；高電位能→低電位能。

9-13　　難易度★☆☆

範例

右圖為某一空間中的電力線分佈圖，其中關於a、b兩點之電位V及電場E的敘述，下列何者正確？（多選題）

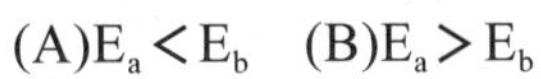

(A)$E_a < E_b$　(B)$E_a > E_b$

(C)$V_a < V_b$　(D)$V_a > V_b$

(E)$V_a = V_b$。

答：**(A)(D)**。

電力線密度表示電場的大小：$E_a < E_b$

電力線方向由高電位指向低電位：$V_a > V_b$

重要 3 各種常用的電位

(1)點電荷Q的電位

必背 A. $V = \frac{U_e}{q} = \frac{\frac{kQq}{r}}{q} = \frac{kQ}{r} \Rightarrow \begin{cases} Q為正電荷：V > 0，愈靠近Q電位愈大 \\ Q為負電荷：V < 0，愈靠近Q電位愈小 \end{cases}$

（q：測試電荷；r：q至Q的距離）

B. 電位為純量，不具方向性，故電場中任一點的電位為各點電荷所產生電位的代數和，即 $V = V_1 + V_2 + \cdots = \sum_{i=1}^{i=n} V_i$ 。

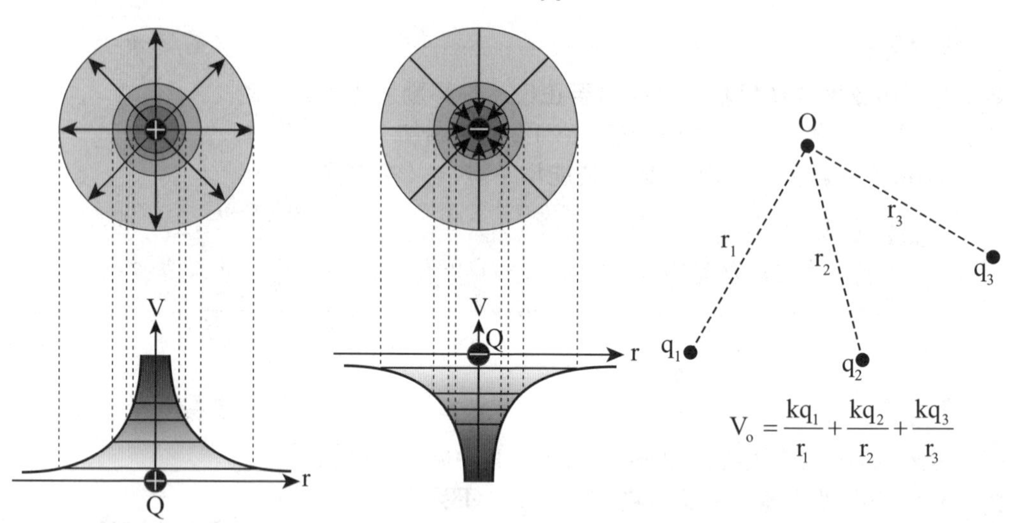

範例 9-14

難易度★★☆

如圖所示，電荷＋q與電荷－q，兩者相距4a。若取兩電荷連線上之S點處的電位為零，則圖中距O點2a之P點處的電位為何？

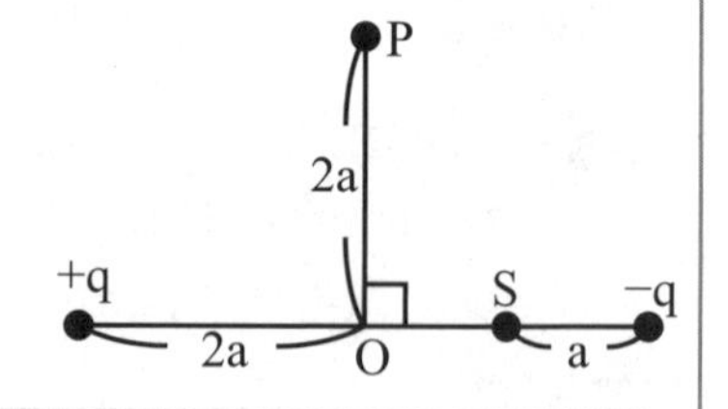

(A)0 (B)$\frac{kq}{\sqrt{2}a}$ (C)$\frac{kq}{2\sqrt{2}a}$ (D)$\frac{2kq}{3a}$ 。

答：**(D)**。

取 $V(\infty)=0$，則點電荷電位公式 $V=\frac{kQ}{r}$

$\Rightarrow V_P = \frac{kq}{2\sqrt{2}a} + \frac{k(-q)}{2\sqrt{2}a} = 0$，$V_S = \frac{kq}{3a} + \frac{k(-q)}{a} = -\frac{2kq}{3a}$

若取S點處的電位為零，則P點電位也會改變，但兩點電位差不變。

$\Rightarrow V_{PS} = V_P - V_S = 0 - (-\frac{2kq}{3a}) = \frac{2kq}{3a} = V'_P - V'_S = V'_P - 0$，$V'_P = \frac{2kq}{3a}$ 。

(2)帶電金屬球體（殼）的電位

A. 帶電金屬球達靜電平衡時，導體內無電場整個導體為**等位體**。

B. 帶電量Q、半徑為R的實心或空心金屬球，在空間中所建立的電位為：

必背

$$\begin{cases} 球內(r<R)：V=\dfrac{kQ}{R} \\ 表面(r=R)：V=\dfrac{kQ}{R} \\ 球外(r>R)：V=\dfrac{kQ}{r} \end{cases}$$

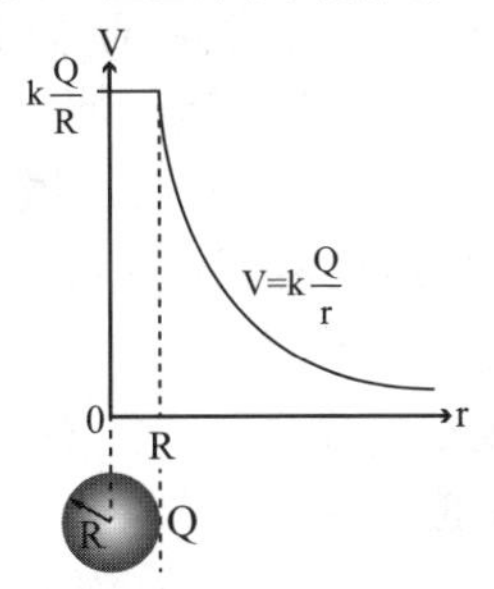

9-15　範例　難易度★★☆

一半徑為R的導體球上帶有靜電荷，已知所帶電荷為正電荷Q，則下列敘述何者正確？

(A)電荷必分布於導體球表面上

(B)導體內部無帶電質點

(C)導體球球心位置的電位必等於0

(D)在導體球外部，離球心愈遠處電位愈低

(E)導體表面之電場方向必垂直於導體的表面。（多選題）

答：**(A)(D)(E)**。

當導體球達靜電平衡時為等位體，電荷會停止流動且均勻分布於導體表面，故內部電場為零，電力線垂直於導體表面。

(B)×，導體內部無淨電荷，但有帶電質點。

(C)×，導體球為等位體，球心電位 $V=\dfrac{kQ}{R}$。

範例 9-16 難易度★★☆

如圖所示，一不帶電金屬厚球殼內外球殼半徑各為為r_1、r_2，其內部有一半徑r帶電量+Q的實心金屬球與金屬厚球殼同心。圖中A、B、C、D、E五點分別與球心相距r_A、r_B、r_C、r_D及r_E，則

(1)A處的電位大小？ (2)B處的電位大小？
(3)C處的電位大小？ (4)D處的電位大小？
(5)E處的電位大小？

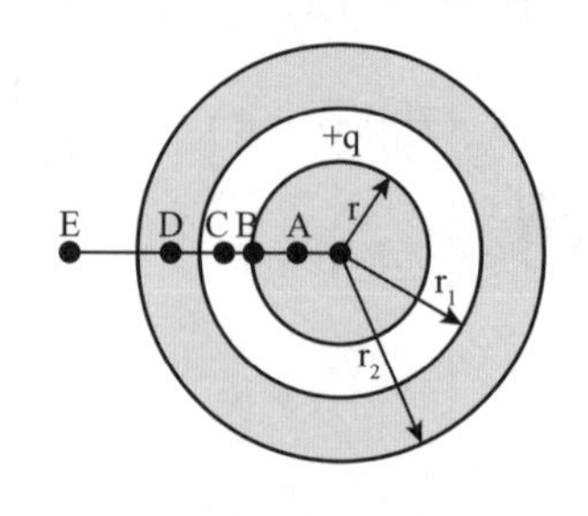

答：(1) $V_A=\frac{kq}{r}+\frac{k(-q)}{r_1}+\frac{kq}{r_2}$ (2) $V_B=\frac{kq}{r}+\frac{k(-q)}{r_1}+\frac{kq}{r_2}$

(3) $V_C=\frac{kq}{r_C}+\frac{k(-q)}{r_1}+\frac{kq}{r_2}$ (4) $V_D=\frac{kq}{r_2}$ (5) $V_E=\frac{kq}{r_E}$

如圖所示，金屬球殼內表面會被感應－q的電荷，金屬球殼外表面會被感應+q的電荷，兩者均勻分布。

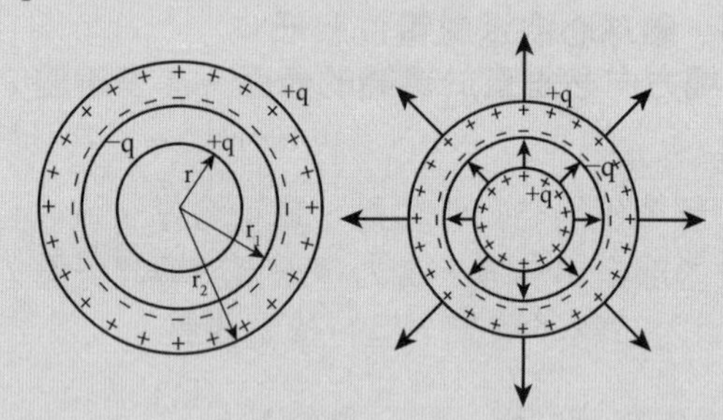

(1)實心球內部電位 $V_A=\frac{kq}{r}+\frac{k(-q)}{r_1}+\frac{kq}{r_2}$

(2)實心球表面電位 $V_B=\frac{kq}{r_B}+\frac{k(-q)}{r_1}+\frac{kq}{r_2}=\frac{kq}{r}+\frac{k(-q)}{r_1}+\frac{kq}{r_2}$

(3)實心球與內球殼之間的電位 $V_C=\frac{kq}{r_C}+\frac{k(-q)}{r_1}+\frac{kq}{r_2}$

(4)球殼內電位 $V_D=\frac{kq}{r_D}+\frac{k(-q)}{r_D}+\frac{kq}{r_2}=\frac{kq}{r_2}$

(5)球殼外電位 $V_E=\frac{kq}{r_E}+\frac{k(-q)}{r_E}+\frac{kq}{r_E}=\frac{kq}{r_E}$

※帶電金屬球體（殼），電荷對球體（殼）外的電位可將電荷視為集中在球心向外作用，但對球體（殼）內的電位同金屬球體（殼）表面的電位。

(3)**帶電圓環所建立的電位：**一均勻帶Q電荷、半徑為R的圓環，則

$$\Rightarrow\begin{cases}\text{距環心x處：}V_P=\dfrac{kQ}{\sqrt{R^2+x^2}}\\[2ex]\text{環心處：}V_O=\dfrac{kQ}{R}\end{cases}$$

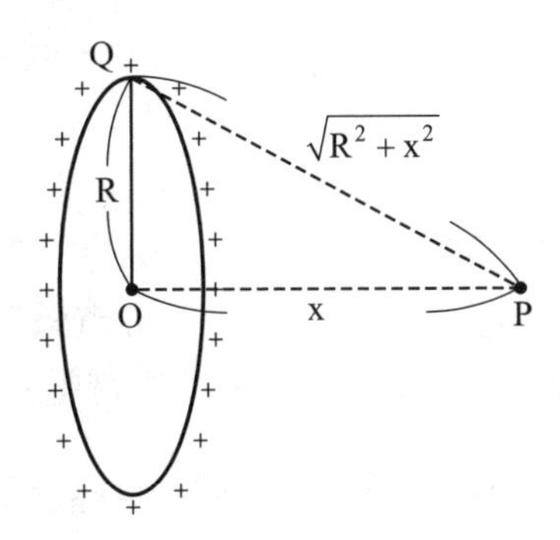

分析方法 將圓環視為無窮多個帶電量為 ΔQ 的點電荷，其 $Q=\sum\Delta Q$

4 電位差

(1)**電位差：**將單位正電荷自電場中的B點等速移動至A點時，外力所作的功，又稱電壓。

A. 數學式： $V_{AB}=\dfrac{W_F}{q}=\dfrac{\Delta U}{q}=\dfrac{U_A-U_B}{q}=V_A-V_B$

B. 單位：伏特（V），與電位單位相同。

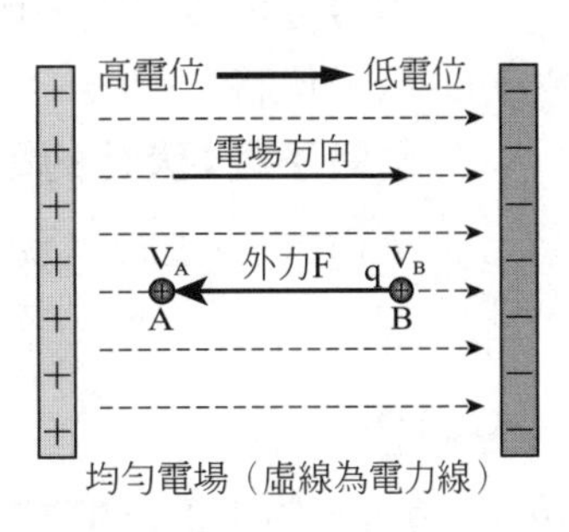

均勻電場（虛線為電力線）

(2)**電荷q在兩點間之電位能變化ΔU與電位差ΔV之關係：** $\Delta U=q\Delta V$

(3)**帶電平行板間的電位差ΔV與電場E的關係：**

必背 A. 公式： $E=\dfrac{\Delta V}{d}$ （d為平行於電場方向的位移）

由 $\Delta V=\dfrac{W_F}{q}=\dfrac{Fd}{q}=\dfrac{qEd}{q}=Ed\Rightarrow E=\dfrac{\Delta V}{d}$

B. 單位：伏特/公尺（V/m）

(4)**說明：**如圖，$V_A>V_B=V_C$，$V_{AB}=V_{AC}=Ed$。因為靜電力為保守力，故由A→C不論是經由路徑①或路徑②，其電位變化皆相等。

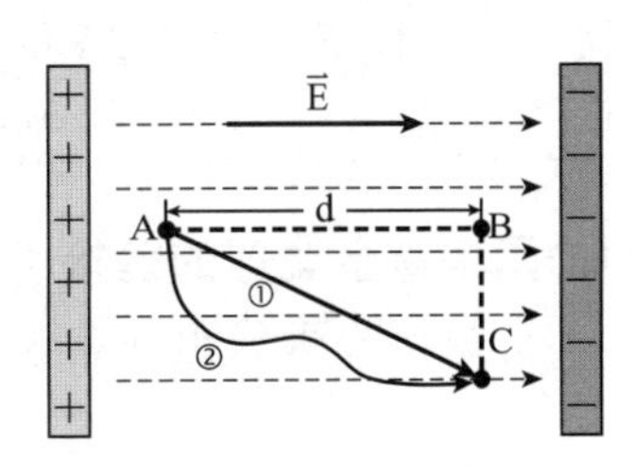

範例 9-17 難易度★★☆

有4×10^{-3}庫侖之正電荷由B點移向A點需作功0.24焦耳，若$V_A=100V$，則V_B為： (A)30V (B)40V (C)50V (D)60V (E)70V。

答：**(B)**。$W_F=\Delta U=q\Delta V_{AB}=q(V_A-V_B)$，

$0.24=4\times10^{-3}\times(100-V_B)\Rightarrow V_B=100-60=40V$。

(5)**電場中的力學能守恆：**

A. 質量m、電量q的帶電質點，在電場中由A點移動至B點且僅受靜電力作用。A、B兩點的電位分別為V_A、V_B，帶電質點在A、B兩點的速度分別為v_A、v_B。由於靜電力為保守力，故帶質點在電場運動過程中遵守力學能守恆定律，即$\frac{1}{2}mv_A^2+qV_A=\frac{1}{2}mv_B^2+qV_B=$定值。

B. $\because q(V_A-V_B)=\frac{1}{2}mv_B^2-\frac{1}{2}mv_A^2$ $\therefore qV_{AB}=\Delta K$，表示**帶電質點q經$\Delta V$伏特的電位差加速後，可獲得的動能$\Delta K$，即$\Delta K=q\Delta V$。**

必背 C. 電子伏特（eV）：為極微小的能量單位，常用於微觀世界，定義為**一個電子經1伏特的電位差加速後所獲得的動能**，與SI制能量單位焦耳（J）的換算關係為$1eV=1.6\times10^{-19}J$。

範例 9-18 難易度★☆☆

質量m且帶正電q的質點，從非常遠處以初速v正對著一個位置固定且帶正電Q的質點射入，則兩者最接近的距離為何？（k為庫侖靜電力常數）
(A)mv/(kQq) (B)$mv^2/(2kQq)$ (C)kQq/(mv) (D)$2kQq/(mv^2)$。

答：**(D)**。q、Q間只受電力作用，故系統力學能守恆。
設兩者最接近距離為r

$E_\infty=E_r$，$K_\infty+U_\infty=K_r+U_r$，$\frac{1}{2}mv^2+0=0+\frac{kQq}{r}\Rightarrow r=\frac{2kQq}{(mv^2)}$。

(6)**兩帶電金屬球的連接：**兩半徑、電量分別為R_1、Q_1與R_2、Q_2的金屬球，以導線接後兩球電荷會重新分布為Q_1'、Q_2'直到兩球電位相等。

A. 兩球帶電量與半徑成正比：$\dfrac{Q_1'}{Q_2'}=\dfrac{R_1}{R_2}$

$$V_1'=\frac{kQ_1'}{R_1}\text{，}V_2'=\frac{kQ_2'}{R_2}\Rightarrow V_1'=V_2'\text{，}\frac{kQ_1'}{R_1}=\frac{kQ_2'}{R_2}\text{，}\frac{Q_1'}{Q_2'}=\frac{R_1}{R_2}$$

又電荷守恆 $Q_1'+Q_2'=Q_1+Q_2\Rightarrow\begin{cases}Q_1'=\dfrac{R_1}{R_1+R_2}(Q_1+Q_2)\\ Q_2'=\dfrac{R_2}{R_1+R_2}(Q_1+Q_2)\end{cases}$

B. 兩球表面之電荷密度σ與半徑成反比：$\dfrac{\sigma_1}{\sigma_2}=\dfrac{\dfrac{Q_1'}{4\pi R_1^2}}{\dfrac{Q_2'}{4\pi R_2^2}}=\dfrac{R_2}{R_1}$

C. 兩球表面之電場與半徑成反比：$\dfrac{E_1}{E_2}=\dfrac{\dfrac{kQ_1'}{R_1^2}}{\dfrac{kQ_2'}{R_2^2}}=\dfrac{R_2}{R_1}=\dfrac{\sigma_1}{\sigma_2}$

D. 結論：同一導體表面電位相同，但電場不相同，曲率半徑愈小，其電荷密度愈大、電場愈強，易成尖端放電。

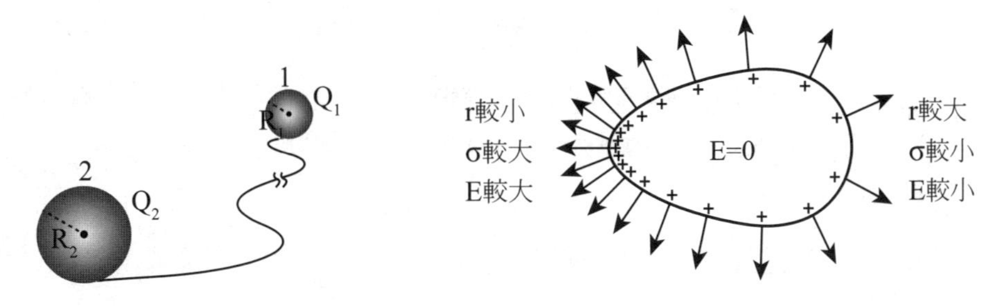

範例 9-19　難易度★★☆

有兩個金屬球，小球半徑r帶電-q，大球半徑2r帶電7q，設兩球相距甚遠。今以一細長導線連接兩球，若導線上之電荷可忽略不計，則於電荷分布穩定達靜電平衡時，小球上之電荷變為：　(A)2q　(B)3q　(C)4q　(D)6q。

答：**(A)**。導線連接兩球，達靜電平衡時兩球等電位

$$Q_{小球'}=\frac{r}{r+2r}\times(-q+7q)=\frac{1}{3}\times 6q=2q$$

主題2 電路學

關鍵重點

電流、電動勢、端電壓、克希何夫定則、惠司同電橋、電功率、電流熱效應、焦耳定律、度

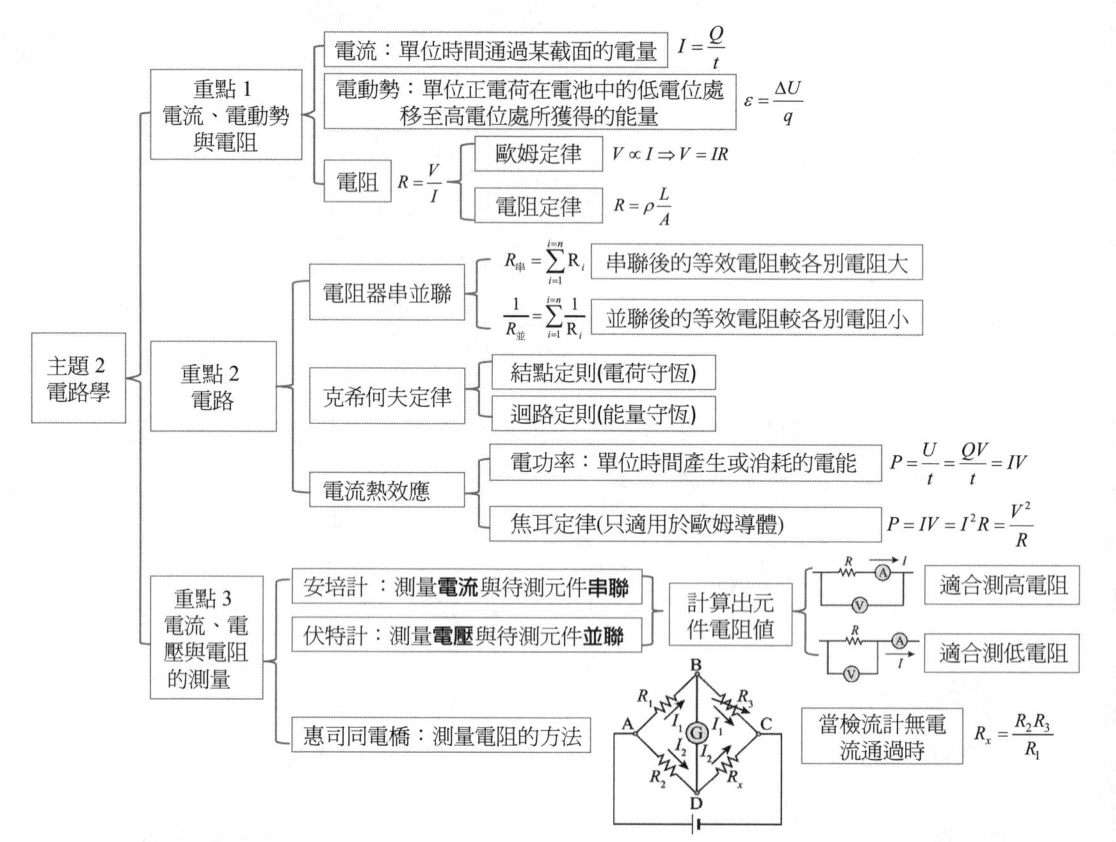

重點1 電流、電動勢與電阻

Check! □□□

1 電流I

(1)**電流的成因：**當金屬導線兩端有電位差（電壓），自由電子的自然運動方向為從低電位到高電位，故導線內有「電子流」。

(2)**電流的方向：**規定電流的方向為正電荷流動的方向，與電子流方向相反。

(3)**電流的定義：**單位時間內通過某一截面的總電量。

A. 數學式：$I=\frac{Q}{t}$。（Q：電量，t：時間）

B. 單位：庫侖/秒（C/s），或稱安培(A)。

C. 1安培的電流表示某截面每秒內有1庫侖的電量通過。

範例 9-20　難易度★☆☆

某蓄電池原蓄有100庫侖之電量，在10分鐘內充電至700庫侖，則每秒之平均電流為：　(A)4A　(B)5A　(C)2A　(D)3A　(E)1A。

答：**(E)**。

電流的定義：$I=\frac{Q}{t}=\frac{700-100}{10\times 60}=1A$

(4)等量正電荷向右通過某截面所形成的電流和等量負電荷向左通過某截面所形成的電流量值相等、方向相同，故電解槽中正、負離子所形成的電流為 $I=I^{+}+I^{-}$。

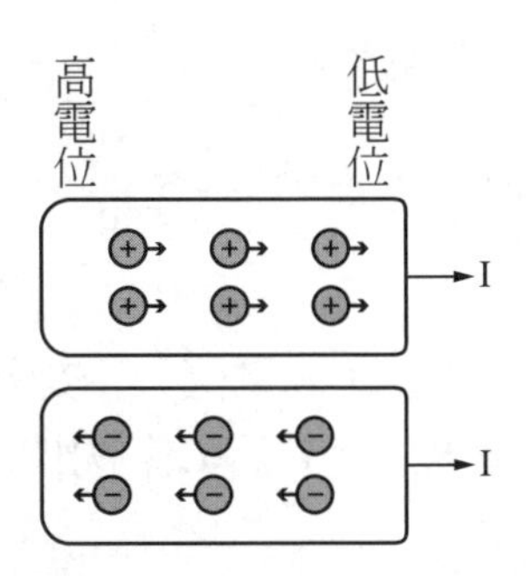

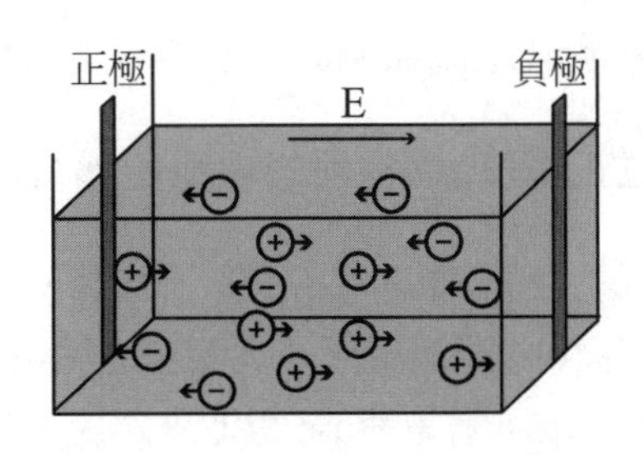

正離子運動方向同電場方向，而負離子則相反。

(5)**導線內部的電場與電位差：**導線兩端的電位差V，則內部會產生電場E驅使電荷移動，若導線長度為L且粗細均勻，則導線內的均勻電場 $E=\frac{V}{L}$。

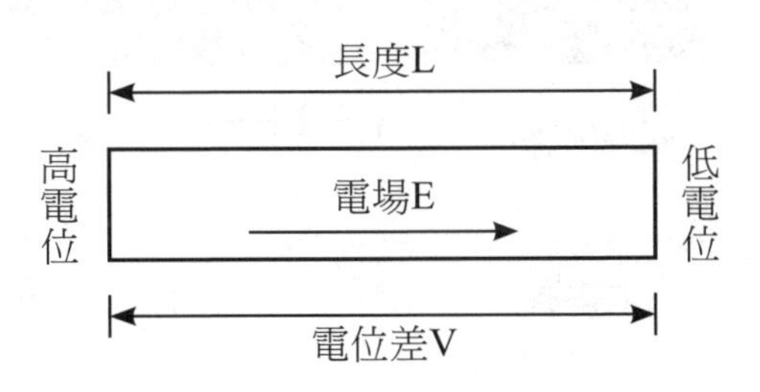

9-21 難易度★☆☆

範例 **長20m，粗細均勻的高電阻導線，與30V的電池兩極相聯。導線上距一端3m之點和距另一端5m之點，其間的電位差為？** (A)4.5 (B)22.5 (C)1.5 (D)18 V。

答：**(D)**。導線內部電場 $E=\frac{V}{L}=\frac{30}{20}=1.5(V/m)$

電位差 $V=E\times\Delta L=1.5\times(20-3-5)=18V$

20m

3m (20-3-5)m=12m 5m

2 電池與電動勢

(1)**電池：**電池為一種電源，可提供電位差驅動電荷在電路中移動，在導線上產生電流，將化學能轉換成電能。

(2)**電動勢 ε（簡寫為emf）**

A. 當電池無電流通過時，正負極之間的電位差稱為電動勢。

B. 單位正電荷q通過理想電池所獲得的電位能 ΔU ，則電動勢 $\varepsilon=\frac{\Delta U}{q}$ 。

C. 單位：焦耳/庫侖（J/C），伏特V。

D. 將電荷q由電池負極（低電位）經電池內電路到正極（高電位），其電位能升高qε；當電荷q經電池外電路的回到負極的過程中，會將qε釋放出來。

(3)**電池的聯接方式**

聯結方式	電路符號	等效電動勢	說明
順向串聯	ε_1 ε_2	$\varepsilon_1+\varepsilon_2$	可得較大電動勢
逆向串聯	ε_1 ε_2	$\lvert\varepsilon_1-\varepsilon_2\rvert$	若 $\varepsilon_1>\varepsilon_2$ ，ε_1 為電源消耗化學能；ε_2 被充電獲得化學能。
同向並聯	ε ε	ε	可使用較久時間

3 電阻R

(1)電阻的來源：電子在導體中漂移時，不斷與原子碰撞而受阻。在室溫下每個自由電子平均約10^{-14}s與原子碰撞一次，故自由電子不容易在導線中流動。

(2)**電阻：**表示物體的導電能力，電阻愈大、其導電能力愈差。

A. 定義：物體兩端的電位差V與所流經電流I的比值。

必背 B. 數學式：$R=\frac{V}{I}$。

C. 單位：伏特/安培（V/A）＝**歐姆（Ω）**。

D. 符號：

固定電阻	可變電阻
 —/\/\/—	 —/\/\/— 或  —/\/\/—

重要

4 歐姆定律

(1)**歐姆定律：**1826年歐姆發現，定溫下流經金屬導體的電流I與其兩端的電位差V成正比。換言之，定溫下金屬導體的電阻為定值。

$$I\propto V\Rightarrow \frac{V}{I}=R=\text{定值}\text{，即 }V=IR$$

(2)**歐姆式導體與非歐姆式導體**

歐姆式導體（線性導體）	非歐姆式導體	
遵守歐姆定律 （定溫下電阻為定值）	不遵守歐姆定律 （定溫下電阻並非定值）	
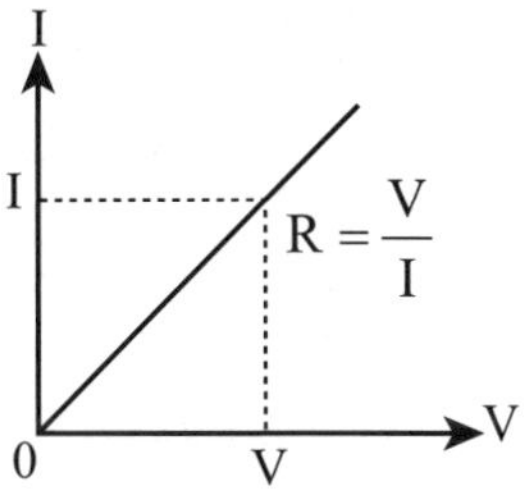 I–V圖：直線，$R=\frac{V}{I}$	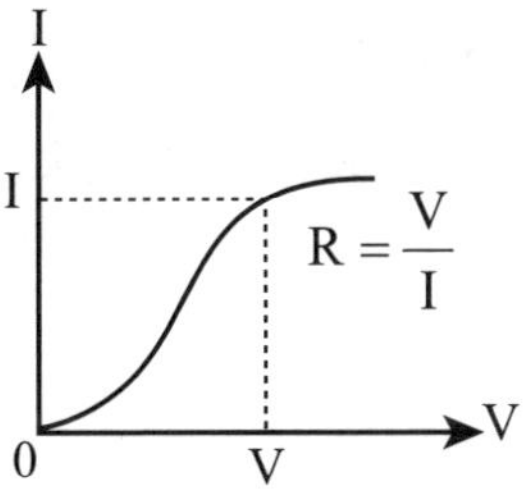 I–V圖：S形曲線，$R=\frac{V}{I}$	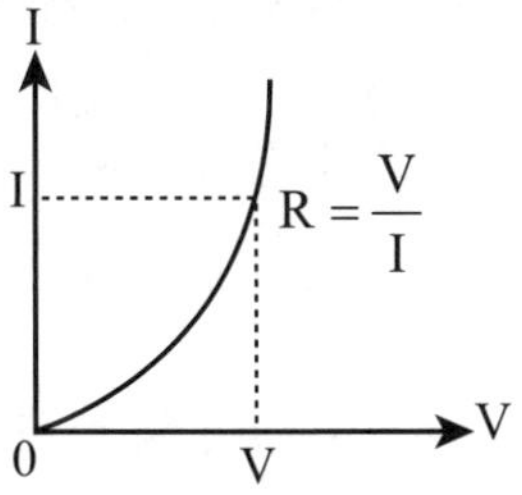 I–V圖：上升曲線，$R=\frac{V}{I}$
金屬	真空管	電晶體

✰ 皆可利用$R=\frac{V}{I}$計算電阻大小，只有歐姆式導體遵守歐姆定律，即電阻固定其電壓V與電流I成正比。

5 電阻定律

必背 (1)**電阻定律：**定溫時，金屬線的電阻R與金屬線的長度L成正比，與金屬線的截面積A成反比，即 $R=\rho\frac{L}{A}$。（ ρ =電阻率）

(2)**電阻率ρ**

A. 單位：歐姆・公尺（Ω・m）。

B. 電阻率為物質的特性，與金屬體的形狀及體積無關。

C. 金屬的電阻率隨溫度上升而增大。

D. 絕緣體與半導體的電阻率隨溫度上升而減小。

(3)**導電性：**導體>半導體>絕緣體。

9-22 難易度★☆☆

範例 **若先將一條粗細均勻的金屬導線，均勻地拉長為原來的3倍後，再平均剪成兩半，則每一半條金屬導線的電阻值變成原來的多少倍？** (A) $\frac{4}{9}$ **倍** (B) $\frac{2}{3}$ **倍** (C) $\frac{3}{2}$ **倍** (D) $\frac{9}{2}$ **倍。**

答：**(D)**。

∵金屬導線總體積不變

∴當長度L為原來的3倍，截面積A為原來的 $\frac{A}{3}$ 倍。

根據電阻定律 $R=\rho\frac{L}{A}\propto\frac{L}{A}$，

新電阻值 $R'=\frac{1}{2}\times\frac{3L}{A/3}=\frac{9}{2}R$，變成原來的 $\frac{9}{2}$ 倍。

重點 2　電路

Check!
□□□

1 簡單電路

(1)**電路：**以導線將電源、電阻器或其他電路元件連接起來，所形成的電流迴路稱為電路。

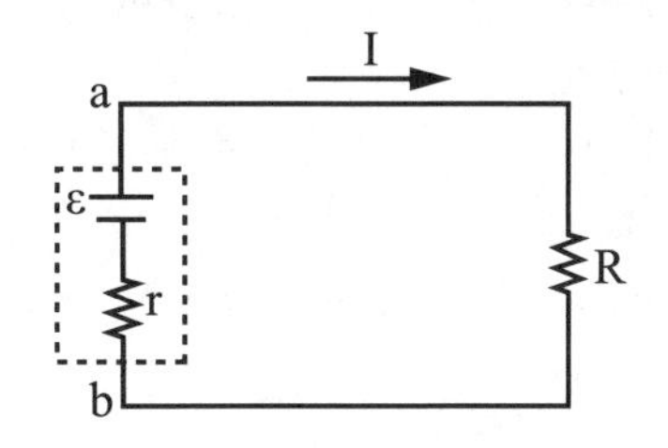

(2)分析電路時，常以簡化的電路圖表示，各電路元件有其對應的符號，且導線的電阻通常忽略不計。

(3)**常用電路元件符號**

元件	符號	元件	符號	元件	符號
安培計	Ⓐ	電池		接地	
伏特計	Ⓥ	交流電源		固定電阻	
檢流計	Ⓖ	開關		可變電阻	或

(4)**電池的端電壓**

A. 電池正負極兩端的電位差稱為端電壓，即電池對外所能提供的電壓。

B. 當電流I流經有內電阻r之電池 $\begin{cases} \text{放電時的端電壓：} V_{+-} = \varepsilon - Ir \\ \text{充電時的端電壓：} V_{+-} = \varepsilon + Ir \end{cases}$ 。

C. 理想電池無內電阻，其端電壓等於其電動勢。

D. 當I=0時，非理想電池的端電壓等於其電動勢。

理想電池（無內電阻）	非理想電池（有內電阻）
	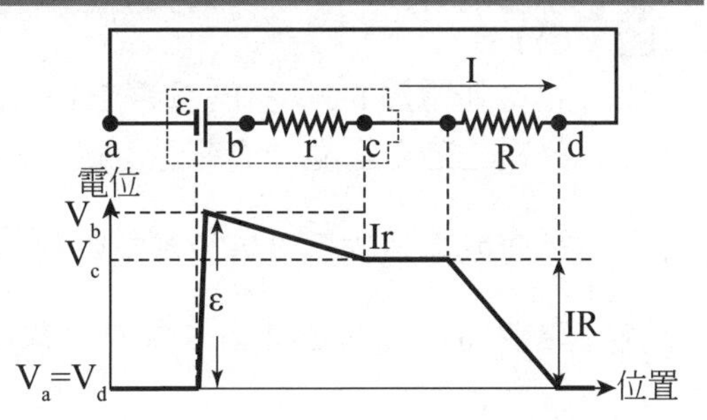

理想電池（無內電阻）	非理想電池（有內電阻）
a→b：正電荷q獲得qε的能量，電位上升ε。 b→c：正電荷流經電阻器R消耗能量，使電位降低IR。 c→a：電位沒有改變，$V_c = V_a$ $\Rightarrow V_b - V_a = \varepsilon = IR$	a→b：正電荷q獲得qε的能量，電位上升ε。 b→c：由於電池有內電阻r，故消耗一些能量，電位下降Ir。 c→d：正電荷流經電阻器R消耗能量，使電位再降低IR。 d→a：電位沒有改變，$V_d = V_a$ ⇒ 電池端電壓$V_c - V_a = \varepsilon - Ir = IR$ ，電池內的內電阻使端電壓比電動勢小。

範例 9-23

難易度★☆☆

已知汽車用的蓄電池，電動勢為12伏特，若此電池有內電阻0.2Ω，則當此電池以6A的電流放電時，請問電池的端電壓為多少伏特？ (A)8.8 (B)9.8 (C)10.8 (D)11.8。

答：**(C)**。

放電時，電池的端電壓 $V_{+-} = \varepsilon - Ir = 12 - 6 \times 0.2 = 10.8$ 伏特。

範例 9-24

難易度★☆☆

一般常用的乾電池電壓為1.5伏特，則下列敘述何者正確？ (A)2庫侖電荷會獲得3.0焦耳的電能 (B)每秒會產生1.5庫侖的電子 (C)負極的電位比正極高1.5伏特 (D)每秒會通過1.5安培的電流。

答：**(A)**。

乾電池電壓1.5伏特的意義：1庫侖電荷由負極（低電位）經1.5V的電位差至正極（高電位）後，會增加1.5J的電位能。

理想乾電池的電壓等於其電動勢$\varepsilon = \dfrac{\Delta U}{q}$，

電能 $\Delta U = q\varepsilon = 2 \times 1.5 = 3$ 焦耳，故選(A)。

2 電阻的串聯與並聯

(1)**電阻的串聯：**電流相同、電壓相加。

A. 電流：$I = I_1 = I_2$

B. 電壓：$V = V_1 + V_2$

C. 等效電阻：$R_S = R_1 + R_2$

D. 串聯後的等效電阻必**大於**原電路中任一電阻

E. 串聯電路之端電壓與其電阻大小成**正比**：

$$\frac{V_1}{V_2} = \frac{IR_1}{IR_2} = \frac{R_1}{R_2} \Rightarrow \begin{cases} V_1 = \dfrac{R_1}{R_1 + R_2} V \\ V_2 = \dfrac{R_2}{R_1 + R_2} V \end{cases}$$

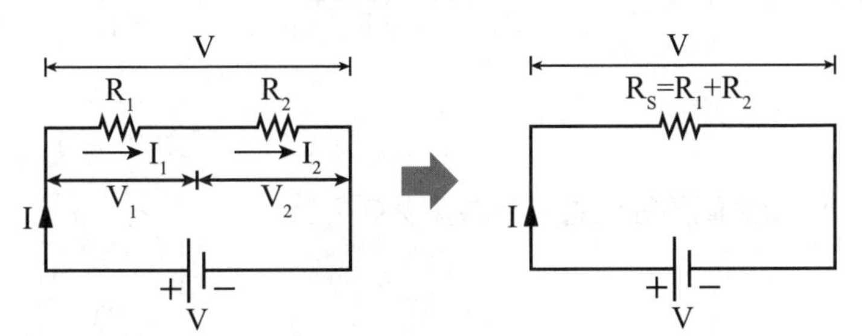

必背 F. 推廣：多個電阻串聯 $R_S = R_1 + R_2 + R_3 + R_4 + \cdots = \sum_{i=1}^{i=n} R_i$

(2)**電阻的並聯：**電壓相同、電流相加。

A. 電流：$I = I_1 + I_2$

B. 電壓：$V = V_1 = V_2$

C. 等效電阻：$\dfrac{1}{R_P} = \dfrac{1}{R_1} + \dfrac{1}{R_2} \Rightarrow R_P = \dfrac{R_1 R_2}{R_1 + R_2}$

D. 並聯後的等效電阻必**小於**原電路中任一電阻。

E. 並聯電路之電流與其電阻大小成**反比**：$\dfrac{I_1}{I_2}=\dfrac{V/R_1}{V/R_2}=\dfrac{R_2}{R_1}\Rightarrow\begin{cases}I_1=\dfrac{R_2}{R_1+R_2}I\\ I_2=\dfrac{R_1}{R_1+R_2}I\end{cases}$

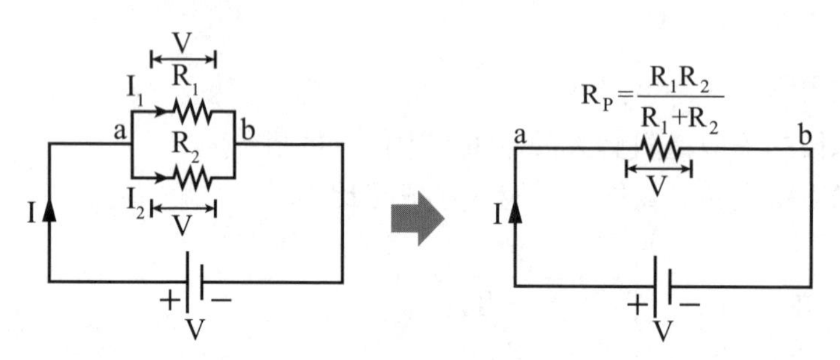

必背 F. 推廣：多個電阻並聯 $\dfrac{1}{R_P}=\dfrac{1}{R_1}+\dfrac{1}{R_2}+\dfrac{1}{R_3}+\dfrac{1}{R_4}+\cdots=\sum_{i=1}^{i=n}\dfrac{1}{R_i}$

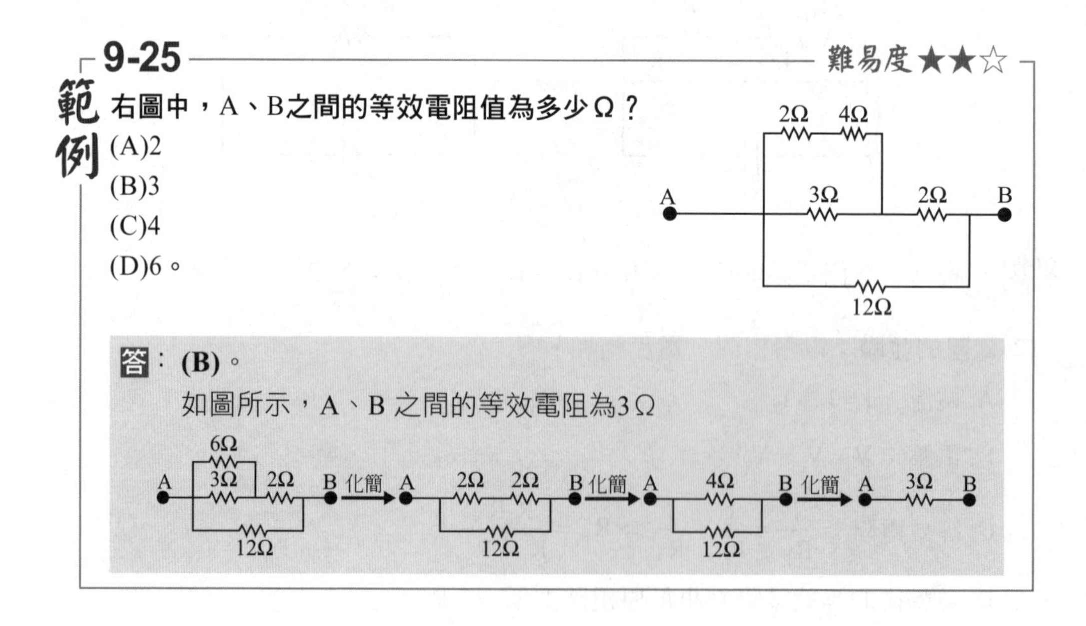

範例 9-25　　難易度★★☆

右圖中，A、B之間的等效電阻值為多少Ω？
(A)2
(B)3
(C)4
(D)6。

答：**(B)**。
如圖所示，A、B 之間的等效電阻為3Ω

9-26 範例　難易度★☆☆

三個完全相同的燈泡甲、乙、丙聯結如下圖，今分別在燈泡兩端測量其電壓，若不考慮伏特計的影響，則下列哪一組測量值最有可能？

	甲	乙	丙
(A)	3V	6V	6V
(B)	4V	2V	2V
(C)	6V	3V	6V
(D)	2V	2V	4V

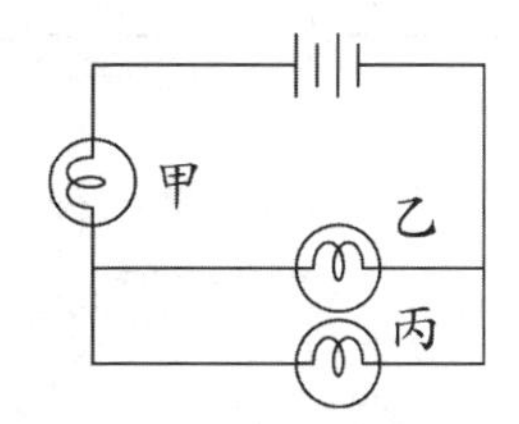

答：**(B)**。

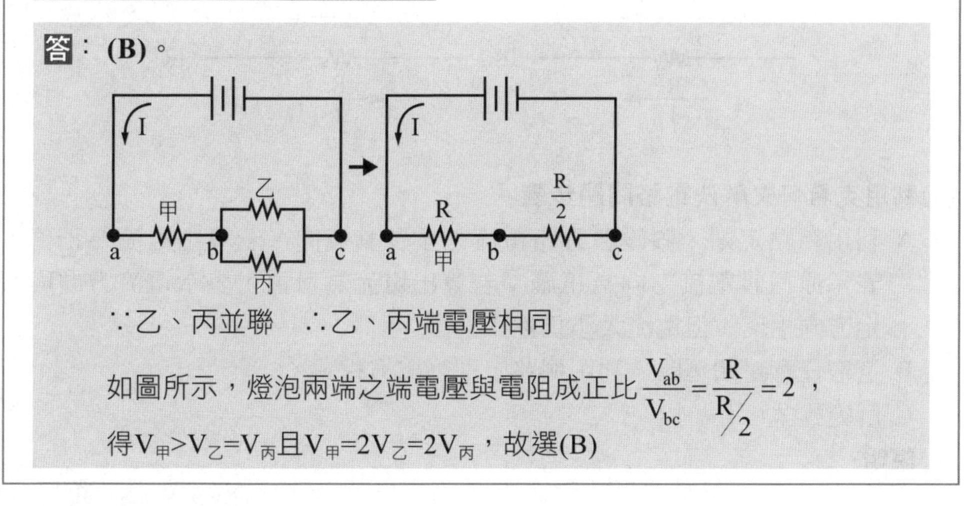

∵乙、丙並聯　∴乙、丙端電壓相同

如圖所示，燈泡兩端之端電壓與電阻成正比 $\frac{V_{ab}}{V_{bc}}=\frac{R}{R/2}=2$，

得 $V_{甲}>V_{乙}=V_{丙}$ 且 $V_{甲}=2V_{乙}=2V_{丙}$，故選(B)

3 克希何夫定律

(1)**結點定則（電流定則）**

A. 電路中任一結點處（導線的交點），流入該點的總電流等於流出的總電流。

B. 結點定則為**電荷守恆**定律的結果。

C. 迴路方向**順著**電流方向，經電阻時**電位會降低（－IR）**；
迴路方向**逆著**電流方向，經電阻時**電位會升高（＋IR）**。

(2)**迴路定則（電壓定則）**

A. 電路中任一封閉迴路，其電位變化的總和必為零。

B. 迴路定則為**能量守恆**定律的結果。

C. 迴路方向**由電池負極到正極，電位會升高（＋ε）**；
迴路方向**由電池正極到負極，電位會下降（－ε）**。

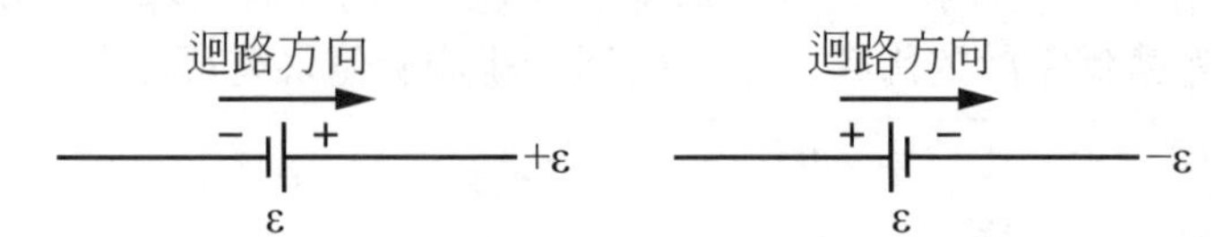

D. 迴路方向順著電流方向，經過電阻時電位會下降（－IR）；迴路方向逆著電流方向，經過電阻時電位會增高（＋IR）。

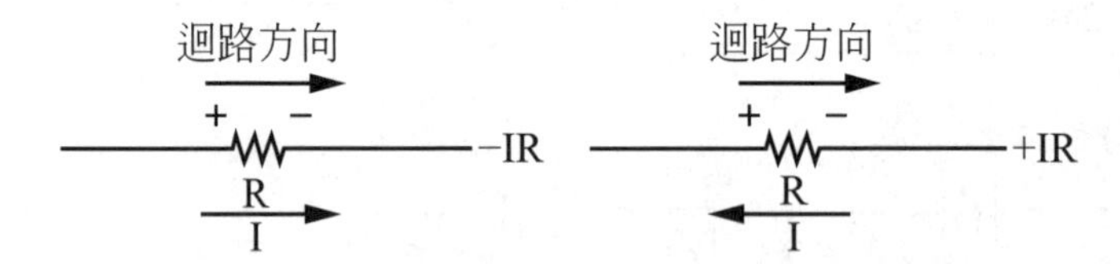

(3)利用克希何夫解決電路問題步驟

A. 利用結點定則，假設各分路電流大小及其流向。若算出電流為正值，表示原假設電流方向為正確；若算出電流為負值，表示電流方向與假定方向相反，但電流大小仍然正確。

B. 選取任意封閉迴路，利用迴路定則列出方程式。

C. 解方程式。

(4)說明

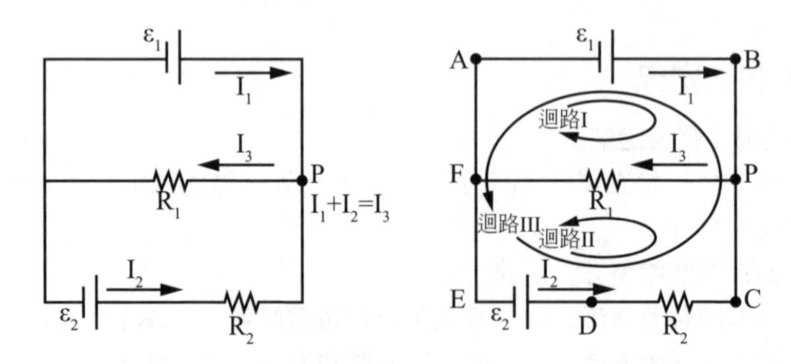

A. 由結點定則 ⇒ 結點P：$I_3 = I_1 + I_2$……①

B. 由迴路定則 ⇒ $\begin{cases} \text{迴路I}(A \to B \to P \to F \to A)：\varepsilon_1 - I_3R_1 = 0 \cdots\cdots ② \\ \text{迴路II}(E \to C \to P \to F \to E)：\varepsilon_2 - I_2R_2 - I_3R_1 = 0 \cdots\cdots ③ \\ \text{迴路III}(E \to C \to B \to A \to E)：\varepsilon_2 - I_2R_2 - \varepsilon_1 = 0 \cdots\cdots ④ \end{cases}$

C. 利用式①②③④解方程式

4 電功率P

(1)**定義：**單位時間內電子元件所產生或消耗的電能。

必背 (2)**數學式：** $P=\dfrac{\Delta U}{t}=\dfrac{QV}{t}=IV\begin{cases}\Delta U：電子元件所產生或消耗的電能\\ Q：通過電子元件的電量\\ V：電子元件兩端的電位差\\ t：流經電子元件所花的時間\end{cases}$

(3)**單位：**焦耳/秒（J/s）=瓦特（W）

電阻消耗電能的電功率P=IV

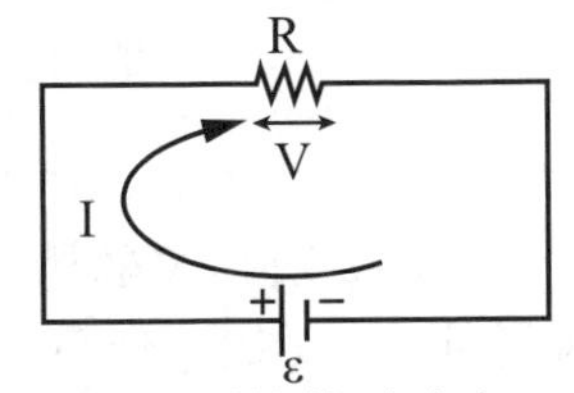

電池提供電能的電功率P=Iε

範例 9-27　難易度★☆☆

如右圖所示為一簡單的電路，電池之電動勢ε＝6伏特，電阻R＝30Ω，a點接地，則下列敘述何者錯誤？

(A)**a點的電位為零**

(B)**b點的電位為6伏特**

(C)**a點的電位較b點為高**

(D)**通過電阻的電流為0.2安培。**

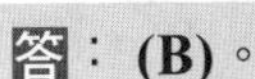

答：**(B)**。

a點接地電位為零，電流為逆時針方向，流經電阻時電位下降6V，其大小同電池之電動勢，故b點電位為-6V比a點低，且通過電阻的電流 $I=\dfrac{\varepsilon}{R}=\dfrac{6}{30}=0.2A$，故選(B)。

重要 5 電流熱效應

(1)**電流熱效應：**電流流經電阻器時，會將電能轉換成熱能，使電阻器發熱的現象稱為電流熱效應。

(2)**焦耳定律：**定溫下，端電壓為V的電阻器R，通過電流I時之熱功率P與電流平方成正比，或與端電壓平方成正比，故只適用於歐姆式導體。

必背

$$P = IV \Rightarrow \begin{cases} \xrightarrow{V=IR} P = I^2R \propto I^2 \\ \xrightarrow{I=\frac{V}{R}} P = \frac{V^2}{R} \propto V^2 \end{cases} (R為定值)$$

9-28 難易度★☆☆

範例 **車上的點煙器為一電阻器，當接到12V的電池，此點煙器消耗功率為33W，則點煙器的電阻為何？** (A)4.36Ω (B)0.23Ω (C)2.18Ω (D)2.75Ω。

答：**(A)**。設點煙器的電阻R，由 $P = \frac{V^2}{R}$，$33 = \frac{12^2}{R} \Rightarrow R \approx 4.36\Omega$。

(3)**市售燈泡規格 [適用電壓V、電功率P]**

A. 燈泡電阻：$R = \frac{V^2}{P}$

B. 正常使用下燈泡之電流：$I = \frac{P}{V}$

C. 燈泡亮度：利用電功率 $P = \frac{V^2}{R} = I^2R$ 來決定，由於燈泡電阻固定，故燈泡的端電壓或電流大小可決定燈泡的亮度。

D. 當多個燈泡 $\begin{cases} 串聯(\because I相同)：P = I^2R \propto R，電阻愈大燈泡愈亮 \\ 並聯(\because V相同)：P = \frac{V^2}{R} \propto \frac{1}{R}，電阻愈大燈泡愈暗 \end{cases}$

E. 度（仟瓦小時）：為電力公司計價時所用的電能單位，定義為**電功率1仟瓦的電器使用1小時所消耗之電能。**

必背 $\Rightarrow 1度電 = 1仟瓦小時 = 1000W \times 3600s = 3.6 \times 10^6 J$

9-29 難易度★☆☆

範例 將一個標明為100W，200V的電燈，接於100V的電源上，通過的電流為：
(A)0.25　(B)0.5　(C)1　(D)2　A。

答：**(A)**。

燈泡電阻 $R=\frac{V^2}{P}=\frac{200^2}{100}=400\Omega$，通過的電流 $I=\frac{V}{R}=\frac{100}{400}=0.25A$

9-30 難易度★☆☆

範例 將一盞檯燈的鎢絲燈泡，由40瓦換成60瓦後，發現燈泡變亮，其主要的原因為何？　(A)鎢絲燈泡中的電壓增加　(B)鎢絲燈泡的電阻增加　(C)通過鎢絲燈泡的電流變大　(D)鎢絲燈泡的電功率減少。

答：**(C)**。

電源電壓固定，由 $P=IV\propto I$，故當電功率增加時，通過鎢絲燈泡的電流變大。

9-31 難易度★☆☆

範例 市售60W白熾燈泡所標示的「60W」，是指燈泡在穩定發光時所消耗的電功率，但是燈泡內鎢絲的電阻會隨溫度上升而變大，假設剛開燈時，燈泡內的鎢絲溫度較低，其電阻為15Ω，使用一段時間後，燈泡內鎢絲的電阻變為100Ω。試問剛開燈時，燈泡所消耗的電功率約為多少W？　(A)60　(B)240　(C)400　(D)600。

答：**(C)**。

設剛開燈時燈泡所消耗的電功率為P，已知P'=60W，R'=100Ω

∵提供燈泡的電壓V相同

∴由 $P=\frac{V^2}{R}$，$PR=P'R'$，$P\times15=60\times100\Rightarrow P=400W$。

範例 9-32

難易度★☆☆

用相同的燈泡、導線及電池，分別組成下列四種電路圖，則哪一個電路圖中的電池提供最大的電功率？

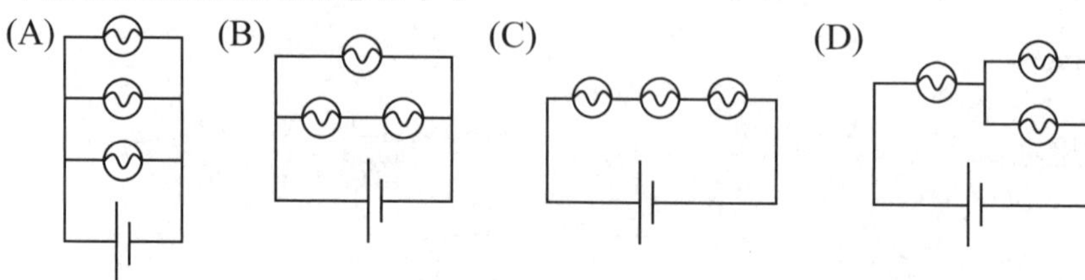

答：**(A)**。

$P = IV \propto I$，找等效電阻最小的電路圖，總電流最大。

設燈泡的電阻為R

$R_A = \frac{R}{3}$、$R_B = \frac{1}{\frac{1}{2R}+\frac{1}{R}} = \frac{2R}{3}$、$R_C = 3R$、$R_D = R + \frac{R}{2} = \frac{3R}{2}$，

得$R_A<R_B<R_D<R_C \rightarrow I_A>I_B>I_D>I_C$，故電路（A）中的電池提供最大電功率。

範例 9-33

難易度★☆☆

已知某鎢絲燈泡的使用規格為交流電源100伏特、額定功率50瓦，將此相同燈泡共5個，並聯後接於100伏特的交流電源下使用。於正常使用的情況下，該交流電提供的總電流應為多少安培？ (A)0.25安培 (B)0.5安培 (C)1.0安培 (D)2.5安培。

答：**(D)**。

相同燈泡共5個並聯於100伏特的交流電源，每個燈泡的端電壓皆為100伏特。

根據$P=iV$，$50=i\times 100$，$i=0.5$安培

⇒總電流$I=5i=5\times 0.5=2.5$安培。

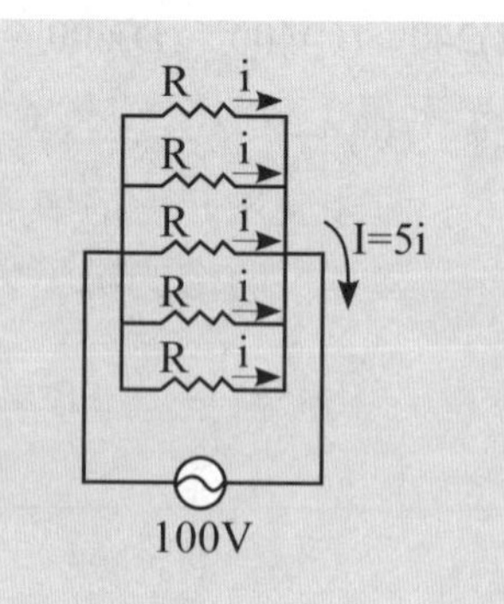

範例 9-34　難易度★☆☆

小華家中冷氣機標示為220V及2kW，若每天使用10小時，一個月（30天）耗電度為何？　(A)200度　(B)300度　(C)440度　(D)600度。

答：**(D)**。
1度＝電功率為1000W(1kW)的電器使用1小時所消耗的電能
⇒2(kW)×10(hrs/天)×30(天)=600度。

(4)**電力輸送**：發電廠通常位於偏僻處，為了減少傳送過程中的電能損失，常以**高電壓**來輸送電力。

A. 發電廠輸出的電功率 $P_0 = IV = 定值 \Rightarrow I = \frac{P_0}{V} \propto \frac{1}{V}$，故以高電壓輸出時，相對輸出低電流。

B. 輸送時消耗的電功率 $P = I^2R = \left(\frac{P_0}{V}\right)^2 R = \frac{P_0^2 R}{V^2} \propto \frac{1}{V^2}$，R為電線電阻。

C. 輸送時消耗的電功率 $P = \frac{V_{ab}^2}{R}$，V_{ab} 為電線兩端的電壓，電線電阻固定，$V_{ab} = IR \propto I$，輸出電流愈小，V_{ab} 也會愈小。

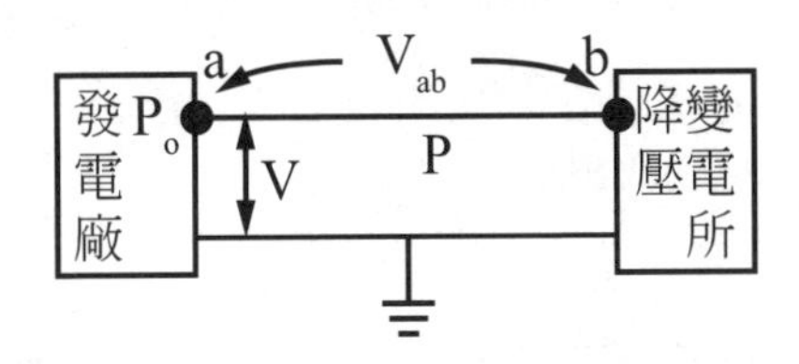

重點3 電流、電壓與電阻的測量

Check! □□□

1 安培計與伏特計

(1)**檢流計Ⓖ**：是一種可以測量電路中電流的電流計，由一線圈與一對永久磁鐵所構成，當電流通過線圈時，會使線圈在磁場中偏轉，利用線圈上的指針所偏轉的角度表示電流的大小。

(2)安培計與伏特計

儀器	安培計	伏特計
用途	測量電流	測量電壓
電路符號	Ⓐ	Ⓥ
使用方式	A.與待測電阻**串聯** B.安培計之正極與外接電路之正極相接，負極與負極相接	A.與待測電阻**並聯** B.伏特計之正極與外接電路之正極相接，負極與負極相接
圖示	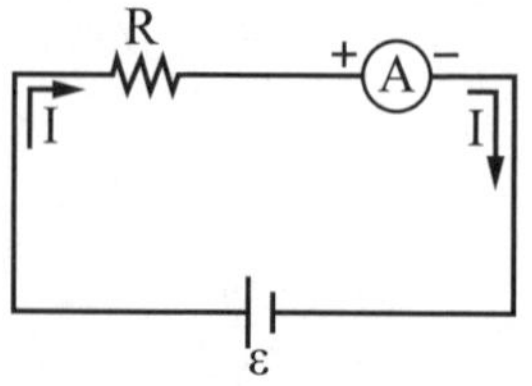	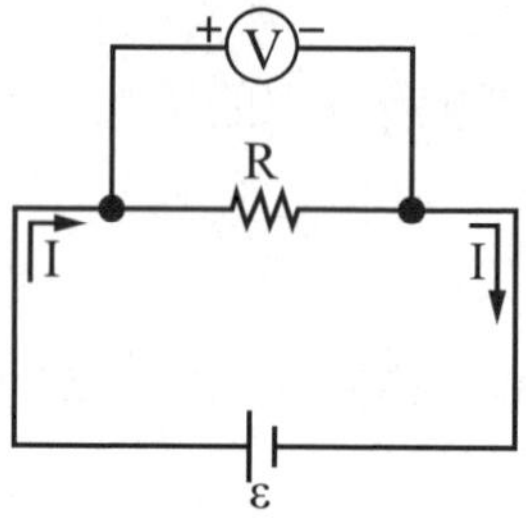
設計	A.本身為一低電阻元件。 B.若檢流計的內電阻為 r_g ，欲使所能測量範圍增為原來的n倍，須並聯一低電阻 $R=\frac{r_g}{n-1}$ 。	A.本身為一高電阻元件。 B.若檢流計的內電阻為 r_g ，欲使所能測量範圍增為原來的n倍，須串聯一高電阻 $R=(n-1)r_g$ 。
圖示	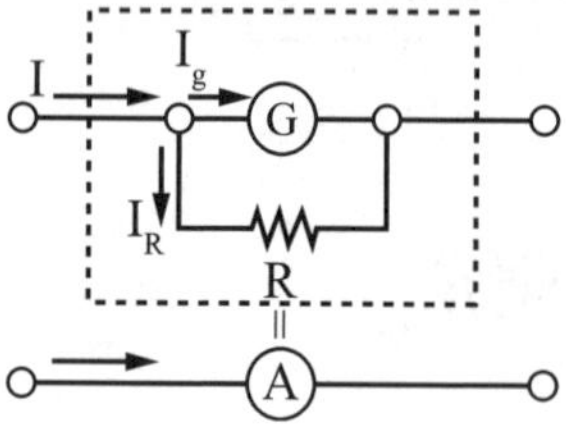	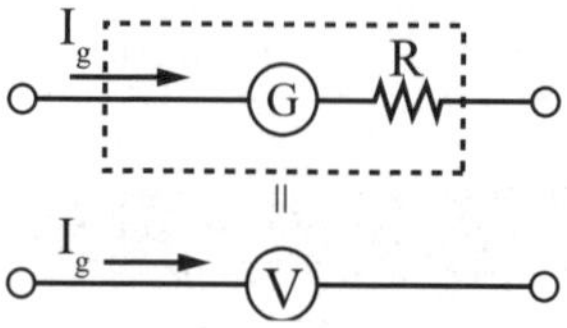

範例 9-35　　難易度★☆☆

有一電流計其可動線圈之電阻為10Ω，指針偏轉滿刻度時之電流為0.02安培，如欲將其改裝為200伏特之伏特計，所需串聯高電阻線之電阻為：
(A)9990Ω　(B)99900Ω　(C)9999Ω　(D)9900Ω。

答：(A)。
原電流計指針滿刻度時所對應之電壓$V=Ir_g=0.02\times10=0.2$伏特，
欲改裝成原來的 $n=\frac{200}{0.2}=1000$ 倍，
則需串聯高電阻$R=(n-1)r_g=(1000-1)\times10=9990\Omega$。

2 電阻的測量

	安培計內接電路	安培計外接電路
接線圖	R、A、r_A、$I=I_R$、V	R、A、I_R、I_V、I、V、r_V
實驗值R'與理論值R的比較	安培計量得的電流I為實際流經電阻器R的電流（$I=I_R$）；但伏特計量得的電壓V為電阻器R與安培計之電阻r_A的電壓和（$V=V_R+V_A$）。 實驗值 $R'=\frac{V}{I}=\frac{V_R+V_A}{I_R}$ $=R+r_A>R$ 。 當 $R>>r_A$，$R'\approx R$	伏特計量得的電壓V為電阻器R的端電壓（$V=V_R$）；但安培計量得的電流I為流經電阻器R與伏特計的電流和（$I=I_R+I_V$）。 實驗值 $R'=\frac{V}{I}=\frac{V_R}{I_R+I_V}$， $\frac{1}{R'}=\frac{I_R+I_V}{V_R}=\frac{1}{R}+\frac{1}{r_V}$ 。 $R'=\frac{Rr_V}{R+r_V}=\frac{R}{1+\frac{R}{r_V}}<R$ 當 $R<<r_V$，$R'\approx R$
適用範圍	適合待測電阻R是**高**電阻。	適合待測電阻R是**低**電阻。

9-36 難易度★☆☆

範例 在「歐姆定律」實驗中，用第一種和第二種聯結法（如右圖所示），所量出的電阻值R_1和R_2及所要測量電阻的真實值R_x之間，下列敘述何者正確？

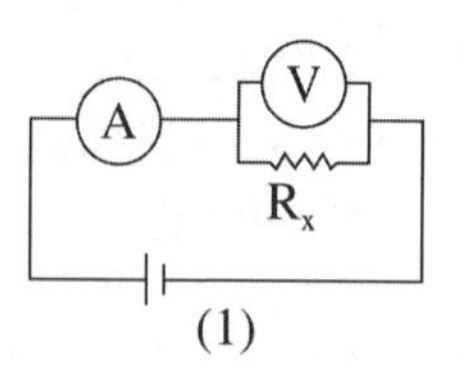

(1)

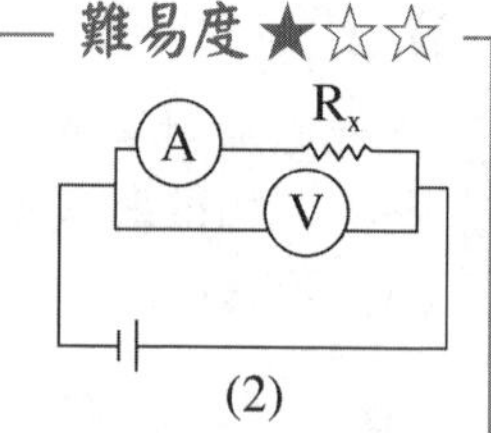

(2)

(A)第一種聯結法是R_x為低電阻時所使用 (B)第二種聯結法所測得的電壓值等於R_x兩端的電壓值 (C)所得的結果為$R_1 < R_x < R_2$ (D)當R_x很大時較適合採用第二種聯結法 (E)不管那一種方法都是利用歐姆定律來求得電阻值。（多選題）

答：**(A)(C)(D)(E)**。

第一種聯結法：適合測低電阻；第二種聯結法：適合測高電阻。

(B)×，所測得的電壓值為R_x及安培計兩端的電壓和 $\Rightarrow V = V_{R_x} + V_A$

3 惠司同電橋

(1)**惠司同電橋：**一種常用測量電阻的方法。

(2)當檢流計Ⓖ為0時，表示B和D兩點無電位差，即V_B=V_D。

$$V_{AB} = V_{AD} \Rightarrow I_1R_1 = I_2R_2 \cdots(1)$$

$$V_{BC} = V_{DC} \Rightarrow I_1R_3 = I_2R_x \cdots(2)$$

$$\frac{(1)}{(2)} \Rightarrow \frac{I_1R_1}{I_1R_3} = \frac{I_2R_2}{I_2R_x}\text{，得 } R_x = \frac{R_2R_3}{R_1} = R_2 \times \frac{\overline{BC}}{\overline{AB}}$$ 必背

（已知R_1、R_2和R_3，可求R_x）

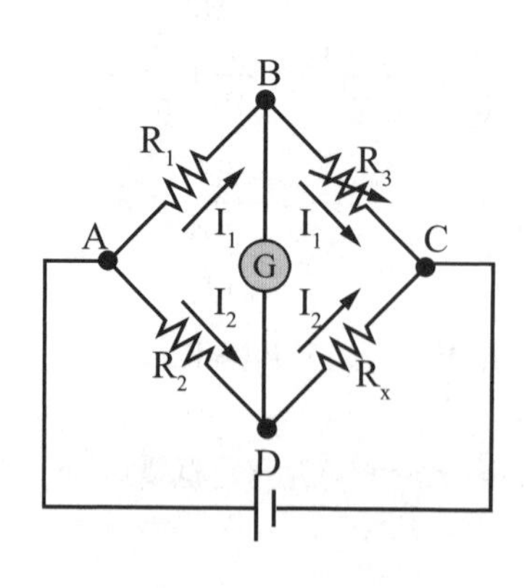

惠司同電橋示意圖

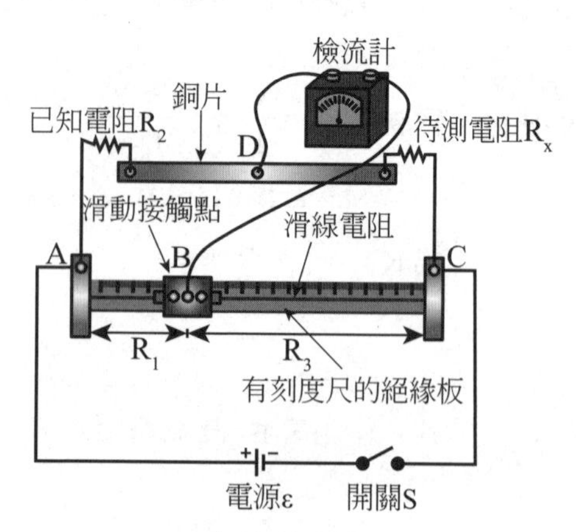

實驗裝置圖

範例 9-37　難易度★☆☆

如右圖所示，電流計G的指示為零，則下列敘述何者錯誤？

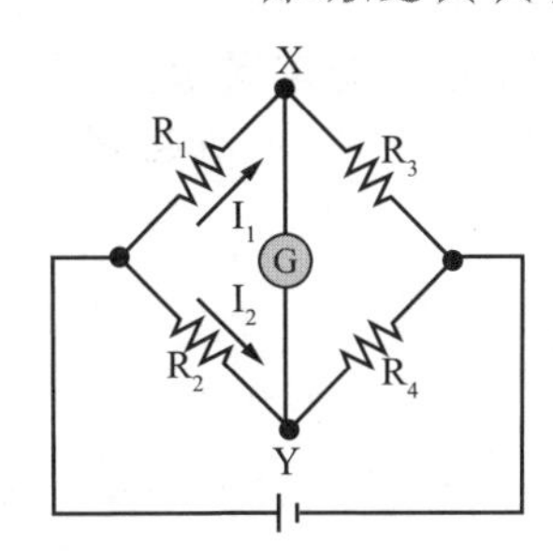

(A)X、Y兩點等電位

(B)$I_1R_1 = I_2R_2$

(C)$I_1 : I_2 = (R_2+R_4) : (R_1+R_3)$

(D)$R_1R_3 = R_2R_4$

答：**(D)**。∵ Ⓖ 的指示為零 ∴此電路為惠斯同電橋
(D)×，其電阻關係為 $R_1R_4 = R_2R_3$ 。

4 三用電表（VOM）

(1)三用電表主要功能是測量電壓（直流電壓DCV檔、交流電壓ACV檔）、測量電阻（Ω或O檔）及測量電流（直流電流DCA檔、交流電流ACA檔）的儀器，視使用需求切換至適合的檔位。

(2)三用電表有**指針式**和**數位式**兩種，數位式三用電表可減少讀數時所造成的人為誤差。

5 家庭用電與安全

(1)**家庭用電：**接到家庭用戶的導線共有兩條火線和一條中性線。

A. 火線：電位110V，電位會隨時間產生穩定變化。

B. 中性線：電流回流線路與發電廠的接地線相連，對地無電位差，若不小心碰觸不會有觸電現象。

C. 接地線：連接電器外殼與地面導線，可將多餘的電荷導入地面，此方式稱為接地。

D. 電源插座連接一火線和中性線，可提供110V的電壓，在台灣適用於一般家電。

E. 電源插座連接兩火線，可提供220V的電壓，適用於冷氣機。

F. 家庭電器總是以**並聯**方式連接，使每一個電器可獨立運作，若有電器故障時，其他電器仍可正常使用。

G. 電費計算：電力公司以**電度**做為計算消耗電能的單位。
（一度電=3.6×10^6J）

9-38 難易度★★☆

範例 **某電力公司電價每度2元，茲有標明為110伏特，60瓦特的燈泡4盞，每夜使用5小時，則每月（30日計）需付電費為多少元？** (A)27　(B)36　(C)54　(D)72。

答：**(D)**。

每月4盞燈泡使用電度：0.06kW×5hrs×4盞燈×30天=36度。

每月電費：36度×2元/度=72元。

(2)**用電安全**

A. 短路：指電流不經過電器而直接構成迴路

B. 超載：流經插座或延長線上的總電流超過所能承受的電流大小。

C. 斷路：指電路被切斷，電路中沒有電流通過的狀態。

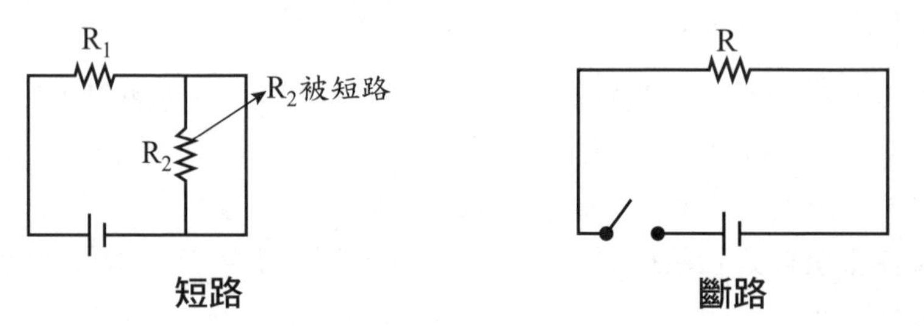

短路　　**斷路**

D. 保險裝置：短路和超載都會造成很大的電流，為了安全起見，在電路上加裝保險裝置，當電流過大時形成斷路切斷電源。

E. 保險絲：由低熔點的合金製成，與火線串聯，因保險絲過熱燒斷而形成斷路，近年來已改用「無熔絲開關」來代替。

F. 觸電：電流通過人體而引起的傷害，觸電導致的嚴重後果與電壓無直接關係，必須視通過人體電流大小、人體部位及觸電時間而定。

電流（mA）	對人體之危害程度
1	有觸電反應
10	肌肉緊縮
100	若流經心臟，會休克、肌肉嚴重灼傷，嚴重可能致死。

範例 9-39　　難易度★☆☆

新春期間家人團聚，使用電器時，我們必須特別小心，避免發生火災悲劇。當家中同時使用的電器過多時，在總電源裡的無熔絲保險開關會跳開，其主要原因為下列哪一項？　(A)總電壓過大　(B)總電流過大　(C)總電阻過大　(D)總電容過大。

答：**(B)**。
由於家中電器以並聯方式連接，故若同時使用的電器過多時，總電流會過大。無熔絲保險與火線串聯，當電流過大時形成斷路切斷電源。

重要 **(3)電流的種類**

A. 直流電（DC）：迴路中的電流方向始終不變，如：乾電池、蓄電池等電源所輸出的電流。

B. 交流電（AD）：迴路中的電流方向、大小會隨時間改變，如：台灣電力公司所提供的家用電源，其頻率為60Hz，即每隔$\frac{1}{120}$秒就變換電流方向。

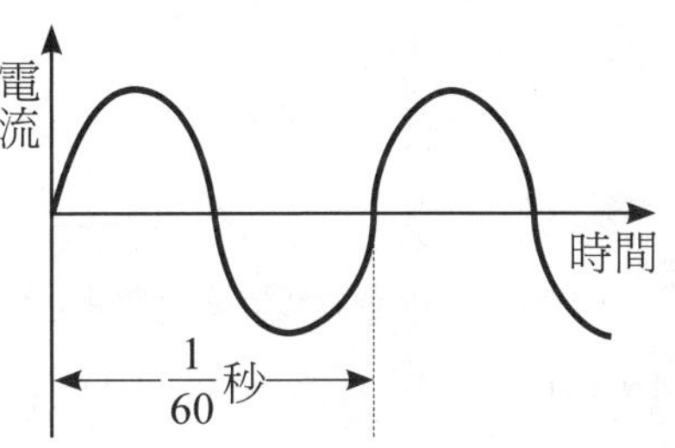

■ 由於台灣電力公司所提供的交流電的波形為正弦波（$V=V_{max}\sin\omega t$），通常我們所說的電壓為110伏特（或220伏特），其所代表的是方均根值V_{rms}，而台電真正供電的電壓最大值為$V_{max}=\sqrt{2}\,V_{rms}$伏特。若使用三用電表測量交流電壓或電流值時，三用電表上所讀到的值均為方均根電壓V_{rms}和方均根電流I_{rms}。

數學證明：

$$V_{rms}=\sqrt{\frac{V_{max}^2\int_0^{2\pi}\sin^2\omega t\,d(\omega t)}{2\pi}}$$

$$=\frac{V_{max}}{\sqrt{2}}$$

（ω為角速度）

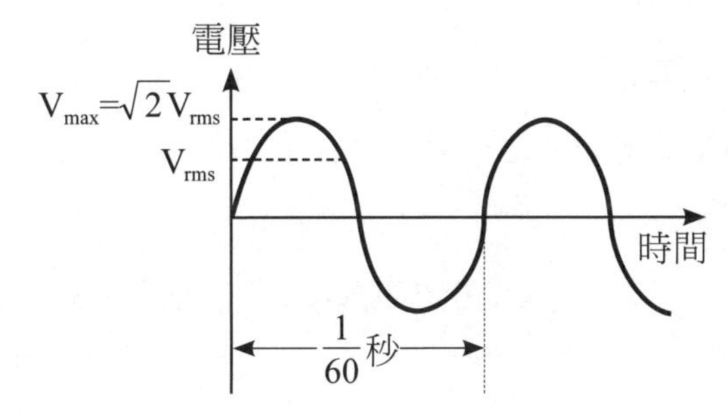

範例 9-40

難易度★☆☆

下列何者為交流電？

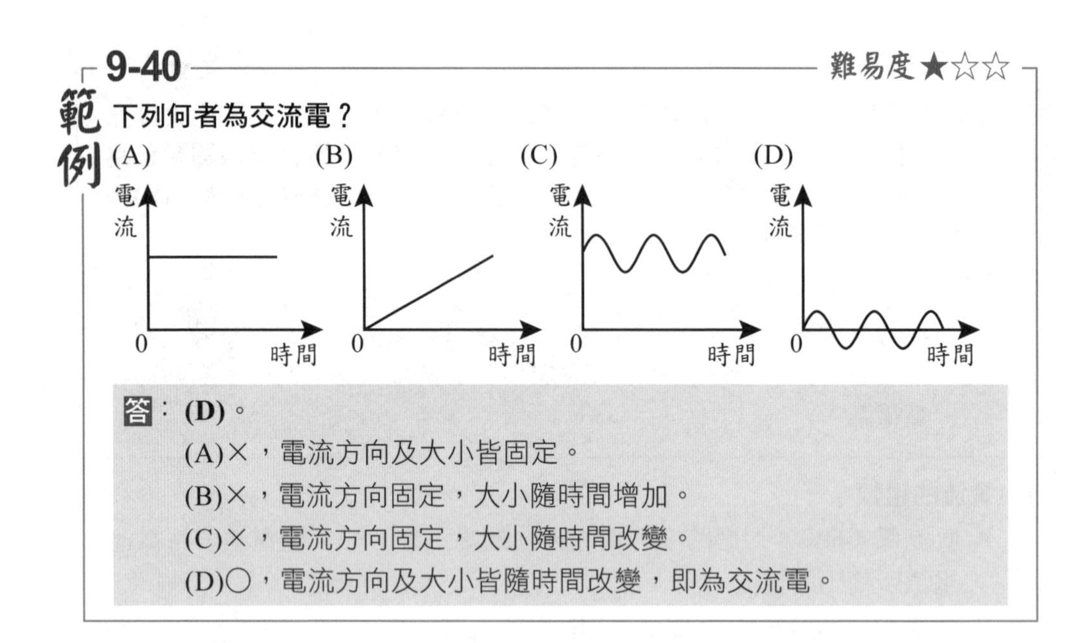

答：**(D)**。

(A)×，電流方向及大小皆固定。

(B)×，電流方向固定，大小隨時間增加。

(C)×，電流方向固定，大小隨時間改變。

(D)○，電流方向及大小皆隨時間改變，即為交流電。

範例 9-41

難易度★☆☆

一般家庭用電的電源之數學式可寫成$V=V_0\sin(\omega t+\theta)$**伏特，則**$V_0=$

(A)110 (B)$110\cdot\sqrt{2}$ (C)$110/\sqrt{2}$ (D)220。

答：**(B)**。

一般家庭用電的電壓為110伏特，其為交流電壓的方均根值，故交流電壓的最大值$V_0=110\cdot\sqrt{2}$伏特。

範例 9-42

難易度★☆☆

承上題，$\omega=$？ (A)110 (B)60 (C)$2\pi\cdot60$ (D)$60/2\pi$。

答：**(C)**。

台電的交流電頻率 $f=60\text{Hz}\Rightarrow\omega=2\pi f=2\pi\cdot60$。

單元補充

1 電容的意義

(1)**電容器：**任何兩彼此絕緣且相距很近的導體可組成一電容器，目的為儲存電能或電荷。

(2)**電容C：**儲存電荷能力的大小，定義為儲存電量Q與施加電位差V的比值。

A. 數學式：$C=\dfrac{Q}{V}$

B. SI制單位：法拉＝庫侖/伏特（F=C/V），常用單位為微法拉（μF）或皮法拉（pF）。

C. 電容的符號：—||—

2 各種不同的電容

(1)**兩平行金屬板的電容：**設帶等量異性電荷Q的平行金屬板，兩板間的電場強度$E=\dfrac{Q}{\varepsilon A}$

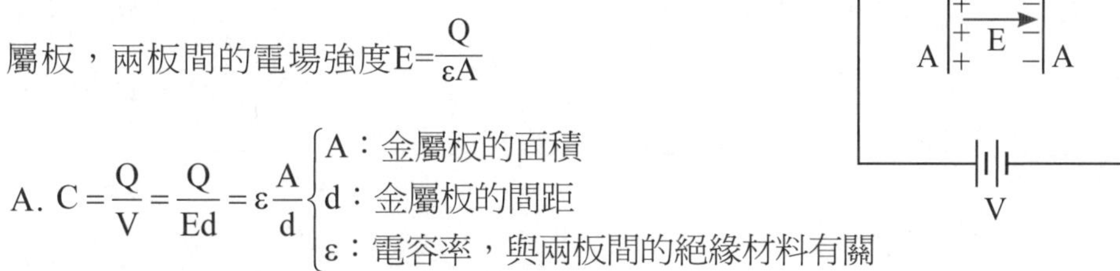

A. $C=\dfrac{Q}{V}=\dfrac{Q}{Ed}=\varepsilon\dfrac{A}{d}$ $\begin{cases}A：金屬板的面積\\d：金屬板的間距\\\varepsilon：電容率，與兩板間的絕緣材料有關\end{cases}$

B. 板上累積之電量與兩金屬板間的電位差成正比。

C. 電容大小與施加電位差無關。

(2)**導體球或球殼的電容：**設球半徑R、帶電量Q

A. $C=\dfrac{Q}{V}=\dfrac{R}{k}$。（$\because$表面電位$V=\dfrac{kQ}{R}$）

B. 與其半徑成正比。

(3)**電容器的電容大小與其幾何形狀有關，與所施加電位差無關。**

9-43 難易度★☆☆

範例 **一平行板電容器可用下列何種方法增加其電容值？ (A)減少平行板的間距 (B)增加平行板的間距 (C)減少電荷 (D)減小平行板面積。**

答：**(A)**。

平行電板的電容$C=\varepsilon\frac{A}{d}\propto\frac{A}{d}$（A：平行板面積、d：平行板的間距）

故欲增加其電容值應減少平行板的間距或增加平行板的面積。

3 電容的串、並聯

(1)電容串聯公式：$\frac{1}{C_S}=\frac{1}{C_1}+\frac{1}{C_2}+\ldots+\frac{1}{C_n}$

A. 總電量＝各串聯電容之電量

$Q=Q_1=Q_2=Q_3$

B. 總電壓＝各串聯電容之電壓和

$V=V_1+V_2+V_3$

C. 串聯之總電容＝各串聯電容之倒數和之倒數

$\frac{1}{C_S}=\frac{1}{C_1}+\frac{1}{C_2}+\frac{1}{C_3}$

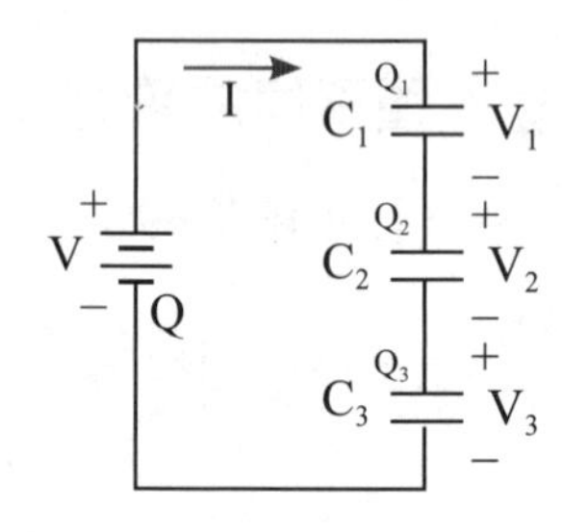

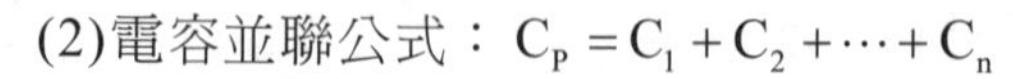

(2)電容並聯公式：$C_P=C_1+C_2+\cdots+C_n$

A. 總電量＝各並聯電容之電量和

$Q=Q_1+Q_2+Q_3$

B. 總電壓＝各並聯電容之電壓

$V=V_1=V_2=V_3$

C. 並聯之總電容＝各並聯電容之和

$C_P=C_1+C_2+C_3$

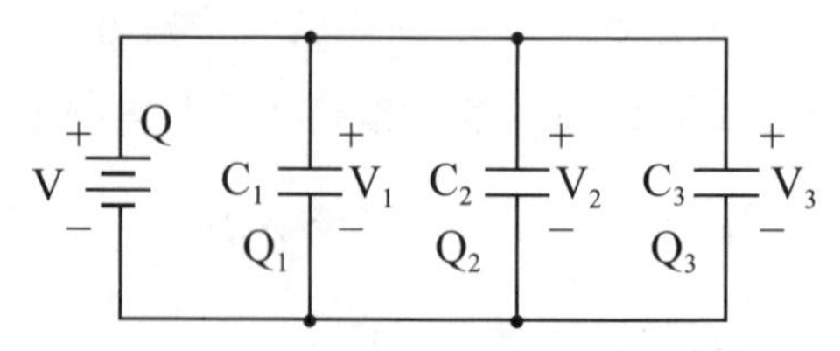

範例 9-44

難易度★☆☆

有2個分別為6微法拉及3微法拉的電容器，其並聯後之等效電容值為C_P，串聯後之等效電容值為C_S，則C_P：C_S之值應為下列何者？ (A)2：9 (B)1：2 (C)9：2 (D)2：1。

答：**(C)**。

電容並聯：$C_P = 6+3 = 9$ 微法拉。

電容串聯：$\frac{1}{C_S} = \frac{1}{6} + \frac{1}{3} = \frac{3}{6}$，$C_S = 2$ 微法拉。

$\Rightarrow C_P : C_S = 9:2$

範例 9-45

難易度★☆☆

將2微法與4微法之電容器串聯於12伏特之電池，則2微法電容器之電量為多少庫侖？ (A)1.6×10^{-5} (B)3.6×10^{-5} (C)5.1×10^{-6} (D)4.2×10^{-6}。

答：**(A)**。

兩電容器串聯，由$\frac{1}{C_S} = \frac{1}{2} + \frac{1}{4} = \frac{3}{4}$，得總電容$C_S = \frac{4}{3}$微法拉。

總電量＝各電容之電量，$Q = C_S V = \frac{4}{3} \times 10^{-6} \cdot 12 = 1.6 \times 10^{-5}$ 庫侖。

單元重點整理

Check!□□□

1 靜電力與重力的對應比較

	靜電力	重力
場源	電荷Q	質量M
力場強度	電場 $E=\frac{kQ}{r^2}$	重力場 $g=\frac{GM}{r^2}$
力	靜電力 $F_e=\frac{kQq}{r^2}$ （引力或斥力）	萬有引力 $F_g=\frac{GMm}{r^2}$ （引力）
位能	電位能 $U_e(r)=\frac{kQq}{r}$	重力位能 $U_g=-\frac{GMm}{r}$

註：取兩帶電質點相距無窮遠時的重力位能與電位能為零。

Check!□□□

2 不同情況下的電場與電位

	點電荷	帶電導體球（殼）	帶電圓環
電場 $\vec{E}$（向量）	$E=\frac{kQ}{r^2}$	球內 $(r<R)$：$E=0$ 表面 $(r=R)$：$E=\frac{kQ}{R^2}$ 球外 $(r>R)$：$E=\frac{kQ}{r^2}$	(1)距環心x處： $E=\frac{kQ}{(R^2+x^2)^{\frac{3}{2}}}x$ (2)環心處：$E=0$

	點電荷	帶電導體球（殼）	帶電圓環
電位V（純量）	$V=\frac{kQ}{r}$	球內$(r<R)$：$V=\frac{kQ}{R}$ 表面$(r=R)$：$V=\frac{kQ}{R}$ 球外$(r>R)$：$V=\frac{kQ}{r}$	(1)距環心x處：$V=\frac{kQ}{\sqrt{R^2+x^2}}$ (2)環心處：$V=\frac{kQ}{R}$

註1：r為空間某點至點電荷或球心的距離，R為球體（殼）或圓環的半徑。
註2：電場與電位無直接的關係。
註3：電荷Q會在空間中建立電場E與電位V，當電荷q進入此空間中，此電荷q會受到靜電力F=qE作用並具有電位能U=qV。

Check!□□□

3 電池的電動勢與端電壓

	物理意義	數學式
電動勢ε	單位正電荷從電池的負極到正極時，電池對電荷作功的大小。	$\varepsilon=\frac{W}{q}=\frac{\Delta U}{q}$ 單位：伏特
端電壓V	電池兩端對外部電路所提供的電位差。	$V=\varepsilon-I\cdot r$ 單位：伏特

Check!□□□

4 電阻的定義與歐姆定律

物理概念	數學式	說明
電阻的定義	$R=\frac{V}{I}$，單位：$\frac{伏特}{安培}$= 歐姆	不論是否為歐姆式導體，其電阻值皆可由此定義求之。
歐姆定律	定溫下，$\frac{V}{I}=R=$定值 可改寫為：$V=IR$（求電壓） $I=\frac{V}{R}$（求電流）	僅適用於歐姆式導體或稱線性導體。定溫下，對於同一導體其電阻R為定值，V與I成正比。

[精選·試題]

基礎題

( ) 1. 欲使中性物體帶正電時，需：
(A)加上電子 (B)移去電子
(C)移去中子 (D)加上中子。

( ) 2. 二電荷以3.5N的力互相排斥。如果距離放大為原來5倍，則作用力為何？
(A)0.7N (B)0.14N
(C)0.028N (D)3.5N。

( ) 3. 電力線的性質有：
(A)正電荷沿受力方向連續移動所形成的軌跡
(B)電力線起終於同一導線
(C)永遠平行於導體表面
(D)永遠不相交
(E)愈密集代表電場強度愈大。（多選題）

( ) 4. 距離點電荷r_1處產生之電場大小為248N/C；距離同一點電荷r_2處產生的電場大小為132N/C，則r_2/r_1為何？
(A)1.87 (B)0.53
(C)1.37 (D)0.73。

( ) 5. 有一金屬球半徑為R，帶有電量Q，K為一常數，則距離球心0.5R處的電位為何？
(A)$\frac{KQ}{R^2}$ (B)$\frac{KQ}{R}$
(C)$\frac{2KQ}{R}$ (D)$\frac{4KQ}{R^2}$。

( ) 6. 電量8×10^{-6}庫倫之電荷，由電位為30伏特之A點移至B點，須作功4×10^{-4}焦耳，則B之電位為：
(A)20伏特 (B)40伏特
(C)60伏特 (D)80伏特。

( ) 7. 兩個分別充有電荷2Q及1Q之大（半徑為2R）小（半徑為R）金屬球，當其用細金屬導線聯接後兩球之表面電壓為何？
(A)大球者高 (B)小球者高
(C)一樣高 (D)難判斷。

( ) 8. 將一密度均勻之金屬球，充有Q之電荷，則下列之描述，何者適切？
(A)電荷會均勻分佈於金屬球內
(B)金屬球內部之電場為零
(C)金屬球內部為等電壓
(D)同一材質之金屬球，所能充之最大電荷與半徑成正比。（多選題）

( ) 9. 某導線電阻器其電阻值為12歐姆，現將等量體積之相同材料重製後，其截面積變為原來2倍、假設其電阻率不變，求重製後之導線電阻器電阻值為多少歐姆？ (A)12 (B)6 (C)4 (D)3。

( ) 10. 將一電池的兩極接上13歐姆的導線，其電流為0.25安培；若改接5歐姆的導線，其電流變為0.50安培；若改裝17歐姆的導線，則電流為多少安培？ (A)0.23 (B)0.20 (C)0.18 (D)0.15。

( ) 11. 一電動勢15V，內電阻r的電池，今將此電池與3Ω的電阻串聯後，得到電流為3安培，則內電阻r的大小為何？
(A)0.5Ω (B)1Ω (C)1.5Ω (D)2Ω。

( ) 12. 三只電阻並聯，其值各為R、2R、3R，加電壓後，此三只電阻上之電流比為：
(A)1：2：3 (B)3：2：1
(C)6：3：2 (D)9：4：1。

( ) 13. 右圖的組合電路中，有三個開關分別為S_1、S_2、S_3。當開關打開表示斷路，當開關關上表示通路，若欲使X、Y之間的等效電阻為6Ω，則各開關的情況可為下列何項？

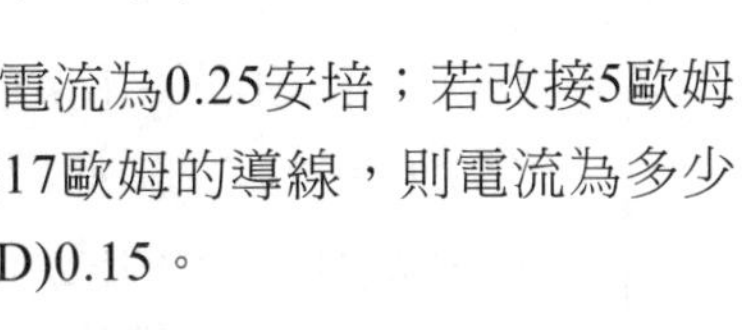

(A)S_1關、S_2關、S_3關 (B)S_1開、S_2開、S_3關
(C)S_1開、S_2關、S_3關 (D)S_1關、S_2關、S_3開。

( ) 14. 如右圖所示，試求經過3Ω之電阻器電流為多少安培？

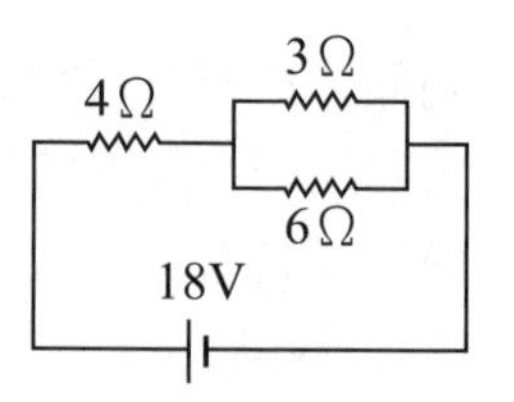

(A)2　(B)3　(C)4　(D)5。

( ) 15. 將兩個相同規格之110V 20W燈泡串聯後，接於110V之電源上，請問每個燈泡之消耗功率為多少瓦？ (A)40 (B)20 (C)10 (D)5。

( ) 16. 已知甲、乙兩燈泡並聯，線路通電後，甲燈泡比乙燈泡亮，下列敘述何者正確？
(A)乙燈泡燒毀後，甲燈泡亮度變亮
(B)甲燈泡的電阻比乙燈泡大
(C)通過乙燈泡的電流小於甲燈泡
(D)甲燈泡的電壓比乙燈泡大。

( ) 17. 下列那部電器使用電能為2度？
(A)5000W電風扇使用1小時
(B)1000W吹風機使用1小時
(C)2000W烘乾機使用1小時
(D)2000W電暖爐使用2小時。

( ) 18. 安培計是：
(A)由電流計內線圈串聯一高電阻線組成的，使用時串聯於待測電路
(B)由電流計內線圈並聯一高電阻線組成的，使用時並聯於待測電路
(C)由電流計內線圈串聯一低電阻線組成的，使用時並聯於待測電路
(D)由電流計內線圈並聯一低電阻線組成的，使用時串聯於待測電路。

( ) 19. 如下圖，流過檢流計G之電流I_G為多少？
(A)1.25A
(B)0.83A
(C)0.42A
(D)0A
(E)0.75A。

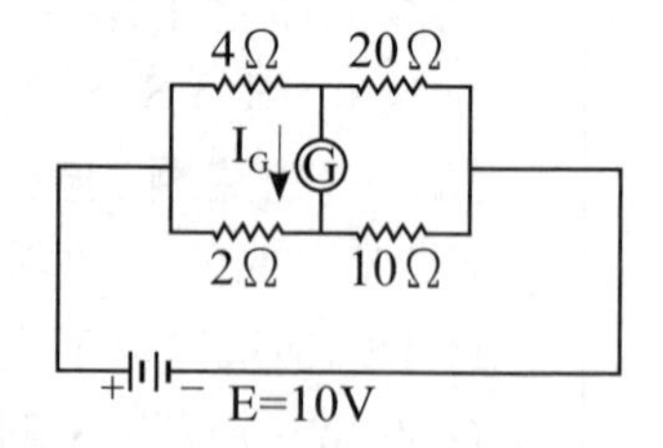

( ) 20. 下列電路的使用法中不正確的是：
(A)欲測量燈泡上的電壓時，將伏特計與燈泡串聯
(B)欲測量燈泡上的電流時，將安培計與燈泡串聯
(C)燈絲兩端無正負極之分。反過來接，效果相同
(D)保險絲燒斷後，可用粗銅線代替
(E)保險絲應與燈絲並聯。（多選題）

( ) 21. 台灣電力公司提供的交流電，其頻率為60Hz，下列敘述何者錯誤？
(A)電流大小固定，方向來回變換一次需60秒
(B)電流大小固定，方向來回變換一次需1/60秒
(C)電流來回變換方向和大小一次需60秒
(D)電流來回變換方向和大小一次需1/60秒。（多選題）

( ) 22. 將$V=100\sin 377t(V)$的交流電壓加至一個100歐姆的電阻上，則電阻所消耗的平均功率為多少瓦特？
(A)1 (B)50
(C)100 (D)377。

( ) 23. 已知一電容器之電位為3伏特，電容為2微法拉，則其所帶之電量為多少庫侖？
(A)6×10^{-6} (B) 6×10^{6}
(C)$\frac{3}{2}$ (D)$\frac{2}{3}$ 。

( ) 24. 有關平行板電容器之描述，何者適切？
(A)電容值之大小與平行板之面積成正比
(B)電容值之大小與所充之電荷量成正比
(C)增加平行板間之距離會增加電容值
(D)同一付平行電容板之電容值會隨著其放置在不同的環境（如空氣中或液體中）而改變。（多選題）

進階題

( ) 1. 一個不帶電的實心金屬球中，挖一個空腔如右圖所示，在空腔內用絕緣細繩吊一個帶正電的點電荷q，置於空腔的中心，則下列敘述何者正確？

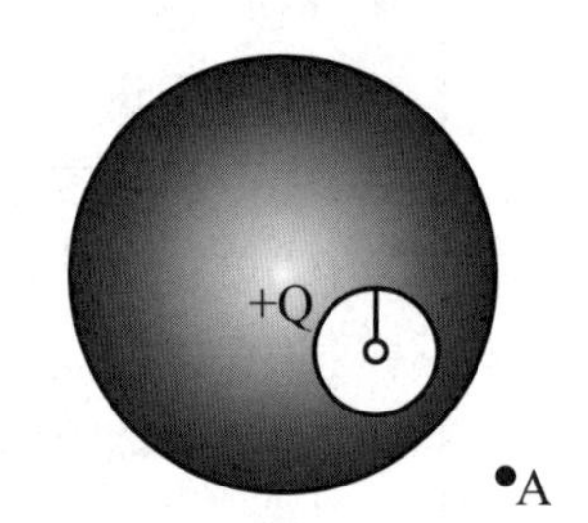

(A)空腔內部電場不為0
(B)金屬球內部電場為0
(C)金屬球表面帶電＋q
(D)點電荷＋q對外部A點的電荷作用力不為0
(E)金屬球外部有電力線分布。（多選題）

( ) 2. 在直角坐標系中，若於y=a及y=－a處各置一電荷為q及－q之點電荷，則在x軸上x=b處電場強度之大小為

(A) 0 (B) $\frac{2kq}{(a^2+b^2)}$ (C) $\frac{2kqa}{(a^2+b^2)^{3/2}}$ (D) $\frac{2kqb}{(a^2+b^2)^{3/2}}$ 。

( ) 3. 下列敘述何者正確？
(A)兩點電荷間的距離越近，則電荷間的電位能越高
(B)電子在電場中所受的電力方向與電場方向相反
(C)帶靜電的金屬導體上，電荷越密集處，其電位越高
(D)A、B兩帶電金屬球的半徑比為2：1，電位為40V、20V，將兩球接觸後，可得A、B兩球的新電位為20V、10V。

( ) 4. 如右圖，A、B為兩個帶電的平行金屬板，兩板間的距離為d。板間有一個質量為m、電量為q的正電荷處於平衡狀態，則兩板間的電位差與電位高低之關係為何？

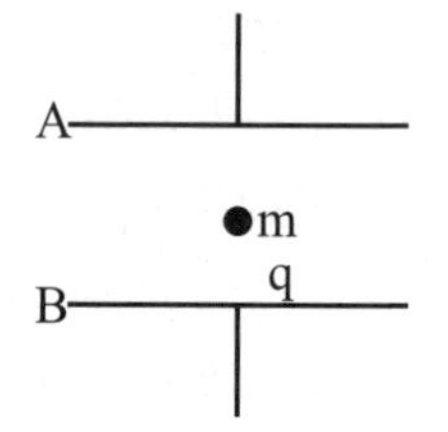

(A) $\frac{mg}{dq}$，$V_A > V_B$ (B) $\frac{mg}{dq}$，$V_A < V_B$

(C) $\frac{mgd}{q}$，$V_A > V_B$ (D) $\frac{mgd}{q}$，$V_A < V_B$。

( ) 5. 有一粗細均勻的高電阻導線長20公尺，與10伏特的電池兩極相聯。則導線上相距6公尺之兩點，其間的電位差為：
(A)8伏特 (B)6伏特 (C)4伏特 (D)3伏特

( ) 6. 右圖表示一電路，如流過3歐姆電阻的電流為2安培，則AB兩端間的電壓為？
(A)6 (B)7
(C)11 (D)16 V。

( ) 7. 右圖是惠司同電橋，圖中R＝2000Ω，電阻x待測，AB之間有均勻的電阻線，接上電源，當滑動接頭接到C點時，電流計沒有電流通過，此時 $\overline{AC}=\frac{1}{3}\overline{AB}$ ，求x＝
(A)6000 (B) 4000 (C)3000 (D)2000 Ω。

( ) 8. 在電路圖中V及A分別為伏特計及安培計，R為未知電阻。若伏特計讀數為零伏特，則安培計的讀數應為？
(A) 0.60 (B) 0.72
(C) 0.96 (D) 1.25 安培。

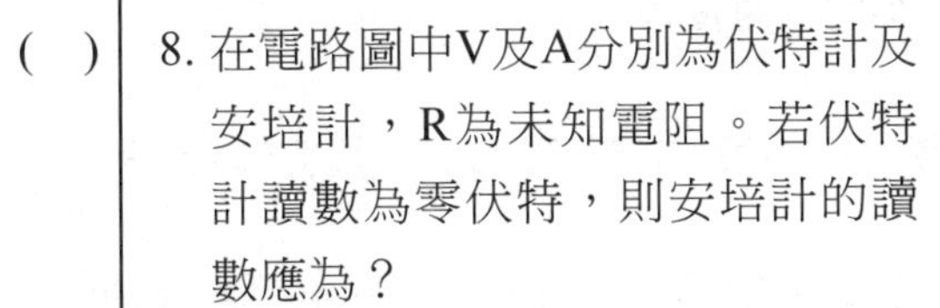

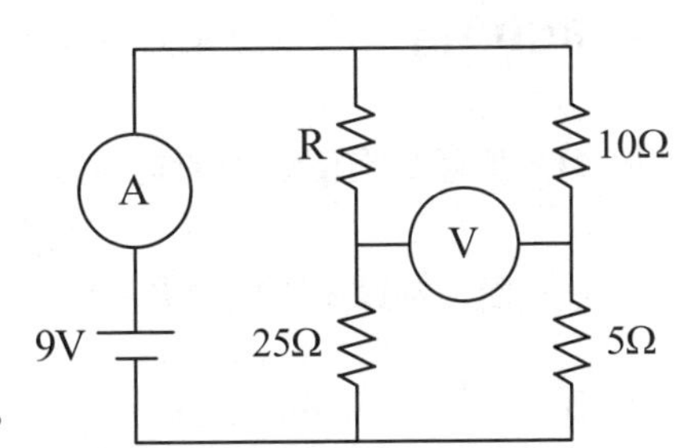

解答與解析

基礎題

1. **B**。只有電子可以自由轉移，故欲使中性物體帶正電需移去電子。

2. **B**。庫侖定律 $F_e=\frac{kQq}{r^2}$ ，二電荷電量不變的情況下，距離與靜電力成平方反比 $F_e\propto\frac{1}{r^2}$ ，故 $F_e'=\frac{F_e}{5^2}=\frac{3.5}{25}=0.14N$ 。

3. **ADE**。

   (B)×，電力線起始於正電荷，終止於負電荷，可為不封閉的曲線。

   (C)×，永遠垂直於帶靜電的導體表面。

4. **C**。點電荷的電場大小 $E=\dfrac{kQ}{r^2}$，對同一點電荷而言，其電場大小與距離平方成反比 $E\propto\dfrac{1}{r^2}$，故 $\dfrac{E_1}{E_2}=\dfrac{r_2^2}{r_1^2}$，$\dfrac{248}{132}=\dfrac{r_2^2}{r_1^2}\Rightarrow\dfrac{r_2}{r_1}=\sqrt{\dfrac{248}{132}}\approx1.37$。

5. **B**。由於導體球為等位體，距離球心0.5R處的電位與表面電位相同，故 $V=\dfrac{KQ}{R}$ 選(B)。

6. **D**。外力作功＝電位能變化

   $W_F=\Delta U=q\Delta V_{BA}=q(V_B-V_A)$，

   $4\times10^{-4}=8\times10^{-6}\cdot(V_B-30)\Rightarrow V_B=80$ 伏特。

7. **C**。用細金屬導線聯接後，兩金屬球迅速達靜電平衡，故兩金屬為等位體。

8. **BCD**。(A)×，電荷會均勻分佈於金屬球的表面。

9. **D**。當等量體積之相同材料重製後，截面積A為原來的2倍，長度L為原來的 $\dfrac{1}{2}$ 倍。根據電阻定律 $R=\rho\dfrac{L}{A}$，重製後的電阻 $R'=\rho\dfrac{L/2}{2A}=\dfrac{R}{4}=\dfrac{12}{4}=3$ 歐姆。

10. **B**。設電池的內電阻為r

    $V=I(R+r)$，$V=0.25(13+r)=0.50(5+r)$，$r=3\Omega$。若改裝17 Ω的導線，$V=0.50(5+3)=I'(17+3)\Rightarrow0.20$ 安培。

11. **D**。根據歐姆定律，$\varepsilon=IR_{eq}$，$15=3\times(r+3)\Rightarrow r=2\Omega$

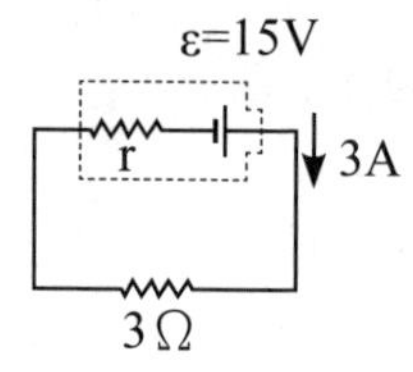

12. **C**。當電阻並聯時，其端電壓皆相同，故電流與電阻成反比。

$$\Rightarrow I_R : I_{2R} : I_{3R} = \frac{1}{R} : \frac{1}{2R} : \frac{1}{3R} = 6:3:2$$

13. **D**。

選項	說明	電路圖	等效電阻
(A)	4.5Ω被短路	X—(3Ω ∥ 3Ω)—Y	1.5Ω
(B)	斷路		
(C)	上排3Ω為斷路， 4.5Ω被短路	X—3Ω—Y	3Ω
(D)	無斷路及短路	X—(3Ω ∥ 3Ω)—4.5Ω—Y	6Ω

14. **A**。等效電阻 $R_{eq} = 4 + \frac{3 \times 6}{3+6} = 6\Omega$，總電流 $I = \frac{18}{6} = 3A$，故 $i_{3\Omega} = \frac{2}{3} \times 3 = 2$ 安培。

15. **D**。燈泡的電阻 $R = \frac{V^2}{P} = \frac{110^2}{20} = 605\Omega$

燈泡串聯後，每個燈泡的端電壓為55V，故每個燈泡之消耗功率 $P' = \frac{V'^2}{R} = \frac{55^2}{605} = 5$ 瓦。

16. **C**。(A)×，若乙燈泡燒毀，由 $P = \frac{V^2}{R}$ 得知(V、R皆為定值)，甲燈泡亮度不變。

(B)×，甲燈泡的電阻比乙燈泡小($\because P_{甲} > P_{乙}$，$\frac{V^2}{R_{甲}} > \frac{V^2}{R_{乙}}$ $\therefore R_{甲} < R_{乙}$)

(C)○，由 $P = IV \propto I$，通過乙燈泡的電流小於甲燈泡。

(D)×，∵甲、乙燈泡並聯　∴甲、乙燈泡端電壓V相同。

17. **C**。1度＝功率1000W的電器連續使用1小時所消耗的電能

(A) $5000W \times 1hr = 5$度　　(B) $1000W \times 1hr = 1$度

(C) $2000W \times 1hr = 2$度　　(D) $2000W \times 2hr = 4$度

18. **D**。安培計：電流計內並聯一低電阻所組成的，使用時串聯於待測電路。
伏特計：電流計內串聯一高電阻所組成的，使用時並聯於待測電路。

19. **D**。∵電阻的關係成 $\frac{4}{2}=\frac{20}{10}$　∴此電路為惠斯同電橋 $\Rightarrow I_G = 0A$

20. **ADE**。

(A)×，伏特計與燈泡並聯。

(D)×，銅線熔點高，一旦電路故障或異常時，不能即時熔斷以達用電安全的目的。

(E)×，保險絲應與燈絲串聯。

21. **ABCD**。交流電頻率為60Hz，表示電流來回變換方向和大小一次需 $\frac{1}{120}$ 秒。

22. **B**。交流電電壓其方均根值 $V_{rms}=\frac{100}{\sqrt{2}}$ 伏特，

故平均功率 $P=\frac{V_{rms}^2}{R}=\frac{100^2/2}{100}=50$ 瓦特。

23. **A**。$C=\frac{Q}{V} \Rightarrow Q=CV=2\times10^{-6}\times3=6\times10^{-6}$ 庫侖

24. **AD**。平行板電容器 $C=\varepsilon_0\frac{A}{d}$ $\begin{cases}\varepsilon_0\text{: 介電係數，與材質有關}\\ A\text{：平行板的面積}\\ d\text{：平行板的間距}\end{cases}$

平行板電容器之電容值的大小只與平行板的面積、間距及所在環境有關，故選(A)(D)。

進階題

1. **ABCDE**。

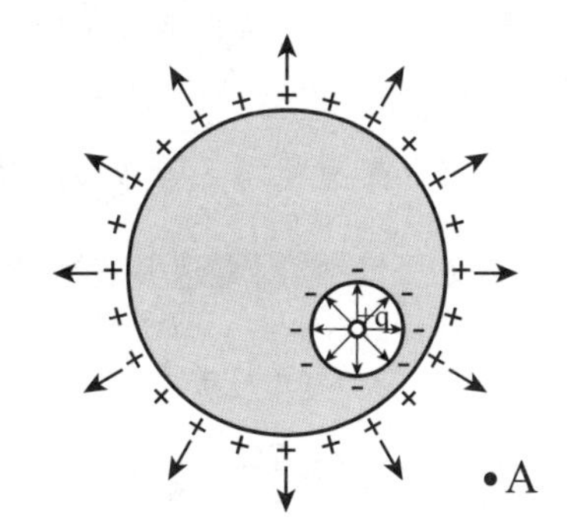

(A)○，空腔內部有一個帶正電的點電荷q，故在空腔內有電場。

(B)○，∵靜電平衡∴金屬球內部無電場。

(C)○，∵靜電感應∴金屬球表面帶正電。

(D)○(E)○，金屬球外有電場，A點電場不為零，故電荷在A點的靜電力不為零。

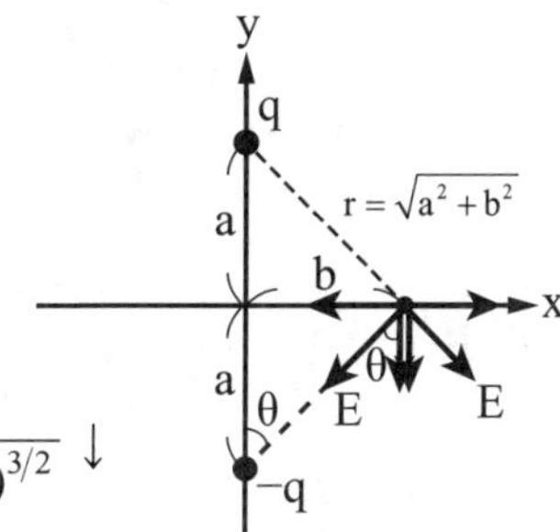

2. **C**。帶電量q的電荷對x=b產生的電場

$$E=\frac{kq}{r^2}=\frac{kq}{(\sqrt{a^2+b^2})^2}=\frac{kq}{a^2+b^2}，$$

$$E_b=2E\cos\theta=2\times\frac{kq}{a^2+b^2}\times\frac{a}{\sqrt{a^2+b^2}}=\frac{2kqa}{(a^2+b^2)^{3/2}}\downarrow$$

3. **B**。(A)×，要看兩點電荷的電性：當兩點電荷為同性電，距離越近電位能越高；當兩點電荷為異性電，距離越近電位能越低。

(C)×，帶靜電的金屬導體為等位體。

(D)×，兩金屬球接觸後會達等電位。

4. **D**。∵正電荷處於平衡狀態

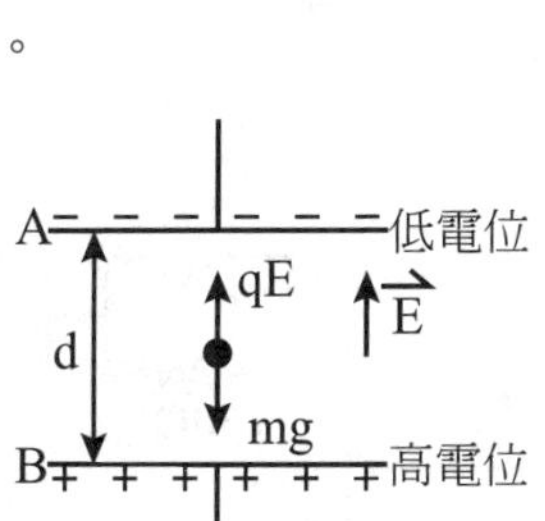

∴靜電力等於重力 $F_e=F_g$，

$$qE=mg\Rightarrow E=\frac{mg}{q}$$

$$E=\frac{V}{d}\Rightarrow V=Ed=\frac{mgd}{q}$$

電場方向B→A，B為正電板、A為負電板，故$V_B>V_A$。

5. **D**。∵均勻導線內部電場均勻，又 $E=\dfrac{V}{d}$ ∴ $\dfrac{V}{d}=\dfrac{V'}{d'}$，$\dfrac{10}{20}=\dfrac{V'}{6}\Rightarrow V'=3$ 伏特

6. **D**。如圖所示，等效電阻 $R_{AB}=\dfrac{16}{5}\Omega$

∵3歐姆電阻與2歐姆電阻並聯　∴ $V_{CD}=I_1 3=I_2 2\Rightarrow I_2=3A$

$I=I_1+I_2=2+3=5A$　　$V_{AB}=5\times\dfrac{16}{5}=16V$

7. **B**。∵ $R=\rho\dfrac{L}{A}\propto L$　∴ $R_x=\dfrac{R}{R_{AC}}\times R_{CB}=2000\times2=4000\Omega$

8. **B**。∵伏特計讀數為零伏特　∴此電路為惠司同電橋

$\dfrac{10}{R}=\dfrac{5}{25}\Rightarrow R=50\Omega$

等效電阻 $R_{eq}=\dfrac{75}{6}\Omega$，故 $I=\dfrac{V}{R_{eq}}=\dfrac{9}{75/6}=0.72A$

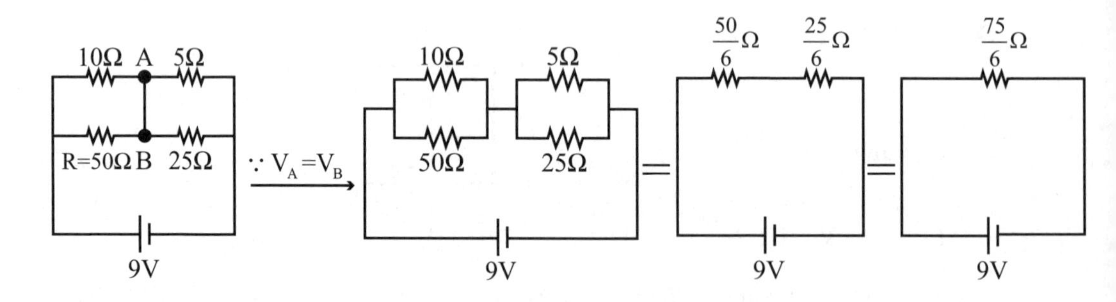

頻出度 A B C

依據出題頻率分為：A頻率高 B頻率中 C頻率低

單元10 磁學

磁學的概念為人類一大進展，特別是厄斯特發現了電流磁效應的現象之後，電與磁從此就密不可分。「電流磁效應」及「電磁感應」為本單元兩大重點主題，考生務必要分清楚它們之間的差異及如何運用右手定則判斷磁場、應電流及磁力的方向，以及在生活中的應用，如：電動機、發電機、變壓器等。

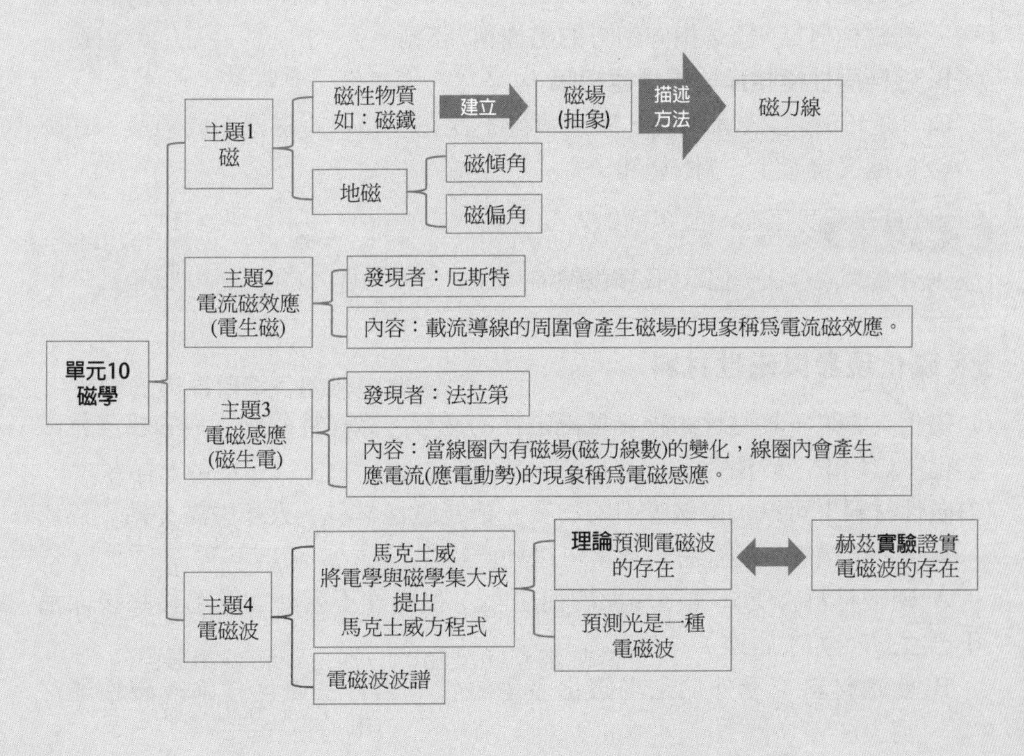

主題 1 磁

關鍵重點

磁場、磁力線

重點1 磁的基本性質

Check! □□□

1 磁性與磁極

(1) **磁性：** 物質能吸引鐵、鈷、鎳等金屬的特有性質，而具有磁性的物質稱為磁鐵。

(2) **磁極：** 磁鐵上磁性最強的部分，如：磁鐵棒的兩端。

A. 懸掛磁鐵棒，使它可在水平面上自由轉動，當磁棒靜止時，指向北方的磁極稱為N極；指向南方的磁極稱為S極。

B. 磁極**同性極相斥、異性極相吸**。

C. N極和S極必成對出現，即磁單極不存在。如：將磁鐵切成兩段，在斷口處又會產生一對N極和S極。

補充觀念

磁極不能單獨存在，但電荷可單獨存在。

2 磁化現象與磁性材料

(1) **磁化：** 原來不具磁性的物質獲得磁性的過程。鐵磁性的物質最容易發生磁化，如軟鐵、矽鋼等。

(2) **磁性材料：** 可以被磁鐵吸引的物質，稱為磁性材料，大多由鐵、鈷、鎳或其合金所構成。磁性材料通常可以分兩種：

A. 硬磁材料：受外加磁場影響而磁化，但磁性不因外加磁場移除後而消失。（如：磁鐵）

B. 軟磁材料：受外加磁場磁化產生磁性，因外加磁場移除後磁性隨之消失。

範例 10-1 難易度★☆☆

下列有關磁性材料的描述，何者適切？ (A)永久磁鐵是所謂的硬磁 (B)有些材料可經適當的方法使其磁化 (C)一般的磁體亦可經適當的方法使其消磁 (D)磁體經消磁後，其重量會明顯減輕。

答：**(A)(B)(C)**。
(D)×，材料磁性與其內部電子的運動有關，與其重量無關。

3 電與磁的比較

	電	磁
相同點	電荷有正電荷、負電荷	磁極有N極、S極
	同性相斥、異性相吸	
	皆為超距力	
相異點	正、負電荷可以單獨存在	磁極N極、S極總是成對存在
	摩擦起電	磁性為磁鐵固有特性
	帶電體能使所有物質產生靜電感應	磁鐵只能使部分物質（鐵、鈷、鎳等）磁化

重點2 磁場、磁力線與地磁

Check! □□□

1 磁場 $\vec{B}$

(1)**磁場的意義：**在磁鐵的周圍，磁力作用所能及的空間。

(2)**磁場的方向：**定空間中該點磁針N極的指向為磁場的方向

(3)**磁場方向的表示法：**

垂直於紙面流入 [×]
垂直於紙面流出 [・]

(4)**磁場強度 $\vec{B}$：**空間中單位磁極所受的磁力大小，磁極所受的磁力愈大，表示該處磁場強度愈大，通常簡稱為磁場。

(5)**磁場的單位**

單位制	單位	符號	單位換算
國際單位制（SI制）	特斯拉（tesla）	T	$1T = 10^4 G$
CGS制	高斯（gauss）	G	

重要 2 磁力線

(1)**磁力線：**法拉第為了具體描述磁場分布情況與強度的假想線。

(2)**磁力線的性質**

A. 磁力線的走向 $\begin{cases}\text{磁棒外：N極} \rightarrow \text{S極} \\ \text{磁棒內：S極} \rightarrow \text{N極}\end{cases}$ ⇒ 形成封閉的曲線

B. 磁力線上各點的切線方向為磁針N極受力的方向，亦為該處的磁場方向，故磁力線不相交。

C. 磁力線的密集程度代表磁場的強弱 $\begin{cases}\text{愈密} \rightarrow \text{磁場愈強} \\ \text{愈疏} \rightarrow \text{磁場愈弱}\end{cases}$

3 地磁

(1)地球的磁場簡稱地磁，可用一根巨大的棒狀磁鐵來模擬，磁棒實際上是不存在的。

(2)地理南北極為地球自轉軸與地表的交點；地磁南北極為地球磁軸與地表的交點，地球內的模擬磁棒N極靠近地理南極、S極靠近地理北極，分別稱為地磁南極與地磁北極。（如圖）

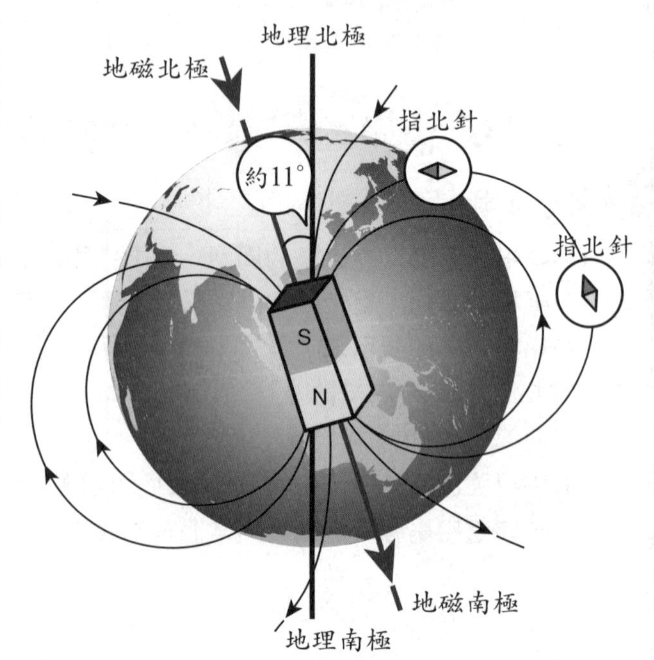

(3)地球磁軸（地磁南北極的連線）與地球自轉軸（地理南北極的連線）的夾角約為11度。

(4)**磁偏角與磁傾角**

	說明	圖示
磁偏角	地磁北極與地理北極的夾角	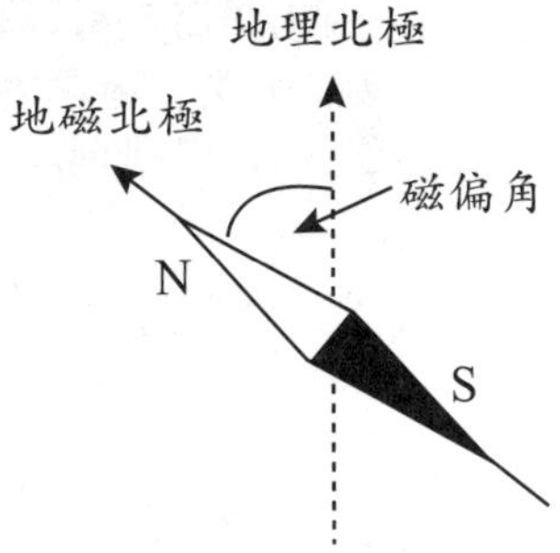
磁傾角	磁針與水平面之間的夾角	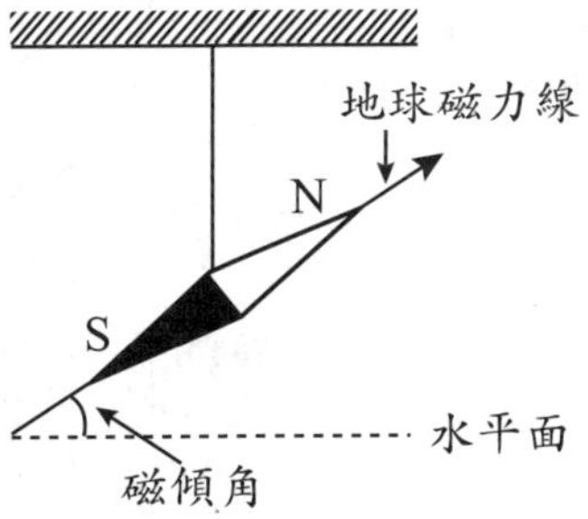

主題 2 電流磁效應

關鍵重點

電流磁效應、必歐-沙伐定律、安培右手定則、長直載流導線的磁場、圓形載流導線的磁場、載流螺線管的磁場、載流導線在磁場中的受力和力矩、電動機、帶電質點在磁場中的受力、速度選擇器

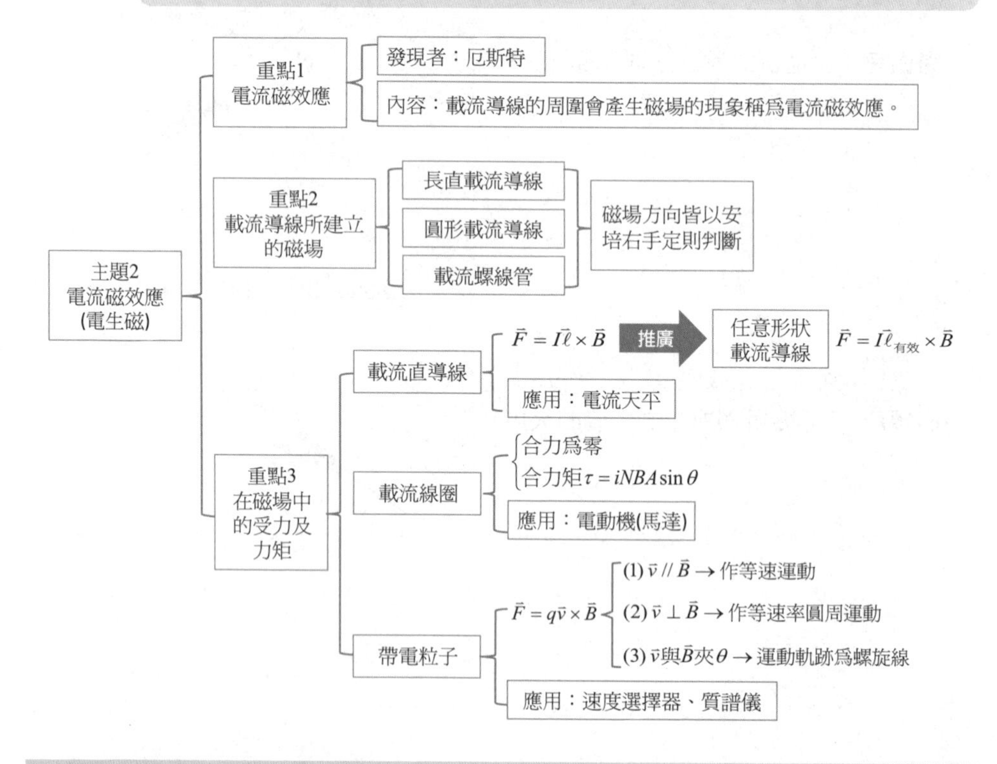

重點 1 電流磁效應

Check! □□□

1 電流磁效應

(1)1820年，厄斯特偶然發現載流導線周圍有產生磁場，此現象稱為電流磁效應。

(2)**安培右手定則：**以右手來判斷載流導線所產生磁場的方向。

(3)**磁場與電流方向的表示法**

	方向垂直於紙面向內	方向垂直於紙面向外
磁場	× × × × × × × × × × × × × × × ×	● ● ● ● ● ● ● ● ● ● ● ● ● ● ● ●
電流	⊗	⊙

2 必歐-沙伐定律

(1)**必歐-沙伐定律：計算一小段導線在空間中產生的磁場大小**。若某一小段導線之長度為 $\Delta\ell$ ，電流大小為I，此段導線至P點的位置向量為 $\vec{r}$ ，則該小段導線在P點處產生的磁場 ΔB 為：

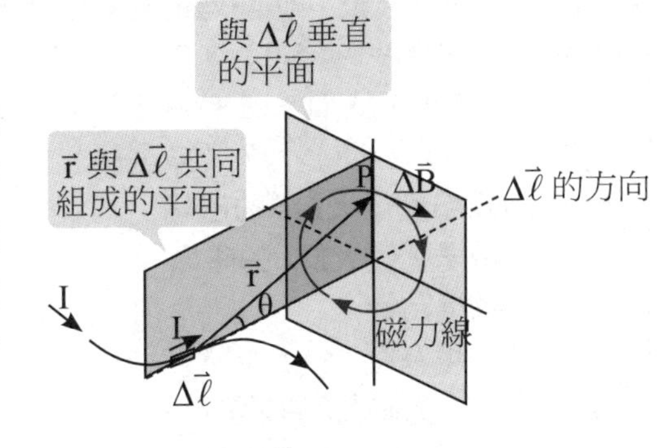

必背 純量式： $\left|\Delta\vec{B}\right| = \dfrac{\mu_0}{4\pi} \times \dfrac{I\Delta\ell}{r^2}\sin\theta$ 　　向量式： $\Delta\vec{B} = \dfrac{\mu_0}{4\pi} \times \dfrac{I\Delta\vec{\ell} \times \vec{r}}{r^3}$

$\begin{cases} \theta\text{：電流方向}\Delta\vec{\ell}\text{與}\vec{r}\text{的夾角} \\ \mu_0\text{：真空中的磁導率，}\mu_0 = 4\pi\times10^{-7}\ \text{T}\cdot\text{m/A} \end{cases}$

重要 (2)**不同 θ 值的磁場強度比較**

$$\begin{cases} \theta = 90^\circ \rightarrow \left|\Delta B\right| = \dfrac{\mu_0}{4\pi}\times\dfrac{I\Delta\ell}{r^2}\text{，磁場爲最大值} \\ \theta = 0^\circ\text{或}180^\circ \rightarrow \left|\Delta B\right| = 0\text{，即在電流方向的的延長線上磁場爲零} \end{cases}$$

小段導線在空間產生的磁場，與r和 θ 有關。

(3)**右手螺旋定則：**目的為判斷磁場方向，四指先指向電流方向 $\Delta\vec{\ell}$，再將四指經較小角度彎曲至位置向量 $\vec{r}$ 的方向，則伸直的大拇指為磁場方向，故 $\Delta\vec{B}$ 恆與 $\Delta\vec{\ell}$ 和 $\vec{r}$ 所構成的平面垂直。

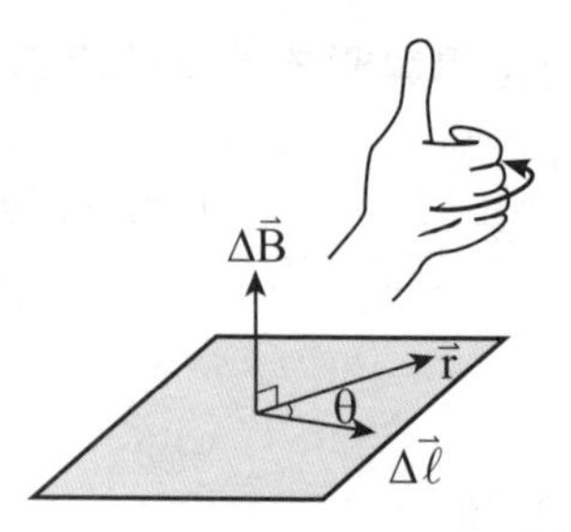

範例 10-2

難易度★★☆

如圖所示，通有電流I的導線，其經原點時有長度 $\Delta\ell$ 的一小段直導線與x軸重合，請問下列有關這小段直線在圖中A至F等六個不同位置所產生的磁場量值的敘述，哪些是正確的（此六個點均位於xy面上，其坐標分別為A：（5,0）、B：（0,5）、C：（－5,0）、D：（0,－5）、E：（3,4）、F：（6,8））？（多選題）

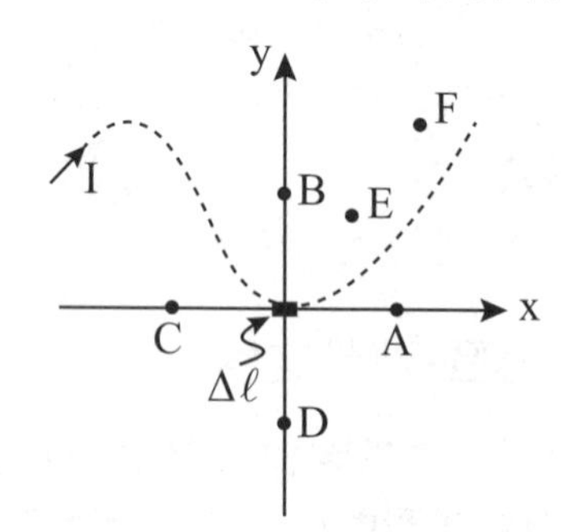

(A)A的磁場量值大於B的磁場
(B)B的磁場量值大於E的磁場
(C)C的磁場為零
(D)D的磁場為零
(E)E的磁場量值為F的4倍。

答：**(B)(C)(E)**。

由必歐-沙伐定律 $\left|\Delta\vec{B}\right| = \frac{\mu_0}{4\pi} \times \frac{I\Delta\ell}{r^2}\sin\theta \propto \frac{\sin\theta}{r^2}$

A與C位置在該段導線的延長線上，故 $\Delta B_A = \Delta B_C = 0$

$\because r_B = r_D = r_E = 5$，又 $\theta_B = \theta_D = 90^\circ$、$\theta_E = 53^\circ$，$\therefore \Delta B_B = \Delta B_D > \Delta B_E$

$\because r_F = 2r_E = 10$，$\theta_F = \theta_E = 53^\circ$，$\therefore \Delta B_E = 4\Delta B_F$

得 $\Delta B_B = \Delta B_D > \Delta B_E > \Delta B_F > \Delta B_A = \Delta B_C$，

故選(B)(C)(E)。

重點2 載流導線產生的磁場

Check! □□□

1 長直載流導線所產生的磁場

(1)現象

A. 長直載流導線在其周圍建立磁場，磁力線為以導線為軸心的同心圓。

B. 磁場與電流大小成正比。

C. 磁場與導線的垂直距離成反比。

(2)磁場方向判斷法則

安培右手定則 ⇒ { 拇指：電流；彎曲四指：磁場 }

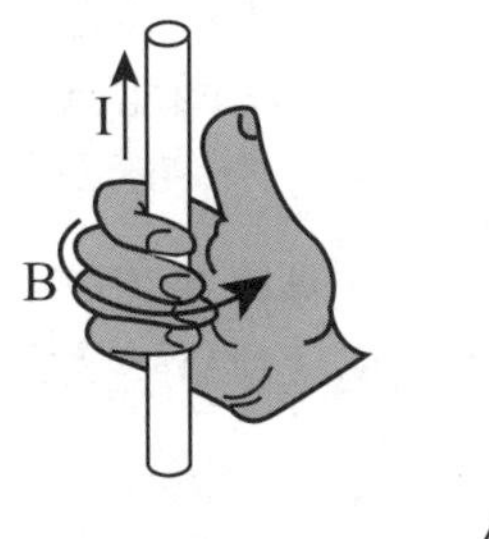

(3)當長直載流導線的長度為 $-\infty$ 至 $+\infty$，即無限長直載流導線時，

則周圍產生的磁場大小為：$B=\dfrac{\mu_0 I}{2\pi r}$ ⇒ { I：電流；r：與導線的垂直距離；μ_0：真空中的磁導率 }

r

範例 10-3　　難易度★☆☆

一空心導線通以電流，則空心導線內的磁場大小：

(A)為零

(B)與r成反比

(C)與離中心軸距離r的平方成反比

(D)與r成正比。

答：**(A)**。

長直導線在其「周圍」建立磁場，其磁場大小 $B\propto\dfrac{I}{r}$。

範例 10-4

難易度★☆☆

如右圖所示，在O點之東西南北方向距離5公分處，各有一無限長之直導線電流I_1、I_2、I_3、I_4，其中$I_1=I_4=10$安培，方向均為垂直流出紙面，$I_2=I_3=10$安培，均為垂直流入紙面，則O點的磁場指向那個方向？

(A)東南方　(B)西南方

(C)東北方　(D)西北方

答：**(A)**。

無限長直載流導線在其周圍建立以導線為軸心的磁場，則O點的合磁場方向如圖指向東南方。

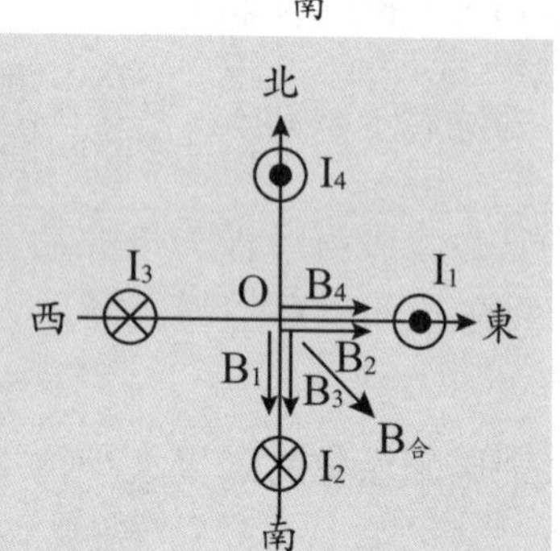

2 圓形載流導線所產生的磁場

(1)現象

A. 圓形線圈中間區的磁場較外圍區強，且磁場方向相反。

B. 磁場與電流大小成正比。

C. 磁場與圓形線圈的半徑成反比。

(2)磁場方向判斷法則：

安培右手定則 ⇒ {拇指：線圈中間區的磁場；四指：電流}

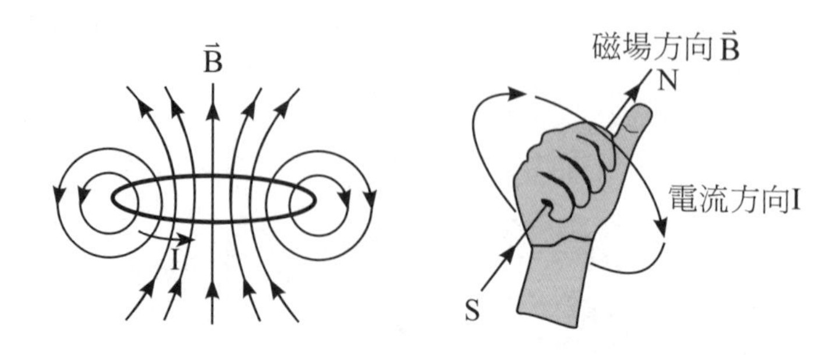

必背 (3)載電流I的圓線圈在中心軸上所建立的磁場：$B=\frac{\mu_0 I R^2}{2(a^2+R^2)^{\frac{3}{2}}}$

R為圓線圈的半徑，a為中心軸上P點到圓心的距離。

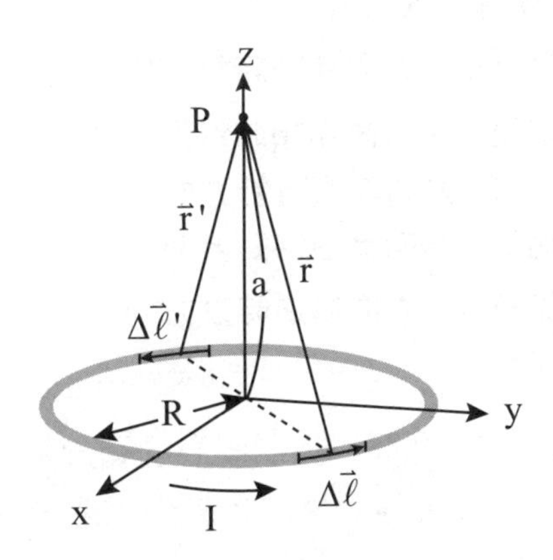

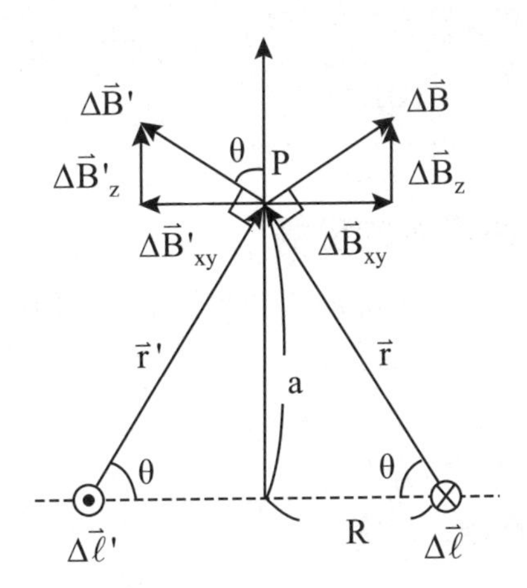

必背 **(4)載流圓線圈圓心處的磁場（即a=0）：**$B=\frac{\mu_0 I}{2R}$

(5)圓心角為θ的載流弧形線圈所產生的磁場

A. 半圓載流線圈在圓心處的磁場：$B=\frac{\mu_0 I}{2R}\times\frac{1}{2}$

B. 圓心角為 θ 的載流弧形線圈在曲率中心的磁場：$B=\frac{\mu_0 I}{2R}\times\frac{\theta}{2\pi}$

範例 10-5 難易度★★☆

一個半徑為R的圓形線圈通有順時針方向的電流I，其圓心的磁場為B。今在同一平面上加上一個同心的圓形線圈，若欲使其圓心處的磁場為零，則所加上圓形線圈的條件為下列何者？

(A)半徑為2R，電流為$\sqrt{2}$I，方向為順時針方向

(B)半徑為$\sqrt{2}$R，電流為2I，方向為順時針方向

(C)半徑為2R，電流為2I，方向為順時針方向

(D)半徑為2R，電流為2I，方向為逆時針方向

(E)半徑為$\sqrt{2}$R，電流為2I，方向為逆時針方向。

答：**(D)**。

欲使其圓心處的磁場為零，外加同心的圓形線圈產生的磁場必與原圓線圈產生的磁場B等大反向，故外加線圈的電流方向為逆時針，又載流圓線圈圓心處的磁場為$B=\frac{\mu_0 I}{2R}\propto\frac{I}{R}$電流與半徑需等比例放大或減少，故選(D)。

3 載流螺線管內部所產生的磁場

(1)**螺線管：**長導線以螺旋方式捲繞成的管狀體，可視為N圈並排的載流圓形線圈所組成。

(2)**現象**

A. 螺線管內部：磁場均勻分布。

B. 螺線管外部：磁場趨近於零。

(3)**管內磁場方向判斷法則：**安培右手定則⇒{拇指：螺線管內部的磁場；彎曲四指：電流}

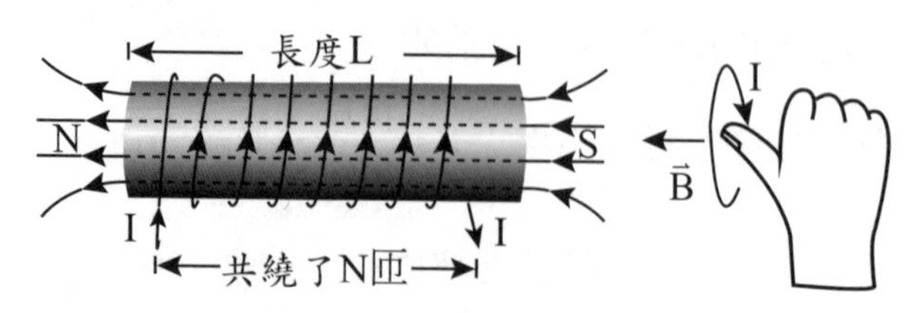

(4)**管內磁場的大小**

必背 $B=\mu_0\dfrac{N}{L}I=\mu_0 nI \quad \Rightarrow \begin{cases} \mu_0：真空中的磁導率 \\ n：單位長度的匝數 \\ N：共繞N匝 \\ L：螺線管長 \\ I：電流 \end{cases}$

(5)**應用：**在螺線管內插入軟鐵棒，通以電流後，則螺線管內的磁場會磁化軟鐵棒因而增強其磁性，成為電磁鐵。電磁鐵的磁性是暫時的，只有在通電流時才會有磁性；當電流切斷其磁性就會消失，應用如貨櫃起重機。

重點3 在磁場中所受的力

Check! □□□

1 載流導線在磁場中的受力

(1)**載流直導線在磁場中的受力**

A. 由於電流磁效應使載流導線周圍可產生磁場，此磁場與外加磁場產生交互作用，因此載流導線受到磁力作用。

B. 由實驗歸納結果，長度ℓ、通有電流I的載流導線，在均勻磁場B中所受的磁力F為：

必背 $\begin{cases} 向量式：\vec{F}=I\vec{\ell}\times\vec{B}\rightarrow\vec{F}恆與\vec{\ell}(電流方向)和\vec{B}所構成的平面垂直 \\ 純量式：F=I\ell B\sin\theta\rightarrow\begin{cases}\theta=90^\circ\rightarrow磁力最大 \\ \theta=0或180^\circ時\rightarrow磁力為零\end{cases} \end{cases}$

C. 判斷受力方向的方法

方法	內容	圖示
右手開掌定則	手掌張開，拇指與四指垂直 拇指指向：電流方向 四指指向：磁場方向 垂直於掌心方向：導線受磁力方向	

方法	內容	圖示
右手螺旋定則	四指先指向電流方向，再將四指經較小角度彎曲至磁場方向，則伸直的大拇指為導線受磁力方向	

範例 10-6　難易度★☆☆

如右圖所示，有一導線長 ℓ 為0.2公尺，電流I為5安培，若此導線與一磁場成30°，且該磁場B為10韋伯／平方公尺，問此導線所受力之力小為多少牛頓？　(A)5　(B)10　(C)15　(D)20。

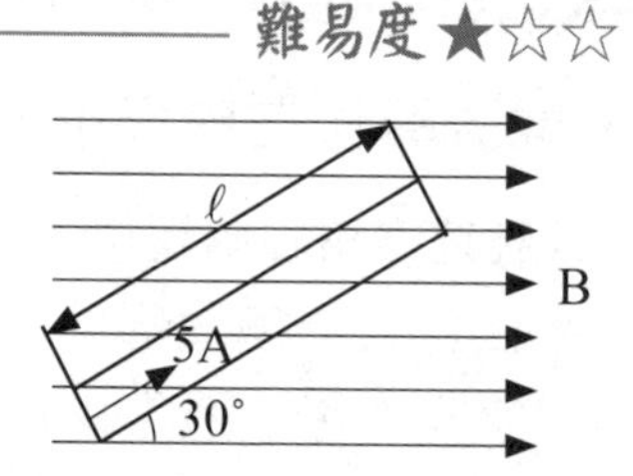

答：(A)。

磁力大小 $F = I\ell B\sin\theta = 5\times0.2\times10\times\sin30° = 5$ 牛頓。

範例 10-7　難易度★★☆

將右圖所示之導線置於一均勻磁場中，測得所受磁力為零，那麼磁場方向可能為

(A)↓　(B)→

(C)↑　(D)←

(E)垂直進入紙面。（多選題）

答：(B)(D)。

$\because F = I\ell B\sin\theta \propto \sin\theta$，當電流方向與磁場同方向（θ=0或180°時）磁力為零，故選(B)(D)。

(2)任意形狀載流導線在磁場中的受力

必背 A. 任意形狀的載流I導線在均勻磁場B中所受的磁力F，等於將其導線**兩端點相連接之直導線**所受的磁力，即 $\vec{F}=I\vec{\ell}_{有效}\times\vec{B}$ 。

（$\vec{\ell}_{有效}=\overrightarrow{ab}$ 為導線兩端點相連接之直導線的長度及方向）

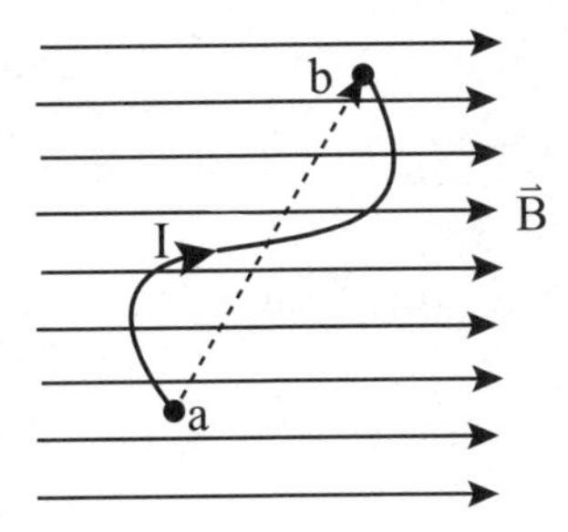

B. 若兩端點重合，即導線為封閉線圈，則所受的磁力為零，但合力矩不一定為零。

範例 10-8 難易度★☆☆

XY平面上，有一彎曲導線長10米，通有電流1A，放置如右圖所示，設均勻磁場B=2T，垂直指出XY平面（指出紙面），則導線所受磁力為多少牛頓？

(A)40　(B)20
(C)14　(D)10。

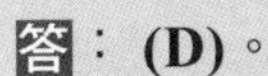

答：**(D)**。

任意形狀的載流導線在均勻磁場中所受的磁力，等於將其導線兩端點相連接之直導線所受的磁力→ $F=I\vec{\ell}_{有效}\times\vec{B}$ 。

$\ell_{有效}$=導線兩端點相連之直導線的長度=5公尺，

故F=1×5×2=10N，選(D)。

(3)兩平行載流導線之間的磁力

兩長度L之平行載流i_1、i_2導線距離為d，且L>>d

電流方向	兩電流i_1、i_2同向	兩電流i_1、i_2反向
說明	A. 導線1在導線2上產生的磁場強度為 $B_1=\frac{\mu_0 i_1}{2\pi d}$， 長度L的導線2在$B_1$所受的磁力 $F_2=i_2LB_1=\frac{\mu_0 i_1 i_2}{2\pi d}L$。 B. 導線2在導線1上產生的磁場強度為 $B_2=\frac{\mu_0 i_2}{2\pi d}$， 長度L的導線1在$B_2$所受的磁力 $F_1=i_1LB_2=\frac{\mu_0 i_1 i_2}{2\pi d}L$。 C. $F_1=F_2=F$，則導線每單位長度所受的磁力 $\frac{F}{L}=\frac{\mu_0 i_1 i_2}{2\pi d}$	
結論	兩導線相吸	兩導線相斥
	此作用力符合牛頓第三定律作用力與反作用力	
圖示	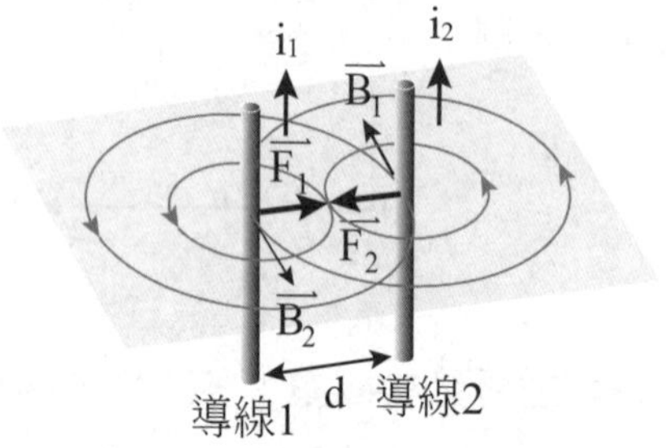	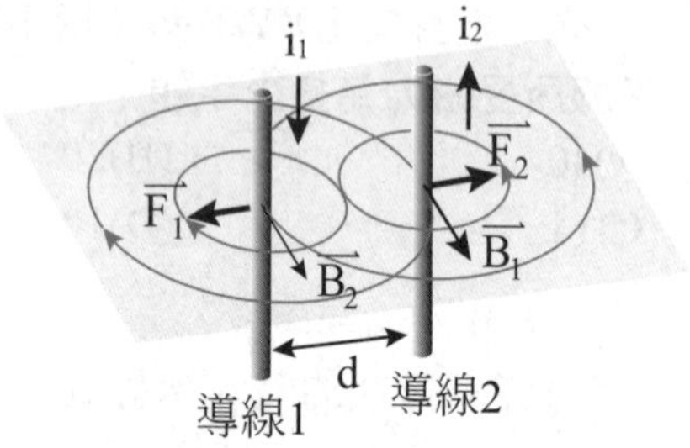

✰安培的定義：兩條在真空中相距1公尺的載流長直導線，當導線上每公尺的作用力為2×10^{7}N時，則導線上的電流定義為1安培。

範例 10-9　難易度★☆☆

圖中甲、乙、丙為大小相同且位置固定的三個同軸圓線圈，三圈面相互平行且與連接三圓心的軸線垂直。當三線圈通有同方向、大小均為I的穩定電流時，若僅考慮電流I所產生的磁場，下列有關此三線圈所受磁力方向的敘述，何者正確？

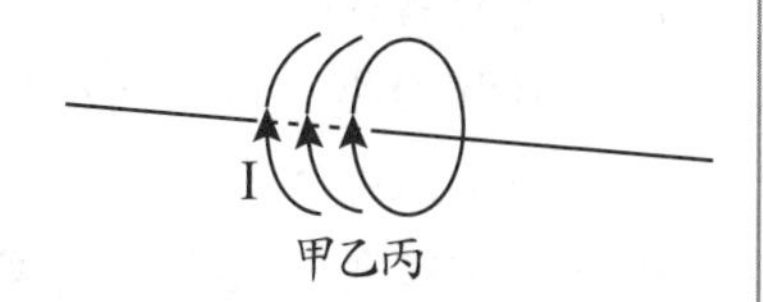

(A)甲線圈受到乙線圈的吸引力，丙線圈則受到乙線圈的排斥力
(B)甲線圈受到乙線圈的排斥力，丙線圈則受到乙線圈的吸引力
(C)甲、丙兩線圈均受到乙線圈的排斥力
(D)甲、丙兩線圈均受到乙線圈的吸引力
(E)三線圈間無磁力相互作用。

答：(D)。
∵甲乙丙導線電流平行同向∴相互吸引，故選(D)。

2 載流導線在磁場中所受的力矩

必背 (1)如圖，電流I、面積為A的矩形載流線圈，置於均勻磁場B之中，以OO'為轉軸，則其所受的力矩：$\tau = I\vec{A}\times\vec{B} = IAB\sin\theta$（θ：面積向量$\vec{A}$與磁場$\vec{B}$的夾角）。

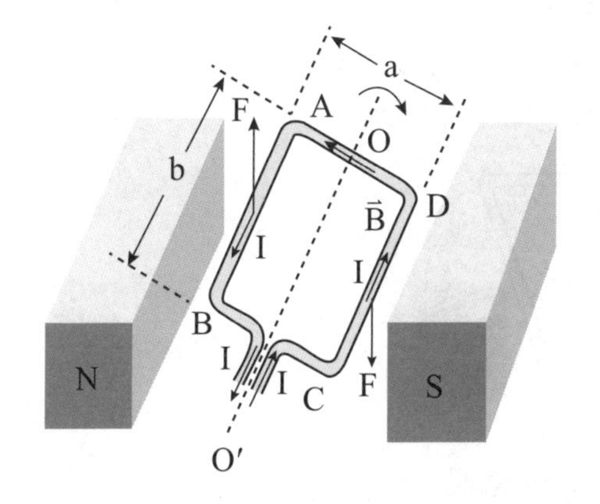

載流線圈在磁場中的受力情形

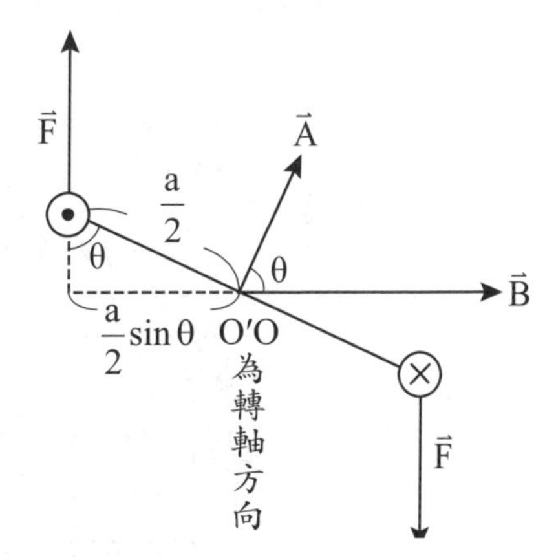

在O'沿O'O方向看去

(2)**受力分析：**在O'沿O'O方向看去，線圈在磁場中其線圈面積向量 $\vec{A}$ 與磁場 $\vec{B}$ 的夾角為 θ 時：

A. AB與CD段：磁力大小相等F=IbB、方向相反，兩力產生之合力矩為：$\tau=IAB\sin\theta$。

B. AD與BC段：磁力大小相等、方向相反，作用力方向與轉軸O'O同向，故無力矩產生。

C. 整個線圈：$\begin{cases}合力=0（導線兩端有效長度爲零）\\ 合力矩\tau=IAB\sin\theta\end{cases}$

(3)若線圈面積有N匝，則合力矩 $\tau=NIAB\sin\theta$。

(4)推廣至任意形狀的線圈，線圈的力矩與面積成正比，與形狀無關。

載流線圈在均勻磁場所受合力為零，但合力矩不一定為零。

3 直流電動機（俗稱馬達）

(1)**直流電動機構造**

A. 場磁鐵：產生磁場的裝置。

B. 電樞：置於磁場內可轉動的線圈，轉軸垂直磁場。

C. 集電環（換向器）：固定於線圈上的半圓金屬環，隨線圈轉動。

D. 電刷：接觸集電環的金屬片，傳輸電流形成通路。

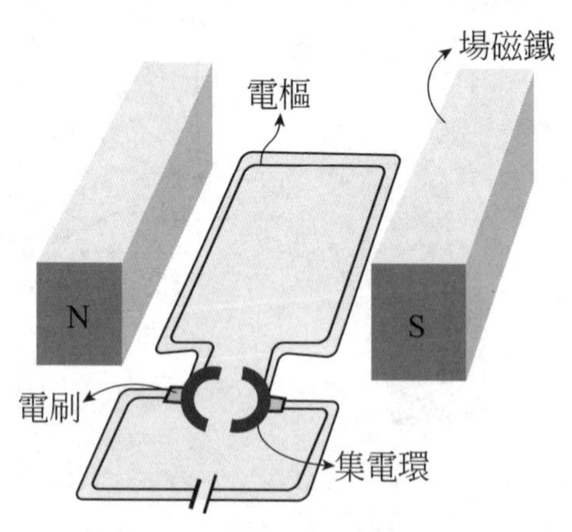

直流電動機構造圖

(2)原理說明

A. 利用電流磁效應，將電能轉換成力學能。

B. 載流線圈在磁場中受力矩作用而轉動

C. 若單純將導線通電，線圈無法同一方向持續轉動，因每旋轉半圈對轉軸的力矩方向會反向。（如圖）

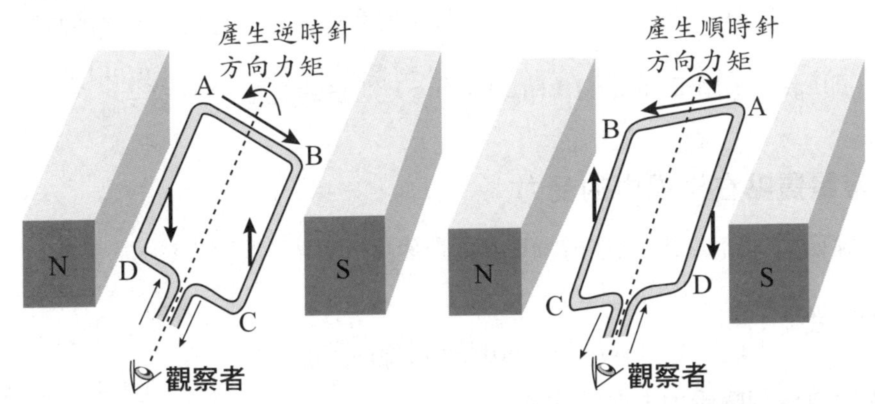

D. 故將集電環設計成半圓形金屬片，分別接在線圈的兩端且不相接觸。當集電環隨線圈轉半圈時，使線圈內的電流方向自動反轉，則線圈力矩方向不變，使線圈持續同向轉動。

4 （等臂）電流天平

(1)實驗目的：測定螺線管內的磁場強度與電流的關係。

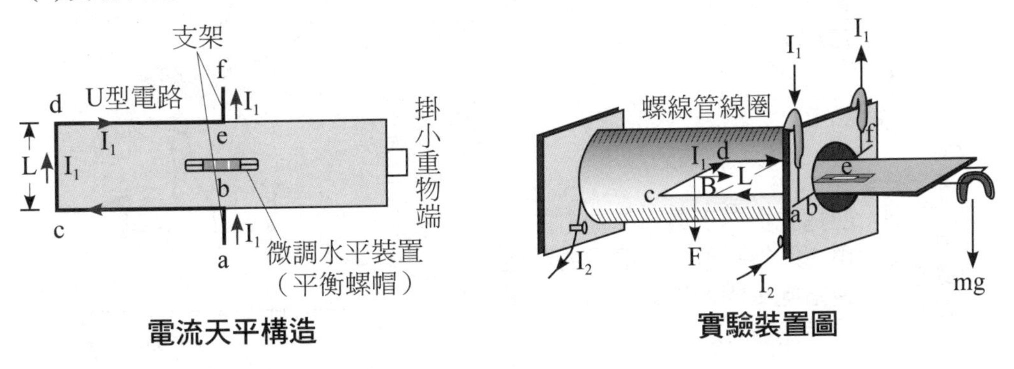

電流天平構造　　實驗裝置圖

(2)**實驗原理**

A. 電流天平構造及實驗裝置如圖，把電流天平有U型線圈的一端放入通有電流I_2的螺線管內，U型線圈通電流I_1，螺線管內的磁場為$B=\mu_0 n I_2$（n為螺線管的匝數密度）。

B. 調整天平U型線圈與螺線管的電流大小和流向，使cd段導線受到向下磁力$F_B=I_1LB$，若磁力恰與砝碼重量mg相等時，則電流天平達平衡狀態。

C. 即$F_B=F_g$，$I_1LB=mg$，$I_1L(\mu_0 nI_2)=mg$，則砝碼質量$\Rightarrow m=\dfrac{\mu_0 nI_1I_2L}{g}$。

5 帶電質點在磁場中的受力

(1)**勞倫茲力：**帶電質點q在磁場B中運動速度v時所受的磁力F

必背 (2)**數學式：**
$$\begin{cases}\text{向量式：}\vec{F}=q\vec{v}\times\vec{B}\\ \text{純量式：}F=qvB\sin\theta\ (\theta\text{爲}\vec{v}\text{與}\vec{B}\text{的夾角})\end{cases}$$

(3)**受力方向判斷受力方向的方法**

方法	內容	圖示
右手開掌定則	手掌張開，拇指與四指垂直 拇指指向：**正**電荷運動方向 $\vec{v}$ 四指指向：磁場方向 垂直於掌心方向：**正**電荷受磁力方向	$\vec{F}$, $\vec{B}$, $\vec{v}$
右手螺旋定則	四指先指向正電荷運動方向，再將四指經較小角度彎曲至磁場方向，則伸直的大拇指為正電荷受磁力方向。	$\vec{F}$, $\vec{B}$, θ, $\vec{v}$

[註]

(1)磁力$\vec{F}$恆垂直電荷運動方向$\vec{v}$，故磁力$\vec{F}$對電荷不作功。

(2)負電荷受力方向與正電荷受力方向相反。

重要 (4)帶電質點q在均勻磁場中的運動軌跡

A. 當 $\vec{v} // \vec{B}$ 時→作等速運動，運動軌跡為直線。

分析：電荷受磁力 $F = qvB\sin 0^\circ (qvB\sin 180^\circ) = 0$ 或$F=qvB\sin 180^\circ=0$

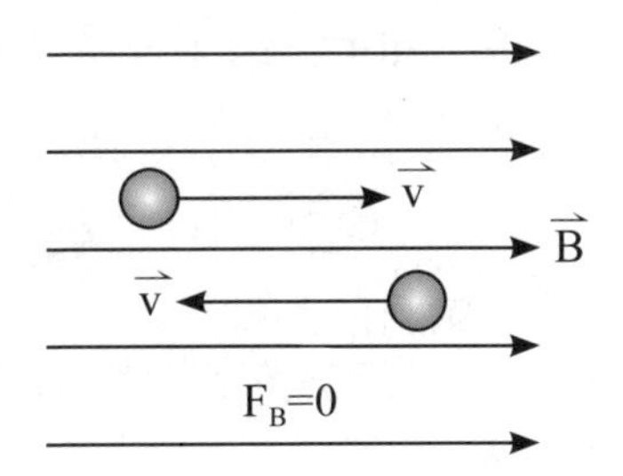

B. 當 $\vec{v} \perp \vec{B}$ 時→作等速率圓周運動，運動軌跡為圓。

分析：電荷受磁力 $F = qvB\sin 90^\circ = qvB$

因磁力F與電荷運動方向垂直，故只能改變速度方向而不能改變速度大小，其運動軌跡為圓。

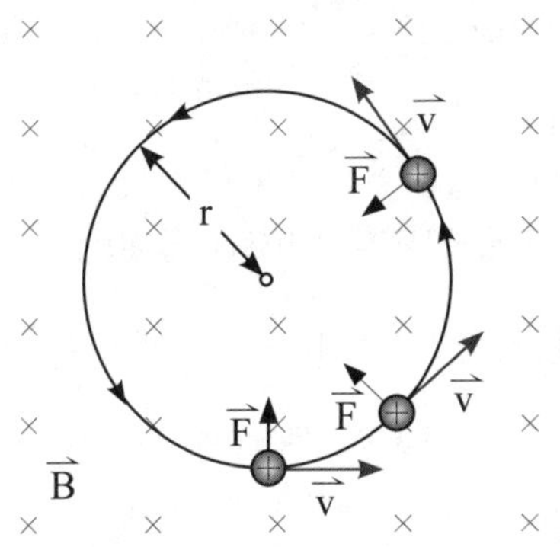

正電荷垂直入射均勻磁場

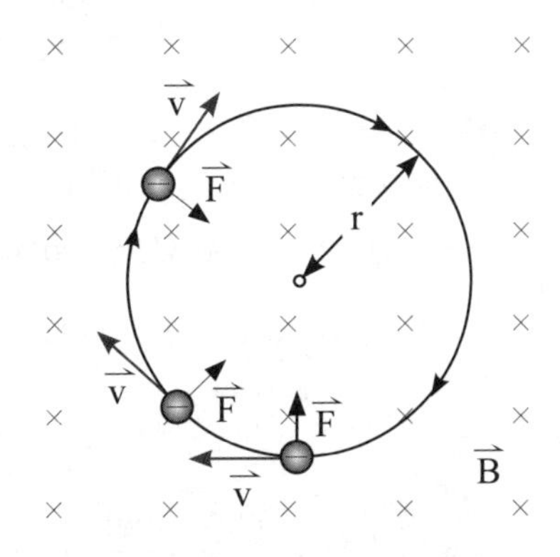

負電荷垂直入射均勻磁場

a. 磁力F為向心力 $F = qvB = m\dfrac{v^2}{r} = m\dfrac{4\pi^2 r}{T^2}$

b. 半徑：$r = \dfrac{mv}{qB} = \dfrac{p}{qB} = \dfrac{\sqrt{2mK}}{qB}$

c. 週期：$T = \dfrac{2\pi r}{v} = \dfrac{2\pi}{v} \times \dfrac{mv}{qB} = \dfrac{2\pi m}{qB}$ →與v、r無關

d. 動量： $p = qBr$

e. 動能： $K = \frac{p^2}{2m} = \frac{(qBr)^2}{2m} \rightarrow$ 與圓面積成正比

f. 角動量： $L = rp = r \times qBr = qBr^2 \rightarrow$ 與圓面積成正比

C. 當 $\vec{v}$與$\vec{B}$ 夾θ角時→ $\begin{cases} \text{速度垂直磁場} v_{\perp}\text{: 作等速率圓周運動} \\ \text{速度平行磁場} v_{//}\text{: 作等速運動} \end{cases}$ ，帶電質點一面轉動，又一面前進，故運動軌跡為螺旋線。

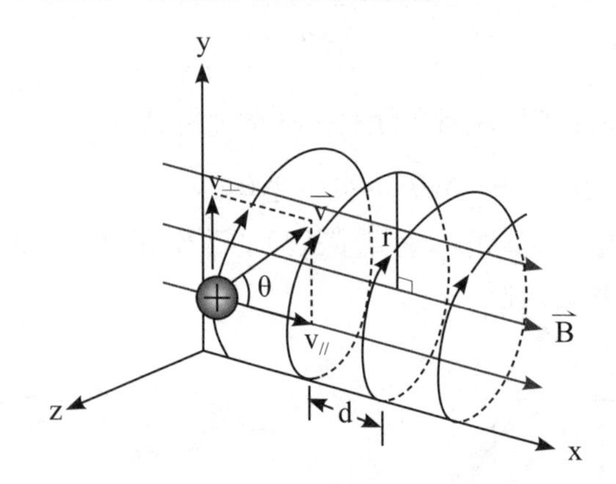

分析：水平分量： $v_{//} = v\cos\theta$ ， $F = 0$ ，使帶電質點作等速運動。

垂直分量： $v_{\perp} = v\sin\theta$ ， $F = qvB\sin\theta$（向心力），帶電質點作等速率圓周運動。

a. 螺旋線半徑公式： $r = \frac{mv\sin\theta}{qB} = \frac{mv_{\perp}}{qB}$

b. 旋轉的週期公式： $T = \frac{2\pi m}{qB}$

c. 螺旋線的螺距： $d = v_{//} \times T = \frac{2\pi mv\cos\theta}{qB}$

範例 10-10

難易度★☆☆

帶電量2庫侖之質點以3m/s的等速度，垂直進入強度為5特斯拉之均勻磁場中，求質點受力為多少牛頓？　(A)30　(B)15　(C)10　(D)6。

答：**(A)**。磁力大小 $F = qvB\sin\theta = 2\times3\times5\times\sin90° = 30$ 牛頓。

範例 10-11

難易度★☆☆

將一帶電質點射入均勻磁場中，射入方向與在磁場中運動的情形，下列敘述何者正確？　(A)射入方向與磁場方向平行，此質點作等速度運動　(B)射入方向與磁場方向平行，此質點作等速率圓周運動　(C)射入方向與磁場方向垂直，此質點作等速率圓周運動　(D)射入方向不與磁場方向平行、亦不與磁場方向垂直，此質點作螺旋運動　(E)射入方向與磁場方向垂直，此質點作等速度運動。（多選題）

答：**(A)(C)(D)**。

帶電質點的運動軌跡與速度和磁場的夾角有關。

(B) ×，$\vec{v}//\vec{B}$ 時，帶電質點作等速運動。

(E) ×，$\vec{v}\perp\vec{B}$ 時，帶電質點作等速率圓周運動。

範例 10-12

難易度★★☆

一帶電質點，在固定的均勻磁場B中，作半徑為r的等速率圓周運動，若忽略重力的影響，下列敘述何者正確？　(A)運動的平面必與磁場B平行　(B)圓周運動的週期與半徑平方成正比　(C)質點繞圓心的角動量量值，與圓的面積成正比　(D)質點遵守動量守恆。

答：**(C)**。

∵帶電質點作等速率圓周運動

∴帶電質點運動的速度 $\vec{v}$ 和磁場 $\vec{B}$ 垂直

(A)×，運動平面與磁場 $\vec{B}$ 垂直。

(B)×，$T = \dfrac{2\pi m}{qB}$ 與r無關。

(C)○，$L = rp = r\times qBr = qBr^2 \propto r^2$。

(D)×，質點受磁力，動量不守恆。

6 速度選擇器

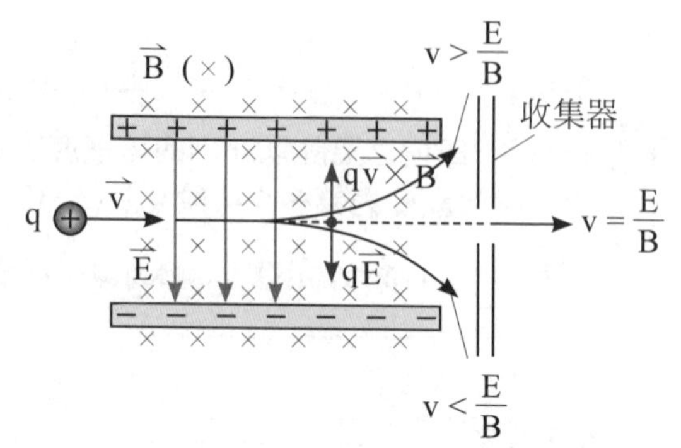

帶電粒子q的入射速率v可利用速度選擇器來測量，速度選擇器是由一對狹長金屬平板內有相互垂直的均勻電場E與均勻磁場B所構成的。

分析：帶電粒子作直線運動時，表示所受電力＝磁力，即 $qE = qvB \Rightarrow v = \dfrac{E}{B}$。故只要調整電場與磁場的大小，則可讓特定速率的帶電粒子作直線運動。

範例 10-13　難易度★☆☆

若速度選擇器的兩平行板間距為d，所接電池的端電壓為V，均勻磁場的量值為B，則電量為q的粒子，可直線通過此速度選擇器的速率為下列何者？

(A) $\dfrac{Bd}{V}$　(B) $\dfrac{V}{Bd}$　(C) $\dfrac{rBV}{d}$　(D) $\dfrac{qV}{Bd}$　(E) $\dfrac{qBd}{V}$。

答：**(B)**。當帶電粒子直線通過速度選擇器時→ $F_e = F_B$

$$qE = q\frac{V}{d} = qvB \Rightarrow v = \frac{V}{Bd}$$

7 質譜儀

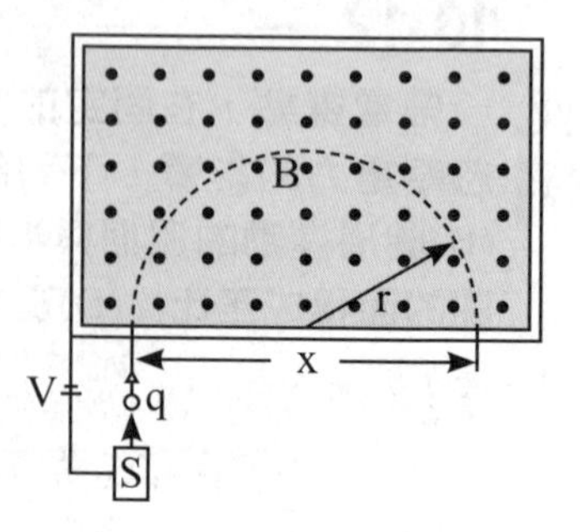

(1)質譜儀可測量帶電粒子的迴旋半徑，以計算其荷質比，來分析同位素的種類及含量。

(2)當帶電粒子q經已知電位差V加速後，以速度v垂直入射一已知均勻磁場B，作半徑為r的半圓周運動。

A. 曲率半徑：$r = \dfrac{mv}{qB} = \dfrac{\sqrt{2mK}}{qB} = \sqrt{\dfrac{2mV}{qB^2}} \propto \sqrt{\dfrac{m}{q}}$(x=2r)

B. 若有質量 m_1 、 m_2 （ $m_2 > m_1$ ）的兩同位素的曲率半徑差：

$$\Delta r = 2r_2 - 2r_1 \propto \sqrt{m_2} - \sqrt{m_1}$$

主題 3 電磁感應

關鍵重點

電磁感應、冷次定律、磁通量、動生電動勢、交流發電機、變壓器

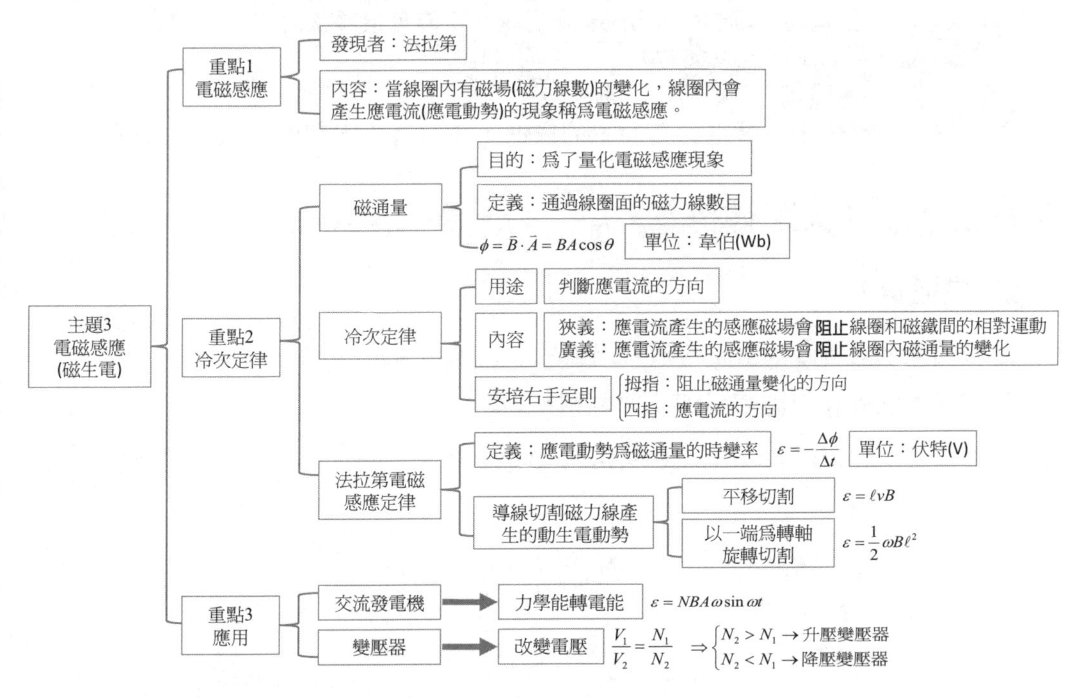

重點 1 電磁感應

Check! □□□

1 電磁感應

(1)西元1831年，法拉第實驗發現「變化的磁場會在線圈中產生電流」，稱為電磁感應。由於線圈並無接電源（如電池），此種受磁場感應而生的電流稱為應電流。

(2)**法拉第電磁感應實驗結果**

A. 當磁棒與封閉線圈有相對運動時，可產生應電流。

B. 當封閉線圈內的磁場發生變化時，可產生應電流。

C. 當封閉線圈內的磁力線數目發生變化時，可產生應電流。

2 感應電動勢

(1)當線圈有電流，表示必有電動勢存在。由法拉第電磁感應實驗結果得知，線圈中有應電流產生，一定有電動勢存在，由於此電動勢是由磁場變化所產生的，故稱為**感應電動勢**或**應電動勢**。

應電流是由應電動勢而生的，但有應電動勢未必有應電流。要有應電流導線必成一封閉迴路。如同電池的兩極間有電動勢，必需外接導線使成一封閉迴路，才會有電流。

(2)法拉第提出產生感應電動勢發生的條件，並沒有提出判斷應電流的方向。

重點2 冷次定律

Check! □□□

1 磁通量 ϕ

(1)**磁通量 ϕ：**通過線圈面的磁力線數目，稱為磁通量。

(2)**定義：**磁場 $\vec{B}$ 與線圈面積 $\vec{A}$ 的內積來表示。

必背 (3)**數學式：** $\phi = \vec{B}\cdot\vec{A} = BA\cos\theta = BA_{\perp} = B_{\perp}A$

$\Rightarrow$
- $\vec{B}$：磁場
- $\vec{A}$：線圈面積向量，方向在線圈面的法線方向，量值爲線圈面積。
- θ：$\vec{B}$與$\vec{A}$的夾角

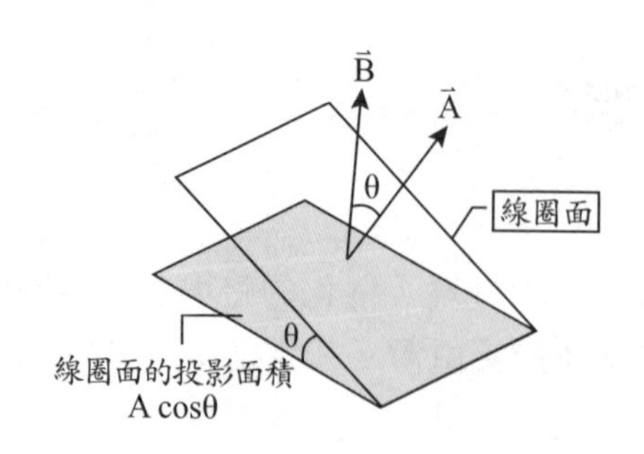

(4)**SI制單位：**韋伯（Wb），$1\ Wb = 1\ T \cdot m^2$

(5)**重新解釋電磁感應現象：當通過線圈的磁力線數目即磁通量發生變化時，會產生應電動勢，若線圈為封閉迴路則會產生應電流。**

範例 10-14　難易度★☆☆

下列何種情形下，線圈上沒有感應電動勢？
(A)線圈面和均勻磁場垂直，而磁場突然增加
(B)線圈本身有電流，將線圈斷路的瞬間也有感應電動勢
(C)線圈面和均勻磁場方向平行，磁場突然增加
(D)線圈面的法線和磁場方向夾60度角，磁場突然增加。

答：**(C)**。
要產生感應電動勢，線圈內要有磁通量的變化。
(C)線圈面和均勻磁場方向平行時，無磁力線通過線圈，因此磁場改變也不會造成線圈內磁通量的變化。

重要 2 冷次定律

(1)**冷次定律：**由冷次提出，是用來判斷應電流的方向。

(2)**冷次定律內容**

A. 狹義表述：當線圈與磁鐵之間有相對運動時，應電流產生的磁場阻止其相對運動。

B. 廣義表述：封閉線圈內應電流的方向，是使應電流產生的磁場，能夠阻止線圈內磁通量的變化。

(3)**判斷應電流的方法（右手定則）：**右手大拇指表示感應磁場，拇指的指向依據冷次定律的內容，必需阻止線圈磁通量的變化（即磁通量減少感應磁場補充；磁通量增加感應磁場抵消），而彎曲的四指為應電流的方向。

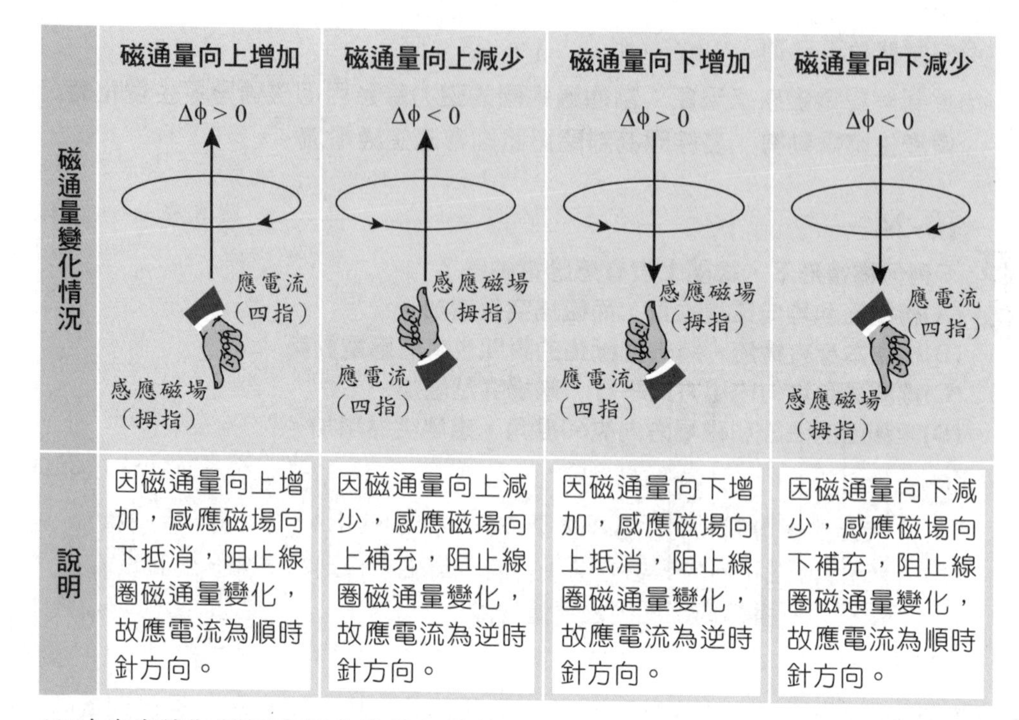

	磁通量向上增加	磁通量向上減少	磁通量向下增加	磁通量向下減少
磁通量變化情況	$\Delta\phi > 0$ 應電流（四指） 感應磁場（拇指）	$\Delta\phi < 0$ 感應磁場（拇指） 應電流（四指）	$\Delta\phi > 0$ 感應磁場（拇指） 應電流（四指）	$\Delta\phi < 0$ 應電流（四指） 感應磁場（拇指）
說明	因磁通量向上增加，感應磁場向下抵消，阻止線圈磁通量變化，故應電流為順時針方向。	因磁通量向上減少，感應磁場向上補充，阻止線圈磁通量變化，故應電流為逆時針方向。	因磁通量向下增加，感應磁場向上抵消，阻止線圈磁通量變化，故應電流為逆時針方向。	因磁通量向下減少，感應磁場向下補充，阻止線圈磁通量變化，故應電流為順時針方向。

(4)冷次定律為**能量守恆定律**的必然結果。

範例 10-15

難易度★☆☆

圖為一金屬環與一載有電流之螺線管，有一觀察者在金屬環的右側，則對觀察者而言，有關金屬環內的感應電流，下列敘述何者正確？

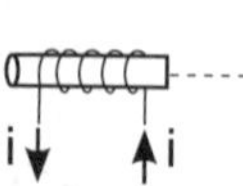

(A)若螺線管向金屬環移動，則感應電流為逆時針方向
(B)若螺線管遠離金屬環移動，則感應電流為逆時針方向
(C)若螺線管靜止，而管上的電流漸增，則感應電流為逆時針方向
(D)若螺線管靜止，而管上的電流漸減，則感應電流為逆時針方向
(E)若金屬環向靜止的螺線管移動，則感應電流為逆時針方向。（多選題）

答：**(B)(D)**。

螺線管內因電流磁效應有均勻磁場，利用安培右手定則得知，螺線管右端為N極，左端為S極。

(1)(A)(C)(E)三選項的情況皆使金屬環內向右的磁場增加，根據冷次定律，金屬環內產生向左的感應磁場阻止環內磁場變化，感應電流為順時針。

(2)(B)(D)選項使金屬環內向右的磁場減少，同理，金屬環內產生向右的感應磁場，感應電流為逆時針，故選(B)(D)。

範例 10-16

難易度★★☆

由長金屬管管口靜止釋放一N極向下鉛直放置的磁棒，如右圖。若金屬管之任一橫截面均可視為一封閉的金屬線圈，此時磁棒正遠離A線圈而接近B線圈，則下列敘述，哪些正確？

(A)磁棒於金屬管中下落較在管外下落慢

(B)磁棒於金屬管中的下落過程僅受重力

(C)由上向下看A線圈上之應電流方向為順時針方向

(D)由上向下看B線圈上之應電流方向為順時針方向

(E)磁棒與A線圈之磁力為斥力，與B線圈之磁力為引力。

（多選題）

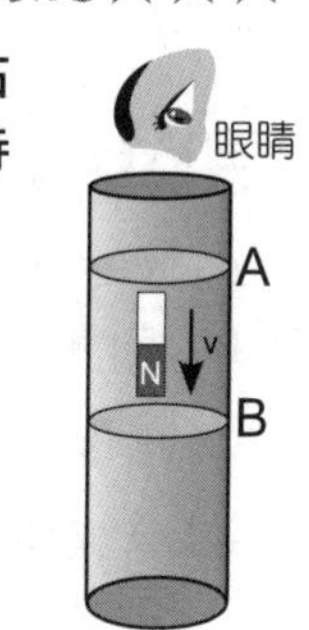

答：(A)(C)。

磁棒在金屬管中下落時，通過金屬管任一截面（可想成金屬管由無線多個線圈組成）的磁場皆發生變化，故產生應電流。由冷次定律的狹義表述得知，應電流所產生的磁場會阻止磁棒與「線圈」之間的相對運動（如圖），故管內磁棒受阻力作用落下較管外慢。

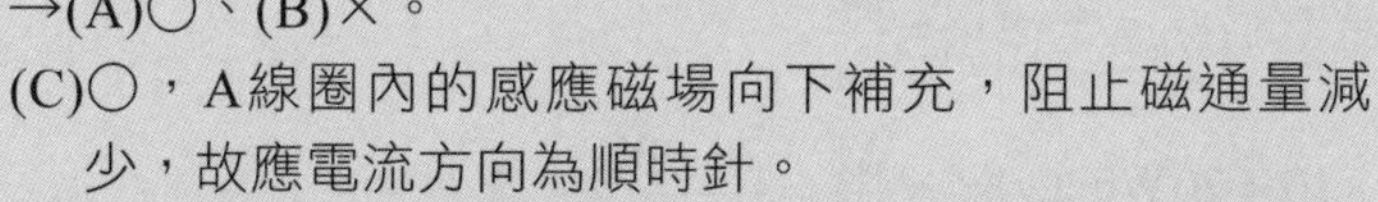

→(A)○、(B)×。

(C)○，A線圈內的感應磁場向下補充，阻止磁通量減少，故應電流方向為順時針。

(D)×，B線圈內的感應磁場向上抵抗，阻止磁通量增加，故應電流方向為逆時針。

(E)×，磁棒與A線圈之磁力為引力，與B線圈之磁力為斥力。

3 法拉第電磁感應定律

(1)**內容：**線圈中的感應電動勢為線圈內單位時間的磁通量的變化，即線圈內磁通量的時變率。

必背 (2)**數學式：** $\varepsilon = -\dfrac{\Delta\phi}{\Delta t} \Rightarrow \begin{cases} \Delta t\text{不趨近於}0\text{：平均感應電動勢 } \bar{\varepsilon} = -\dfrac{\Delta\phi}{\Delta t} \\ \Delta t \to 0\text{：瞬時感應電動勢 } \varepsilon = -\lim\limits_{\Delta t \to 0}\dfrac{\Delta\phi}{\Delta t} = -\dfrac{d\phi}{dt} \end{cases}$

(3)當有N匝線圈：$\varepsilon = -N\dfrac{\Delta\phi}{\Delta t}$

(4)**單位：**伏特V（$\because \frac{Wb}{s}=\frac{T\cdot m^2}{s}=\frac{\frac{N}{A\cdot m}\cdot m^2}{s}=\frac{N\cdot m}{A\cdot s}=\frac{J}{C}=V$）

(5)**改變磁通量的方式，即產生應電動勢的方式**

A. 磁場B隨時間改變。

B. 線圈面積A隨時間改變。

C. 磁場 $\vec{B}$ 與線圈面向量 $\vec{A}$ 的夾角隨時間改變。

D. 導線切割磁力線。

範例 10-17 難易度★☆☆

一感應線圈內之磁力線在10秒內完全消失，測得感應電動勢為2伏特。若磁力線在5秒內完全消失，則感應電動勢為多少伏特？ (A)1 (B)2 (C)3 (D)4。

答：**(D)**。

設感應線圈內之原磁通量 ϕ

法拉第電磁感應定律 $|\varepsilon|=\frac{\Delta\phi}{\Delta t}$，

$\phi=2\times10=20Wb \Rightarrow |\varepsilon'|=\frac{\Delta\phi}{\Delta t}=\frac{20-0}{5}=4$ 伏特。

4 動生電動勢

(1)導線切割磁力線時產生的應電動勢，稱為**動生電動勢**。

(2)如圖，一長度為 ℓ 的導線棒，以等速度 $\vec{v}$ 在均勻磁場 $\vec{B}$ 中，沿垂直於磁場的方向運動切割磁力線。

說明：

A. 導體內的自由電子受大小 $F_B=evB$ 的磁力作用，故自由電子向下運動，累積在導線棒下端，而上端累積等量正電荷，因此在導體棒內形成電場，而導體內的自由電子受靜電力的大小 $F_e=eE$。

B. 導體內的自由電子同時受到磁力與靜電力的作用，很快達平衡時，電荷不再移動，此時電子所受的磁力與靜電力必相互抵銷，即 $F_B=F_e$，$evB=eE \Rightarrow E=vB$。

必背 C. 導體棒兩端的電位差即動生電動勢$\varepsilon = E\ell = \ell vB$，而導線方向、速度方向與磁場方向三者要取**相互垂直**的有效分量。

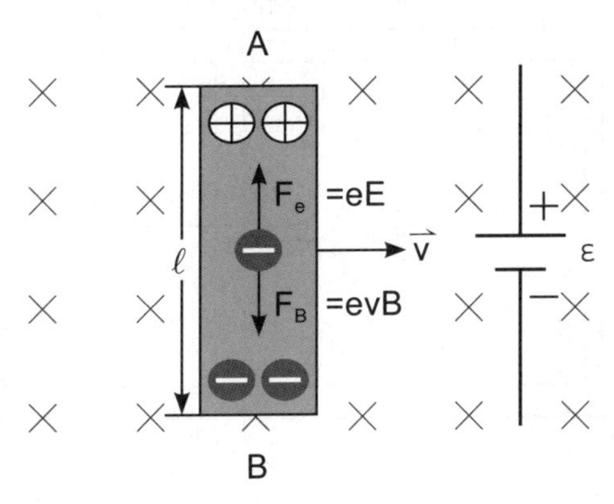

10-18　　難易度★★☆

範例

如圖所示，均勻磁場垂直指向紙面，其大小為B＝1.0T，有一長為ℓ＝2.0公尺的導線在磁場中以v＝10公尺／秒的速度向右運動，導線與運動方向的夾角θ＝53°，且維持不變，則導線中的感應電動勢為 (A)20 (B)16 (C)12 (D)8.0 **伏特。**

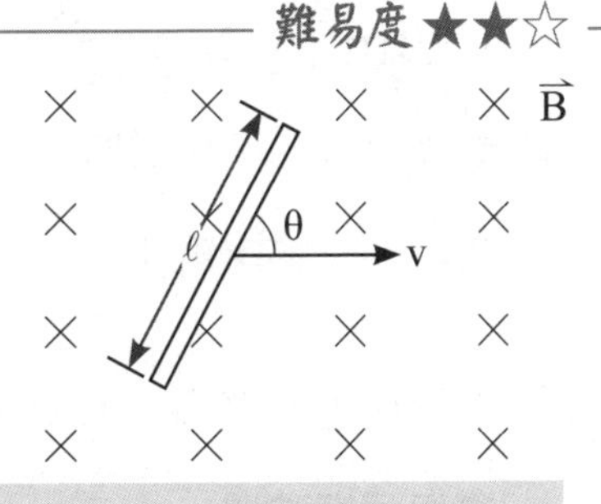

答：**(B)**。

(1)導線切割磁力線會產生應電動勢。

(2)$\varepsilon = \ell vB$，而導線方向、速度方向與磁場方向三者要取相互垂直的有效分量，故先找出切割磁力線的有效長度。

切割磁力線的有效長度為$\ell_{有效} = \ell \sin\theta = 2\times\sin 53^\circ = \frac{8}{5}$公尺

$\Rightarrow \varepsilon = \ell_{有效} vB = \frac{8}{5}\times 10\times 1 = 16$ 伏特

■ **討論1：** 一長度為 ℓ 的導線棒，以初速度 $\vec{v}$ 在均匀磁場 $\vec{B}$ 中運動

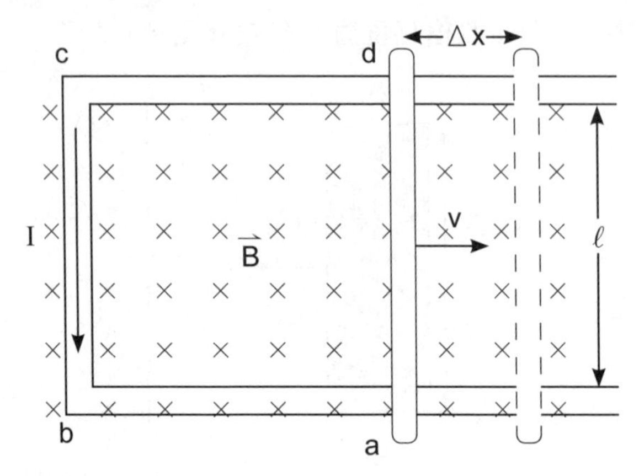

A. 導線ad兩端的感應電動勢大小：$\varepsilon = \ell vB$

$$\varepsilon = \lim_{\Delta t \to 0}\frac{\Delta\phi}{\Delta t} = \lim_{\Delta t \to 0}\frac{B\Delta A}{\Delta t} = \lim_{\Delta t \to 0}\frac{B(\Delta x\ell)}{\Delta t} = B\ell\lim_{\Delta t \to 0}\frac{\Delta x}{\Delta t} = \ell vB$$

B. 感應電流方向：逆時針 （右手定則）

C. 迴路abcd感應電流大小：$I = \frac{\varepsilon}{R} = \frac{\ell vB}{R}$ （R為整個迴路的電阻）

D. 導線所受的磁力：$F = I\ell B = \frac{\ell^2 vB^2}{R}$ → **導線受力方向與速度方向相反，使導線速度減慢。**

E. 導線產生的電功率：$P = I\varepsilon = \frac{\ell^2 v^2 B^2}{R}$

F. 電阻所產生的電功率：$P' = I^2 R = \frac{\ell^2 v^2 B^2}{R}$

G. 導線動能減少，轉換成導線的電能，使電阻發熱。導線損失動能=導線產生電能=電阻消耗熱能。

■ **討論2：** 以外力F拉導線，使導線以v等速運動切割磁力線

A. 欲維持導線等速運動，拉力F等於磁力，即 $F_{拉} = F_{磁} = \frac{\ell^2 vB^2}{R}$

B. 拉力對線圈輸入的功率：$P_{拉} = \vec{F}_{拉} \cdot \vec{v} = \frac{\ell^2 v^2 B^2}{R}$

C. 導線等速運動動能為一定值，故外力輸入的能量=導線產生的電能=電阻消耗的熱能。

範例 10-19　　難易度★☆☆

如圖所示，有一鉛直豎立且兩長邊極長的固定ㄇ形金屬線，置於一垂直此ㄇ形平面的均勻磁場B中。現有一段電阻為R、長度為l的導線，其兩端套在此ㄇ形金屬線的兩長邊上，並持續保持良好接觸，使導線和金屬線形成迴路。在忽略摩擦力、空氣阻力、地磁、迴路電流產生的磁場及ㄇ形金屬線電阻的情況下，讓該導線自靜止狀態向下滑落，則導線在掉落過程中的運動，下列敘述何者正確？

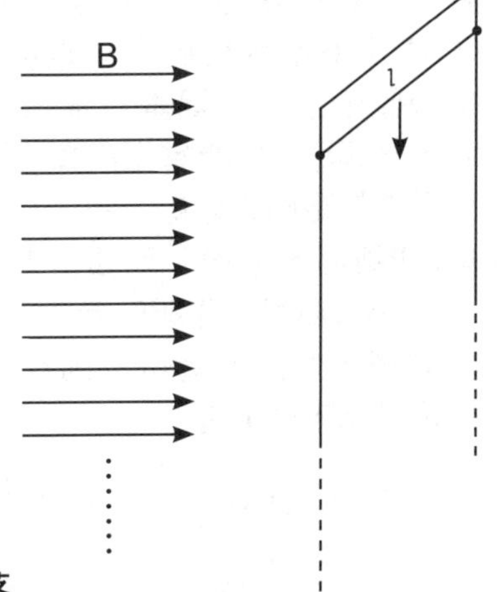

(A)導線持續等加速掉落
(B)導線先加速掉落，而後減速至靜止
(C)導線加速掉落至一最大速度後，等速掉落
(D)導線先加速掉落，而後減速至靜止，再反向上升至初始位置
(E)導線先加速掉落至一最大速度，再減速至一最後速度後，等速掉落。

答：**(C)**。
導線受重力作用鉛直落下開始切割磁力線，故迴路產生應電流，大小為 $I=\frac{\varepsilon}{R}=\frac{lvB}{R}$，v為落下過程的瞬時速率。導線受到向上的磁力 $F=IlB=\frac{l^2vB^2}{R}\propto v$，磁力隨速度增加而增加，加速度漸減直到磁力等於重力，導線所受合力為零維持等速落下。

(5)**旋轉軸與磁場平行的導線或圓盤**

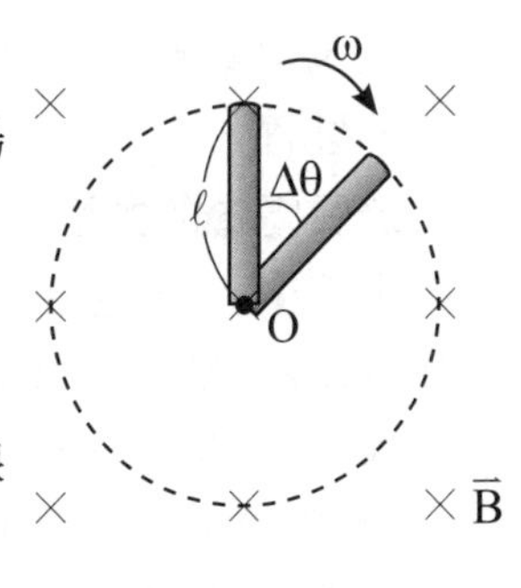

A. 一長度為 ℓ 的導線棒，以一端為圓心在均勻磁場B中等角速度 ω 旋轉，導線兩端的應電動勢：

$$\varepsilon=\frac{\Delta\phi}{\Delta t}=\frac{B(\frac{1}{2}\ell\times\ell\Delta\theta)}{\Delta t}=\frac{1}{2}\omega B\ell^2$$

B. 半徑為 ℓ 的金屬圓盤在磁場B中，垂直於磁力線以角速度 ω 旋轉，盤心和端點的應電動勢：

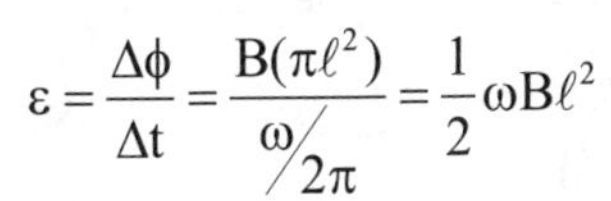

$$\varepsilon=\frac{\Delta\phi}{\Delta t}=\frac{B(\pi\ell^2)}{\omega/2\pi}=\frac{1}{2}\omega B\ell^2$$

範例 10-20 難易度★★☆

有一以O為圓心、L為半徑的OMN扇形電路置於均勻磁場B中如圖所示，磁場垂直穿入紙面，半徑OM之間有電阻R，電路中其他電阻可忽略不計。OM與MP弧固定不動，而長度為L的ON以O為軸心作順時針往P方向旋轉，角速率為ω，則電路中電流為下列何者？

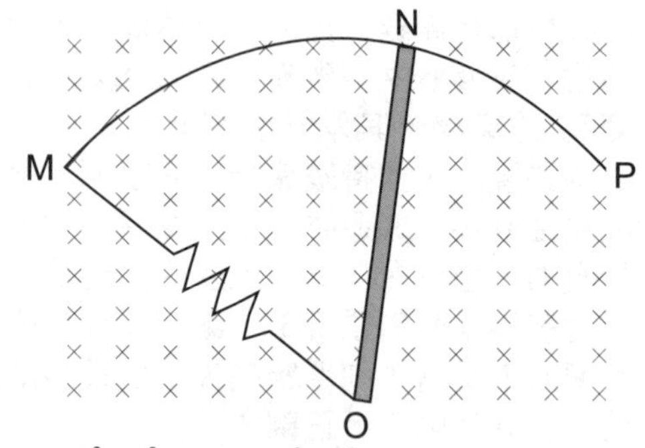

(A)$\frac{\omega BL^2}{2R}$　(B)$\frac{\omega BL^2}{R}$　(C)$\frac{\omega BL}{R}$　(D)$\frac{\omega^2 BL^2}{2R}$　(E)$\frac{\omega^2 BL^2}{R}$。

答：**(A)**。ON導線作順時針旋轉時，導線切割磁力線產生應電動勢，由右手定則得知，N端可視為電池的正極、O端為負極，故OMN電路上產生逆時針的應電流。

ON導線兩端的應電動勢大小為 $\varepsilon=\frac{1}{2}\omega BL^2 \Rightarrow I=\frac{\varepsilon}{R}=\frac{\omega BL^2}{2R}$。

重點3 電磁感應的應用

Check! □□□

1 發電機與交流電

(1)發電機是電磁感應的應用，利用外力（如：風力、水力、蒸氣等）使線圈在磁場中轉動，因線圈內的磁通量變化而產生應電流，將力學能轉換成電能的裝置。

(2)**交流發電機的主要構造**

A. 場磁鐵：產生磁場的裝置。

B. 電樞：置於磁場內可轉動的線圈，轉軸垂直磁場。

C. 集電環（換向器）：固定於線圈上的圓形金屬環，隨線圈轉動。

D. 電刷：接觸集電環的金屬片，傳輸電流形成通路。

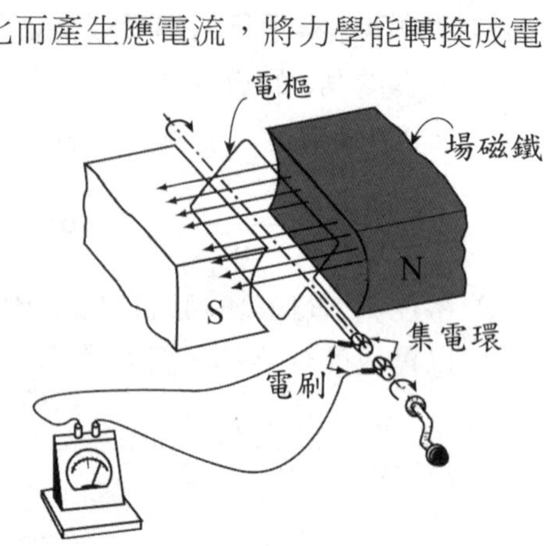

(3)假設發電機的線圈有N匝，線圈面積為A，置於磁場B，以等角速度ω旋轉，線圈面積向量$\vec{A}$和磁場$\vec{B}$之夾角為θ（$\theta(t)=\omega t$），則在時刻t秒時：

A. 通過每一匝線圈面的磁通量$\phi=\vec{B}\cdot\vec{A}=BA\cos\theta=BA\cos\omega t$

B. 線圈有N匝，故根據法拉第定律，總應電動勢為：

$$\varepsilon=-N\frac{d\phi}{dt}=-N\frac{d}{dt}(BA\cos\omega t)=NBA\omega\sin\omega t=\varepsilon_{max}\sin\omega t=\varepsilon_{max}\sin\theta$$

補充觀念

三角函數微分：$\frac{d}{d\theta}\sin\theta=\cos\theta$、$\frac{d}{d\theta}\cos\theta=-\sin\theta$

C. 由上式可看出，發電機產生的應電動勢隨著時間或角度的不同作正弦函數（週期性）的變化，而$\varepsilon_{max}=NBA\omega$，故稱為交流發電機。

D. 若交流發電機接上一電阻R，則電流為

$$I=\frac{\varepsilon}{R}=\frac{NBA\omega\sin\omega t}{R}=\frac{NBA\omega}{R}\times\sin\omega t=I_{max}\sin\omega t$$

E. 當$t=0$或$\frac{T}{2}$時，線圈面與磁場垂直，磁通量有最大值，應電動勢爲零。
當$t=\frac{T}{4}$或$\frac{3T}{4}$時，線圈面與磁場平行，磁通量爲零，應電動勢爲有最大值。

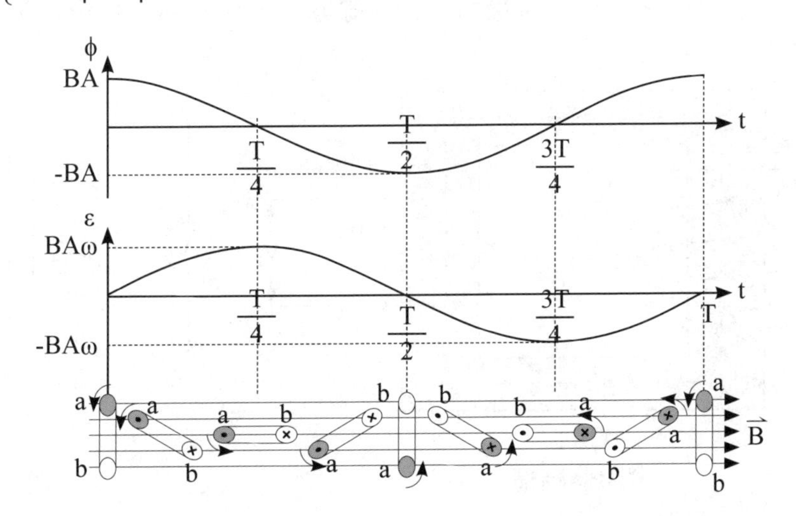

(5)**交流發電機與直流發電機**

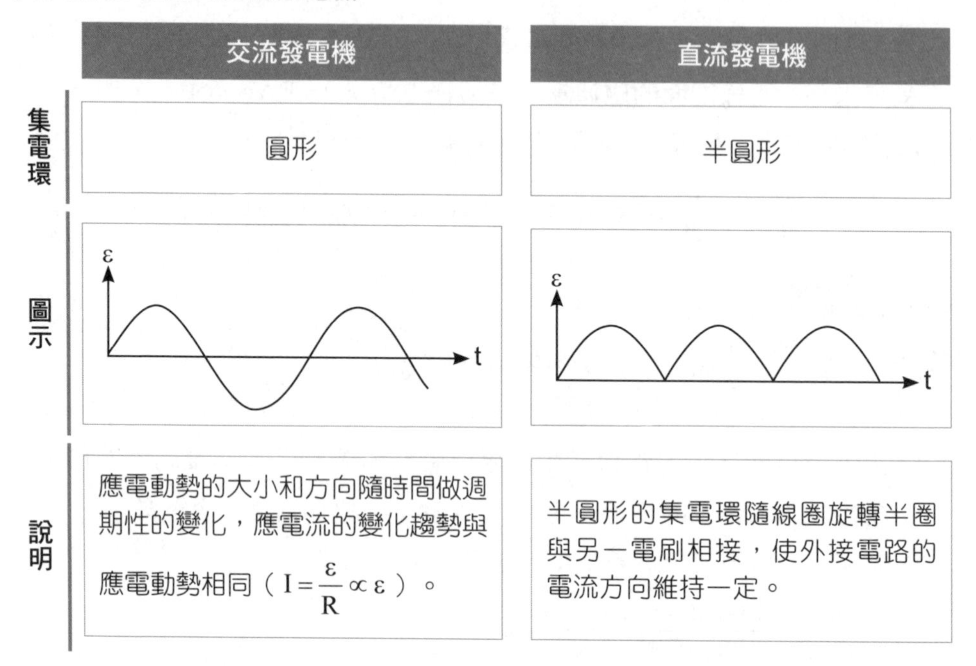

	交流發電機	直流發電機
集電環	圓形	半圓形
圖示	ε、t	ε、t
說明	應電動勢的大小和方向隨時間做週期性的變化，應電流的變化趨勢與應電動勢相同（$I=\frac{\varepsilon}{R}\propto\varepsilon$）。	半圓形的集電環隨線圈旋轉半圈與另一電刷相接，使外接電路的電流方向維持一定。

2 變壓器

(1)變壓器是法拉第定律很重要的應用，能將電壓升高或降低的裝置。

(2)**構造：**主要有三大部分原線圈（輸入線圈）、副線圈（輸出線圈）和軟鐵心。

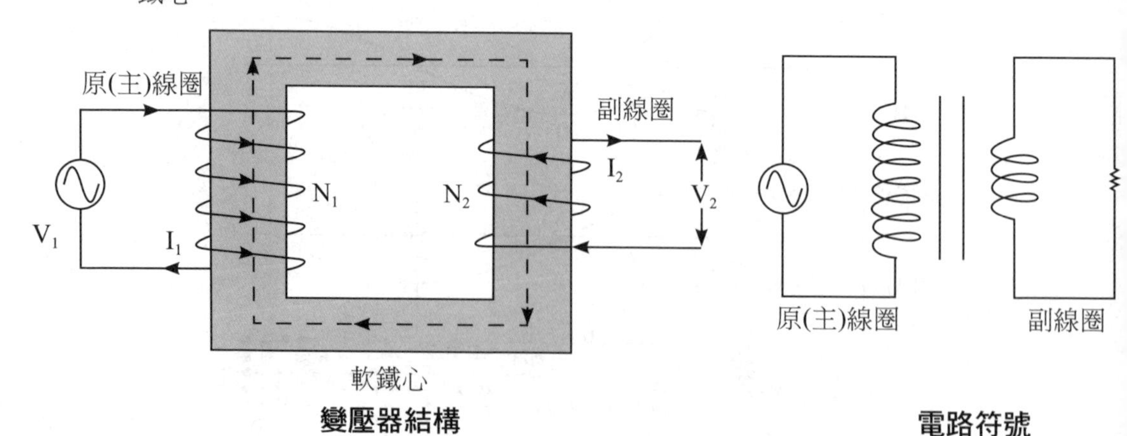

變壓器結構　　**電路符號**

(3)**說明：**當交流電輸入原線圈時，因電流磁效應所生的磁場使軟鐵心磁化，由於磁力線被限制在軟鐵心內部，形成封閉迴路，因此副線圈有磁通量的變化，故在副線圈上產生感應電動勢。

補充觀念

變壓器只能輸入交流電

(4)理想的變壓器中，設原線圈的輸入電壓為V_1、匝數為N_1、電流為I_1；副線圈的輸出電壓為V_2、匝數為N_2、電流為I_2：

A. 任一瞬間通過原線圈和副線圈的磁通量皆相同，故兩線圈內的磁通量時變率也相同。

$$\text{由法拉第定律}\Rightarrow\begin{cases}V_1=-N_1\dfrac{\Delta\phi}{\Delta t}\cdots\cdots(1)\\ V_2=-N_2\dfrac{\Delta\phi}{\Delta t}\cdots\cdots(2)\end{cases}\Rightarrow\frac{(1)}{(2)}\text{得}\ \frac{V_1}{V_2}=\frac{N_1}{N_2}$$

B. 當$\begin{cases}N_2>N_1\rightarrow V_2>V_1\rightarrow\text{升壓變壓器}\\ N_2<N_1\rightarrow V_2<V_1\rightarrow\text{降壓變壓器}\end{cases}$

C. 所謂理想變壓器，可視為原線圈中的能量全部轉移給副線圈，因此原線圈的輸入電功率等於副線圈的輸出功率

$$\Rightarrow P_{\text{輸入}}=P_{\text{輸出}}\Rightarrow I_1V_1=I_2V_2\Rightarrow\frac{V_1}{V_2}=\frac{I_2}{I_1}$$

必背 D. 結論：理想變壓器中原線圈與副線圈的電壓、電流與線圈匝數的關係

$$\Rightarrow\frac{V_1}{V_2}=\frac{N_1}{N_2}=\frac{I_2}{I_1}$$

範例 10-21

難易度★☆☆

下列關於圖中變壓器各部分的敘述，何者正確？

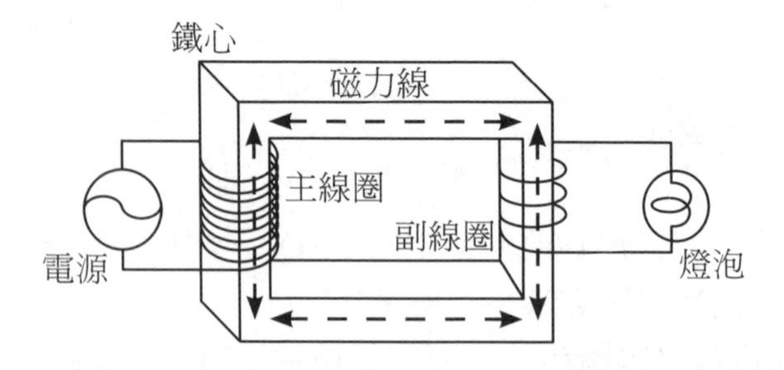

(A)電源用於提供主線圈電流以產生磁場，可用交流電或直流電
(B)主線圈是磁場的主要來源，相同電流時，匝數愈多，造成磁場愈強
(C)磁場造成的磁力線，其方向固定不變，數目隨磁場強度而定
(D)副線圈的匝數增加時，輸出的電壓值下降
(E)用來纏繞線圈的鐵心，也可以用塑膠取代。

答：**(B)**。

(A)×，變壓器必須使用交流電電源，利用電流的交互變化產生交互變化的磁通量，透過軟鐵心傳至副線圈，故副線圈上有電磁感應之現象。
(B)○，螺線管內的磁場大小和單位長度的匝數成正比。
(C)×，因主線圈接交流電，故磁場方向隨時間改變。
(D)×，副線圈匝數與輸出電壓成正比，故匝數增加輸出電壓上升。
(E)×，塑膠無法被磁化，故無法傳遞磁場至副線圈，則無法變壓。

主題 4 電磁波

關鍵重點

馬克士威方程式、電磁波、電磁波波譜

1 電磁波之產生及馬克士威的電磁理論

(1)**電磁波的產生：**當電荷作加**速度運動**或**電流不穩定**時，會同時產生隨時間改變的電場和隨時間改變的磁場，兩者交互作用形成波動向外傳播，即為電磁波。

(2)**馬克士威方程式：**理論物理學家馬克士威把當時的電學和磁學集大成，以四個方程式來描述，即著名的**馬克士威方程式**，它們分別為：

A. 電荷會產生電場（庫侖定律）。

B. 磁單極不存在。

C. 變化的磁場會產生電場（法拉第電磁感應定律）。

D. 電流或變化的電場會產生磁場（由馬克士威修改後的安培定律）。

(3)馬克士威由理論預測電磁波的存在，並計算出電磁波的波速與光在真空中的光速相同，故預測光是一種電磁波。1886~1888年間，德國物理學家赫茲以簡單的電振盪裝置實驗證實電磁波的存在。

2 電磁波的性質

(1)電磁波屬非力學波，**傳播不需介質**，因此在真空中能傳播電磁能量，如：太陽的能量經電磁波傳遞至地球。

(2)電磁波為方向與量值隨時間而變的電場與磁場，其電場與磁場的振動方向與波行進方向相互**垂直**，即 $\vec{c}=\vec{E}\times\vec{B}$（如圖），因此電磁波為**橫波**。

(3)所有電磁波在真空中的波速都相同，即為真空中的光速c，與頻率、波長無關。

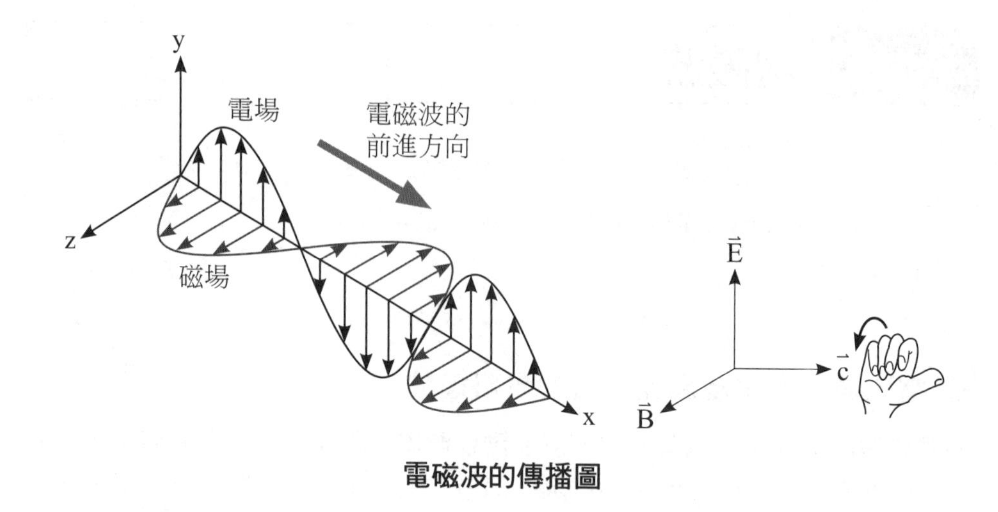

電磁波的傳播圖

3 電磁波譜

(1)電磁波波長與頻率範圍很大，下圖為各種電磁波的波長與頻率的分布，稱為電磁波譜。不同波段的電磁波是由不同方法產生的，其**波長範圍也無明確的分界線**。

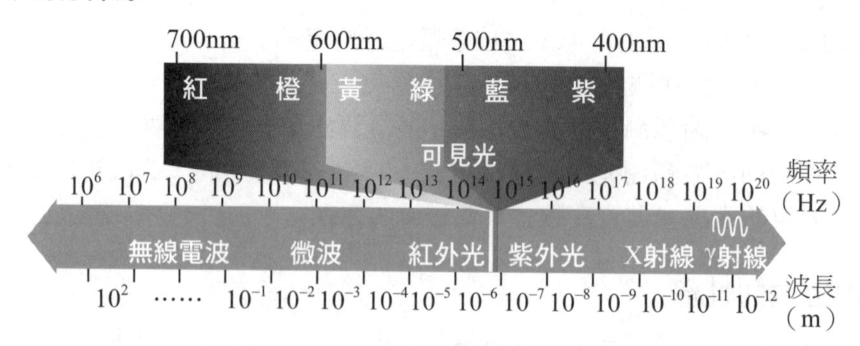

電磁波譜圖

(2)**波長由長至短之排列如下表：**

名稱	波長範圍	特性與應用
無線電波	1公尺~數百公里	由交流振盪電路產生，應用於廣播、無線電視、手機、無線通訊等。
微波	1毫米~1公尺	由真空電子管產生，應用於家用微波爐、微波通訊等。

名稱	波長範圍	特性與應用
紅外線	780奈米~1毫米	紅外線若難以穿透大氣層而回到太空會造成全球暖化問題，活著的生物都會輻射出紅外線，應用於搖控器、偵測、攝影等。
可見光	**380奈米~780奈米**	因人肉眼所見得名，只占電磁波譜的一小段，依波長由長至短可分為紅、橙、黃、綠、藍、靛、紫等色光。
紫外線（UV）	30奈米~400奈米	高溫物體或氣體放電管等可放出紫外光，照射過量會晒傷皮膚，應用於消毒殺菌、鈔票防偽鑑定上。
X射線（X光）	0.01奈米~10奈米	能以高速電子撞擊金屬靶來產生，穿透力強，可穿透肌肉、黑布，但無法穿透厚金屬板。X光波長接近晶體內的原子間距，故X光繞射可用來研究晶體結構。
γ射線	約小於0.003奈米	由原子核衰變或核子反應所產生，波長最短的電磁波，能量強足以殺死活細胞，可用於放射性醫療。

註：電磁波波長範圍無明確分界，故對不同的波段有尺度的概念即可。

範例 **10-22**　　難易度★☆☆

下列關於電磁幅射敘述，何者正確？ (A)**靜止的電荷不發射電磁波** (B)**電磁波在空氣中是以空氣為傳播介質** (C)**電磁波在真空中速率一定** (D)**電磁波中做大小變動的是電場及磁場** (E)**電磁波是橫波。（多選題）**

答：**(A)(C)(D)(E)**。(B)×，電磁波傳播不需介質。

單元補充

渦電流

金屬導體板有磁通量的變化時，因電磁感應現象產生感應電動勢，此感應電動勢引起漩渦狀的感應電流，稱為渦電流，應用如電磁爐。

單元重點整理

Check! □□□

1 磁力線與電力線的比較

	磁力線	電力線
相異點	為封閉曲線，無起點亦無終點。（磁單極不存在）	可為不封閉曲線，起始於正電荷，終止於負電荷，可以只有起點沒有終點或反之。（電荷可單獨存在）
相似點	磁力線與電力線都是法拉第提出的假想線，用來具體地描述磁場與電場。	
	磁力線與電力線的疏密程度都可以顯示空間中該處力場的強弱。	
	磁力線與電力線的切線方向都是該點力場的方向。	
	磁力線與電力線都不能相交。	

Check! □□□

2 載流導線的磁場

類型	內容	安培右手定則（判斷磁場方向）
載流長直導線	電流I的無限長直導線，在距離r處的磁場量值為$B=\frac{\mu_0 I}{2\pi r}$。	右手拇指伸直指向電流方向，四指自然彎曲的方向即為磁場方向。
圓線圈	(1)電流為I，半徑為R的圓線圈在x軸上一點P與圓心距離a處產生的磁場量值為$B=\frac{\mu_0}{2}\frac{IR^2}{(a^2+R^2)^{\frac{3}{2}}}$。 (2)在圓心處（x＝0）的磁場為$B=\frac{\mu_0 I}{2R}$。	右手四指自然彎曲的方向為電流方向，拇指伸直的指向為線圈中心軸的磁場方向。

類型	內容	安培右手定則（判斷磁場方向）
螺線管的磁場	管內有均勻磁場 $B=\mu_0 nI$	右手四指自然彎曲的方向為電流方向，拇指伸直的指向為螺線管管內的磁場方向。

Check!

3 在磁場中的受力

類型	磁力大小	右手開掌定則（判斷磁力方向）
載流導線	(1)直導線的電流I、長度ℓ、外加磁場B，則導線所受磁力為 $\vec{F}=I\vec{\ell}\times\vec{B}$。 (2)若載流導線為任意形狀，則 $\vec{F}=I\vec{\ell}_{有效}\times\vec{B}$，$\vec{\ell}_{有效}$為導線兩端點相連接之直導線的長度及方向。	拇指：電流方向 四指：外加磁場方向 垂直掌心：磁力方向
帶電粒子	帶電質點的電荷為q、速度為$\vec{v}$，外加磁場為$\vec{B}$，則電荷所受的磁力為$\vec{F}=q\vec{v}\times\vec{B}$。	拇指：正電荷運動方向 四指：外加磁場方向 垂直掌心：正電荷受磁力方向

Check!□□□

4 帶電質點在均勻磁場中的運動

帶電質點的運動方向與磁場的夾角 θ	運動狀態	帶電質點的運動軌跡
平行 $\theta = 0^\circ$ 或 180°	等速運動	直線
垂直 $\theta = 90^\circ$	等速率圓周運動	圓
$\theta \neq 0^\circ$ 或 180° $\theta \neq 90^\circ$	平行磁場：等速運動 垂直磁場：等速率圓周運動	螺旋線

Check!□□□

5 發電機與電動機的比較

	發電機	電動機
功能	力學能→電能	電能→力學能
原理	電磁感應 （由磁通量變化產生應電流）	電流磁效應 （載流導線在穩定磁場中受磁力作用）
相關公式	應電動勢 $\varepsilon = NBA\omega \sin \omega t = \varepsilon_{max} \sin\theta$	力矩 $\tau = iNBA \sin\theta$
構造差異	外接電路為電阻（電器）	外接電路為電源

[精選・試題]

基礎題

( ) 1. 有關磁鐵，下列敘述何者正確？
(A)磁鐵棒必須接觸鐵釘才能吸引鐵釘
(B)只要是金屬就能被磁鐵吸引
(C)磁鐵棒兩端磁極具有的磁力較強
(D)一磁鐵棒靜置於粗糙桌面上，會受地磁作用而自然指向南北方向。

( ) 2. 有關磁力線之敘述何者正確？
(A)磁鐵內部由S→N
(B)磁場強度較大之處，磁力線較疏
(C)磁力線無論進入或離開磁鐵均與其表面平行
(D)磁力線為封閉曲線
(E)磁力線彼此不相交。（多選題）

( ) 3. 若觀察者正前方有一束電子，以直線方向遠離觀察者，則此電子束產生的磁場方向為何？
(A)與電子流同方向
(B)與電流同方向
(C)逆時鐘方向
(D)順時鐘方向。

( ) 4. 當一無限長之直導線有一電流通過時，在其周圍產生磁場，下列敘述何者不正確？
(A)磁場強度與通過電流強度成正比
(B)磁場強度與離開導線的距離成正比
(C)磁場方向因通過電流之方向而改變
(D)若其附近有另一平行載有同方向電流之直導線，則兩導線互相吸引。

( ) 5. 在垂直磁場有長ℓ公尺，電流I安培之水平電線，設電線所受力為F牛頓，則磁場強度為：
(A)F/ℓ牛頓／公尺 (B)F/I牛頓／公尺
(C)F/Iℓ牛頓／安培-公尺 (D)FIℓ牛頓-安培-公尺。

( ) 6. 將直導線懸於兩磁極中間，其長度方向與磁場方向垂直如右圖。當導線上通以電流時，則導線因電流與磁場的交互作用所受之力其方向為何？

(A)向上 (B)向下
(C)向左 (D)向右。

( ) 7. 電動機內部的能量轉換方式為何？
(A)動能轉電能 (B)電能轉機械能
(C)電能轉位能 (D)機械能轉電能。

( ) 8. 對於一個正電荷在磁場中的特性描述，何者適切？（多選題）
(A)可能不受力 (B)可能會被加速
(C)可能被改變其動量 (D)可能被改變其動能。

( ) 9. β射線束（電子束）由空中沿著鉛直的方向朝向地面射入時，則受地磁影響而導致偏向為何？
(A)東方 (B)西方
(C)北方 (D)南方。

( ) 10. 一螺線形線圈在下列哪一種情形下，線圈不會產生感應電流？
(A)線圈內放置一棒形磁鐵 (B)當一棒形磁鐵通過線圈
(C)將線圈接近磁鐵 (D)將線圈移離磁鐵。

( ) 11. 有一磁場B＝5韋伯／平方公尺，內有一導線長40公分，若以速度V＝20公尺／秒運動且V和B夾角60°時，則感應電動勢為多少伏特？
(A)$20\sqrt{3}$ (B)20
(C)40 (D)0。

( ) 12. 關於變壓器，下列敘述何者錯誤？
(A)利用電磁感應來改變電壓
(B)僅改變電壓大小，無法改變電阻大小
(C)變壓器中較高電壓輸出端其線圈圈數較多
(D)輸入及輸出的電流均須為直流電。

( ) 13. 變壓器主線圈有4000圈，副線圈有200圈，若輸入電壓為400伏特，則輸出電壓為多少伏特？ (A)4000 (B)400 (C)200 (D)20。

( ) 14. 根據物理原理，下列哪一項家用電器一定要使用交流電源才能工作？
(A)電鍋 (B)電燈泡 (C)電烤箱 (D)電磁爐。

( ) 15. 一個運動中的正電荷有可能產生什麼？（多選題）
(A)電場 (B)電流 (C)磁場 (D)電磁輻射。

進階題

( ) 1. 如右圖所示，有四條相互平行的長直導線，其截面排成邊長為a 的正方形。每條導線所載的電流相等，方向稍有不同，則在中心點P 的磁場方向為
(A)與x軸正向同一方向
(B)與y軸正向同一方向
(C)與x軸正向夾45°角方向
(D)與x軸正向夾135°角方向。

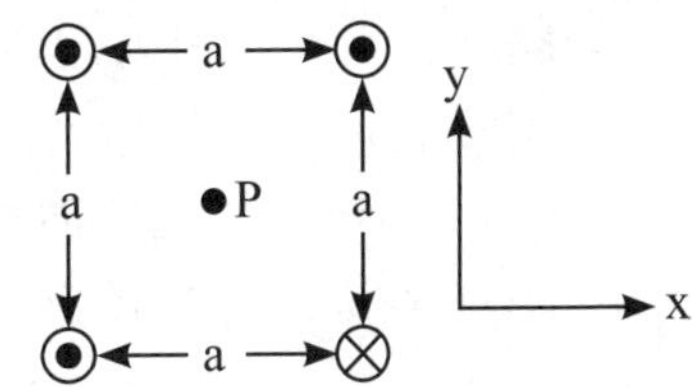

( ) 2. 如圖所示，有一導線形狀其中ab段導線長為2R，半圓形導線bc，半徑為R，cd段導線長為2R，載有電流I。若將其置於一均勻磁場B中，磁場與半圓面垂直，則此導線所受的磁力為
(A)（4＋π）IRB (B)（4＋2π）IRB
(C)4π IRB (D)6IRB。

( ) 3. 下列敘述何者正確？
(A)若變壓器的副線圈匝數大於原線圈匝數，則接上1.5V 的電池後為一升壓變壓器
(B)在均勻穩定的磁場中，一長方形載流線圈所受的磁力必為零
(C)平面載流線圈在均勻穩定的磁場中所受的力矩與線圈面積成正比，與線圈形狀無關
(D)一帶電質點在一空間作等速度運動，則此空間之磁場必為零
(E)發電機 在均勻穩定的磁場中所產生的最大感應電動勢隨其角速度增快而增加。（多選題）

( ) 4. 下面哪幾種情形下，線圈上才會產生感應電動勢？
(A)線圈面和均勻磁場垂直，而磁場慢慢消失
(B)線圈面和均勻磁場垂直，以通過線圈中心且垂直於線圈面的線為軸而轉（設線圈為正圓）
(C)線圈面和磁場方向平行，磁場突然增加
(D)線圈面和磁場平行，將線圈慢慢縮小
(E)線圈面和磁場垂直，將線圈慢慢縮小。（多選題）

( ) 5. 將一帶電質點射入均勻磁場中，其射入方向不與磁場方向平行，則下列敘述何者錯誤？
(A)此質點必作圓周運動
(B)此質點必作等速率運動
(C)磁力不對此質點作功
(D)此質點必受衝量作用。

( ) 6. 人們利用變壓器將電壓升高或降低，變壓器的應用使得發電廠不需設在住家附近。下列有關變壓器的敘述，哪幾項正確？
(A)變壓器的環形鐵心是永久磁鐵
(B)變壓器能變壓，與電流的磁效應有關
(C)變壓器能變壓，與電流的熱效應有關
(D)變壓器能變壓，與磁場改變時會產生應電動勢有關
(E)變壓器可使兩電力系統不需直接連結，就可以作電能的轉移。（多選題）

( ) 7. 有一固定不動的磁棒及螺線管，磁棒的長軸通過垂直置放之螺線管的圓心P點，當螺線管通以電流時，空間中的磁力線分布如圖中的虛線。若在圖中P點右方觀察，則下列關於電流與磁場的敘述，何者正確？

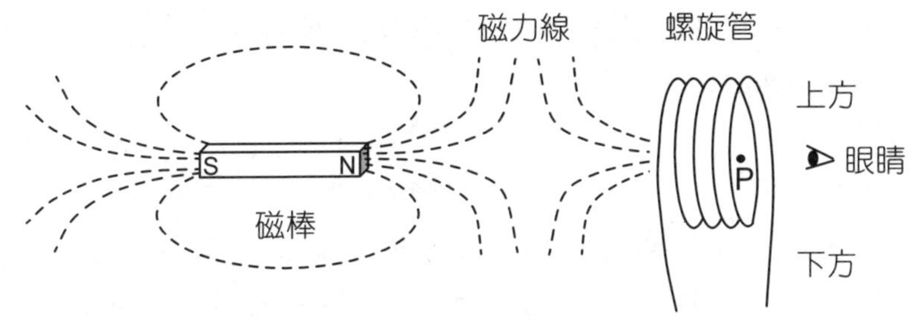

(A)螺線管上電流為零
(B)P點的磁場方向為向上
(C)P點的磁場方向為向下
(D)螺線管上電流方向為順時針方向
(E)螺線管上電流方向為逆時針方向。

( ) 8. 右圖為一矩形線圈，線圈中央放置一條長度為ℓ，且不計電阻的導線，從矩形線圈中央以速率v向右等速移動，若磁場大小為B，線圈兩側之電阻均為R，則通過導線的電流大小為何？

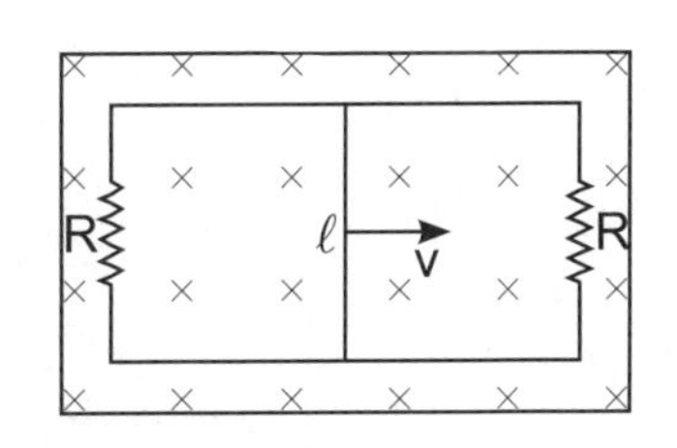

(A)0 (B) $\frac{\ell vB}{2R}$ (C) $\frac{2\ell vB}{R}$ (D) $\frac{\ell vB}{R}$ 。

( ) 9. 有一長為a、寬為w的線圈其電阻為R，施一外力F使其以等速度v通過一範圍為d（d > a）的均勻磁場B，磁場的方向為垂直射入紙面，如圖所示。在時間 t = 0 時，線圈恰接觸磁場的邊緣。在線圈尚未完全進入磁場之前，時間為 $0 < t < \frac{a}{v}$ 時，磁場B在線圈內磁通量的量值為何？

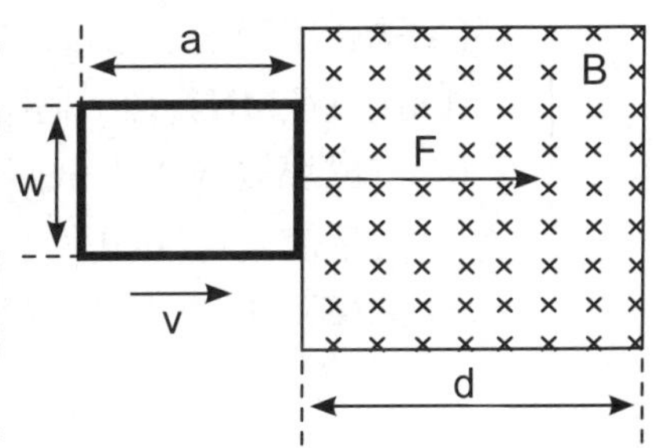

(A)wvB (B)wvtB (C)watB (D)d^2B (E)d^2Bt。

( ) 10. 如圖所示為在同一平面上由細導線圍成半徑分別為2r及r的同心圓。已知一均勻磁場垂直通過此平面，若磁場隨時間作均勻變化，且應電流所產生的磁場可忽略不計，則大圓導線與小圓導線的應電動勢之比為多少？

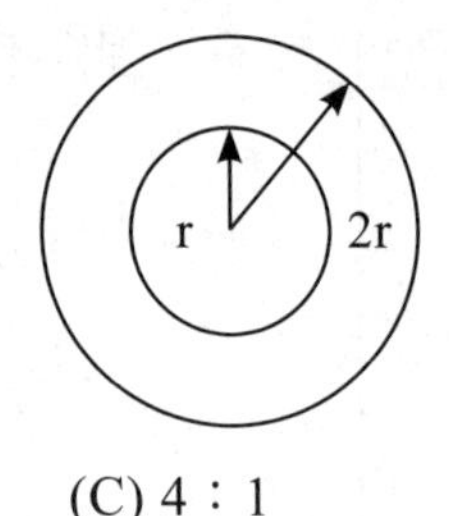

(A) 1：1　(B) 2：1　(C) 4：1
(D) 1：4　(E) 1：2。

( ) 11. 如圖所示，一條細長的直導線與水平桌面垂直，桌面上平放的小磁針沿桌面到導線的距離R=10cm。設導線未通電流時，小磁針保持水平且其N極指向北方；而當導線上的直流電流為I時，小磁針N極與北方的夾角為θ。當R改為20cm時，若欲使小磁針N極與北方的夾角仍為θ，則導線的電流大小必須調整成下列何者？

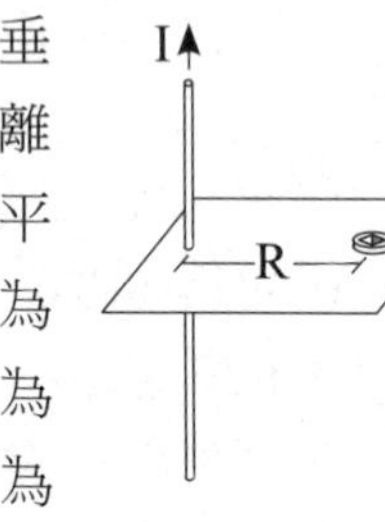

(A) $\frac{I}{4}$　(B) $\frac{I}{2}$　(C) I
(D) 2I　(E) 4I。

( ) 12. 如右圖，將一半徑為R的圓形封閉迴路，置於水平向左的均勻磁場B中，迴路面與磁場平行，並通過以順時針方向的電流，則下列敘述何者正確？

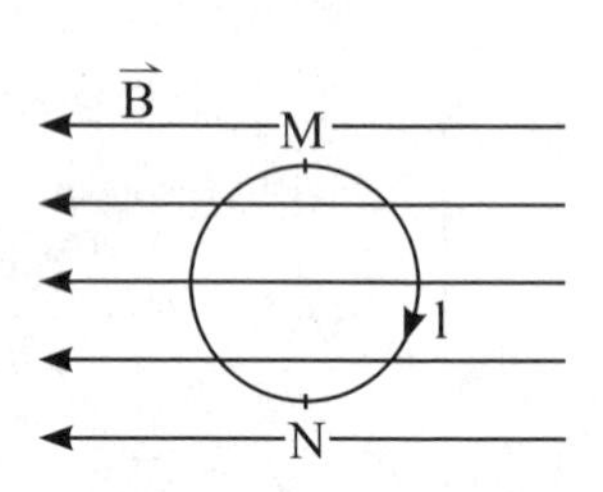

(A)迴路所受之磁力量值為2IRB
(B)以直徑MN為軸，迴路所受之磁力矩量值為πR^2IB
(C)若磁場變成垂直紙面向內，但電流方向維持不變，則迴路上的張力量值變為2IRB
(D)承(C)，以直徑MN為軸，迴路所受之磁力矩量值為πR^2IB。

( ) 13. 右圖所示，一個帶＋q電荷的正離子，受到電位差V加速後，進入一相互垂直的電場及磁場中，電場方向為均勻向下，磁場方向為均勻射入紙面。若正離子通過電磁場後有點向上偏斜，欲使正離子能沿水平方向筆直通過電磁場，則下列作法何者正確？

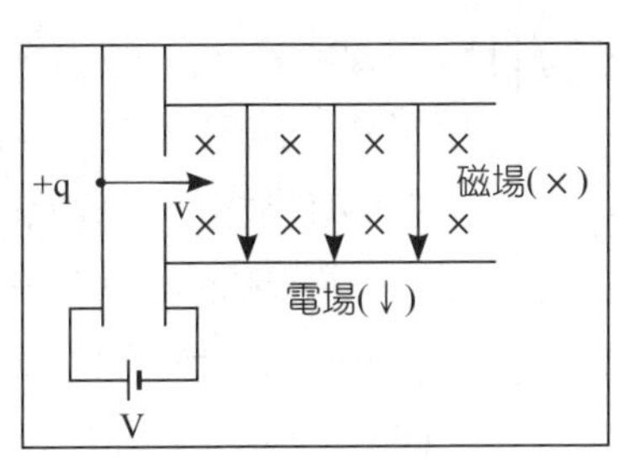

(A)適當的減小磁場的量值
(B)適當的減小電場的量值
(C)適當的增大加速電壓V的量值
(D)適當增強電場，同時減小加速電壓V的量值
(E)適當的將電場及磁場的量值等比例增大。（多選題）

( ) 14. 圖所示為一帶電粒子偵測器裝置的側視圖：在一水平放置、厚度為d之薄板上下，有強度相同但方向相反之均勻磁場B；上方之磁場方向為射入紙面，而下方之磁場方向為射出紙面。有一帶電量為q、質量為m之粒子進入此偵測器，其運動軌跡為如圖中所示的曲線，粒子的軌跡垂直於磁場方向且垂直穿過薄板。如果薄板下方軌跡之半徑R大於薄板上方軌跡之半徑r時，設重力與空氣阻力可忽略不計，則下列哪些敘述是正確的？

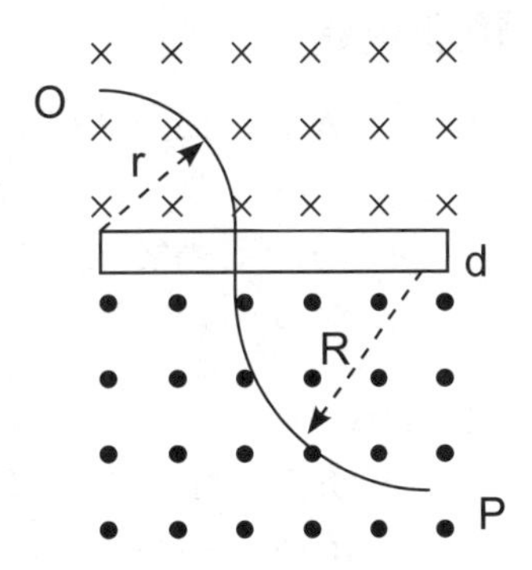

(A)粒子沿著軌跡由O點運動至P點
(B)粒子帶正電
(C)穿過薄板時，粒子動能增加
(D)穿過薄板所導致的粒子動能改變量為$\frac{1}{2}\frac{q^2B^2}{m}(R^2-r^2)$
(E)粒子穿過薄板時，所受到的平均阻力為$\frac{qB}{md}(R^2-r^2)$。（多選題）

( ) 15. 如圖所示，在xy水平面上有一長方形的金屬導體線圈，位於其左邊的無限長直導線，載有沿著+y方向的電流I。當此線圈以等速度 $\vec{v}$ 移動時，下列有關線圈迴路中感應電流的敘述，何者正確？

(A)若 $\vec{v}$ 沿 +y 方向向前，則感應電流為零

(B)若 $\vec{v}$ 沿 +x 方向向右，則感應電流為零

(C)若 $\vec{v}$ 沿 +y 方向向前，則感應電流愈來愈大

(D)若 $\vec{v}$ 沿 +x 方向向右，則感應電流是不為零的定值

(E)若 $\vec{v}$ 沿 +y 方向向前，則感應電流是不為零的定值。

解答與解析

基礎題

1. **C**。(A)×，磁力為超距力，磁鐵棒不須接觸鐵釘就可吸引鐵釘。
(B)×，要是磁性材料才能被磁鐵吸引，像銅、銀、鉛等物質就不是。
(D)×，由於摩擦力的作用，磁鐵棒無法自然指向南北方向，應改成懸吊起來的方式。

2. **ADE**。
(B)×，磁力線的密度代表磁場強度，較大處磁力線較密。
(C)×，磁力線無論進入或離開磁鐵均與其表面垂直。

3. **C**。電子流的方向與電流相反，利用安培右手定則得知產生磁場方向為逆時針。

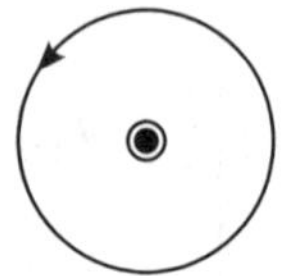

4. **B**。(B)×，無限載流長直導線其周圍產生磁場強度 $B \propto \frac{I}{r}$，與離開導線的距離成反比。

5. **C**。載流導線所受的磁力 $F = I\ell B$，則磁場強度 $B = \frac{F}{I\ell}$，單位為 $\frac{牛頓}{安培-公尺}$。

6. **A**。利用右手開掌定則，得知載流導線所受的磁力方向向上。

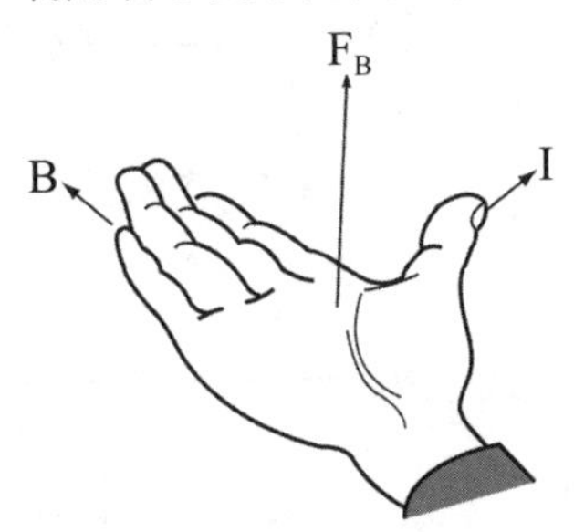

7. **B**。電動機是利用電流磁效應將電能轉成機械能（力學能）的裝置。

8. **ABC**。

(A)○，當正電荷靜止或運動方向平行於磁場時，在磁場中不受力。

(B)○(C)○(D)×，當正電荷的運動方向不與磁場平行時，可能會作等速率圓周運動或螺旋線，因磁力不作功，只會改變速度方向，不改變速度大小，故可能改變其動量，但不會改變其動能。

9. **B**。電子束的運動方向與地磁垂直，根據右手螺旋定則，電子束偏向西方。

10. **A**。(A)×，欲產生感應電流，螺線圈內要有磁場的變化。當在線圈內放置一棒形磁鐵，有磁場但無磁場變化，故不會產生應電流。

11. **A**。感應電動勢大小 $\varepsilon = \ell VB\sin\theta = 0.4\times 20\times 5\times \sin 60^\circ = 20\sqrt{3}$ 伏特。

12. **D**。(D)×，變壓器一定要輸入交流電才會有電磁感應的現象，輸出亦為交流電。

13. **D**。變壓器的電壓與匝數成正比，$\frac{V_1}{V_2}=\frac{N_1}{N_2}$，$\frac{400}{V_2}=\frac{4000}{200} \Rightarrow V_2 = 20$ 伏特。

14. **D**。(A)×(B)×(C)×，利用電流熱效應，(D)○，利用電磁感應，故一定要使用交流電源。

15. **ABCD**。

(A)○，有電荷在空間中即可在此空間建立電場。

(B)○，運動中的電荷即為電流。

(C)○，因電流磁效應在空間中會產生磁場。

(D)○，若電荷是加速運動，則會同時產生時變磁場和時變電場，此時變磁場和時變電場構成電磁輻射。

進階題

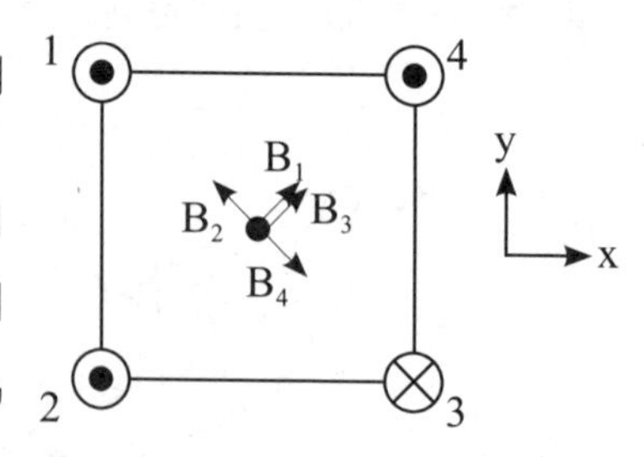

1. **C**。長直載流導線的磁場方向以安培右手定則決定，磁力線以導線為軸心的同心圓。
   四條直導線分別在P點產生的磁場如圖，由於每條導線所載的電流相等，距離P點也相等，故磁場大小相等。則P點的磁場為 $\vec{B}_1+\vec{B}_3$ 的合磁場，方向與x軸正向夾45°角，故選(C)。

2. **D**。$F_B = I(2R+2R+2R)B = 6IRB$。

3. **BCE**。
   (A)×，變壓器需接交流電。
   (B)○，封閉載流線圈在均勻磁場中所受的磁力為零。
   (C)○，$\tau = iNBA\sin\theta \propto A$。
   (D)×，因電流磁效應在空間中會產生磁場。
   (E)○，$\varepsilon_{max} = NBA\omega \propto \omega$。

4. **AE**。要產生感應電動勢，線圈內要有磁通量的變化。
   (B)×，∵線圈面與磁場垂直，轉軸與線圈面垂直∴線圈旋轉時無磁通量變化。
   (C)×(D)×，∵線圈與磁場平行，可視為無磁力線通過線圈，即使磁場改變或線圈面積改變，也不會造成線圈內磁通量的變化。

5. **A**。∵帶電質點射入方向不與磁場方向平行
   ∴根據 $\vec{v}$ 和 $\vec{B}$ 的夾角，帶電質點在磁場中的運動軌跡可能是直線、圓形或螺旋線。
   (C)○，∵ $\vec{F}_{磁} = q\vec{v}\times\vec{B}$，∴磁力恆與速度垂直
   (D)○，衝量=動量變化量∝速度變化（$\vec{J}=\Delta\vec{p}=m\Delta\vec{v}$），帶電質點射入方向不與磁場方向平行，速度方向會隨時間變化。

6. **BDE**。
   (A)×，變壓器的環形鐵心是軟鐵心。
   (B)○，主線圈與交流電源相接，因電流的交互變化產生交互變化的磁場。
   (C)×，與電流磁效應和電磁感應有關。

(D)○，軟鐵心傳遞變化的磁場至副線圈，因此副線圈產生應電動勢。

(E)○，主線圈與副線圈纏繞於同一軟鐵心無直接連結，利用電磁感應達到變壓的效果。

7. **D**。由磁力線的分布圖可知，螺線管內產生的磁場與磁棒的磁場相斥，故螺線管左端N極、右端S極，管內磁場向左，依據安培右手定則P點右方的觀察者看到電流為順時針方向。

(A)×，螺線管上要有電流才會在週圍產生磁場（電流磁效應）。

(B)×(C)×，P點的磁場方向為向左。

(D)○(E)×，由安培右手定則可知，拇指向左則四指方向為電流方向。

8. **C**。電阻為並聯 $R_{等效}=\frac{R}{2}$，$\varepsilon=\ell vB \Rightarrow I=\frac{\varepsilon}{R_{等效}}=\frac{2\ell vB}{R}$

9. **B**。在時間0~t時，線圈前進距離為vt，故此時線圈在磁場內的面積 $A=w\cdot vt$，則磁通量 $\phi=\vec{B}\cdot\vec{A}=BA=B(w\cdot vt)=Bwvt$

10. **C**。半徑分別為2r及r，面積比為4：1

$\varepsilon=\frac{\Delta\phi}{\Delta t}=\frac{\Delta BA}{\Delta t}\propto A$，故大、小圓導線上的電動勢的比為4：1。

11. **D**。無限長直載流導線的磁場 $B=\frac{\mu_0 I}{2\pi r}\propto\frac{I}{r}$，因前後兩次磁針偏轉角度相同，得前後兩次載流導線產生的磁場大小也相同。當與導線的距離變成原來的兩倍，故電流的大小也要變成原來的兩倍。

12. **B**。(A)×，封閉線圈所受的磁力為零。

(B)○，$\tau=iNBA\sin\theta=I\times1\times B\pi R^2\sin90^\circ=\pi R^2 IB$。

(C)×，$2T=I(2R)B\rightarrow T=IRB$。

(D)×，$\because\vec{B}//\vec{A}\rightarrow\theta=0^\circ$，故 $\tau=0$。

13. **AD**。正離子向上偏斜，表示$F_B>F_e$，若欲使正離子筆直通過，則F_B減小或F_e增加。

(A)○，$\because F_B=qvB\ \therefore$當$B\downarrow F_B\downarrow$

(B)×，$\because F_e=qE\ \therefore$當$E\downarrow F_e\downarrow$

(C)×，增加V→增加入射速度$\because F_B=qvB$，故$F_B\uparrow$

(D)○，當$E\uparrow F_e\uparrow$，加速電壓$V\downarrow F_B\downarrow$

(E)×，當$E\uparrow F_e\uparrow$，$B\uparrow F_B\uparrow$

14. **AD**。

(1)(A)×(B)○(C)×，帶電粒子在均勻磁場中作圓周運動的半徑 $R=\dfrac{mv}{qB}\propto v$，故帶電粒子在薄板下方的動能較薄板上方大。由於帶電粒子經薄板時受阻力使得動能減少，由此判斷粒子沿著軌跡由P點運動至O點，且由右手開掌定則可知粒子帶正電。

(2)(D)○，$\because R=\dfrac{mv}{qB}\rightarrow v=\dfrac{qBR}{m}$ $\therefore$動能 $K=\dfrac{1}{2}mv^2=\dfrac{q^2B^2R^2}{2m}\propto R^2$ 則動能變化量 $\Delta K=K_{末}-K_{初}=\dfrac{q^2B^2}{2m}(r^2\text{-}R^2)=-\dfrac{q^2B^2}{2m}(R^2\text{-}r^2)$，負號表示減少。

(3)(E)×，由功能定理→ $W_{外}=\Delta K$，

故 $-fd=-\dfrac{q^2B^2}{2m}(R^2\text{-}r^2)\rightarrow f=\dfrac{q^2B^2}{2md}(R^2\text{-}r^2)$

15. **A**。若 $\vec{v}$ 沿 $+y$ 方向，線圈磁通量不變，故應電流為零。

若 $\vec{v}$ 沿 $+x$ 方向，因磁場B隨距離r的增加而變小，故線圈磁通量改變產生應電流。由於 $B\propto\dfrac{1}{r}$，磁通量的時變率會愈來愈小，故應電動勢愈來愈小，即應電流愈來愈小。

頻出度 A B C

依據出題頻率分為：A頻率高 B頻率中 C頻率低

近代物理的重大發現

到十九世紀末物理學已建立了完整的理論系統，一般而言稱為古典物理學；二十世紀後科學家開創新的物理領域以彌補古典物理的不足，稱為近代物理學。近代與古典物理的概念是有衝突的，考生應該重新接受新的思維，並了解近代與古典物理不同之處。近年來物理基礎課程內容新增量子物理的章節，代表本單元的重要性，特別是量子論、光電效應、物質波、波耳氫原子模型等概念請考生要特別留意。

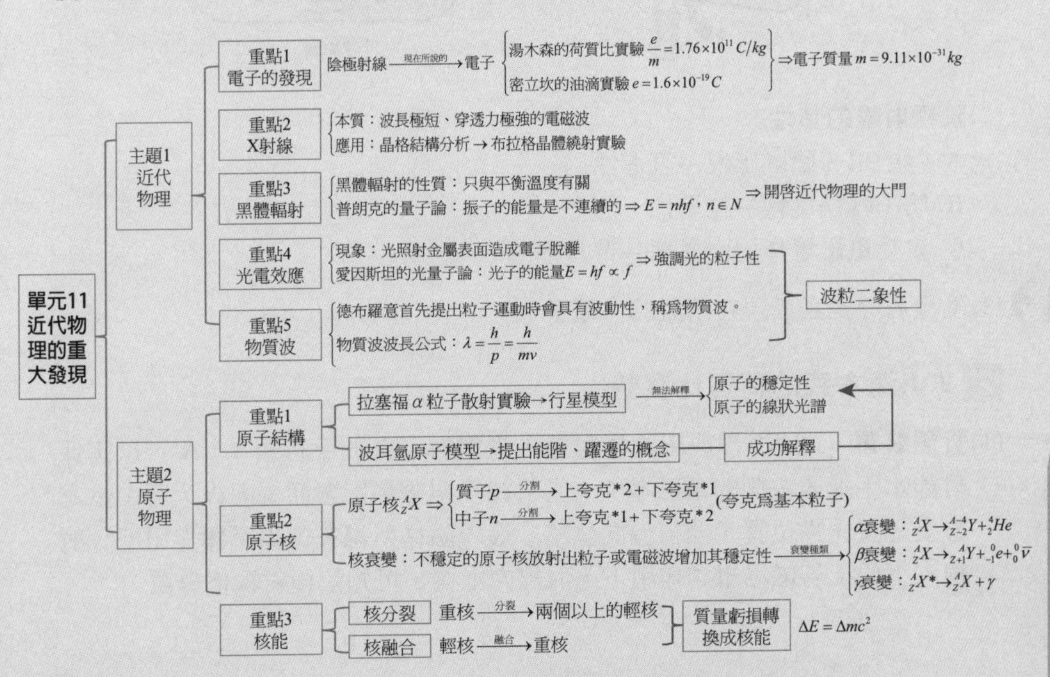

主題1 近代物理

關鍵重點

陰極射線、基本電荷、$e=1.6\times10^{-19}$ C、X射線、黑體輻射、量子論、普朗克常數h、光電效應、光量子、$E=hf$、物質波、波粒二象性

重點1 電子的發現

Check! □□□

1 陰極射線管

(1)**陰極射線管：**裝置如圖。玻璃管內抽真空並置一障礙物，兩極加上高壓電，則可見位於陰極對面塗有螢光劑之管壁處有陰影出現，顯示出有射線由陰極射出，稱為陰極射線。

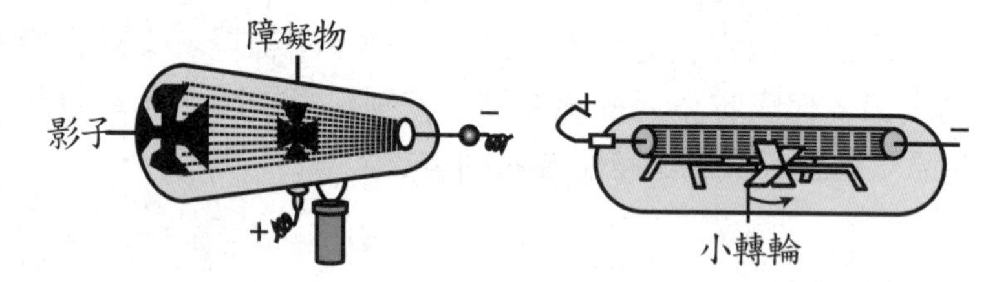

(2)**陰極射線的特性**

A. 管壁處有陰影出現→直進性

B. 使小轉輪旋轉→粒子性

C. 會受電磁場作用而偏轉→帶負電

(3)陰極射線是我們現在所說的「**電子**」。

2 J.J.湯木森的荷質比實驗

(1)**實驗裝置：**左側C釋放出陰極射線，經鑽有小孔的平行板A、A'，以確保射線水平進入右側的電磁場中。當射線受電磁場影響而偏向後，可由螢光幕上之螢光點位置，測得偏向位移。發現陰極射線在電場單獨作用下，射線向下偏；若磁場單獨作用下，射線向上偏，可知陰極射線帶負電。

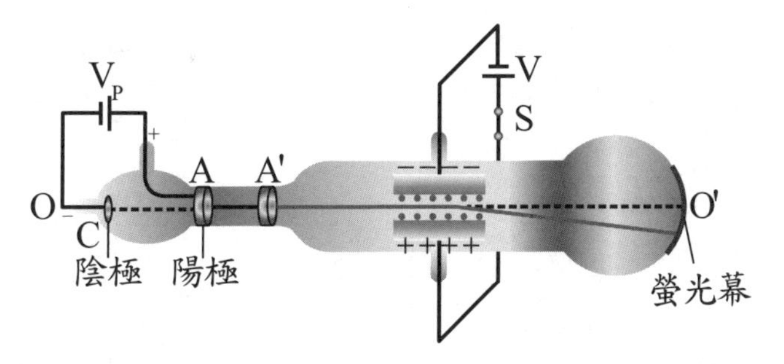

(2)**電子的荷質比**

A. 電子在均勻電場中的運動分析

	在平行電板間的運動	離開平行電板的運動	結論
水平方向	等速運動：$\ell = v_0 t$ ⇒費時 $t = \dfrac{\ell}{v_0}$	等速運動：$D = v_0 t'$ ⇒費時 $t' = \dfrac{D}{v_0}$	a.鉛直方向總位移： $Y = y_1 + y_2$ $= \dfrac{eE\ell^2}{2mv_0^2} + \dfrac{eE\ell D}{mv_0^2}$ $= \dfrac{eE\ell}{2mv_0^2}(\ell + 2D)$ b.荷質比： $\dfrac{e}{m} = \dfrac{2Yv_0^2}{E\ell(\ell + 2D)}$
鉛直方向	等加速運動： $a_y = \dfrac{F}{m} = \dfrac{eE}{m}$ $v_y = a_y t = \dfrac{eE\ell}{mv_0}$ $y_1 = \dfrac{1}{2}a_y t^2 = \dfrac{eE\ell^2}{2mv_0^2}$	等速運動： $y_2 = v_y t' = \dfrac{eE\ell D}{mv_0^2}$	

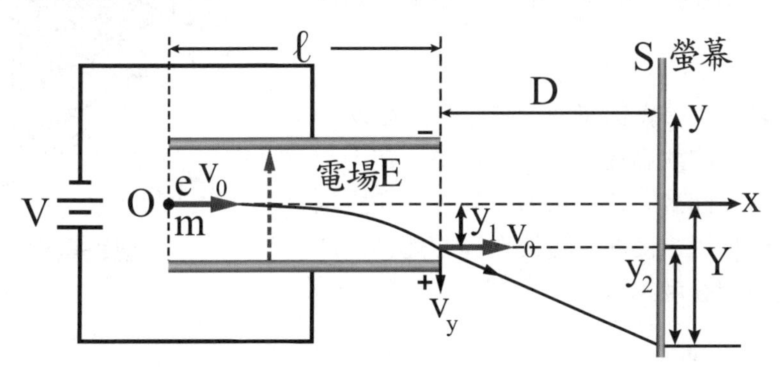

B. 電子在均於磁場中的運動分析

磁力為圓周運動的向心力，

$$ev_0B = m\frac{v_0^2}{R} \Rightarrow \frac{e}{m} = \frac{v_0}{RB}$$

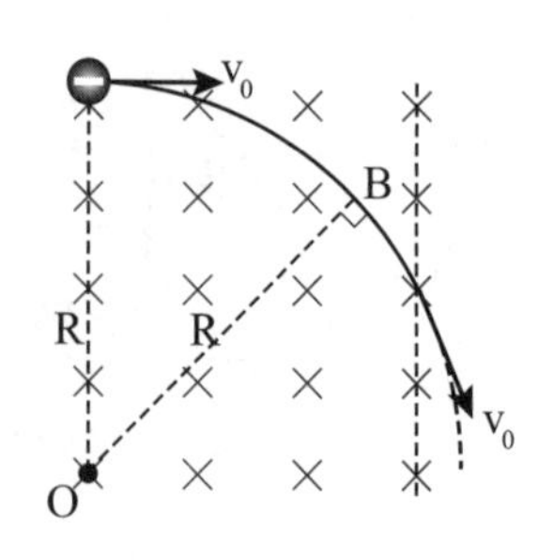

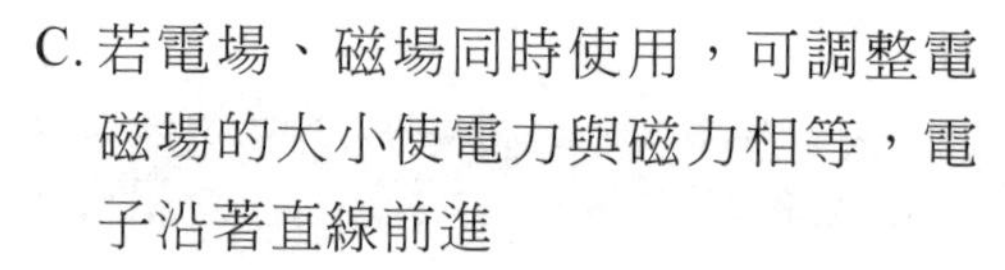

C. 若電場、磁場同時使用，可調整電磁場的大小使電力與磁力相等，電子沿著直線前進

$$eE = ev_0B \Rightarrow v_0 = \frac{E}{B}$$

$$\therefore \frac{e}{m} = \frac{E}{RB^2}$$

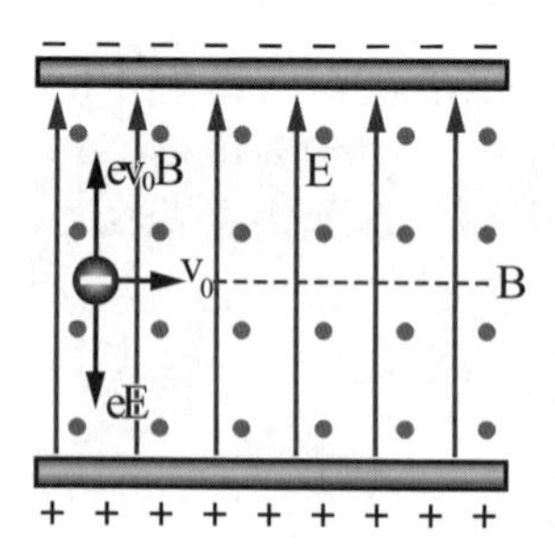

(3)**實驗結果：**$\frac{e}{m} = 1.76\times10^{11}$ 庫侖/公斤 。即使電極材料不同，所測得的電子之荷質比皆相同，**故電子是普遍存在於各種物質內的基本粒子**。

3 密立坎油滴實驗

1909年，美國物理學家密立坎，由帶電油滴在均匀電場中的運動，計算出油滴帶電量，並推出基本電荷的電量，即電子的電量。

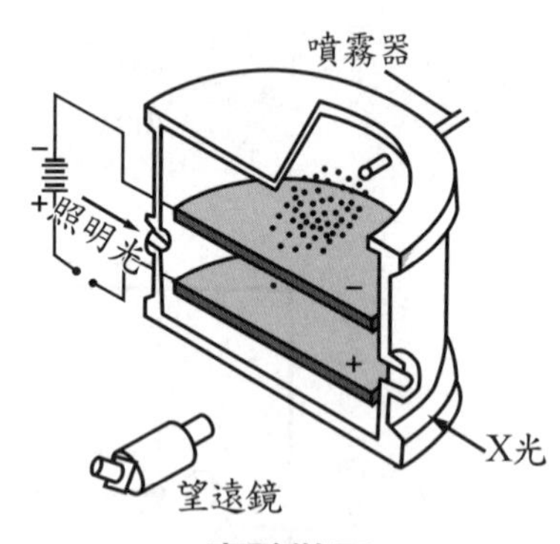

實驗裝置

(1)**實驗裝置：**噴霧器將油滴噴出後，因摩擦而帶電荷的油滴進入平行電板中。在均匀電場中，油滴同時受重力、靜電力和空氣阻力的作用，使油滴最後作等速運動，即達到終端速度。

必背 (2)實驗結果：實驗發現油滴的帶電量皆為1.6×10^{-19}庫侖的整數倍（電荷的量子化），此為物質帶電的最小單位又稱基本電荷e，由此得知電子的電量大小為**$e=1.6\times10^{-19}$庫侖**。

(3)**電子的質量：**配合湯木森所測得的荷質比計算出電子的質量$m_e=9.11\times10^{-31}$kg。

重點 2　X射線

Check! □□□

1　X射線的發現

1895 年，德國科學家侖琴，在進行陰極射線實驗時，發現被陰極射線撞擊的正極，會發出一種不受電磁場影響，且穿透力極強的未知射線，稱為X射線。

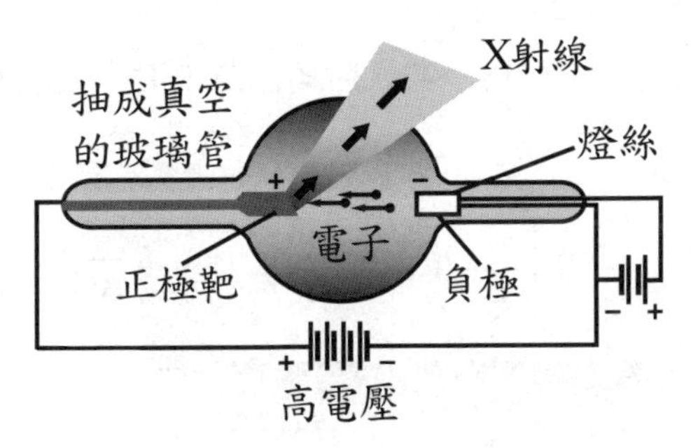

2　X射線的產生

由陰極射出的電子經高電壓加速後，高速撞擊正極的金屬靶材，電子在急遽減速的過程中會釋放電磁波，即波長極短的X射線。

(1)**制動輻射：**電子在急遽減速的過程中，損失的動能轉換為電磁波釋放。由於每個電子減速的情況各不相同，故輻射出連續光譜。

(2)**特徵輻射：**入射電子使正極靶材的內層電子發生躍遷所釋放出電磁波，故其能量及波長為特定值，即在X光光譜上出現特定尖峰，因此不同材料的正極靶有不同的特徵輻射。

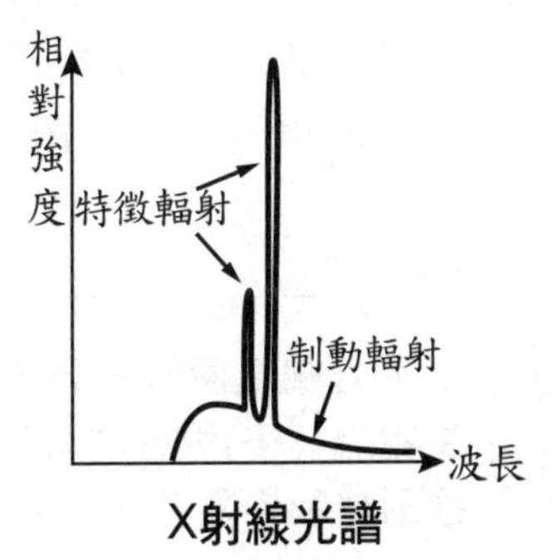

X射線光譜

重要

3 X射線的性質

(1)它的穿透力極強。

(2)本質為波長極短的電磁波，波長範圍約在0.1埃~10埃（註：1埃($\dot{A}$)$=10^{-10}$m）。

(3)它可使照像底片感光。

(4)它可使螢光物質發光。

(5)無法用一般光柵產生干涉或繞射現象。

4 X射線波長的測定—布拉格X射線繞射實驗

(1)結晶體內原子的排列規則且晶格間距甚小，恰可構成立體的光柵。

必背 (2)布拉格定律：$2d\sin\theta = n\lambda$

（當n為正整數時，X射線繞射後發生建設性干涉）

d：晶體內相鄰原子層間的距離。

θ：繞射角，亦稱為布拉格角。非入射角，為入射光與晶體面的夾角。

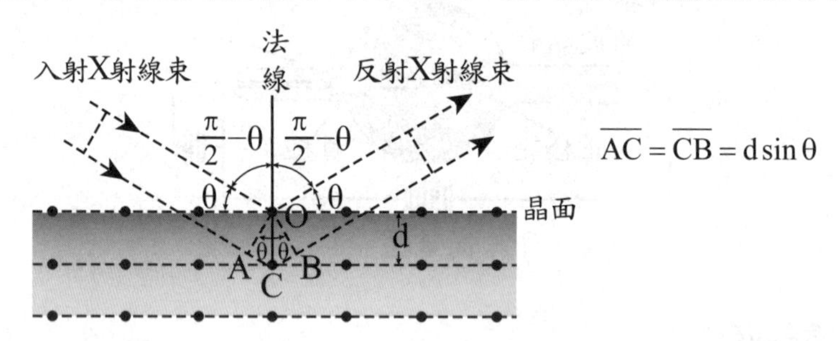

5 X射線的應用

(1)醫療攝影：非侵入式骨骼與胸部X光。

(2)晶格結構測定：DNA雙股螺旋結構。

(3)機場安檢流程：X光掃描機。

範例 11-1 難易度★☆☆

下列有關陰極射線與X射線的敘述，何者正確？ (A)兩者的行進均可產生電流 (B)兩者均可受靜電場的影響而偏向 (C)兩者均為電磁波 (D)陰極射線為帶電粒子，X射線為電磁波。

答：**(D)**。陰極射線本質為電子；X射線本質為電磁波。

重點3 量子論

Check!
□□□

1 熱輻射的現象

(1)當物體溫度高於絕對零度（0K）時，其內部的原子和原子內的電子或質子都在不停的振盪，而作加速運動的帶電粒子會發射出電磁波，此稱為熱輻射。

(2)物體也會吸收外來輻射，當物體的吸收輻射能量速率和放出輻射能量速率相等時，則達到熱平衡狀態。

(3)物體放出或吸收輻射的速率與物體的表面性質有關，表面愈粗糙或愈黑，則放出或吸收輻射的速率愈快。

2 黑體輻射

(1)**黑體：**完全吸收外來輻射而不反射的理想物體。通常用鑽有小孔的空腔來描述黑體，外來輻射從小孔進入空腔後，經過多次反射後，幾乎完全被空腔吸收，故可被視為黑體。

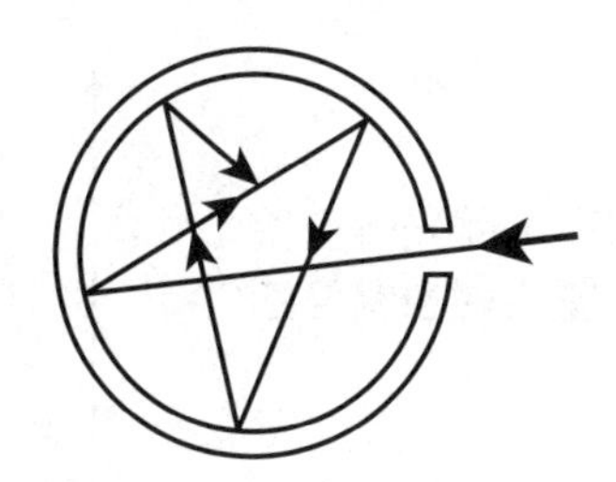

(2)**黑體輻射：**黑體釋放出的熱輻射稱為黑體輻射。鑽有小孔的空腔加熱後，有輻射從小孔射出，可視為黑體輻射。

(3)**黑體輻射的性質**

黑體輻射的光譜與黑體的材料、形狀無關，只與黑體的**平衡溫度T**有關。

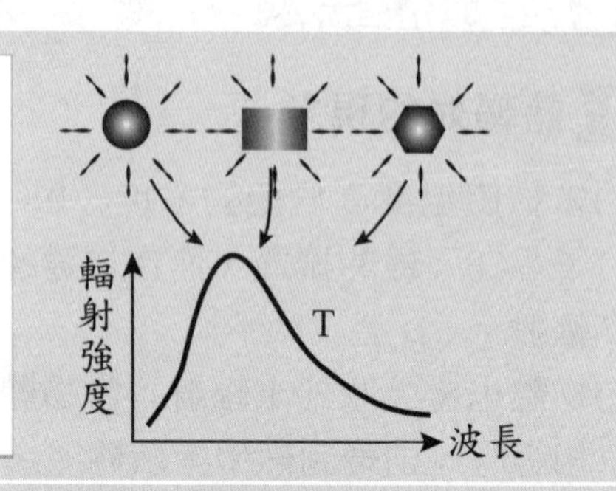

光譜中對應能量最強的波長λ_{max}會隨溫度升高而減小，符合λ_{max}・T=定值，此稱為維因位移定律。

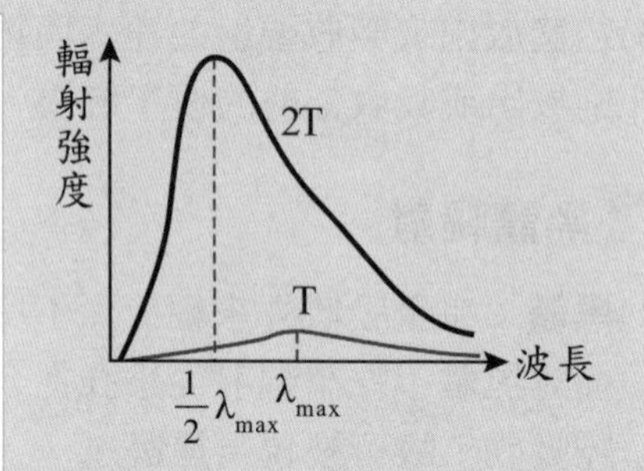

單位面積黑體輻射的總功率，即光譜圖與波長軸包圍的面積，與黑體的絕對溫度四次方成正比。

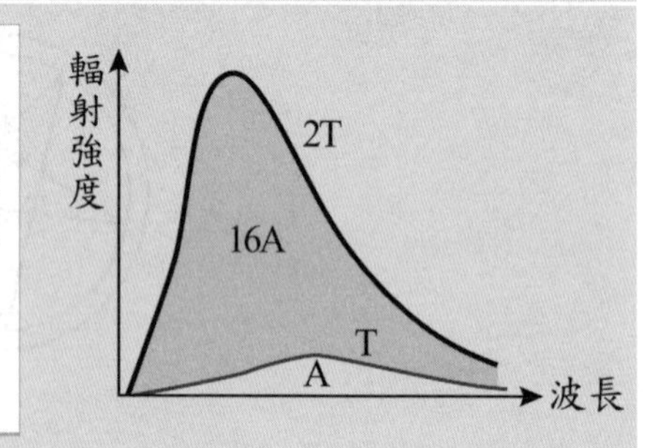

3 普朗克的量子論

(1)維因及瑞立和京士，皆曾用古典物理學中的熱力學與電磁學理論來尋找黑體輻射的理論公式，但均無法和實驗數據完全吻合。

(2)普朗克放棄了古典物理中能量連續的概念，而假設能量是不連續量，即量子化的觀念，終於解決了黑體輻射的疑難，同時開啟了近代物理的大門。

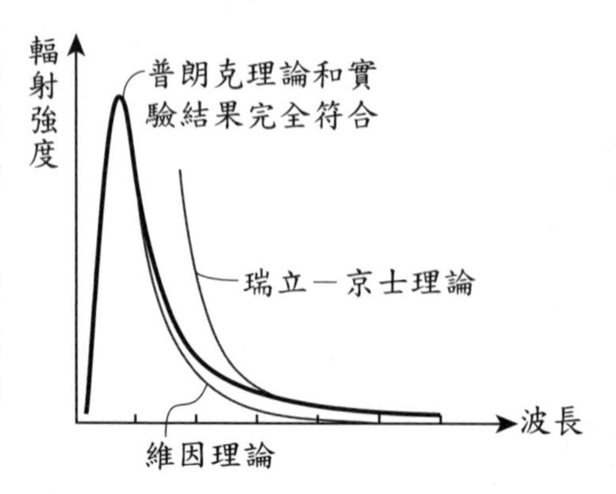

(3)普朗克的量子論：空腔壁上的帶電粒子視為簡諧振子，各有其特定振盪頻率f。各振子的能量不是連續的，是一能量單元hf的整數倍，h為普朗克常數

⇒振子的能量為$E=nhf$，n為正整數，稱為量子數。
$h=6.63\times10^{-34}$ J・s。

範例 11-2 難易度★★☆

關於黑體輻射，下列敘述何者錯誤？
(A)熱輻射射到黑體上，會被完全吸收
(B)黑體輻射的光譜與黑體的材料無關
(C)黑體輻射的光譜之中，有最大能量強度的頻率隨溫度升高而減少
(D)同一黑體，其輻射總能量隨溫度的升高而增加。

答：**(C)**。
(C)×，光譜中對應能量最強的波長λ_{max}會隨溫度升高而減小。

重點4 光電效應與光量子論

Check! □□□

1 光電效應

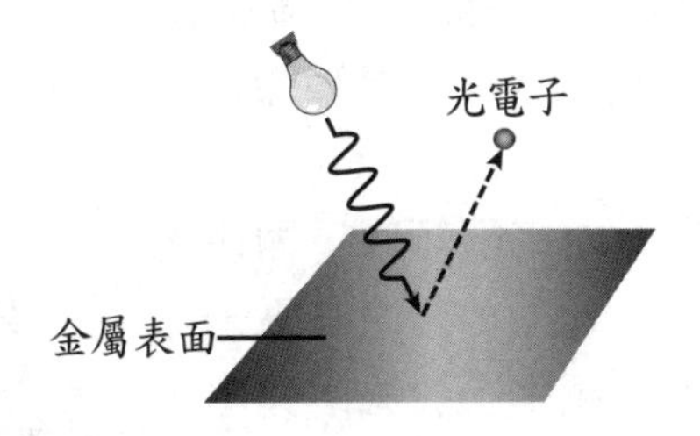

(1)**光電效應現象：**當光照射金屬表面而使金屬釋放出電子的現象。
(2)**光電子：**從金屬表面脫離的電子。
(3)**光電流：**光電子所形成的電流。

2 雷納的光電效應實驗

(1)實驗裝置

A. 光從石英片進入真空玻璃管並照射到發射極P上產生光電效應。發射極P產生光電子；收集極C收集光電子，可變電阻可調整P、C兩極的電位差大小。

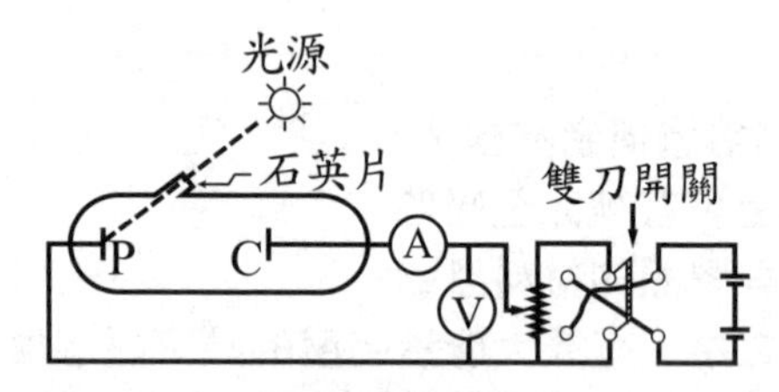

B. 雙刀開關可用來改變P、C兩極的極性：

$\begin{cases} V_C > V_P\text{: 對電子而言爲順向電壓，會加速電子奔向C極。} \\ V_C < V_P\text{: 對電子而言爲逆向電壓，會阻止電子奔向C極。} \end{cases}$

C. 截止電壓V_S：當$V_C<V_P$時，光電流會減小，若電壓增加至某值時，光電流為零，此電壓稱為截止電壓，可用來測量光電子的最大動能E_k，即$E_k=eV_S$。

(2)實驗結果

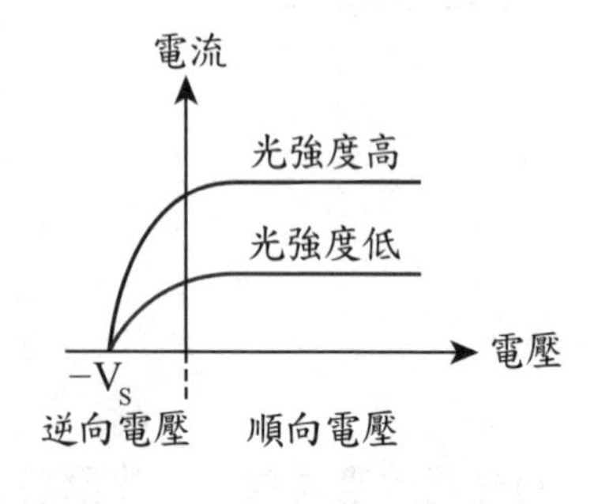

A. 入射光的頻率f必須大於某一特定值，稱為**底限頻率f_0**，才會有光電子產生，其值隨被照射之金屬材料而定。

B. 只要入射光的頻率大於底限頻率，即使光強度再弱也能立即（10^{-9}s）產生光電子；相反的，若入射光的頻率小於底限頻率，即使光強度再強或照射時間再久，皆無法產生光電子。

C. 不同強度的單色光（$f>f_0$）照射同一電極時，最大光電流和入射光的強度成正比，**但截止電壓V_s和入射光的強度無關**。

(3)古典電磁學理論與實驗的矛盾

古典電磁學理論	實驗結果
光的能量與電磁波電場的振幅有關，所以只要光強度夠強，任何頻率的光均會產生光電效應。	是否能產生光電效應只與光的頻率有關和光的強度無關。
即使光強度再微弱，只要照射時間夠久，光電子必定能獲得足夠的能量脫離金屬表面。	只要入射光大於底限頻率，即使光強再微弱也能立刻釋放光電子。
光電子的最大動能會隨入射光強度增強而增加，故截止電壓應該受入射光強度影響。	實驗結果顯示，截止電壓與光強無關，也就是光電子的最大動能不隨入射光強度而改變。

3 愛因斯坦的光量子論

(1)愛因斯坦的光量子論

A. 愛因斯坦受到普朗克量子論的啟發提出光量子論。愛因斯坦認為電磁波是由許多光量子（簡稱光子）所組成，光子能量即為電磁波的最小能量單位，故能量不可分割，因此電磁波能量是不連續的。

必背 B. 光子的能量E： $E = hf = \dfrac{hc}{\lambda} = \dfrac{12400}{\lambda(\mathring{A})}(eV)$

說明： $E = \dfrac{hc}{\lambda} = \dfrac{6.63\times10^{-34}(J\cdot s)\times3\times10^{8}(m/s)}{\lambda}$

$$= \frac{6.63\times10^{-34}\times6.25\times10^{18}(eV\cdot s)\times3\times10^{8}\times10^{10}(\mathring{A}/s)}{\lambda}$$

$$= \frac{12400}{\lambda(\mathring{A})}(eV)$$

※微觀尺度下常用的能量單位：電子伏特（eV）

※ $1eV = 1.6\times10^{-19}C\times1V = 1.6\times10^{-19}J$

C. 光強度：單位時間通過單位截面積的光子數。

D. 光子的動量： $p = \dfrac{E}{c} = \dfrac{hf}{c} = \dfrac{h}{\lambda}$

E. 光子靜止時的質量為零。

11-3 難易度★☆☆

範例 **對光子而言，下列敘述何者正確？ (A)光子帶正電 (B)光子的質量與質子差不多 (C)光子的能量與其質量成正比 (D)光子的能量與其頻率成正比 (E)光子的能量與其波長成正比。**

答：**(D)**。(A)×，光子不帶電。(B)×，光子靜止質量為零。

(C)×(D)○(E)×，光子的能量 $E=hf=\frac{hc}{\lambda}$，與其頻率成正比、波長成反比。

(2)**以光量子論解釋雷納的實驗結果**

A. 光子的能量只與頻率有關，故頻率的大小決定是否產生光電效應。

B. 當入射光的頻率大於底限頻率，光強度微弱，產生的光電子數少，故光電流小；光強度強，產生的光電子數多，故光電流大。

C. 不同強度的單色光頻率相同，照射同一電極時，電子獲得的能量相同，故電子的最大動能相同，截止電壓亦相同。

(3)**愛因斯坦的光電方程式**

A. 功函數W：電子游離所需的最低能量。光子的能量至少要等於功函數才能產生光電子，故功函數 $W=hf_0=\frac{hc}{\lambda_0}$。

（f_0為底限頻率，底限波長λ_0為其對應波長）

B. 功函數的大小隨不同材料的金屬板而有所不同。

必背 C. 光電方程式： $hf=E_k+W$ ，為能量守恆的結果。

（最大動能 $E_k=eV_S$ ）

D. 密立坎的實驗結果： $V_S=\frac{h}{e}(f-f_0)$

$$\Rightarrow\begin{cases}\text{斜率}:\frac{h}{e}\\ f\text{ 軸的截距}:f_0\\ V_S\text{軸的截距}:-\phi=-\frac{hf_0}{e}=-\frac{W}{e}\end{cases}$$

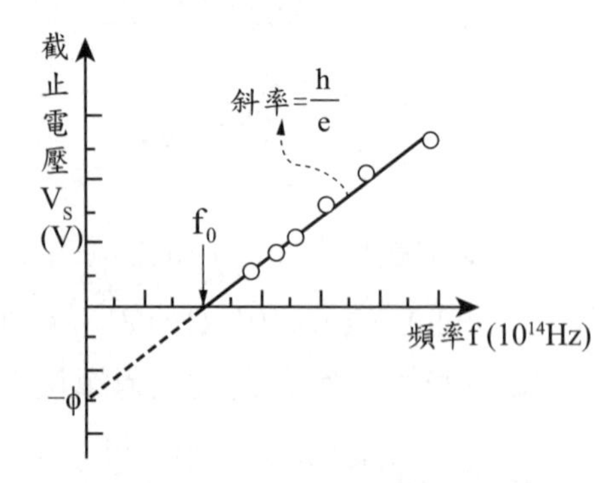

(4)**光電效應實驗重要性：**光的「**粒子性**」又再度受到物理學家的重視。

11-4 難易度★★☆

範例

光電效應產生的電流大小與下列何者無關？　(A)照射的光子數　(B)照射的波長　(C)物質表面電子的束縛能　(D)照射時間　(E)照射光的強度。

答：**(D)**。由光電方程式 $hf = E_k + W$ 得知，光電子所獲得光子的能量，先克服金屬的束縛，剩餘的能量為光電子的最大動能。而光強度為單位時間通過單位截面積的光子數，光強度愈強，打出的光電子愈多，故只與照射時間無關。

11-5 難易度★★☆

範例

下列有關光電效應之敘述，何者正確？　(A)產生之光電子數目與入射光之強度成正比　(B)光電子之最大動能與入射光之強度無關　(C)光電子之最大動能隨入射光之頻率呈線性增加　(D)光電子之最大動能與產生光電子之金屬種類無關　(E)光照射到金屬表面到開始產生光電子，相隔時間通常在10秒以上。（多選題）

答：**(A)(B)(C)**。(D)×，由光電方程式 $hf = E_k + W \Rightarrow E_k = hf - W$，電子最大動能與功函數有關，故與金屬種類有關。(E)×，只要照射光的頻率大於底限頻率，會立刻產生光電子；若照射光的頻率小於底限頻率，照射時間再久也無法產生光電子。

重點5 物質波

Check! □□□

1 物質波

(1)1924年，德布羅意在他的博士論文中提出，波動的光具有粒子的性質，反之，一般物質應具有波動的性質。

(2)**物質波的波長與頻率**

必背 A. 物質波的波長：$\lambda = \dfrac{h}{p} = \dfrac{h}{mv} = \dfrac{h}{\sqrt{2mE_k}}$

（粒子的質量為m，速率為v，動量為p，動能為 E_k）

例1：體重為100公斤重的同學，以10公尺/秒的速度在操場上奔跑，其物質波波長為何？

$\lambda = \frac{h}{p} = \frac{h}{mv} = \frac{6.63 \times 10^{-34}}{100 \times 10} = 6.63 \times 10^{-37}$ 公尺，故相對於日常生活的尺度，物質波波長極短，其波動性極不明顯。

例2：電子經電位差V加速後，其物質波波長為何？

$$\lambda_e = \frac{h}{p} = \frac{h}{mv} = \frac{h}{\sqrt{2mE_k}} = \frac{h}{\sqrt{2meV}} = \frac{6.63 \times 10^{-34}}{\sqrt{2 \times (9.11 \times 10^{-31}) \times (1.6 \times 10^{-19})V}}$$

$$\approx \frac{1.23 \times 10^{-9}}{\sqrt{V}} m = \frac{1.23}{\sqrt{V}} nm = \frac{12.3}{\sqrt{V}} \mathring{A}$$

B. 物質波的頻率：$f = \frac{E}{h}$（E為粒子的能量）

(3)物質波既不是橫波也不是縱波而是「機率波」。

(4)物質波的實驗證據：

A. 戴維森-革末的實驗：用鎳金屬晶體作電子束的繞射實驗。偵測散射後的電子束強度和角度之間的關係，根據布拉格公式，由實驗數據計算出電子的波長結果和德布羅意物質波公式所預測的值大致相同。

a. 原理：布拉格公式 $2d\sin\theta = n\lambda$，其中 $n = 1$、2、3、… 時產生建設性干涉。

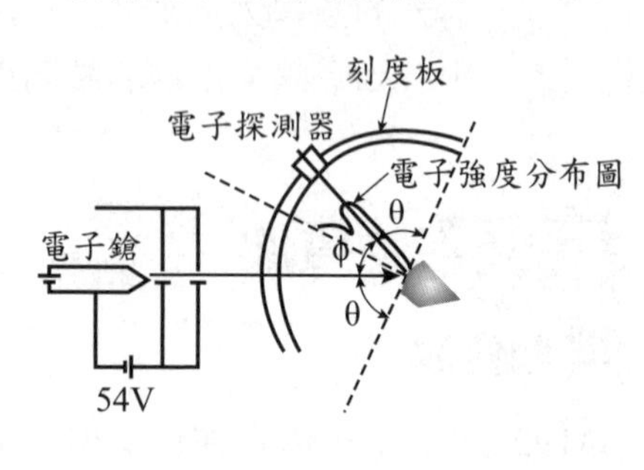

b. 實驗結果：當加速電壓 $V = 54$ 伏特時，電子入射方向與探測器的夾角 $\phi = 50°$ 處，電子分布有明顯增強。

c. 分析：當 $\phi = 50°$，布拉格角 $\theta = 65°$。已知鎳晶格的距離 $d = 0.91$ 埃，

由布拉格繞射公式得 $\lambda = \frac{2d\sin\theta}{n} = \frac{2 \times 0.91 \times \sin 65°}{1} \approx 1.65$ 埃

d. 物質波理論：$\lambda = \frac{12.3}{\sqrt{V}} = \frac{12.3}{\sqrt{54}} \approx 1.67$ 埃

B. G.P.湯木森的實驗：用固定能量的電子束透射金屬薄膜作電子束的繞射實驗。

C. 電子的雙狹縫干射實驗：讓電子束通過雙狹縫，在屏幕上呈現的電子密度分布圖與光學的雙狹縫干涉實驗結果相同。

2 波粒二象性

(1)互補原理：波耳在1927年提出，單以波或粒子來描述光或電子的性質明顯不足，應該把它們看成是互補的現象。當波的性質較明顯時，粒子的性質就較不明顯；反之，當粒子的性質較明顯時，波的性質就較不明顯。

(2)一般而言，波長愈短的電磁波其粒子性愈明顯；動量愈小的粒子其波動性愈強。

主題 2　原子物理

關鍵重點

布朗運動、質子、中子、α 粒子散射實驗、原子模型、原子核、強力、核衰變、核能、質能互換、$\Delta E = \Delta mc^2$、核分裂、核融合

重點 1　原子結構

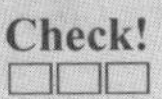

1 布朗運動

(1)**布朗運動：**英國植物學家布朗以顯微鏡觀察到懸浮於水中的花粉粒子會不斷地作不規則之折線運動，稱為布朗運動。

(2)不只花粉微粒才會作布朗運動，只要微粒夠小、夠輕，在流體中受到分子碰撞都會有這樣的現象，如：空氣中的灰塵。

(3)對布朗運動有貢獻的科學家

科學家	貢獻內容	重要性
布朗	布朗運動的發現者	證實原子確實存在
愛因斯坦	A.在分子／原子概念的基礎下，理論分析布朗運動，並算出亞佛加厥數。 B.解釋花粉做不規則的折線運動，是因為其周圍水分子因熱運動對花粉微粒不停進行碰撞的結果。	
佩蘭	實驗證實愛因斯坦的理論與實驗數據吻合。	

2 拉塞福的原子模型

(1)1911年，拉塞福利用α粒子（氦核）撞擊金箔，欲探測原子內部的結構。

(2)實驗裝置

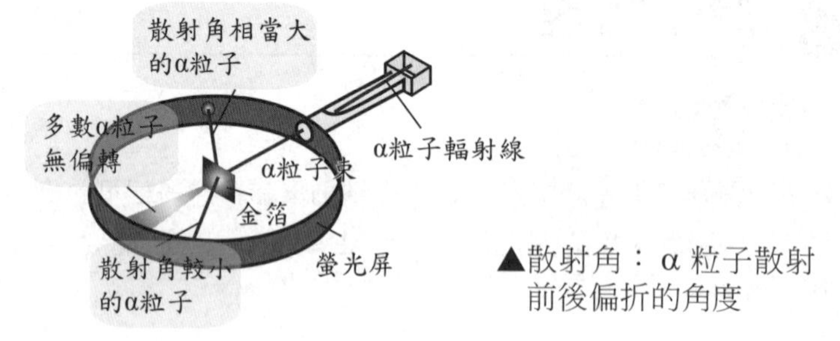

▲散射角：α 粒子散射前後偏折的角度

(3)實驗結果與推測

實驗結果		推測
①絕大多數的α粒子幾乎直線通過金箔，運動方向並無顯著改變。	⇒	原子內部大多是空洞的
②極少數(機率約$\frac{1}{8000}$)的α粒子有較大的散射角，甚至有180°的反彈。	⇒	原子的質量集中於體積很小的區域，稱為原子核
③α粒子通過原子時被排斥而散射。	⇒	原子核帶正電荷

重要

(4)拉塞福的原子模型（行星模型）

A. 原子模型如同縮小之太陽系，以帶正電的原子核為中心，電子繞核作圓周運動。

B. 由於電子的質量很小，原子的質量幾乎集中在原子核。

C. 原子核的體積很小，原子（10^{-10}m）與原子核（10^{-15}m）尺度差約10萬倍。

D. 原子呈電中性，即原子核所帶基本電荷數與核外電子個數相等。

(5)拉塞福原子模型的缺點

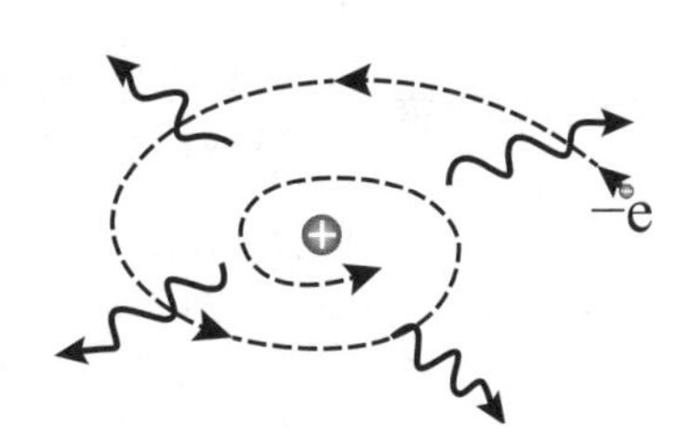

A. 無法解釋原子的穩定性：加速的電子會不斷輻射出電磁波，沿著螺旋狀的軌跡，最後墜落到原子核上。

B. 無法說明為何特定元素的原子會產生特定的線狀光譜。

範例 11-6　難易度★☆☆

下列關於拉塞福散射實驗的敘述中，何者是正確的？

(A)拉塞福的粒子散設實驗，發現有些粒子的散射角很大，這是原子核存在的證據

(B)分析質點射擊鋁片的散射分布

(C)證實原子為實心的結構

(D)利用質子為入射質點，證實電荷有量子化，並測得最基本之電荷值。

答：**(A)**。

(A)○(B)×(C)×，拉塞福利用α粒子（氦核）撞擊金箔，證實原子內部大多是空洞及原子核的存在。

(D)×，密立坎油滴實驗證實電荷有量子化及基本電荷之電量。

3 光譜

(1)**光譜儀（分光儀）：**將複合光分解為光譜線的儀器。

(2)**光譜種類**

光譜種類	說明	圖示
連續光譜	白光經過光譜儀後波長呈連續分布如彩虹般。	白光
發射光譜（明線）	高溫元素氣體經光譜儀後波長呈不連續分布，每條光譜線都代表特定波長的光。	高溫元素氣體
吸收光譜（暗線）	白光通過元素氣體後經光譜儀分析，連續譜中會出現幾條暗線，暗線代表特定波長被元素氣體吸收。	元素氣體 白光

註：相同元素的線狀光譜的明線位置同其吸收譜的暗線位置。

(3)**光譜的應用**

A. 各元素有其特殊的發射光譜與吸收光譜。

B. 分析遠處恆星所發出的光譜，便可推論其組成元素。

(4)**氫原子光譜**

系名	發現年代	公式	n_f	n_i	波段
來曼系	1914	頻率 $f=cR_H(\frac{1}{n_f^2}-\frac{1}{n_i^2})$ 芮得柏常數 $R_H=1.0967758\times10^7\,m^{-1}$ (實驗歸納值)	1	2,3,4 ‧ ‧ ‧	紫外光區
巴耳末系	1885		2	3,4,5 ‧ ‧ ‧	紫外光區與可見光區
帕申系	1908		3	4,5,6 ‧ ‧ ‧	紅外光區
布拉克	1922		4	5,6,7 ‧ ‧ ‧	紅外光區

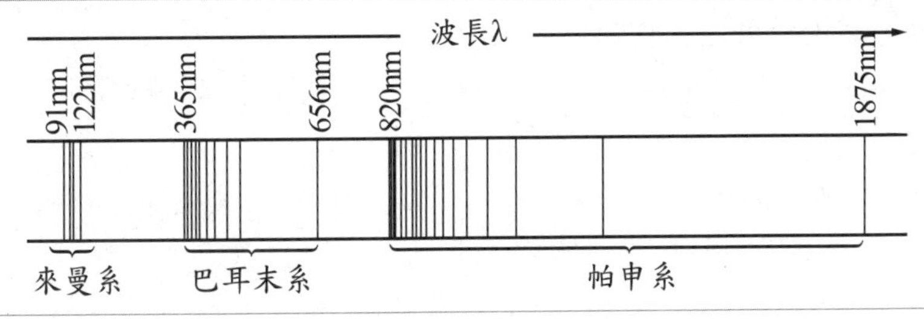

4 波耳氫原子模型

(1)1913年，波耳引進普朗克和愛因斯坦的量子觀點提出氫原子模型理論，解決拉塞福原子模型的缺點及解釋氫原子光譜的規律性，波耳氫原子模型理論是建立在兩個基本假設上。

(2)**波耳原子模型的基本假設**

A. 第一基本假設：定態軌道

電子僅能在某些特定的軌道上繞原子核運行，這些軌道稱為定態軌道。電子在定態軌道上運行時，不會放射電磁波，能量穩定且其角動量L是某一特定值的整數倍。

$\Rightarrow L=n\frac{h}{2\pi}=n\hbar$ ，其中 n＝1、2、3、⋯，n稱為主量子數。

B. 第二基本假設：光譜線頻率

電子在軌道之間轉換時稱為躍遷，其能量會產生變化。當電子由較高能量E_i的定態軌道躍遷至較低能量E_f的定態軌道時，會釋放出特定頻率f的光子；反之，當電子由較低能量E_i的定態軌道躍遷至較高能量E_f的定態軌道時，會吸收特定頻率 f 的光子。

⇒光子能量等於兩定態軌道的能量差$\Delta E = \left|E_i - E_f\right| = hf$

(3)氫原子的量子化條件

設氫原子核帶Ze之正電荷，質量m的電子在半徑為r的圓軌道上，以原子核為圓心作等速率圓周運動，電子受靜電力作為向心力：

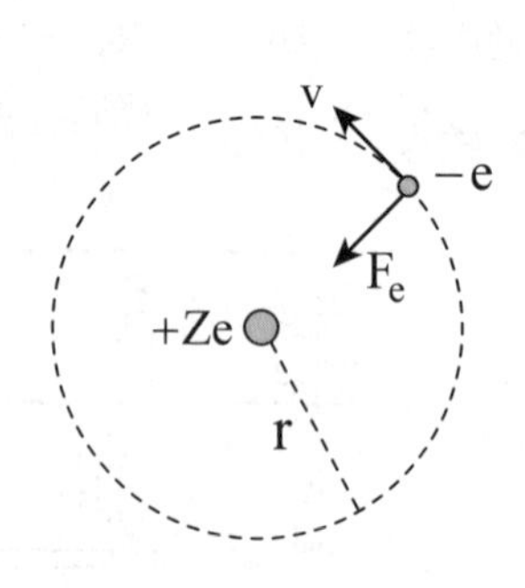

$$\frac{kZe^2}{r^2} = \frac{mv^2}{r} \Rightarrow mv^2 = \frac{kZe^2}{r} \cdots\cdots ①$$

（※氫原子Z=1）

A. 角動量量子化（波耳第一假設）：

$$L_n = rmv = n\frac{h}{2\pi} \propto n \cdots\cdots ②$$

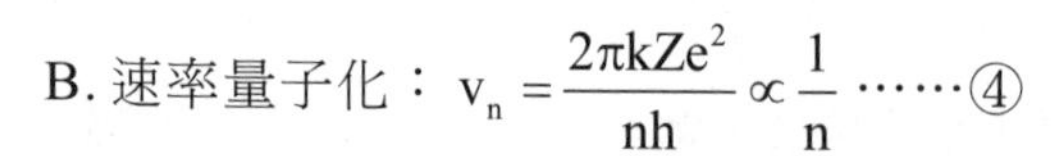

B. 速率量子化：$v_n = \dfrac{2\pi kZe^2}{nh} \propto \dfrac{1}{n} \cdots\cdots ④$

說明：由② ⇒ $mv = \dfrac{nh}{2\pi r} \cdots\cdots ③$，

將①、③兩式相除即可。

C. 動量量子化：$p_n = mv_n = \dfrac{2\pi mkZe^2}{nh} \propto \dfrac{1}{n}$

必背 D. 軌道半徑量子化：

$$r_n = \frac{n^2h^2}{4\pi^2mkZe^2} = 0.53 \times \frac{n^2}{Z}(\text{Å}) \propto n^2$$

說明：將④代回②即可

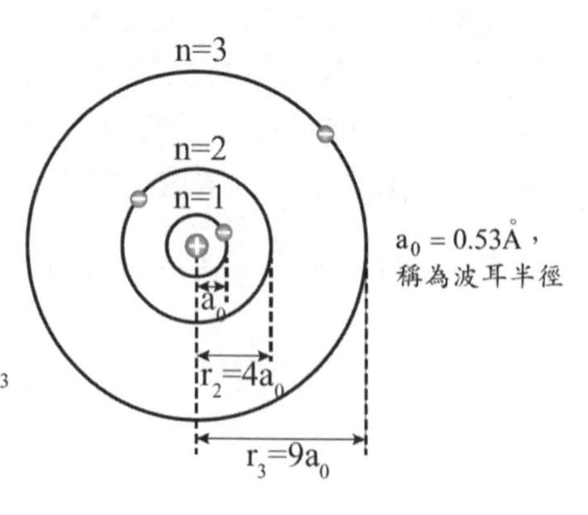

E. 週期量子化：$T_n = \dfrac{2\pi r}{v} = \dfrac{n^3h^3}{4\pi^2mkZ^2e^4} \propto n^3$

必背 F. 能量量子化：$E_n = -13.6 \times \dfrac{Z^2}{n^2}(\text{eV}) \propto \dfrac{1}{n^2}$

說明：

①電子的動能 $K=\frac{1}{2}mv^2=\frac{kZe^2}{2r}$

②原子系統的電位能 $U=-\frac{kZe^2}{r}$

③ $E_n=K+U=\frac{kZe^2}{2r}+(-\frac{kZe^2}{r})=-\frac{kZe^2}{2r}$

將 $r=\frac{n^2h^2}{4\pi^2mkZe^2}$ 代入 $\Rightarrow E_n=-\frac{2\pi^2mk^2Z^2e^4}{n^2h^2}=-\frac{2\pi^2mk^2e^4}{h^2}\times\frac{Z^2}{n^2}$

範例 11-7　難易度★★☆

在波耳的氫原子結構理論中，下列哪個物理量與量子數n的三次方(n^3)成正比？ (A)電子能量 (B)電子角動量 (C)電子速率 (D)電子軌道 (E)電子軌道運動的週期。

答：**(E)**。(A) $E_n\propto\frac{1}{n^2}$，(B) $p_n\propto\frac{1}{n}$，(C) $v_n\propto\frac{1}{n}$，(D) $r_n\propto n^2$，(E) $T_n\propto n^3$。

(4)氫原子的能階（Z=1，$E_n=-13.6\times\frac{1^2}{n^2}=-\frac{13.6}{n^2}$eV）

n	$E_n=-\frac{13.6}{n^2}$eV	能階名稱
n=1	E_1= －13.6 eV	基態 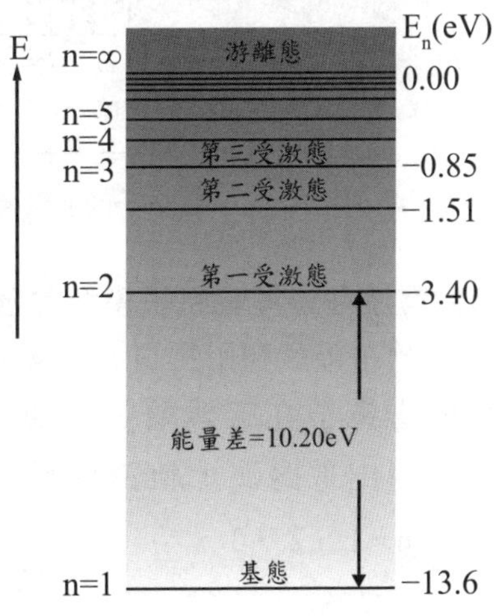
n=2	E_2= －3.4 eV	第一受激態
n=3	E_3= －1.5 eV	第二受激態
n=4	E_4= －0.85 eV	第三受激態
以此類推		

能階圖

(5)**類氫原子的能階**(Z≠1，$E_n=-13.6\times\frac{Z^2}{n^2}eV$)

A. 類氫原子：單電子原子，如：He^+、Li^{2+}、Be^{3+}等離子的結構與氫原子類似，即原子核外只有一個電子。

B. $He^+(Z=2)$：$E_n=-13.6\times\frac{2^2}{n^2}=-\frac{54.4}{n^2}eV$

C. $Li^{2+}(Z=3)$：$E_n=-13.6\times\frac{3^2}{n^2}=-\frac{122.4}{n^2}eV$

(6)**以波耳氫原子模型解釋氫原子光譜**

A. 電子在定態軌道間躍遷時，會伴隨電磁波的放射或吸收。光子的能量等於兩能階的能量差，故不同元素有其特定能階及其線狀光譜。

⇒光的頻率 $f=\frac{|E_i-E_f|}{h}=\frac{2\pi^2mk^2e^4}{h^3}\left|\frac{1}{n_f^2}-\frac{1}{n_i^2}\right|=cR_H\left|\frac{1}{n_f^2}-\frac{1}{n_i^2}\right|$

B. 由理論推導得芮得柏常數 $R_H=\frac{2\pi^2mk^2e^4}{h^3c}=1.0973732\times10^7\,m^{-1}$ 與實驗值十分接近。

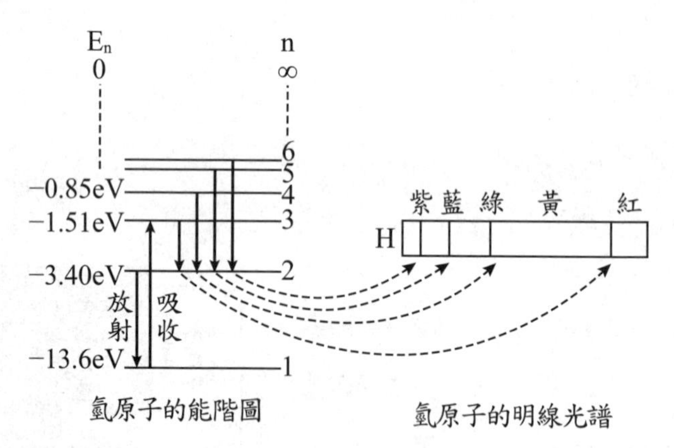

氫原子的能階圖　　　氫原子的明線光譜

(7)**物質波在波耳氫原子模型的應用**

A. 德布羅意利用物質波的觀念解釋波耳第一假設角動量量子化的條件。

B. 當電子在定態軌道上運行時，其物質波形成穩定的駐波，不會輻射出電磁波，軌道周長為物質波波長的整數倍，即 $2\pi r=n\lambda$，其中 $n=1$、2、3、…。

說明：$2\pi r = n\lambda = n\times\frac{h}{p} = n\times\frac{h}{mv} \Rightarrow rmv = n\times\frac{h}{2\pi}$，其中n=1、2、3、…，即波耳第一假設。

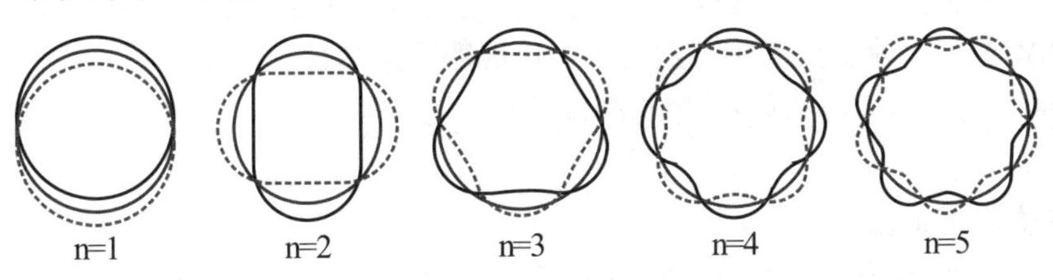

範例 11-8 難易度★★☆

氫原子外層電子從能階n=3之受激態至n=1之基態放出光之能量為
(A)12.1eV　(B)8.2eV　(C)7.5eV　(D)15.1eV。（**基態之能階為** −13.6eV）

答：**(A)**。氫原子外層電子的能量 $E_n = -\frac{13.6}{n^2}$eV

$n=1 \rightarrow E_1 = -13.6$ eV　　$n=3 \rightarrow E_3 = -1.5$ eV

$\Delta E_{3\rightarrow1} = -1.5-(-13.6) = 12.1$eV

重點2 原子核

Check! □□□

1 原子核的結構

(1)**質子與中子（統稱核子）**

核子種類	發現年代	發現者	方法	質量	電量
質子 ^1_1p	1919	拉塞福	α粒子撞擊氮原子核	1.6726×10^{-27} kg	$+1.6\times10^{-19}$ C
中子 ^1_0n	1932	查兌克	α粒子撞擊Be元素	1.6749×10^{-27} kg	0

(2)**原子核表示法（海森堡提出）**：$^{質量數\rightarrow A}_{質子數\rightarrow Z}X$ ← 元素符號

(3)**同位素**：原子序相同（在週期表中占同一位置），但質量數不同的元素。故同位素的化學性質相同，物理性質不同。

11-9 　　難易度★☆☆

範例

同位素（Isotope）為：　(A)質子數相同但中子數不同之核種　(B)中子數相同但質子數不同之核種　(C)質量數相同但中子數與質子數不同之核種　(D)質量數、原子序、中子數相同，但能態不同之核種。

答：**(A)**。同位素為質子數相同但中子數不同之核種。

(4)**原子質量單位（u）**

A. 原子或原子核的質量通常以原子質量單位（atomic mass unit，簡記為amu或u）來表示。

B. 定義碳 ${}^{12}_{6}C$ 中性原子的質量為12u，$1u = 1.66056\times10^{-27}kg$。

C. 中子、質子、和電子的質量分別如下：

$m_n = 1.6749\times10^{-27}kg = 1.008665u$

$m_p = 1.6726\times10^{-27}kg = 1.007276u$

$m_e = 9.11\times10^{-31}kg = 0.000549u$

(5)**基本粒子：**構成物質的最小單位，即無法再分割的粒子，目前來看，如：電子與夸克。

(6)**核力（又稱強力或強交互作用）：**1935年，日本物理學家湯川秀樹提出，核子間必定存在更強的吸引力，以克服質子間的庫侖斥力，使所有的核子可以緊緊束縛在一起。強力作用範圍極短約10^{-15}公尺，故超出原子核外無強力的存在。

(7)**核反應：**任何在反應過程中使參與反應的原子核結構發生變化的反應都叫核反應。通常可分為四類，即：衰變、分裂（裂變）、融合（聚變）、粒子轟擊等四類。

11-10 　　難易度★☆☆

範例

有關原子的結構之敘述，何者適切？　(A)原子核與外圍電子之穩定力量是靠庫侖作用力　(B)在原子核內沒有庫侖作用力　(C)在原子核內中子與中子間無作用力　(D)原子核之大小約為10^{-15}m。（多選題）

答：**(A)(D)**。(B)×，原子核內有帶正電的質子，只要有電荷存在就有庫侖力作用。(C)×，中子之間有強力作用。

2 原子核的衰變及其放射性

(1)**核衰變：**當原子核的原子序很大（Z>83），其內部所含帶正電的質子也較多，故原子核較不穩定。不穩定的原子核可以放射出α粒子（氦原子核）、β粒子（電子）或γ射線（高能量光子）來增加其穩定性，這種過程稱為**核衰變**，原來不穩定的原子核稱為具有**放射性**。

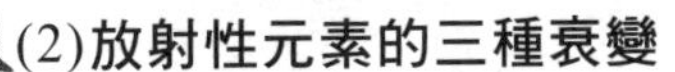

(2)放射性元素的三種衰變

A. α 衰變：原子核內減少兩個中子與兩個質子並釋放出一個氦核。

通式	例子
${}^{A}_{Z}X \rightarrow {}^{A-4}_{Z-2}Y + {}^{4}_{2}He$	${}^{238}_{92}U \rightarrow {}^{234}_{90}Th + {}^{4}_{2}He$ ${}^{226}_{88}Ra \rightarrow {}^{222}_{86}Rn + {}^{4}_{2}He$

B. β 衰變：原子核內有一個中子變成質子並釋放出一個電子與反微中子。

通式	例子
${}^{A}_{Z}X \rightarrow {}^{A}_{Z+1}Y + {}^{0}_{-1}e + {}^{0}_{0}\overline{\nu}$	${}^{1}_{0}n \rightarrow {}^{1}_{1}p + {}^{0}_{-1}e + {}^{0}_{0}\overline{\nu}$ ${}^{234}_{90}Th \rightarrow {}^{234}_{91}Pa + {}^{0}_{-1}e + {}^{0}_{0}\overline{\nu}$

C. γ 衰變：原子核由具有較高能量的激發態，躍遷至較穩定的低能階。通常原子核在產生α或β衰變時，都會伴隨 γ 射線的放射，其原子序和質量數都不會改變。

通式	例子
${}^{A}_{Z}X^{*} \rightarrow {}^{A}_{Z}X + \gamma$	${}^{234}_{91}Pa^{*} \rightarrow {}^{234}_{91}Pa + \gamma$

(3)三種射線的性質與比較

放射線	α 射線	β 射線	γ 射線
本質	氦原子核${}^{4}_{2}He$	電子${}^{0}_{-1}e$	電磁波（λ <1Å）
電荷	+2e	−e	不帶電
質量	約4 u.	約0.00055 u.	無靜止質量
速率	< 0.1c	0.4 c ～ 0.6 c	c（光速）
游離氣體能力	最強	其次	最弱

放射線	α 射線	β 射線	γ 射線
感光能力	最弱	其次	最強
穿透能力	最弱， 一張紙片即可阻止	其次， 2mm厚鉛板可以阻止	最強， 可穿透1cm厚的鉛板
電場影響	向負極偏折	向正極偏折	不會偏折

(4)**核反應式必須滿足兩個條件：**A.總質量數守恆。B.總電荷數守恆。

範例 11-11

難易度★☆☆

若 $^{238}_{92}U$ 的原子核放射出一個α粒子，則剩下的原子核內會含有幾個質子？
(A)237 (B)236 (C)146 (D)91 (E)90。

答：**(E)**。$^{238}_{92}U \rightarrow {}^{a}_{b}X + {}^{4}_{2}He$，根據 $\begin{cases} \text{總質量數守恆：} 238 = a + 4 \Rightarrow a = 234 \\ \text{總電荷數守恆：} 92 = b + 2 \Rightarrow b = 90 \end{cases}$

$\Rightarrow {}^{238}_{92}U \rightarrow {}^{234}_{90}Th + {}^{4}_{2}He$，剩下的原子核 $^{234}_{90}Th$ 質量數234，質子數90。

(6)**放射性強度（放射衰變率）R**

A. 定義：單位時間內衰變的原子核數。

B. 公式：$R = -\dfrac{dN}{dt}$（N：原子核數、－號表示隨時間減少）。

C. 單位：SI制為貝克（Bq），常用單位為居里（Ci）。

D. 衰變定律：$N(t) = N_0 e^{-\lambda t}$（λ為衰變常數，單位為1/秒）

$$R = -\frac{dN}{dt} = \lambda N \Rightarrow N(t) = N_0 e^{-\lambda t}$$

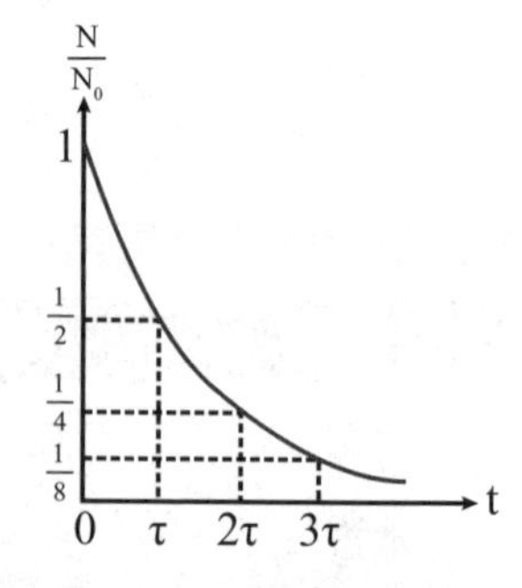

(5)**半衰期 τ**

A. 半衰期 τ：放射性元素衰變成原來的一半所經過的時間。

B. 半衰期的公式：

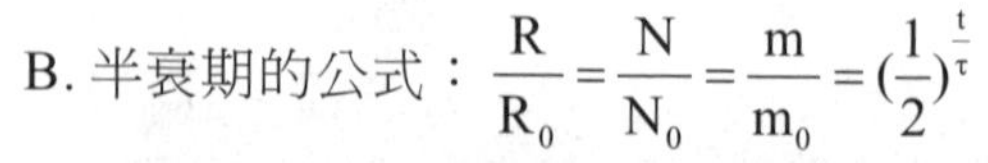

$$\frac{R}{R_0} = \frac{N}{N_0} = \frac{m}{m_0} = \left(\frac{1}{2}\right)^{\frac{t}{\tau}}$$

	放射性強度	原子核數	質量
放射性元素的原有值	R_0	N_0	m_0
經t後放射性元素剩餘值	R	N	m

C. 放射性定年法：在化石或古生物體內常含有少量的放射性元素，這些元素的放射性強度隨時間而減弱。如果能測得標本內某一放射性元素的現存濃度和起始濃度的比值，便可計算出這些標本所經歷的時間。

範例 11-12　難易度★☆☆

放射性同位素 ^{14}C 之半衰期約為6000年，則 ^{14}C 之量減少至原來 $\frac{1}{8}$ 所需的時間為幾年？

答：**18000年**。半衰期公式：$\frac{N}{N_0}=(\frac{1}{2})^{\frac{t}{\tau}}$，$\frac{1}{8}=(\frac{1}{2})^{\frac{t}{6000}}$，$(\frac{1}{2})^3=(\frac{1}{2})^{\frac{t}{6000}}$

$\because 3=\frac{t}{6000}\Rightarrow t=18000$ 年

重點3　核能及應用

Check! □□□

1 愛因斯坦的質能互換

(1)**質能互換：**質量虧損減少的質量在核反應過程中轉化成能量。

必背 (2)**公式：** $\Delta E=\Delta mc^2$

（ΔE：釋放能量（J）、Δm：虧損的質量（kg）、c：光速（m/s））

(3)一原子質量單位（1u）的物質釋放的核能為

$\Delta E=1\ uc^2=1.66056\times10^{-27}kg\times(3\times10^8\ m/s)^2=1.49244\times10^{-10}J=931.5MeV$

範例 11-13　難易度★☆☆

某次核反應中，反應後鈾235質量較反應前少1公斤，則此次反應釋放出的能量為多少？ (A)9×10^4**焦耳** (B)9×10^8**焦耳** (C)9×10^{16}**焦耳** (D)9×10^{32}**焦耳。**

答：**(C)**。$\Delta E=\Delta mc^2=1\times(3\times10^8)^2=9\times10^{16}$ 焦耳。

(4)**原子核的束縛能（BE）：**由於核力的作用使原子核內的核子受到束縛，使核內的所有核子完全分開來的最小能量 。

$\Rightarrow BE = \Delta mc^2 = (Zm_p + Nm_n - m_X)c^2$

（原子核^A_ZX，N中子數，m_X原子核的質量、m_p質子的質量、 m_n中子的質量）

重要 2 核分裂（核裂變）

(1)**核分裂：**重原子核經中子撞擊後，分裂成兩個以上較輕的原子核，因質量虧損同時釋放出大量能量的核反應。

(2)**連鎖反應：**鈾核捕獲一個慢中子進行核分裂時，平均每一次的反應會產生2.5個中子，若經過減速劑（水或重水）的作用使其慢下來，便可造成新的核分裂，如此核分裂可持續不斷地進行。

(3)**核分裂的應用：**

A. 核能發電：若能有效控制連鎖反應的速率，則產生的核能可以用來發電。

- a.反應器(原子爐)
  - 燃料棒：鈾235濃度約爲3%
  - 減速劑：水或重水，使中子減速成慢中子
  - 控制棒：鎘或硼棒，吸收過多的中子控制連鎖反應
  - 冷卻劑：水，吸收核能
- b.發電機組：吸收核能的水$\xrightarrow{\text{轉換}}$水蒸氣$\xrightarrow{\text{推動}}$汽輪機$\xrightarrow{\text{帶動}}$發電機發電

①能量轉換關係：核能→熱能→力學能→電能。

②缺點：原子核分裂後的子核仍具放射性，有核廢料的處理問題。另外，核電廠附近水溫上升，影響海洋生態。

③台灣目前核一廠、核二廠是採沸水式核反應爐。

B. 235原子彈：使用濃度為90%以上的鈾235，在極短的時間猛烈地進行連鎖反應，則可產生巨大的能量，造成威力極強的爆炸。

範例 11-14 難易度★☆☆

關於核能發電，下列敘述何者正確？ (A)收集原子核放射之電荷，用以發電 (B)核反應時，原子外圍之電子全體釋出，收集後用以發電 (C)核反應時損失之質量轉化成能量，用以發電 (D)收集原子核中之中子動能，用以發電 (E)釋放出光子的能量，用以發電。

答：**(C)**。核能發電是利用核反應後總質量減少而轉換成能量。

3 核融合（核聚變）

(1)核融合： 兩個較輕的原子核在極高溫的條件下，可融合成一個較重的原子核，因質量虧損同時釋放出大量能量的核反應。

(2)產生核融合的條件

A. 一億度（10^8 K）以上的高溫：克服兩核間的強大庫侖排斥力。

B. 很大的粒子密度：以增加粒子之間交互作用的機率。

C. 限制於一定的空間內且要足夠長的拘束時間。

(3)核融合的現象與應用

A. 宇宙中恆星的發光原理：太陽或其他發光星體的能量，就是源自於星體內部進行的核融合反應。

Ex：太陽內部隨時進行的質子—質子鍊是一種核融合反應，其淨反應為四個氫核融合成一個氦核，同時釋放25百萬電子伏特的能量。

$4\,{}^1_1\text{H} \rightarrow {}^4_2\text{He} + 2\beta^+ + 2\,{}^0_0\nu + 2\gamma + 25\text{MeV}$（$\beta^+$：正電子，$\nu$：微中子）

B. 氫彈：由內藏的小型原子彈先行引爆製造核融合所需的高溫，再利用氘核進行融合反應，放出巨大的爆炸能量，能量約為投擲於廣島的原子彈的一千倍。

(4)核融合發電

A. 優點：所需原料（如氫和氘）可從海水提取資源豐富，且是非常乾淨的能源不會造成輻射性的汙染。

B. 困難：產生核融合的條件不易達成，實用上有困難。

4 輻射安全

(1)輻射種類

A. 游離輻射：使原子產生游離之電磁波或粒子，其能量較高對人體有害。如X光、α射線、β射線、γ射線、中子、質子等。

B. 非游離輻射：不會使原子產生游離，其能量較低的電磁波。如無線電波、微波、可見光、紅外線等。

(2)人體所受輻射劑量的國際單位稱為西弗（Sv），常用單位為毫西弗（mSv）。

(3)**生活中常見的輻射來源及劑量值**

項　目	輻射劑量（毫西弗）
彩色電視每天看一小時的年劑量	0.01
胸腔X光照射一次的劑量	0.1
我國核電廠廠界外輻射年劑量（法規限值）	0.5
每人接受來自自然界輻射的年劑量	2
一般民眾每人的年劑量（法規限值）	5
鈷－60 治療局部照射一次	2000

5 能源

(1)**再生能源：**能源在短期內能自行補充，來源無所匱乏，目前人類所使用的再生能源技術包括太陽能、風能、地熱能、水力能、潮汐能、生質能等。

(2)**非再生能源：**能源消耗後短期內不能自行補充，如媒、石油、天然氣等。

6 基本交互作用力

(1)目前自然界物質間所有的自然現象是重力、電磁力、強力及弱力稱為四大基本作用力的綜合結果。

必背 (2)**四大基本交互作用力的比較**

基本交互作用	強度	作用範圍	主要作用
強力（強交互作用）	最強	10^{-15}m 短程力	核子間的作用，如結合質子、中子成原子核；結合夸克成核子。
電磁力（電磁交互作用）	次強	∞ 長程力	電荷間的作用，日常生活中的「接觸力」大多源自原子間的電磁交互作用，如：摩擦力、正向力等。
弱力（弱交互作用）	次弱	10^{-18}m 短程力	β衰變 通式：${}_{Z}^{A}X \rightarrow {}_{Z+1}^{A}Y + {}_{-1}^{0}e + {}_{0}^{0}\overline{\nu}$
重力（重力交互作用）	最弱	∞ 長程力	質量間的作用，如天體運行的作用力。

(3)因為強力與弱力的作用範圍太短，故日常生活中只有重力與電磁力存在。

單元補充

康普頓效應

1. **康普頓效應**：以高能的光子（如X射線或γ射線）撞擊原子，光子與原子中的電子撞擊後，光子因失去能量使波長變長的現象，且波長的增長量會隨散射角 θ 的不同而變化。

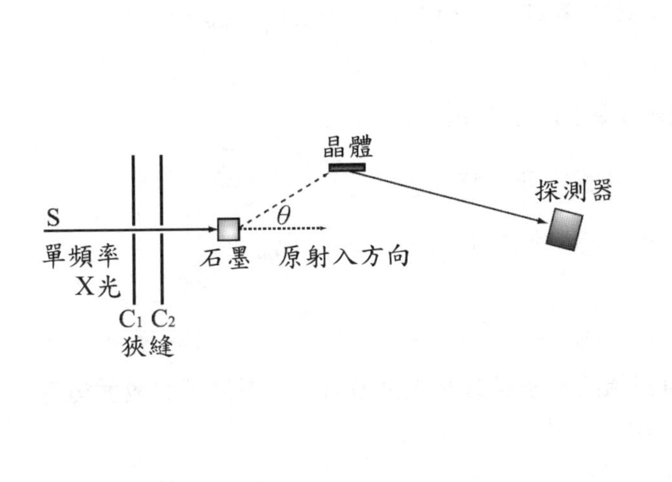

實驗裝置

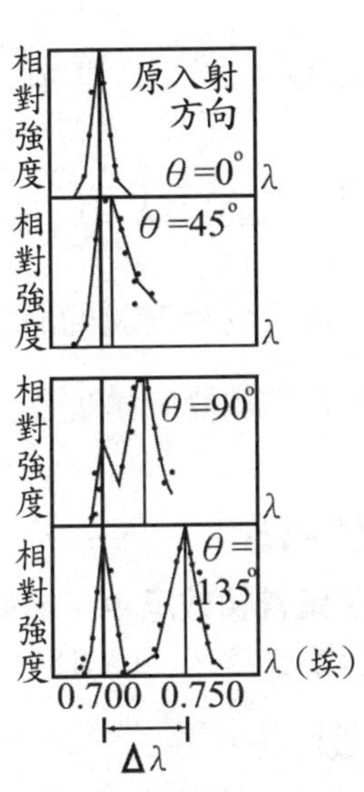

實驗結果

2. **理論說明**：假設光量子論正確，則康普頓效應可視為光子與電子作彈性碰撞的結果，故系統碰撞前後遵守動量守恆及能量守恆。

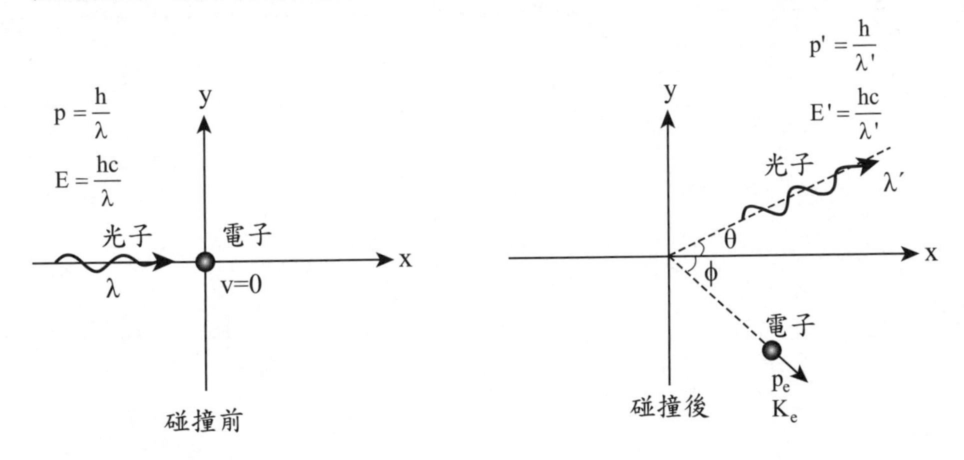

動量守恆：$\vec{p}=\vec{p}'+\vec{p}_e \rightarrow \begin{cases} x方向：\dfrac{h}{\lambda}=\dfrac{h}{\lambda'}\cos\theta+p_e\cos\phi \\ y方向：\dfrac{h}{\lambda'}\sin\theta=p_e\sin\phi \end{cases}$

能量守恆：$E=E'+K_e' \rightarrow \dfrac{hc}{\lambda}=\dfrac{hc}{\lambda'}+K_e$

$\vec{p'}$ $\vec{p_e}$ θ ϕ $\vec{p}$

可證得公式

必背 $\Rightarrow \Delta\lambda=\lambda'-\lambda=\dfrac{h}{m_0c}(1-\cos\theta)=\lambda_C(1-\cos\theta)\mathring{A}$（$m_0$：電子的靜止質量）

$\dfrac{h}{m_0c}=0.0243\mathring{A}=\lambda_C$，稱為電子的康普頓波長。

（需用到相對論的概念，過程在此省略。）

3. 康普頓效應的重要性：與光電效應相同證實光的粒子性。

範例 11-15 難易度★☆☆

在康普頓效應中，被碰撞後的電子具有最大動量時，入射光子的散射角應為多少度？ (A)180° (B)0° (C)90° (D)45°。

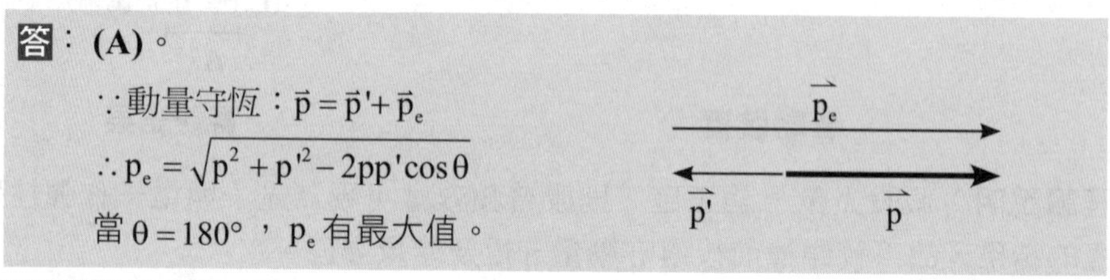

答：**(A)**。

$\because$ 動量守恆：$\vec{p}=\vec{p}'+\vec{p}_e$

$\therefore p_e=\sqrt{p^2+p'^2-2pp'\cos\theta}$

當 $\theta=180°$，p_e 有最大值。

單元重點整理

Check!

1 近代物理

近代物理科學家	理論學說/實驗名稱	主要貢獻
J.J.湯木森	陰極射線管實驗	測得電子的荷質比
密立坎	油滴實驗	測得基本電量大小
倫琴	X射線實驗	發現X射線
布拉格	布拉格繞射實驗	驗證X射線的波動性
普朗克	量子論	解釋黑體輻射實驗
愛因斯坦	光量子論	解釋光電效應實驗，驗證光的粒子性
G.P.湯木森	電子繞射實驗	驗證電子的波動性
戴維森-革末	電子繞射實驗	驗證電子的波動性
拉塞福	α粒子散射實驗	證實原子核的存在，提出原子模型
波耳	氫原子模型學說	解釋氫原子光譜
德布羅意	物質波學說	物質的波動性

Check!

2 光量子論與物質波的比較

理論	愛因斯坦的光量子論	德布羅意的物質波
說明	光具有頻率f、波長λ 引入動量p、能量E	物質具有動量p、能量E 引入頻率f、波長λ
動量p與波長λ的關係	$p=\frac{h}{\lambda}$	$\lambda=\frac{h}{p}$
能量E與頻率f的關係	$E=hf$	$f=\frac{E}{h}$
(1)兩數學式看似相同，但物理內涵意義完全不同。 (2)數學形式一致，暗示了波粒二象性的普遍性。		

Check!☐☐☐

3 波耳氫原子模型的量子化整理

物理量	與主量子數n的關係
角動量L_n	$L_n \propto n$
速率v_n	$v_n \propto \frac{1}{n}$
動量p_n	$p_n \propto \frac{1}{n}$
半徑r_n	$r_n \propto n^2$
週期T_n	$T_n \propto n^3$
能量E_n	$E_n \propto \frac{1}{n^2}$

Check!☐☐☐

4 原子的結構

	發現者	發現順序	帶電量	質量	說明
電子	湯木森	最早	負電	$m_e = 9.11 \times 10^{-31}$ kg	基本粒子
質子	拉塞福	次之	正電	$m_p = 1.673 \times 10^{-27}$ kg	由三個夸克組成 (上夸克*2+下夸克*1)
中子	查兌克	最晚	不帶電	$m_n = 1.675 \times 10^{-27}$ kg	由三個夸克組成 (上夸克*1+下夸克*2)

原子
- 電子(基本粒子)
- 原子核
  - 質子 → 夸克(基本粒子)
  - 中子 → 夸克(基本粒子)

[精選・試題]

基礎題

( ) 1. 有關陰極射線的性質，下列敘述何者錯誤？
(A)為陽極射向陰極的高速電子流
(B)在電場中會向陽極板偏向
(C)不是電磁波
(D)具有動能。

( ) 2. 甲、乙、丙、丁四種實驗，哪幾種實驗的結果組合後可以決定電子質量？
甲、拉塞福的α粒子散射實驗
乙、湯姆森的陰極射線實驗
丙、倫琴的X射線實驗
丁、密立坎的油滴實驗
(A)甲乙丙丁 (B)甲乙丙 (C)乙丁 (D)丙丁。

( ) 3. 有關X光的特性，何者適切？
(A)波長在可見光範圍 (B)可穿透人類的骨骼
(C)是研究物質結構的利器 (D)是一種自然的輻射線。

( ) 4. 下列有關黑體輻射的敘述何者正確？
(A)黑體一定要是黑色的
(B)黑體輻射光譜與黑體的材料與形狀無關
(C)愛因斯坦提出量子論解決了黑體輻射的困難
(D)黑體上振子的能量是不連續性的。（多選題）

( ) 5. 功率為5mW的632.8nm紅色He-Ne雷射光，若其強度降低為0.5mW，則其頻率變化為何？
(A)增加 (B)減少
(C)不變 (D)無法判斷。

( ) 6. 光電效應為：
(A)光能變電能 (B)熱能變電能
(C)電能變光能 (D)核分裂。

( ) 7. 光子的頻率增加時，光子能量：
(A)增加 (B)減少 (C)不變 (D)數據不定。

( ) 8. 一個電子在50伏特的電位差加速下，其具有的德布羅意物質波波長最接近下列哪一個？ (A)100 (B)10 (C)1 (D)0.1 埃。

( ) 9. 物質由原子組成，而原子則由質子、中子及電子組成，下列敘述何者正確？
(A)中子不帶電 (B)電子帶正電
(C)質子帶負電 (D)以上皆非。

( ) 10. 目前下列哪些是基本粒子？
(A)中子 (B)質子 (C)原子核 (D)電子 (E)夸克。（多選題）

( ) 11. 下列何者不受電磁場的影響而改變運動方向：
(A) α 粒子 (B) β 粒子
(C) α 粒子及 γ 射線 (D) γ 射線

( ) 12. 現代科技常應用在醫學檢驗。核子醫學掃瞄檢查身體，主要是應用放射性元素所釋出的何種射線？
(A)紫外線 (B) α 射線
(C) β 射線 (D) γ 射線。

( ) 13. 在醫院某些特定區域的鐵門或牆壁上，常張貼如下圖所示的圖樣，此為國際通用的一種標誌其主要意義為下列何項？
(A)此地區有放射源
(B)此地區使用超聲波
(C)此地區為緊急逃生設備放置處
(D)次地區為高功率發電機放置處。

( ) 14. 核分裂及核融合反應皆遵守下列基本定律，請問何者錯誤：
(A)動能守恆定律 (B)動量守恆定律
(C)核子數守恆定律 (D)電荷數守恆定律。

↘ 進階題

( ) 1. 布魯克想知道下列有關近代物理之敘述哪些正確？
(A)利用電子在均勻電磁場中運動，可同時測定電子之質量及電荷
(B)把已知晶體當成天然的繞射光柵，可量出某些X 射線的波長
(C)鈾238 原子核經過多次α衰變及β衰變，可能會變成其他質子數較少的元素原子核
(D)原子核不因其中帶正電的質子互相排斥而解體，其原因是原子核內帶負電的電子和帶正電的質子互相吸引而阻止其解體
(E)電子以圓形軌道環繞原子核轉動，故放射電磁波。（多選題）

( ) 2. 已知1度電能為1千瓦-小時。愛因斯坦在「特殊相對論」中提及的質能互換公式為$\Delta E=-\Delta m\cdot c^2$，其中c為光速且為$c=3\times10^8$m/s。假設在核能發電廠的反應器內，利用$^{235}_{92}U$進行連鎖反應，經過一段時間後，總共減少1公克的質量。若減少的質量有一半轉換成電能，則約可產生多少度電能？ (A)1.25×10^7 (B)1.25×10^{10} (C)1.25×10^{13} (D)1.25×10^{16}。

( ) 3. 在光電效應的實驗裡，下列敘述哪些是正確的？
(A)當入射光強度增加時，光電子的能量即增加
(B)光電流的大小與入射光之光強度無關
(C)對不同的金屬板，截止電壓對頻率的數據圖中，斜率都一樣
(D)光電流之產生與光照射在金屬板上，兩者間無時間之落差。（多選題）

( ) 4. 4000埃之紫外光照一金屬表面，逸出電子最大動能為2.00電子伏特。若以6000埃之光照表面，則光電子之最大動能為
(A)0.97 (B)1.38 (C)1.10 (D)2.00 電子伏特。

( ) 5. 由光電效應的光電子最大動能（縱軸）和照射光頻率（橫軸）之關係圖，得知：
(A)縱軸截距代表功函數，隨金屬種類而異，可以正亦可以負
(B)對不同種類的金屬斜率均相同
(C)照射光底限頻率與功函數大小成正比
(D)照射光光度增加，截止頻率就減小
(E)由斜率可以決定普朗克常數h的大小。（多選題）

( ) 6. 與波耳原子結構理論有關的下列敘述中，哪些是正確的？（多選題）
(A)電子繞原子核運行
(B)穩定態的能量值是不連續的
(C)在能量為E的穩定態中，所發出的電磁波頻率 $f=\frac{E}{h}$ ，h為普朗克常數
(D)穩定態軌道中的電子角動量 $L=\frac{h}{2n\pi}$ ，n為一整數、π 為圓周率。
（多選題）

( ) 7. 波耳在氫原子結構的理論中，引入了量子數n。在此理論中，下列關係何者正確？
(A)電子的位能與n成反比
(B)電子在軌道中的運動速率與n^2成反比
(C)電子軌道半徑與n成正比
(D)電子能階能量與n^2成正比
(E)電子在軌道中的角動量與n成正比。

( ) 8. 如果以原子為組成物質的單元，則直徑為0.1毫米的一粒細砂含有的原子數目約為10的幾次方？ (A)10^6 (B)10^9 (C)10^{13} (D)10^{17}。

解答與解析

基礎題

1. **A**。陰極射線本質為電子，因由陰極射出故稱為陰極射線。

2. **C**。湯姆森的陰極射線實驗測得電子荷質比 $\frac{e}{m}=1.76\times10^{11}$庫侖/公斤；密立坎的油滴實驗測得基本電荷電量 $e=1.6\times10^{-19}$C ，組合後可求得電子的質量。

3. **C**。(A)×，X光波長極短約為0.1埃~10埃；可見光波長約為400~700nm。
(B)×，X光穿透力強，可穿透肌肉組織但不可穿透骨骼。
(D)×，經高速電子撞擊金屬靶材，電子在急遽減速的過程中所釋放的電磁波。

4. **BD**。
(A)×，黑體為完全吸收外來輻射而不反射的理想物體，不一定要是黑色的。
(C)×，普朗克提出革命性的量子論成功解釋黑體輻射光譜。

5. **C**。光強度的大小與光頻率無關，頻率與光的顏色有關。

6. **A**。光電效應為光子的能量轉移至電子，使電子脫離金屬束縛的現象。

7. **A**。光子的能量只與頻率有關且成正比，即 $E=hf\propto f$。

8. **C**。$\lambda_e=\dfrac{h}{p}=\dfrac{h}{mv}=\dfrac{h}{\sqrt{2mE_k}}=\dfrac{h}{\sqrt{2meV}}=\dfrac{12.3}{\sqrt{V}}\text{Å}=\dfrac{12.3}{\sqrt{50}}\approx 1.73\text{Å}$，故最接近1埃。

9. **A**。中子不帶電；電子帶負電；質子帶正電。

10. **DE**。基本粒子表示不可再分割，目前是電子和夸克。

11. **D**。α 粒子的本質為氦原子核；β 粒子的本質為電子；γ 射線的本質為電磁波，故只有 γ 射線不受電磁場的影響。

12. **D**。γ 射線為高能的電磁波，主要應用於放射性治療。

13. **A**。圖為全世界共同使用的輻射示警標誌，代表此地區有放射源。

14. **A**。核反應式必須滿足兩個條件：(1)總質量數（核子數）守恆；(2)總電荷數守恆。又核分裂及核融合反應系統皆無受外力作用，故動量亦守恆，但動能不一定守恆。

進階題

1. **BC**。
   (A)×，只能測得電子的荷質比。
   (D)×，原子核內無電子，核子間是因為強力作用形成原子核。
   (E)×，電子在定態軌道上運行形成駐波，故不會放射電磁波。

2. **A**。質量虧損所釋放的核能 $\Delta E=\Delta mc^2=10^{-3}\times(3\times10^8)^2=9\times10^{13}\text{ J}$
   ∵1度＝3.6×10^6J
   $\Rightarrow$電能＝$\Delta E\times\dfrac{1}{2}=\dfrac{9\times10^{13}}{2}=4.5\times10^{13}\text{ J}=\dfrac{4.5\times10^{13}}{3.6\times10^6}=1.25\times10^7$度

3. **CD**。
   (A)×，光子的能量只與頻率有關。
   (B)×，光強度為單位時間通過單位截面積的光子數，故光強度愈強產生的電子數愈多、光電流愈大。

(C)○，斜率= $\frac{h}{e}$ =常數，故都一樣與金屬板材料無關。

(D)○，只要入射光頻率大於底限頻率，即立刻(10^{-9}s)產生光電流。

4. **A**。根據愛因斯坦光電方程式：$hf = E_k + W$（W：功函數）

$\frac{12400}{4000} = 3.1 = 2 + W \Rightarrow W = 1.1\ eV$

∵同一金屬的功函數相同

$\frac{12400}{6000} \approx 2.07 = E_k + 1.1 \Rightarrow E_k = 0.97\ eV$

5. **BCE**。愛因斯坦光電方程式：$hf = E_k + W \Rightarrow E_k = hf - W$

（功函數：$W=hf_0$，斜率：h，f軸的截距：f_0，E_k軸的截距：－W）

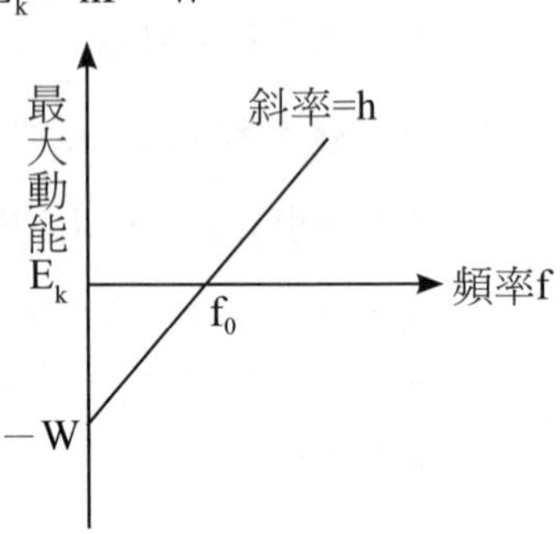

(A)×，縱軸截距代表功函數之負值，隨金屬種類而異，功函數恆為正。

(D)×，光強度增加代表單位時間通過單位截面積的光子數增加，與照射光頻率無關。

6. **AB**。

(C)×，電子要發生躍遷時才會伴隨電磁波的吸收或釋放，

電磁波的頻率為 $f = \frac{|E_i - E_f|}{h}$。

(D)×，波耳第一假設電子角動量量子化 $L = n\frac{h}{2\pi} \propto n$。

7. **E**。(A)×，$U \propto \frac{1}{n^2}$；(B)×，$v \propto \frac{1}{n}$；(C)×，$r \propto n^2$；(D)×，$E \propto \frac{1}{n^2}$。

8. **D**。球體體積 $V = \frac{4}{3}\pi r^3 \propto r^3$，又原子的直徑約為1埃

$\Rightarrow \frac{V_{細沙}}{V_{原子}} = \frac{r^3_{細沙}}{r^3_{原子}} = (\frac{10^{-4}}{10^{-10}})^3 = 10^{18}$，故選(D)

（0.1毫米=10^{-4}米，1埃=10^{-10}米）

單元 12

最新試題及解析

106年台電新進僱用人員甄試

（專業科目：物理）

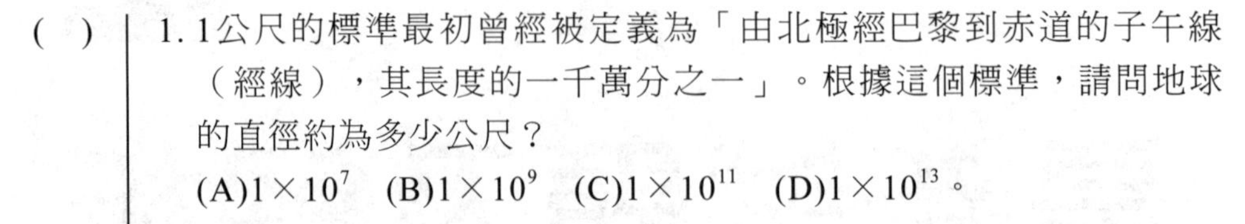

(　) 1. 1公尺的標準最初曾經被定義為「由北極經巴黎到赤道的子午線（經線），其長度的一千萬分之一」。根據這個標準，請問地球的直徑約為多少公尺？
(A)1×10^{7}　(B)1×10^{9}　(C)1×10^{11}　(D)1×10^{13}。

(　) 2. 下列有關幾位科學家的重要研究發現的敘述，下列何者有誤？
(A)法拉第發現電磁感應定律　(B)庫倫發現導線通電流會使附近磁針偏轉　(C)牛頓提出萬有引力及三大運動定律　(D)克卜勒提出三大行星運動定律。

(　) 3. 某人以速率2公里/時上山，以速率3公里/時下山，若上、下山路徑相同，則上山後隨即下山回到原出發點，其平均速率為多少公里/時？
(A)2.3　(B)2.4　(C)2.5　(D)2.6。

(　) 4. 甲、乙兩車同時同方向同地點出發，兩車之V-t圖如右圖所示，下列敘述何者正確？

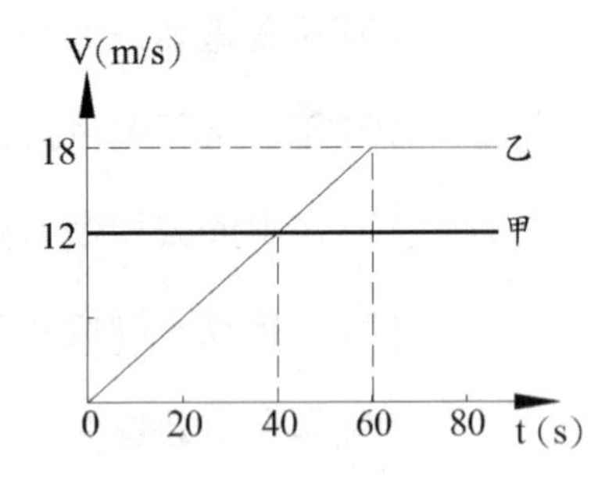

(A)當t=40s時，乙車與甲車在同一地點
(B)當t=60s時，乙車領先甲車180m
(C)當t=80s時，乙車領先甲車540m
(D)乙車最初加速度為$0.3m/s^2$。

(　) 5. 將一顆棒球自地面以初速30公尺/秒鉛直上拋，不計空氣阻力，請問上升最大高度為多少公尺？（g=10公尺/秒^2）　(A)15　(B)35　(C)45　(D)55。

(　) 6. 有一質點以初速V在水平桌面上沿直線滑行，因摩擦力作用，當行進距離S時，速度變為V/2，請問滑行的時間為下列何者？
(A)$\frac{2S}{V}$　(B)$\frac{3S}{2V}$　(C)$\frac{4S}{3V}$　(D)$\frac{5S}{3V}$。

(　) 7. 投手以水平速度144公里/時投出質量約為0.2公斤的棒球，如果投手對原靜止棒球的加速時間約為0.2秒，則投手對棒球平均施力約為多少牛頓？　(A)20　(B)40　(C)200　(D)400。

( ) 8. 某人質量為60公斤，站在電梯內的體重計上，電梯原本靜止在第一樓層，電梯啟動後最初10秒體重計的讀值均為72公斤重，則電梯經過10秒的位移為多少公尺？（g=10公尺/秒^2） (A)100 (B)120 (C)160 (D)200。

( ) 9. 以繩繫一質量3公斤物體，作半徑3公尺、周期3秒之等速圓周運動，則向心力為多少牛頓？ (A)$2\pi^2$ (B)$3\pi^2$ (C)$4\pi^2$ (D)$6\pi^2$。

( ) 10. 如右圖所示，將質量分別為甲=5公斤、乙=2公斤的物體相互接觸，置於光滑的水平面上，以水平力F_1=20牛頓、F_2=6牛頓，分別作用於甲和乙，則兩物體間相互作用力應為多少牛頓？ (A)5 (B)7 (C)10 (D)14。

( ) 11. 在接觸面性質相同情形下，下列有關「摩擦力的觀察實驗」敘述何者正確？
(A)物體間接觸面積越大，摩擦力越大
(B)物體相對速度越快，摩擦力越大
(C)靜摩擦力為一定值
(D)動摩擦力大小與物體間正向力成正比。

( ) 12. 請問下列哪一位是開創實驗物理學，被稱為近代實驗方法之父的物理學家？ (A)虎克 (B)萊布尼茲 (C)法拉第 (D)伽利略。

( ) 13. 如右圖所示，彈簧秤及質量系統一起作等速度運動，其速率為0.1公尺/秒，則彈簧秤上指標所顯示之量值應為多少牛頓？（g=10公尺/秒^2） (A)20 (B)40 (C)200 (D)400。

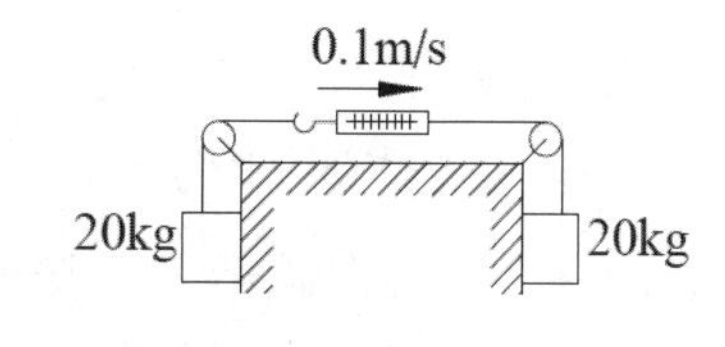

( ) 14. 要判斷物體所受合力為零，應依下列哪一項判斷才正確？
(A)物體質心以等速度運動或靜止不動
(B)物體質心所受合力為零必靜止不動
(C)物體質心以等速率運動
(D)物體質心以等加速度運動。

( ) 15. 有一質量10公克子彈，以水平速度1000公尺/秒，擊中一質量990公克靜置於光滑水平面上沙包後陷於沙包內，則沙包末速約為多少公尺/秒？ (A)5 (B)10 (C)20 (D)100。

( ) 16. 兩個塑膠吸盤互相用力擠壓，能夠緊緊吸附在一起，主要是下列何種原因？ (A)內聚力 (B)大氣壓力 (C)摩擦力 (D)浮力。

( ) 17. 有一質量100公克之球，自高塔上自由落下，當其下降100公尺時速度為20公尺/秒，此時已轉移至空氣中的能量為多少焦耳？（g=10公尺/秒^2） (A)20 (B)60 (C)80 (D)100。

( ) 18. 對一定體積之理想氣體加熱，使其溫度為原來2倍，則氣體壓力變為原來的幾倍？ (A)$\sqrt{2}$ (B)2 (C)4 (D)8。

( ) 19. 有一物體浮在水面上，露出水面部分為全部體積1/8，則此物體密度為多少g/cm^3？ (A)1/8 (B)1/2 (C)3/4 (D)7/8。

( ) 20. 物體作等速圓周運動時，是屬於下列何種運動情形？ (A)等速度運動 (B)變速率運動 (C)等加速度運動 (D)變加速度運動。

( ) 21. 下列何者不是向量？ (A)速率 (B)速度 (C)位移 (D)加速度。

( ) 22. 某物體置平板上，當平板傾斜至30度時，物體即將開始下滑，則物體與平板間靜摩擦係數為？ (A)1/3 (B)1/2 (C)$1/\sqrt{3}$ (D)$1/\sqrt{2}$。

( ) 23. 已知某行星自轉周期為T，半徑為R。環繞它的某一衛星之圓軌道半徑為64R，繞行周期為8T，則環繞該行星運行的同步衛星，其圓軌道半徑為多少？ (A)2R (B)8R (C)16R (D)32R。

( ) 24. 下列何者是功率單位？ (A)馬力(hp) (B)焦耳(J) (C)牛頓(N) (D)達因(dyne)。

( ) 25. 將物體甲、乙接觸，熱能由物體甲傳至物體乙，則物體甲一定具有下列何種特性？ (A)較大體積 (B)較多熱能 (C)較大比熱 (D)較高溫度。

( ) 26. 有一南北走向且平行水平地面之空中電纜線，在電纜線正下方之地面上平放一羅盤，電纜線原無電流通過，當通有由北往南之大電流時，該羅盤磁針N極之指向將往何處偏轉？ (A)由北往西偏轉 (B)由北往東偏轉 (C)由南往西偏轉 (D)由南往東偏轉。

( ) 27. 下列何者為電磁波？ (A)紫外線 (B)超聲波 (C)陰極射線 (D)物質波。

( ) 28. 有關理想變壓器之敘述，下列何者正確？ (A)變壓器是用於改變直流電之電壓裝置 (B)原線圈與副線圈之電流和線圈匝數成正比 (C)副線圈匝數增加時，輸出電壓下降 (D)原線圈與副線圈內磁通量之變化率為相同。

( ) 29. 當電力輸送功率相同時，輸電電壓V越高，則電流I越小，輸送電線耗電越少，若輸送電線電阻值為R，則有關輸送電線本身所消耗之功率P，下列何者正確？ (A) $P=IR$ (B) $P=VI$ (C) $P=I^2R$ (D) $P=\dfrac{V^2}{R}$。

( ) 30. 有一螺線管，長度20公分，均勻纏繞線圈2000匝，如將線圈通以0.2安培之電流，則螺線管內中間附近之磁場強度為多少高斯？（ $\mu_0=4\pi\times10^{-7}$ 特斯拉-公尺/安培） (A) 4π (B) $4\pi\times10^{-4}$ (C) 8π (D) $8\pi\times10^{-4}$。

( ) 31. A與B兩帶電體所帶之電量分別為Q_A與Q_B，距離為R，其庫倫靜電力為F，當此兩帶電體之電量增為$3Q_A$與$3Q_B$，距離不變，則其靜電力為多少F？ (A)3 (B)9 (C)1/3 (D)1/9。

( ) 32. 有一平行板電容器（內部抽真空），其中一極板帶正電，另一極板帶等量負電，當兩電極板之間距為2cm時，電容器內部電場強度為30kV/m，若該電容器兩電極板間之電位差維持不變，但兩極板間之間距變為3cm時，則電容器內部電場強度為多少kV/m？ (A)10 (B)20 (C)30 (D)40。

( ) 33. 如右圖所示，一電阻值為R之長方體電阻，若將該長方體之長、寬及高均增大為原來之2倍，則電阻值為多少R？ (A)1/2 (B)2 (C)4 (D)8。

( ) 34. 如右圖所示，由金屬管上方靜止釋放一磁棒（N極朝上鉛直放置），假設金屬管之任一橫截面均可視為一封閉之金屬線圈，此時磁棒正遠離A線圈而接近B線圈，下列何者正確？ (A)由上往下看A線圈上之感應電流方向為順時針 (B)由上往下看B線圈上之感應電流方向為順時針 (C)磁棒於金屬管中落下較在管外落下快 (D)磁棒於金屬管中之落下過程僅受重力影響。

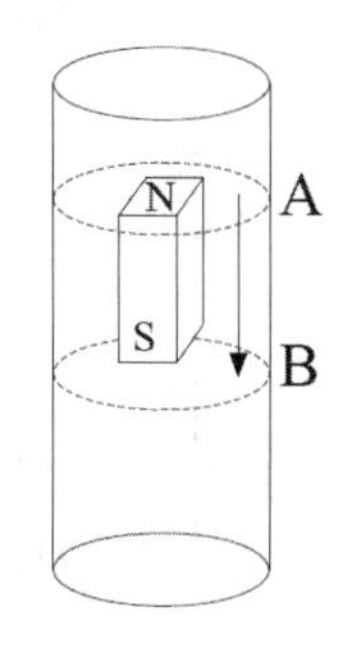

( ) 35. 如右圖所示，有兩條垂直於紙面之直導線，其電流大小相同，方向分別為流入、流出紙面，則有關AB線上之磁場方向，下列何者正確？
(A)丙區之磁場方向朝下
(B)甲區之磁場方向朝下
(C)乙區之磁場為零
(D)乙區之磁場方向朝下。

甲 乙 丙
A B

( ) 36. 下列電器設備之運轉原理，何者非屬電磁感應？ (A)電鍋 (B)變壓器 (C)交流發電機 (D)電磁爐。

( ) 37. 如右圖所示，有一平面鏡，若將平面鏡順時針旋轉15度，但入射線之方向不變，則入射線與後來之反射線夾角為多少度？
(A)120 (B)100 (C)80 (D)60。

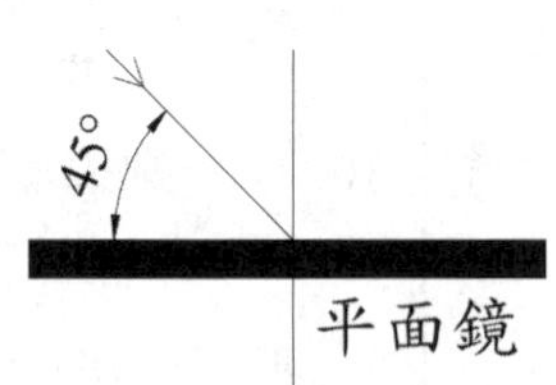

( ) 38. 某君想了解家中每月用電度數，已知主要使用之電器分別為電冰箱300瓦特，每天使用24小時，日光燈組合計100瓦特，每天使用8小時，則每月（以30日計算）用電度數為多少度？ (A)180 (B)200 (C)240 (D)300。

( ) 39. 在同一介質中，甲、乙兩單一頻率之波形如右圖所示，則下列何者正確？

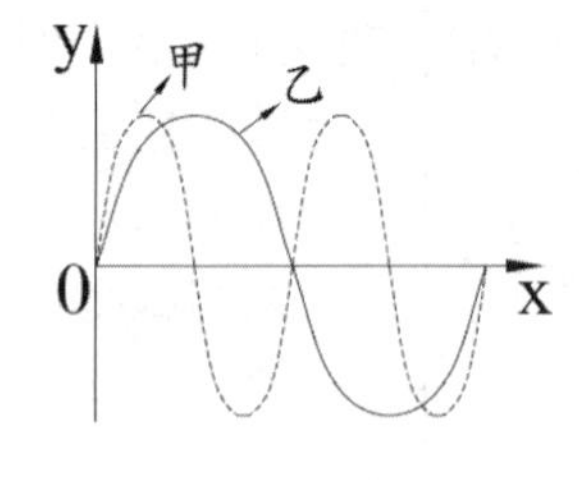

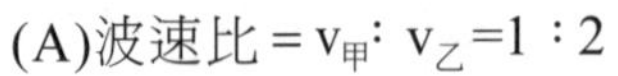
(A)波速比 = $v_{甲}$: $v_{乙}$=1：2
(B)波長比 = $\lambda_{甲}$: $\lambda_{乙}$=1：2
(C)振幅比 = $R_{甲}$: $R_{乙}$=1：2
(D)頻率比 = $f_{甲}$: $f_{乙}$=1：2 。

( ) 40. 某君配戴400度近視眼鏡，該眼鏡之鏡片應為下列何種透鏡？ (A)焦距為10公分之凸透鏡 (B)焦距為10公分之凹透鏡 (C)焦距為25公分之凸透鏡 (D)焦距為25公分之凹透鏡。

( ) 41. 有關光纖利用光之全反射傳播，下列何者正確？
(A)沿著光傳播之方向，光纖之折射率須逐漸增加
(B)光纖包層之折射率小於纖芯之折射率
(C)沿著光傳播之方向，光纖之折射率須逐漸減少
(D)光纖傳播無法沿著彎曲型之導管前進。

( ) 42. 某君晚上在公司加班，無意間朝透明玻璃窗外看去，發現不易見到室外景色，原因為何？ (A)室外之光線被玻璃全反射 (B)室外之光線被玻璃吸收而無法穿透 (C)室外經玻璃射入室內之光強度比室內被玻璃反射之光強度小 (D)室內之光線被玻璃全反射。

( ) 43. 下列現象不須使用近代物理即可解釋？ (A)光之雙狹縫干涉 (B)氫原子光譜 (C)黑體輻射實驗 (D)光電效應。

( ) 44. 某記者深入戰地，突然感覺到地面劇烈晃動，隔9秒後又聽到爆炸聲，判斷應為某休息站被炸毀，該記者與所有休息站之位置關係如右圖所示，每小格長、寬均為1公里，則哪個休息站可能被炸毀了？（假設聲波於空氣中及地面傳播之速度分別為350公尺/秒及3500公尺/秒，並以圓中心當作休息站之座標位置） (A)1號休息站 (B)2號休息站 (C)3號休息站 (D)4號休息站。

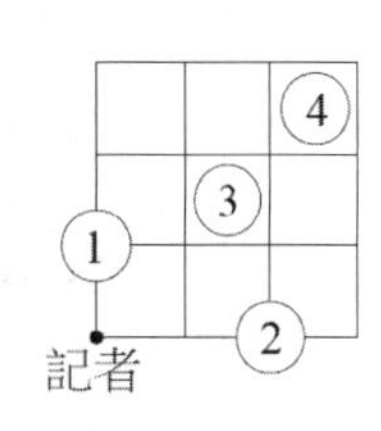

( ) 45. 右圖為一盛水之圓柱型開口容器，其右側某固定高度朝固定方向射入一雷射光，在容器底部中央產生一光點，若水位下降時，下列何者正確？
(A)折射角變小、光點向右移
(B)折射角不變、光點向右移
(C)折射角不變、光點向左移
(D)折射角變大、光點向左移。

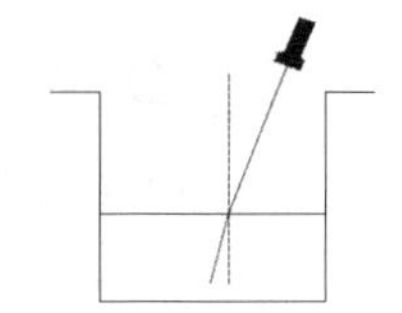

( ) 46. 電子伏特(eV)為何種物理量之單位？ (A)能量 (B)電荷 (C)電位 (D)電場。

( ) 47. 如右圖所示，S點為上下振動之波源，振動頻率為80Hz，其產生之橫波以波速為40m/s分別向左及向右傳播，在波源左右兩端有R、T兩質點，與波源S之距離分別為6m與7m，當S恰通過平衡位置且向上振動時，下列何者正確？

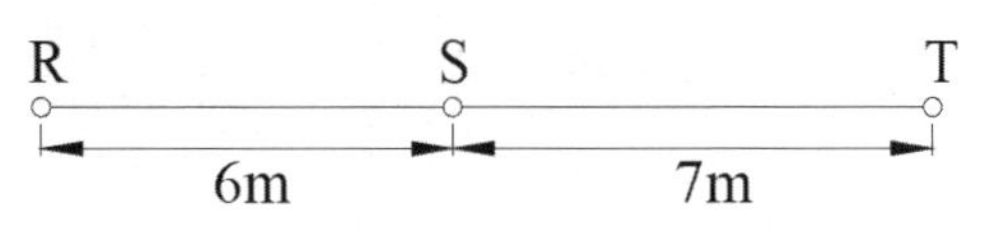

(A)R與T均在波峰 (B)R在波峰、T在波谷
(C)R在波谷、T在波峰 (D)R與T均在平衡點。

( ) 48. 有一雷射光以一入射角 θ 自空氣射入雙層薄膜再進入空氣，各層薄膜厚度均為2d，折射率分別為n_1及n_2，今以折射率為n且厚度為4d之薄膜取代原雙層薄膜，若光線射入與射出之位置及角度均與右圖所示相同，則n_1、n_2及n之大小關係為何？ (A)$n_1>n_2=n$ (B)$n_1>n>n_2$ (C)$n_2>n>n_1$ (D)$n_2>n_1=n$。

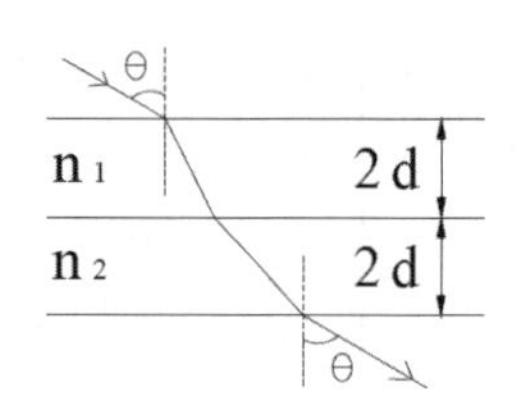

( ) 49. 單色光從折射率n_1之介質進入折射率n_2之介質，若$n_1>n_2$，則下列何者正確？ (A)光之頻率變小 (B)光之速率及波長均變大 (C)光之頻率及波長均變小 (D)光之速率變小。

( ) 50. 在吉他箱體中間有一開孔處，某君因好奇而在孔前以管笛吹奏某特定頻率之聲音，發現即使不彈也有可能會發出聲音並看到弦在振動，這原因主要是下列何種物理現象所造成？ (A)繞射 (B)折射 (C)反射 (D)共鳴。

解答及解析 答案標示為#者，表官方曾公告更正該題答案。

1. **A**。設地球半徑 R，依照題意，1 公尺相當於四分之一的地球圓周長的千萬分之一，即$1=(2\pi R\times\frac{1}{4})\times\frac{1}{10^7}$

   $\Rightarrow$ 地球直徑$2R=\frac{4\times10^7}{\pi}\cong10^7$公尺。

2. **B**。(B) 厄斯特發現電流磁效應，庫倫提出庫倫定律計算靜電力的大小。

3. **B**。設上、下山路徑各為 S 公里

   $$\text{平均速率 } v=\frac{\text{路徑長}}{\text{時間}}=\frac{\text{來回山路總路徑}}{\text{上山時間+下山時間}}=\frac{2S}{\frac{S}{2}+\frac{S}{3}}=2.4\text{公里/時}$$

4. **D**。(A) t = 40s 時，乙車與甲車車速相同為 12m/s。
   (B)V-t 圖之圖線與 x 軸之間的面積代表位移
   當 t = 60s 時，

   $$\begin{cases}\text{甲車位移=矩形面積大小}=60\times12=720\text{m}\\ \text{乙車位移=三角形面績大小}=\frac{1}{2}\times60\times18=540\text{m}\end{cases}$$

∵兩車同時同地點出發∴乙車落後甲車 $720-540=180\text{m}$ 。

(C)同理 (B)

當 $t=80\text{s}$ 時，

$$\begin{cases} 甲車位移=80\times12=960\text{m} \\ 乙車位移=\frac{1}{2}\times60\times18+\left[18\times(80-60)\right]=540+360=900\text{m} \end{cases}$$

⇒ 乙車落後甲車 $960-900=60\text{m}$ 。

(D)乙車在前 60 秒作等加速運動，加速度 $a=\frac{\Delta v}{\Delta t}=\frac{18-0}{60-0}=0.3\text{m}/\text{s}^2$ 。

5. **C**。棒球作等加速運動，由等加速運動公式 $v^2=v_0^2+2aS$

已知棒球在最大高度速度為零（$v=0$）、$a=-g$（負號代表向下）

設最大高度為 H 公尺

$0=30^2+2(-10)H$

$\Rightarrow H=45$公尺

6. **C**。∵質點受動摩擦力作用而減速，且動摩擦力為定力

∴質點作等加速運動。

根據題意作 v-t 圖

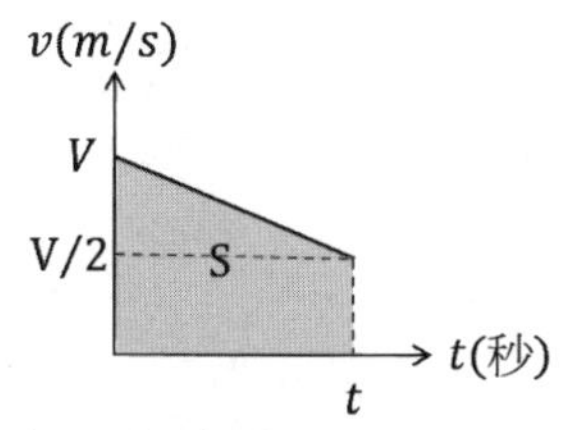

設滑行的時間 t

v-t 圖的面積代表位移：$S=\frac{(\frac{V}{2}+V)}{2}t\Rightarrow t=\frac{4S}{3V}$

7. **B**。球速單位換算：

$144公里/時=\frac{144\times1000}{3600}=40公尺/秒$

$\Rightarrow$ 平均施力 $F=\frac{\Delta p}{\Delta t}=\frac{m\Delta v}{\Delta t}=\frac{0.2\times(40-0)}{0.2}=40牛頓$

8. **A**。∵電梯啟動後最初 10 秒體重計的讀值大於某人重量（72kgw>60kgw）

∴代表電梯向上加速，作等加速運動。

如下圖所示，根據牛頓第二運動定律

$N - mg = ma$ ，$a = \dfrac{72\times10-60\times10}{60} = 2m/s^2$

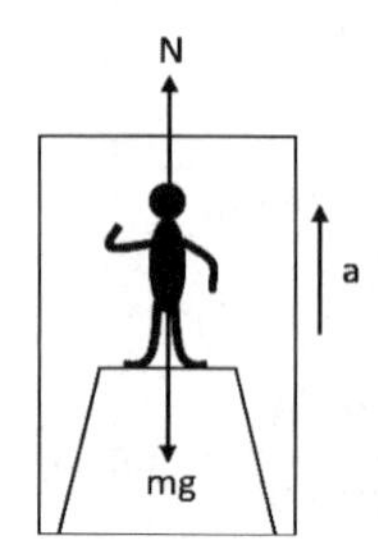

由等加速運動公式，$\Delta y = \dfrac{1}{2}at^2 = \dfrac{1}{2}\times2\times10^2 = 100$公尺

9. **C**。向心力 $F_c = m\dfrac{4\pi^2R}{T^2} = 3\times\dfrac{4\pi^2\times3}{3^2} = 4\pi^2$ 牛頓

10. **C**。(1) 分析甲乙系統，甲乙兩物體向右加速

由牛頓第二運動定律 $F_1 - F_2 = 20 - 6 = (5+2)a \Rightarrow a = 2m/s^2$

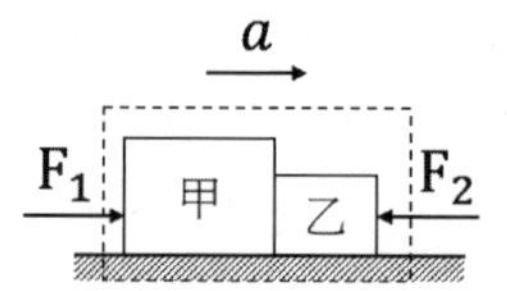

(2) 分析甲物體，設兩物體間相互作用力為 f

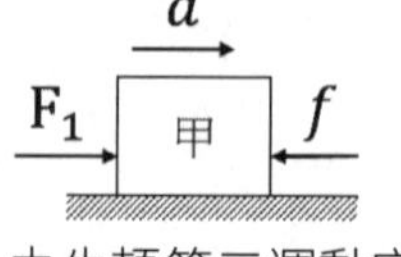

由牛頓第二運動定律 $F_1 - f = 20 - f = 5\times2 = 10$

$\Rightarrow f = 10$牛頓

11. **D**。(A) 摩擦力與接觸面積大小無關。

(B) 兩接觸面之間的最大靜摩擦力及動摩擦力為定值，與物體的相對速度無關。

(C) 靜摩擦力等於作用力大小。

(D) 動摩擦力公式 $f_k = \mu_k N \propto N$ 。

12. **D**。(A) 虎克提出虎克定律來計算彈力的大小。

(B) 萊布尼茲發明微積分。

(C) 法拉第發現電磁感應定律。

13. **C**。∵系統作等速運動
∴彈簧秤受合力為零，彈簧秤上指標所顯示量值為 20kgw=200 牛頓。

14. **A**。根據牛頓第一運動定律，當物體不受外力或所受合力為零時，物體靜者恆靜、動者恆作等速運動，故選 (A)。

15. **B**。設沙包末速為 v
子彈與沙包碰撞前後動量守恆得：$0.01\times1000+0=(0.01+0.99)v$
$\Rightarrow v=10$公尺/秒

16. **B**。(A)內聚力為同類分子間的吸引力。
(B)兩塑膠吸盤間的空氣被擠出，內部近似真空，吸盤外的大氣壓力使兩吸盤緊緊吸附。

17. **C**。(1)若無阻力時，球作自由落體，
其下降 100 公尺時的末速 $v=\sqrt{2gH}=\sqrt{2\times10\times100}=20\sqrt{5}m/s$
(2)當考慮阻力時，損失的動能轉移至空氣中
$\Rightarrow$ 轉移至空氣中的能量 $=\Delta K=\frac{1}{2}\times0.1\times(20\sqrt{5})^2-\frac{1}{2}\times0.1\times20^2$
$=80$焦耳

18. **B**。理想氣體方程式 $PV=nRT$，
當 V、n 固定時，$P\propto T$。故當溫度為原來 2 倍，氣體壓力為原來的 2 倍。

19. **D**。設物體密度為 d、體積為 V，
浮體所受的浮力 = 排開的液體重 = 物重
$B=W$
$\rho_{水}\left(\frac{7}{8}V\right)g=1\times\frac{7}{8}Vg=mg=(dV)g$
$\Rightarrow d=\frac{7}{8}g/cm^3$

20. **D**。等速圓周運動為物體以不變的速率沿著一個圓周運動，其加速度量值大小不變，方向恆指向圓心，故屬於變速度及變加速度運動。

21. **A**。向量代表有方向性，速率屬於純量。

22. **C**。物體即將開始下滑，即下滑力 = 最大靜摩擦力
$mg\sin30°=f_{s(max)}=\mu_sN=\mu_smg\cos30°$

$$\Rightarrow \mu_s = \frac{1}{2} \times \frac{2}{\sqrt{3}} = \frac{1}{\sqrt{3}}$$

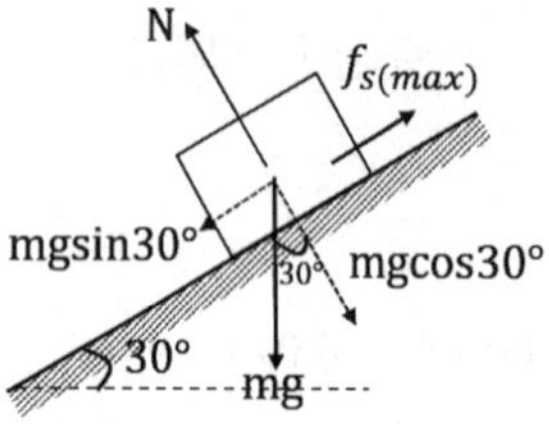

N
$f_{s(max)}$
mgsin30°
30°
mgcos30°
30°
mg

23. **C**。(1)萬有引力＝向心力

$$\frac{GMm}{(64R)^2} = m\frac{4\pi^2(64R)}{(8T)^2}$$

$$\Rightarrow R = \frac{1}{16} \cdot \sqrt[3]{\frac{GMT^2}{4\pi^2}}$$

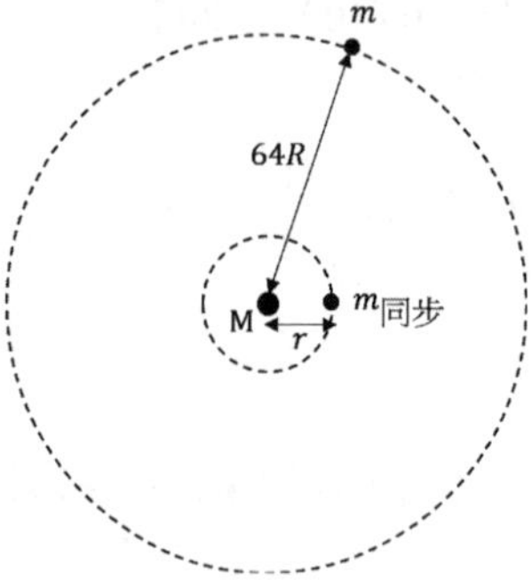

m
64R
M
r
m同步

(2)設環繞該行星的同步衛星之軌道半徑為 r，
所謂同步衛星代表其運轉週期與某行星自轉週期相同，

同理 $F_g = F_c$，$\frac{GMm_{同步}}{r^2} = m_{同步}\frac{4\pi^2 r}{T^2}$

$$\Rightarrow r = \sqrt[3]{\frac{GMT^2}{4\pi^2}} = 16R$$

24. **A**。(A) 1hp = 746W 。
(B) 焦耳為能量的單位。
(C) 牛頓為力的單位。
(D) 達因為力的單位，用於 CGS 單位系統。

25. **D**。 熱能是從溫度高傳至溫度低的物體。

26. **B**。 由安培右手定則知，導線下方的磁場向東，故磁針 N 極指向由北往東偏轉。

27. **A**。(B) 超聲波為頻率（約 20000Hz）高於人類聽覺範圍的聲波。
(C) 陰極射線即為電子。
(D) 德布羅意提出物質也有波動性，物質波不是橫波亦不是縱波而是「機率波」。

28. **D**。∵理想變壓器 $P_1 = P_2$
$\therefore \dfrac{N_1}{N_2} = \dfrac{V_1}{V_2} = \dfrac{I_2}{I_1}$
(A) 變壓器只適用於交流電源。
(B) 原線圈與副線圈之電流和線圈匝數成反比。
(C) 副線圈匝數增加時，輸出電壓上升。
(D) 由於原線圈與副線圈纏繞於同一軟鐵心，故兩者線圈內磁通量之變化率相同。

29. **C**。輸送電線本身所消耗之功率 $P = I^2R$ 。而題目的 V 為輸電電壓，並非電線之端電壓，故不適用公式 $P = \dfrac{V^2}{R}$ 。

30. **C**。載流螺線管內之磁場強度為 $B = \mu_0 nI$（n 為單位長度之匝數）
$\Rightarrow B = \mu_0 \dfrac{N}{\ell} I = 4\pi \times 10^{-7} \times \dfrac{2000}{0.2} \times 0.2 = 8\pi \times 10^{-4}$特斯拉=8π高斯
（1高斯=10^{-4}特斯拉）

31. **B**。由庫倫定律 $F = \dfrac{kQ_AQ_B}{R^2}$
當兩帶電體之電量增為 $3Q_A$ 與 $3Q_B$，且距離不變
$\Rightarrow$ 靜電力 $F' = \dfrac{k3Q_A \times 3Q_B}{R^2} = 9F$

32. **B**。由 $E = \dfrac{V}{d}$，得 $V = Ed = 30 \times 0.02 = 0.6\text{kV}$
當改變兩極板間距為 3cm 時 $\Rightarrow E' = \dfrac{0.6}{0.03} = 20\text{kV}$

33. **A**。由電阻定律 $R = \rho \dfrac{L}{A}$
當長方體之長、寬及高均增大為原來之 2 倍，代表長度增為 2 倍、面積增為 4 倍，故電阻值為 $\dfrac{R}{2}$ 。

34. **B**。磁棒下落過程中，A、B 線圈內皆有磁場的變化，故有電磁感應現象產生應電流。

(A) 由於磁棒遠離 A 線圈，得 A 線圈內的感應磁場方向向上，故由上往下看 A 線圈上之應電流方向為逆時針。

(B) 由於磁棒接近 B 線圈，得 B 線圈內的感應磁場方向向下，故由上往下看 B 線圈上之應電流方向為順時針。

(C)(D) 磁棒在管中除了受重力作用，因電磁感應現象另受阻力作用，故在管中落下較管外慢。

35. **D**。由 $B \propto \frac{1}{r}$ 與安培右手定則知，載流直導線產生的磁場之相對大小及方向如下圖。

⇒ 甲區之磁場方向朝上，乙區之磁場方向朝下，丙區之磁場方向朝上。

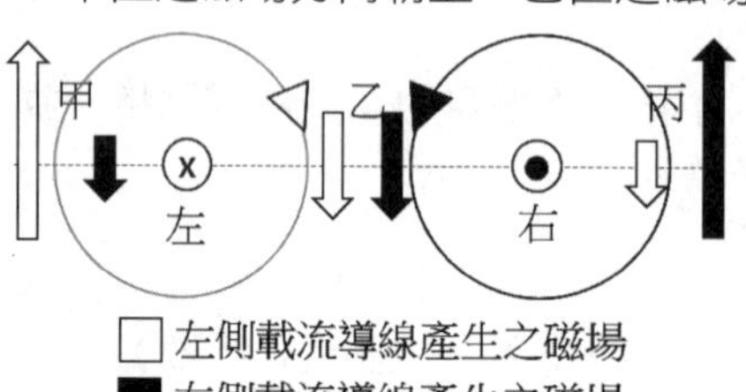

36. **A**。(A) 電鍋是電流熱效應的應用。

37. **A**。(1) 光槓桿原理：若入射光線不變，則當平面鏡轉動 θ 角時，其反射線轉 2θ 角。

(2) 如下圖所示，平面鏡旋順時針轉 15 度，反射線順時針轉 30 度。

⇒ 入射線與後來之反射線夾角：45+45+30=120 度。

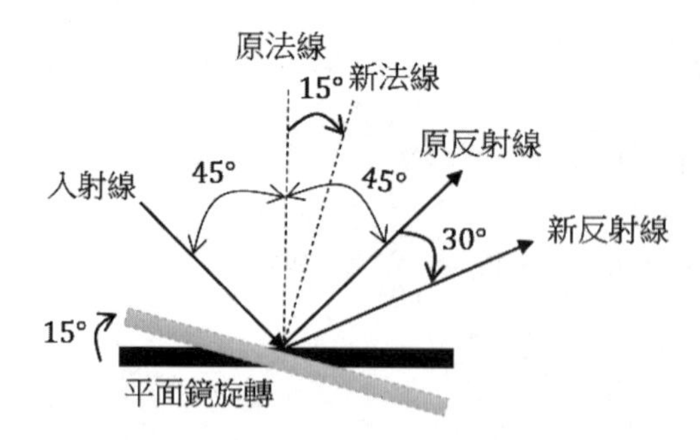

38. **C**。(1)「1 度電」：耗電量 1000 瓦特的電器，連續使用 1 小時所消耗的電能。

(2) 每月用電度數 $\Rightarrow (0.3 \times 24 + 0.1 \times 8) \times 30 = 240$ 度。

39. **B**。(A) 在同一介質中波速相同 ⇒ 波速比 $v_{甲}:v_{乙}=1:1$。
(B)(C) 由題目的圖得知 ⇒ 波長比 $\lambda_{甲}:\lambda_{乙}=1:2$，振幅比 $=R_{甲}:R_{乙}=1:1$。
(D) 由 $v=\lambda f \xrightarrow{\text{在同一介質中}} f \propto \frac{1}{\lambda}$ ⇒ 頻率比 $f_{甲}:f_{乙}=2:1$。

40. **D**。(1) 近視是因為眼球曲度過大等因素，物體成像於視網膜前，故需配戴凹透鏡，使光線發散延遲聚焦。
(2)透鏡度 D 為透鏡焦距（公尺）的倒數：$D=\frac{1}{f(\text{公尺})}$（f：所配戴眼鏡之焦距）
(3)商業上稱眼鏡的度數 =100×D。400 度的近視眼鏡 ⇒D=4。
$\Rightarrow$ 凹透鏡之焦距 $f=\frac{1}{4}=0.25m=25cm$

41. **B**。形成全反射的條件有二，除了入射角必大於臨界角外，還需符合光由光密介質進入光疏介質，故光纖包層之折射率較纖芯的小。

42. **C**。室內光強度大於由室外射入的光強度，主要由室內光經玻璃反射入眼後進而產生視覺，故不易看到室外景色。

43. **A**。(A) 光之雙狹縫干涉使用光的波動性來解釋。

44. **D**。(1)設炸毀的休息站距離記者 S 公尺
根據題意，感覺地面劇烈晃動隔 9 秒後又聽到爆炸聲，代表波動經由地面及空氣傳遞至記者位置的時間差 9 秒。
$$\frac{S}{350}-\frac{S}{3500}=9 \Rightarrow S=3500\text{公尺}$$
(2)4 號休息站至記者位置之距離：$\sqrt{2}\times\frac{5}{2}\times1000\cong3536$ 公尺，故可能是 4 號休息站被炸毀。

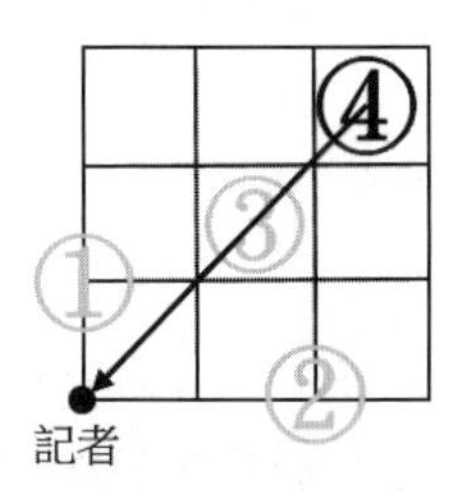

45. **C**。如下圖所示，水位下降入射角不變，故折射角不變，光點向左移。

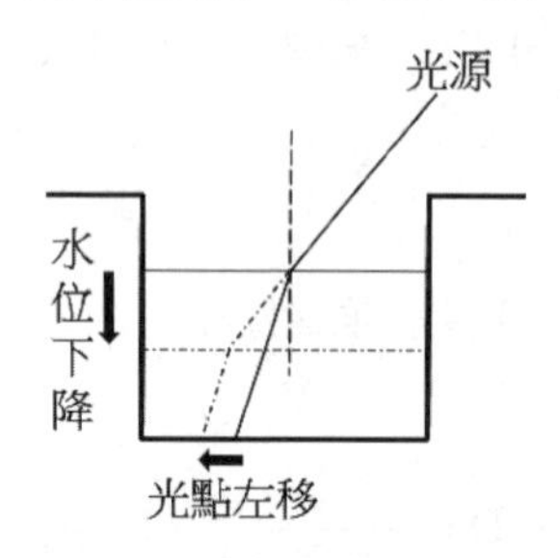

46. **A**。1 電子伏特 (eV) 代表 1 個電子經過 1 伏特的電位差加速後所增加的動能，為能量的單位，又 $1eV=1.6\times10^{-19}J$。

47. **D**。由 $v=\lambda f \Rightarrow$ 波長 $\lambda=\frac{v}{f}=\frac{40}{80}=0.5m$

$\overline{RS}$ 及 $\overline{TS}$ 的距離皆為 0.5 公尺的整數倍，故當 S 恰通過平衡位置且向上振動時，R 與 P 均在平衡點。

48. **B**。如下圖所示，雷射光由空氣進入不同介質中之折射角的相對大小為 $\alpha_2>\alpha>\alpha_1$。代表雷射光在介質中的光速之相對大小為 $v_2>v>v_1$，由折射率定義 $n=\frac{c}{v}\Rightarrow n_1>n>n_2$。

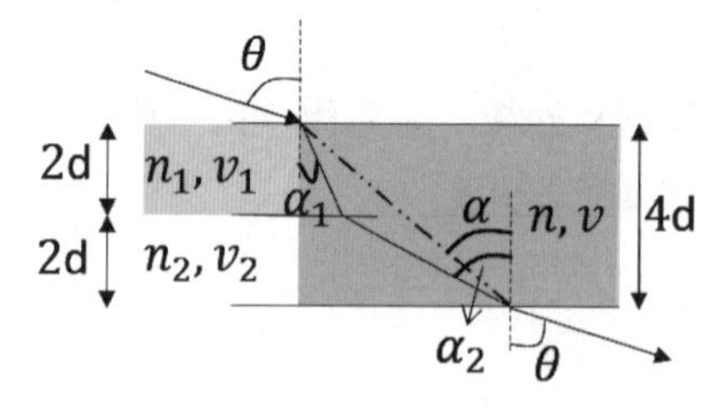

49. **B**。由折射率定義 $n=\frac{c}{v}$ 知，$n_1>n_2$ 代表單色光從光速慢的介質進入光速快的介質。

(A) 光在傳遞過程，光之頻率不變。

(B)(D) $\because$ f 不變、$v\propto\lambda$ $\therefore$ 光速及波長均變大。

(C) 光之頻率不變及波長變大。

50. **D**。管笛之某特定頻率與吉他音箱的自然頻率之一相同，聲波與音箱產生共振，使其引起周圍較大體積的空氣擾動而發出聲音，此現象稱為共鳴。

106年中油公司僱員甄試（煉製類）

（專業科目：物理）

第一部分：選擇題

( ) 1. 目前公認的國際單位系統(SI)的敘述，何者正確？ (A)力為一個基本量，其SI單位為牛頓 (B)SI單位系統中共有6個基本量 (C)速度的單位乃藉由長度與時間兩個基本量所導出 (D)SI的溫度單位是攝氏(°C)。

( ) 2. 質量40公克的物體掛在彈簧下端，可使彈簧伸長4公分，若將此物體接觸到桌面，使彈簧僅伸長1公分，如右圖，則桌面施於物體的正向力為？

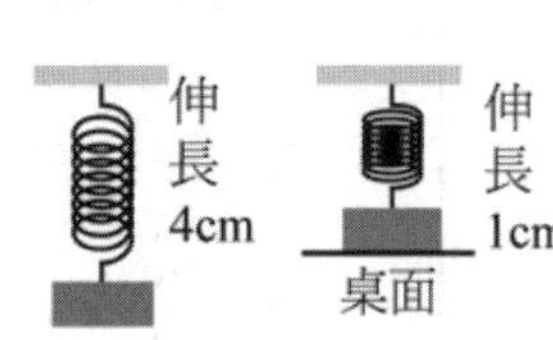

(A)10 (B)20
(C)30 (D)40 公克重。

( ) 3. 如右圖為托里切利實驗的結果，則下列敘述何者正確？ (A)如果玻璃管內上端為真空，則大氣壓力為68cm-Hg (B)如果外界大氣壓力為76cm-Hg，則管內空氣壓力為72cm-Hg (C)如管內為真空，將此實驗移至玉山上，管內水銀高度將降低 (D)如管內為真空，將此實驗移至玉山上，管內水銀高度將升高。

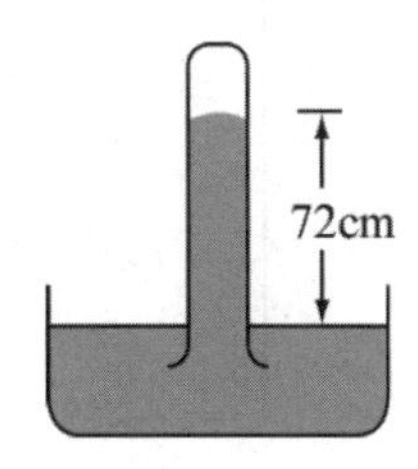

( ) 4. 有一物體靜止於斜面上，如右圖所示，則
(A)物體所受合力不為零
(B)物體所受重力方向為↙
(C)靜摩擦力的方向為↙
(D)斜面施於物體的正向力方向為↖。

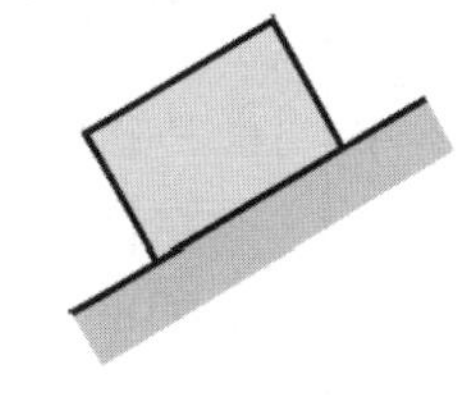

( ) 5. 右圖中，甲、乙、丙質量分別為10Kg、2Kg、13Kg，甲物體與桌面間之靜摩擦係數為0.25，滑輪與繩間摩擦不計，則系統的加速度為？ (A)2.5 (B)5 (C)10 (D)15 m/s^2（$g=10m/s^2$）。

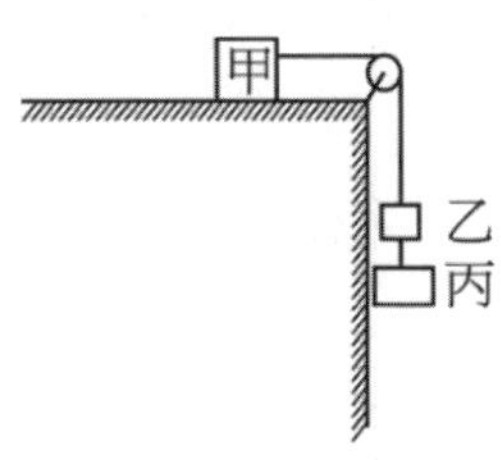

( ) 6. 在同一介質中有兩種不同頻率的聲波p與q，如下圖所示，則下列有關p波和q波敘述正確的是？

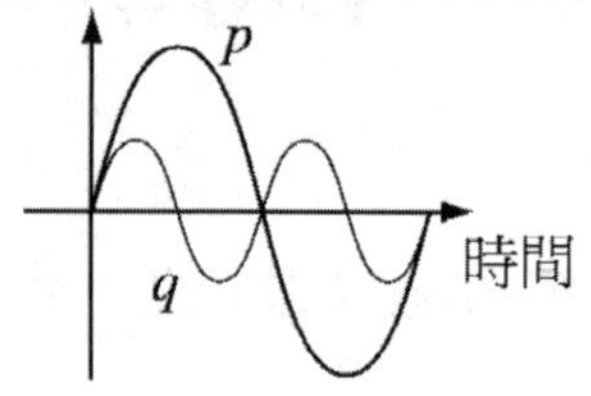

(A)頻率比2：1
(B)波長比4：1
(C)波速比2：1
(D)波速比1：1。

( ) 7. 一電子由東向西射入地球的磁場中，則此電子在運動過程中，受磁力作用會往何方向偏移？ (A)上 (B)下 (C)南 (D)北。

( ) 8. 一質量為m的子彈以速度v射入質量為M之靜止木塊，若子彈留在其中，其後木塊運動壓縮彈性常數為k的彈簧於牆上，如下圖所示。設平面光滑，則彈簧最大壓縮量為？

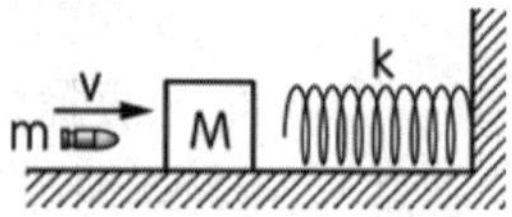

(A) $\sqrt{\frac{mv}{k}mv^2}$ (B) $\sqrt{\frac{mv}{k}\frac{M+m}{m}}$

(C) $\frac{mv}{\sqrt{k(M+m)}}$ (D) $mv\sqrt{\frac{M}{M+m}}$ 。

( ) 9. 如右圖所示，遊樂場內的旋轉吊椅，其與鉛直線的夾角會隨著轉速增加而增加。已知吊椅懸掛環半徑為1.5m，懸掛線長為2m。則當吊椅與鉛直線夾角維持37°時，旋轉的角速率為多少rad/s？（$g=10m/s^2$）

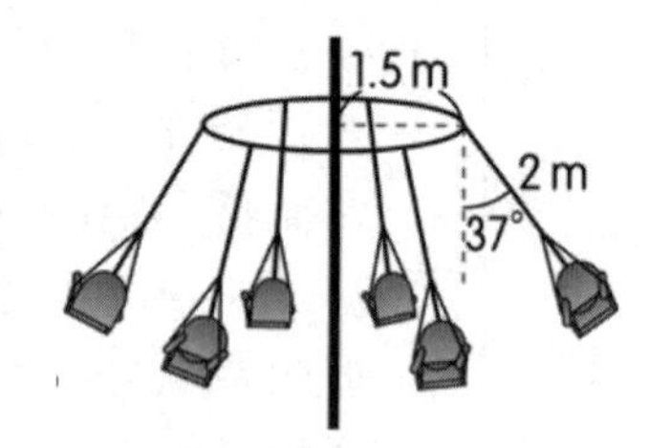

(A) $\frac{5}{3}$ (B) $\frac{25}{6}$ (C) $\frac{9}{2}$ (D) $\frac{25}{4}$ 。

( ) 10. 一質點的運動方程式為$x=36-12t+t^2$（單位用MKS制），則此質點從0到12秒運動過程的平均速率為多少公尺/秒？ (A)3 (B)0 (C)6 (D)12 公尺/秒。

( ) 11. 設右圖中電池的電動勢為10V，內電阻為1Ω，則圖中Q、P兩點之電位差為多少V？

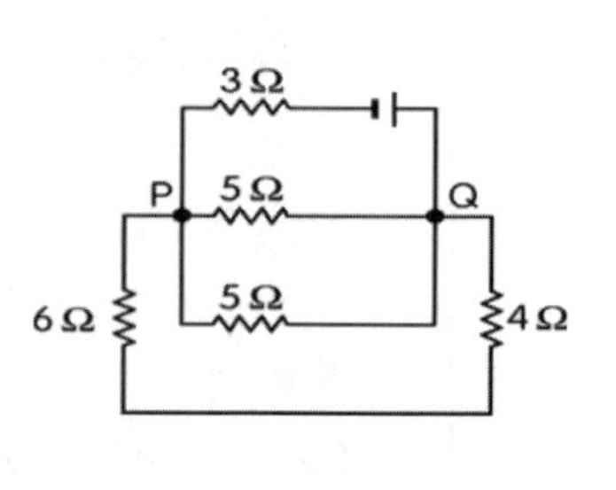

(A)4 (B) $\frac{10}{3}$

(C) $\frac{5}{4}$ (D) $\frac{24}{5}$ 。

( ) 12. 一條長 ℓ 的彈簧，一端固定，一端繫一質量為m的物體，使之在光滑水平面上作等速圓周運動，此時，彈簧總長度為 $\frac{4}{3}\ell$ ，若彈性常數為k，則此物體之速率為多少？

(A) $\frac{3\ell}{2}\sqrt{\frac{k}{m}}$ (B) $\ell\sqrt{\frac{k}{m}}$ (C) $\frac{2\ell}{3}\sqrt{\frac{k}{m}}$ (D) $\frac{\ell}{2}\sqrt{\frac{3k}{m}}$ 。

( ) 13. 如右圖所示，若V＝36V，則下列敘述中哪些正確？

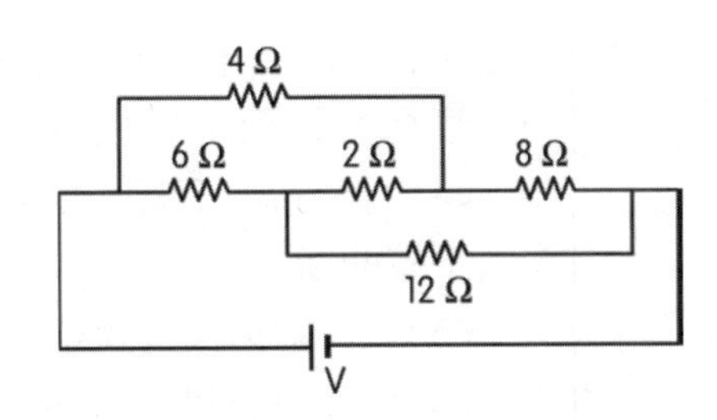

(A)流經4Ω電阻之電流為2A
(B)流經8Ω電阻之電流為3A
(C)流經12Ω電阻之電流為3A
(D)流經2Ω電阻之電流為1A。

( ) 14. 下列哪一個P（功率）-t（時間）圖形代表一個物體是作等加速運動？

(A) (C)

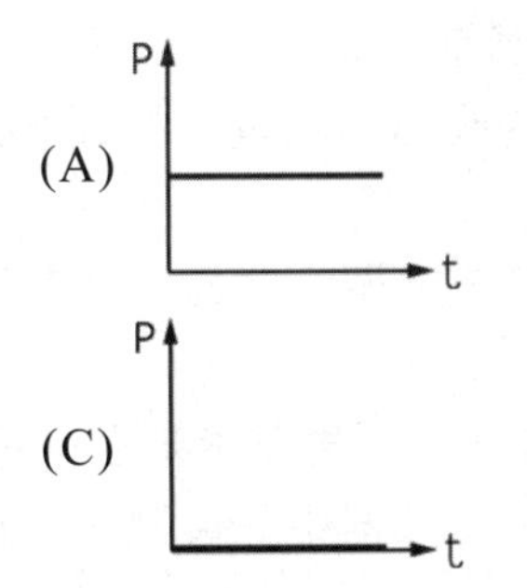

(B) (D)

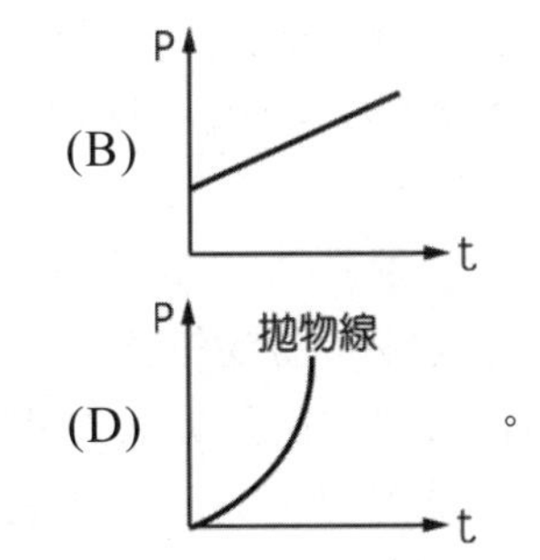

。

( ) 15. 一物沿斜面上滑一距離d後，又滑回原處，測得上滑之初速為v，滑回原處之末速為 $\frac{1}{3}$ v，若物體質量為m，則物體與斜面間之摩擦力為？

(A) $\frac{3mv^2}{16d}$ (B) $\frac{4mv^2}{9d}$ (C) $\frac{2mv^2}{9d}$ (D) $\frac{3mv^2}{8d}$ 。

( ) 16. 真空中的光速恆為 3×10^8 公尺/秒，因此我們可以將光在一定時間中移動的距離訂為長度單位，例如以光在1秒中移動的距離為1光秒，光在1日中移動的距離為1光日。已知地球與月球的距離為38萬公里，這個距離約為幾光秒？ (A)0.5 (B)0.8 (C)1.0 (D)1.3 光秒。

( ) 17. 如右圖所示，三個質量分別為3m、2m和m的木塊，木塊間的靜摩擦係數皆為μ，而木塊與地面之間無摩擦力。欲使中間的木塊不致落下，則所需最小的力F為多少？

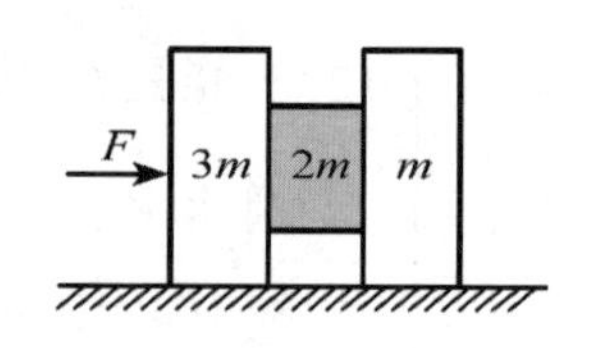

(A) $\frac{3mg}{\mu}$ (B) $\frac{4mg}{\mu}$ (C) $\frac{12mg}{\mu}$ (D) $\frac{mg}{\mu}$。

( ) 18. 如右圖之裝置，已知外加磁場方向是垂直指出紙面，當放射線垂直通過磁場時，被分成三束射線，下列哪一項是正確的？

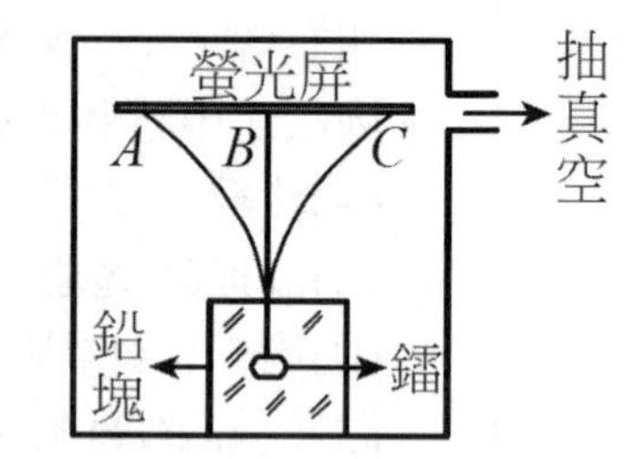

(A) γ 射線偏向位置C
(B) α 射線偏向位置A
(C) β 射線偏向位置A
(D)三束射線均集中於位置B。

( ) 19. 有關「金屬的比熱」實驗，下列敘述何者正確？
(A)本實驗是利用「吸收的熱量等於放出的熱量」的觀念來測量金屬比熱
(B)測量量熱器的質量時，只要測量量熱器主體即可，外蓋、溫度計及攪拌器要先拿掉
(C)若量熱器內不先裝冷水，直接倒熱水，再測量末溫是可行的
(D)測量熱容量時，為了實驗安全，量熱器中先裝熱水，再慢慢加入冷水。

( ) 20. 甲、乙兩物體的質量各為1.0公斤和4.0公斤，以細繩連接，跨過質量可不計的滑輪，置於兩個斜角均為30°的光滑長斜面上，如右圖所示。若兩物體自靜止釋放，經過1.0秒，乙物體沿斜面移動多少公尺？（設重力加速度為10公尺/秒^2） (A)0 (B)1.5 (C)2.0 (D)2.5。

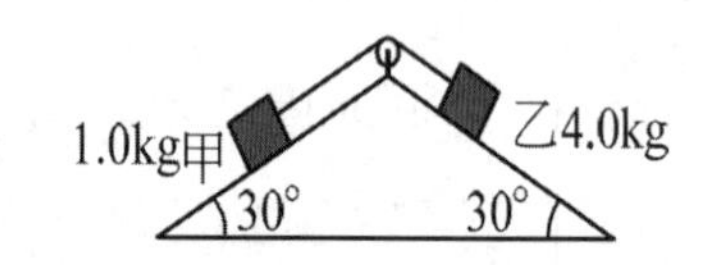

( ) 21. 如右圖所示，光從水中射出到空氣中，則哪一條是可能的路徑？

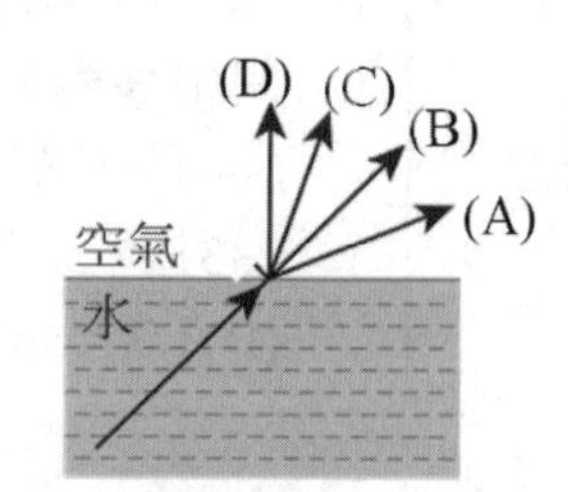

(　) 22. 半徑相同的兩金屬球，所帶電量的比為5：1，在相距R時，其間的靜電斥力為F；如將兩球接觸後再分離至相距3R時，則其間的斥力變為？
(A)$\frac{F}{5}$　(B)$\frac{5F}{3}$　(C)$\frac{5F}{9}$　(D)$\frac{F}{9}$。

(　) 23. 有關「重力」和「電磁力」的比較，下列敘述何者正確？
(A)重力強度大小的數量級遠大於電磁力
(B)重力與電磁力為長程力
(C)兩者強度大小的數量級很接近
(D)自然界的所有力的作用都可簡化為兩者的綜合結果。

(　) 24. 設A、B兩種可見光，其波長為400奈米與600奈米，則A、B的光子能量比為？　(A)3：2　(B)2：3　(C)9：4　(D)4：9。

(　) 25. 家居使用規格為110伏特，1000瓦特的電鍋時，使用規格多少安培的電源導線可能會有危險？　(A)10　(B)11　(C)12　(D)9　安培。

(　) 26. 甲、乙兩人質量分別為60kg及49kg，若兩人在溜冰場的水平冰面上，開始時都是靜止的，甲手中取一質量1kg的球傳給乙，乙接後又投給甲，如此反覆數次後，乙帶球以0.6m/s運動，則此時甲的速率為何？　(A)0.6　(B)0.25　(C)0.49　(D)0.5　m/s。

(　) 27. 若一光子的能量為5eV，則其波長約為多少nm？　(A)100　(B)200　(C)250　(D)300　nm。

(　) 28. 有關熱的傳播，下列敘述何者錯誤？
(A)保溫瓶內有一夾層抽成真空，可用來阻止熱的輻射
(B)太空人在太空中，身穿太空衣可防熱能經由輻射方式散失
(C)熱空氣上升，冷空氣下降，是一種對流現象
(D)因為木材或塑膠不容易導熱，所以常用為鍋壺等廚具之握柄。

第二部分：填空題

1. 某金屬溫度60°C、質量100公克放入10°C、50公克的水中，在達成熱平衡之前有100卡熱量散逸，平衡溫度為25°C，求某金屬之比熱？________卡/公克·℃。

2. 如右圖中：若每個電阻都相同，皆為5歐姆，則AB間之等效電阻為________歐姆。

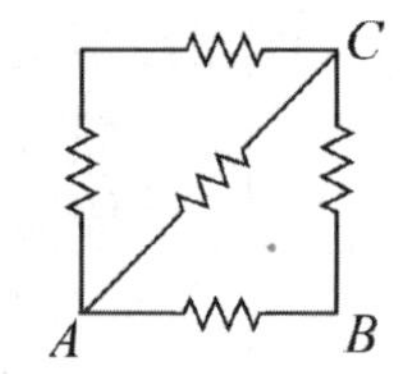

3. 一電池的電動勢為12V，當其與2.5Ω的電阻串接後，測得電路的電流為4A，試求電池的內電阻為________Ω。

4. 質量m公斤物體作自由落體運動，則在0至t秒內，重力對物體作功的平均功率為________瓦特。

5. 若一質量200g的網球由高度3.2公尺落到地面，即反彈至1.8公尺的高度，若球與地面的接觸時間為0.10秒，且重力加速度為10m/s²，則在觸地期間，球施給地面的平均力為________N。

解答及解析 答案標示為#者，表官方曾公告更正該題答案。

第一部分：選擇題

1. **C**。(A)(B) 基本量共有 7 個，分別為長度、質量、時間、電流、溫度、發光強度及物質數量。而力並非基本量。

   (C) 速度的定義為 $\frac{位移}{時間}$，故得知由長度及時間兩個基本量所導出。

   (D)SI 的溫度單位是克氏 (K)。

2. **C**。由虎克定律 $F = k\Delta x$，得力常數 $k = \frac{40}{4} = 10gw/cm$

   如右圖所示，物體呈力平衡 $\sum F = 0$，分析物體 $N + f_s = W$

   $\Rightarrow N = 40 - 10 \times 1 = 30gw$

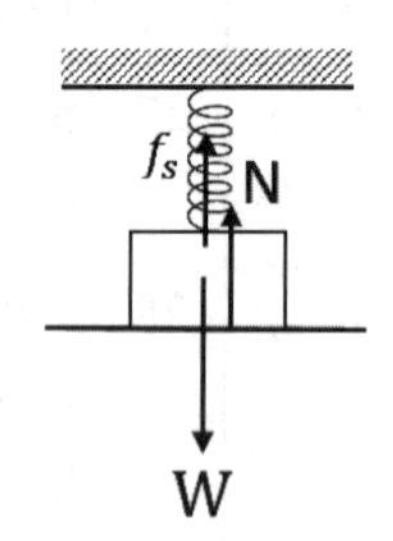

3. **C**。(A) 若玻璃管內上端為真空，則大氣壓力為 72cm-Hg。

   (B) 同一水平高度壓力相同，$76 = 72 + P \Rightarrow P = 4cm - Hg$。

   (C)(D) 移至玉山上，高山上氣壓較平地小，故管內水銀高度將降低。

4. **D**。如右圖所示，

   (A) 物體靜止於斜面，故合力為零。

   (B) 重力方向為↓。

   (C) 靜摩擦力方向為↗。

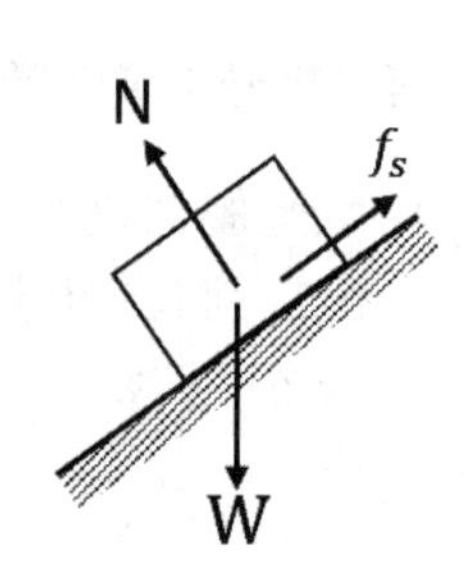

5. **B**。由牛頓第二運動定律：$\sum F = Ma$

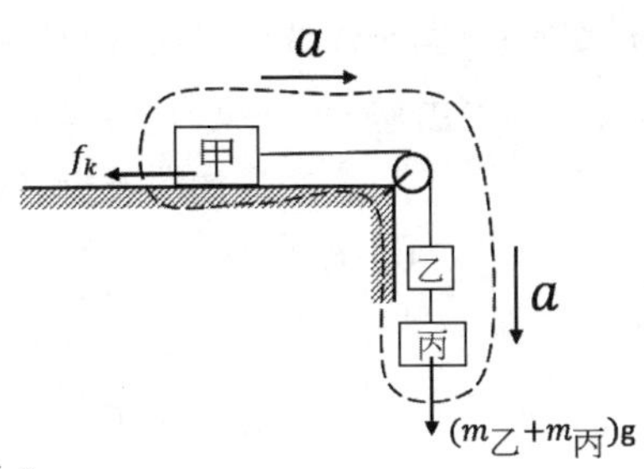

$(2+13)g - f_k = (10+2+13)a = 25a$

又

$f_k = \mu_k N = \mu_k m_{甲} g = 0.25 \times 10 \times 10 = 25N$

$\Rightarrow a = \dfrac{15 \times 10 - 25}{25} = 5m/s^2$

Ps. 題目的靜摩擦係數應改為動摩擦係數。

6. **D**。(B) 由題目的圖知，聲波 p 與 q 的波長比為 2：1。

(A) 由 $v = \lambda f \xrightarrow{\text{在同一介質中}} f \propto \dfrac{1}{\lambda} \Rightarrow$ 頻率 比為 1：2。

(C)(D) 在同一介質中，波速比為 1：1。

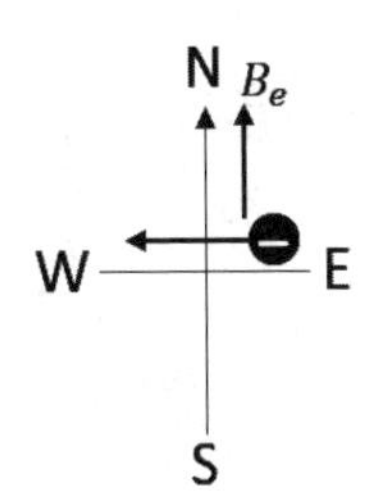

7. **A**。如右圖，由 $\vec{F} = q\vec{v} \times \vec{B}$ 及右手螺旋法則（或右手開掌定則），得電子受磁力方向往上（指出紙面）。

8. **C**。(1)子彈與木塊作完全非彈性碰撞，設碰撞後木塊的末速為 v'

由動量守恆 $mv + 0 = (m+M)v' \Rightarrow v' = \dfrac{mv}{m+M}$

(2)當彈簧到達最大壓縮量時，代表系統動能全部轉換成彈力位能

$\dfrac{1}{2}(m+M)(\dfrac{mv}{m+M})^2 = \dfrac{1}{2}kx^2$

$\Rightarrow x = \dfrac{mv}{\sqrt{k(M+m)}}$

9. **A**。設角速率為 ω

$F_c = mg\tan 37° = m\omega^2\ r$

$\Rightarrow \omega = \sqrt{\dfrac{g\tan 37°}{r}} = \sqrt{\dfrac{10 \times \frac{3}{4}}{1.5 + 2\sin 37°}} = \dfrac{5}{3} rad/s$

1.5m
37° 2m
m
F_c
r
mg

mg 37° T
F_c = mgtan37°

10. **C**。(1) 對 x(t) 微分一次得 $v(t)=-12+2t$；再對 v(t) 微分一次得 $a=2$

(2) 由物體的運動方程式知，質點初速為 $v(0)=-12m/s$，作加速度為 $2m/s^2$ 的等加速運動，可畫出 v-t 圖如下：

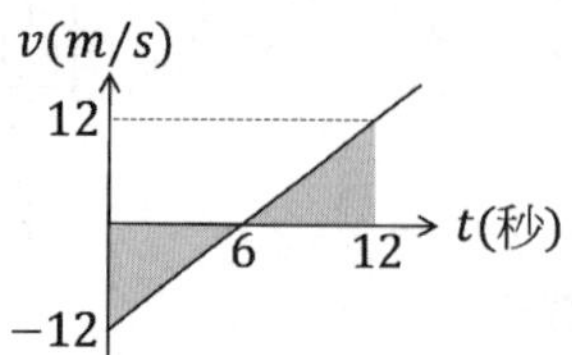

(3) 0 到 12 秒期間的平均速率 $v=\frac{路徑長}{時間}=\frac{36+36}{12}=6公尺/秒$

11. **B**。

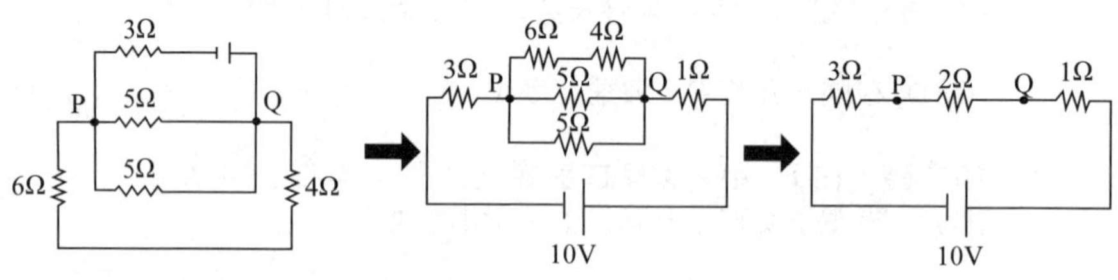

∵電阻串聯電路的電流相同、電壓相加∴ $V=IR\propto R$

$$\Rightarrow V_{QP}=\frac{2}{2+3+1}\times 10=\frac{10}{3}V$$

12. **C**。彈力為物體作等速圓周運動之向心力

$F_S=F_C$

設物體速率 v

$$k(\frac{4}{3}\ell-\ell)=m\frac{v^2}{\frac{4}{3}\ell}\Rightarrow v=\frac{2\ell}{3}\sqrt{\frac{k}{m}}$$

13. **B**。題目的圖為惠斯同電橋，故無電流流經 2Ω 電阻。

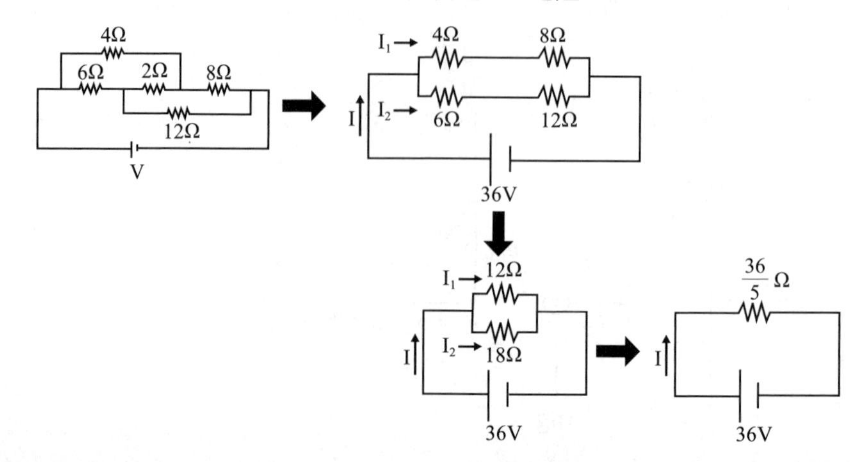

如圖所示，圖之等效電阻 $R=\dfrac{1}{\frac{1}{12}+\frac{1}{18}}=\dfrac{36}{5}\Omega$

又

$I=I_1+I_2=\dfrac{36}{36/5}=5A\Rightarrow\begin{cases}I_1=\dfrac{18}{12+18}\times5=3A\\I_2=\dfrac{12}{12+18}\times5=2A\end{cases}$，得流經 4Ω、8Ω 電阻之電流為 3A；流經 6Ω、12Ω 電阻之電流為 2A，故選 (B)。

14. **B**。功率 $P=Fv$

∵物體作等加速運動

∴物體受定力作用且瞬時速度與時間成正比（$v=at$）$\Rightarrow P=Fv=Fat\propto t$，故 P-t 圖是一條斜直線。

15. **C**。由功能定理 $W=\Delta K$

設摩擦力為 f，物體受摩擦力作負功相當於動能的損失

$$-fd\times2=\frac{1}{2}m\left(\frac{v}{3}\right)^2-\frac{1}{2}mv^2=-\frac{m}{2}\times\frac{8}{9}v^2$$

$$\Rightarrow f=\frac{2mv^2}{9d}$$

16. **D**。設地球與月球距離約 n 光秒

$$\Rightarrow n=\frac{38\times10^4\times10^3}{3\times10^8}\cong1.3光秒$$

17. **A**。(1) 三個木塊作連體運動，設加速度為 a

由牛頓第二定律 $F=(3m+2m+m)a\Rightarrow a=\dfrac{F}{6m}$

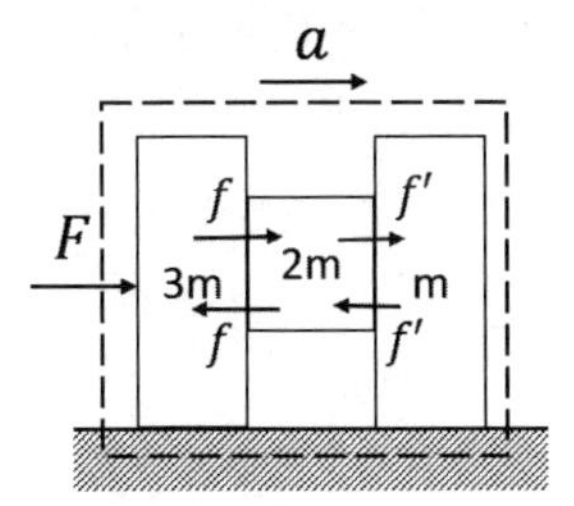

(2)分析 $m \Rightarrow f' = ma$

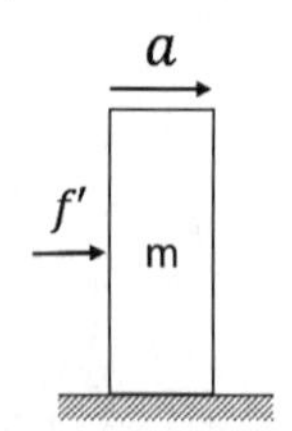

(3)分析 $m + 2m \Rightarrow f = (2m + m)a = 3ma$

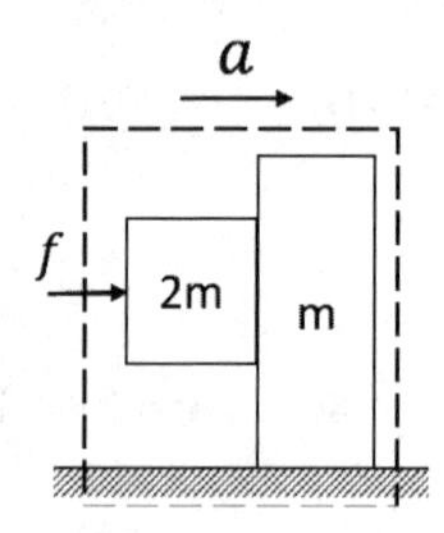

(4)使中間木塊不致落下，代表兩側給 2m 木塊之靜摩擦力要等於其重量

$\Rightarrow 2mg = f_s + f'_s \le f_{s(max)} + f'_{s(max)} = \mu f + \mu f' = \mu 3ma + \mu ma = 4\mu ma$

$= 4\mu m \times \dfrac{F}{6m} = \dfrac{2\mu F}{3}$

$\Rightarrow F \ge \dfrac{3mg}{\mu}$

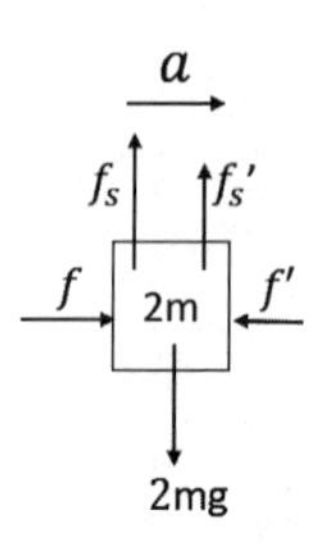

18. **C**。由右手螺旋定則（或右手開掌定則）得知，β 射線本質為電子偏向位置 A、γ 射線本質為電磁波故不受磁場影響集中於位置 B、α 射線本質為氦核偏向位置 C。

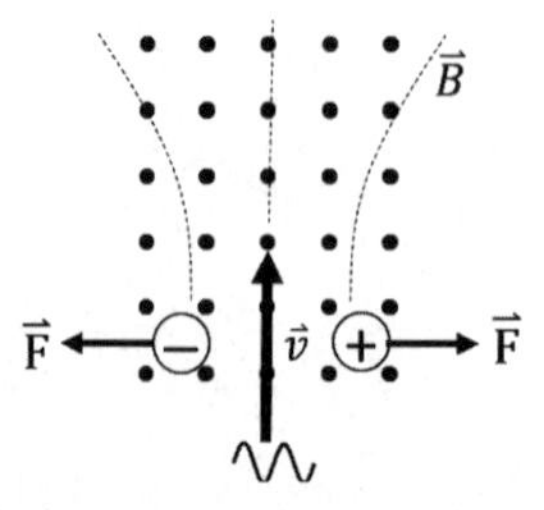

19. **A**。(B) 測量量熱器的質量時，包括量熱器主體、外蓋、溫度計及攪拌器全部的質量。

(C) 若直接倒熱水，無法準確測得量熱器的初溫，則無法正確求得量熱器之熱容量。

(D) 為了實驗安全，應先裝冷水，再慢慢加入熱水。

20. **B**。甲、乙系統作等加速運動，設系統加速度為 a

由牛頓第二運動定律：$m_乙 g\sin 30° - m_甲 g\sin 30° = (m_甲 + m_乙)a$

$$\Rightarrow a = \frac{40\times\frac{1}{2} - 10\times\frac{1}{2}}{(4+1)} = 3m/s^2$$

$$\Rightarrow S_乙 = \frac{1}{2}at^2 = \frac{1}{2}\times 3\times 1^2 = 1.5公尺$$

21. **A**。光從水中射出到空氣會有折射現象，由於 $v_水 < v_空$，光會偏離法線，故選 (A)。

22. **A**。設兩半徑相同的金屬球之半徑為 R，所帶電量分別為 5Q 及 Q

(1) 由庫倫定律，其靜電斥力 $F = \frac{k5Q\cdot Q}{R^2} = \frac{5kQ^2}{R^2}$。

(2) 將兩球接觸後分離，兩半徑相同的金屬球的電量會平均分配為各 3Q

$$\Rightarrow F' = \frac{k3Q\cdot 3Q}{(3R)^2} = \frac{kQ^2}{R^2} = \frac{F}{5}$$

23. **B**。(A)(C) 重力強度大小的數量級遠小於電磁力。

(D) 自然界的所有力的作用可簡化為 4 個力的綜合結果，由強度大到小分別為強力、電磁力、弱力及重力。

24. **A**。一個光子的能量 $E = hf = \frac{hc}{\lambda} \propto \frac{1}{\lambda}$

$\Rightarrow \frac{E_A}{E_B} = \frac{\lambda_B}{\lambda_A} = \frac{600}{400} = \frac{3}{2}$，故 A、B 光子能量比為 3：2。

25. **D**。由 $P = IV \Rightarrow I = \frac{P}{V} = \frac{1000}{110} \cong 9.1A$，應不可選擇導線載流量小於 9.1A 的電源導線，故選 (D)。

26. **D**。視甲、乙和球為一系統，系統不受外力作用，故系統動量守恆。

設反覆數次後甲的速率為 $v_{甲}$

$p_i = p_f$

$0 = 60 \times v_{甲} + (49+1) \times 0.6$

$\Rightarrow v_{甲} = -0.5 m/s$（負號代表與乙的運動方向相反）

27. **C**。一個光子的能量 $E = \dfrac{12400}{\lambda} = 5eV$

$\Rightarrow \lambda = 2480$埃$=248nm$，故約為 250nm。

28. **A**。(A) 抽真空是阻止熱的傳導及對流。

第二部分：填空題

1. 0.24。

設某金屬比熱 s，利用公式 $\Delta H = ms\Delta t$

金屬放熱 = 水吸熱 + 熱量散逸

$100 \times s \times (60-25) = 50 \times 1 \times (25-10) + 100$

$\Rightarrow s \cong 0.24$卡/克·°C

2. $\dfrac{25}{8}$。

如圖所示，A、B 之間的等效電阻為 $\dfrac{25}{8}\Omega$

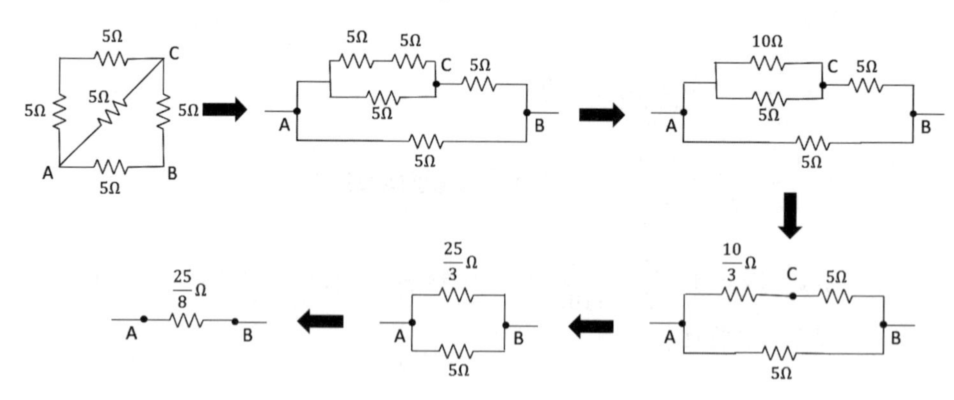

3. 0.5。

設內電阻為 r

由歐姆定律 $V = IR$

$12 = 4 \times (2.5 + r) \Rightarrow r = 0.5\Omega$

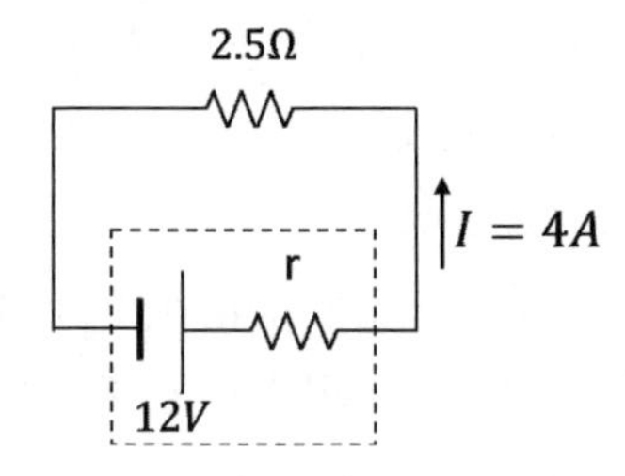

4. $\frac{1}{2}mg^2t$ 。

平均功率 $P = \frac{W}{t} = \frac{mg \times \frac{1}{2}gt^2}{t} = \frac{1}{2}mg^2t$ 瓦特

5. 28。

(1) 網球落下期間是位能轉換成動能

$\Rightarrow$ 網球落地前的瞬時速度為 $v_1 = \sqrt{2g \times 3.2} = 8m/s \downarrow$

(2) 網球反彈後是動能轉換成位能

$\Rightarrow$ 反彈後的瞬時速度為 $v_2 = \sqrt{2g \times 1.8} = 6m/s \uparrow$

(3) 球所受的平均力 $F = \frac{\Delta p}{\Delta t} = \frac{0.2 \times [6 - (-8)]}{0.1} = 28N$

(4) 球施給地面的正向力 = 地面施給球的正向力，兩者為作用力及反作用力

$F = N - W \Rightarrow N = F + W = 28 + 2 = 30N$

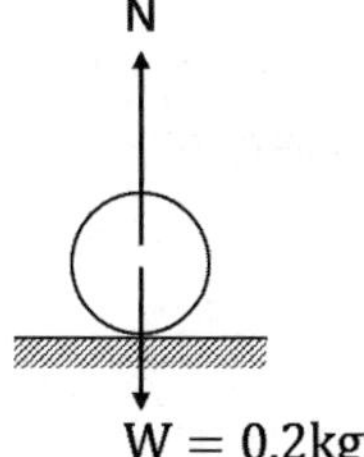

W = 0.2kgw = 2N （球與地面碰撞瞬間的受力圖）

107年台電新進僱用人員甄試

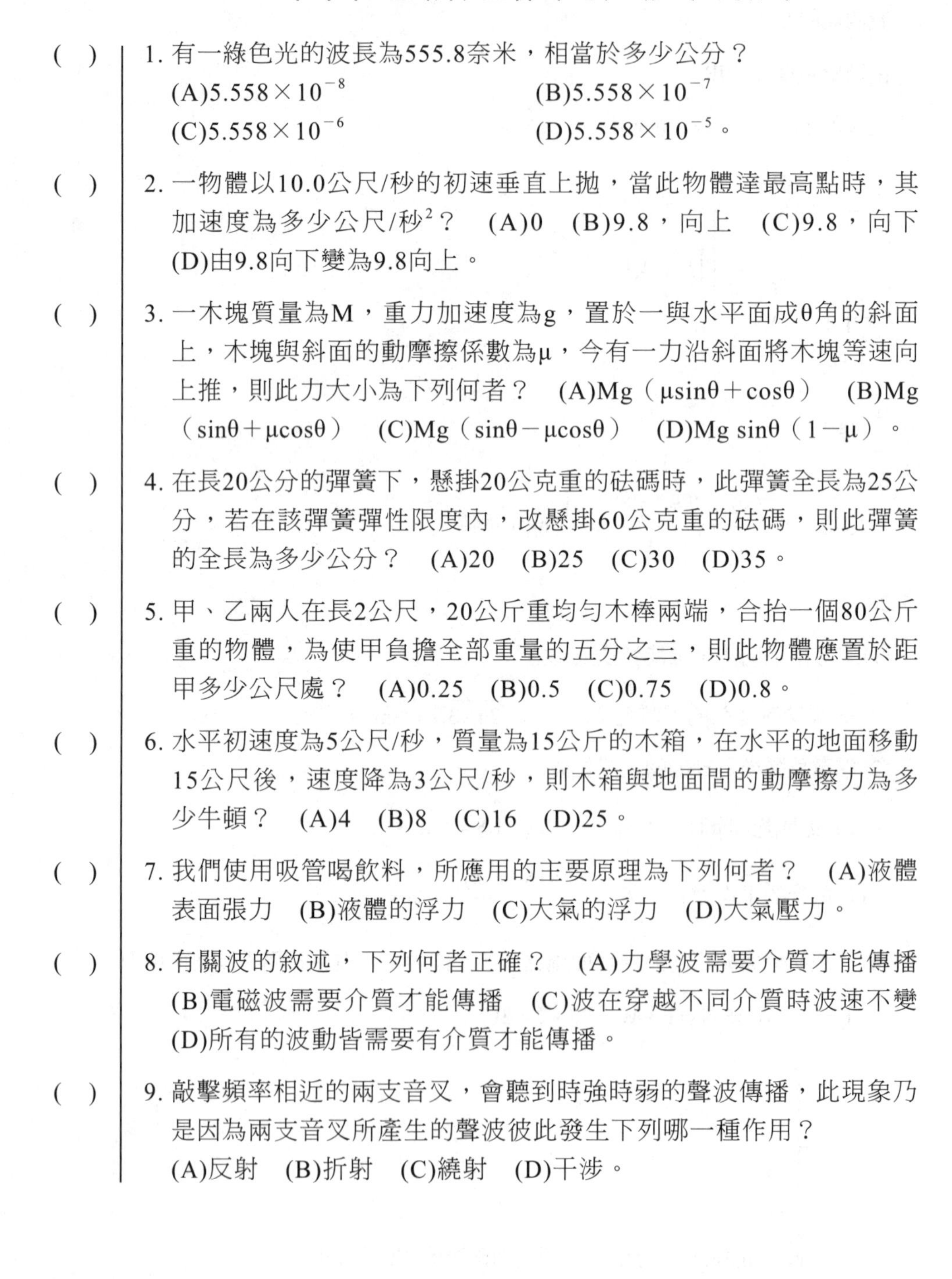

( ) 1. 有一綠色光的波長為555.8奈米，相當於多少公分？
(A)5.558×10^{-8} (B)5.558×10^{-7}
(C)5.558×10^{-6} (D)5.558×10^{-5}。

( ) 2. 一物體以10.0公尺/秒的初速垂直上拋，當此物體達最高點時，其加速度為多少公尺/秒^2？ (A)0 (B)9.8，向上 (C)9.8，向下 (D)由9.8向下變為9.8向上。

( ) 3. 一木塊質量為M，重力加速度為g，置於一與水平面成θ角的斜面上，木塊與斜面的動摩擦係數為μ，今有一力沿斜面將木塊等速向上推，則此力大小為下列何者？ (A)$Mg(\mu\sin\theta+\cos\theta)$ (B)$Mg(\sin\theta+\mu\cos\theta)$ (C)$Mg(\sin\theta-\mu\cos\theta)$ (D)$Mg\sin\theta(1-\mu)$。

( ) 4. 在長20公分的彈簧下，懸掛20公克重的砝碼時，此彈簧全長為25公分，若在該彈簧彈性限度內，改懸掛60公克重的砝碼，則此彈簧的全長為多少公分？ (A)20 (B)25 (C)30 (D)35。

( ) 5. 甲、乙兩人在長2公尺，20公斤重均勻木棒兩端，合抬一個80公斤重的物體，為使甲負擔全部重量的五分之三，則此物體應置於距甲多少公尺處？ (A)0.25 (B)0.5 (C)0.75 (D)0.8。

( ) 6. 水平初速度為5公尺/秒，質量為15公斤的木箱，在水平的地面移動15公尺後，速度降為3公尺/秒，則木箱與地面間的動摩擦力為多少牛頓？ (A)4 (B)8 (C)16 (D)25。

( ) 7. 我們使用吸管喝飲料，所應用的主要原理為下列何者？ (A)液體表面張力 (B)液體的浮力 (C)大氣的浮力 (D)大氣壓力。

( ) 8. 有關波的敘述，下列何者正確？ (A)力學波需要介質才能傳播 (B)電磁波需要介質才能傳播 (C)波在穿越不同介質時波速不變 (D)所有的波動皆需要有介質才能傳播。

( ) 9. 敲擊頻率相近的兩支音叉，會聽到時強時弱的聲波傳播，此現象乃是因為兩支音叉所產生的聲波彼此發生下列哪一種作用？
(A)反射 (B)折射 (C)繞射 (D)干涉。

( ) 10. 一物體以2公尺/秒的速率，繞著半徑為8公尺的圓，做等速率圓周運動，則其向心加速度大小為多少公尺/秒^2？ (A)0.25 (B)0.5 (C)1 (D)1.25。

( ) 11. 假設鋁與鐵之密度分別為2.7公克/立方公分及7.8公克/立方公分，將同為1000公克的實心鋁球與實心鐵球放入水中，則所受浮力何者較大？ (A)鋁球 (B)鐵球 (C)一樣大 (D)無法比較。

( ) 12. 10牛頓的淨力，作用在質量為2公斤的靜止物體上，則前10秒內物體的平均速度大小為多少公尺/秒？ (A)15 (B)20 (C)25 (D)30。

( ) 13. 在弦長18公分的弦上，下列波長何者可形成駐波（單位為公分）？ (A)7 (B)8 (C)9 (D)10。

( ) 14. 有三種不同密度的液體a、b、c，其比重分別為0.9、1.0、1.2，均可使同一長方體浮於液面，請問長方體露出液面的體積，由大至小排列應為下列何者？ (A)c、b、a (B)c、a、b (C)a、b、c (D)b、c、a。

( ) 15. 某生雙手各握一個啞鈴緊靠胸前，且坐在一張等速轉動的旋轉椅上。若該生突然水平伸直雙臂，則旋轉椅之轉速變化，下列何者正確？ (A)變快 (B)變慢 (C)不變 (D)時快時變。

( ) 16. 動量為8公斤・公尺/秒，動能為8焦耳的物體，其質量為多少公斤？ (A)1 (B)2 (C)4 (D)8。

( ) 17. 用手施一水平力，將一本書壓在垂直的牆壁上，若書封面和牆壁間的靜摩擦係數為0.5，書本質量為4公斤，則手至少應施多少公斤重的力在書本上，才不會下滑？ (A)2 (B)4 (C)6 (D)8。

( ) 18. 有一正立方體金屬，其長、寬、高均為10公分。若以等臂天平量得其質量為3600公克，則該金屬的密度以MKS制表示，應為多少公斤/立方公尺？ (A)36 (B)360 (C)3600 (D)36000。

( ) 19. 在20°C時，海水的密度為1.0025公克/立方公分，潛水員在海深10公尺處所受到的總壓力，約為下列哪一項？ (A)1.0大氣壓力 (B)2.0大氣壓力 (C)3.0大氣壓力 (D)4.0大氣壓力。

( ) 20. 在太空中，太空人在太空船外工作時，身穿太空衣以防熱能散失至太空中，主要是防止下列何種方式的熱傳播？ (A)傳導 (B)輻射 (C)對流 (D)熱對流。

( ) 21. 甲、乙兩質量相同的小石子自同一高度以水平方向的初速拋出，落在平坦的地面上。已知甲的初速為乙的2倍。若不計空氣阻力，則下列敘述何者有誤？
(A)落地時，甲的速度鉛直分量較大
(B)兩者在空中的飛行時間相等
(C)落地時，兩者的加速度相等
(D)甲的射程較大。

( ) 22. 有關熱的敘述下列何者正確？
(A)當兩物體接觸時，熱量一定由溫度高的物體流向溫度低的物體
(B)互相接觸的兩物體在達到熱平衡後，一定含有相同的熱量
(C)溫度高的物體比溫度低的物體一定含有更多的熱量
(D)物體吸收熱量之後，其溫度一定會升高。

( ) 23. 如右圖所示，先將質量為1.5公斤的金屬板M置於光滑水平面上，再將質量為0.5公斤的木塊m置於金屬板上，金屬板與木塊之間的靜摩擦係數為μ。今施一漸增外力F沿水平方向拉動木塊m，當木塊與金屬板間開始相對滑動時，F恰為8牛頓，重力加速度大小為10公尺/秒^2，則μ值最接近下列何者？ (A)1.2 (B)0.8 (C)0.4 (D)0.2。

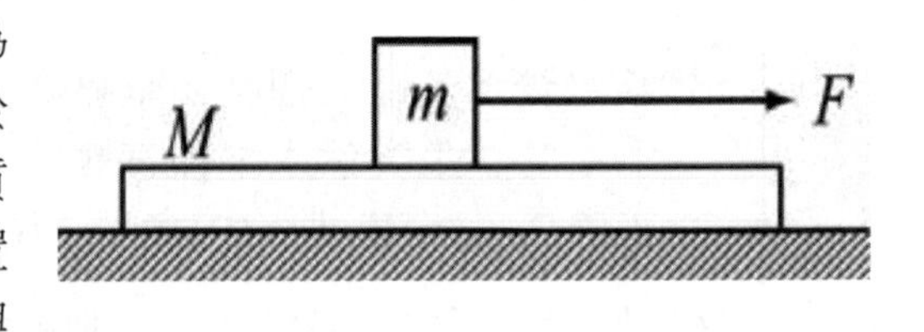

( ) 24. 一艘質量為2.40×10^6公斤、體積為3000立方公尺的潛艇，浮在長和寬分別為80.0公尺和10.0公尺的船塢中，這時水深為8.0公尺。當潛艇自船塢本身抽入0.60×10^6公斤的水而完全沉入水中時，船塢裡水位的變化約為多少？（水的密度為1.0公克/立方公分）
(A)不變　(B)下降0.75公尺
(C)下降0.25公尺　(D)上升0.50公尺。

( ) 25. 有一均勻木棒，一端置於水平地面上，另一端以水平細繩繫至一鉛直牆壁，使木棒與地面夾角為θ，如右圖所示。若已知$\tan\theta=\frac{3}{4}$，則木棒與地面之間的靜摩擦係數至少應為多少，木棒才不會滑動？

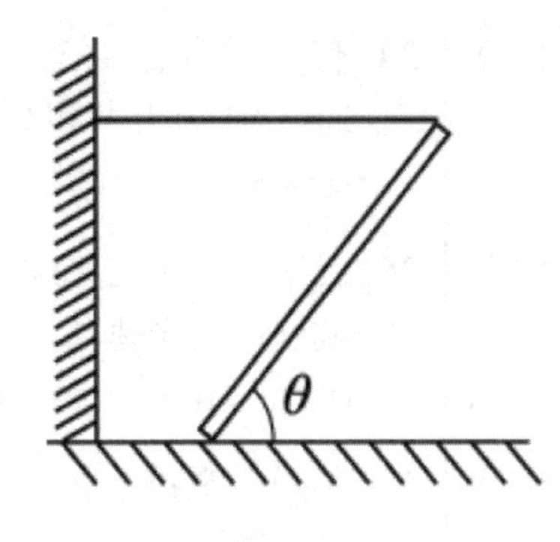

(A)$\frac{1}{2}$　(B)$\frac{2}{3}$　(C)$\frac{3}{4}$　(D)1。

( ) 26. 將筷子插入盛水之杯子裡，由空氣中視之，發現筷子似乎斷成兩截，此現象是由於光的何種特性造成的？　(A)反射　(B)折射　(C)干涉　(D)繞射。

( ) 27. 有一個點電荷之帶電量為2×10^{-6}庫侖，若庫侖常數k＝9×10^{9}牛頓・公尺^{2}/庫侖^{2}，則距離此點電荷10公分處之電場強度為多少牛頓/庫侖？　(A)1.8×10^{5}　(B)9×10^{5}　(C)1.8×10^{6}　(D)9×10^{6}。

( ) 28. 一物體直立於凸透鏡前6公分處，若該鏡之焦距為8公分，則所成之像應為下列何者？　(A)倒立縮小之實像　(B)倒立等大之實像　(C)正立放大之虛像　(D)無法成像。

( ) 29. 下列何者無法於真空中傳播？　(A)聲波　(B)光波　(C)無線電波　(D)微波。

( ) 30. 有一導線之電阻為R歐姆，今將其均勻拉長為原來長度之2倍時，其電阻變為多少歐姆？　(A)0.5R　(B)R　(C)2R　(D)4R。

( ) 31. 有一燈泡之電阻為121歐姆，接於110伏特之電源上，若每天使用5小時，且每度電費為3元，試問30天後共需繳納多少電費？　(A)30元　(B)35元　(C)40元　(D)45元。

( ) 32. 1庫侖約為多少個基本電荷所帶的電量？　(A)5.75×10^{18}　(B)6.25×10^{18}　(C)6.75×10^{18}　(D)7.25×10^{18}。

( ) 33. 一理想變壓器之主線圈為200匝，副線圈為800匝，若主線圈之電壓為220伏特，則副線圈之電壓為多少伏特？　(A)55　(B)110　(C)440　(D)880。

( ) 34. 有一房間內共有5盞100瓦特的日光燈，若每盞燈每天少開2小時，則30天共可以節省多少度的電能？ (A)30 (B)35 (C)40 (D)45。

( ) 35. 已知真空中之光速為3×10^8公尺/秒，若玻璃之絕對折射率為1.5，則玻璃中之光速為下列何者？ (A)1×10^8公尺/秒 (B)1.5×10^8公尺/秒 (C)2×10^8公尺/秒 (D)2.5×10^8公尺/秒。

( ) 36. 有關發電機之敘述，下列何者正確？ (A)電能轉換成熱能 (B)機械能轉換成電能 (C)機械能轉換成熱能 (D)電能轉換成機械能。

( ) 37. 下列何者為發現X射線之科學家？ (A)湯木生（Thomson） (B)愛因斯坦（Einstein） (C)普朗克（Planck） (D)侖琴（Roentgen）。

( ) 38. 若有2條電阻值均為R之導線，其串聯時等效電阻值為R_1，並聯時等效電阻值為R_2，則下列何者正確？ (A)$R_2=2R$ (B)$R_1=2R_2$ (C)$R_1=4R_2$ (D)$R_1=0.5R$。

( ) 39. 一個頻率為200赫茲之音叉發出聲音時，其聲波之週期為下列何者？ (A)0.002秒 (B)0.005秒 (C)0.02秒 (D)0.05秒。

( ) 40. 一束光線入射於一平滑鏡面，若入射線與鏡面之夾角為30°，則反射線與入射線之夾角為下列何者？ (A)30° (B)60° (C)90° (D)120°。

( ) 41. 下列何種狀況下才有可能產生全反射？ (A)光由光密介質進入光疏介質 (B)光由光疏介質進入光密介質 (C)光在行進中遇到障礙物 (D)光在行進中遇到狹縫。

( ) 42. 某人站在距離牆壁90公尺處之位置，並以木槌敲擊木塊。每當聽到牆壁反射之回聲時，立刻再次敲擊，若第1次敲擊與第11次敲擊之時間間隔為5秒，則當時的聲速約為多少公尺/秒？ (A)340 (B)350 (C)360 (D)370。

( ) 43. 若甲、乙兩帶電體間庫侖靜電力為F，今將兩者距離縮短為原來之一半，且將甲、乙的電量各變為原來之2倍，則其靜電力變為多少？ (A)8F (B)10F (C)16F (D)20F。

( ) 44. 螺線管中磁場強度與下列何者無關？
(A)線圈匝數 (B)電流大小
(C)管內之物質 (D)螺線管之截面積。

( ) 45. 當一絲絹與玻璃棒互相摩擦起電時，下列何者正確？
(A)兩者帶同性電 (B)兩者帶異性電
(C)僅絲絹帶電 (D)僅玻璃棒帶電。

( ) 46. 今有一均勻圈繞導線之螺線管，其長度為10公分，線圈匝數為1000匝。若將線圈通入0.3安培之電流，則該管內中間附近之磁場為多少特斯拉？（真空導磁率$\mu_0 = 4\pi \times 10^{-7}$特斯拉・公尺/安培）
(A)$1.2\pi \times 10^{-3}$ (B)$2.4\pi \times 10^{-3}$
(C)$1.2\pi \times 10^{-4}$ (D)$2.4\pi \times 10^{-4}$。

( ) 47. 如右圖所示，試求6歐姆電阻兩端之電位差V_1為多少伏特？
(A)12
(B)16
(C)18
(D)20。

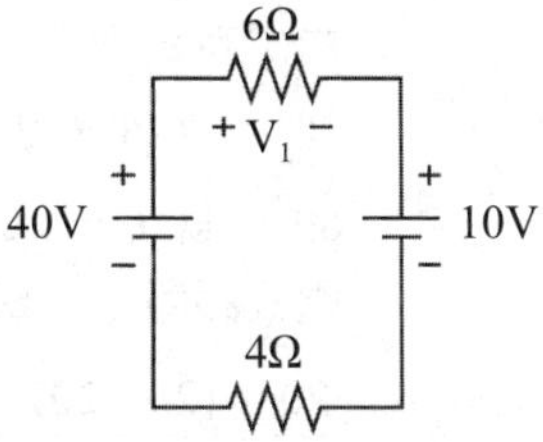

6Ω
+ V_1 −
40V
10V
4Ω

( ) 48. 某一台消防車以72公里/小時之速率急駛而過，其所發出警笛頻率為1440赫茲，假設當時聲速為340公尺/秒，試求當消防車逐漸遠離時，站在路旁之行人所聽到警笛頻率為下列何者？
(A)1080赫茲 (B)1140赫茲
(C)1240赫茲 (D)1360赫茲。

( ) 49. 某一條導線於均勻磁場中運動時，下列何者不會影響感應電動勢大小？ (A)導線長度 (B)導線電阻 (C)導線速度 (D)磁場強度。

( ) 50. 如右圖所示，試求A、B兩點間等效電阻為多少歐姆？
(A)6
(B)8
(C)10
(D)12。

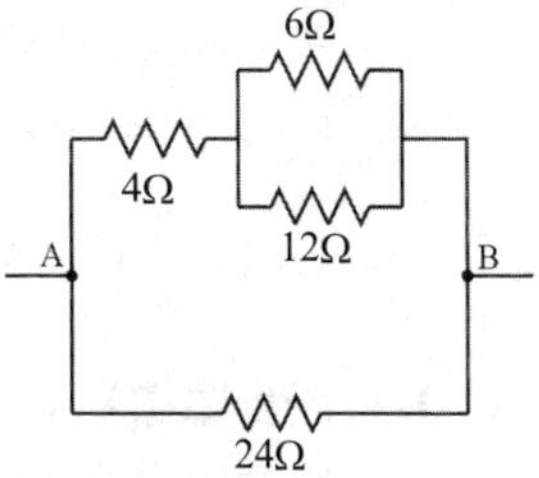

6Ω
4Ω
12Ω
A
B
24Ω

解答及解析 答案標示為#者，表官方曾公告更正該題答案。

1. **D**。$\lambda = 555.8\text{nm} = 555.8 \times 10^{-9}\text{m} = 5.558 \times 10^{2} \times 10^{-9} \times 10^{2}\text{cm} = 5.558 \times 10^{-5}\text{cm}$

2. **C**。物體鉛直上拋，過程受重力作用作等加速運動，物體在最高點時的加速度為重力加速度 9.8m/s^2，方向向下。

3. **B**。如圖所示，有一力 F 沿斜面將木塊等速上推
∵木塊等速向上推
∴平行於斜面方向合力為零
$F = Mg\sin\theta + f_k = Mg\sin\theta + \mu N$
$= Mg\sin\theta + \mu Mg\cos\theta$
$= Mg(\sin\theta + \mu\cos\theta)$

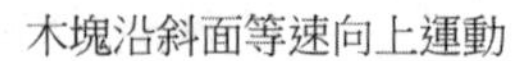

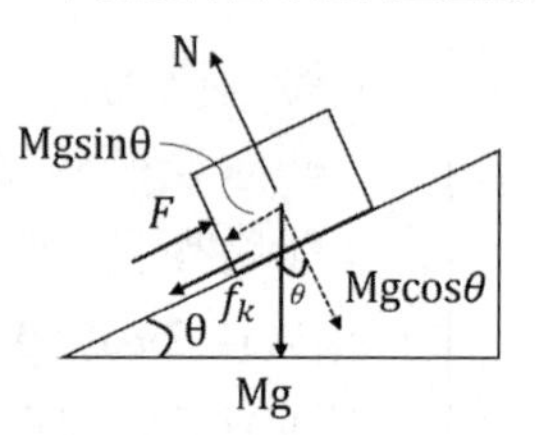

4. **D**。設彈簧力常數 k、掛 60 公克重時全長為 ℓ
由虎克定律 $F = kx$
$20 = k(25 - 20)$... ①
$60 = k(\ell - 20)$... ②
兩式相除 ① / ②
$\frac{20}{60} = \frac{(25-20)}{(\ell-20)}$，$\frac{1}{3} = \frac{5}{(\ell-20)} \Rightarrow \ell = 35\text{cm}$

5. **C**。如圖所示
$F_{甲} + F_{乙} = 20 + 80 = 100\text{kgw}$
∵甲負擔全部重量的五分之三，
得 $F_{甲} = 60\text{kgw}$
∴乙負擔全部重量的五分之二，
得 $F_{乙} = 40\text{kgw}$
設此物體距甲 x 公尺
以甲端為支點，$F_{乙}$對甲端產生的逆時針力矩等於物重及棒重對甲端產生的順時針力矩。
$F_{乙} \times 2 = 40 \times 2 = 80x + 20 \times 1$
$\Rightarrow x = \frac{3}{4} = 0.75\text{m}$

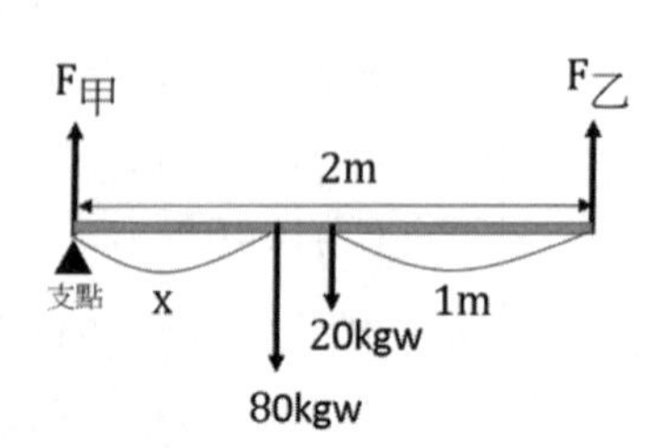

6. **B**。設動摩擦為 f
物體受動摩擦力作用作等加速運動

由 $v^2 = v_0^2 + 2aS$，$3^2 = 5^2 + 2a \times 15$，$a = -\frac{8}{15} m/s^2$（負號代表與運動方向相反）

$f_k = F = ma = 15 \times (-\frac{8}{15}) = -8N$（負號代表與運動方向相反）
故動摩擦力大小為 8 牛頓。

7. **D**。用吸管喝飲料是靠大氣壓力，因為管內的空氣被吸出，使管內的壓力比管外小，於是液體被擠壓上來。

8. **A**。(B)×，電磁波屬於非力學波，不需要介質傳播。
(C)×，波在不同的介質中波速不同。
(D)×，波動依照是否需要靠介質傳播，可分為力學波和非力學波。

9. **D**。聽到時強時弱的聲波傳播，是兩波動在空間中疊加產生相長及相消的結果，此現象稱為波的干涉。

10. **B**。向心力 $a_c = \frac{v^2}{R} = \frac{2^2}{8} = \frac{4}{8} = 0.5 m/s^2$

11. **A**。鋁球與鐵球皆為沉體
故浮力 $B = \rho_{水} V_g \propto V$
$\because$ 球體密度 $D = \frac{M}{V}$，$\therefore$ 球體體積 $V = \frac{M}{D} \propto \frac{1}{D}$
密度愈小，球體體積愈大，所受浮力愈大，故鋁球所受的浮力較大。

12. **C**。根據牛頓第二運動定律：$F = ma$，$10 = 2a$，$a = 5m/s^2$
物體初速為零並作等加速運動，則前 10 秒的位移

$\Delta x = \frac{1}{2}at^2 = \frac{1}{2} \times 5 \times 10^2 = 250m$

$\Rightarrow$ 前 10 秒內的平均速度 $\overline{v} = \frac{\Delta x}{\Delta t} = \frac{250}{10} = 25 m/s$

13. **C**。駐波上兩相鄰節點的距離為 $\frac{\lambda}{2}$

$n\frac{\lambda_n}{2} = 18$，$n = 1,2,3,4...$

$\Rightarrow \lambda_n = \frac{36}{n}$，n = 1,2,3,4...

當 n = 4 時，$\lambda_4 = \frac{36}{4} = 9cm$

14. **A**。液體比重為液體的密度與水的密度的比值，故三種液體密度的相對大小同其比重的相對大小。

浮體的浮力＝物體排開的液體重＝物重

$B = \rho_{液} V_{排} g = W$，得液體密度愈大，在液面下的體積愈小，故露出液面體積愈大，得 c>b>a。

15. **B**。根據角動量守恆，$I_1\omega_1 = I_2\omega_2$

當突然水平伸直雙臂，代表轉動慣量變大，故旋轉椅之轉速變小。

16. **C**。動量 p 與動能 K 的關係：$K = \frac{p^2}{2m}$

$8 = \frac{8^2}{2m} \Rightarrow m = 4kg$

17. **D**。如圖所示

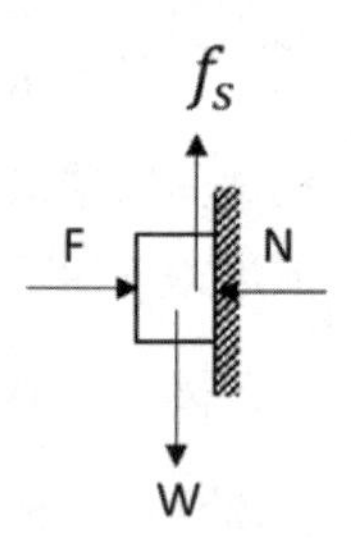

水平方向平衡：N = F

鉛直方向平衡：$W = 4 = f_S \le f_{S(max)} = \mu_S N = 0.5F$

$\Rightarrow F \ge 8kgw$

18. **C**。密度 $D = \frac{M}{V} = \frac{3.6}{(0.1)^3} = 3600$ 公斤 / 立方公尺

19. **B**。∵ 1atm ＝ 76cm － Hg ＝ 1033.6cm － H_2O ≈ 10 公尺水柱高的壓力，得 10 公尺深的海水壓力約為 1 大氣壓

∴在深海 10 公尺處所受的壓力

P ＝大氣壓力＋ 10 公尺深的海水壓力 ≈ 1 ＋ 1 ＝ 2atm

20. **B**。太空衣的保護層具備耐高溫、抗磨損、防紫外輻射等功能，故主要防止熱以輻射方式散失至太空中。

21. **A**。鉛直方向甲、乙作自由落體，由於落下高度皆相同，故落地時速度鉛直方向分量相同。

22. **A**。(B)×，無法得知物體所含的熱量，兩物體熱平衡時溫度相同。
(C)×，無法得知物體所含的熱量，但熱量是由溫度高的物體流到溫度低的物體。
(D)×，物體吸收熱量後，其溫度不一定會升高，如相變過程中溫度不變。

23. **A**。如圖所示

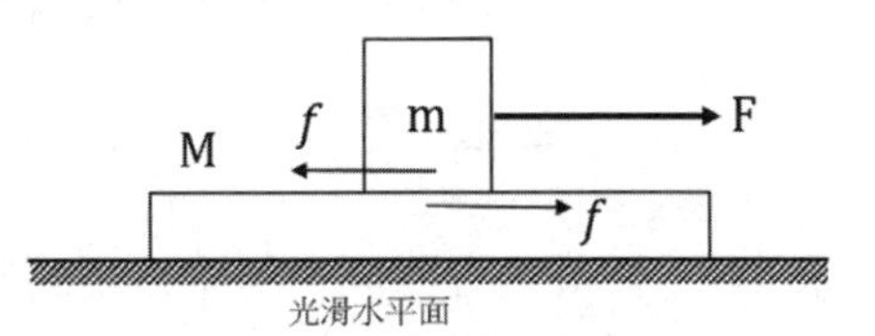

(1) 分析 M + m 系統：
根據牛頓第二運動定律
$F = (m + M)a$，
$8 = (0.5 + 1.5)a \rightarrow a = 4m/s^2$
(2) 分析 M：$f = Ma = 1.5 \times 4 = 6N$
∵開始相對滑動　∴ $f = f_{S(max)} = \mu N = \mu mg$

$\Rightarrow \mu = \dfrac{f}{mg} = \dfrac{6}{0.5 \times 10} = 1.2$

24. **A**。(1) 潛艇抽水前：
潛艇為浮體 $B = W = \rho V_{液下} g$，$2.4 \times 10^6 = 10^3 \times V_{液下} \Rightarrow V_{液下} = 2400m^3$
得 $V_{液上} = 3000 - 2400 = 600m^3$
(2) 潛艇抽水後：

潛艇抽入水體積：$V = \dfrac{0.6 \times 10^6}{10^3} = 600m^3$

承 (1)，潛艇完全沒入水中會再排開水體積 $V' = V_{液上} = 600m^3$

則船塢的水位變化 $y = \dfrac{\Delta V}{A} = \dfrac{-600 + 600}{80 \times 10} = 0$，故水位不變。

25. **B**。如圖所示

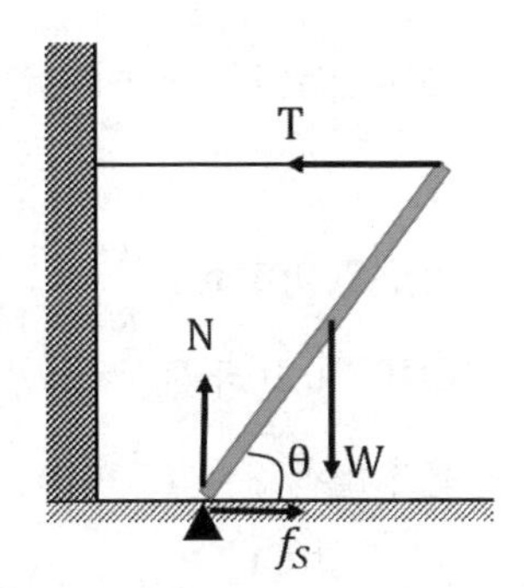

靜力平衡的條件：$\begin{cases} \sum F = 0 \\ \sum \tau = 0 \end{cases}$

(1) $\sum F = 0$
水平方向：$T = f_S \le f_{S(max)} = \mu_S N$
鉛直方向：$N = W$

(2) $\sum \tau = 0$

$\tau_W = \tau_T$

$W \times \frac{\ell}{2}\cos\theta = T \times \ell \sin\theta \Rightarrow W = T \cdot 2\tan\theta = T \cdot 2 \times \frac{3}{4} = \frac{3}{2}T$

得 $T \le \mu_S N = \mu_S W = \mu_S \cdot \frac{3}{2}T$

$\Rightarrow \mu_S \ge \frac{2}{3}$

26. **B**。由於光在不同介質中傳遞的光速不同，故產生視深不同於實深的效果，此現象為光的折射。

27. **C**。電場 $E = \frac{kq}{r^2} = \frac{(9\times10^9)\times(2\times10^{-6})}{(0.1)^2} = 1.8\times10^6$ 牛頓 / 庫侖

28. **C**。成像公式：$\frac{1}{p}+\frac{1}{q}=\frac{1}{f}$

∵凸透鏡∴ $f > 0$

$\frac{1}{6}+\frac{1}{q}=\frac{1}{8} \Rightarrow q = -24\text{cm}$（負號代表虛像），而放大率 $|M| = \left|\frac{q}{p}\right| = \left|\frac{-24}{6}\right| = 4 > 1$，故成像為正立放大之虛像。

29. **A**。聲波屬於力學波，需要靠介質傳遞；光波、無線電波和微波同為電磁波，屬於非力學波，不需要靠介質傳遞。

30. **D**。導線均勻拉長後，體積不變，故長度變為原來 2 倍，截面積變為原來 $\frac{1}{2}$ 倍

由電阻定律：$R = \rho\frac{\ell}{A} \propto \frac{\ell}{A} \Rightarrow R' = \frac{2\ell}{\frac{1}{2}A} = 4R$

31. **D**。燈泡電功率 $P = \frac{V^2}{R} = \frac{110^2}{121} = 100\text{W} = 0.1\text{kW}$

電費：0.1(千瓦)×5(小時)×30(天)×3(元 / 每度) ＝ 45 元

32. **B**。基本電荷 $e = 1.6\times10^{-19}\text{C}$

$n = \frac{1(\text{C})}{1.6\times10^{-19}} = 6.25\times10^{18}$ 個基本電荷

33. **D**。變壓器匝數與電壓的關係如下：

$$\frac{N_1}{N_2}=\frac{V_1}{V_2}，\frac{200}{800}=\frac{220}{V_2}\Rightarrow V_2=880V$$

34. **A**。一度電能＝1千瓦小時
若每盞每天少開2小時，則30天共可省下：
5(盞)×0.1(千瓦)×2(小時)×30(天)＝30度

35. **C**。折射率 $n=\frac{c}{v}$

$$v_{玻璃}=\frac{c}{1.5}=\frac{3\times10^8}{1.5}=2\times10^8 m/s$$

36. **B**。發電機是電磁感應的應用，使機械能轉換成電能的一種裝置。

37. **D**。(A) 湯木生發現電子。
(B) 愛因斯坦提出光量子論解釋光電效應實驗。
(C) 普朗克提出量子論。
(D) 侖琴發現X射線。

38. **C**。電阻串聯：$R_1=R+R=2R$

電阻並聯：$\frac{1}{R_2}=\frac{1}{R}+\frac{1}{R}=\frac{2}{R}\rightarrow R_2=\frac{R}{2}$

$\Rightarrow R_1=4R_2$

39. **B**。週期與頻率為倒數關係

$$T=\frac{1}{f}=\frac{1}{200}=0.005s$$

40. **D**。如圖所示，根據反射定律，入射角等於反射角等於60度。法線兩側對稱，故反射線與入射線之夾角為120度。

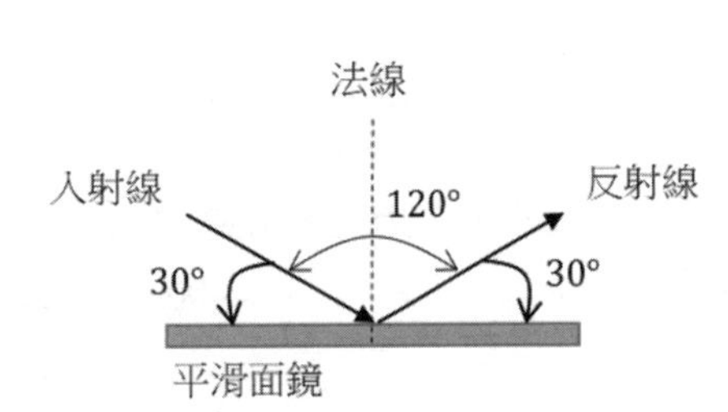

41. **A**。產生全反射的條件有2個：
(1) 光由光密介質進入光疏介質。
(2) 入射角度要大於臨界角。

42. **C**。第 1 次敲擊與第 11 次敲擊之時間內，聲波來回人與牆壁之距離 10 次，設聲速為 v

$$v=\frac{S}{t}=\frac{90\times2\times(11-1)}{5}=360\,m/s$$

43. **C**。庫侖靜電力公式：$F_e=\frac{kq_1q_2}{r^2}\propto\frac{q_1q_2}{r^2}$

原甲、乙間的庫侖靜電力 $F=\frac{kq_{\text{甲}}q_{\text{乙}}}{}$

條件改變後之甲、乙間的庫侖靜電力 $F'=\frac{k2q_{\text{甲}}\cdot2q_{\text{乙}}}{(\frac{r}{2})^2}=\frac{16kq_{\text{甲}}q_{\text{乙}}}{r^2}=16F$

44. **D**。螺線管中磁場 $B=\mu_0nI=\mu_0\frac{N}{L}I$

μ 為導磁率與管內物質有關，μ_0 為真空中的導磁率、N 代表線圈匝數、I 代表電流大小。

45. **B**。絲絹與玻璃棒摩擦起電後，兩物體帶等量的異性電—玻璃棒帶正電，絲絹帶負電。

46. **A**。螺線管中磁場 $B=\mu_0nI=\mu_0\frac{N}{L}I=4\pi\times10^{-7}\times\frac{1000}{0.1}\times0.3=1.2\pi\times10^{-3}T$

47. **C**。電路圖化簡，如圖所示

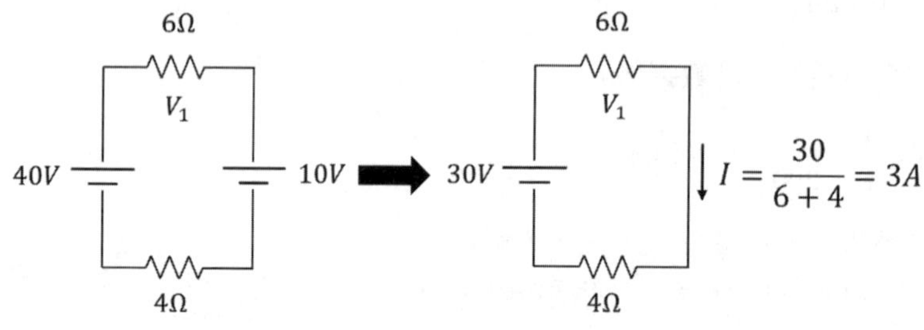

根據歐姆定率可得

$$V=IR_{\text{等效}}\rightarrow I=\frac{V}{R_{\text{等效}}}=\frac{(40-10)}{(6+4)}=\frac{30}{10}=3A$$

$V_1=3\times6=18$ 伏特

48. **D**。單位換算：72km/hr = 20m/s

都卜勒效應，當聲源與觀察者相對遠離，視頻率會變小

$f = \frac{v_{聲速}}{v_{聲速} + v_{聲源}}$　$f_0 = \frac{340}{340+20} \times 1440 = 1360Hz$

49. **B**。導線於均勻磁場中運動時，所產生的感應電動勢 $\varepsilon = \ell vB$，故與導線速度、導線速度及磁場強度有關。

50. **A**。電路圖化簡，如圖所示

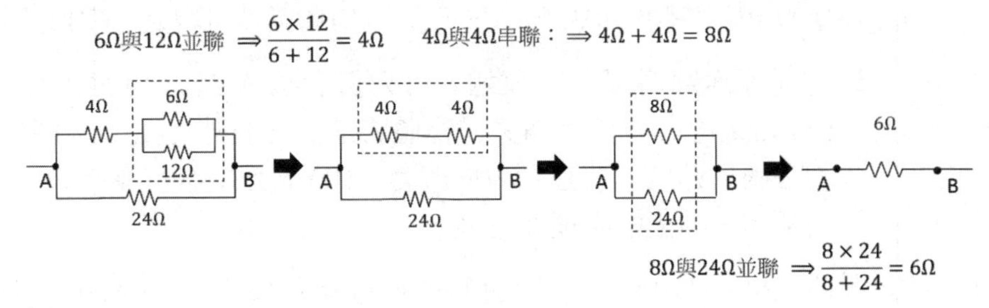

等效電阻：

$$\begin{cases} 串聯：r_{串} = r_1 + r_2 + \cdots \\ 並聯：\frac{1}{r_{並}} = \frac{1}{r_1} + \frac{1}{r_2} + \cdots \end{cases}$$

107年台電新進僱用人員甄試(第二次)

(專業科目:物理)

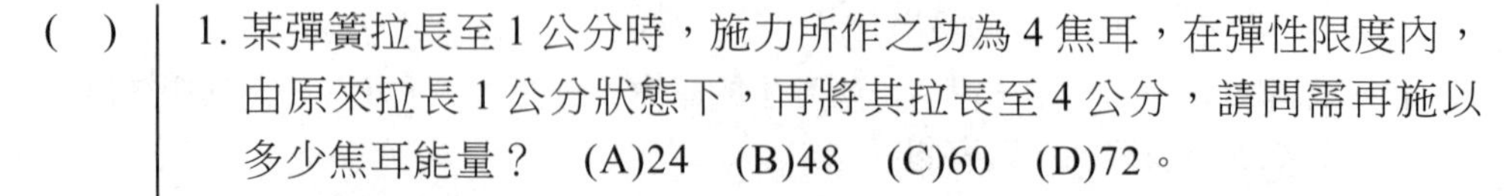

( ) 1. 某彈簧拉長至 1 公分時,施力所作之功為 4 焦耳,在彈性限度內,由原來拉長 1 公分狀態下,再將其拉長至 4 公分,請問需再施以多少焦耳能量? (A)24 (B)48 (C)60 (D)72。

( ) 2. 在原地旋轉的舞者,當手臂向外伸長時,下列敘述何者有誤?
(A) 角速度變小 (B) 角動量不變 (C) 轉動慣量增大 (D) 力矩變大。

( ) 3. 有關等速圓周運動的敘述,下列何者正確? (A) 速度保持不變 (B) 如果向心力突然消失,物體將沿徑向向外射出 (C) 向心力產生法線加速度,使運動方向改變 (D) 若速度維持原來大小,向心力增加,則運動半徑亦增大。

( ) 4. 將規格為 110 伏特、50 瓦特的燈泡接上 55 伏特的電源,則通過此燈泡的電流為多少安培? (A)$\frac{3}{22}$ (B)$\frac{4}{11}$ (C)$\frac{5}{22}$ (D)$\frac{9}{22}$。

( ) 5. 假設潛水艇體積不變,且海水密度固定。當其潛至海面以下,但未到達海底前,若潛水的深度越深,則下列敘述何者正確? (A) 所受的浮力不變,但壓力愈大 (B) 所受的浮力愈大,但壓力不變 (C) 所受的浮力愈大,但壓力愈大 (D) 所受的浮力愈小,但壓力愈大。

( ) 6. 有一彗星質量為 m,繞日運行時,在近日點之速率為 v,與太陽的距離為 r。若此行星在近日點與遠日點時離太陽的距離為 1:14,則行星在遠日點時對太陽之角動量,下列何者正確?
(A)$\frac{mvr}{14}$ (B)$\frac{mvr}{7}$ (C)14mvr (D)mvr。

( ) 7. 兩個金屬球,小球半徑 r 帶電 −q,大球半徑 2r 帶電 6q,今以導線連接兩球,若導線上之電荷忽略不計,則於電荷分布穩定達靜電平衡時,小球上之電荷,下列何者正確? (A)q (B)2q (C)3q (D)4q。

( ) 8. 甲、乙兩帶電體相距 r 時,其間的靜電力為 f,則當兩帶電體的電量皆變為原來的 3 倍,且距離變為 3r 時,其間的靜電力,下列何者正確? (A)f (B)3f (C)f/3 (D)f/6。

( ) 9. 質量為 m 的物體 A，以速度 $\vec{v}$ 運動時，正面撞向質量為 4m 的靜止物體 B，若碰撞後物體 A 以速度 $\frac{1}{5}\vec{v}$ 運動，則物體 B 獲得的動能，下列何者正確？ (A)$\frac{4}{25}mv^2$ (B)$\frac{8}{25}mv^2$ (C)$\frac{2}{50}mv^2$ (D)$\frac{2}{25}mv^2$。

( ) 10. 一元素放射或吸收下列何種輻射線或粒子，它的原子序及質量數均不會改變？ (A)α 射線 (B)β 射線 (C)γ 射線 (D) 中子。

( ) 11. 在分子內，原子與原子間的作用力是屬於下列何種基本力？ (A) 強核作用力 (B) 弱核作用力 (C) 萬有引力 (D) 電磁力。

( ) 12. 水波由深水進入淺水時，下列敘述何者正確？ (A) 波長變短，波速變慢，頻率不變 (B) 波長變短，波速變慢，頻率變小 (C) 波長變長，波速變慢，頻率不變 (D) 波長、波速、頻率均變大。

( ) 13. 若地球質量為 M，半徑為 R，萬有引力常數為 G，現有一人造衛星質量 m，在距地面高度為 h 的軌道上運行，則此人造衛星的速率，下列何者正確？

(A)$\sqrt{\frac{GM}{R+h}}$ (B)$\sqrt{\frac{GMm}{R+h}}$ (C)$\sqrt{\frac{GMm}{R}}$ (D)$\sqrt{\frac{GMm}{h}}$。

( ) 14. 有關波的敘述，下列何者正確？ (A) 電磁波必定不靠介質傳播 (B) 聲波屬於電磁波 (C) 波可以傳遞能量，也可傳送物質 (D) 聲波必須靠介質才能傳播。

( ) 15. 核能發電的原理係由鈾 −235 原子進行核分裂，連鎖反應時會減少下列何者而產生能量？ (A) 位能 (B) 質量 (C) 動能 (D) 熱能。

( ) 16. 物質在下列何種過程中不吸收熱量？ (A) 熔化 (B) 沸騰 (C) 凝固 (D) 昇華。

( ) 17. 有一薄凸透鏡焦距為 F，若欲得倒立實像且放大率為 1，則需將物體放在離透鏡多遠處？ (A)$\frac{1}{2}$F (B)2F (C)F (D)$\frac{1}{4}$F。

( ) 18. 某擺長為 2m 的單擺，將擺錘拉至與鉛直線夾 60° 後靜止釋放，已知重力加速度 $g=10m/s^2$，求當擺錘擺至最低點時的瞬時速率為多少 m/s？ (A)$\sqrt{30}$ (B)$\sqrt{20}$ (C)$\sqrt{10}$ (D)20。

( ) 19. 一物體質量為 m，其原來之動能為 T，由於受外力之作用，其速率增加了 ΔV，則外力對此物體所作之功，下列何者正確？

(A)$T+\frac{1}{2}m(\Delta V)^2$ (B)$(2mT)^{1/2}\Delta V$

(C)$\frac{1}{2}m(\Delta V)^2$ (D)$(2mT)^{1/2}\Delta V+\frac{1}{2}m(\Delta V)^2$。

( ) 20. 一人立於平面鏡前 70cm 處，有關該成像的敘述，下列何者有誤？(A) 像與人的距離為 70cm (B) 所成的像會左右相反 (C) 像與人的高度相同 (D) 為一正立虛像。

( ) 21. 一質量為 60kg 的木塊上站立著重 60kg 的人，在無摩擦的水平冰面上以 10m/s 的速率滑動。在經一橫樑時，此人垂直躍起抓住橫梁離開木塊，而木塊繼續前進，則此時木塊的速率改變了多少 m/s ？(A) 減少 10 (B) 增加 10 (C) 減少 20 (D) 增加 20。

( ) 22. 一個物體自地面以 V 的速度開始垂直向上運動，請問當該物體之動能與位能剛好相等時，該物體的高度，下列何者正確？（假設重力加速度為 g） (A)$4V^2/g$ (B)$2V^2/g$ (C)$V^2/2g$ (D)$V^2/4g$。

( ) 23. 二個螺線管的外形（斷面和管長等）一樣，且各用不同粗細（斷面半徑各為 R_1、R_2）及不同匝數（N_1 及 N_2）。為了在管內產生同樣的磁場，加於各線圈的電功率 P_1 及 P_2 之比值（P_2/P_1）為何？

(A)$\frac{R_2N_2}{R_1N_1}$ (B)$\frac{R_1N_2}{R_2N_1}$ (C)$\frac{R_1^2N_2}{R_2^2N_1}$ (D)$\frac{R_1^2N_1}{R_2^2N_2}$。

( ) 24. 一球鉛直上拋，10 秒後經過出發點下方 200 公尺處，若不計空氣阻力，則此球上昇之最大高度為多少公尺？（重力加速度 $g=10m/s^2$）(A)35 (B)45 (C)55 (D)65。

( ) 25. 一質量為 3kg 的物體，放置在水平粗糙桌面上，以水平力 6N 推動物體時，可產生 $1m/s^2$ 的加速度，若改用 9N 的水平力推之，則其加速度變為多少 m/s^2 ？ (A)6 (B)4 (C)3 (D)2。

( ) 26. 有一隻質量為 50 公斤的獵狗，當牠以速度 3 公尺 / 秒奔跑時，其動能為多少焦耳？ (A)80 (B)150 (C)225 (D)500。

( ) 27. 一個 10W 的省電燈泡，接上電源後使用 2 小時所消耗的電能，若能完全轉換為力學能時，能將約多少瓶 4000cc 的飲料，抬上離地 6m 高的平台？（重力加速度 $g=10m/s^2$） (A)180 (B)240 (C)300 (D)2400。

( ) 28. 已知某列車的行進速度為30公尺/秒，欲於3秒內剎車停止於月台，假設列車在剎車的過程為等加速度直線運動，則剎車的距離為多少公尺？ (A)25 (B)30 (C)45 (D)55。

( ) 29. 一站在路邊的路人，聽到遠方鳴有警笛聲的警車，以等速度U快速靠近後隨即駛離，當時聲波波速為V，則路人聽到警笛在靠近與遠離時的音頻，下列何者正確？ (A)(V−U)：(V+U) (B)(V+U)：(V−U) (C)(U−V)：(U+V) (D)(U+V)：(U−V)。

( ) 30. 一彈簧橫置於一水平光滑平面上，一端固定，另一端連結一木塊作簡諧運動。當木塊離平衡點的位移為最大位移的 3/4 時，其動能為最大動能的多少倍？ (A)7/16 (B)5/16 (C)5/8 (D)3/8。

( ) 31. 試求溫度各為 127°C 及 227°C 之熱中子物質波之波長比，下列選項何者正確？ (A)$\sqrt{5}$：2 (B)2：$\sqrt{5}$ (C)$\sqrt{2}$：$\sqrt{5}$ (D)$\sqrt{5}$：$\sqrt{2}$。

( ) 32. 質量為 m 的一靜止原子放出一光子後，即行後退。若在實驗室中測出該光子之頻率為 v，則該原子的內能減少多少？（h 為蒲郎克常數，C 為光速）

(A)$\frac{1}{2m}(\frac{hv}{C})^2$ (B)$hv(1+\frac{hv}{2mC^2})$ (C)$\frac{m}{2}(\frac{hv}{C})^2$ (D)hv。

( ) 33. 在楊氏雙狹縫干涉實驗中，下列何種顏色的單色光照射，其條紋間隔最小？ (A) 紫 (B) 綠 (C) 紅 (D) 藍。

( ) 34. 一質量為 m 的物體，由靜止開始受一方向不變的力作用，力的量值 F 對時間 t 之關係式為 F=kt（k 為常數），下列敘述何者有誤？ (A) 在最初的 t 時間內，此力作功為 $k^2t^4/8m$ (B) 平均功率為 $k^2t^3/8m$ (C) 在 t 時刻物體的動量為為 kt^2 (D) 物體的動能為 $k^2t^4/8m$。

( ) 35. 一架飛機起飛需滑行 1500 公尺，從飛機靜止狀況以等加速度滑行 20 秒起飛，起飛速度為多少公尺/秒？ (A)140 (B)150 (C)160 (D)170。

( ) 36. 土石壩用約 200 萬塊石頭建成，壩高度約為 25 公尺，土石壩體積約為 100 萬立方公尺，若石頭密度約 3 克 / 立方公分，請問每塊石頭平均重量，與下列何者最為接近？ (A)500 公斤 (B)1000 公斤 (C)1500 公斤 (D)2000 公斤。

( ) 37. 某發電廠變壓器的輸入線圈為 50 匝，輸出線圈為 100 匝，若將頻率為 60Hz、電壓為 3.3kV 的交流電接於輸入線圈，請問輸出線圈的頻率及電壓，下列選項何者正確？ (A)120Hz、1.6kV (B)120Hz、6.6kV (C)60Hz、1.6kV (D)60Hz、6.6kV。

( ) 38. 陳君於花蓮裝置 1 台 5000W 的微型水力發電機組，請問該機組滿載連續運轉 30 天，發電量為多少度？ (A)3600 (B)4600 (C)5600 (D)7600。

( ) 39. 某一台起重機在 8sec 內，以等速將 10ton 重的發電機轉子吊起升高約 2.4m，試問功率為多少 kW？（若 1kW=102kg‧m/s） (A)19.4 (B)29.4 (C)39.4 (D)98.4。

( ) 40. 某氣體裝於一活塞汽缸裝置內，壓力為 200kPa，容積為 $0.05m^3$，對氣體加熱，使容積增加至 $0.1m^3$，試求氣體對外所作功為多少 kJ？ (A)40 (B)30 (C)20 (D)10。

( ) 41. 如右圖所示，一水管水平放置，水以 2kg/s 的固定速率，穩定地從 D 截面流入，而自 d 截面流出，若 D 面積為 $12cm^2$，d 面積為 $5cm^2$，請問截面 D 及 d 的流速 V_D 及 V_d 分別為多少 m/s？（利用質量守恆，假設水密度為 $1000kg/m^3$） (A)6 及 3.1 (B)0.5 及 1.6 (C)1.6 及 4 (D)0.5 及 3。

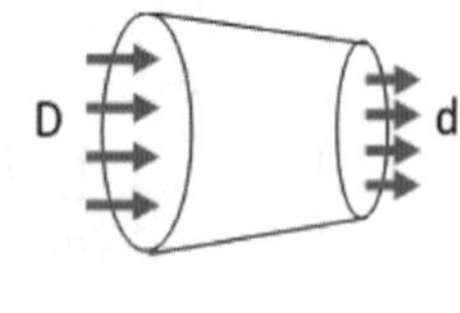

( ) 42. 如右圖所示，鐵球重量為 100 牛頓，假設鐵球與木板無摩擦力，且鐵球保持靜止，則左右兩邊木板對鐵球的作用力分別為多少牛頓？（sin37°=cos53°=0.6，sin53°=cos37°=0.8） (A)40 及 60 (B)60 及 80 (C)80 及 100 (D)100 及 120。

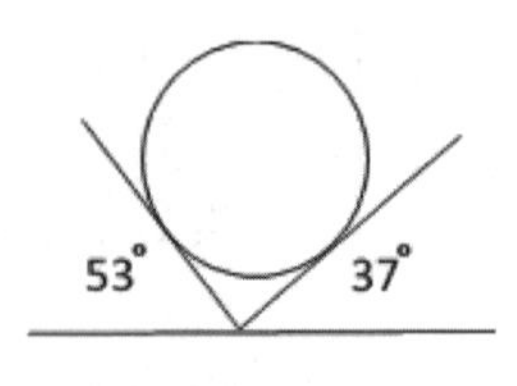

( ) 43. 有一高速列車以時速 360 公里 / 小時奔馳在軌道上，請問速率相當於多少公尺 / 秒？ (A)180 (B)120 (C)100 (D)80。

( ) 44. 電冰箱能維持食物在低溫狀態下，這是依賴冷媒的下列何種反應過程？ (A) 液態時的增溫 (B) 氣態時的降溫 (C) 液態轉變氣態的相變化 (D) 氣態時的增溫。

( ) 45. 帶電質點以某速度垂直射入均勻磁場中，其運動軌跡，下列何者正確？ (A) 圓 (B) 橢圓 (C) 雙曲線 (D) 拋物線。

( ) 46. 如右圖，一物體重為 40kg 放置於地面，物體與地面摩擦係數為 0.4，若以 20kg 之力使 40kg 物體向右移動 5m，請問作功為多少 kg·m ？（sin37°=0.6，cos37°=0.8） (A)12 (B)24 (C)36 (D)48。

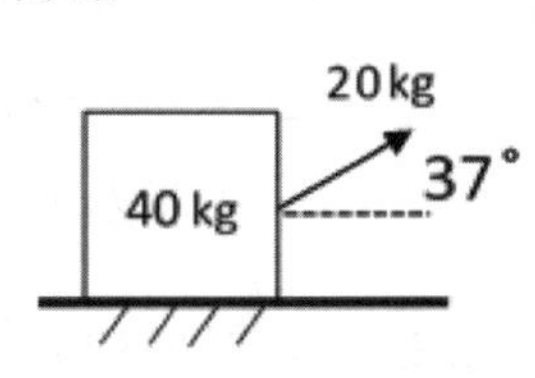

( ) 47. 在直徑 4cm 的水管中，水流量為 $251.3cm^3/s$，則水流速度約為多少 cm/s ？ (A)10 (B)20 (C)30 (D)40。

( ) 48. 下列敘述何者有誤？ (A) 保險絲是利用電磁效應 (B) 鎢絲燈泡是利用電流熱效應 (C) 電磁鐵是利用電流的磁效應 (D) 變壓器是利用電流磁效應及電磁感應。

( ) 49. 如右圖所示，請問 A、B 兩點間的等效電阻為多少 Ω ？ (A)2 (B)3 (C)4 (D)5。

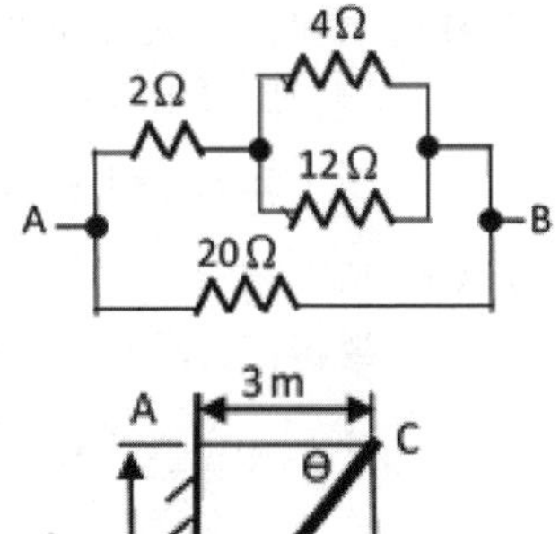

( ) 50. 如右圖所示，一質量可略去的木桿，一端以樞紐固定於牆壁 B 點，另一端 C 點以繩子固定於牆壁 A 點，若於 C 點吊掛 400kg 重物，在靜力平衡狀態下，試求 AC 繩（3m）受力為多少 kg ？ (A)200 (B)300 (C)400 (D)500。

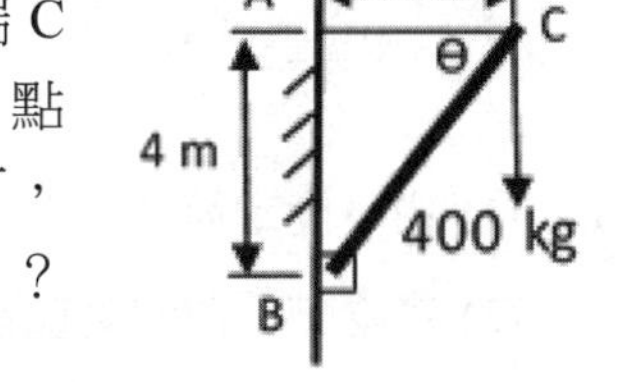

解答及解析 答案標示為 # 者，表官方曾公告更正該題答案。

1. **C**。 外力作用等於彈力位能的變化：$W_F=\Delta U_S=\frac{1}{2}kx^2-\frac{1}{2}kx_0^2$

(1) 當某彈簧拉長至 1 公分時：

$$W_F=\Delta U_S=\frac{1}{2}k(0.01)^2-0=4\Rightarrow k=8\times10^{-4}N/m$$

(2) 當某彈簧由原本 1 公分的狀態再拉長至 4 公分時：

$$W'_F=\frac{1}{2}(8\times10^{-4})(0.04)^2-\frac{1}{2}(8\times10^{-4})(0.01)^2=60J$$

2. **D**。在原地旋轉的舞者，重力對轉軸的力矩為零，故角動量守恆。當手臂向外伸長時，轉動慣量增大，角速度變小；相反的，若手臂向內縮短時，轉動慣量變小，角速度增大。

3. **C**。(A)×，速率保持不變。
(B)×，若向心力突然消失，物體將沿切線方向射出。
(D)×，$F_C=m\frac{v^2}{R}$，對同一物當 v 固定時，$F_C\propto\frac{1}{R}$，故向心力增加，則運動半徑變小。

4. **C**。由電功率 $P=\frac{V^2}{R}\Rightarrow$ 燈泡電阻 $R=\frac{V^2}{P}=220\Omega$
根據歐姆定律 $V=IR\Rightarrow I=\frac{V}{R}=\frac{50}{220}=\frac{5}{22}A$

5. **A**。浮力等於物體排開的液體重，而水壓則與海水的深度成正比。故潛水艇從海面下潛至海底前，所排開的液體重固定、浮力不變，但隨著潛水深度越深水壓愈大。

6. **D**。彗星只受太陽引力作用，方向指向太陽，對太陽的力矩為零，則彗星繞日運行時角動量守恆。故彗星在遠日點對太陽的角動量等於在近日點的角動量，即 $L_{遠}=L_{近}=rmv$。

7. **#**。無標準解。
導線連接兩球，兩球等電位
$V_{小}=V_{大}\Rightarrow\frac{kq'}{r}=\frac{kQ'}{2r}\Rightarrow\frac{q'}{Q'}=\frac{1}{2}$，故 $q'=(-q+6q)\frac{1}{3}=\frac{5q}{3}$

8. **A**。(1) 由庫倫定律 $f=\frac{kQq}{r^2}$
(2) 當兩帶電體的電量皆變為原來的 3 倍，且距離變為 3r 時，
其靜電力 $f'=\frac{k(3Q)(3q)}{(3r)^2}=\frac{9kQq}{9r^2}=f$

9. **D**。A、B 系統動量守恆，$\vec{p_A}+\vec{p_B}=\vec{p_A}'+\vec{p_B}'$
$mv+0=m\times\frac{1}{5}v+4mv_B'\Rightarrow v_B'=\frac{1}{5}v$
物體 B 獲得的動能 $\Delta K_B=K_B'-K_B=\frac{1}{2}\times4m\times(\frac{v}{5})^2-0=\frac{2}{25}mv^2$

10. **C**。γ 射線本質為電磁波，故不影響核反應前後的原子序及質量數。

11. **D**。原子的組成由帶正電的原子核及帶負電的電子所構成，故原子之間的作用力主要屬於電磁力。

12. **A**。 水波的頻率不會因為進入不同深度的水域而改變。又水深愈淺，水波波速愈慢。由 $v=\lambda f$ 得知，水波由深水進入淺水時，水波頻率不變、波速變慢、波長變短，故選 (A)。

13. **A**。 人造衛星與地球之間的萬有引力提供人造衛星作圓周運動之向心力：$F_g=F_C$

設人造衛星的速率 v：$\frac{GMm}{(R+h)^2}=m\frac{v^2}{R+h}\Rightarrow v=\sqrt{\frac{GM}{R+h}}$

14. **D**。 (A) ×，電磁波不一定要靠介質傳播。
(B) ×，(D) ○，聲波屬於力學波，必須靠介質傳播。
(C) ×，波可以傳遞能量，但不可傳送物質。

15. **B**。 任何核反應（包含核分裂）都遵守質能守恆，故連鎖反應時會減少質量而產生能量，也就是愛因斯坦所提的 $E=mc^2$。

16. **C**。 凝固是物質由液態轉為固態的過程，其過程物質進行放熱。

17. **B**。 由成像公式：$\frac{1}{p}+\frac{1}{q}=\frac{1}{f}$

∵欲得倒立實像且放大率為 1 ∴ $m=\left|\frac{q}{p}\right|=1\Rightarrow p=q$

得$\frac{1}{p}+\frac{1}{q}=\frac{1}{p}+\frac{1}{p}=\frac{2}{p}=\frac{1}{F}\Rightarrow p=2F$

18. **B**。 擺錘擺動過程，僅受重力作功，故力學能守恆。
擺錘的初始位能當擺錘擺至最低點時，全部轉換為擺錘的動能。
U=K，設擺錘至最低點時的瞬時速率為 v

$mg\ell(1-\cos60°)=\frac{1}{2}mv^2$，

$m\times10\times2\times\frac{1}{2}=\frac{1}{2}mv^2\Rightarrow v=\sqrt{20}m/s$

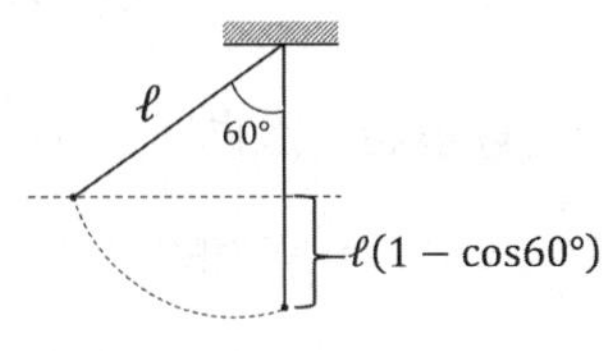

19. **D**。 由功能定理：外力作功等於動能的變化量。

初動能 $T=\frac{1}{2}mv^2\Rightarrow$ 初速 $v=(\frac{2T}{m})^{\frac{1}{2}}$，末速 $v'=(\frac{2T}{m})^{\frac{1}{2}}+\Delta V$

$$W_F=K'-K=\frac{1}{2}m[(\frac{2T}{m})^{\frac{1}{2}}+\Delta V]^2-T=\frac{1}{2}m[\frac{2T}{m}+2\Delta V(\frac{2T}{m})^{\frac{1}{2}}+\Delta V^2]-T$$

$$=[T+\Delta Vm(\frac{2T}{m})^{\frac{1}{2}}+\frac{m}{2}(\Delta V)^2]-T=(2Tm)^{\frac{1}{2}}\Delta V+\frac{1}{2}m(\Delta V)^2$$

20. **A**。平面鏡成像性質：(1) 大小相等，(2) 左右相反，(3) 像距等於物距，(4) 成像為正立虛像。
(A)×，像與人的距離為 140cm（$70\times2=140$）。

21. **B**。視木塊與人為一個系統，此系統水平方向無外力作用，故系統水平動量守恆。$\overrightarrow{p_{木}}+\overrightarrow{p_{人}}=\overrightarrow{p_{木}}'+\overrightarrow{p_{人}}'$
設人垂直躍離開木塊後，木塊速度為 v：$(60+60)\times10=60v+0\Rightarrow v=20m/s$
木塊從原本 10m/s 改變成 20m/s，得木塊速率增加 10m/s。

22. **D**。物體作鉛直上拋運動，過程力學成守恆。
設當物體的質量 m、高度 h 時，物體之動能與位能剛好相等。
$K_0=K_h+U_h=2U_h$，$\frac{1}{2}mV^2=2\times mgh\Rightarrow h=\frac{V^2}{4g}$

23. **D**。(1) $P=I^2R\Rightarrow I=\sqrt{\frac{P}{R}}$（R 為電阻）
由電阻定律：$R=\rho\frac{\ell}{A}\propto\frac{N}{r^2}$
$I=\sqrt{\frac{P}{R}}\propto\sqrt{\frac{P}{N}}r$（r 為斷面半徑）
(2) 螺線管管內磁場大小：$B=\mu_0 nI=\mu_0\frac{N}{L}I\propto NI\propto N\times\sqrt{\frac{P}{N}}r=\sqrt{PN}r$
∵二螺線管內產生相同的磁場，即 $B_1=B_2$
∴ $\sqrt{P_1N_1}R_1=\sqrt{P_2N_2}R_2\Rightarrow\frac{P_2}{P_1}=\frac{R_1N_1}{R_2N_2}$

24. **B**。(1) 設鉛直上拋初速 v_0
∵球作等加速運動 ∴ $\Delta y=v_0t+\frac{1}{2}at^2$
$-200=v_0\times10+\frac{1}{2}\times(-10)\times(10)^2\Rightarrow v_0=30m/s$
(2) 設上升最大高度 H
$v^2=v_0^2+2a\Delta y$，$0=30^2+2\times(-10)H\Rightarrow H=45m$

25. **D**。(1) 相同狀況下之接觸面之間的動摩擦力 f_k 為定值
根據牛頓第二運動定律：$\Sigma F=ma$，$6-f_k=3\times1\Rightarrow f_k=3N$
(2) 若改用 9 牛頓水平推之，同理：$9-f_k=3\times a$，$9-3=3a\Rightarrow a=2m/s^2$

26. **C**。 動能 $K=\frac{1}{2}mv^2=\frac{1}{2}\times 50\times 3^2=225$ 焦耳

27. **C**。 ∵電能完全轉換成力學能

$\therefore Pt=n\cdot mgh$，$10\times(2\times 60\times 60)=n\frac{4000\times 1}{1000}\times 10\times 6\Rightarrow n=300$ 瓶

28. **C**。 (1) 由等加速運動公式：$v=v_0+at$，$0=30+a\times 3\Rightarrow a=-10m/s^2$
（負號代表加速度方向與運動方向相反）

(2) 設剎車距離 Δx
由 $v^2=v_0^2+2a\Delta x$，$0=30^2+2(-10)\Delta x\Rightarrow \Delta x=45m$

29. **B**。 由都卜勒效應得知，路人聽到的頻率會隨著警笛在靠近及遠離時而改變。

當警車靠近時，路人聽到的音頻 $f_{靠近}=\frac{V}{V-U}f_0$；

當警車遠離時，路人聽到的音頻 $f_{遠離}=\frac{V}{V+U}f_0\Rightarrow\frac{f_{靠近}}{f_{遠離}}=\frac{\frac{V}{V-U}f_0}{\frac{V}{V+U}f_0}=\frac{V+U}{V-U}$。

30. **A**。 木塊在光滑平面作簡諧運動，其運動過程力學能守恆。

木塊的最大彈力位能等於木塊的最大動能，即 $U_{max}=\frac{1}{2}kR^2=K_{max}$
（設 R 為振幅）

由力學能守恆：$\frac{1}{2}k(\frac{3}{4}R)^2+K=\frac{1}{2}kR^2\Rightarrow K=(1-\frac{9}{16})U_{max}=\frac{7}{16}K_{max}$

31. **A**。 物質波波長：

$$\lambda=\frac{h}{mv}=\frac{h}{\sqrt{2mK}}=\frac{h}{\sqrt{2m(\frac{3}{2}kT)}}\propto\frac{1}{\sqrt{T}}\Rightarrow\frac{\lambda_{127°C}}{\lambda_{227°C}}=\sqrt{\frac{(227+273)}{(127+273)}}=\sqrt{\frac{500}{400}}=\frac{\sqrt{5}}{2}$$

32. **B**。 (1) 一靜止原子放出光子後，可視為爆炸，系統（原子 + 光子）動量守恆，

故 $p_{原子}=p_{光子}=\frac{E}{C}=\frac{hv}{C}$，原子後來的動能 $K=\frac{{p_{原子}}^2}{2m}=\frac{(\frac{hv}{C})^2}{2m}=\frac{1}{2m}(\frac{hv}{C})^2$。

(2) 由能量守恆：$K_0+U_0=K+U+hv$，$0+U_0=\frac{1}{2m}(\frac{hv}{C})^2+U+hv$

$\Rightarrow$ 原子的內能減少 $=U_0-U=hv(1+\frac{hv}{2mC^2})$

33. **A**。 雙狹縫干涉條紋間距 $\Delta y=\frac{\lambda L}{d}\propto\lambda$，在其它裝置條件都相同的情況下，光波波長愈短，條紋間隔愈小，故選 (A) 紫光。

34. **C**。 在最初 t 時刻內，此物體所獲得的衝量量值：$J=\frac{1}{2}F(t)\cdot t=\frac{1}{2}kt^2=\Delta p$

∵物體由靜止開始　∴ $\Delta p=\frac{1}{2}kt^2=p_t-0$，$p_t=\frac{1}{2}kt^2=mv_t\Rightarrow v_t=\frac{kt^2}{2m}$

(A)○，$W_F=\Delta K=K_t-K_0=\frac{1}{2}m(\frac{kt^2}{2m})^2-0=\frac{k^2t^4}{8m}$

(B)○，$\overline{P}=\frac{W_F}{t}=\frac{\frac{k^2t^4}{8m}}{t}=\frac{k^2t^3}{8m}$

(C)×，$p_t=\frac{1}{2}kt^2$

(D)○，同理 (A)，$K_t=\frac{1}{2}m(\frac{kt^2}{2m})^2=\frac{k^2t^4}{8m}$

35. **B**。 由等加速運動公式

$S=v_0t+\frac{1}{2}at^2$，$1500=0+\frac{1}{2}a\cdot 20^2\Rightarrow a=\frac{15}{2}m/s^2\Rightarrow v=v_0+at=0+\frac{15}{2}\times 20=150m/s$

36. **C**。 每塊石頭的平均質量 $=\frac{\text{土石壩總體積}}{\text{土石壩總塊數}}\times$ 石頭密度

$=\frac{100}{200}(m^3/\text{每塊})\times(3\times1000)(kg/m^3)=1500(kg/\text{每塊})$

故每塊石頭平均重量為 1500 公斤重。

37. **D**。 根據法拉第定律，變壓器的匝數與電壓之關係：

$\frac{N_1}{N_2}=\frac{V_1}{V_2}$，$\frac{50}{100}=\frac{3.3}{V_2}\Rightarrow V_2=6.6V$，又交流電的頻率不會改變，故選 (D)。

38. **A**。 1 度為 1 千瓦的電器使用 1 小時所消耗之電能 $\Rightarrow n=5\times30\times24=3600$ 度。

39. **B**。 $\overline{P}=\frac{W_g}{t}=\frac{mgh}{t}=\frac{10\times1000\times9.8\times2.4}{8}=29400W=29.4kW$

40. **D**。 $W=P\Delta V=200\times(0.1-0.05)=10kJ$

41. **C**。 利用質量守恆，每秒流過某截面的水質量要相同。

∵水的流速固定為 2kg/s，代表每秒通過某截面的水質量為 2kg

∴ $V_D(m/s)\times(12\times10^{-4})(m^2)\times1000(kg/m^3)=2\Rightarrow V_D\approx1.6m/s$

同理，$V_d\times5\times10^{-4}\times1000=2\Rightarrow V_d=4m/s$

42. **B**。 如圖所示，鐵球靜止呈三力平衡

$N_L = W\cos53° = 100 \times \frac{3}{5} = 60N$

$N_R = W\sin53° = 100 \times \frac{4}{5} = 80N$

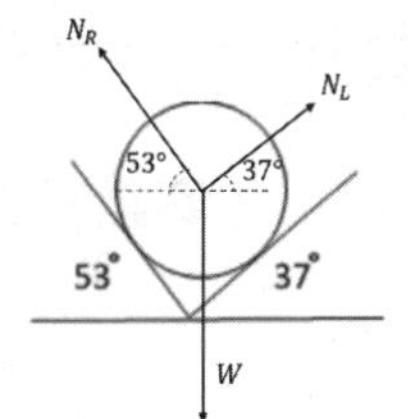

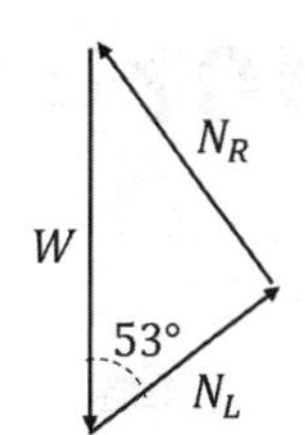

43. **C**。 $v = 360 \text{km}/\text{hr} = \frac{360 \times 100}{60 \times 60} = 100\text{m/s}$

44. **C**。 冷媒從液態轉變成氣態的過程會吸熱，故冰箱能維持在低溫狀態。

45. **A**。 帶電質點垂直入射均勻磁場，所受的磁力垂直於速度的方向，故使帶電質點作等速圓周運動。

46. **B**。 合力作功 $W_{合力} = W_F + W_{f_k} = 20\cos37° \times 5 + [0.4 \times (40-12)] \times 5 \times \cos180°$

$= 80 - 56 = 24\text{kgw} \cdot \text{m}$

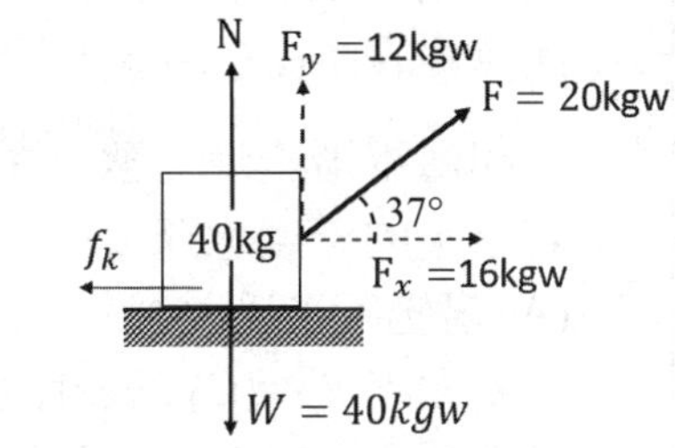

47. **B**。 水的流速 v× 水管截面積 A= 水流量，$v \times 2^2\pi = 251.3\text{cm}^3/\text{s} \Rightarrow v \approx 20\text{cm/s}$

48. **A**。 (A)×，保險絲與電路串聯，是用來保護電路的一次性元件。

49. **C**。

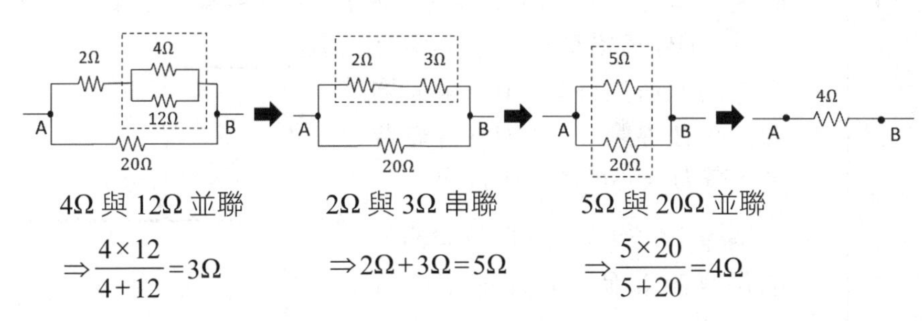

4Ω 與 12Ω 並聯 $\Rightarrow \frac{4 \times 12}{4+12} = 3\Omega$

2Ω 與 3Ω 串聯 $\Rightarrow 2\Omega + 3\Omega = 5\Omega$

5Ω 與 20Ω 並聯 $\Rightarrow \frac{5 \times 20}{5+20} = 4\Omega$

50. **B**。 $T = W\tan37° = 400 \times \frac{3}{4} = 300\text{kgw}$

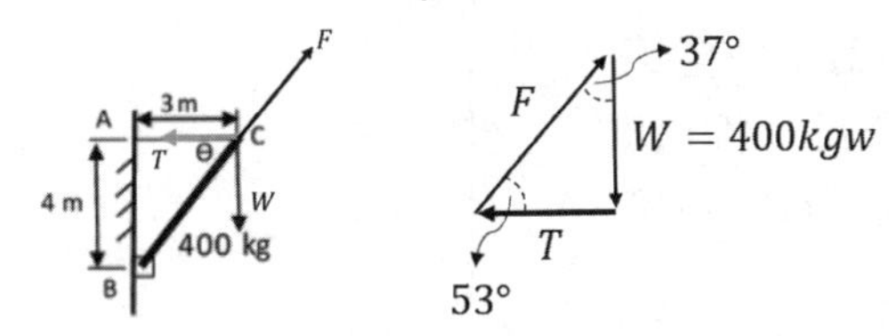

107年中油公司僱員甄試（煉製類）

（專業科目：物理）

第一部分：選擇題

( ) 1. 藉由實驗操作結果，所定義量化的物理概念稱為物理量；它可分為基本量和導出量兩種。下列哪一組物理量只包含基本量？ (A) 速度、動量、動能 (B) 力量、功、位能 (C) 長度、質量、時間 (D) 動能、位能、功率。

( ) 2. 在長 20 公分的彈簧下，懸掛 20 公克重的砝碼時，此彈簧伸長為 25 公分。若在彈簧彈性限度內，該彈簧懸掛 60 公克重的砝碼，則此彈簧的伸長量為多少公分？ (A)10 (B)15 (C)20 (D)30。

( ) 3. 我國海軍潛艇海龍號自左營軍港出發後，潛入海面下巡弋海疆。若潛水的深度愈深，則下列敘述何者正確？（設海水密度不變） (A) 潛艇所受浮力愈大，且壓力也愈大 (B) 潛艇所受的浮力愈大，但壓力不變 (C) 潛艇所受的浮力不變，但壓力愈大 (D) 潛艇所受浮力愈小，但壓力愈大。

( ) 4. 波動經過不同介質時，下列何者不正確？ (A) 能量可能改變 (B) 波速可能改變 (C) 頻率可能改變 (D) 波長可能改變。

( ) 5. 靜電平衡時，下列敘述何者正確？ (A) 導體內部電位和表面電位相等 (B) 負電荷釋放後必由高電位向低電位移動 (C) 電荷均勻分布在導體內部 (D) 導體帶電，電力線必與導體表面平行。

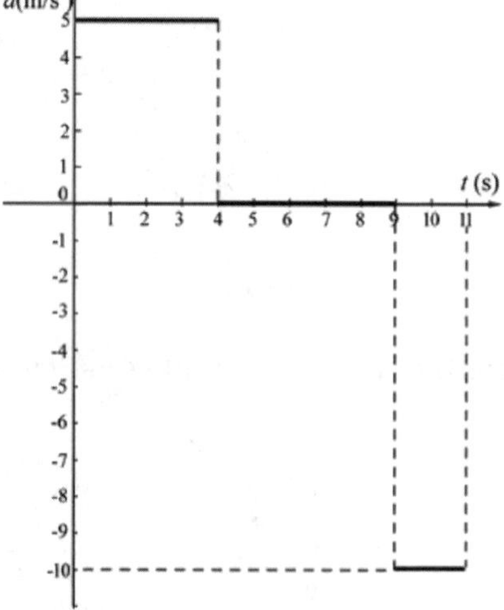

( ) 6. 一輛靜止的汽車從 0 秒時開始前進作直線運動，其加速度與時間關係如圖所示。下列敘述何者正確？ (A)0 至 4 秒間汽車作等速度運動 (B) 第 4 秒至第 9 秒間汽車走 100 公尺 (C) 汽車全程共走 40 公尺 (D) 到第 11 秒汽車回到原地。

( ) 7. A 星球的質量和地球質量相同，A 星球半徑是地球半徑的兩倍。不考慮空氣阻力，地表上靜止的物體掉落 10m 所需的時間，在 A 星球上是在地球上的幾倍？ (A)$\frac{1}{4}$ (B)$\frac{1}{2}$ (C)2 (D)4。

( ) 8. 凸透鏡焦距 10cm，要產生 20 倍大小的倒立實像，則物距為 (A)$\frac{10}{21}$ (B)$\frac{1}{2}$ (C)$\frac{19}{2}$ (D)$\frac{21}{2}$ cm。

( ) 9. 電阻為 3 歐姆的導線，經拉長至其原長的 3 倍，設拉長時材料的電阻率與密度均不改變，試求新導線的電阻為多少歐姆？ (A)27 (B)9 (C)3 (D)1。

( ) 10. 某電阻式熱水壺使用電壓為 220 伏特時，可將 2 公升 25°C 的水於 10 分鐘煮沸。若改用電壓為 110 伏特時，則要將 1 公升 25°C 的水煮沸，需要多少分鐘？（假設電熱器所產生的熱全部被水吸收） (A)5 (B)10 (C)15 (D)20。

( ) 11. 漁夫在溪邊用魚叉叉魚時，想要刺中魚，必須瞄準所看到的魚的何處？ (A) 魚頭 (B) 魚尾 (C) 上方 (D) 下方。

( ) 12. 如圖所示，求 ab 兩點間電流為多少安培？
(A)1A
(B)2A
(C)3A
(D)7.5A。

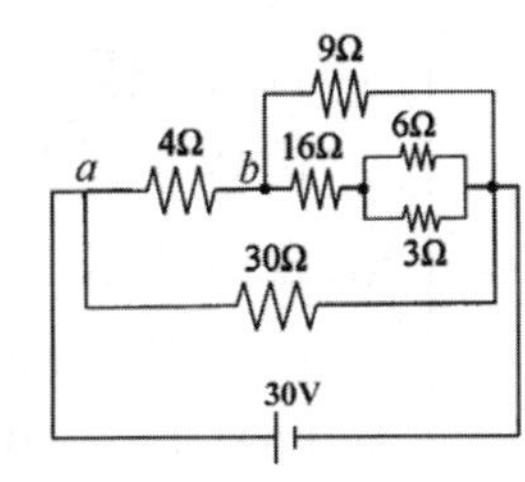

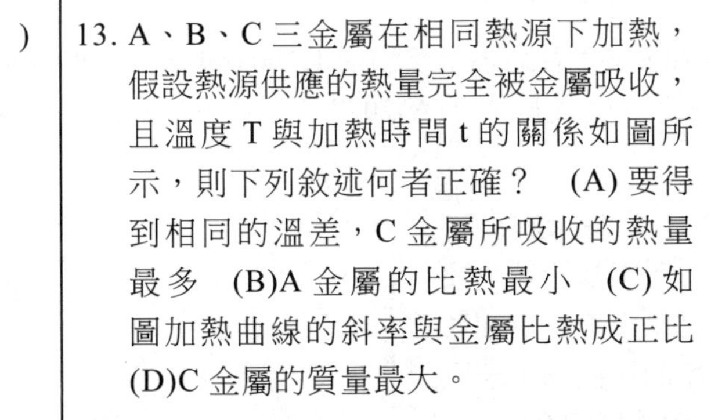

( ) 13. A、B、C 三金屬在相同熱源下加熱，假設熱源供應的熱量完全被金屬吸收，且溫度 T 與加熱時間 t 的關係如圖所示，則下列敘述何者正確？ (A) 要得到相同的溫差，C 金屬所吸收的熱量最多 (B)A 金屬的比熱最小 (C) 如圖加熱曲線的斜率與金屬比熱成正比 (D)C 金屬的質量最大。

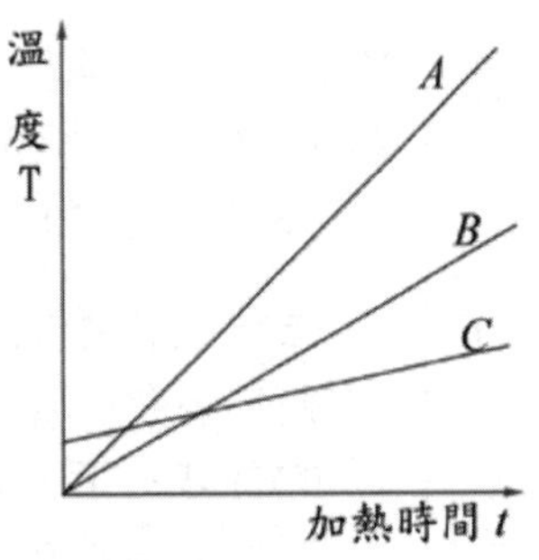

( ) 14. 一物體質量為 10 公斤，當同時受兩互相垂直的力作用時，其加速度為 5 公尺／秒^2。若其中一力大小為 14 牛頓，則另一力大小為多少牛頓？ (A)8 牛頓 (B)16 牛頓 (C)32 牛頓 (D)48 牛頓。

( ) 15. 托里切利實驗測量大氣壓，若試管內有 0.15atm 的氣體壓力，此時測得水銀柱高為 57cm，則大氣壓力應為多少 atm？ (A)0.7atm (B)0.8atm (C)0.9atm (D)1atm。

( ) 16. 下列對熱學的敘述，何者錯誤？ (A) 比熱較大的物質，熱容量不一定較大 (B) 熱量會由高溫處流向低溫處 (C)200g、4°C 的純水內含熱量 800cal (D) 物體由氣態變成液態時，會放出熱量。

( ) 17. 某物質的沸點是 120°C，熔點是 −45°C。則於 −55°C 的溫度下時，此物質的狀態為何？ (A) 固態 (B) 液態 (C) 液、氣共存 (D) 固、液共存。

( ) 18. 下列對常見電器設備的相關敘述，何者不正確？ (A) 變壓器能使輸出的電功率增加 (B) 發電廠為減少電能耗損，在長距離輸電時，常用變壓器將電壓升高 (C) 發電機是應用法拉第定律，將力學能轉變成電能的設備 (D) 電動機俗稱馬達，是將電能轉變成力學能的設備。

( ) 19. 圖為物體作直線運動時，其瞬間速度與時間之關係圖，試問此物體於何時會回到原出發點？ (A)t=2 秒 (B)t=3 秒 (C)t=4 秒 (D)t=5 秒。

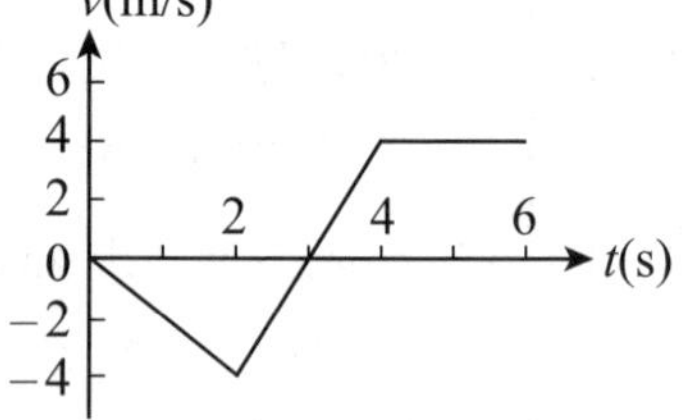

( ) 20. 兩物體 A、B 之質量比為 3：2，於同一高度將 A 以 10m/s 垂直上拋，將 B 以 10m/s 垂直下拋，則 A、B 到達地面時瞬時速度比為何？ (A)1：1 (B)1：2 (C)2：1 (D)1：4。

( ) 21. 一水平橋梁長為 70m，左右端各承受橋重 1,500kgw 及 2,000kgw，則橋的重心距右端多少公尺？ (A)20 公尺 (B)30 公尺 (C)40 公尺 (D)50 公尺。

( ) 22. 眼科之標準的視力測量距離為 6.0 公尺，有些眼科診所因為看診空間的長度不足，故常以鏡子作為輔助工具。圖為某診所的側面圖，若已知受測者眼睛與鏡子相距 2.0 公尺，則視力表與鏡子間的距離需為多少公尺，才符合標準的測量距離？ (A)3.0 (B)4.0 (C)5.0 (D)6.0。

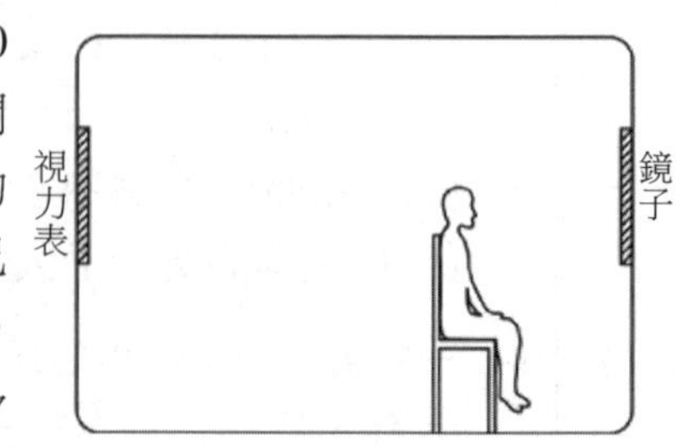

( ) 23. 圖滑輪組吊掛一重量為 3,000 牛頓之方塊，施力 P 拉動繩索使方塊每秒等速上升 4 公尺，若摩擦不計，每個滑輪的重量 100 牛頓，則此外力 P 大小為多少牛頓？
(A)725 (B)750
(C)800 (D)825。

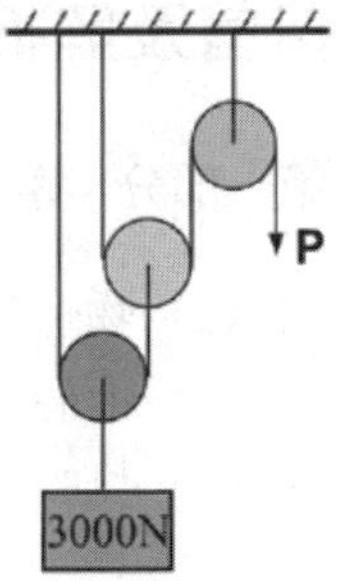

( ) 24. 圖為一光束由介質 A 入射，折射進入介質 B 及 C 的路徑示意圖，若 $\theta_1>\theta_2>\theta_3$，則下列何者正確？ (A) 速率 A>B>C (B) 波長 C>B>A (C) 頻率 A>B>C (D) 折射率 C<B<A。

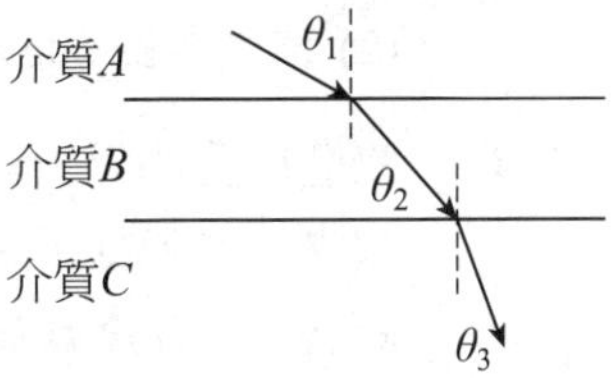

( ) 25. 將三個電阻器（100Ω、0.5W），（100Ω、0.25W），（100Ω、1W）串聯時，則此電路之容許安全電流為多少安培？ (A)1 安培 (B)0.1 安培 (C)0.07 安培 (D)0.05 安培。

第二部分：填空題

1. $^{226}_{88}Ra$ 和 $^{238}_{92}U$ 兩個原子核中的中子數總和 =________。

2. 無變速功能的腳踏車前後兩齒輪分別為 60 齒及 20 齒，以鏈條連接，若後輪輪胎外緣距離軸心 0.5m，且和地面沒有滑動現象，每當腳踩一圈，車子前進________m。

3. 將粗繩與細繩連接，若一繩波在粗繩中的頻率為 6Hz，波長為 1.2m，當波移動進入細繩後，波長變為 1.8m，則此繩波在細繩中的速度為________公尺 / 秒。（答案以四捨五入法取至小數點後一位）

4. (甲) 鐵原子、(乙) 鋁原子核、(丙) 夸克、(丁) 中子；請將上述粒子依其大小，由大到小排列：________。

5. 如圖之兩平行極板接上 5,000V 電壓，若於兩極板間放置一電荷，其電量為 1×10^{-8} 庫倫，則此電荷受力________牛頓。

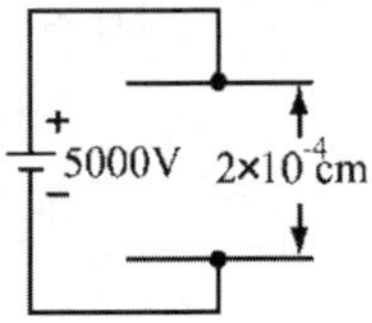

解答及解析 答案標示為 # 者，表官方曾公告更正該題答案。

第一部分：選擇題

1. **C**。物理學中以時間、長度、質量、溫度、電流強度、發光強度、物質的量這七個可以相互獨立的物理量為基本量，而長度、質量及時間是在力學中常見的基本量。

2. **B**。(1) 由虎克定律：$F=k\Delta x$，$20=k\cdot(25-20)\Rightarrow$ 彈性常數 $k=4gw/cm$
(2) 當改懸掛 60gw 的砝碼：$60=4\cdot\Delta x\Rightarrow\Delta x=15cm$

3. **C**。物體所受的浮力等於物體排開的液體重，而水壓則與海水的深度成正比。故潛艇從海面下往下潛水的過程中，所排開的液體重固定、浮力不變，但隨著潛水深度越深水壓愈大。

4. **C**。波動的頻率取決於波源的頻率，不會因為經過不同介質而改變。

5. **A**。(A)○，靜電平衡時，導體內無電場整個導體為等位體。
(B)×，靜電平衡時，負電荷釋放後必由低電位向高電位移動。
(C)×，靜電平衡時，電荷均勻分布在導體表面。
(D)×，靜電平衡時，帶電導體之電力線必垂直導體表面。

6. **B**。(A)×，0 至 4 秒間汽車作等加速運動
(B)○，如圖所示，先把 a-t 圖轉成 v-t 圖，由 v-t 圖的面積大小可知物體的位移 $\Rightarrow\Delta x_{(4\sim9s)}=20\times(9-4)=100m$

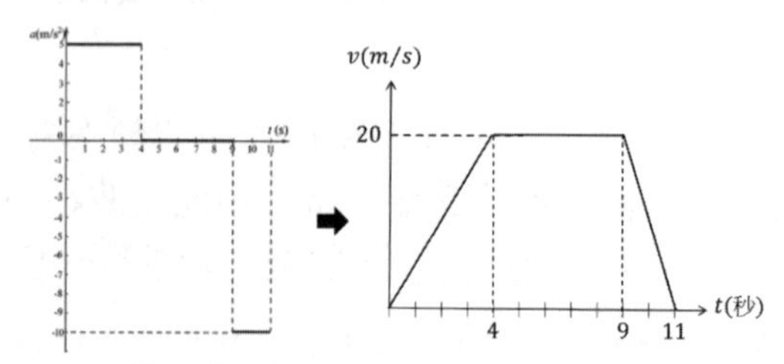

(C)×，同理，$\Delta x_{全程}=\dfrac{(5+11)\times20}{2}=160m$
(D)×，第 11 秒汽車距離出發處 160 公尺遠。

7. **C**。(1) 星球表面的重力場：$g=\frac{GM}{R^2}$，$\frac{g_A}{g_e}=\frac{GM/(2R)^2}{GM/R^2}=\frac{1}{4}$

(2) 自由落體落下時間：$t=\sqrt{\frac{2h}{g}}\propto\frac{1}{\sqrt{g}}\Rightarrow\frac{t_A}{t_e}=\sqrt{\frac{g_e}{g_A}}=\sqrt{4}=2$

8. **D**。∵要產生 20 倍大小的實像　∴ $m=\left|\frac{q}{p}\right|=20\Rightarrow q=20p$

由成像公式：$\frac{1}{p}+\frac{1}{q}=\frac{1}{f}$，$\frac{1}{p}+\frac{1}{20p}=\frac{1}{10}\Rightarrow p=\frac{21}{2}\text{cm}$

9. **A**。∵導線拉長原來的 3 倍　∴導線截面積變成原來的$\frac{1}{3}$倍

由電阻定律：$R=\rho\frac{\ell}{A}\propto\frac{\ell}{A}$，$R'=\rho\frac{3\ell}{\frac{A}{3}}=9R=9\times3=27\Omega$

10. **D**。(1) 設熱水壺的電阻 R

由於電熱器所產生的熱全部被水吸收，即電熱器所產生的電能等於水吸收的熱能。

$(\frac{V^2}{R})\times t=ms\Delta t\times4.12$

$\frac{220^2}{R}\times(10\times60)=(2\times1000)\times1\times(100-25)\times4.12\Rightarrow R\approx47\Omega$

(2) 若改用電壓 110V

$\frac{110^2}{47}\times(n\times60)=(1\times1000)\times1\times(100-25)\times4.12\Rightarrow n\approx20$ 分鐘。

11. **D**。如圖所示，魚的視深較實深淺，故魚叉必須瞄準看到魚的下方。

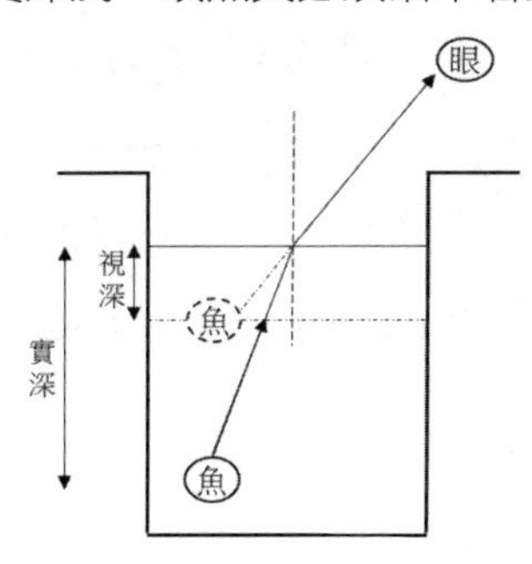

12. **C**。3Ω 與 6Ω 並聯 $\Rightarrow \frac{3\times6}{3+6}=2\Omega$

16Ω 與 2Ω 串聯 $\Rightarrow 16\Omega+2\Omega=18\Omega$

9Ω 與 18Ω 並聯 $\Rightarrow \frac{9\times18}{9+18}=6\Omega$

4Ω 與 6Ω 串聯 $\Rightarrow 4\Omega+6\Omega=10\Omega$

10Ω 與 30Ω 並聯 $\Rightarrow \frac{10\times30}{10+30}=\frac{15}{2}\Omega$

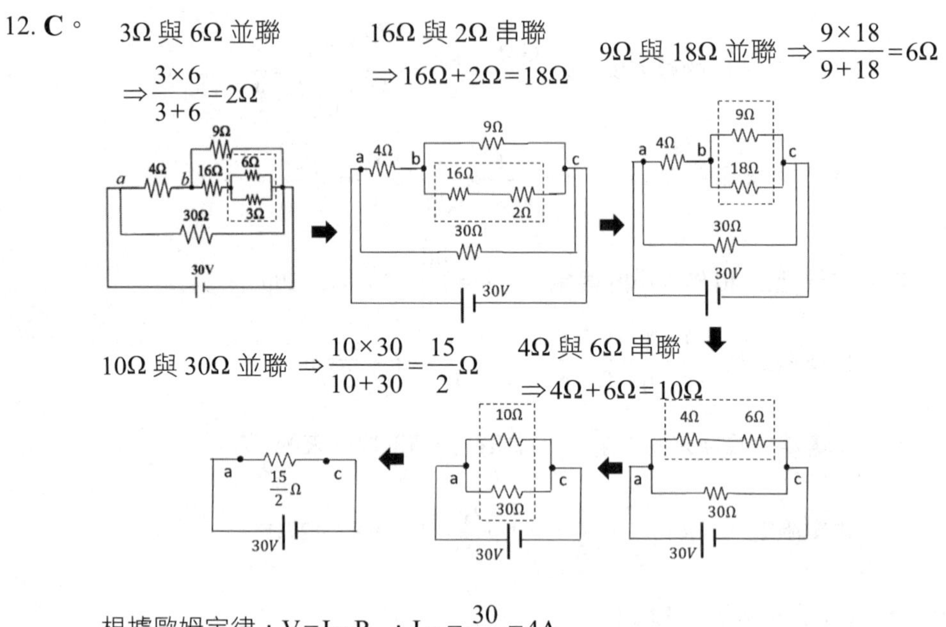

根據歐姆定律，$V=I_{總}R_{ac}$，$I_{總}=\frac{30}{\frac{15}{2}}=4A$

當電流經過 a 點時會分流，由於並聯的電路端電壓相等，所以分流的電流大小與電阻成反比，即$\frac{I_{ab}}{I_{ac}}=\frac{30}{10}=\frac{3}{1}\Rightarrow I_{ab}=\frac{3}{4}I_{總}=\frac{3}{4}\times4=3A$

13. **A**。由 $H=Pt=ms\Delta T=C\Delta T=C(T-T_0)\Rightarrow T=\frac{P}{C}t+T_0$

（P 為加熱源的功率、C 為熱容量）

由上面的式子可知，T-t 圖的斜率與熱容量 C（C=ms）的倒數成正比。

由於 $m_A>m_B>m_C$，得知 $C_A<C_B<C_C$，從圖可知三金屬之間熱容量的關係，但無法得知它們之間質量或是比熱的關係。

14. **D**。(1) 根據牛頓第二定律，物體所受的合力 $\Sigma F=ma=10\times5=50N$

(2) ∵如圖所示，此物同時受兩互相垂直作用的力。

∴由畢氏定理：$f=\sqrt{50^2-14^2}=48N$

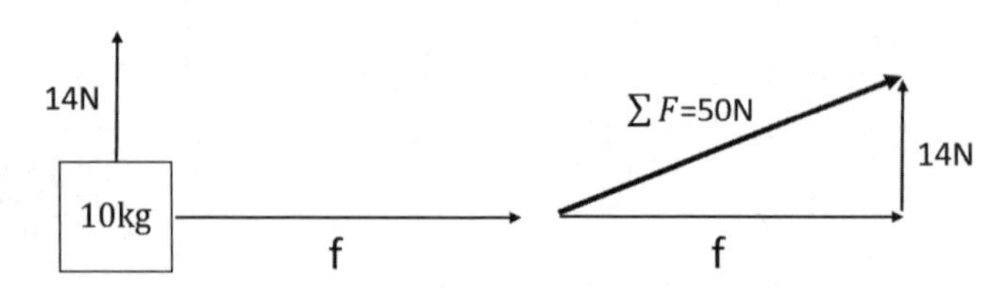

15. **C**。 $1\text{atm}=76\text{cm}-\text{Hg}\Rightarrow P=\frac{57}{76}+0.15=0.9\text{atm}$

16. **C**。 (C) ×，我們不能說物體含有多少熱量，熱量只有在熱傳遞的過程才具意義。

17. A。 ∵ $-55°C<-45°C$（熔點）　∴此物體為固態。

18. A。 (A) ×，變壓器為電磁感應的應用，用來改變電壓，正常來說輸出的電功率因為能量損耗而減少，即使是理想變壓器輸出的電功率也只會跟輸入電功率相等。

19. D。 由 v-t 圖得知，物體在第 3 秒時折返，
又 v-t 圖面積為物體的位移，得物體在前 3 秒內的位移為 $\frac{3\times4}{2}=6\text{m}$，
設 t 秒時物體會回到原出發點 $\frac{[(t-4)+(t-3)]\times4}{2}=6\Rightarrow t=5$ 秒。

20. **A**。 根據鉛直上拋運動對稱性，物體 A 上拋後再度回到出發時的高度時，以 10m/s 向下，故 A、B 到達地面時瞬時速度相同，A、B 物體與質量無關。

21. B。 設橋的重心距右端 x 公尺，兩端的重物對重心的力矩大小相等：
$2000\cdot x=1500\cdot(70-x)\Rightarrow x=30$ 公尺。

22. **B**。 平面鏡成像性質：物距 = 像距，如圖所示，視力表與鏡子的距離需要是 4 公尺。

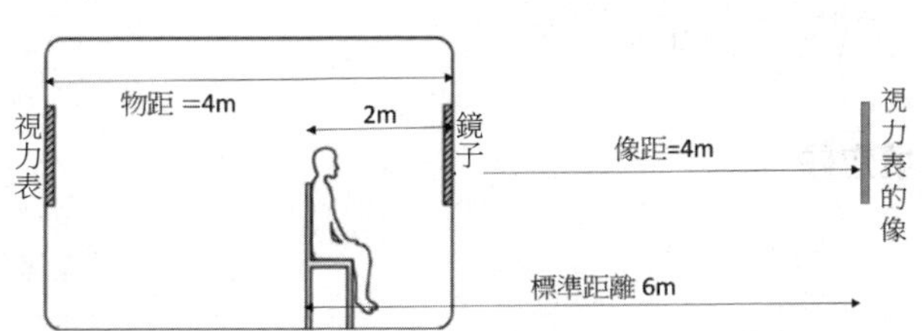

23. **D**。 ∵方塊等速上升　∴方塊所受的合力為零
(1) 分析方塊 + 動滑輪：$2F=100+3000\Rightarrow F=1550\text{N}$

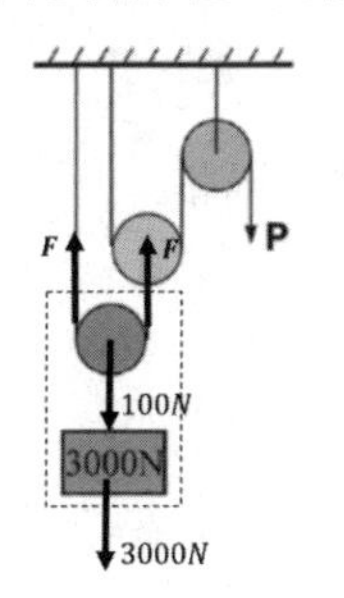

(2) 分析中間的動滑輪：$2P=100+F=100+1550 \Rightarrow P=825N$

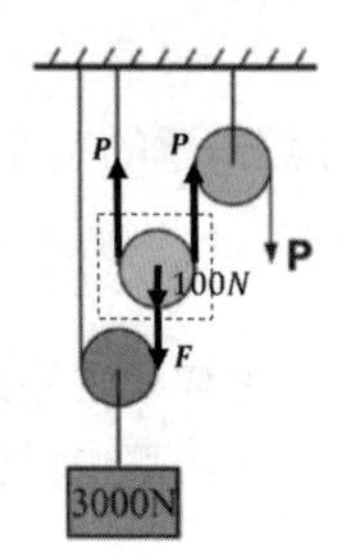

24. **A**。(A)○，光從光速快的介質進入光速慢的介質會偏向法線

∵ $\theta_1>\theta_2>\theta_3$，且由圖片可明顯看出整個光路一直在偏向法線

∴速率 A>B>C

(B)(C)×，光在發生折射的過程頻率不會變，即頻率 A=B=C。由 $v=\lambda f$ 可知，$v \propto \lambda$，故波長 A>B>C。

(D)×，折射率 $n=\frac{c}{v}\propto\frac{1}{v}$，故折射率 C>B>A。

25. **D**。(1) 電功率 $P=I^2R \Rightarrow I=\sqrt{\frac{P}{R}}$，以相同電阻的電阻器來看，功率愈小的所能容許的安全電流也愈小，故選擇（100Ω、0.25W）的電阻器來分析。

(2) $I=\sqrt{\frac{P}{R}}=\sqrt{\frac{0.25}{100}}=0.05A$

第二部分：填空題

1. **284**。

(1) $^{226}_{88}Ra$ 的中子數為 $226-88=138$；$^{238}_{92}U$ 的中子數為 $238-92=146$

(2) 兩個原子核中的中子總和：$138+146=284$

2. **3π 或 9.42**。

(1) ∵大齒輪轉一圈代表小齒輪轉三圈，又小齒輪與輪胎同軸

∴輪胎與小齒輪一樣轉三圈。

(2) 車子前進的距離等於輪胎的圓周長 × 轉動的圈數

$\Rightarrow 2\pi r\times3=6\pi\times0.5=3\pi\approx9.42m$

3. **10.8**。

波動進入細繩後頻率不變 ⇒ 細繩波波速 $v=\lambda f=1.8\times 6=10.8m/s$

4. **甲乙丁丙**。

如圖所示，粒子由大到小排列為甲乙丁丙。

原子
- 電子
- 原子核
  - 質子 ⇒ 夸克（2 個上夸克、1 個下夸克）
  - 中子 ⇒ 夸克（1 個上夸克、2 個下夸克）

5. **25**。

平行板內的電場：$E=\dfrac{V}{d}=\dfrac{5000}{(2\times 10^{-4})\times 10^{-2}}=2.5\times 10^{9}N/C$

$\Rightarrow F=qE=(1\times 10^{-8})\times 2.5\times 10^{9}=25N$

107年自來水評價職位人員甄試

（專業科目：高中（職）物理）

第一部分：單選題

( ) 1. 探討宇宙的起源使我們更能認識宇宙。下列哪一個理論或發現和宇宙的起源有關聯？ (A) 大霹靂理論 (B) 聲波干涉 (C) 電流磁效應 (D) 法拉第電磁感應定律。

( ) 2. 光滑水平桌面上，質量為 3m、速度為 v 的小鋼珠甲，與質量為 m 的靜止小鋼珠乙，發生一維的正面碰撞，碰撞後乙的速度為 1.2v。有關甲與乙碰撞的敘述，下列何者正確？ (A) 彈性碰撞，碰撞過程中，總動量守恆 (B) 非彈性碰撞，碰撞過程中，總動能守恆 (C) 彈性碰撞，碰撞過程中，總動量不守恆 (D) 非彈性碰撞，碰撞過程中，總動量不守恆。

( ) 3. 在吉他空腔的圓孔前，以管笛吹奏某特定頻率的聲音，即使不彈奏吉他，吉他也可能會發出聲音，並且看到弦在振動。這主要是下列何種物理現象所造成？ (A) 聲波干涉 (B) 聲波繞射 (C) 聲波共振 (D) 聲波反射造成回音。

( ) 4. 日常生活中常見的運動與牛頓運動定律息息相關，有關牛頓三大運動定律的敘述，下列何者正確？ (A) 依據第二定律，物體的位移方向必定與其所受合力的方向相同 (B) 用槳划水使船能前進及加速的過程，可利用第一定律圓滿解釋 (C) 用噴氣使火箭前進及加速的過程，可分別利用第三與第二定律解釋 (D) 依據牛頓第三運動定律，物體的速度方向必定與其所受合力的方向相同。

( ) 5. 電場和磁場互相振盪產生電磁波，電磁波傳遞時，其電場與磁場的方向皆與波行進的方向垂直。有關電磁波的敘述，下列何者正確？ (A) 依傳播形式，電磁波歸納為縱波 (B) 電磁波的波長愈短，能量愈高 (C) 電磁波必須依靠介質傳遞能量 (D) 電磁波的波速比光速小很多。

( ) 6. 西元 2009 年諾貝爾物理獎的一半是頒發給物理學家高錕，表彰他對光纖應用的貢獻。有關光纖的敘述，下列何者正確？ (A) 光纖傳遞光訊號是利用光電效應 (B) 光在光纖中傳遞是利用全反射原理 (C) 光纖軸心部分的折射率較其外圍部分的折射率小 (D) 光纖傳遞光訊號容易受到周圍環境電磁波的影響。

( ) 7. 在建築一幢大樓時，一台起重機在時間 t 內，以固定速率 v 垂直將質量 m 的建築材料舉高 h。起重機舉高該建築材料的功率為 P。下列的關係式，何者正確？

(A)$P=mg$ (B)$P=mgh$ (C)$P=\frac{mgh}{t}$ (D)$P=\frac{mgv}{t}$。

( ) 8. 在磁鐵的周圍有磁場存在，為了能「看見」磁場，科學家提出磁力線的概念描述磁場的分布。有關磁力線的敘述，下列何者正確？ (A) 磁力線必相交 (B) 磁力線不是封閉曲線 (C) 磁力線愈密的地方，磁場愈弱 (D) 磁力線上某一點的切線方向即為該點磁場的方向。

( ) 9. 電磁感應說明改變磁場可以產生電流，下列哪一種器材的工作原理和電磁感應有關？ (A) 電鍋 (B) 微波爐 (C) 吹風機 (D) 電磁爐。

( ) 10. 一物體受到作用力，其合力方向與下列哪一個物理量的方向一定相同？ (A) 速度 (B) 動量 (C) 位移 (D) 速度變化。

( ) 11. 在裝備安全無虞的情況下，高空彈跳是具有高度挑戰的體驗活動。當挑戰者一躍而下，繩索伸長到最大長度時，將挑戰者往上拉回，接著又落下，然後再拉回，重複數次。在彈跳過程中，下列哪一種能量的轉換不會發生？ (A) 彈性位能轉換為動能 (B) 動能轉換為重力位能 (C) 彈性位能轉換為重力位能 (D) 阻力產生的熱能轉換為動能。

( ) 12. 一長度及截面積固定的柱形電阻器串接安培計後，兩端再接上直流電源供應器，若各器材均正常運作且溫度變化的影響可忽略，則改變直流電源供應器的輸出電壓時，發現電阻器的電阻不隨輸出電壓的變化而變動。此電阻器符合下列哪一項物理定律？ (A) 歐姆定律 (B) 安培定律 (C) 庫侖定律 (D) 法拉第定律。

( ) 13. 克卜勒尋找完美的幾何模型解釋天體為何會有 6 顆行星，並由模型中求得行星間相對的距離比值。他利用第谷累積的大量觀測資料和近 20 年努力不懈的分析後，提出行星運動定律。下列敘述何者正確？ (A) 同一顆行星與太陽的連線，即使在不同時間內，掃過的面積必相等 (B) 同一顆行星與太陽的連線，在相同時間內，掃過的面積有時不相等 (C) 任一顆行星繞太陽週期 T 與行星至太陽平均距離 R 的平方的比值皆相同 (D) 任一顆行星繞太陽週期 T 的平方與行星至太陽平均距離 R 的立方的比值皆相同。

( ) 14. 新北市警察局從 2018 年 7 月 1 日起，在全長 1,112 公尺的「萬里隧道」實施「平均速率」科技執法，透過隧道入口和出口的偵測器，對於隧道內平均速率超過 70km/hr 的車輛嚴格取締超速違規。依據上述內容，車輛行經該隧道至少需要多少秒，才不會被取締？ (A)24.80 (B)32.20 (C)46.20 (D)57.19。

( ) 15. 戰鬥機能在長度有限的航空母艦甲板上起飛，除了戰鬥機自身動力和航空母艦高航速航行外，彈射器是新型航空母艦的必要裝備。在彈射器的輔助下，戰鬥機在跑道加速時，可在 45 公尺的距離內相對於航空母艦由靜止起飛，達到速度量值為 70m/s。若將此過程視為等加速運動，則加速度量值大約為多少公尺 / 秒^2？ (A)54.4 (B)86.8 (C)98.5 (D)120.8。

( ) 16. 臺鐵普悠瑪列車在 2018 年 10 月 21 日發生出軌翻覆意外，事發地點在「全臺最彎鐵道」，該軌道對應的曲率半徑大約 300m，依照安全規範的限制速率為 75km/hr。據此限速推算，列車的向心加速度量值約為多少 m/s^2？ (A)1.44 (B)2.88 (C)14.40 (D)18.75。

( ) 17. 細線的長度隨溫度升高而變長的現象，稱為線膨脹。當溫度改變 ΔT 時，物體長度的改變量 $\Delta L = L - L_0 = \alpha L_0 \Delta T$，其中 L 是溫度改變後的長度、$L_0$ 是溫度改變前的長度，而 α 為一比例常數，稱為該物體的線膨脹係數。已知鐵的線膨脹係數為 $1.2\times10^{-5}℃^{-1}$，在 0℃環境中，當一條原為 100 cm 的鐵線條，溫度上升 10 ℃，估算這條鐵線條伸長多少 cm？ (A)1.2 (B)0.12 (C)1.2×10^{-2} (D)1.2×10^{-4}。

第二部分：複選題

( ) 18. 物理學家遇到困境時，往往能在思考中找到不同的創見。有關波耳提出的氫原子模型，下列哪些敘述是正確的？ (A) 原子能階是連續，其能量並沒有整數倍關係 (B) 波耳提出物質波理論解釋氫原子的穩定態軌道 (C) 波耳提出的氫原子模型解決拉塞福遇到的困境 (D) 原子從高能階躍遷至低能階，會輻射出特定頻率的電磁波。

( ) 19. 一位愛好運動的人在操場百米水平直線跑道上行走。當他從起跑線往終點線向前加速行走時，鞋面與地面沒有打滑。關於運動者向前加速行走的過程中，下列哪些敘述正確？ (A) 地面施予人的摩擦力為零 (B) 地面施予人的摩擦力方向向前 (C) 地面施予人的摩擦力對他作正功 (D) 地球施予人的重力對他作負功。

( ) 20. 交通部頒發「金路獎」給「反光鏡菩薩」張秀雄先生，表揚他幾年來維護數萬面反光鏡，減少彎道的車禍事故，造福行路人。有關路口反光鏡的敘述，下列哪些正確？ (A) 反光鏡採用具放大車輛功能的凸透鏡 (B) 反光鏡採用具放大視野功能的凸面鏡 (C) 反光鏡內呈現的像是正立縮小的虛像 (D) 反光鏡內呈現的像是正立縮小的實像。

( ) 21. 某一家電視臺主播在播報新聞時，新聞畫面出現「重力＋速度＝260 公斤」這一段文字。有關這段標題文字的敘述，下列哪些正確？ (A)「重力」與「速度」是相同物理量，可相加 (B)「重力」與「速度」是不同物理量，但可相加 (C)「重力」與「速度」是不同物理量，不可相加 (D) 重力的 SI 單位是牛頓。

( ) 22. 若細心觀察，大自然中或日常生活裡往往呈現光的干涉現象。下列哪些是光的干涉現象？ (A) 雨過天晴，天邊出現的彩虹 (B) 沙漠中出現的海市蜃樓 (C) 光碟片背面的五顏六色 (D) 肥皂或油漬表面的彩色條紋。

( ) 23. 密閉容器內的理想氣體溫度升高而體積不變時，下列敘述哪些正確？ (A) 氣體壓力變小 (B) 氣體分子的分子數增多 (C) 氣體分子的平均動能增大 (D) 氣體分子的方均根速率變快。

( ) 24. 科學家將「自然界基本作用力」分成重力、電磁力、強作用力和弱作用力，有關自然界基本作用力的敘述，下列哪些正確？ (A) 在原子核中的質子與質子間有強作用力 (B) 在原子核中的中子與質子間有強作用力 (C) 弱作用力雖弱，但其作用範圍遠比電磁力的作用範圍更廣 (D) 牛頓直接測量蘋果與地球之間的重力變化，推得重力與距離平方成反比的關係。

( ) 25. 人類對宇宙的了解相當有限，研究宇宙學的科學家一直努力透過新型儀器探索宇宙。根據目前的科學研究成果，有關哈伯定律和宇宙演變的敘述，下列哪些正確？ (A) 宇宙一直在膨脹中 (B) 哈伯定律最早是由愛因斯坦提出 (C) 哈伯常數正逐漸變大中 (D) 根據哈伯定律，遙遠星系的遠離速率正比於它跟我們的距離。

解答及解析 答案標示為 # 者，表官方曾公告更正該題答案。

第一部分：單選題

1. **A**。 大霹靂理論是說明宇宙起源於一個炙熱的火球，在某個時刻發生大爆炸，隨後持續膨脹冷卻至今，形成現在的宇宙。

2. **A**。 (1) 甲、乙在光滑水平桌面上發生碰撞，系統無外力作用，故系統動量守恆。

   $3mv + 0 = 3mv'_{甲} + m \times 1.2v$

   ⇒ 碰撞後，小鋼珠甲的速度 $v'_{甲} = 0.6v$

   (2) 碰撞前系統總動能：$\frac{1}{2} \cdot 3m \cdot v^2 = \frac{3}{2}mv^2$

   碰撞後系統總動能：$\frac{1}{2} \cdot 3m \cdot (0.6v)^2 + \frac{1}{2} \cdot m \cdot (1.2v)^2 = \frac{63}{50}mv^2 < \frac{3}{2}mv^2$

   ∵系統碰撞後總動能減少∴系統屬於非彈性碰撞

   甲與乙碰撞為非彈性碰撞，碰撞過程中，總動量守恆，總動能不守恆。

   本題官方公告答案為 (A)，應無正確答案。

3. **C**。 管笛吹奏某特定頻率的聲音與吉他弦的自然頻率之一相同時，使吉他弦隨之產生振動的現象，為聲波的共振。

4. **C**。 (A)×(D)×，依據第二定律，物體的加速度方向必定與其合力方向相同。

   (B)×，用第二定律解釋。

5. **B**。(A)×，電磁波為橫波。

(B)○，電磁波的能量 $E = hf = \frac{hc}{\lambda} \propto \frac{1}{\lambda}$。

(C)×，電磁波不需要介質傳遞能量，為非力學波。

(D)×，電磁波在真空中的波速與光速相同。

6. **B**。(A)×，光纖傳遞光訊號是利用光的全反射。

(C)×，要發生全反射的條件之一是光要由光密介質到光疏介質，故軸心的折射率較其外圍部分的折射率大。

(D)×，光訊號本身就是電磁波，不會受到環境電磁波的影響。

7. **C**。起重機舉高該建築材料的功率 $P = \frac{W}{t} = \frac{mgh}{t}$。

8. **D**。(A)×，磁力線不能相交。

(B)×，磁力線是封閉曲線。

(C)×，磁力線愈密的地方，磁場愈強。

9. **D**。(A)×(C)×，電鍋與吹風機是利用電流熱效應。

(B)×，微波爐是利用微波讓食物中的水分子產生振盪，水分子快速的摩擦就會產生熱。

(D)○，電磁感應是當磁場發生變化會產生電的現象，電磁爐因連接交流電而產生磁場的變化，而在鍋底形成渦電流進而產生熱。

10. **D**。依據牛頓第二定律，物體的加速度方向必定與其合力方向相同。又加速度

$\vec{a} = \frac{\Delta\vec{v}}{\Delta t} \propto \Delta\vec{v}$，故合力方向同速度變化之方向。

11. **D**。高空彈跳的過程中重力位能、彈力位能及動能三者可相互轉換，唯獨熱能會散失在空氣中，無法有效再轉換成力學能。

12. **A**。歐姆定律：定溫下，流經金屬導體的電流與其端電壓成正比，即

$I \propto V \Rightarrow \frac{V}{I} = R = $ 定值。

13. **D**。(A)×(B)×，克卜勒行星第二定律：同一顆行星與太陽的連線，在相同時間內，掃過的面積相等。

(C)×(D)○，克卜勒行星第三定律：任一顆行星繞太陽週期 T 的平方與行星至太陽平均距離 R 的立方的比值皆相同。

14. **D**。 單位換算：$70km/hr \cong 19.\bar{4}m/s$

$$d = vt \Rightarrow \text{行經時間} t = \frac{d}{v} = \frac{1112}{19.\bar{4}} \cong 57.19\text{秒}$$，故行經該隧道至少需要 57.19 秒。

15. **A**。 戰鬥機作等加速運動，可利用等加速直線運動公式
設加速度 a
$v^2 = v_0^2 + 2aS$ ， $70^2 = 2a \times 45 \Rightarrow a \cong 54.4m/s^2$

16. **A**。 單位換算： $75km/hr \cong 20.83m/s$

$$\text{向心加速度} a_c = \frac{v^2}{R} = \frac{(20.83)^2}{300} \cong 1.44m/s^2$$

17. **C**。 物體長度的改變量 $\Delta L = \alpha L_0 \Delta T = (1.2\times10^{-5})\times100\times10 = 1.2\times10^{-2}cm$

第二部分：複選題

18. **CD**

(A)×，原子能階是不連續的，其能量 $E \propto \frac{1}{n^2}$， $n = 1,2,3\ldots$ 。

(B)×，德布羅意提出物質波理論解釋氫原子的穩定態軌道。

19. **BC**

運動的人因受地面施予人向前的摩擦力，使人能向前加速行走，由於人的速度量值增加，人的動能增加，代表摩擦力對人作正功。

20. **BC**

路口反光鏡為凸面鏡，對光線有發散的作用，可以擴大視野範圍，而凸面鏡在鏡後成正立縮小虛像。

21. **CD**

重力是力的一種，SI 單位是牛頓；速度是描述物體移動快慢的物理量，SI 單位是公尺 / 秒，兩者是不同的物理量，不可以相加。

22. **CD**

(A)×，彩虹為自然界的色散現象，陽光經小水滴 2 次折射、1 次反射的結果。

(B)×，海市蜃樓為光經大氣折射及全反射的現象。

23. **CD**

(A)×， $PV=nRT$，定V、定n下，$P\propto T$ ，故當溫度上升時，氣體壓力變大。

(B)×，密閉容器內的氣體分子數不變。

(C)○，$\overline{E_k}=\frac{3}{2}kT\propto T$ ，故當溫度上升時，氣體分子的平均動能增大。

(D)○，$v_{rms}=\sqrt{\frac{3kT}{m}}\propto\sqrt{T}$ ，故當溫度上升時，氣體分子的方均根速率變快。

24. **AB**

(A)○ (B)○，強作用力將核子束縛在一起形成原子核。

(C)×，弱作用力為短程力，作用範圍約 10^{-18}m。

(D)×，牛頓利用向心力的概念及克卜勒第三定律，推得重力與距離平方成反比的關係。

25. **AD**

(B)×，哈伯定律是由美國天文學家哈伯提出。

(C)×，哈伯常數 H_0 為定值，H_0=75km/s·Mpc。

108年台電新進僱用人員甄試

（專業科目：物理）

( ) 1. 已知鐵的密度為 $7.86g/cm^3$，現將質量 30g 的鐵塊分成體積 1：2 的兩個小鐵塊，請問兩個小鐵塊的質量比是多少？ (A)2∶1 (B)1∶2 (C)1：1 (D)1：4。

( ) 2. 電中性鋰原子的原子序為 3，請問下列敘述何者正確？ (A) 總電子帶電量為 -1.6×10^{-19} 庫侖 (B) 總電子帶電量為 -4.8×10^{-19} 庫侖 (C) 總中子帶電量為 4.8×10^{-19} 庫侖 (D) 總中子帶電量為 -1.6×10^{-19} 庫侖。

( ) 3. 若 10 牛頓與 20 牛頓兩力的夾角為 60°，其合力大小為多少牛頓？ (A)$\sqrt{625}$ (B)$\sqrt{675}$ (C)$\sqrt{700}$ (D)$\sqrt{825}$。

( ) 4. 有一單擺週期為 T，若欲使週期變為 3T，則須將擺長改為原來的多少倍？ (A)3 倍 (B)6 倍 (C)8 倍 (D)9 倍。

( ) 5. 一車以時速 70 公里速度行駛 2 小時後，再減速以時速 60 公里速度行駛 3 小時，最後再加速以時速 100 公里速度走完全程，共費時 6 小時，請問此車全程之平均速率為時速多少公里？ (A)60 (B)70 (C)80 (D)90。

( ) 6. 以 40 公尺 / 秒的速度向北飛行之轟炸機，距離地面高度為 500 公尺，飛行員看到前方地面有敵方車輛以 10 公尺 / 秒的速度向南行駛，假設該敵方車輛與轟炸機在同一垂直平面上運動，且轟炸機上的炸彈無任何推進動力，轟炸機飛行高度不變，重力加速度為 10 公尺 / 秒 ^{2}，則飛行員應在轟炸機飛到與敵方車輛水平距離多少公尺處投下炸彈，才能擊中此敵方車輛？ (A)200 (B)300 (C)400 (D)500。

( ) 7. 高度差 15 公尺由同物質組成且等重的甲球與乙球，同時自由落下，甲球比乙球遲 1 秒鐘著地，重力加速度為 10 公尺 / 秒 ^{2}，請問甲球原來之高度為多少公尺？ (A)10 (B)15 (C)20 (D)25。

( ) 8. 下列 4 項物理量，何者屬於向量？ (A) 電場 (B) 電能 (C) 電位 (D) 功。

( ) 9. 在不考慮摩擦力的作用下，兩人在冰面上互推，推開後，兩人會以反方向分離，這現象最符合下列何種定律？ (A) 牛頓第一運動定律 (B) 牛頓第二運動定律 (C) 牛頓第三運動定律 (D) 克卜勒行星運動定律。

( ) 10. 光在空氣中射入一厚玻璃板，若空氣的折射率為 1，入射角為 60°，有部分光被折射，有部分光被反射，已知反射光與折射光間之夾角為 90°，則此厚玻璃板的折射率為多少？ (A)1 (B)$\sqrt{3}$ (C)2.5 (D)3。

( ) 11. 如圖所示，以輕繩懸掛重 200 牛頓的物體，則右邊繩子的張力 T 為多少牛頓？ (A)$25\sqrt{3}$ (B)50 (C)$50\sqrt{3}$ (D)100。

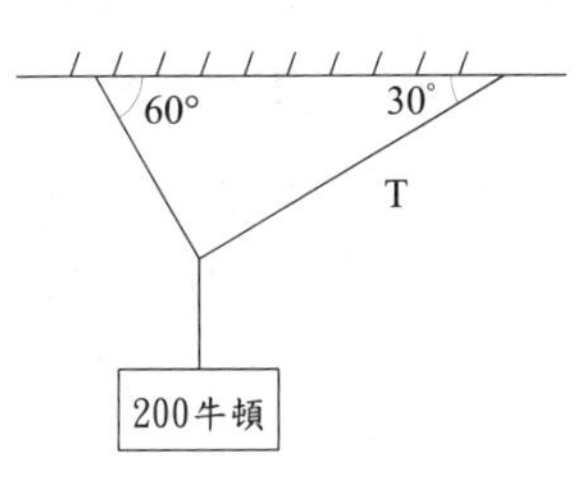

( ) 12. 一質量為 4 公斤，動量為 4 公斤 · 公尺 / 秒的物體，其動能為多少焦耳？ (A)1 (B)2 (C)4 (D)16。

( ) 13. 如圖所示，以 10 牛頓的拉力作用於一物體，使物體沿著光滑水平地面移動 4 公尺的距離，則此拉力所做的功為若干焦耳？ (A)10 (B)20 (C)$20\sqrt{3}$ (D)40。

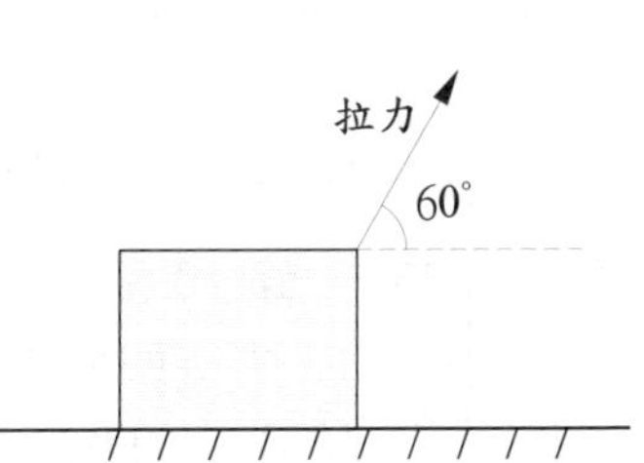

( ) 14. 有一遊艇上的船用引擎每秒發出 3000 焦耳的能量，推動此遊艇以時速 36 公里等速率航行，則此遊艇所受的阻力為多少牛頓？ (A)300 (B)600 (C)900 (D)1200。

( ) 15. 90°C 的熱水 100g 與 0°C 的冰 100g 混合，若冰的熔化熱為 80cal/g，水的比熱為 1cal/g°C，請問混合後的末溫是多少 °C ？ (A)2 (B)5 (C)10 (D)20。

( ) 16. 對封閉容器內的氣體加熱，使其溫度上升為原來的 5 倍，則氣體壓力變為原來的幾倍？ (A)1/5 (B)2 (C)5 (D)25。

( ) 17. 如右圖所示，為防止 80 公斤箱子自與水平面夾角 30° 斜坡滑下，至少須施以與斜坡平行的力 200 牛頓於此箱，假設重力加速度為 10 公尺 / 秒 ^{2}，則此箱子與斜坡間的靜摩擦係數應為多少？ (A)$\sqrt{3}/6$ (B)1/2 (C)1 (D)2。

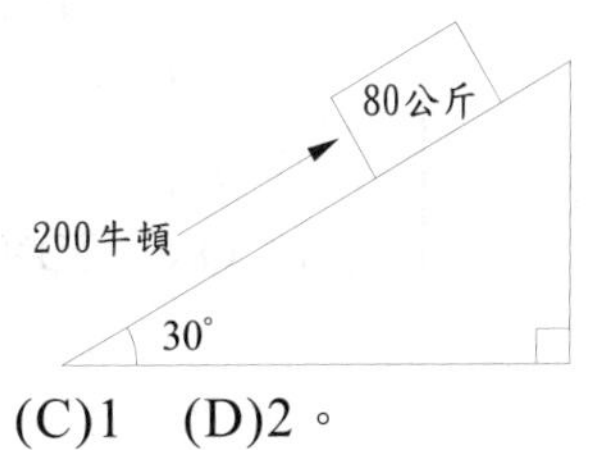

( ) 18. 通訊用的光纖，以及醫學用的內視鏡，其原理是利用光的何種現象？ (A) 全反射 (B) 色散 (C) 折射 (D) 繞射。

( ) 19. 一東西向的載流長直導線，若電流方向為自東向西，則此載流導線在其正上方處造成的磁場方向之指向為何？ (A) 東 (B) 西 (C) 南 (D) 北。

( ) 20. 有兩個相同的小金屬球，帶電量之比為 1：3，兩小金屬球相距 R 時，其間的靜電斥力為 F，如將此兩小金屬球接觸後，再分離至相距 2R 時，則其間的靜電斥力為多少？ (A)F/3 (B)F/2 (C)2F (D)3F。

( ) 21. 3 顆完全相同的電容器，若串聯後的等效電容為 C1，並聯後的等效電容為 C_2，則 C_1：C_2 為？ (A)1：3 (B)1：9 (C)1：18 (D)1：27。

( ) 22. 浴室水龍頭的冷水為 20°C，熱水為 50°C，若想用 40°C 的水溫洗澡，則其所需之冷、熱水之體積比為何？ (A)1：2 (B)2：1 (C)2：3 (D)3：2。

( ) 23. 一條 10 歐姆的導線，均勻拉長為原來的 2 倍後，連接一電壓為 10 伏特的電池，請問導線的電功率為若干瓦特？ (A)2.5 (B)5 (C)10 (D)25。

( ) 24. 兩螺線管長度比為 1：3，匝數比為 1：3，電流比為 3：4，則兩螺線管內磁場強度比為多少？ (A)1∶1 (B)1∶2 (C)2∶1 (D)3∶4。

( ) 25. 已知甲、乙兩燈泡並聯，線路通電後，甲燈泡比乙燈泡亮，下列敘述何者正確？ (A) 乙燈泡燒毀後，甲燈泡變亮 (B) 甲燈泡的電阻值比乙燈泡大 (C) 通過乙燈泡的電流小於甲燈泡 (D) 甲燈泡的電壓比乙燈泡大。

( ) 26. 如右圖所示，V 與 A 分別為伏特計與安培計，R 為未知電阻，若伏特計讀值為 0 伏特，則安培計的讀值應為多少安培？

(A)0.6 (B)0.72 (C)0.96 (D)1.25。

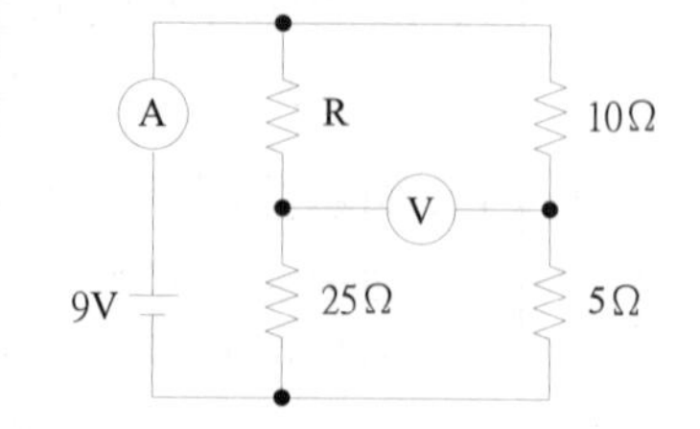

( ) 27. 下列哪個運動（不計空氣阻力）非屬於等加速度運動？ (A) 水平拋射運動 (B) 鉛直上拋運動 (C) 自由落體運動 (D) 簡諧運動。

( ) 28. 如圖所示，有關圖中變壓器各部分的敘述，下列何者正確？
(A) 電源用於提供主線圈電流以產生磁場，可用直流電 (B) 相同電流時，主線圈匝數愈多磁場愈強 (C) 磁場造成的磁力線，其方向及數目皆不隨磁場強度而變 (D) 副線圈的匝數增加時，輸出的電壓值下降。

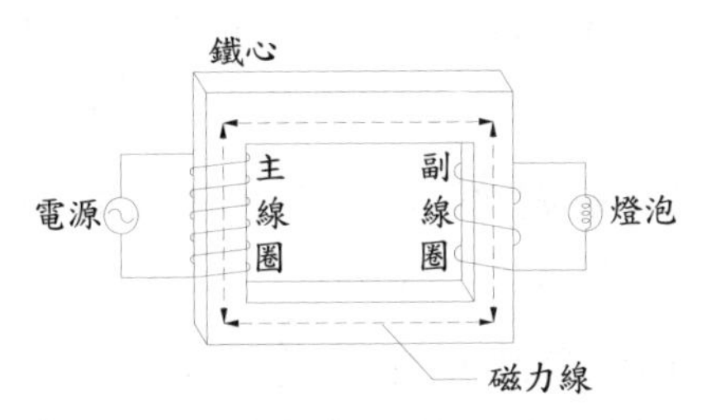

( ) 29. 如圖所示，當磁棒向左移動接近繞在紙筒上的線圈時，下列敘述何者正確？ (A) 電阻器上的感應電流方向向左，磁棒移動愈快，感應電流愈大 (B) 電阻器上的感應電流方向向左，磁棒移動快慢不影響感應電流大小 (C) 電阻器上的感應電流方向向右，磁棒移動愈快，感應電流愈大 (D) 電阻器上的感應電流方向向右，磁棒移動快慢不影響感應電流大小。

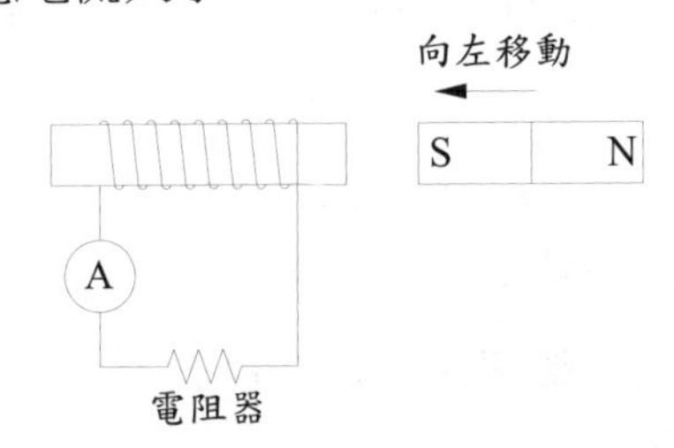

( ) 30. 電磁波在傳播的過程，其電場與磁場的方向，下列何者正確？
(A) 互相平行 (B) 互相垂直 (C) 成 45° 夾角 (D) 無一定關係。

( ) 31. 一長 30 公分的彈簧下，懸掛 10 公克重的物體時，此彈簧伸長量為 5 公分。若在彈簧彈性限度內，懸掛 30 公克重之物體，則此時彈簧的總長度為多少公分？ (A)15 (B)35 (C)45 (D)60。

( ) 32. 若有一電梯以每秒 3 公尺的等速度上升時，有關電梯能量變化的敘述，下列何者正確？ (A) 動能減少，位能增加 (B) 動能不變，位能增加 (C) 動能增加，位能增加 (D) 動能增加，位能不變。

( ) 33. 某人跑步的速率為 5 公尺 / 秒，相當於多少公里 / 小時？ (A)36 (B)30 (C)18 (D)3。

( ) 34. 光子的頻率增加時，光子的能量會如何變化？ (A) 增加 (B) 減少 (C) 不變 (D) 不一定。

( ) 35. 電力公司到你家安裝的電度表，主要是用來量測下列何種物理量？ (A) 電流 (B) 電壓 (C) 電能 (D) 電容。

( ) 36. 一波長為 450nm（奈米）的可見光，其顏色最接近下列何者？ (A) 紅光 (B) 橙光 (C) 黃光 (D) 藍光。

( ) 37. 有一 20 瓦之燈泡，每天使用 10 小時，若每度電費 3 元，則一個月（30 天）需繳多少元電費？ (A)6 (B)9 (C)18 (D)24。

( ) 38. 一個 110V 的延長線多孔插座上接著兩個電器，分別標示著 110V－440W 與 110V－55W。若同時開啟這兩個電器，則通過延長線的電流總共為多少安培？ (A)4.2 (B)4.5 (C)5 (D)5.5。

( ) 39. 兩波之振幅各為 3 及 5，當此兩波產生干涉現象時，下列何者是可能合成波的振幅？ (A)2 (B)9 (C)12 (D)15。

( ) 40. 一物體以 4m/s 的速率，繞著半徑為 2m 的圓，在同一水平面上作等速率圓周運動，則此物體之向心加速度大小為多少 m/s^2？ (A)0.5 (B)1 (C)2 (D)8。

( ) 41. 電動機內部的能量轉換方式為何？ (A) 電能轉機械能 (B) 機械能轉電能 (C) 動能轉位能 (D) 動能轉電能。

( ) 42. 空中一飛機高度距水面 300 公尺，若水的折射率為 4/3，由水面下看飛機，則飛機高度距水面為多少公尺？ (A)100 (B)225 (C)400 (D)480。

( ) 43. 50 燭光與 200 燭光的電燈要得到同樣照度，其距離之比應為多少？ (A)1:2 (B)1:4 (C)2:1 (D)4:1。

( ) 44. 60 分貝之聲音強度為 30 分貝聲音強度的多少倍？ (A)2 (B)4 (C)30 (D)1000。

( ) 45. 一均勻木塊置於水中，其體積有 1/4 浮出水面，請問此木塊之密度應為多少公克 / 立方公分？ (A)0.25 (B)0.4 (C)0.6 (D)0.75。

( ) 46. 有關波動現象的一般特性，下列何者有誤？ (A)可傳遞能量與波形 (B)有干涉及繞射現象 (C)遇到不同物質，有折射或反射現象 (D)傳遞波動的介質，會隨著波傳遞出去。

( ) 47. 3 個相同質量的固體物質，比熱各為 S_1、S_2 及 S_3，同時吸收相同的熱後，升高的溫度各為 ΔT_1、ΔT_2 及 ΔT_3，已知 $\Delta T_1>\Delta T_2>\Delta T_3$，此三個固體物質比熱大小排列下列何者正確？ (A)$S_1>S_2>S_3$ (B)$S_1>S_3>S_2$ (C)$S_3>S_2>S_1$ (D)$S_1=S_2=S_3$。

( ) 48. 車上的點菸器為一電阻器，當接到 12V 的電池，此點菸器消耗的功率為 36W，則此點菸器的電阻為多少歐姆？ (A)2 (B)2.5 (C)3 (D)4。

( ) 49. 變壓器的主線圈 200 匝，輸入電壓 100 伏特及電流 0.5 安培；副線圈 1000 匝，輸出電流為 0.09 安培，則變壓器的效率為多少？ (A)70% (B)80% (C)90% (D)95%。

( ) 50. 一根長 L 的均勻木棒，當其截去 L/4 的長度後，其質心移動了多少距離？ (A)L/8 (B)L/6 (C)L/4 (D)L/2。

解答及解析 答案標示為 # 者，表官方曾公告更正該題答案。

1. **B**。 ∵質量 m= 密度 ρ× 體積 $V\propto V$
   ∴兩個小鐵塊的質量比與體積比同為 1：2。

2. **B**。 鋰 (Li) 的原子序為 3，代表原子核內有 3 個質子，原子核外有 3 個電子。
   (A)×(B)○，總電子帶電量為 $3\times(-1.6\times10^{-19})=-4.8\times10^{-19}$C
   (C)×(D)×，中子不帶電。

3. **C**。 由畢氏定理，如圖所示：
   $\sqrt{(20+5)^2+(5\sqrt{3})^2}=\sqrt{700}$N

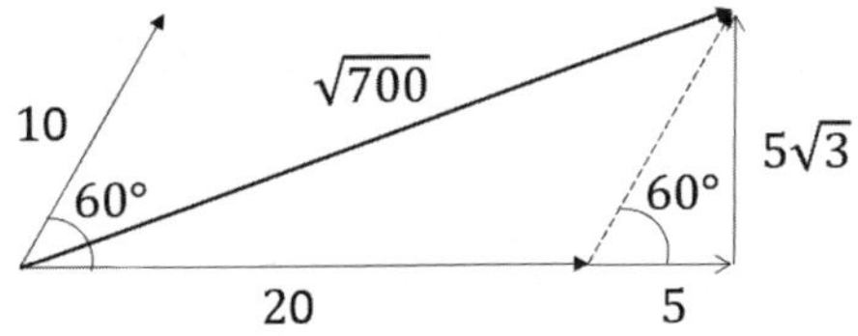

10
60°
$\sqrt{700}$
60°
$5\sqrt{3}$
20
5

4. **D**。 ∵單擺週期 $T=2\pi\sqrt{\frac{L}{g}}\propto\sqrt{L}$

∴欲使週期變為 3T，則 $\frac{3T}{T}=\sqrt{\frac{\ell}{L}}\Rightarrow\ell=9L$ 。

5. **B**。 平均速率 $v=\frac{S}{t}=\frac{(70\times2)+(60\times3)+(100\times1)}{6}=70km/hr$

6. **D**。 (1)炸彈落地時間 $t=\sqrt{\frac{2h}{g}}=\sqrt{\frac{2\times500}{10}}=10s$

(2)炸彈水平方向作等速運動（向北），敵方車輛以 10m/s 向南作等速運動。故飛行員應在距離敵方 $40\times10+10\times10=500m$ 處投下炸彈，才能順利擊中敵方車輛。

7. **C**。 設甲球 t 秒著地、乙球 t−1 秒著地

$h_{甲}-h_{乙}=15$

$\frac{1}{2}gt^2-\frac{1}{2}g(t-1)^2=gt-\frac{g}{2}=15\Rightarrow t=2s\Rightarrow h_{甲}=\frac{1}{2}g2^2=20m$

8. **A**。 向量除了有量值外，還包括方向性，故電場屬於向量，電能、電位及功是屬於純量。

9. **C**。 兩人在冰上互推，兩人互給對方力，這一組力大小相等、方向相反、作用於不同人身上，且同時出現同時消失，故最符合牛頓第三運動定律。

10. **B**。 司乃耳定律：$n_1\sin\theta_1=n_2\sin\theta_2$

設厚玻璃板的折射率為 n

$1\times\sin60^\circ=n\cdot\sin30^\circ\Rightarrow n=\sqrt{3}$

11. **D**。 如圖所示，三力平衡，可畫成一封閉直角三角形

$T=200\cdot\cos60^\circ=100N$

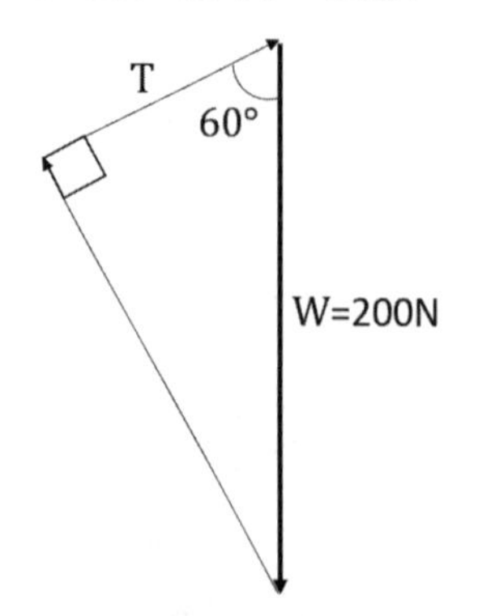

12. **B**。 動能 $K=\frac{1}{2}mv^2=\frac{(mv)^2}{2m}=\frac{p^2}{2m}=\frac{4^2}{2\times 4}=2J$

13. **B**。 $W=\vec{F}\cdot\vec{d}=Fd\cos\theta=10\times 4\cos 60^\circ=20J$

14. **A**。 單位換算：36 km/hr=10 m/s
∵等速率航行 ∴引擎推力等於阻力大小
引擎功率 $P=3000J/s=\vec{F}\cdot\vec{v}=\vec{F}\times 10\Rightarrow\vec{F}=300N$

15. **B**。 設熱平衡溫度為 t
熱量公式 $\Delta H=ms\Delta T$，熱水放熱＝冰吸熱
$100\times 1\times(90-t)=100\times 80+100\times 1\times t\Rightarrow t=5°C$

16. **C**。 PV=nRT，定容、定量下，$P\propto T$，故氣體壓力變為原來的 5 倍。

17. **A**。 箱子合力為零：
$N=800\cos 30^\circ=400\sqrt{3}$ 牛頓
$f_{s(max)}+200=800\sin 30^\circ=400$
$\Rightarrow f_{s(max)}=400-200=200N=\mu_S N=\mu_S 800\cos 30^\circ$
$\Rightarrow\mu_S==\frac{200}{400\sqrt{3}}=\frac{\sqrt{3}}{6}$

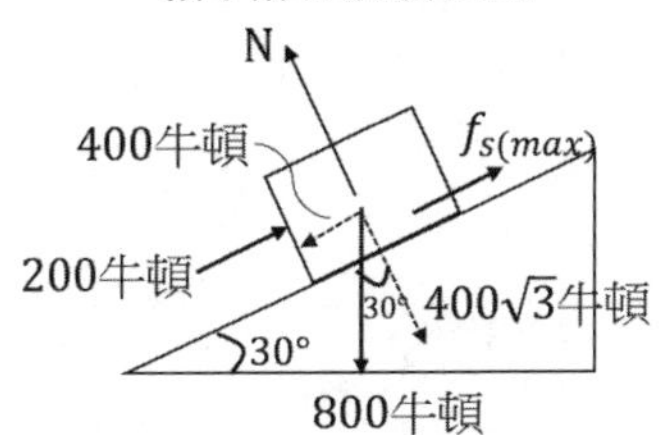

18. **A**。 光利用全反射在彎曲的光纖內行進

19. **D**。 如圖所示，根據安培右手定則，載流導線正上方的磁場方向指向北。

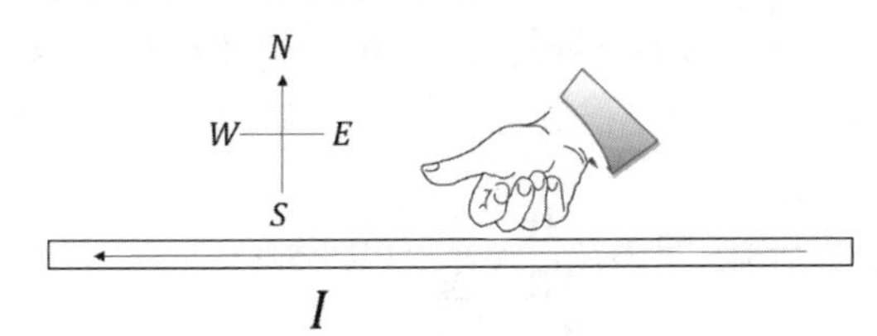

20. **A**。 根據庫倫定律 $F_e=\frac{kQq}{r^2}$

$F=\frac{k\cdot q\cdot 3q}{R^2}=\frac{3kq^2}{R^2}$，F 為斥力，代表兩相同小金屬球帶同性電，接觸後分離會均分電荷為各為 2q。

$\Rightarrow F'=\frac{k\cdot 2q\cdot 2q}{(2R)^2}=\frac{kq^2}{R^2}=\frac{F}{3}$

21. **B**。 設電容為 C

3 個電容串聯：$\frac{1}{C_1}=\frac{1}{C}+\frac{1}{C}+\frac{1}{C}=\frac{3}{C}\Rightarrow C_1=\frac{C}{3}$

3 個電容並聯：$C_2=C+C+C=3C$

$\Rightarrow C_1:C_2=\frac{C}{3}:3C=1:9$

22. **A**。 熱平衡後溫度 40°C，熱水所放的熱等於冷水所吸的熱

$m_H s\cdot(50-40)=m_C s\cdot(40-20)\Rightarrow\frac{m_C}{m_H}=\frac{10}{20}=\frac{1}{2}$

$\because m=\rho V\propto V\quad\therefore\frac{v_C}{v_H}=\frac{m_C}{m_H}=\frac{1}{2}$

23. **A**。 (1)當導線體積不變的條件下，長度變為原來的 2 倍後，截面積變為原來的 $\frac{1}{2}$倍。由電阻定律 $R=\rho\frac{\ell}{A}$得知，$R'=\rho\frac{2\ell}{\frac{A}{2}}=4\rho\frac{\ell}{A}=40\Omega$。

(2)電功率 $P=\frac{V^2}{R'}=\frac{10^2}{40}=2.5W$

24. **D**。 螺線管內磁場強度 $B=\mu_0 nI\propto\frac{N}{L}I\Rightarrow\frac{B_1}{B_2}==\frac{\frac{1}{1}\times 3}{\frac{3}{3}\times 4}=\frac{3}{4}$

25. **C**。 甲、乙並聯有相同的端電壓，又因為甲燈泡比乙燈泡亮，即 $P_{甲}>P_{乙}$，由電功率公式 $P=\frac{V^2}{R}$得知 $R_{甲}<R_{乙}$，再由歐姆定律 V=IR 得知 $I_{甲}>I_{乙}$，故選 (C)。

26. **B**。 ∵伏特計讀值為 0

∴此電路為惠斯同電橋，其電阻關係為$\frac{10}{R}=\frac{5}{25}\Rightarrow R=50\Omega$

如圖所示，此電路的等效電阻 $R_{等效}=\frac{75}{6}\Omega$

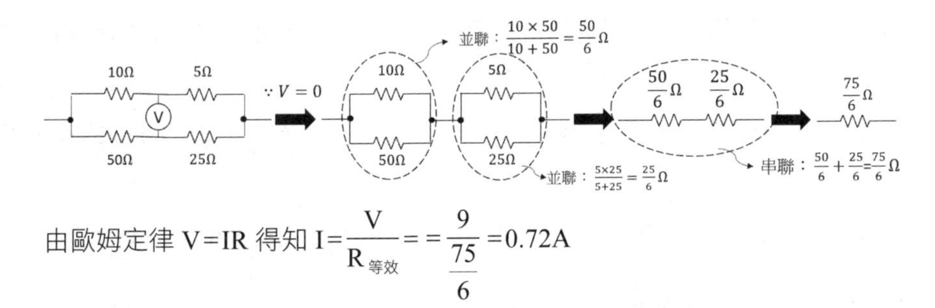

由歐姆定律 V=IR 得知 $I=\dfrac{V}{R_{等效}}==\dfrac{9}{\frac{75}{6}}=0.72A$

27. **D**。 (A)(B)(C) 皆為等加速運動，加速度為重力加速度 g。

 (D) 簡諧運動為變加速運動，加速度 $\vec{a}\propto-\vec{x}$ 。

28. **B**。 (A) ×，要用交流電。

 (B) ○，主線圈可視為螺線管，其管內磁場 $B=\mu_0 nI=\mu_0\dfrac{N}{L}I\propto N$，故匝數愈多磁場強度愈強。

 (C) ×，軟鐵心內的磁力線其方向及數目皆隨著磁場強度而變。

 (D) ×，根據法拉第定律，變壓器的電壓與匝數成正比，故副線圈的匝數增加時，輸出的電壓值上升。

29. **C**。 根據冷次定律，當磁棒向左移動時，線圈的右端感應出 S 極（同時線圈左端感應出 N 極）與磁棒排斥，故電阻器的應電流方向向右，且磁棒移動愈快使線圈內磁場的變化率愈大，因此感應電流愈大。

30. **B**。 電磁波其電場與磁場方向相互垂直，且皆與傳播方向垂直，其三者之間的關係為 $\vec{c}=\vec{E}\times\vec{B}$ ，故電磁波屬於橫波。

31. **C**。 由虎克定律 $F=k\Delta x$，$10=k\cdot 5\Rightarrow$ 彈力常數 k=2gw/cm
 懸掛 30 公克重的物體：$30=2\Delta x\Rightarrow$ 伸長量 $\Delta x=15cm$
 彈簧總長度 $L=30+15=45cm$

32. **B**。 ∵電梯等速上升，代表速度 v 固定、高度 h 增加。
 ∴電梯動能不變 $(K\propto v^2)$，位能增加 $(U\propto h)$。

33. **C**。 單位換算：5m/s $\dfrac{5\times 10\ \ km}{\frac{1}{3600}hr}=18km/hr$

34. **A**。 根據光量子論，光子的能量與頻率成正比，即 $E=hf$，故頻率增加時光子的能量也會增加。

35. **C**。 電度為電力公司計算電能的單位，定義 1 度電為耗電量 1000W 的電器，連續使用一小時所消耗的電能。

36. **D**。 可見光的波段約為 700nm（紅）～ 400nm（紫），故 450nm 的波段最接近藍光。

37. **C**。 一個月需繳交電費：0.02kW×10 小時 ×3 元／度 ×30 天 =18 元

38. **B**。 電器的電功率 $P=IV \Rightarrow I=\frac{P}{V}$

同時開啟這兩電器通過延長線的總電流：$\frac{440}{110}+\frac{55}{110}=4+0.5=4.5A$

39. **A**。 根據波的疊加原理，合成波的振幅為兩波振幅的向量和，當兩波發生完全建設性干涉時合成波振幅最大為 5+3=8；當兩波發生完全破壞性干涉時合成撥振幅最小為 5−3=2，故合成波振幅範圍介於 2 ～ 8 之間。

40. **D**。 向心加速度 $a_C=\frac{v^2}{R}=\frac{4^2}{2}=8m/s^2$

41. **A**。 電動機又稱馬達，是一種將電能轉換成機械能的裝置。

42. **C**。 視深公式：$\frac{h_e}{n_e}=\frac{h_o}{n_o}$，$h_e=\frac{300}{1}\times\frac{4}{3}=400$ 公尺

43. **A**。 照度 $E=\frac{I}{r^2}$

∵要得到相同照度

$\therefore \frac{50}{r_{50}^2}=\frac{200}{r_{200}^2} \Rightarrow \frac{r_{50}}{r_{200}}=\sqrt{\frac{50}{200}}=\frac{1}{2}$

44. **D**。 聲音相差 10 分貝，強度就相差 10 倍。60 分貝之聲音強度為 30 分貝聲音強度差了 3 個 10 分貝，故聲音強度相差 $10^3=1000$ 倍。

45. **D**。 浮體的浮力等於浮體重

$B=\rho_{水}\frac{3}{4}Vg=W=\rho_{木塊}Vg \Rightarrow \rho_{木塊}=\rho_{水}\frac{3}{4}=1\times\frac{3}{4}=0.75gw/cm^3$

46. **D**。 (A) ○，波動傳遞能量與波形

(B)(C) ○，反射、折射、干涉及繞射皆為波的性質。

(D)×，介質只會在原處來回振盪，不會隨著波動傳遞出去。

47. **C**。 熱量公式：$\Delta H=mS\Delta T$

$\because$ 3 個物體質量相同，又吸收相同的熱

$\therefore S\propto\dfrac{1}{\Delta T}\Rightarrow S_3>S_2>S_1$

48. **D**。 電功率 $P=\dfrac{V^2}{R}\Rightarrow R=\dfrac{V^2}{P}=\dfrac{12^2}{36}=4\Omega$

49. **C**。 (1)變壓器主、副線圈的電壓與其匝數的關係：

$\dfrac{V_1}{V_2}=\dfrac{N_1}{N_2}$，$\dfrac{100}{V_2}=\dfrac{200}{1000}\Rightarrow V_2=500V$

(2)輸入電功率 $P_1=I_1V_1=0.5\times100=50W$；

輸出電功率 $P_2=I_2V_2=0.09\times500=45W$，

則變壓器的效率$\dfrac{45}{50}\times100\%=90\%$。

50. **A**。 (1)均勻木棒的質心在其幾何中心，故原長 L 的均勻木棒其質心座標 $x_c=\dfrac{L}{2}$。

(2)當截去$\dfrac{L}{4}$的長度後，木棒長度變為$\dfrac{3}{4}L$，其質心座標 $x'_c=\dfrac{3}{8}L$。

$\Rightarrow$ 質心移動了$\dfrac{L}{2}-\dfrac{3}{8}L=\dfrac{L}{8}$的距離。

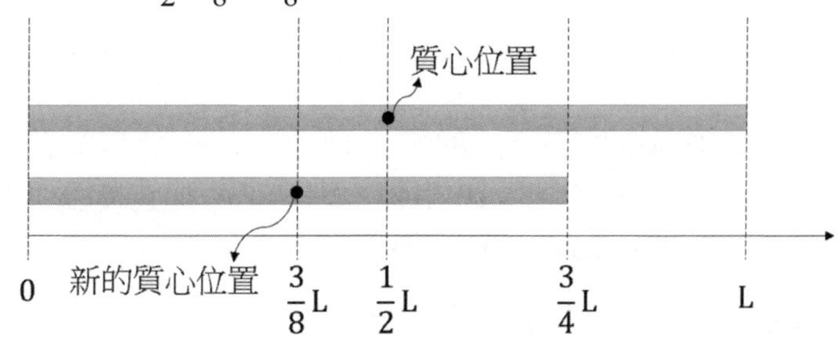

108年中油公司僱員甄試(煉製類)

(專業科目:物理)

第一部分:選擇題

( ) 1. DNA 為雙螺旋結構,其直徑約為 20 埃 (Å),相當於多少公尺? (A)2×10^{-7} (B)2×10^{-8} (C)2×10^{-9} (D)2×10^{-10}。

( ) 2. 一輛車朝向右方作直線運動,其速度與時間之關係如右圖所示,若以向右為正,則 (A) 此車在前 20 秒內的平均加速度大小為 $6.25m/s^2$ (B) 此車在 5 ~ 10 秒間靜止 (C) 此車在 10 ~ 20 秒間速度增快 (D) 此車在 10 ~ 20 秒間朝右方移動。

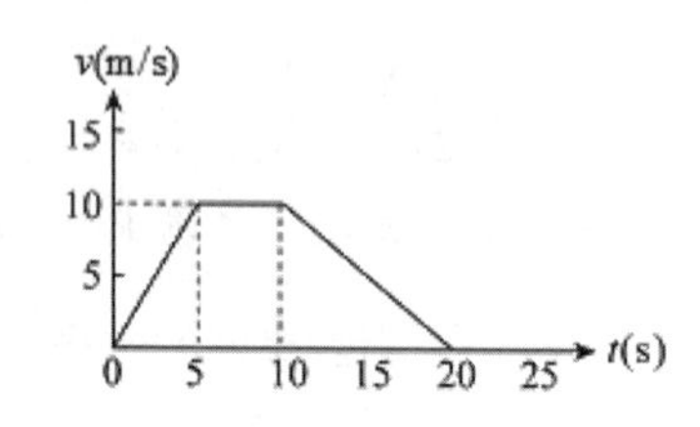

( ) 3. 人類為了移民其他星球,探測到有一星球,其半徑為地球半徑的$\frac{1}{3}$,質量為地球質量的$\frac{1}{6}$。人類若移居此星球上,則人類新重量為在地球上重量的幾倍? (A)$\frac{3}{2}$ (B)$\frac{2}{3}$ (C)$\frac{1}{6}$ (D)1。

( ) 4. 小靜推著 40 公斤重的箱子前進,若小靜所施的水平力為 60 牛頓,而動摩擦力為 10 牛頓,則箱子的加速度為多少公尺/秒^2? (A)1 (B)1.25 (C)2 (D)4。

( ) 5. 在自製溫度計時,設定新溫標 °X,將一大氣壓下水的冰點定為 −50°X,沸點為 150°X,則 70°C 相當於多少 °X? (A)50 (B)70 (C)90 (D)110。

( ) 6. 頻率為 425Hz 的音叉所發出的聲音,在聲速為 340 公尺/秒的空氣中,波長約為多少公尺? (A)0.6 (B)0.8 (C)1 (D)1.2。

( ) 7. 在針孔成像的實驗中,鑽有針孔的紙板放在離蠟燭 30 公分的位置,而燭焰和紙屏之間的距離為 90 公分,若燭焰長 2 公分,則光屏上所見燭焰的像,下列敘述何者正確? (A) 長度 1 公分,正立 (B) 長度 4 公分,倒立 (C) 長度 6 公分,倒立 (D) 長度 9 公分,正立。

( ) 8. 將電熱水壺插在提供 110V 電壓的電路上，電熱水壺內的電阻為 200Ω，2 分鐘內生成的熱能約為多少卡？ (A)550 (B)3024 (C)7260 (D)11500。

( ) 9. 在同一地點的電磁波中，有關電磁波在空氣中的速率之比較，下列敘述何者正確？ (A) 藍光 > 紅外線 >X 射線 (B) 紅外線 >X 射線 > 藍光 (C)X 射線 > 藍光 > 紅外線 (D) 藍光＝紅外線＝ X 射線。

( ) 10. 長直導線上通以穩定電流 I，在其兩側有兩個相同的矩形線圈 A、B，如右圖所示，當導線上的電流逐漸減少時，則 A、B 兩線圈上的應電流方向為何？ (A) 皆為順時針方向 (B) 皆為逆時針方向 (C)A 為逆時針方向，B 為順時針方向 (D)A 為順時針方向，B 為逆時針方向。

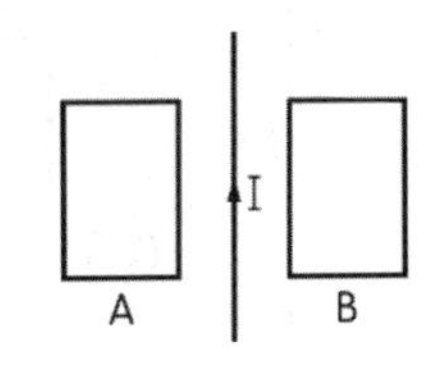

( ) 11. 電子伏特 (eV) 為下列何種物理量之單位？ (A) 電量 (B) 熱量 (C) 能量 (D) 電壓。

( ) 12. 體積 $40cm^3$ 的乒乓球由 30 公分深、盛滿水的燒杯底部浮至水面上時，浮力所做之功約為若干焦耳？（$g=10m/s^2$） (A)0.12 (B)0.5 (C)1 (D)3.6。

( ) 13. 有三個不同的電阻，如下圖所示的 (a)、(b)、(c) 三種不同的方法連接，則其 A、B 間的等效電阻之大小排列次序為何？

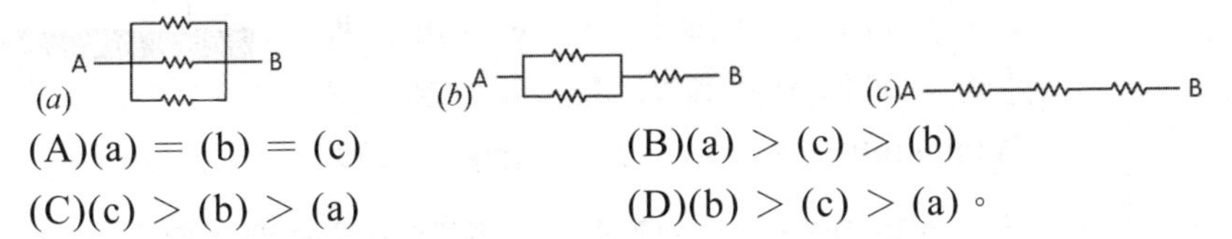

(A)(a) ＝ (b) ＝ (c) (B)(a) ＞ (c) ＞ (b)
(C)(c) ＞ (b) ＞ (a) (D)(b) ＞ (c) ＞ (a)。

( ) 14. 如右圖所示，繩之摩擦力及質量不計，香蕉為 6.0 公斤，猴子為 5.0 公斤且以某一加速度往上爬，g=10 公尺 / 秒 ^{2}，當香蕉懸於空中靜止不動時，猴子的加速度量值為多少公尺 / 秒 ^{2}？ (A)6 (B)5 (C)3 (D)2。

(　) 15. 如右圖所示，F 為焦點的凹透鏡置於空氣中，通過左焦點的入射光經透鏡折射後之行進路線有可能為哪一條？

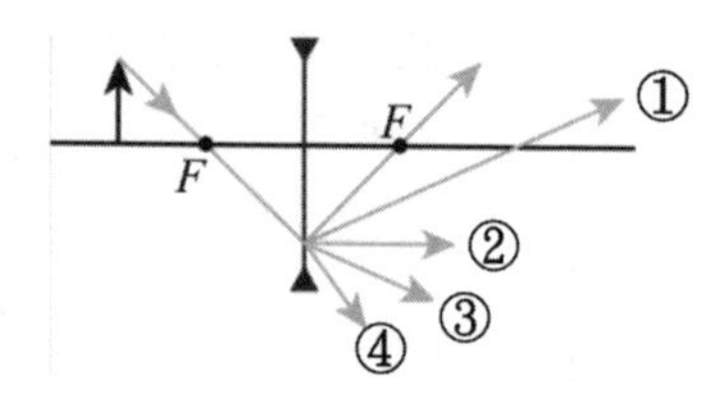

(A) ①　　(B) ②
(C) ③　　(D) ④。

(　) 16. 一靜止質點受定力作用，其動量與時間的關係圖為下列何者？

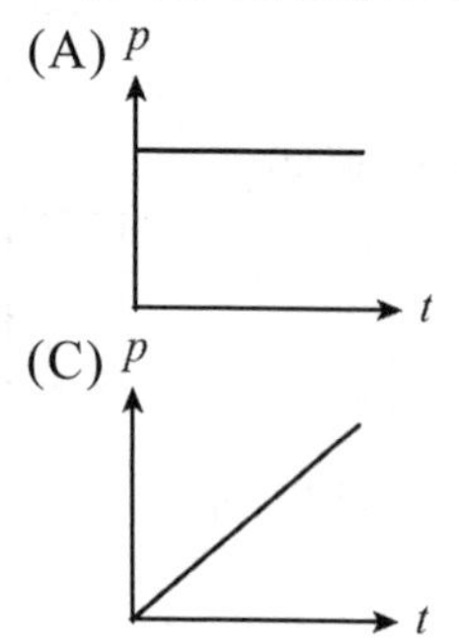

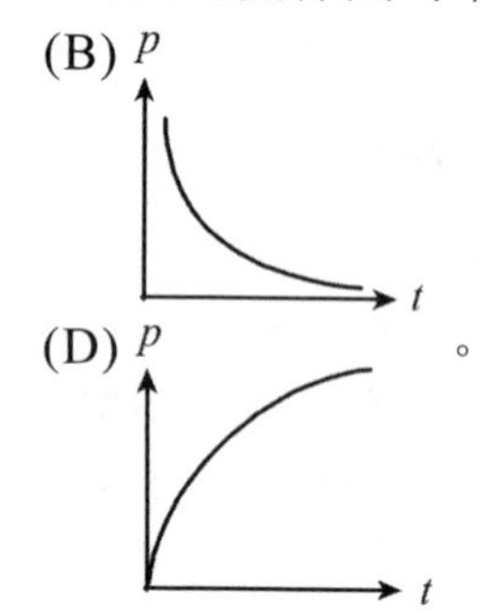

。

(　) 17. 下列哪一項光的現象無法說明光的波動性質？　(A) 折射現象　(B) 干涉現象　(C) 繞射現象　(D) 光電效應。

(　) 18. 有一單擺擺長為 10 公尺，將擺錘拉直至與鉛錘成 60°角之一側後釋放，則擺至最低點時之速率為多少公尺 / 秒？　(A)5　(B)7　(C)9　(D)10。

(　) 19. 如右圖所示，若一質量為 m 的物體以等速度 v，沿一斜角為 θ 的斜面滑下，斜面固定在地面。設 g 為重力加速度，則作用於該物體的合力為何？

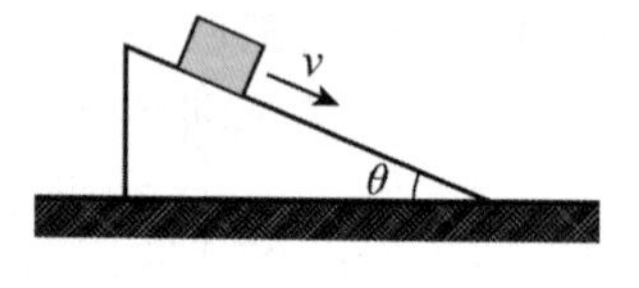

(A)mgsinθ　(B)mgcosθ　(C)mg　(D)0。

(　) 20. 常見汽油的輸油管會彎成 U 形管狀，其原因為何？　(A) 降低輸送壓力　(B) 增加輸送效率　(C) 預防熱脹冷縮　(D) 使油氣平衡。

(　) 21. 下列能量轉換方式，何者正確？　(A) 電視攝影機是將電能轉變為光能　(B) 養雞場的燈泡是藉電能轉成光能達到保溫　(C) 太陽發光發熱是藉內部的化學反應產生大量的能量　(D) 手機充電過程是藉電能產生化學變化，產生化學能。

( ) 22. 若海上靜止的船隻，發出超聲波來偵測魚群位置，經過 40 毫秒測得超聲波的回聲訊號，且發現回聲的頻率漸高。若當時海中超聲波速率為 1600 公尺／秒，則下列何者為該魚群相對於船隻的距離與運動狀態？ (A) 相距 32 公尺，接近中 (B) 相距 64 公尺，接近中 (C) 相距 32 公尺，遠離中 (D) 相距 64 公尺，遠離中。

( ) 23. 一般人常用體脂計來測量體脂肪的 BMI 值，在使用時須脫鞋襪才易測量，它主要是依據人體組織的何種物理特性來偵測？ (A) 密度 (B) 電阻 (C) 溫度 (D) 電場。

( ) 24. 在台灣四輪驅動的汽車需求性可能不大，但對於一些冬天時下雪、道路結冰的國家，汽車具備四輪驅動的安全性就顯得格外重要，試問四輪驅動車在行進時，前兩輪與後兩輪的摩擦力方向為何？ (A) 皆向前 (B) 皆向後 (C) 前輪向前，後輪向後 (D) 前輪向後，後輪向前。

( ) 25. 適用 110 伏特的家用電器三種：分別為 660W 的電鍋、770W 的電熨斗、220W 的熱水瓶；若三者同時連續使用 8 小時，每度電為 2.5 元，則其使用之電費為多少元？ (A)33 (B)66 (C)99 (D)165。

第二部分：填空題

1. 火車從車站出發時，同時鳴放汽笛，遠處某人附耳於鐵軌，聽見火車開動後，經 4 秒鐘聽到從空氣傳來的汽笛聲，則某人與車站之距離約為________公尺。（計算值以四捨五入，取至個位數。空氣之傳聲速度為 340m/s，鐵之傳聲速度為 5100m/s）

2. 如右圖所示，設軌道完全光滑，半徑 R，A 物的速度為 $\sqrt{8gR}$，則物體到達半圓形軌道的頂點時，速率為________。(重力加速度 =g)

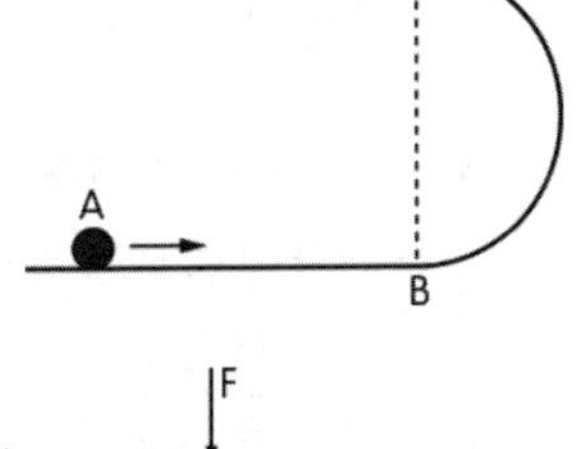

3. 如右圖所示，以輕繩繞過無摩擦的定滑輪而連接質量 2kg 與 2.3kg 的 A、B 兩物體。若 A 與桌面之間有摩擦力，靜摩擦係數 $\mu s=0.46$，欲使 A 維持靜止不動，下壓之外力 F 最小值為________kgw。

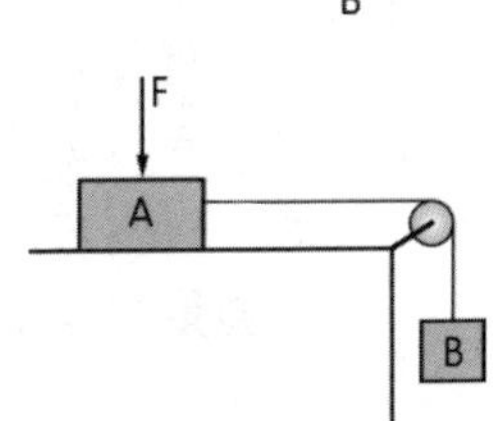

4. 一質點作簡諧振動，其位移x(m)與時間t(s)的關係曲線如右圖所示，圖中A為10公分，正X方向代表向右，則質點在t=4(s)時，速度大小為________m/s。

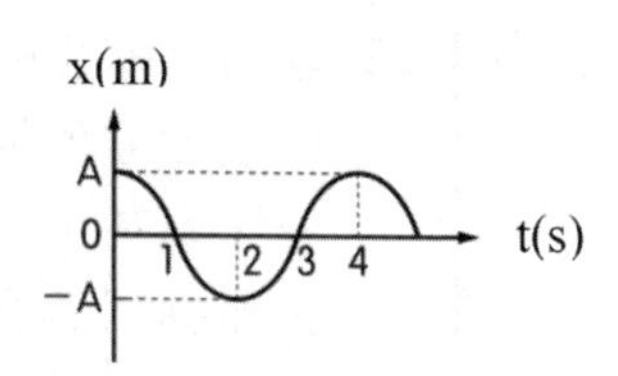

5. 一束光斜向通過界面時，在界面上發生部分反射與部分折射的現象，且甲、丙光線互相垂直，如右圖所示。則甲、乙、丙三光線中，________光線為入射線。

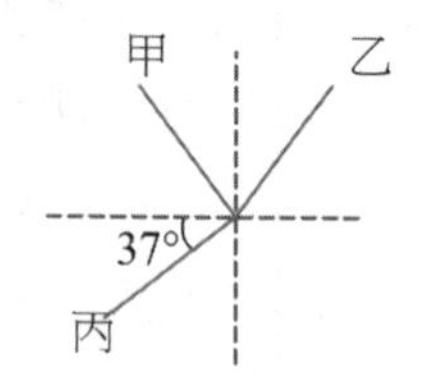

6. 一容器內裝理想氣體，以能自由滑動之活塞構成左、右兩室，在 17℃平衡時，左、右兩室體積為 V 及 2V（如右圖所示），今將左室緩慢加熱至 162℃，右室保持原溫，則左室體積將增加________V。（請以最簡分數作答）

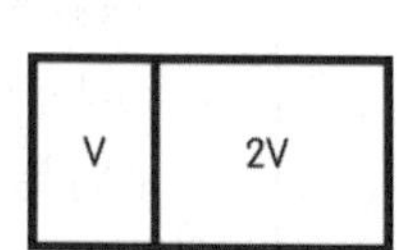

解答及解析 答案標示為 # 者，表官方曾公告更正該題答案。

第一部分：選擇題

1. **C**。 $20\text{Å}=20\times10^{-10}=2\times10^{-9}$ 公尺。

2. **D**。 (A)×，第 0 秒跟第 20 秒的速度同為 0，故$a_{av}=\dfrac{\Delta v}{\Delta t}=0$。
   (B)×，5~10 秒此車以 10 m/s 作等速運動。
   (C)×，10~20 秒此車速度量值漸減。
   (D)○，10~20 秒此車速度為正，故持續朝右方移動。

3. **A**。行星表面重力場　$g=\dfrac{GM}{r^2}\propto\dfrac{M}{r^2}$
   設此某星球表面的重力場為 g'、地球質量 M、地球半徑 r
   $$\frac{g'}{g}=\frac{\frac{M}{6}/\left(\frac{r}{3}\right)^2}{M/r^2}=\frac{3}{2}\Rightarrow g'=\frac{3}{2}g$$
   ∵重量 $W=mg\propto g$　∴人類新重量為在地球上的$\dfrac{3}{2}$倍。

4. **B**。 根據牛頓第二運動定律：$\sum\vec{F} = m\vec{a}$

設箱子的加速度為 a

$60-10=40a \Rightarrow a=\frac{50}{40}=1.25m/s^2$

5. **C**。 攝氏溫標 °C 在 1atm 下定水的冰點為 0°C，沸點為 100°C。

利用比例關係：$\frac{70-0}{100-0}=\frac{X-(-50)}{150-(-50)} \Rightarrow X=90°X$

6. **B**。 $v=\lambda f \Rightarrow \lambda=\frac{v}{f}=\frac{340}{425}=0.8$ 公尺

7. **B**。 如圖所示，利用光的直進性，可知 ΔABC 與 ΔADE 為相似形。

$\frac{30}{60}=\frac{\overline{BC}}{\overline{DE}}=\frac{2}{\overline{DE}} \Rightarrow \overline{DE}=4cm$

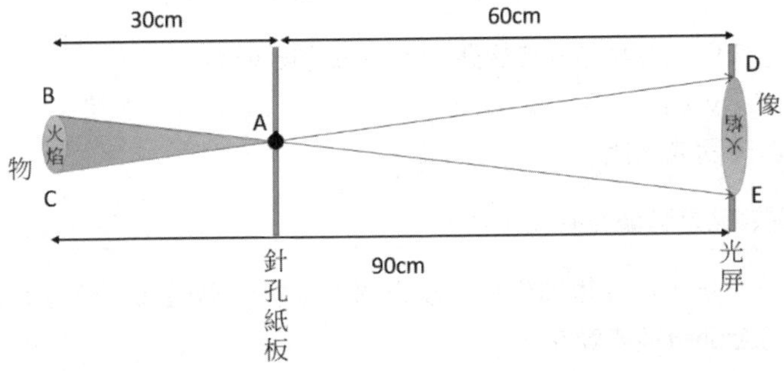

⇒ 燭焰的像長度為 4 公分，倒立。

8. **#**。 電熱水壺的電功率　$P=\frac{V^2}{R}=\frac{110^2}{200}=55W$

2 分鐘內生成的熱能：$H=P\times t=55\times(2\times60)=6600J \cong 1571cal$

官方公告本題送分。

9. **D**。 電磁波在空氣中的波速皆為 $3\times10^8 m/s$

10. **C**。 當導線上的電流逐漸減少時，線圈 A 垂直指出紙面的磁場減少，故形成逆時針的應電流來阻止磁場減少；線圈 B 垂直指入紙面的磁場減少，故形成順時針的應電流來阻止磁場減少。

11. **C**。 電子伏特 (eV) 為能量的單位，常在量子力學中使用，$1eV=1.6\times10^{-19}J$。

12. **A**。 浮力作功 $W=\vec{F}\cdot\vec{d}=Fd\cos\theta=\rho Vg\times d\times\cos0°$

$=1000\times(40\times10^{-6})\times10\times0.3=0.12J$

13. **C**。① 並聯後的等效電阻必小於原電路中任一電阻，串聯後的等效電阻必大於原電路中任一電阻。
② (a) 為三個電阻並聯，(b) 為其中兩個並聯，再與另一個串聯，(c) 為全部串聯，故其 A、B 間的等效電阻大小為 (c)>(b)>(a)。

14. **D**。∵香蕉懸於空中靜止不動
∴繩張力等於香蕉重為 60N
根據牛頓第二運動定律：$\sum\vec{F}=m\vec{a}$
設猴子的加速度為 a
猴子受到繩子施予猴子向上的拉力，大小同猴子拉繩子之繩張力 60N，另外，猴子的重力 50N。
得 $60-50=5a\Rightarrow a=2m/s^2$

15. **D**。凹透鏡為發散透鏡，故只有光路④較入射光路發散。

16. **C**。∵受定力作用，質點作等加速運動，質點速度 $v\propto t$。
又 $p=mv\propto v\propto t$
∴動量與時間成正比。

17. **D**。(D) 光電效應是強調光有粒子性。

18. **D**。擺錘落下過程，僅受重力作功，故力學能守恆，擺錘初始位置的位能，在最低點時全部轉換成動能。
$$mgh=\frac{1}{2}mv^2\Rightarrow v=\sqrt{2gh}=\sqrt{2\times10\times10\left(1-\cos60°\right)}=10m/s$$

19. **D**。物體等速下滑，根據牛頓第一運動定律，物理所受合力為零。

20. **C**。輸油管會彎成 U 形管狀是用來預防熱脹冷縮所造成的管道斷裂。

21. **D**。(A)×，攝影機先透過光學鏡頭攝取光能，經由內部晶片轉變成電能，再經由線材傳輸到螢幕上，使電能傳變成光能。
(B)×，養雞場的燈泡是藉電能轉成熱能達到保溫的效果。
(C)×，太陽發光發熱是藉內部的核融合反應產生大量的能量。

22. **A**。設船隻與該魚群相距 d 公尺
$2d=vt=1600\times\left(40\times10^{-3}\right)=64\Rightarrow d=32$ 公尺
根據都卜勒效應，當視頻率變高，代表觀察者與聲源是在相對接近。

23. **B**。 人體組織中的體脂肪是不導電的，而其他非體脂肪部分有七成為水分是可以導電的，故體脂計是利用低電壓電流，測量出人體的電阻，如果電阻愈大，體脂肪愈高，而去推估人體中所占的體脂肪。

24. **A**。 四輪驅動車在行進間，前兩輪與後兩輪皆為主動輪，故所受摩擦力皆向前。

25. **A**。 1 度 =1 千瓦－小時。

三種電器同時連續使用 8 小時，共消耗電度數為：

$(0.66+0.77+0.22)\text{kW}\times 8\text{hrs}=13.2$ 度

則使用電費：$13.2\times 2.5=33$ 元。

第二部分：填空題

1. **1457**。

設 t 秒後聲音經鐵軌傳至人耳，t+4 秒後聲音經空氣傳至人耳

$5100t=340(t+4)\Rightarrow t\cong 0.2857s$

某人與車站之距離：$5100\times 0.2857\cong 1457$ 公尺

2. **$2\sqrt{gR}$（或 $\sqrt{4gR}$ ）**。

∵力學能守恆

$\therefore K_B=K_t+U_t$

設物體達頂點時速率為 v、物體質量 m

$\frac{1}{2}m\sqrt{8gR}^2=\frac{1}{2}mv^2+mg(2R)$

$\Rightarrow v=\sqrt{4gR}=2\sqrt{gR}$

3. **3**。

如圖所示

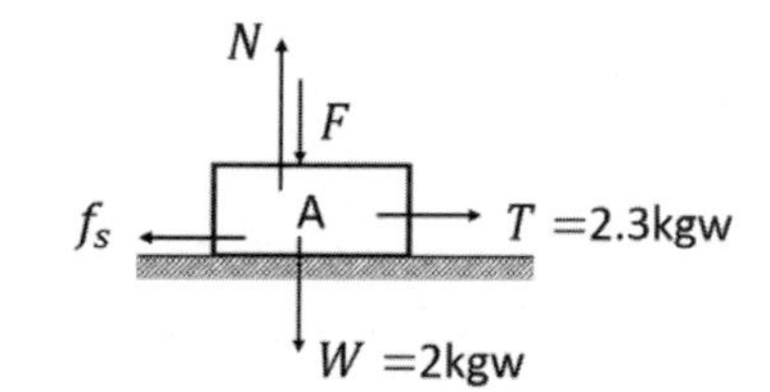

∵ A 維持靜止不動

$\therefore T=f_s\le f_{(smax)}=\mu_s N$，$2.3\le 0.46\times(2+F)\Rightarrow F\ge 3kgw$

4. **0**。

∵如圖所示，t=4s 時，質點位移最大

∴質點位於簡諧振動的端點，速度大小為 0。

5. **乙**

根據反射定律，入射線與反射線位於法線的兩側，且入射角等於反射角；根據折射定律，入射線與折射線位於法線的兩側，且折射線會發生偏折，故入射線為乙光線。

6. $\mathbf{\frac{2}{7}}$

①$PV = nRT \Rightarrow n = \frac{PV}{RT} \propto \frac{PV}{T}$

左右兩室的氣體莫耳數比：$\frac{n_L}{n_R} = \frac{PV/T}{P \cdot 2V/T} = \frac{1}{2}$

②左室加熱至 162°C(435K)，右室保持原溫 17°C(290K)

左右兩室的壓力相等：$P_L = P_R, \frac{nR \cdot 435}{V_L} = \frac{2nR \cdot 290}{V_R}, \frac{V_L}{V_R} = \frac{3}{4}$

$\Rightarrow V_L = \frac{3}{7} \times 3V = \frac{9}{7}V$，故左室體積將增加$\frac{9}{7}V - V = \frac{2}{7}V$。

109年台電新進僱用人員甄試

( ) 1. 在長為 1 公尺的扁擔兩端，分別掛上 12 公斤及 28 公斤的物體，若不計扁擔的質量，欲以肩膀挑此扁擔並使扁擔保持平衡，則肩膀與 12 公斤物體的距離應為多少公尺？ (A)0.5 (B)0.6 (C)0.7 (D)0.8。

( ) 2. 當水汽化為水蒸氣時，下列何者會改變？ (A) 分子的種類 (B) 分子的數目 (C) 分子間的距離 (D) 原子的種類。

( ) 3. 科學家藉由太空望遠鏡觀測新的行星，編號為 K-2b。此行星之半徑約為木星的 2 倍，質量為木星的 80%。求 K-2b 的密度大約為木星的幾倍？ (A)0.01 (B)0.1 (C)0.125 (D)0.2。

( ) 4. 手握住瓶子並使其於鉛直方向懸空靜止，若握力加倍，有關手對瓶子的摩擦力，下列何者正確？ (A) 握力愈大，摩擦力愈大 (B) 手越乾越粗糙，摩擦力愈大 (C) 摩擦力方向會改變 (D) 握力加倍與摩擦力大小無關。

( ) 5. 已知空氣和海水傳聲速度各為每秒 350 公尺及每秒 1400 公尺，當我方聽到遠處聲響，經由海水及空氣傳來的爆炸聲相隔 24 秒，試問遠方聲響處相距我方幾公尺？ (A)11200 (B)12600 (C)14000 (D)15400。

( ) 6. 小王位於距路燈 7.2 公尺處，觀察自己影子長度有 3.6 公尺。已知小王身高為 180 公分，請問路燈的高度為幾公尺？ (A)3.6 (B)5.4 (C)7.2 (D)9.0。

( ) 7. 長直導線置於一均勻磁場中，設導線中電流方向為自東向西，而磁場方向自南向北，則此導線所受磁力的方向為何？ (A) 向下 (B) 向上 (C) 向西 (D) 向北。

( ) 8. 關於牛頓運動定律，下列敘述何者正確？ (A) 作用力等於反作用力為第三定律 (B) 慣性定律指受外力不為零時，會有加速度運動 (C) 作用力與反作用力大小不同 (D) 當外力的合力不為零時，物體作等速度運動。

(　) 9. 設地球距離火星約為 6×10^7 公里，火星上的探測號利用無線電波傳輸影像至地球，地球上的科學家需等待多久後才能接收到訊號？ (A)0.2 秒　(B)120 秒　(C)200 秒　(D)20 分鐘。

(　) 10. 一靜止小球由 5 公尺高度作自由落體，反彈後高度可達 4.05 公尺，若球與地面接觸時間為 0.1 秒，不計空氣阻力，$g=10m/s^2$。則觸地期間，球的平均加速度為何？　(A)$90m/s^2$ 向上　(B)$190m/s^2$ 向上　(C)$1000m/s^2$ 向上　(D)$1000m/s^2$ 向下。

(　) 11. 在光滑的水平桌面上，兩質量分別為 m_1 與 m_2 之木塊並排，當以向右之水平力 F 向 m_1 推之，則 m_1 與 m_2 之間的作用力為 N，下列何者正確？

(A) $N=\frac{m_1}{m_1+m_2}F$　(B) $N=\frac{m_2}{m_1+m_2}F$

(C) $N=\frac{m_1+m_2}{m_1}F$　(D) $N=\frac{m_1+m_2}{m_2}F$ 。

F　m_1　m_2

(　) 12. 理想彈簧由自然長度受力伸長時，假設對物體所作的功與形變量的立方成正比，若此理想彈簧壓縮量為 X 時，可將小球以 K 的動能彈出，則彈簧壓縮量為 2X 時，小球彈出動能為何？　(A)8K　(B)4K　(C)2K　(D)K。

(　) 13. A 公斤之物體以正面完全彈性碰撞靜止之 B 公斤物體，則撞後兩物之末速度比值 $(\frac{V_A}{V_B})$ 為何？

(A) $\frac{2B}{A-B}$　(B) $\frac{A}{A-B}$　(C) $\frac{2A}{A+B}$　(D) $\frac{A-B}{2A}$ 。

(　) 14. A 君以等速率繞一直徑為 50 公尺的圓周 1 圈，此過程共需 25 秒，試求 A 君於此過程的平均速率 (m/s)、平均速度 (m/s) 分別為何？(圓周率 =3.14)　(A)0、0　(B)6.28、0　(C)0、6.28　(D)12.56、0。

(　) 15. 將 2 公斤 15°C 的冷水與 3 公斤 80°C 的熱水，在一絕熱容器內混合。在達到熱平衡後，若忽略容器吸收的熱量，則水的溫度為何？ (A)34°C　(B)44°C　(C)54°C　(D)64°C。

( ) 16. 如右圖所示，電路中 a、b 點間的等效電阻為多少歐姆？
(A)4　(B)6
(C)8　(D)16。

( ) 17. 將甲物體與乙物體接觸後，熱量由乙物體流向甲物體，有關甲物體之推論，下列何者正確？ (A) 比熱較小 (B) 體積較大 (C) 質量較小 (D) 溫度較低。

( ) 18. 科學家高錕對於光纖應用有極大的貢獻，有關光纖之敘述，下列何者正確？ (A) 光纖傳播光訊號是利用光電效應 (B) 光纖傳播光訊號容易受到周遭電磁波的影響 (C) 光纖僅能傳播由雷射光源所產生的光波 (D) 光在光纖中傳播是利用全反射原理。

( ) 19. 一位 60 公斤的溜冰者以 9 公尺 / 秒的速度在平坦無摩擦的冰面前進，接著他抱起一位 30 公斤的靜止小孩，在他抱起小孩後姿勢及動作均未改變，則他們前進速度將變成多少公尺 / 秒？ (A)6 (B)7 (C)8 (D)9。

( ) 20. 一束光由介質 A 入射，其路徑如圖所示，若 $\theta_1 < \theta_2 < \theta_3$，則有關 3 種介質的折射率，下列何者正確？
(A)A > B > C　(B)B > C > A
(C)B > A > C　(D)C > B > A。

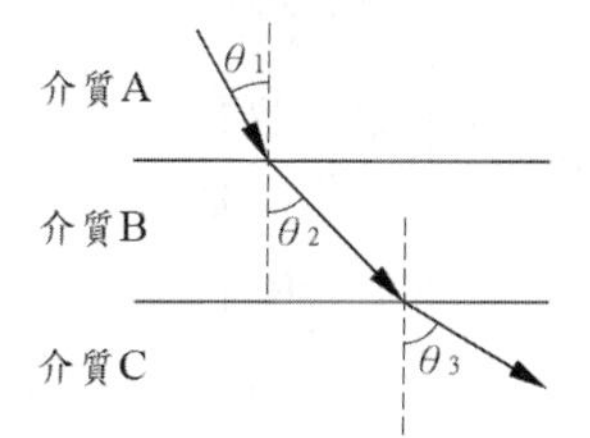

( ) 21. 若地球半徑為 R，在地表時重力加速度為 g，則一物體在離地表高度 r 處作自由落體時，其重力加速度的量值為何？

(A) $\frac{g}{1+\frac{r}{R}}$　(B) $\frac{gr}{R}$　(C) $\frac{gr^2}{R^2}$　(D) $\frac{g}{(1+\frac{r}{R})^2}$。

( ) 22. 萬有引力係與兩物體之距離平方成反比，如以 R 及 T 分別代表太陽系諸行星，繞日作圓周運動時之軌道半徑及週期，則下列各比值何者為常數？

(A) $\frac{R^2}{T}$　(B) $\frac{R^3}{T^2}$　(C) $\frac{R^2}{T^3}$　(D) $\frac{R}{T}$。

( ) 23. 質量 m_1 及 m_2 之兩物體，各以動量 P_1 及 P_2 沿同方向運動，若兩者同時受到與運動方向相反，且量值相等的阻力作用而停止，則阻力作用之時間比 T_1：T_2，可用下列何者表示？
(A)m_1：m_2 (B)m_1P_1：m_2P_2 (C)P_1：P_2 (D)m_1P_2：m_2P_1。

( ) 24. 下列何者可以解釋在弦樂器的弦上形成駐波之原因？ (A) 繞射 (B) 干涉 (C) 漫射 (D) 色散。

( ) 25. 一等角加速度運動的物體，其角速度在 t=0 秒及 t=4 秒時，各為 6 弧度 / 秒及 8 弧度 / 秒，試求此角加速度為多少弧度 / 秒 ^{2}？
(A)0.5 (B)1 (C)1.5 (D)2。

( ) 26. 壓縮一彈簧，使其壓縮量為 x，需施力 F，作功 W。若再繼續壓縮，使其總壓縮量達 3x，則需再作多少功？ (A)2W (B)5W (C)8W (D)11W。

( ) 27. 假設射箭時弓弦如理想彈簧一樣動作，若將弓弦向後拉 8 公分，向上直射時箭可達到最大高度為 h，則當弓弦向後拉 16 公分向上直射時，箭可達之最大高度為何？ (A)2h (B)4h (C)8h (D)16h。

( ) 28. 如右圖所示，不計滑輪及繩子質量，物體與桌面之靜摩擦係數為 0.7、動摩擦係數為 0.5，$g=10m/s^2$，此系統加速度大小為多少 m/s^2？ (A)4 (B)3 (C)2 (D)1。

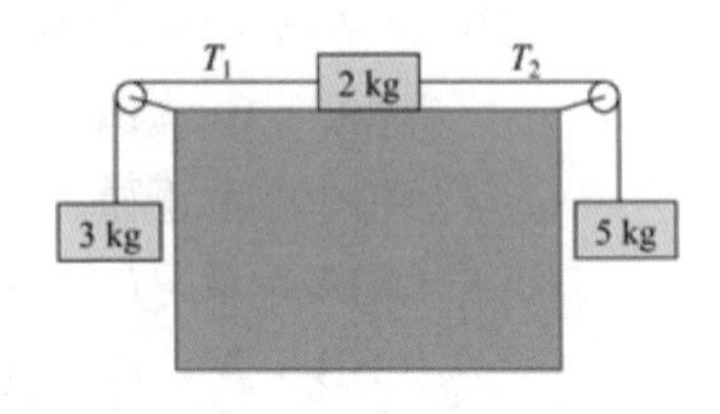

( ) 29. 在原長為 10 公分的彈簧下懸掛 20 公克的砝碼，此時彈簧伸長 5 公分，若仍然在該彈簧彈性限度內，改掛 60 公克的砝碼，此時彈簧全長為多少公分？ (A)15 (B)25 (C)30 (D)35。

( ) 30. 通電流的長直導線，在其附近空間產生磁場，則下列敘述何者正確？ (A) 磁場量值與導線上之電流成反比 (B) 磁場量值與距導線間之距離的平方成正比 (C) 磁場方向由安培左手定則決定 (D) 磁力線分布形狀是以導線為中心的同心圓。

( ) 31. 由波爾的氫原子模型得知，其電子軌道能階的表示式為 $-\frac{13.6}{n^2}$eV，n.1,2,3⋯，若氫原子中的電子從 n=2 能階躍遷至 n=1 能階，則其放出輻射光的能量為多少 eV？ (A)3.4 (B)6.8 (C)9 (D)10.2。

( ) 32. 質量為 0.2kg 之靜止石頭由高處作自由落體，經過 100m 後，速度達到 20m/s。其消耗於空氣阻力之能量為多少焦耳？(重力加速度 $g=9.8m/s^2$) (A)39 (B)78 (C)156 (D)312。

( ) 33. 一半徑為 R 之金屬球，在球表面測得電場為 E。今距球心 r 處，若 $r<R$，則該處之電場為何？

(A) $\frac{rE}{r+R}$ (B) $\frac{rE}{R}$ (C) $\frac{E}{r+R}$ (D)0。

( ) 34. 有關光由空氣射入水中之敘述，下列何者正確？ (A) 頻率變大 (B) 頻率變小 (C) 由密介質進入疏介質 (D) 折射線較入射線更偏向法線。

( ) 35. 作等速率圓周運動之物體，繞行圓周 1/6 周與 1/4 周時，平均加速度量值之比為何？ (A)$1:\sqrt{2}$ (B)$2:\sqrt{2}$ (C)$3:\sqrt{2}$ (D)$3:2\sqrt{2}$。

( ) 36. 波的重疊原理係指兩波交會時，下列何者相加？ (A) 波長 (B) 頻率 (C) 波速 (D) 位移。

( ) 37. 一物體質量為 m，以半徑為 r 作等速率圓周運動，其週期為 T，則在繞行 5/6 週期間，該物體之動量變化量值為何？

(A) $\frac{\pi mr}{T}$ (B) $\frac{2\pi mr}{T}$ (C) $\frac{2\sqrt{2}\pi mr}{T}$ (D) $\frac{4\pi mr}{T}$ 。

( ) 38. 有一木塊在水中露出 1/4 之體積，，在某液體中沉入 5/6 之體積，請問該液體密度 (g/cm^3) 為何？ (A)5/24 (B)3/10 (C)9/10 (D)5/8。

( ) 39. 一質量為 m 的子彈，以速度 v 水平射入置於光滑平面上質量為 M 的靜止木塊，子彈射入後嵌入其中，過程屬完全非彈性碰撞，下列敘述何者有誤？ (A) 碰撞前後，動能守恆 (B) 碰撞前後，動量守恆 (C) 碰撞後，總動能減少 (D) 碰撞後，木塊速度為 $\frac{mv}{M+m}$ 。

( ) 40. 紅色氦氖雷射的波長為 632.8 奈米，相當於多少公尺？ (A)6.328×10^{-8} (B)6.328×10^{-7} (C)6.328×10^{-6} (D)6.328×10^{-5}。

( ) 41. ${}^{12}_{6}C$ 原子含有多少個中子？ (A)6 (B)8 (C)12 (D)14。

( ) 42. 有一交流發電機，其線圈面積為 0.03 平方公尺，線圈共 20 匝，以每分鐘 600 轉的固定速度，在 0.2 特斯拉的均勻磁場中旋轉，則此發電機的最大感應電動勢約為多少伏特？ (A)2.5 (B)7.5 (C)15 (D)30。

( ) 43. 將密度相同的大(半徑 2R)、小(半徑 R)實心球靠在一起如右圖所示。已知小球質量為 m，則大、小兩球間的萬有引力，下列何者正確？

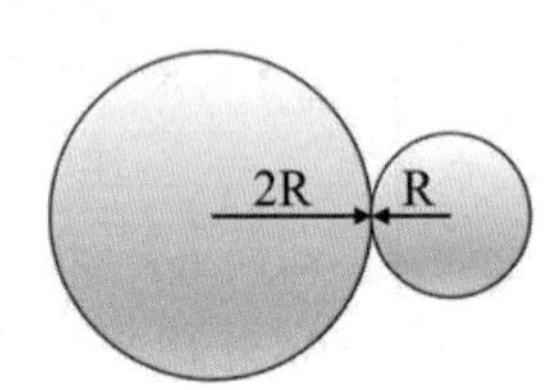

(A) $\frac{16Gm^2}{9R^2}$ (B) $\frac{4Gm^2}{9R^2}$ (C) $\frac{8Gm^2}{9R^2}$ (D) $\frac{2Gm^2}{9R^2}$。

( ) 44. 兩圓形水管連接如右圖所示，A 管內徑為 6 公分，B 管內徑為 4 公分。設管內水流為穩定流，當 A 管內流速為 2 公尺 / 秒時，B 管內流速為多少公尺 / 秒？ (A)3 (B)4.5 (C)6 (D)7.5。

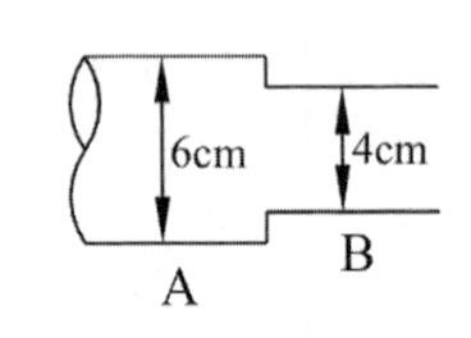

( ) 45. 垂直往上拋射之物體，經過 4 秒鐘後掉落至原地，若不計空氣阻力，下列敘述何者正確？(重力加速度 $g=9.8m/s^2$)
(A) 物體初速為 9.8 公尺 / 秒 (B) 當物體到達最高高度時，物體受力為零 (C) 物體到達最高高度為 19.6 公尺 (D) 拋射後第 3 秒時，物體高度為最高高度之一半。

( ) 46. 一個長度 L 的單擺被懸掛在電梯天花板上。假設電梯正以加速度 a 向上加速，則單擺的週期為何？(g 為重力加速度)
(A) $2\pi\sqrt{\frac{L}{g+a}}$ (B) $2\pi\sqrt{\frac{L}{g}}$ (C) $2\pi\sqrt{\frac{L}{g-a}}$ (D) $2\pi\sqrt{\frac{L}{a}}$。

( ) 47. 如右圖所示，A 質點之質量為 4kg，座標為 (0 , 0)；B 質點之質量為 2kg，座標為 (3 , 6)。則此雙質點系統之質量中心座標為何？
(A)(1 , 2)
(B)(2 , 1)
(C)(2 , 2)
(D)(2 , 3)。

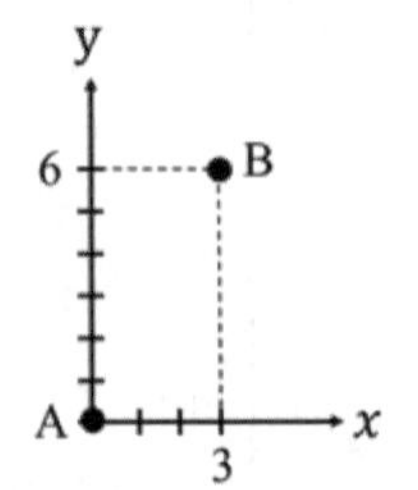

( ) 48. 甲、乙兩水桶高度相同，乙的底面積較甲大。當兩桶皆裝滿水時，則水桶底部承受的壓力，下列何者正確？ (A) 甲桶較大 (B) 乙桶較大 (C) 相同 (D) 無法比較。

( ) 49. A、B、C 三物體質量相等，密度比為 2：5：3，則體積比為何？ (A)1：1：1 (B)2：5：3 (C)3：5：2 (D)15：6：10。

( ) 50. 氣球載有 2 袋沙包時，以加速度 a 上升；載有 8 袋沙包時，以加速度 $\frac{a}{2}$ 下降。若不計氣球本身重量及沙包之浮力，則欲使其不升降時，應載幾袋沙包？ (A)4 (B)5 (C)6 (D)8。

解答及解析 答案標示為 # 者，表官方曾公告更正該題答案。

1. **C**。 設肩膀與 12 公斤物體的距離為 x 公尺
   視肩膀為支點，扁擔的合力矩為零：$12x = 28(1-x) \Rightarrow x = 0.7m$

2. **C**。 水汽化成水蒸氣時，分子間的距離增加，所提供的熱量轉換成水分子之間的位能。

3. **B**。 設木星的半徑為 R、質量為 M、體積為 V；
   則 K-2b 的半徑為 2R、質量為 0.8M、體積為 8V
   (∵球體體積與半徑的立方成正比 ∴ K-2b 的體積為木星的 8 倍)
   得 K-2b 的密度 $\rho = \frac{0.8M}{8V} = 0.1\frac{M}{V}$

4. **D**。 瓶子受重力及手對瓶子的摩擦力作用成平衡狀態，此二力大小相等，方向相反，摩擦力恆等於重力，與握力大小無關。

5. **A**。 設經過 t 秒後可經海水聽到遠處聲響，再過 24 秒經空氣聽到遠處聲響
   ∵聲音傳播的距離相等
   ∴ $1400t=350(t+24)$，$t=8s$
   ⇒ 遠方響聲處相距我方：$1400\times8=11200$ 公尺

6. **B**。 如圖所示，影子是由光的直進性形成的。
   由相似三角形得知，$\frac{3.6}{(7.2+3.6)} = \frac{180}{h} \Rightarrow h = 540cm = 5.4m$

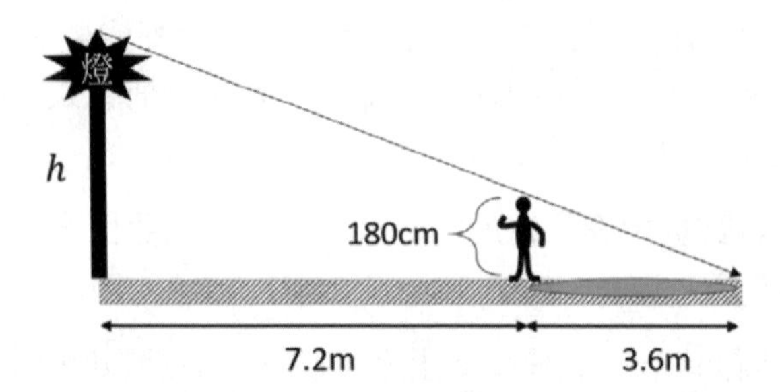

7. **A**。 由右手開掌定則得知，四指為磁場方向、拇指為電流方向、垂直於掌心的是磁力方向，故此導線所受的磁力方向向下。

8. **A**。 (B)×，慣性定律指不受外力或所受合力為零時，靜止恆靜，動者恆作等速運動。
   (C)×，作用力與反作用力大小相同。
   (D)×，當外力的合力不為零時，物體作變速度運動。

9. **C**。 無線電波的波速同光速 c，$c=3\times10^5\text{km/s}$

   $$t=\frac{6\times10^7}{3\times10^5}=200\text{s}$$

10. **B**。 小球自由落下觸地前的速度 $v_1=\sqrt{2gh}=\sqrt{2\times10\times5}=10\text{m/s}\downarrow$

    小球反彈後離地的速度 $v_2=\sqrt{2gh'}=\sqrt{2\times10\times4.05}=9\text{m/s}\uparrow$

    平均速度 $a=\frac{\Delta v}{\Delta t}=\frac{v_2-v_1}{\Delta t}=\frac{9-(-10)}{0.1}=190\text{m/s}^2$ 向上

11. **B**。 ①設兩木塊的加速度為 a

    由牛頓第二運動定律：$F=(m_1+m_2)a\Rightarrow a=\frac{F}{m_1+m_2}\rightarrow$

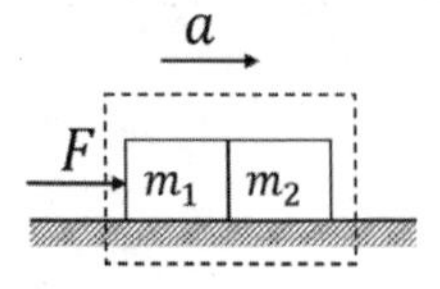

②單獨分析 m_2

m_2 所受的合力為 N，$N=m_2a=\frac{m_2F}{m_1+m_2}\rightarrow$

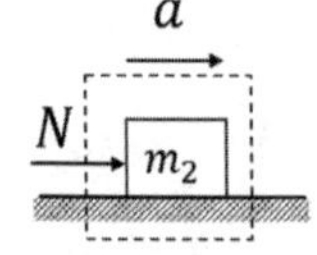

12. **A**。∵由功能定理得知所作的功可以轉換成物體的動能

∴因彈力作功所獲得之動能與形變量的立方成正比，即 $K \propto X^3$。

故當壓縮量為 2X 時，小球彈出動能 $K' = \dfrac{K'}{K} = \dfrac{(2X)^3}{X^3} \Rightarrow K' = 8K$

13. **D**。∵兩物體之間作正面彈性碰撞

∴兩物體之末速分別為 $V_A = \dfrac{A-B}{A+B}V_{A0}$、$V_B = \dfrac{2A}{A+B}V_{A0}$

$$\Rightarrow \left(\frac{V_A}{V_B}\right) = \frac{\frac{A-B}{A+B}V_{A0}}{\frac{2A}{A+B}V_{A0}} = \frac{A-B}{2A}$$

14. **B**。平均速率 $= \dfrac{路徑長}{時間} = \dfrac{2\pi \times 25}{25} = 2\pi \cong 6.28\text{m/s}$

平均速度 $= \dfrac{位移}{時間} = 0$

⇒ 平均速率、平均速度分別為 6.28m/s、0

15. **C**。設冷熱水達熱平衡後，水的溫度為 t

熱水釋放的熱量等於冷水吸收的熱量

$3 \times 1000 \times 1 \times (80 - t) = 2 \times 1000 \times 1 \times (t - 15)$

$\Rightarrow t = 54℃$

16. **C**。由圖可知，此電路為惠司同電橋，A、B 兩點等電位，故中間 6Ω 的電阻可視為不存在。

電路化簡後，可視為兩電組並聯：$\dfrac{1}{R_{ab}} = \dfrac{1}{24} + \dfrac{1}{12} \Rightarrow R_{ab} = \dfrac{24}{3} = 8\Omega$

17. **D**。 熱量由高溫的物體流向低溫的物體，故推測甲物體的溫度較低。

18. **D**。 光線在光纖中發生全反射，使能量有效地傳遞訊號至遠方，能量損耗極低。

19. **A**。 視溜冰者與小孩為一系統，系統水平方向無外力作用，故系統動量守恆。
設最後他們的前進速度為 v

$\overrightarrow{Pi}=\overrightarrow{Pf}$

$60\times 9=(60+30)v \Rightarrow v=6m/s$

20. **A**。 介質中的光速愈大，其折射率愈小。
∵ $\theta_1<\theta_2<\theta_3$，光從光速較慢的介質進入光速較快的介質會使光線偏離法線。
∴介質的光速：C>B>A，故介質的折射率：A>B>C。

21. **D**。 地球周圍的重力加速度與距離地心之距離長度成平方反比。

地表的重力加速度 $g=\frac{GM}{R^2}$ ；離地表高度 r 處的重力加速度 $g'=\frac{GM}{(R+r)^2}$

故 $\frac{g'}{g}=\frac{\frac{GM}{(R+r)^2}}{\frac{GM}{R^2}} \Rightarrow g'=\frac{g}{\left(1+\frac{r}{R}\right)^2}$ 。

22. **B**。 萬有引力為行星繞日作圓周運動之向心力

$F_g=F_C$

$\frac{GMm}{R^2}=m\frac{4\pi^2 R}{T^2}$

$\Rightarrow \frac{R^3}{T^2}=\frac{GM}{4\pi^2}=$常數

23. **C**。 兩物體初動量量質相同，又受相等的阻力作用而停止，故兩物體的動量變化量相同。由衝量 - 動量定理，即 $|J|=|F\cdot t|=|\Delta P|=|0-P| \Rightarrow t\propto P$ ，
得 $T_1:T_2=P_1:P_2$ 。

24. **B**。 駐波為兩個相同的週期波在同空間中相互疊加的結果，此現象為波的干涉。

25. **A**。 設角加速度為 α

$\omega=\omega_0+\alpha t$，$8=6+\alpha(4-0) \Rightarrow \alpha=0.5rad/s^2$

26. **C**。 如圖所示，總壓縮量為 3x 時，需作功 9W。

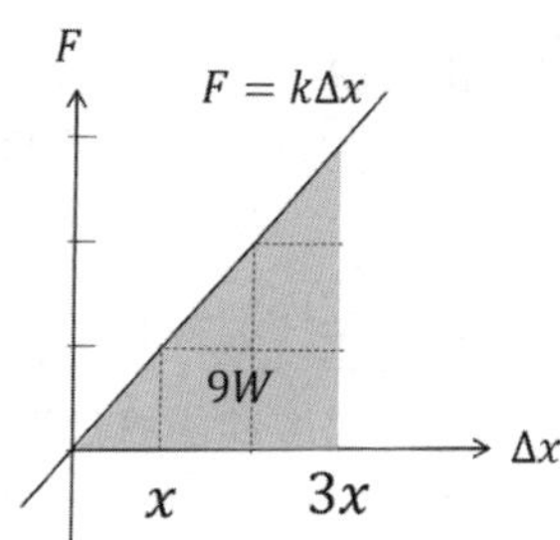

⇒ 從壓縮量 x 再繼續壓縮達 3x，則需再作功：

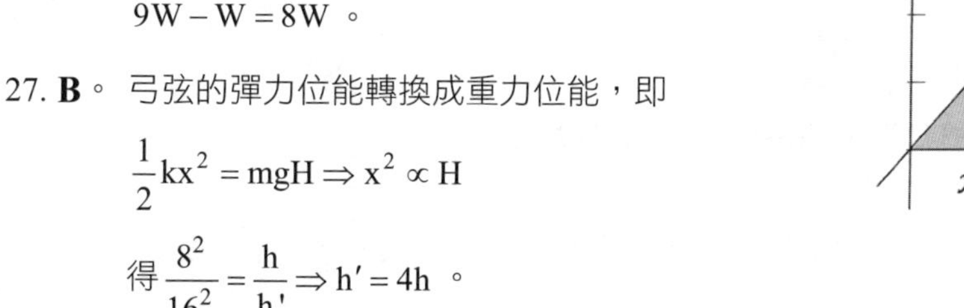

$9W - W = 8W$。

27. **B**。 弓弦的彈力位能轉換成重力位能，即

$$\frac{1}{2}kx^2 = mgH \Rightarrow x^2 \propto H$$

得 $\dfrac{8^2}{16^2} = \dfrac{h}{h'} \Rightarrow h' = 4h$。

28. **D**。 ①物體與桌面之摩擦力種類：

最大靜摩擦力 $f_{(smax)} = \mu_s N = 0.7 \times 2 \times 10 = 14N$

動摩擦力 $f_k = \mu_k N = 0.5 \times 2 \times 10 = 10N$

② $T_2 = 5 \times 10 = 50N$ 、 $T_1 = 3 \times 10 = 30N$

③分析 2kg 物體

$\because T_2 - T_1 = 50 - 30 = 20N > 14N$ ∴此系統會整體向右移動

由牛頓第二運動定律

$$T_2 - T_1 - f_k = 50 - 30 - 10 = (3 + 2 + 5)a \Rightarrow a = 1m/s^2$$

29. **B**。 虎克定律： $F = k_x$ ， $20 = k \cdot 5 \rightarrow k = 4gw/cm$

改掛 60 克重的砝碼： $60 = 4 \cdot x' \rightarrow x' = 15cm$

→此時彈簧全長為 $15 + 10 = 25cm$ 。

30. **D**。 (A)×，磁場量值與導線上之電流成正比。

(B)×，磁場量值與距導線間之距離的平方成反比。

(C)×，磁場方向由安培右手定則決定。

31. **D**。 $\Delta E = E_2 - E_1 = -\dfrac{13.6}{2^2} - \left(-\dfrac{13.6}{1^2}\right) = 10.2eV$

32. **C**。 若無空氣阻力，經 100m 後的瞬時速度為

$$v = \sqrt{2gh} = \sqrt{2 \times 9.8 \times 100} = \sqrt{1960}m/s$$

∵考慮空氣阻力的情況下，損失的動能轉換成消耗於空氣阻力之能量 Q

$$\Rightarrow Q = \frac{1}{2} \times 0.2 \times \sqrt{1960}^2 - \frac{1}{2} \times 0.2 \times 20^2 = 156\text{焦耳}$$

33. **D**。 金屬球達靜電平衡時，電荷皆位於金屬球的表面，故球體內的電場為零。

34. **D**。(A)×(B)×，折射過程光的頻率不變。
(C)×，光在空氣中的光速較在水中快，故光是由疏介質進入密介質。

35. **D**。平均加速度 $=\dfrac{\text{速度變化}}{\text{單位時間}}$

設等速率圓周運動的速率為 v、週期為 T

①如圖所示，繞行 1/6 周時的速度變化量為 v，得 $\bar{a}_{\frac{1}{6}\text{周}}=\dfrac{v}{\frac{1}{6}T}=\dfrac{6v}{T}$。

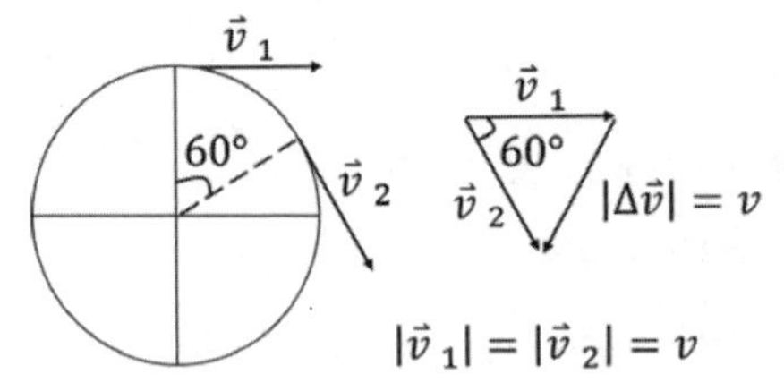

②如圖所示，繞行 1/4 周時的速度變化量為 $\sqrt{2}v$，得 $\bar{a}_{\frac{1}{4}\text{周}}=\dfrac{\sqrt{2}v}{\frac{1}{4}T}=\dfrac{4\sqrt{2}v}{T}$。

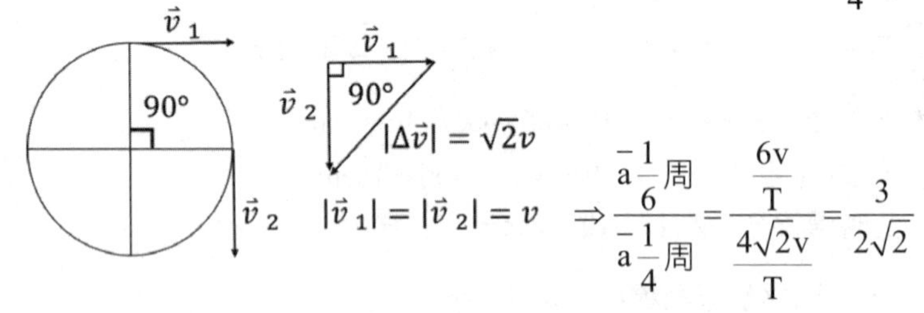

$$\Rightarrow \frac{\bar{a}_{\frac{1}{6}\text{周}}}{\bar{a}_{\frac{1}{4}\text{周}}}=\frac{\frac{6v}{T}}{\frac{4\sqrt{2}v}{T}}=\frac{3}{2\sqrt{2}}$$

36. **D**。重疊原理為兩波交會時，重疊範圍內介質質點的振動位移等於各別波動所造成的位移和。

37. **B**。如圖所示，$\Delta v = v_1 = v_2 = v = \dfrac{2\pi r}{T}$，

該物體之動量變化量值 $\Delta p = m\cdot\Delta v = m\cdot\dfrac{2\pi r}{T}=\dfrac{2\pi mr}{T}$

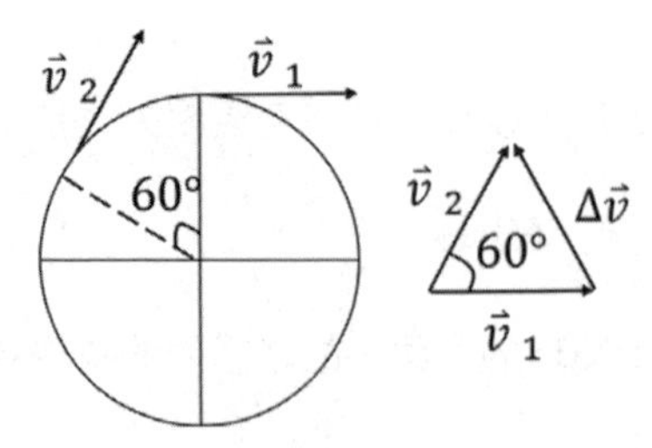

38. **C**。設木塊體積為 V、液體密度為 $\rho_{液}$

(1) 木塊的重量為排開的水重：$W=\rho_{水}\cdot\frac{3}{4}Vg=1\cdot\frac{3}{4}Vg=\frac{3}{4}Vg$ ………①

(2) 在某液體中，木塊的重量為排開的液體重：$W=\rho_{液}\cdot\frac{5}{6}Vg$ ………②

①＝②，$\frac{3}{4}Vg=\rho_{液}\cdot\frac{5}{6}Vg\Rightarrow\rho_{液}=\frac{9}{10}g/cm^3$

39. **A**。(A)×(B)○(C)○，子彈與木塊作完全非彈性碰撞，系統碰撞前後因無外力作用系統動量守恆，但系統總動能碰撞後會減少。

(D)○，$p_i=p_f$，$mv=(m+M)v_c\Rightarrow v_c=\frac{mv}{M+m}$，碰撞後，木塊與子彈一起以質心速度 $\frac{mv}{M+m}$ 前進。

40. **B**。$632.8nm=632.8\times10^{-9}=6.328\times10^{-7}m$

41. **A**。$^{12}_{6}C$（質量數←12，質子數←6），中子數＝質量數－質子數＝12−6=6 個。

42. **B**。單位換算：角速度 $\omega=600rpm=\frac{600\times2\pi}{60}=20\pi\,rad/s$

根據法拉第定律：$\varepsilon=NBA\omega\sin\omega t$

$\Rightarrow\varepsilon_{max}=NBA\omega=20\times0.2\times0.03\times20\pi\cong7.5$伏特

43. **C**。∵球體體積與其半徑的立方成正比

∴密度相同的大、小兩球的質量分別為 8m、m。

$\Rightarrow$萬有引力 $Fg=\frac{G\cdot8m\cdot m}{(2R+R)^2}=\frac{8Gm^2}{9R^2}$

44. **B**。同一時間內，A 管流入的質量 =B 管流出的質量

$\frac{m_A}{t}=\frac{m_B}{t}$，$\frac{\rho V_A}{t}=\frac{\rho V_B}{t}$，$\frac{\rho A_A\cdot v_A}{t}=\frac{\rho A_B\cdot v_B}{t}$，$A_A\cdot v_A=A_B\cdot v_B$

$\Rightarrow v_B=\frac{A_A\cdot v_A}{A_B}=\frac{3^2\times2}{2^2}=4.5m/s$

45. **C**。不計阻力之垂直上拋的物體經 4 秒落回原地，由時間的對稱性得知，物體上升花 2 秒，從最高處落下亦花 2 秒。

(A)×，$v_i=v_f=gt=9.8\times2=19.6m/s$。

(B)×，當物體達最高高度時，物體仍受重力作用。

(C) ○，$H=\frac{1}{2}gt^2=\frac{1}{2}\times 9.8\times 2^2=19.6m$ 。

(D)×，$\Delta y=v_i t-\frac{1}{2}gt^2=19.6\times 3-\frac{1}{2}\times 9.8\times 3^2=14.7m$ ，物體高度為最高高度的 $\frac{3}{4}$ 。

46. **A**。 ∵電梯正以加速度 a 向上加速

∴電梯內的等效重力加速度 $g'=g+a$

$\Rightarrow$ 單擺的週期 $T=2\pi\sqrt{\frac{L}{g'}}=2\pi\sqrt{\frac{L}{g+a}}$

47. **A**。 雙質點系統之質心位置座標：$(x_c,y_c)=\left(\frac{4\cdot 0+2\cdot 3}{4+2},\frac{4\cdot 0+2\cdot 6}{4+2}\right)=(1,2)$

48. **C**。 液體的壓力只與深度有關，由於甲、乙兩水桶高度相同，故兩桶底部承受的壓力也相同。

49. **D**。 密度 $D=\frac{M}{V}$ ，在質量相等的情況下，$V\propto\frac{1}{D}$ 。

$\Rightarrow$ A、B、C的體積比 $=\frac{1}{2}:\frac{1}{5}:\frac{1}{3}=15:6:10$

50. **A**。 設沙包質量 m、氣球浮力 B

根據牛頓第二運動定律：

以加速度 a 上升，$B-2mg=2ma$ ………①

以加速度 $\frac{a}{2}$ 下降，$8mg-B=8m\cdot\frac{a}{2}$ ………②

①＋② $6mg=6ma\Rightarrow a=g$ 、 $B=4mg$ ，故氣球載 4 包時使其不升降。

110年台電新進僱用人員甄試

( ) 1. 有$\overline{A}$、$\overline{B}$兩非零向量，若$|\overline{A}|=|\overline{B}|=|\overline{A}+\overline{B}|$，則$|\overline{A}-\overline{B}|$應為何？ (A) $\sqrt{3}|\overline{A}|$ (B) $\sqrt{2}|\overline{A}|$ (C)$|\overline{A}|$ (D)0。

( ) 2. 聲音在溫度0℃時，速度為331m/s，若某人在25℃時向水井發聲，經1秒後聽到回聲，則井口至水面的深度為何？ (A)346公尺 (B)331公尺 (C)173公尺 (D)165.5公尺。

( ) 3. 以繩繫一質量4公斤物體，作半徑5公尺、週期4秒之等速率圓周運動，則向心力為何？ (A)$2\pi^2$牛頓 (B)$3\pi^2$牛頓 (C)$5\pi^2$牛頓 (D)$20\pi^2$牛頓。

( ) 4. 一質點以等速率沿半徑6m作圓周運動，其每24秒繞一圈，則1/4圈之平均速度為何？ (A)0m/sec (B)0.28m/sec (C)1.57m/sec (D)1.414m/sec。

( ) 5. 將兩個相同規格之110V、40W燈泡串連後，接於110V之電源上，則每個燈泡之消耗功率為何？ (A)5瓦 (B)10瓦 (C)20瓦 (D)30瓦。

( ) 6. 頻率f，半徑R，質量m之等速率圓周運動物體，在1/2周期內，向心力對物體所施之衝量為何？ (A)0 (B)$4\pi fRm$ (C)$2\sqrt{2}\pi fRm$ (D)$2\pi^2f^2R^2m$。

( ) 7. 有8×10^{-3}庫倫之正電荷由B點移向A點須作功0.32焦耳，若$V_A=100V$，則V_B為何？ (A)30V (B)40V (C)50V (D)60V。

( ) 8. 一塊小石頭被斜向拋至空中，然後落地。對此過程之敘述，下列何者正確？ (A)石塊在最高點時，位能最大 (B)石塊上升時，力學能持續增加 (C)石塊在落地瞬間，力學能最大 (D)石塊落地時，加速度最大。

( ) 9. 將等質量的60℃熱水和0℃的冰塊在絕熱的保溫杯中混合，則混合後的溫度為何？（水的比熱為1卡／公克－度，冰的熔化熱為80卡／公克） (A)－10℃ (B)－5℃ (C)0℃ (D)5℃。

( ) 10. 某人將質量為 3 公斤的手提箱由地面等速提至高度為 1 公尺後，沿水平面緩慢行走 10 公尺。假設行走時手提箱維持在離地 1 公尺的高度，則此人對手提箱總共作功為何？ (A)0 焦耳 (B)19.6 焦耳 (C)29.4 焦耳 (D)294 焦耳。

( ) 11. 物體作直線運動，先以 5 公尺 / 秒 ^{2} 的等加速度從靜止開始運動，接著以 − 3 公尺 / 秒 ^{2} 的等加速度運動直到停止。若運動的總距離為 240 公尺，則此物體運動所需時間為何？ (A)11 秒 (B)16 秒 (C)20 秒 (D)25 秒。

( ) 12. 兩物體 A、B 發生迎面碰撞，碰撞後 A 和 B 都朝 A 原來移動的方向運動。下列推論何者正確？ (A) 碰撞前 A 的動量一定比 B 大 (B) 碰撞前 A 的動能一定比 B 大 (C) 碰撞前 A 的速率一定比 B 大 (D)A 的質量一定比 B 大。

( ) 13. 一物體斜向抛出，若水平射程為所達高度 4 倍時，其射角為何？ (A)15° (B)25° (C)35° (D)45° 。

( ) 14. 利用三用電表來檢測標示 110V、100W 電燈泡的好壞，下列敘述何者正確？ (A) 用電阻檔，測燈泡的電阻 (B) 用電流檔，測燈泡的電流 (C) 用直流電壓檔，測燈泡的電壓 (D) 用交流電壓檔，測燈泡的電壓。

( ) 15. 拉塞福在 1919 年以 α 粒子 ($^{4}_{2}He$) 撞擊氮原子核 ($^{14}_{7}N$)，產生核反應。若該反應產生的兩種粒子，有一為氧原子核 ($^{17}_{8}O$)，則另一粒子為何？ (A) 電子 (B) 中子 (C) 質子 (D) 鈹原子核 ($^{9}_{4}Be$) 。

( ) 16. 如圖所示，大小相同的甲、乙兩個均勻物體，質量分別為 3M 與 M。甲物體自靜止沿固定於地面的光滑曲面下滑後，與靜止在光滑水平地面上的乙物體發生正面彈性碰撞。若甲物體的質心下降高度為 h，重力加速度 ....，則碰撞後瞬間，乙物體的速率為何？ (A) $\sqrt{2gh}$ (B) $\sqrt{gh}$ (C) $\sqrt{\frac{gh}{2}}$ (D) $3\sqrt{\frac{gh}{2}}$ 。

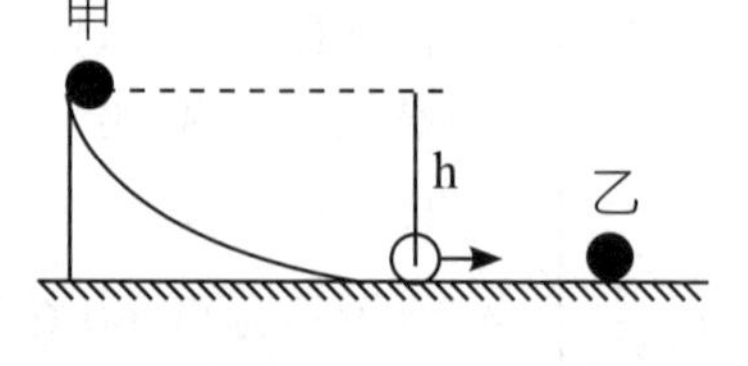

( ) 17. 火車以等加速度行駛。其前端通過車站某一點時速率為 u，後端通過時速率為 v。火車中點通過該點時速率為何？ (A) $\frac{1}{2}$ (v + u) (B) $\frac{1}{2}$ (v^2 + u^2) (C) $\sqrt{\frac{v^2+u^2}{2}}$ (D) $\sqrt{\frac{v^2-u^2}{2}}$ 。

( ) 18. 下列何者電能產生形式之描述，非屬一次直接轉換？ (A) 乾電池：化學能→電能 (B) 風力發電：動能→電能 (C) 水力發電：位能→電能 (D) 太陽能電池：光能→電能。

( ) 19. 一物體在光滑水平面上作簡諧運動，當其位移為振幅一半時，速率為 v，則此物體通過位移為零之平衡點時，其速率為何？ (A)2v (B) $\frac{2\sqrt{3}}{3}$ v (C)v (D) $\frac{\sqrt{3}}{2}$ v。

( ) 20. 質量分別為 M_1 與 M_2 的甲、乙兩衛星均繞地球作等速率圓周運動，已知甲、乙衛星的軌道半徑分別為 R_1 與 R_2，則甲衛星繞地球的速率是乙衛星繞地球速率的多少倍？ (A) $\sqrt{\frac{R_1}{R_2}}$ (B) $\sqrt{\frac{R_2}{R_1}}$ (C) $\sqrt{\frac{M_1R_1}{M_2R_2}}$ (D) $\sqrt{\frac{M_2R_2}{M_1R_1}}$ 。

( ) 21. 已知空氣中的光速 c ＝ 3×10^8m/s。若某一 3G 手機採用通訊頻率 1.9GHz，則此手機發出的電磁波，在空氣中的波長最接近下列何者？ (A)1.6 公尺 (B)1.0 公尺 (C)0.33 公尺 (D)0.16 公尺。

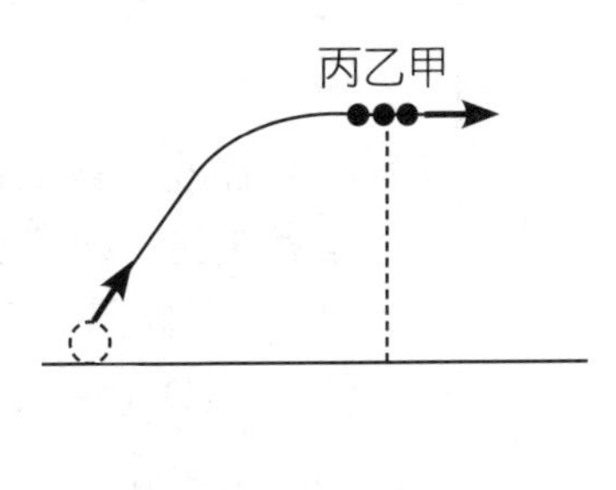

( ) 22. 如圖所示，一個質點自水平地面朝右上方斜向拋射，在最高點時，突然爆裂為質量相等的甲、乙、丙三質點。爆裂後，乙自靜止作自由落體運動，丙循原路徑回落到原拋射點。若忽略空氣阻力，則爆裂瞬間甲與丙速率的比值為何？ (A)4 (B)3 (C)2 (D)1。

( ) 23. 直流發電機是電磁學中，下列何項定律的應用？ (A) 法拉第定律 (B) 安培定律 (C) 庫侖定律 (D) 歐姆定律。

( ) 24. 在一體積可變的容器中，以 3 大氣壓、27℃ 的條件裝滿一理想氣體，其體積為 5 公升。若氣體分子數量未改變，將其壓力及溫度改變為 1 大氣壓、327℃ 時，則體積將變為何？ (A)5 公升 (B)10 公升 (C)20 公升 (D)30 公升。

( ) 25. 關於「量子現象」的敘述，下列何者正確？ (A) 量子現象皆可用古典物理中的電磁理論解釋 (B) 氫原子的發射光譜是屬於不連續光譜 (C) 光電效應的實驗結果顯示光具有波動性 (D) 電子的雙狹縫干涉現象是因為電子具有粒子性。

( ) 26. 一重物自高塔自由落體落下，則第 4 秒內的位移為何？（g ＝ 10 公尺 / 秒 ^{2}） (A)20 公尺 (B)35 公尺 (C)45 公尺 (D)80 公尺。

( ) 27. 一傘兵跳傘不計空氣阻力，自由落下 45m 後傘張開，並以 3m/s^2 的減速度下降，若著地時速度為 6m/s，則其在空中停留之時間為何？（g ＝ 10m/s^2） (A)11 秒 (B)13 秒 (C)16 秒 (D)18 秒。

( ) 28. 以 v_0 的初速度水平拋出一球，當水平速度與鉛直速度相等時，鉛直位移與水平位移之比為何？ (A)1：2 (B)2：1 (C)1：3 (D)3：1。

( ) 29. 物體在水面上運動，在 5 秒內速度由 9m/s 向東，變成 12m/s 向北，則物體的平均加速度為何？ (A)1m/s^2 (B)3m/s^2 (C)6m/s^2 (D)9m/s^2。

( ) 30. 已知聲波在鐵中傳播速率為 5280 公尺 . 秒，某人敲擊鐵管一端，聽者在另一端聽到 2 響，時間差為 0.5 秒，已知空氣聲速 330 公尺 . 秒，則此鐵管長度為何？ (A)200 公尺 (B)184 公尺 (C)176 公尺 (D)150 公尺。

( ) 31. 兩大小均為 a 之向量夾角 2θ，則其和為何？ (A)2a · sinθ (B)2a · cosθ (C)2a · sin · tanθ2 (D)2aθ2。

( ) 32. 當我們看到三顆恆星的顏色分別是紅色、黃色與藍色。則此三顆恆星的表面溫度由低至高排列順序為何？ (A) 藍、黃、紅 (B) 黃、藍、紅 (C) 藍、紅、黃 (D) 紅、黃、藍。

( ) 33. 某汽車引擎的角速率於 10 秒內由 30rps 增至 60rps，則在此時間內引擎經過多少轉？ (A)450 (B)350 (C)250 (D)125。

( ) 34. 物體作等速率圓周運動時，下列何者保持不變？ (A)向心力 (B)法線加速度 (C)任一時距內的平均速率 (D)任一時距內的平均加速度。

( ) 35. 一質點作半徑固定的圓周運動，其角位置與時間之關係為 $\theta = 2t^2 + 5$(rad)，則 5 秒末的平均角速度為何？ (A)12rad/sec (B)10rad/sec (C)6rad/sec (D)3rad/sec。

( ) 36. 將一密度為 0.96g/cm^3 之物塊完全沉入裝有下層為水、上層密度為 0.8g/cm^3 之油的桶子中；若物塊沒有碰觸到桶子底部，則此物塊沉於水中之體積與其總體積之比為何？ (A)1：5 (B)2：5 (C)3：5 (D)4：5。

( ) 37. 儲熱桶的熱水出水口高度，比屋內水龍頭高多少時，二者的水壓差為 0.6 大氣壓？（1 大氣壓約等於 10 公尺水柱高） (A)3 公尺 (B)6 公尺 (C)18 公尺 (D)24 公尺。

( ) 38. 關於光的性質，下列敘述何者有誤？ (A)光是電磁幅射 (B)光具有波動性與粒子性 (C)在任何介質中，光速皆為 3×10^8 公尺/秒 (D)不需介質亦可傳遞。

( ) 39. 小明訂定純水的冰點為－20ºX，沸點為 130ºX，則 10ºX 等於下列何者？ (A)20℃ (B)25℃ (C)30℃ (D)35℃。

( ) 40. 不考慮熱量散失，一塊高溫的金屬若被投入 20℃、200 公克的水中，熱平衡後溫度為 50℃。若改將此金屬以相同之溫度投入 60℃、100 公克的水中，熱平衡後溫度會成為 100℃。則該金屬原先的溫度為何？ (A)200℃ (B)170℃ (C)140℃ (D)110℃。

( ) 41. 等體積的甲、乙兩物體，甲的密度為 2g/cm^3，乙的密度為 5g/cm^3，將其分別沉入水中，則甲、乙所受浮力比為何？ (A)5：2 (B)2：5 (C)1：1 (D)10：1。

( ) 42. 有一容量為 V 的密閉鋼製容器，其中盛有質量為 M 的某種氣體。如將容器中的氣體抽掉一些，使氣體質量降為 M/3，則密閉容器中剩下的氣體體積為何？ (A)V (B)比 V/3 小 (C)V/3 (D)比 V/3 大，但比 V 小。

( ) 43. 關於聲音的性質，下列敘述何者有誤？ (A) 聲音是一種能量 (B) 在空氣中講話，其聲音聽起來比真空中更為清楚與響亮 (C) 如果月球上有爆炸事件，地球上的人一定可以聽到爆炸聲 (D) 聲波在空氣中傳播時，空氣分子震動方向與聲波前進方向平行。

( ) 44. 三種不同色光：紅光、綠光、藍光，在真空中傳播時，何種色光的光速最慢？ (A) 紅光 (B) 綠光 (C) 藍光 (D) 均一樣。

( ) 45. 光由疏介質進入密介質，其折射線為何？ (A) 不偏離 (B) 偏近法線 (C) 偏離法線 (D) 視溫度而偏折。

( ) 46. 2 度的電能可以使標明為 110V、40W 的燈泡發光多少時間？ (A)1 小時 (B)10 小時 (C)25 小時 (D)50 小時。

( ) 47. 變壓器原線圈有 400 圈，副線圈有 2600 圈，若輸入電壓為 110V，則輸出電壓為何？ (A)1430V (B)715V (C)355V (D)175V。

( ) 48. 若傳輸線輸送的電功率保持不變，而發電廠變壓器主、副線圈的圈數比，由原來的 3：100 改為 3：200，則二次側傳輸線因熱效應而消耗的電功率，變為原來的多少倍？ (A)4 (B)2 (C)1/2 (D)1/4。

( ) 49. 半導體的導電係依靠下列何者？ (A)α 粒子 (B) 束縛電子 (C) 中子 (D) 自由電子與電洞。

( ) 50. 將帶正電的 A 物體與不帶電的 B 導體接觸，則下列何者正確？ (A)A 部分電子移至 B (B)A 部分質子移至 B (C)B 部分電子移至 A (D)B 部分質子移至 A。

解答及解析 答案標示為 # 者，表官方曾公告更正該題答案。

1. **A**。 如圖所示，$|\vec{A}| = |\vec{B}| = |\vec{A}+\vec{B}|$，故 $|\vec{A}-\vec{B}| = \frac{|\vec{A}|}{2} \times \sqrt{3} \times 2 = \sqrt{3}|\vec{A}|$ 。

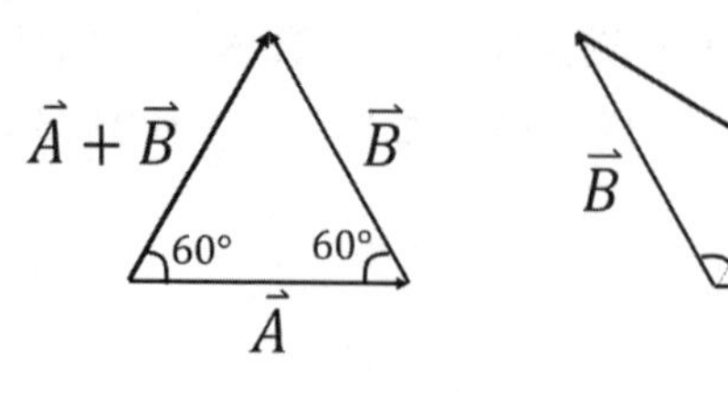

2. **C**。 在 25°C 的聲速：$v_{25°C} = 331 + 0.6 \times 25 = 346 m/s$

∵經 1 秒後聽到回聲 ∴聲波從井口至水面的花 0.5 秒

⇒井口至水面的深度＝ 346×0.5 ＝ 173m

3. **C**。 向心力 $F_C = m\frac{4\pi^2 R}{T^2} = 4 \times \frac{4\pi^2 \times 5}{4^2} = 5\pi^2 N$

4. **D**。 如圖所示

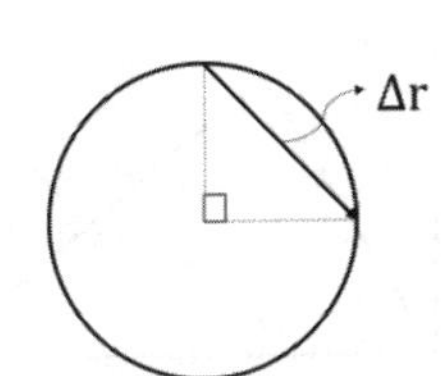

平均速度 $v = \frac{\Delta r}{\Delta t} = \frac{6\sqrt{2}}{\frac{1}{4} \times 24} = \sqrt{2} \cong 1.414\,m/s$

5. **B**。 燈泡的電阻 $R = \frac{V^2}{P} = \frac{110^2}{40} = \frac{605}{2}\Omega$

∵兩個燈泡串聯 ∴每個燈泡的端電壓為 55V

⇒ 每個燈泡之消耗功率 $P = \frac{V^2}{R} = \frac{55^2}{605/2} = 10W$

6. **B**。 物體的速率 $v = \frac{2\pi R}{T} = 2\pi Rf$

在 1/2 週期內，

向心力對物體所施之衝量 $J = \Delta p = m\Delta v = m(2v) = 4\pi fRm$

7. **D**。 $V_{AB} = \frac{W_F}{q}$，$V_A - V_B = 100 - V_B = \frac{0.32}{8 \times 10^{-3}} \Rightarrow V_B = 100 - 40 = 60V$

8. **A**。 (A)○，地表附近的重力位能 $U = mgh \propto h$，最高點距離地表最遠，位能最大。

(B)╳(C)╳，石塊在飛行過程中僅受重力作用，故力學能守恆。

(D)╳，石塊在飛行過程作等加速運動。

9. **C**。 設熱水與冰塊皆為 m 克

∵ m 克 0°C 的冰融化成 0°C 的水會吸收 80m 卡 >m 克 60°C 的熱水降溫成至 0°C 的水會釋放 60m 卡

∴混合後溫度為 0°C

10. **C**。 施力方向要與位移方向平行才有作功，所以人對手提箱僅有在等速上升期間作功，水平移動時沒有。

∵手提箱等速上升

∴人對手提箱施力 $F = 3g = 3\times 9.8 = 29.4N$

$\Rightarrow W_F = F\times d = 29.4\times 1 = 29.4J$

11. **B**。 根據題目所敘述，畫出 v-t 圖

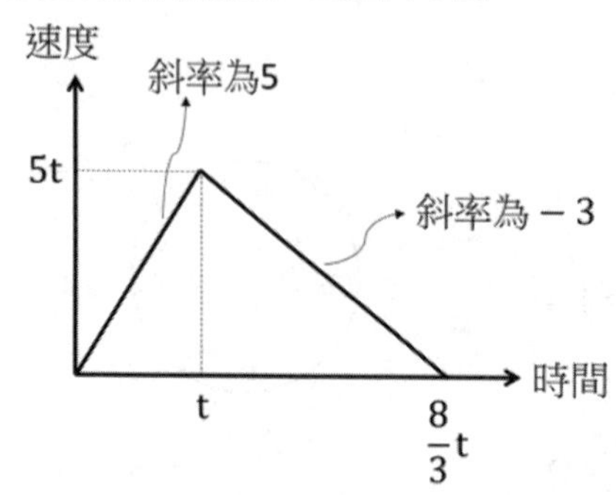

三角形面積＝位移＝$\frac{1}{2}\times 5t\times \frac{8}{3}t = 240 \rightarrow t = 6s$

$\Rightarrow$ 物體運動總需時間 $T = \frac{8}{3}t = \frac{8}{3}\times 6 = 16$ 秒

12. **A**。 ∵系統碰撞前後，系統動量守恆，即 $\vec{p}_A + \vec{p}_B = \vec{p}'_A + \vec{p}'_B$

∴如圖所示，$|\vec{p}_A| > |\vec{p}_B|$ 。

$\vec{p}_A+\vec{p}_B$　$\vec{p}_B$　碰撞前

$\vec{p}_A$

$\vec{p}'_A$　$\vec{p}'_B$　碰撞後

13. **D**。 斜向拋射的水平射程： $R = \frac{2v_0^2\cos\theta\sin\theta}{g}$

斜向拋射的最大高度： $H = \frac{v_0^2\sin^2\theta}{2g}$

$R = 4H$，$\frac{2v_0^2\cos\theta\sin\theta}{g} = 4\times \frac{v_0^2\sin^2\theta}{2g} \rightarrow \tan\theta = 1 \Rightarrow \theta = 45^\circ$

14. **A**。 燈泡如果是損壞的，則電阻將是無限大，可用電阻檔測量燈泡的電阻。若能測出電阻表示燈泡是好的；若無法測出電阻表示燈泡是壞的。

15. **C**。 核反應式前後質量數守恆、電荷數守恆。

${}_{2}^{4}He + {}_{7}^{14}N \rightarrow {}_{8}^{17}O + {}_{Z}^{A}X$

$$\Rightarrow\begin{cases}質量數守恆 & 4+14=17+A\rightarrow A=1\\ 電荷數守恆 & 2+7=8+Z\rightarrow Z=1\end{cases}$$

另一粒子質量數為 1、質子數為 1，故為質子$^{1}_{1}p$。

16. **D**。①甲下滑後碰撞前的瞬時速率為 $v=\sqrt{2gh}$。

②∵甲乙發生正向彈性碰撞

$$\therefore v_{乙}=\frac{2m_{甲}}{m_{甲}+m_{乙}}v=\frac{2\times3M}{3M+M}\times\sqrt{2gh}=3\sqrt{\frac{gh}{2}}$$

17. **C**。設加速度 a、火車長度 L、中點速率 s

火車作等加速運動

$v^2=u^2+2aL\cdots①$

$s^2=u^2+2a\frac{L}{2}\cdots②$

$aL=\frac{v^2-u^2}{2}$ …代入②

$\rightarrow s^2=u^2+\frac{v^2-u^2}{2}$，$2s^2=2u^2+(v^2-u^2)$

$\Rightarrow s=\sqrt{\frac{v^2+u^2}{2}}$

18. **C**。(C)╳，水力發電：位能→動能→電能。

19. **B**。如圖所示，

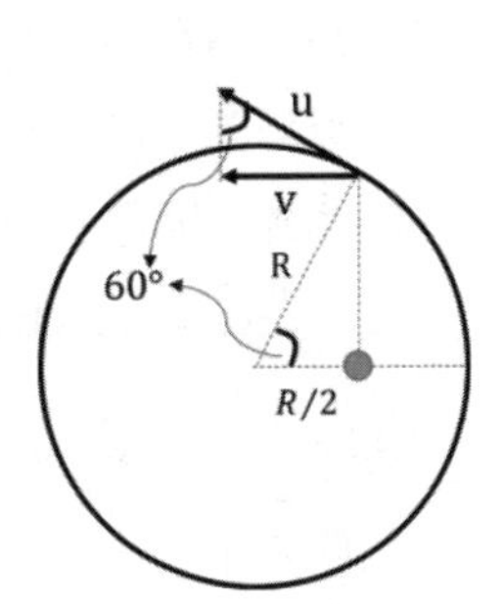

簡諧運動可視為等速圓周運動在直徑上的投影。

物體通過位移為零之平衡點的速率

＝等速圓周運動之速率

$u=\frac{v}{\sqrt{3}}\times2=\frac{2\sqrt{3}}{3}v$

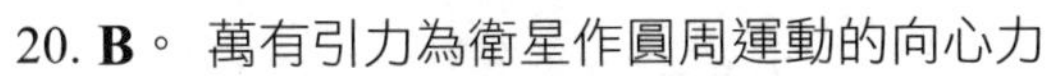

20. **B**。萬有引力為衛星作圓周運動的向心力

$F_g=F_C$，$\frac{GMm_e}{R^2}=M\frac{v^2}{R}\rightarrow v=\sqrt{\frac{Gm_e}{R}}\propto\sqrt{\frac{1}{R}}$

$\Rightarrow\frac{v_{甲}}{v_{乙}}=\sqrt{\frac{R_2}{R_1}}$

21. **D**。 $c = \lambda f \Rightarrow \lambda = \frac{c}{f} = \frac{3\times10^8}{1.9\times10^9} \cong 0.16\text{m}$

22. **A**。 設質點總質量 m、爆裂前速度 v、爆裂後甲的瞬間速率 u

質點爆裂前後動量守恆： $mv = \frac{m}{3}(-v) + \frac{m}{3}\times0 + \frac{m}{3}u$

$\Rightarrow u = 4v$，故甲與丙的速率比值為 4。

23. **A**。 發電機為電磁感應（法拉第定律）的應用。

24. **D**。 理想氣體方程式 PV ＝ NkT

改變前：3×5 ＝ Nk(27 ＋ 273)…①

改變後：1×V ＝ Nk(327 ＋ 273)…②

$\frac{②}{①}$，得 $\frac{V}{15} = \frac{600}{300} = 2 \Rightarrow V = 30L$

25. **B**。 (A) ╳，量子現象不可用古典物理中的電磁理論解釋。

(C) ╳，光電效用的實驗結果顯示光具有粒子性。

(D) ╳，電子的雙狹縫干涉現象是因為電子具有波動性。

26. **B**。 第 4 秒內的位移＝ 4 秒內的位移－ 3 秒內的位移

$\Delta h_4 = \frac{1}{2}\times10\times4^2 - \frac{1}{2}\times10\times3^2 = 5\times(16-9) = 35\text{m}$

27. **A**。 傘兵的運動分為兩個部分—開傘前與開傘後

①開傘前，傘兵自由落下

設開傘瞬間的速度為 u、自由落下時間 t_1

$u = \sqrt{2gh} = \sqrt{2\times10\times45} = 30\text{m/s}$

$45 = \frac{1}{2}\times10\times t_1^2 \Rightarrow t_1 = 3$ 秒

②開傘後，傘兵以 3m/s^2 減速下降，設經 t_2 秒後著地

$6 = 30 - 3t_2 \Rightarrow t_2 = 8$ 秒

⇒ 傘兵在空中停留時間 $T = t_1 + t_2 = 3 + 8 = 11$ 秒

28. **A**。 當水平速度與鉛直速度相等時

$v_y = v_0 = gt \longrightarrow t = \frac{v_0}{g}$

鉛直位移： $y = \frac{1}{2}gt^2 = \frac{1}{2}g\left(\frac{v_0}{g}\right)^2 = \frac{v_0^2}{2g}$ …①

水平位移：$x = v_0 t = \frac{v_0^2}{g} \cdots$②

$\frac{①}{②}$，得 $\frac{y}{x} = \frac{\frac{v_0^2}{2g}}{\frac{v_0^2}{g}} = \frac{1}{2}$，故鉛直位移與水平位移之比值為 1:2。

29. **B**。 如圖所示，Δ v ＝ 15m/s

$\Delta v = \sqrt{12^2 + 9^2} = 15\,m/s$

$v_2 = 12\,m/s$

$v_1 = 9\,m/s$

平均加速度 $a = \frac{\Delta v}{\Delta t} = \frac{15}{5} = 3m/s^2$

30. **C**。 設聲波在鐵管傳遞時間為 t 秒

鐵管長度＝ $5280t = 330(t + 0.5) \rightarrow t = \frac{1}{30}$

⇒ 鐵管長度＝ $5280 \times \frac{1}{30}$ ＝ 176 公尺

31. **B**。 如圖所示，依據三角形法

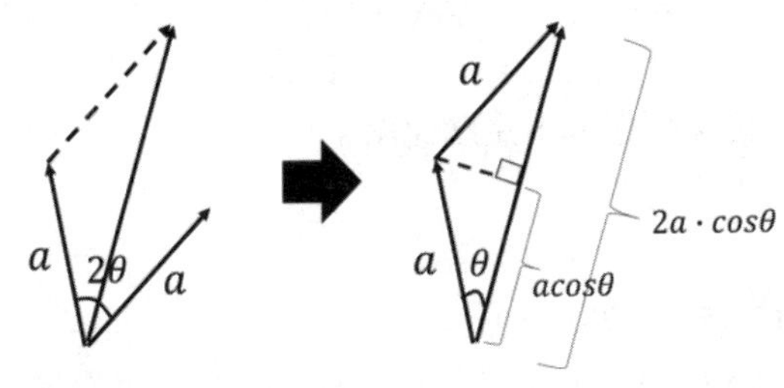

其和為 acosθ×2 ＝ 2a・cosθ

32. **D**。 恆星的顏色與表面溫度有關，藍色恆星表面溫度最高，其次依序為白色，黃色，橘色，一直到最低溫的紅色。

33. **A**。 引擎以等角加速度旋轉

① $\omega = \omega_0 + \alpha t$，60 ＝ 30 ＋ α×10 →角加速度 α ＝ 3 轉 /s^2

② $\omega^2 = \omega_0^2 + 2\alpha\Delta\theta$，$60^2 = 30^2 + 2 \times 3\,\Delta\theta$ ⇒ 角位移Δθ ＝ 450 轉

34. **C**。(A)╳ (B)╳，向心力與法線加速度 (向心加速度) 恆指向圓心。
(C)○，物體作等速運動，任一時距內的平均速率等於瞬時速率。
(D)╳，任一時距內的平均加速度方向等於任一時距內的速度變化方向。

35. **B**。初位置：$\theta_0(t=0)=2\cdot0+5=5rad$
第 5 秒末的位置：$\theta_5(t=5)=2\cdot5^2+5=55rad$
$\Rightarrow$ 平均角速度 $\bar{\omega}=\frac{\Delta\theta}{\Delta t}=\frac{\theta_5-\theta_0}{\Delta t}=\frac{55-5}{5}=10rad/sec$

36. **D**。設物體體積為 V、物體沉入水中的體積為 x
又浮體的浮力＝排開的液體重
$0.96V=0.8(V-x)+1\cdot x=0.8V-0.8x+x$
$0.16V=0.2X$
$\Rightarrow \frac{x}{V}=\frac{0.16}{0.2}=\frac{4}{5}$

37. **B**。$1atm=1033.6cm-H_2O\cong10$ 公尺水柱高所造成的壓力
$\Rightarrow0.6\times10=6$ 公尺

38. **C**。(C)╳，光在真空中的光速為 3×10^8 公尺 / 秒。

39. A。攝氏溫標定純水的冰點為 0°C，沸點為 100°C。
設 10ºX ＝ Y°C
$\frac{Y-0}{100-0}=\frac{10-(-20)}{130-(-20)}=\frac{30}{150}=\frac{1}{5}\Rightarrow Y=20°C$

40. **A**。設金屬原先的溫度 t、金屬質量 m、金屬比熱 s
熱量公式：$\Delta H=ms\Delta T$
金屬放熱＝水吸熱
$ms(t-50)=200\times1\times(50-20)\cdots①$
$ms(t-100)=100\times1\times(100-60)\cdots②$
$\frac{①}{②}$，得 $\frac{t-50}{t-100}=\frac{2\times30}{40}=\frac{3}{2}\rightarrow t=200°C$

41. **C**。浮力＝排開的液體重
∵甲、乙體積相同，又分別沉入水中。
∴浮力相同，甲、乙所受浮力為 1：1。

42. **A**。 氣體體積與容器相等，將容器中的氣體抽調一些，並不會改變氣體體積，在同溫下，僅會改氣體壓力。

43. **C**。 (C)╳，聲波為力學波，需要靠介質傳遞，故月球上有爆炸事件，地球上的人聽不到。

44. **D**。 電磁波在真空中傳播都以光速行進。

45. **B**。 光在疏介質中的光速較在密介質中的光速快，故光由疏介質進入密介質會偏近法線。

46. **D**。 ①單位換算：2 度 $= 2\times(3.6\times10^6) = 7.2\times10^6$J
②燈泡的功率為 40W，即每秒消耗 40J 的能量。
$\Rightarrow \dfrac{7.2\times10^6}{40} = 1.8\times10^5$ 秒 $= \dfrac{1.8\times10^5}{3600} = 50$ 小時

47. **B**。 變壓器的電壓與匝數成正比：$\dfrac{V_1}{V_2}=\dfrac{N_1}{N_2}$，$\dfrac{110}{V_2}=\dfrac{400}{2600}$ $V_2 = 715$V。

48. **D**。 ∵副線圈改為原來的 2 倍
∴輸出電壓變為原來的 2 倍，故輸出電流變為原來的 $\dfrac{1}{2}$。
消耗的電功率 $P = I^2R\propto I^2$
$\Rightarrow$ 消耗的電功率變為原來的 $\left(\dfrac{1}{2}\right)^2$ 倍 $= \dfrac{1}{4}$ 倍。

49. **D**。 半導體中的導電載子是自由電子與電洞。

50. **C**。 在導體中能自由移動的只有自由電子，故是 B 部分的電子轉移至 A，使接觸後 A、B 皆帶正電。

111年台電新進僱用人員甄試

( ) 1. 甲、乙兩車同地出發，其 v=f（t）如圖所示，則兩車在第幾秒時相會？ (A)4 秒 (B)6 秒 (C)8 秒 (D)10 秒。

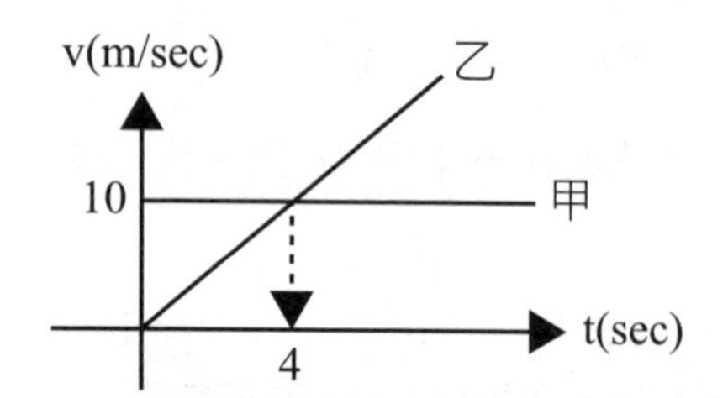

( ) 2. 一物體質量為 m，從一長度 48 公尺的光滑斜面頂端由靜止下滑，經 4 秒到達斜面底部。若將此物體從斜面底部以初速 V_0 沿斜面上滑，經 6 秒後又滑回斜面底部，則 V_0 為多少公尺 / 秒？ (A)12 (B)18 (C)24 (D)36．

( ) 3. 如圖所示，分別表示甲、乙、丙、丁 4 個物體運動時，位置或速度與時間的關係，則哪兩個物體有相同運動型態？ (A) 甲丙 (B) 乙丁 (C) 甲丁 (D) 乙丙。

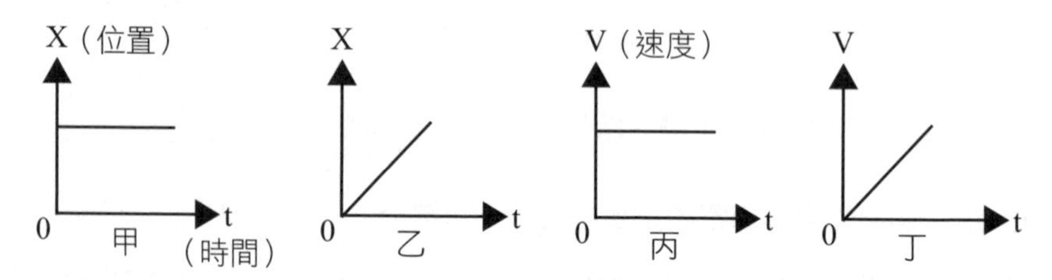

( ) 4. 有 4 塊質量相同且長度為 L 的均勻磚塊，依序相疊如圖所示，在能保持平衡的條件下，d 之最大值為多少 L？ (A)1/8 (B)1/4 (C)1/2 (D)3/4。

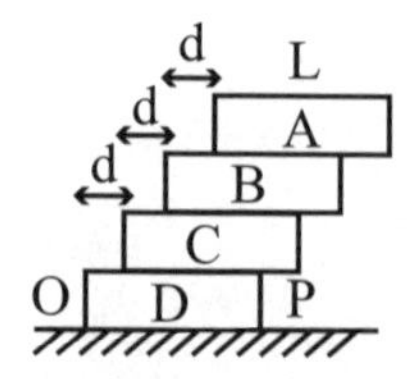

( ) 5. 有一落入油槽內的小球以等速率下降，係因下列何種原因所致？ (A) 在油內無重力 (B) 重力場被電場抵消 (C) 重力的反作用關係 (D) 作用於球的合力為零。

( ) 6. 直立圓柱形容器中，盛有重量為 W，密度為 ρ 之液體，若於此液體中放入一重量為 W_0，密度為 d 之物體，且 d>ρ，則當此物體在液體中等速下降時，容器底部所受之總力為何？ (A)W (B)W_0 (C)$W+W_0$ (D)$W+W_0\frac{\rho}{d}$。

( ) 7. 如圖所示，若不計摩擦及滑輪的質量，且物重 M>m，則系統的加速度為何？ (A)$\frac{mg}{M-m}$ (B)$\frac{Mg}{M-m}$ (C)$\frac{mg}{M}$ (D)$\frac{Mg}{M+m}$。

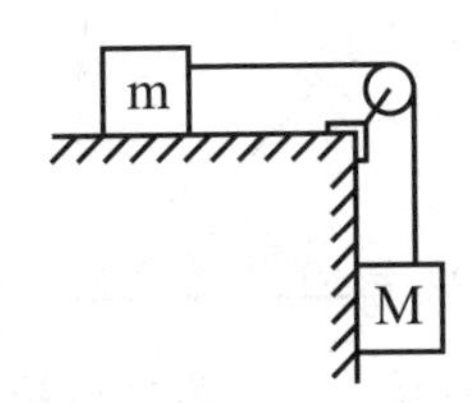

( ) 8. 小明揹著 3 公斤的書包（離地高度為 1 公尺），靜候了 30 分鐘的公車。在這個過程中，小明對此書包總共作功多少焦耳（$g=10m/s^2$）？ (A)0 (B)3 (C)30 (D)100。

( ) 9. 電壓 100V 時電功率為 600W 之電熱器，當電壓降為 80V 時之電功率為何（假設電阻不因溫度變化）？ (A)600W (B)524W (C)480W (D)384W。

( ) 10. 花式溜冰員常用手腳的平伸或收回，來改變身體轉動的快慢，係利用何種原理？ (A) 動量守恆 (B) 衝量守恆 (C) 角動量守恆 (D) 轉動慣量守恆。

( ) 11. 有 2 個質量相同的小球，其中一球靜止，另一球以 $\vec{V}$ 的速度與其作正向完全非彈性碰撞，則碰撞前後系統之總動能的損失率為何？ (A)25% (B)50% (C)75% (D)100%。

( ) 12. 若 $^{238}_{92}U$ 的原子核放射出一個 α 粒子，則剩留的原子核內含有幾個質子？ (A)237 (B)236 (C)91 (D)90。

( ) 13. 下面各定律中，何者可用 $y \propto x^{3/2}$ 之函數式表示？ (A) 克卜勒第三定律 (B) 牛頓第二定律 (C) 牛頓第三定律 (D) 歐姆定律。

( ) 14. 小張將 120 公克的 100℃沸水與 150 公克的 0℃冰塊放在絕熱容器中（假設冰的溶化熱為 80cal/g，水的比熱為 1cal/g-℃）。試問當達成熱平衡時，剩下多少公克的冰未溶化？ (A)100 (B)30 (C)25 (D)0。

( ) 15. 某人臉寬 24 公分，兩眼距離 14 公分，此人於平面鏡前欲見全部臉像，鏡寬最少須多少公分？ (A)7 (B)12 (C)14 (D)19。

( ) 16. 如圖所示，一平面鏡與地面成 45 度角，接觸點為 A，一物體 m 自 B 點自由落向 A 點，則物體與鏡像的運動方向為何？ (A) 垂直 (B) 平行 (C) 成 30 度角 (D) 成 60 度角。

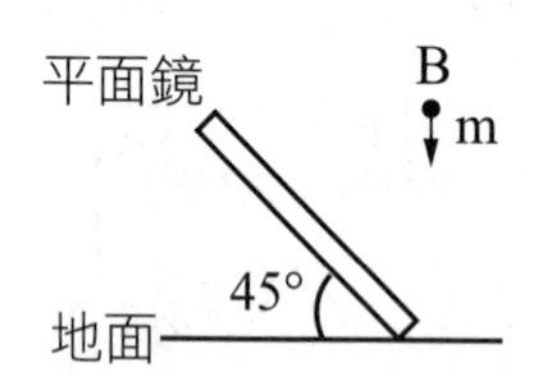

( ) 17. 已知光在真空中之波長為 λ，某介質折射率為 n，厚度為 L，假設光以垂直界面通過，如圖所示，則光在此透明介質中之波長為何？ (A) $\frac{\lambda}{n}$ (B) $\frac{nL}{\lambda}$ (C) $n\lambda$ (D) nL。

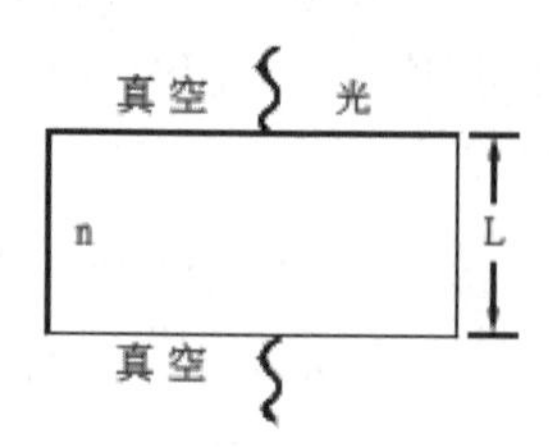

( ) 18. 關於凹面鏡所產生虛像之性質，下列敘述何者有誤？ (A) 必為立正 (B) 放大率≧ 1 (C) 可以投影在屏幕上 (D) 可用照相機拍攝。

( ) 19. 如圖所示，一透熱、不漏氣之剛性容器，以活塞 P 分成 L 及 R 兩部分。活塞與容器的材料相同，器壁無摩擦。L 及 R 分別盛有一莫耳的氦和氖。當體積為 V_L 及 V_R 時活塞恰不可動，則溫度比 T_L/T_R 為何？ (A) $\frac{V_L}{V_R}$ (B) $\frac{V_R}{V_L}$ (C) $\frac{V_L}{(V_R+V_L)}$ (D) $\frac{V_R}{(V_R+V_L)}$。

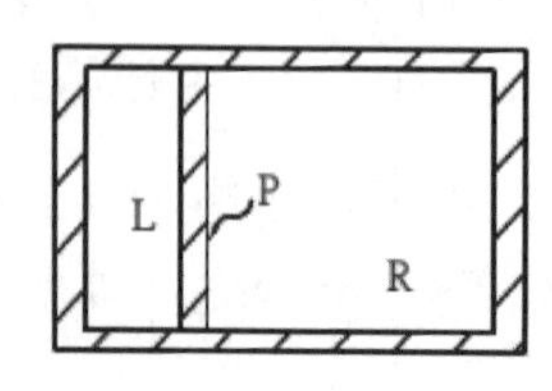

( ) 20. 若氣體溫度很高，表示氣體符合下列何項情形？ (A) 分子速率很小 (B) 分子速率很大 (C) 壓力很小 (D) 分子的動能很大。

( ) 21. 兩星球 A、B 質量比為 1：2，半徑比為 1：4，則 A、B 兩星球表面的重力加速度比為何？ (A)8：1 (B)4：1 (C)2：1 (D)1：2。

( ) 22. 有 3 個完全相同的導電球 A、B 及 C，其中 A、B 兩球各帶相等電荷，且位置固定，但 C 球不帶電，若 A、B 兩球之距離 d 遠大於球的半徑，其間的靜電斥力為 F，若將 C 球先與 A 球接觸，移開後再與 B 球接觸，然後移到遠處。則最後 A、B 兩球間之作用力為多少 F ？ (A)1/4 (B)3/8 (C)1/2 (D)3/4。

( ) 23. 有一長為 L，半徑為 r 的電阻線和一電池相連時，通過的電流為 I。另取一半徑為 r/2，長同為 L 的同質料電阻線與此串聯（仍接同一電池），則串聯後通過的電流為多少 I ？ (A)1/6 (B)1/5 (C)1/4 (D)2/3。

( ) 24. 如圖所示，兩長直平行導線之距離為 2d，各帶相同電流 i，但 i 電流方向相反，則圖中 A、B 兩點磁場大小之比為何？ (A)0：1 (B)1：1 (C)2：1 (D)3：1。

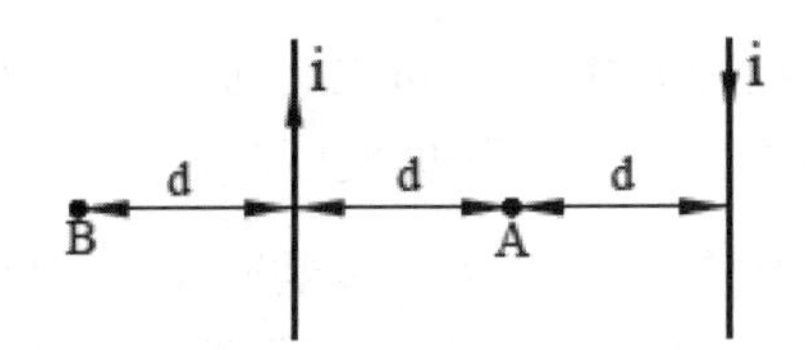

( ) 25. 如圖所示，哪一個電阻的電功率最大？ (A)1Ω (B)3Ω (C)5Ω (D)6Ω。

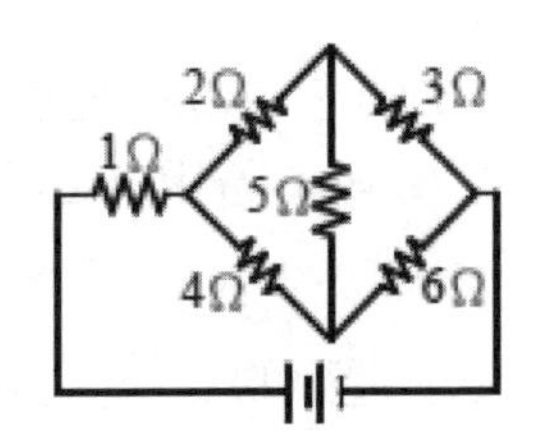

( ) 26. 「光年」是天文學上常用的長度單位，意思是指光在一年中所行經的距離，試估算 2 光年約為多少公尺？ (A)3×10^{8} (B)6×10^{8} (C)9.5×10^{13} (D)1.9×10^{16}。

( ) 27. 有一質量為 10kg 的物體在水平路上，對其施以 50 牛頓與水平面成 60 度仰角的拉力，若該物體在 10 秒內等速前進 8 公尺，則下列敘述何者正確？ (A) 拉力所作之功為 400 焦耳 (B) 摩擦力所作之功為 200 焦耳 (C) 合力所作之功為 0 焦耳 (D) 重力所作之功為 800 焦耳。

( ) 28. 若將一單擺長 L，擺錘質量 m 拉至擺線在水平之下 30° 俯角之位置放開，如圖所示。當 m 擺至最低點時，與一質量為 3m 的靜止小球發生正面彈性碰撞，則 3m 小球所能上升的最大高度為何？

(A) $\frac{3}{8}$L (B) $\frac{1}{8}$L (C) $\frac{1}{16}$L (D) $\frac{1}{32}$L 。

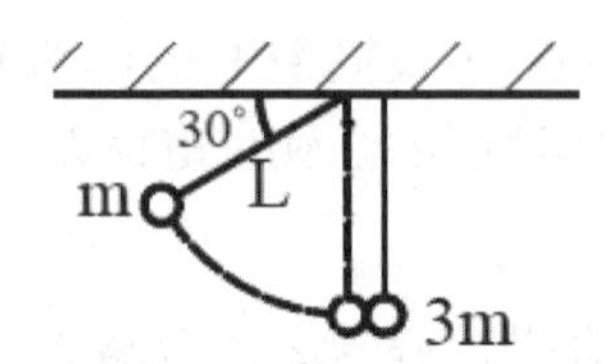

( ) 29. 假設地球繞日之軌道半徑為 R，週期為 T，某行星繞日之週期為 8T，則其繞日之軌道半徑為何？ (A)4R (B)2R (C)R (D) $\sqrt[3]{2}$ R。

( ) 30. 有關等速圓周運動體，下列敘述何者正確？ (A) 加速度的量值一定 (B) 加速度為 0 (C) 加速度的方向一致 (D) 為等速度運動。

( ) 31. 一物體由離地表甚遠之高空落至地面，其所受重力為何？ (A) 先增後減 (B) 先減後增 (C) 一直增大 (D) 維持不變。

( ) 32. 若一物體的動量減半，則其動能變為原來的多少倍？ (A)4 (B)2 (C)0.5 (D)0.25。

( ) 33. 向北運動之甲物體，其質量為 M，速度為 6v，向東運動之乙物體，其質量為 2M，速度為 4v；若甲、乙相撞而黏成一體，則此時動量大小為 Mv 的多少倍？ (A)14 (B)10 (C)8 (D)2。

( ) 34. 氦原子核的電荷是質子電荷的 2 倍，質量是質子質量的 4 倍。假設一質子和一氦原子核彼此只受到來自對方的靜電力作用，則當質子所受靜電力的量值為 F 時，氦原子核所受靜電力的量值為何？ (A)8F (B)4F (C)2F (D)F。

( ) 35. 下列何者非屬保守力？ (A)重力 (B)摩擦力 (C)彈力 (D)電力。

( ) 36. 下列何者最適合利用微波爐來加熱？ (A)不鏽鋼內的茶 (B)紙杯內的咖啡 (C)塑膠盒內的麵粉 (D)鋁罐的飲料。

( ) 37. 有關電磁波的頻率由高至低，以下排列何者正確？ (A) γ 射線、紅外線、可見光 (B) γ 射線、微波、可見光 (C)可見光、紫外線、X射線 (D)X射線、可見光、無線電波。

( ) 38. 下列何種現象非由光的干涉所產生？ (A)鑽石的彩色 (B)肥皂泡膜的彩色 (C)水面油漬的彩色 (D)光碟片的彩色。

( ) 39. 在聲波由空氣傳入水中的過程中，下列有關聲波性質的敘述何者正確？ (A)聲波的頻率在空氣中與在水中相同 (B)聲波的速率在空氣中較水中快 (C)聲波的強度在空氣中較水中弱 (D)聲波的波長在空氣中與在水中相同。

( ) 40. 一物成像於一平面鏡內a公尺遠處，像長L，某人欲於鏡前b公尺處窺見在鏡內滿映該物體之成像，則此鏡長度應為何？ (A)L (B) $\frac{a}{b}L$ (C) $\frac{a}{a+b}L$ (D) $\frac{b}{a+b}L$。

( ) 41. 在月球的水平面上有一質量為m的物體受水平推力F作用，作加速度為3g的等加速度運動，已知月球表面的重力加速度為地球表面重力加速度g的 $\frac{1}{6}$，物體與水平面之動摩擦係數為0.8，則推力F的量值為何？ (A) $\frac{mg}{2}$ (B) $\frac{43mg}{15}$ (C) $\frac{47mg}{15}$ (D) $\frac{19mg}{5}$。

( ) 42. 質量不相等的兩物體發生碰撞，在碰撞過程中，兩物體間下列何種物理量量值不一定相等？ (A)所受的作用力 (B)動量的變化量 (C)速度的變化量 (D)力作用的時間。

( ) 43. 有一電線電阻為R，將其拉長為原長之5倍，而電線體積不變，則此時電阻變為原來之幾倍？ (A)0.25 (B)1 (C)5 (D)25。

( ) 44. 一顆質量25g的子彈以400m/s向東的速度，射入位於同水平直線上一個質量2kg沿光滑水平面以4m/s向西的木塊，子彈射入物體內經0.1秒後穿出，當子彈離開木塊瞬間，木塊立即靜止，則子彈離開木塊的速度為何？ (A)80 (B)100 (C)400 (D)720。

( ) 45. 下列何者作用力可以使原子核內的質子、中子緊密結合？ (A) 重力作用 (B) 弱作用力 (C) 強作用力 (D) 電磁作用。

( ) 46. 根據物理原理，下列何種家用電器一定要使用交流電源才能工作？ (A) 電磁爐 (B) 電鍋 (C) 電烤箱 (D) 吹風機。

( ) 47. 一螺線管置於一固定金屬板上的正上方一小段距離處，螺線管通有電流 I，電流方向如圖所示。下列何種情況可使金屬板產生順時針方向的感應渦電流？ (A) 電流 I 及螺線管的位置均不變動 (B) 螺線管不動，但其電流 I 逐漸增大 (C) 電流 I 不變，但使螺線管垂直向下移動 (D) 電流 I 不變，但使螺線管垂直向上移動。

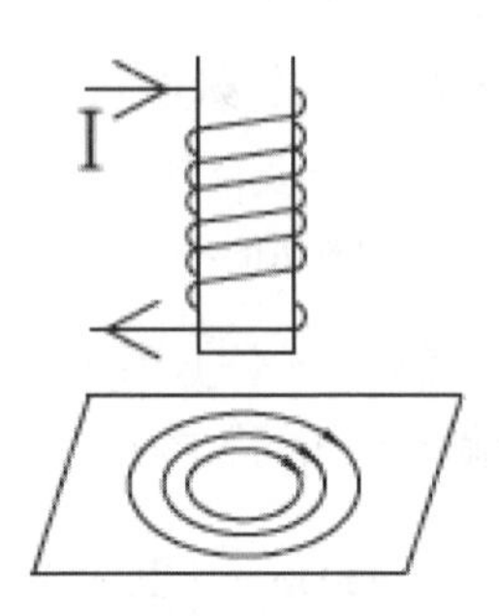

( ) 48. 有 4 條電流相同的載流直導線，排在正方形的 4 個角上，如圖所示，其中一條導線的電流垂直流入紙面，而其他 3 條導線的電流垂直流出紙面，則圖中 O 處的磁場方向為？ (A) ↘ (B) ↗ (C) ↓ (D) ↖。

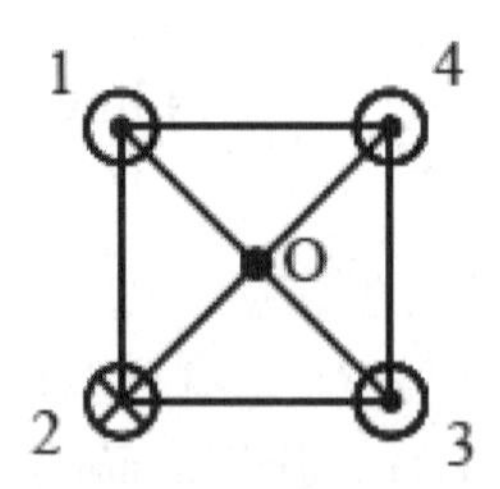

( ) 49. 一物體作直線運動，先以 $8m/s^2$ 的等加速度從靜止開始運動，接著以 $-2m/s^2$ 的等加速度運動直到停止。若運動的總距離為 2000m，則此物體運動所需時間為幾秒？ (A)40 (B)50 (C)60 (D)100。

( ) 50. 物理學上所說的「海市蜃樓」現象係由何種作用造成？ (A) 光的漫射 (B) 光的直進 (C) 光的折射與全反射 (D) 光的反射。

解答及解析 答案標示為 # 者，表官方曾公告更正該題答案。

1 **C**。甲車作等速運動，乙車作等加速運動，乙車的加速度為 $a=\frac{10}{4}=\frac{5}{2}\ m/s^2$。
設甲、乙兩車在 t 秒相遇，即兩車有相同的位移。
由於 v－t 圖面積為位移，即甲車在 t 秒內的包圍面積等於乙車在 t 秒內的包圍面積，得 $10t=\frac{1}{2}\times t\times(\frac{5}{2})t\Rightarrow t=8$ 秒

2 **B**。(1) 物體在光滑斜面上作等加速運動，由等加速運動公式 $S=V_0t+\frac{1}{2}at^2$，得 $48=0+\frac{1}{2}\cdot a\cdot 4^2\rightarrow a=6m/s^2$（方向沿斜面向下）
(2) 將物體從斜面底部以初速 V_0 沿斜面上滑，經 6 秒後回到底部，因運動的對稱性，末速度量值亦為 V_0，得 $-V_0=V_0+(-6)6\Rightarrow V_0=18m/s$

3 **D**。甲、乙為 x－t，x－t 圖的斜率代表速度；丙、丁為 v－t，v－t 圖的斜率代表加速度。
甲：物體靜止
乙：斜率固定，物體作等速運動
丙：物體作等速運動
丁：斜率固定，物體作等加速運動

4 **B**。如圖所示，設 O 點為座標原點 0、磚塊質量為 m，A、B、C 三個磚塊的重心位置座標分別為 $(d+\frac{L}{2})$、$(2d+\frac{L}{2})$、$(3d+\frac{L}{2})$。

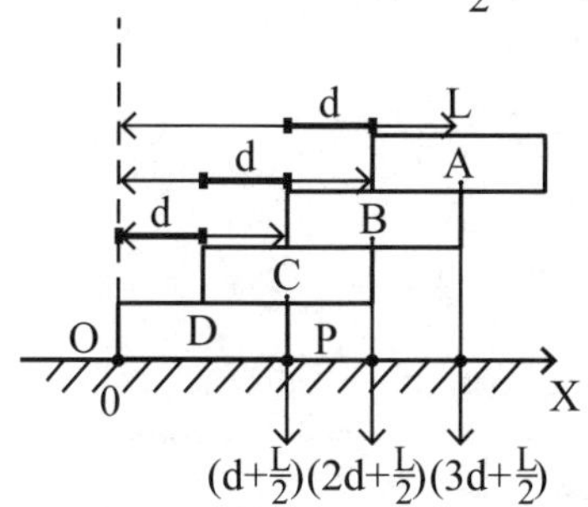

要能保持平衡的條件下，d 為最大值的情況為 A、B、C 三個磚塊系統的重心位置恰好在 P 點。

$$x_G=\frac{m_Ax_A+m_Bx_B+m_Cx_C}{m_A+m_B+m_C}=\frac{m(d+\frac{L}{2})+m(2d+\frac{L}{2})+m(3d+\frac{L}{2})}{m+m+m}=L\Rightarrow d=\frac{L}{4}$$

5 **D**。根據牛頓第一運動定律，物體不受外力或所受外力合為零時，物體靜者恆靜、動者恆做等速運動。∵小球等速率下降　∴小球所受合力為零。

6 **C**。 視容器和物體為一系統，系統靜置於一平面，容器底部所受的正向力等於系統的總重量，即 $W+W_0$。

7 **D**。 如圖所示，兩物體為連結體，有相同的加速度量值。
設加速度量值為 a
根據牛頓第二運動定律
分析 M：$Mg - T = Ma$……(1)
分析 m：$T = ma$……(2)
(1)+(2)　$Mg = Ma+ma \Rightarrow a = \dfrac{Mg}{M+m}$

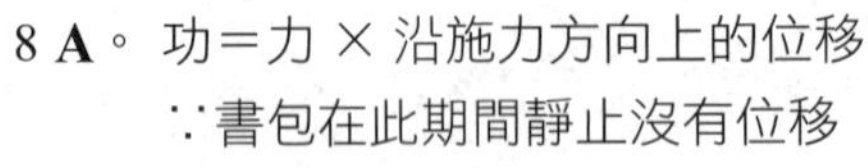

8 **A**。 功＝力 × 沿施力方向上的位移
∵書包在此期間靜止沒有位移
∴小明對書包作功為 0。

9 **D**。 (1) 電熱器的電阻 $R = \dfrac{V^2}{P} = \dfrac{50}{3}\ \Omega$

(2) 當電壓降為 80V 時的電功率 $P' = \dfrac{V^2}{R} = \dfrac{80^2}{\frac{50}{3}} = 384W$

10. **C**。 花式溜冰員在旋轉過程中無外力矩作用，故其角動量守恆。並用手腳平伸或收回改變轉動慣量，來改變自身的轉速。

11. **B**。 設 2 球發生正向完全彈性碰撞後以 u 速度一起運動

2 球系統動量守恆，得 $mv = (m+m)u \Rightarrow u = \dfrac{v}{2}$

動能損失率 $= \left|\dfrac{K_f - K_i}{K_i} \times 100\%\right| = \left|\dfrac{\frac{1}{2}(m+m)(\frac{v}{2})^2 - \frac{1}{2}mv^2}{\frac{1}{2}mv^2} \times 100\%\right|$

$= \left|\dfrac{\frac{1}{2}-1}{1} \times 100\%\right| = 50\%$

12. **D**。鈾 238 作 α 衰變，α 粒子為氦核 ${}_{2}^{4}He$

核反應式：${}_{92}^{238}U \rightarrow {}_{b}^{a}X + {}_{2}^{4}\alpha$，由電荷數守恆 92 ＝ b+2⇒b ＝ 90。

13. **A**。克卜勒第三定律：$\frac{R^3}{T^2} = K$(定值) $T^2 \propto R^3 \Rightarrow T \propto R^{\frac{3}{2}}$

14. **D**。(1) 全部的沸水變成 0℃的水所釋放的熱量為：

$\Delta H_{放} = ms\Delta T = 120 \times 1 \times (100 - 0) = 12000cal$

(2) 全部的冰塊變成 0℃的水所吸收的熱量為：

$\Delta H_{吸} = mL = 150 \times 80 = 12000cal$（L：為冰的溶化熱）

$\because \Delta H_{放} = \Delta H_{吸}$ ∴冰完全融化，剩下 0 公克。

15. **A**。左眼看右半臉（$\overline{O'D'}$）；右眼看左半臉（$\overline{A'D'}$），如圖所示。

⇒ 鏡寬（$\overline{ab}$）最少＝（$\frac{1}{2}$ × 眼距 ($\overline{BC}$) ＝$\frac{1}{2}$）×14 ＝ 7cm

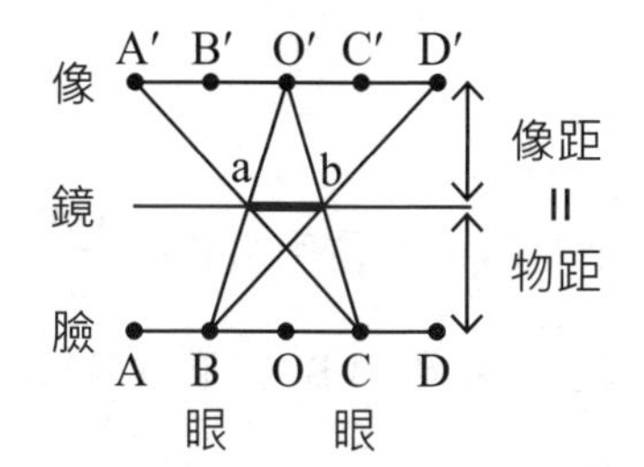

16. **A**。如圖所示，平面鏡成像的基本性質，物距等於像距，故物體與鏡像的運動方向為垂直。

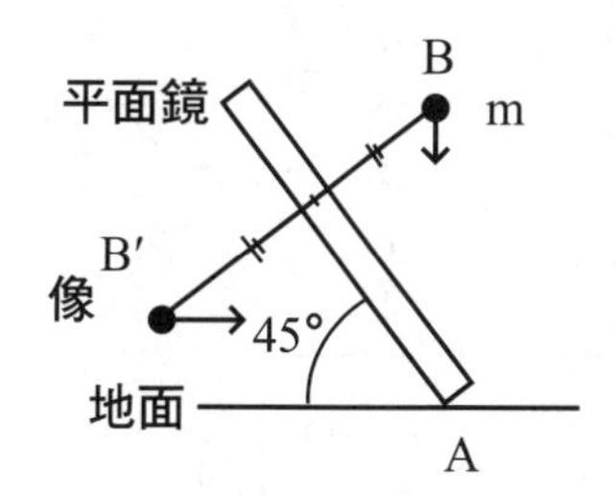

17. **A**。∵波在介質中頻率同在真空中的頻率 f

∴介質中的光速 $v = \frac{c}{n} = \lambda' f = \lambda' \frac{c}{\lambda} \Rightarrow \lambda' = \frac{\lambda}{n}$

18. **C**。 虛像不是由實際光線匯聚而成，故無法在屏幕上呈現。

19. **A**。 理想氣體方程式 $PV = nRT$
當活塞不動時，兩氣室的壓力相等
∵ L 及 R 兩室的分子數皆為 1 莫耳 ∴ $P = \frac{nRT}{V} \propto \frac{T}{V}$
$P_L = P_R$，$\frac{T_L}{V_L} = \frac{T_R}{V_R} \Rightarrow \frac{T_L}{T_R} = \frac{V_L}{V_R}$

20. **D**。 ∵分子的平均動能 $\overline{E_K} = \frac{3}{2}kT \propto T$ ∴氣體溫度很高時，表示氣體分子的動能很大。

21. **A**。 星球表面的重力加速度 $g = \frac{GM}{R^2} \propto \frac{M}{R^2}$

$$\Rightarrow \frac{g_A}{g_B} = \frac{\frac{M_A}{R_A^2}}{\frac{M_B}{R_B^2}} = \frac{M_A}{M_B} \cdot \frac{R_B^2}{R_A^2} = \frac{1}{2} \times 4^2 = 8$$

22. **B**。 設 A、B 兩球各帶電量 Q 接觸前，A、B 之間的靜電斥力 $F = \frac{kQ^2}{d^2}$。若將 C 球先接觸 A，C、A 兩球的帶電量各為 $\frac{Q}{2}$；C 再與 B 接觸，C 最後帶電量為 $Q_C' = \frac{Q + \frac{Q}{2}}{2} = \frac{3Q}{4}$，A、B、C 帶電量整理如下表。

完全相同導體球	A	B	C
起始帶電量	Q	Q	0
C 先與 A 接觸	$\frac{Q}{2}$	Q	$\frac{Q}{2}$
C 再與 B 接觸（最後帶電量）	$\frac{Q}{2}$	$\frac{3Q}{4}$	$\frac{3Q}{4}$

最後 A、B 之間的靜電斥力 $F' = \frac{kQ'_A \cdot Q'_B}{d^2} = \frac{k\frac{Q}{2} \cdot \frac{3Q}{4}}{d^2} = \frac{3}{8}F$

23. **B**。 (1) 電阻定律：$R = \rho\frac{L}{A} \propto \frac{L}{A}$，得 $\frac{R_1}{R_2} = \frac{\frac{L}{\pi r^2}}{\frac{L}{\pi(\frac{r}{2})^2}} = \frac{1}{4}$

(2) 設 $R_1 = R$，$R_2 = 4R$，當兩個串聯時，其等效電阻 $R_S = R+4R = 5R$。

由歐姆定律 $V = IR \rightarrow I = \frac{V}{R} \xrightarrow{\because 接同一電池} I \propto \frac{1}{R} \Rightarrow \frac{I'}{I} = \frac{R}{5R} = \frac{1}{5}$

24 **D**。長直導線周圍的磁場大小 $B = \frac{\mu_0 I}{2\pi r} \alpha \frac{1}{r}$

$B_A = \frac{\mu_0 I}{2\pi d} + \frac{\mu_0 I}{2\pi d} = \frac{\mu_0 I}{\pi d}$（磁場方向為指入紙面）

$B_B = \frac{\mu_0 I}{2\pi d} - \frac{\mu_0 I}{2\pi(3d)} = \frac{\mu_0 I}{3\pi d}$（磁場方向為指出紙面）

$$\Rightarrow \frac{B_A}{B_B} = \frac{\frac{\mu_0 I}{\pi d}}{\frac{\mu_0 I}{3\pi d}} = 3$$

25. **B**。電路右側為惠斯同電橋，無電流通過電阻 5Ω，故電路可化簡如圖。

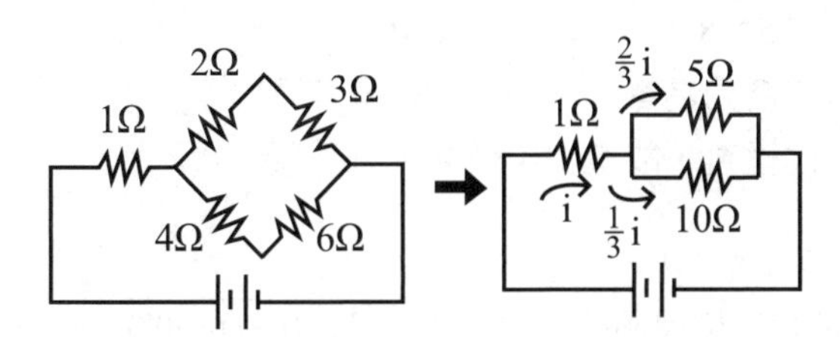

設流經 1Ω 電阻的電流 i，流經 2Ω 和 3Ω 的電流為$\frac{2}{3}$ i；流經 4Ω 和 6Ω 的電流為$\frac{1}{3}$ i。

電阻的電功率 $P = I^2R$

1Ω 電阻的電功率 $P_{1\Omega} = i^2 \times 1 = i^2$

2Ω 電阻的電功率 $P_{2\Omega} = (\frac{2}{3} i)^2 \times 2 = \frac{8}{9} i^2$

3Ω 電阻的電功率 $P_{3\Omega} = (\frac{2}{3} i)^2 \times 3 = \frac{12}{9} i^2$

4Ω 電阻的電功率 $P_{4\Omega} = (\frac{1}{3} i)^2 \times 4 = \frac{4}{9} i^2$

6Ω 電阻的電功率 $P_{6\Omega} = (\frac{1}{3} i)^2 \times 6 = \frac{6}{9} i^2$

⇒3Ω 電阻的電功率最大

26. **D**。 $2ly = 2\times(3\times10^{8})\times365\times24\times60\times60 \cong 1.9\times10^{16}m$

27. **C**。 物體的受力圖如下

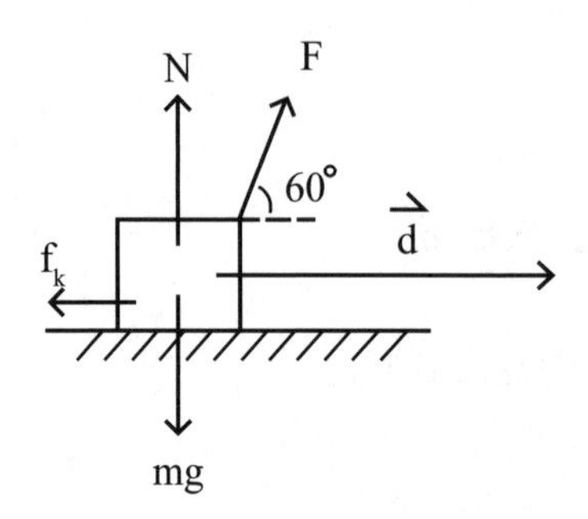

(A) $W_F = Fd\cos\theta = 50\times8\times\cos60^\circ = 200J$

(B) ∵物體等速前進　∴合力為零，摩擦力 $f = F\cos60^\circ = 50\times\frac{1}{2} = 25N$

$W_f = fd\cos180^\circ = 25\times8\times(-1) = -200J$

(C) ∵物體等速前進　∴合力為零，合力作功為 0 焦耳

(D) 重力方向與位移方向垂直，故重力不作功。

28. **B**。

(1) 質量 m 擺置最低點時，碰撞前的速度 $v = \sqrt{2gL(1-\sin30^\circ)} = \sqrt{gL}$

(2) 在最低點時發生正面彈性碰撞，

碰撞後 3m 的速度 $u = \frac{2\times m}{m+3m}\sqrt{gL} = \frac{\sqrt{gL}}{2}$

(3) 碰撞後，3m 小球的動能全部轉換成位能，上升至最高點，

則 K = U，$\frac{1}{2}\cdot3m\cdot(\frac{\sqrt{gL}}{2})^2 = (3m)gH \Rightarrow H = \frac{L}{8}$

29. **A**。 地球與某行星皆繞日公轉，遵守克卜勒第三定律，即 $\frac{R^3}{T^2}$ =定值。

設某行星繞日之軌道半徑為 r，得 $\frac{R^3}{T^2} = \frac{r^3}{(8T)^2} \Rightarrow r = 4R$

30. **A**。 物體作等速圓周運動有向心加速度，加速度方向恆指向圓心，加速度的量值一定。

31. **C**。 地球周圍的重力加速度 $g = \frac{GM}{r^2} \propto \frac{1}{r^2}$，代表距離地心愈遠，該位置的重力加速度愈小。物體的重力 $W = mg \propto g$，故由離地表甚遠之高空落至地面其重力會一直增加。

32. **D**。 動量 $p = mv$，動能 $K = \frac{1}{2}mv^2 = \frac{p^2}{2m} \propto p^2$

$$\Rightarrow \frac{K'}{K} = \frac{\left(\frac{p}{2}\right)^2}{p^2} = \frac{1}{4} = 0.25$$

33. **B**。 甲、乙系統碰撞前後動量守恆，即 $\vec{P}_{甲} + \vec{P}_{乙} = \vec{P}_{甲+乙}$，如圖所示，碰撞後總動量為 10Mv。

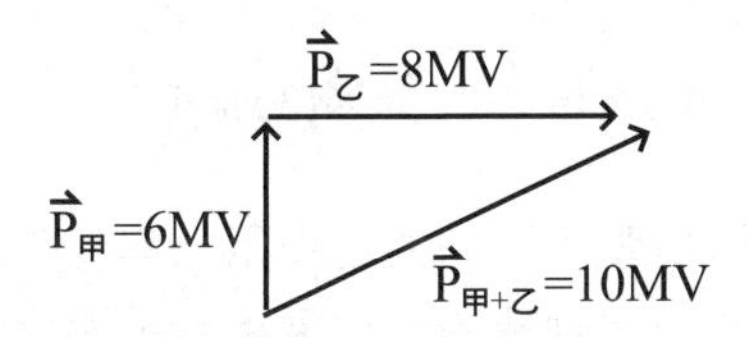

34. **D**。 質子與氦原子核之間所受的靜電力為一對作用力與反作用力，當質子所受的靜電力為 F 時，氦原子核所受的靜電力量值亦為 F。

35. **B**。 保守力作功只與物體的位移有關，與其路徑長無關。常見的保守力有重力、彈力與電力。

36. **B**。 微波餐具材質不能用金屬器具、耐熱差的塑膠容器，無水分乾燥的食物亦不適合用微波爐加熱。

37. **D**。 電磁波波譜中的 7 個主要波段，頻率由高至低為 γ 射線、X 射線、紫外線、可見光、紅外線、微波、無線電波，故選 (D)。

38. **A**。 鑽石的彩色是因為光進入鑽石中發生折射，同三稜鏡把白光分光產生色散現象。

39. **A**。 聲波由空氣進入水中，其頻率不變，又聲波在水中的速率較快，故聲波在水中的波長較長，聲波強度隨傳遞而減少。

40. **D**。如圖所示，平面鏡成像性質，像距＝物距。

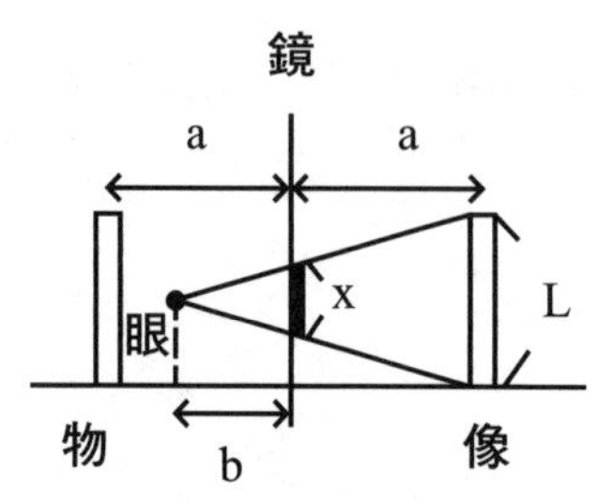

利用三角形相似形邊長等比例關係，$\frac{b}{b+a}=\frac{x（鏡長）}{L}$

$\Rightarrow$ 鏡長 $x=\frac{b}{b+a}L$。

41. **C**。根據牛頓第二運動定律 $\sum\vec{F}=M\vec{a}$

$$F-f_k=m\times(3g)，F-\mu_k N=F-0.8\times m\frac{g}{6}=m\times(3g)\Rightarrow F=\frac{47mg}{15}$$

42. **C**。兩物體發生碰撞，在碰撞過程中，兩物體所受的力為作用力與反作用力，作用時間相等，系統總動量守恆，兩物體動量的變化量相等，速度的變化量不一定相等。

43. **D**。電線的體積不變，當其拉長為原長之 5 倍時，截面積為原來的 $\frac{1}{5}$ 倍。

$$由電阻定律 R=\rho\frac{\ell}{A}\propto\frac{\ell}{A}，\Rightarrow\frac{R'}{R}=\frac{\frac{5\ell}{\frac{A}{5}}}{\frac{\ell}{A}}=25 倍$$

44. **A**。視子彈和木塊為一系統，系統動量守恆 $\overline{p_1}+\overline{p_2}=\vec{p}'_1+\vec{p}'_2$

$0.025\times400+2\times(-4)=0.025v+0\Rightarrow v=80m/s$

45. **C**。強作用力可以使原子核內的質子、中子 (統稱核子) 緊密結合 。

46. **A**。電磁爐為電磁感應的應用，故一定要使用交流電，交流電才會產生變化的磁場進而產生應電流。電鍋、電烤箱和吹風機皆為電流熱效應的應用。

47. **D**。若要產生順時針方向的感應渦電流，感應磁場的方向要向下。根據冷次定律，感應磁場的方向要阻止金屬板的磁場變化。由於螺線管產生的磁場方向向下，故當螺線管不動時，其電流 I 要逐漸減小或是當電流 I 不變時，使螺線管垂直向上移動，皆可使金屬板產生順時針方向的感應渦電流。

48. **A**。 如圖所示，根據安培右手定則，導線 1、3 產生的磁場相互抵消，2、4 產生的磁場等大且方向相同，故 O 處的磁場方向為↘。

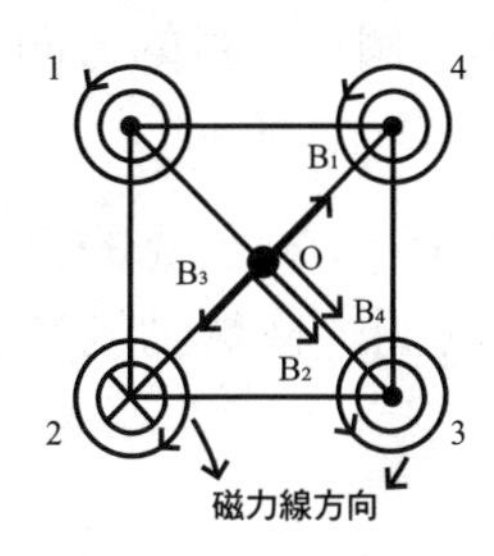

49. **B**。 如圖所示，v-t 的面積等於物體的位移

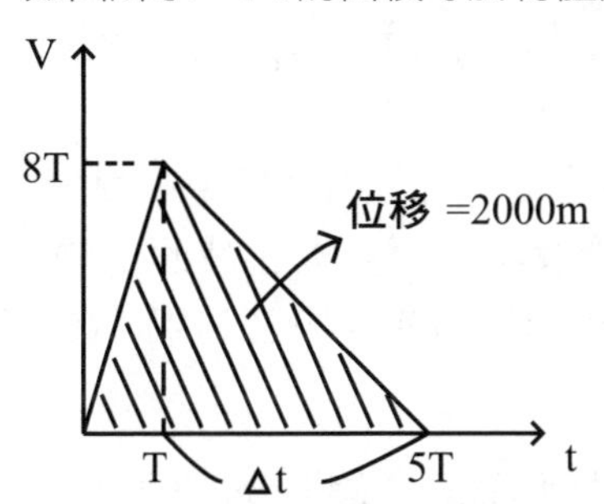

設物體在 T 秒時達速度的最大值，最大速度為 8T；由於接著物體以 $-2m/s^2$ 的等加速度減速至 0，$\left|\frac{8T}{\Delta t}\right| = 2 \rightarrow \Delta t = 4T$，故物體運動所需的時間共為 5T 秒。

三角形面積＝物體的位移＝ $2000 = \frac{1}{2} \times 5T \times 8T \Rightarrow T = 10$ 秒，得物體所需的時間為 50 秒。

50. **C**。 海市蜃樓現象是因為一層層的空氣溫度不同，故波速不同而造成光的折射與全反射的自然現象。

112年台電新進僱用人員甄試

( ) 1. 一物體受到作用力，其合力方向與下列哪一個物理量的方向一定相同？ (A) 加速度 (B) 速度 (C) 位移 (D) 動量。

( ) 2. 2023 年棒球經典賽某場比賽中，投手將質量 100 公克的棒球以時速 108 公里的速率投出，請問投手投出瞬間，棒球動能為多少焦耳？ (A)45 (B)90 (C)135 (D)180。

( ) 3. 有一物體浮在水面上，露出水面部分為全部體積 $\frac{1}{4}$，則此物體密度為多少 g/cm ？ (A) $\frac{1}{4}$ (B) $\frac{1}{2}$ (C) $\frac{3}{4}$ (D)1。

( ) 4. 將一塊浮板分別置於三種不同的甲、乙、丙液體中，液體比重分別為 0.6、1.0、1.8。浮板均浮於液面，則浮板在液面上的體積由小至大排列應為何？ (A) 甲、乙、丙 (B) 丙、乙、甲 (C) 乙、甲、丙 (D) 一樣大。

( ) 5. 金屬片可以導熱，請問下列何者與金屬片的傳導速率無關？ (A) 比熱 (B) 截面積 (C) 兩端的溫度 (D) 導熱係數。

( ) 6. 請問 200 度近視眼鏡之鏡片應為下列何種透鏡？ (A) 焦距為 20 公分之凸透鏡 (B) 焦距為 20 公分之凹透鏡 (C) 焦距為 50 公分之凸透鏡 (D) 焦距為 50 公分之凹透鏡。

( ) 7. 已知聲速為 345 公尺 / 秒，光速為 3×10^8 公尺 / 秒。若 A 君看到遠處的閃電 6 秒後才聽到雷聲，則 A 君與閃電處的距離約為多少公尺？ (A)345 (B)690 (C)1,380 (D)2,070。

( ) 8. 若以帶正電玻璃棒接近不帶電的金屬球，此時金屬球以導線連接地面，則關於此過程下列敘述何者正確？ (A) 電子由金屬球經導線流向地面 (B) 質子由金屬球經導線流向地面 (C) 電子由地面經導線流向金屬球 (D) 質子由地面經導線流向金屬球。

( ) 9. 有一平行板電容器（內部抽真空），其中一極板帶正電，另一極板帶等量負電，當兩電極板之間距為 4cm 時，電容器內部電場強度為 60kV/m，若該電容器兩電極板間之電位差維持不變，但兩極板間之間距變為 6cm 時，則電容器內部電場強度為多少 kV/m ？(A)10 (B)20 (C)30 (D)40。

( ) 10. 某一條導線於均匀磁場中運動時，有關影響感應電動勢之敘述下列何者有誤？ (A) 與導線電阻成正比 (B) 與導線長度成正比 (C) 與導線速度成正比 (D) 與磁場強度成正比。

( ) 11. 有一變壓器輸入電壓為 110V，輸出電壓為 380V，原線圈有 1,100 圈，則副線圈有幾圈？ (A)950 (B)1,900 (C)3,800 (D)5,700。

( ) 12. 兩帶電質點相距 r 時，其間的靜電力為 F，若將兩質點電量各增為原來 4 倍，距離減半，則其間靜電力為多少？ (A) $\frac{1}{2}$ F (B)F (C)16F (D)64F。

( ) 13. 有關水的三態密度性質敘述，下列何者正確？ (A) 氣態＞液態＞固態 (B) 固態＞液態＞氣態 (C) 液態＞固態＞氣態 (D) 固態＝液態＝氣態。

( ) 14. 有關物質的三態變化，下列敘述何者正確？ (A) 水分蒸發時，水分子必須吸收能量 (B) 水的沸點與氣壓無關 (C) 水由液態變為固態的過程稱為凝結 (D) 水由固態變為氣態的過程稱為凝華。

( ) 15. 有關等速度運動，下列敘述何者有誤？ (A) 具方向性 (B) 方向不變 (C) 軌跡必為直線 (D) 位移距離不一定等於移動路徑長。

( ) 16. 變壓器提高或降低電壓的原理為何？ (A) 電磁感應 (B) 都卜勒效應 (C) 安培定律 (D) 庫倫定律。

( ) 17. 兩個大小相同的金屬球，其中一個帶 +10C 的電量，另一個帶 +6C 的電量，將兩球接觸再分開後，放回原處，則兩球上的電量分別為何？ (A)+6C、+6C (B)+8C、+8C (C)+10C、+10C (D)+12C、+12C。

( ) 18. 電梯內吊著輕繩，輕繩底端懸掛一個重量為 mg 的物體，輕繩對該物體的施力量值為 F1，該物體對於輕繩的施力量值為 F2，下列敘述何者正確？ (A) 當電梯等速上升時，F1=F2=mg (B) 當電梯等速上升時，F1>F2=mg (C) 當電梯加速上升時，F1>F2=mg (D) 當電梯加速上升時，F1>F2>mg。

( ) 19. 如圖所示，將一重為 W 的物體緊壓於粗糙的牆面上，若施水平力 F，恰可使物體不至於滑落，則此時物體與牆面之間的靜摩擦力為何？ (A)W (B)F (C)$\sqrt{F^2+W^2}$ (D)F^2+W^2。

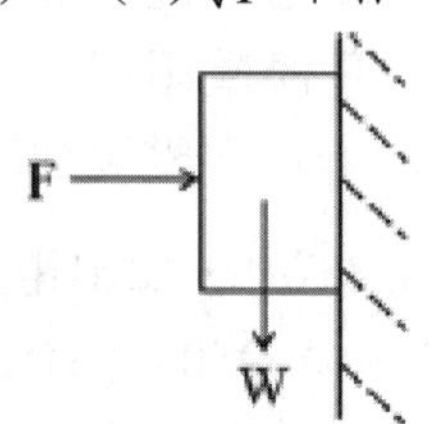

( ) 20. 如圖所示，兩長直導線電流流向相反、大小相同，且均垂直紙面，則甲、乙、丙點磁場方向下列何者正確？ (A) ↑ ↓ ↓ (B) ↓ ↑ ↓ (C) ↑ ↓ ↑ (D) ↓ ↑ ↑。

( ) 21. 有關平行板電容器的電容值關係，下列敘述何者正確？ (A) 電容值與板距離成正比 (B) 電容值與板面積成正比 (C) 電容值與板距離成平方正比 (D) 電容值與板面積成平方正比。

( ) 22. 對一定體積之理想氣體加熱，使其溫度為原來 3 倍，則氣體壓力變為原來的幾倍？ (A) $\sqrt{3}$ (B)3 (C)6 (D)9。

( ) 23. 密閉汽缸內定量理想氣體原來的壓力為 4atm，當汽缸的體積被活塞從 $20m^3$ 壓縮至 $5m^3$，同時把汽缸內氣體的溫度從 313℃降溫至 20℃，則熱平衡後汽缸內氣體的壓力最接近下列何者？ (A)2atm (B)4atm (C)6atm (D)8atm。

( ) 24. 某物體對一凸透鏡生成放大 5 倍的實像，若凸透鏡沿主軸再遠離物體 10 公分，則產生放大 $\frac{1}{5}$ 倍的實像，此凸透鏡的焦距應為多少公分？ (A)5 公分 (B)$\frac{2}{5}$ 公分 (C)$\frac{25}{12}$ 公分 (D)$\frac{25}{16}$ 公分。

( ) 25. 有一高空彈跳者一躍而下，當彈性繩索伸長到最大長度時，在落下的過程中，下列敘述何者正確？ (A) 彈性位能減少、動能增加 (B) 彈性位能增加、動能減少 (C) 彈性位能減少、動能先增加後減少 (D) 彈性位能增加、動能先增加後減少。

( ) 26. 有一球體自 2.45 公尺的高度，以初速為零自由落到地面，著地後反彈到 1.25 公尺的高度，若球與地面碰觸時間為 0.1 秒，則球的平均加速度為多少？（$g=10m/s^2$） (A)$20m/s^2$ 向下 (B)$20m/s^2$ 向上 (C)$120m/s^2$ 向下 (D)$120m/s^2$ 向上。

( ) 27. 如圖所示，均勻銅球的質量為 10 公斤，懸於光滑鉛直牆上，求繩上的張力為多少公斤重？ (A)5 (B)10 (C)15 (D)20。

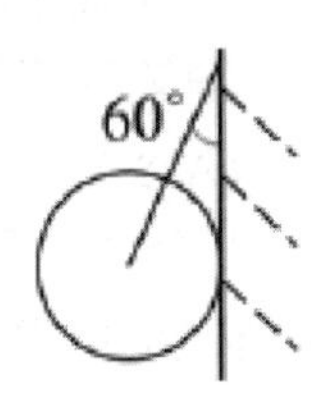

( ) 28. 自水平地面作斜拋運動之物體，在最高點時之動量量值為拋出時的 $\frac{3}{5}$，此時分裂為質量相等的兩塊，其中一塊以初速為零落下，此裂塊落地時的動量量值為拋出時物體動量量值的幾倍？ (A)$\frac{2}{5}$ (B)$\frac{3}{5}$ (C)$\frac{4}{5}$ (D)1。

( ) 29. 傾斜角 30° 之斜面上，質量 0.5kg 之物體以一定速度 2.0m/s 下滑時，重力對物體作功之功率為多少瓦特？（$g=10m/s^2$） (A)2.5 (B)5 (C)10 (D)20。

( ) 30. 用繩將質量 M 的木塊垂直放下，以 $\frac{g}{4}$ 的向下加速度下降距離 L，則繩對木塊作功為何？ (A)$-\frac{MgL}{4}$ (B)$\frac{MgL}{4}$ (C)$-\frac{3MgL}{4}$ (D)$\frac{3MgL}{4}$。

( ) 31. 一彈性繩的一端固定，另一端為自由端，今在此彈性繩上有一駐波產生，該駐波的波長為 8 公分，則彈性繩可能的長度為何？ (A)4 公分 (B)8 公分 (C)14 公分 (D)16 公分。

( ) 32. 水波槽內有兩個波源相距 d，同時發出相同的水面波，其波長為 λ，當 $d=1.6\lambda$ 時，介於此二點波源之間的節線有幾條？ (A)2 (B)4 (C)6 (D)8。

( ) 33. 已知聲速為 340m/s，一消防車以 30m/s 速度向一靜止觀察者駛近，觀察者收到消防車的頻率為 680Hz，則消防車原本發出的頻率為幾 Hz？ (A)550 (B)620 (C)690 (D)740。

( ) 34. 有一單擺週期為 T，欲使週期變為 2T，則擺長須改為原來的幾倍？ (A) $\frac{1}{4}$ (B) $\frac{1}{2}$ (C)2 (D)4。

( ) 35. A、B 二星球半徑比 2：3，密度比 1：2，若將同一物體放在 A、B 二星球上之重量比為多少？ (A)1：2 (B)1：3 (C)2：1 (D)3：1。

( ) 36. 某行星質量為地球的 3 倍，其繞太陽運轉之軌道半徑是地球繞太陽運轉之軌道半徑的 9 倍，則該行星繞太陽運轉之週期是地球繞太陽運轉之週期的多少倍？ (A)3 倍 (B)9 倍 (C)27 倍 (D)81 倍。

( ) 37. 有一物體置入密度為 $0.6g/cm^3$ 的某液體中，其體積有 $\frac{1}{3}$ 露出液面，則此物體的密度為何？ (A)$0.2g/cm^3$ (B)$0.3g/cm^3$ (C)$0.4g/cm^3$ (D)$0.5g/cm^3$。

( ) 38. 質量 10 公斤的物體在一地面滑動，初速為 6 公尺 / 秒，滑動 20 公尺後，速度變為 4 公尺 / 秒，若不計空氣阻力，則此物體與地面之間的動摩擦力為多少？ (A)4 牛頓 (B)5 牛頓 (C)8 牛頓 (D)10 牛頓。

( ) 39. 如圖所示，假設三木塊分別為 m、2m、3m，以細繩串連，受拉力 F 向右作等加速度運動，T_1、T_2 為細繩張力，則（T_1/T_2）比值為多少？ (A)2 (B)3 (C)5 (D)6。

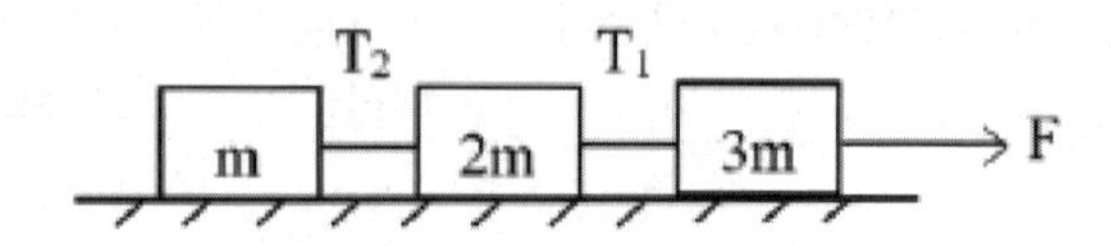

( ) 40. 單色光從折射率 1.2 之介質甲，射入折射率 1.5 之介質乙，在甲、乙各介質之頻率為 f_1、f_2，波長為 λ_1、λ_2，則下列何者正確？ (A)$f_1=\frac{5}{4}f_2$，$\lambda_1=\lambda_2$ (B)$f_1=f_2$，$\lambda_1=\lambda_2$ (C)$f_1=f2$，$\lambda_1=\frac{5}{4}\lambda_2$ (D)$f_1=f_2$，$\lambda 1=\frac{4}{5}\lambda_2$。

( ) 41. 若甲物質折射率 n_1，乙物質折射率 n_2，丙物質折射率 n3，其中 n1<n2<n3，當光通過此三物質時，下列敘述何者正確？ (A) 在甲中速率比乙中小 (B) 在丙中速率比乙中大 (C) 從乙進入甲時，入射角大於折射角 (D) 從乙進入丙時，折射角小於入射角。

( ) 42. 甲、乙兩人合力以一根長 2 公尺之木棒抬一質量為 100 公斤之重物，若欲使甲負重 80 公斤重，則物體應放在木棒上距離甲多少公尺處？ (A)0.4 (B)0.8 (C)1.2 (D)1.6。

( ) 43. 有一長方形的水池，長變為原來的 2 倍、寬變為原來的 3 倍、深變為原來的 4 倍，在改變前後都裝滿水的情況下，水池底部所承受的壓力，改變後為改變前的多少倍？ (A)2 (B)4 (C)12 (D)24。

( ) 44. 質量 5kg 的物體，在光滑平面上以 10m/s 的速度運動時，因受力作用，以 $3m/s^2$ 的加速度運行 20m，則此力對物體作功若干焦耳？ (A)100 (B)200 (C)300 (D)400。

( ) 45. 一物體重 15 牛頓，與地面之最大靜摩擦係數 =0.6，在水平方向對物體施以 5 牛頓的力，則物體與地面之間的摩擦力為多少牛頓？ (A)3 (B)5 (C)7 (D)9。

( ) 46. 在一空間中，鉛直方向有均勻磁場 B，水平方向有均勻電場 E，一帶電量 q 的粒子以大小 v 的速度，垂直於電場與磁場射入該空間，若粒子速度不受任何影響，則 v 為何？ (A)qBE (B)BE (C)$\frac{B}{E}$ (D)$\frac{E}{B}$。

( ) 47. 在火力發電廠燃煤過程中，其能量轉換的主要順序為何？ (A) 化學能→熱能→力學能→電能 (B) 熱能→化學能→力學能→電能 (C) 化學能→力學能→熱能→電能 (D) 力學能→熱能→化學能→電能。

( ) 48. 有一電流為 5 安培之無限長直導線，在距離其 5 公尺處的磁場強度為若干特斯拉？（真空磁導率為 $\mu_0=4\pi\times10^{-7}$ 特斯拉・米 / 安培） (A)1×10^{-7} (B)2×10^{-7} (C)3×10^{-7} (D)4×10^{-7}。

( ) 49. 下列何種情形可能發生全反射？ (A) 光在行進中遇到狹縫 (B) 光在行進中遇到障礙物 (C) 光由光密介質進入光疏介質 (D) 光由光疏介質進入光密介質。

( ) 50. 在一無限長直導線上有一電流通過時，其在周圍產生的磁場，下列敘述何者有誤？ (A) 磁場強度與離開導線的距離成正比 (B) 磁場方向因通過電流之方向而改變 (C) 磁場強度與通過電流強度成正比 (D) 若其附近有另一平行載有反方向電流之直導線，則兩導線互相排斥。

解答及解析 答案標示為 # 者，表官方曾公告更正該題答案。

1 **A**。根據牛頓第二運動定律，合力 $\Sigma\vec{F}=\frac{\Delta\vec{p}}{\Delta t}=\frac{m\Delta\vec{v}}{\Delta t}=m\vec{a}$ 。合力方向與加速度 ($\vec{a}$)、動量變化 ($\Delta\vec{p}$) 和速度變化 ($\Delta\vec{v}$) 的方向一定相同。

2 **A**。單位換算：108km/hr ＝ 30m/s

棒球動能 $K=\frac{1}{2}mv^2=\frac{1}{2}\times0.1\times30^2=45$ 焦耳

3 **C**。設物體密度 ρ

浮體的浮力＝物體排開的液體重＝物重

$B=1\times\frac{3}{4}Vg=mg=\rho Vg\Rightarrow\rho=\frac{3}{4}\ g/cm^3$

4 **A**。浮體的浮力＝物體排開的液體重＝物重

$B=0.6\times V_{甲}g=1.0\times V_{乙}g=1.8\times V_{丙}g=mg$

液面下的體積比 $\rightarrow V_{甲}:V_{乙}:V_{丙}=\frac{5}{3}:1:\frac{5}{9}$

⇒ 浮在液面上的體積由小至大為甲、乙、丙

5 **A**。熱傳導量 $q=-kA\times\frac{\Delta T}{\Delta d}$，k 導熱係數、A 垂直於傳熱方向之截面積、T 溫度、d 距離，故與比熱無關。

6 **D**。一般市面上眼鏡公司所謂的度數是指透鏡的焦距之倒數再乘上 100，即鏡片度數 D ＝ 100/f，焦距的單位用公尺。

$200=\frac{100}{f}\Rightarrow f=0.5m=50cm$

近視眼因聚焦在視網膜前，故要配戴凹透鏡使光發散延後聚焦。

7 **D**。設 A 君與閃電處距離 x

∵光速 ≫ 聲速

$\therefore\frac{距離}{速率}=時間，\frac{x}{345}\cong6\Rightarrow x=345\times6=2070$ 公尺

8 **C**。金屬球內只有電子能移動，當正電玻璃棒接近不帶電的接地金屬球時，電子由地面經導線流向金屬球。

9 **D**。 平行電板內電位差與電場的關係：$V = Ed$

$\because$電極板間之電位差維持不變

$\therefore 60 \times 4 = E' \times 6$

$\Rightarrow E' = 40kV/m$

10. **A**。 導線的感應電動勢 $\varepsilon = (vB\sin\theta)l\cos\phi$，$\theta$ 為 $\vec{v}$ 和 $\vec{B}$ 之間所夾的角度，ϕ 為 $\vec{v} \times \vec{B}$ 決定之 $\vec{F}$ 方向與 $\vec{I}$ 間的夾角，可知感應電動勢 ε 與電阻無關。

11. **C**。 變壓器的電壓與匝數成正比：$\frac{V_1}{V_2} = \frac{N_1}{N_2}$，$\frac{110}{380} = \frac{1100}{N_2}$ $N_2 = 3800$ 圈

12. **D**。 設帶電質點電量 q

由庫侖定律，$F = \frac{kq^2}{r^2}$

$$\Rightarrow F' = \frac{k(4q)^2}{\left(\frac{r}{2}\right)^2} = \frac{64kq^2}{r^2} = 64F$$

13. **C**。 水在 4℃時密度最大，故水的三態密度性質為液態 > 固態 > 氣態。

14. **A**。 (A) 正確，水分子必須吸收能量變成氣態。
(B) 錯誤，水的沸點與氣壓有關。
(C) 錯誤，水由液態變為固態的過程稱為凝固。
(D) 錯誤，水由固態變為氣態的過程稱為昇華。

15. **D**。 (D) 錯誤，等速運動的方向不變、軌跡為直線，故位移距離一定等於移動路徑長。

16. **A**。 變壓器為電磁感應的應用。主線圈接交流電產生隨著時間變動的磁場，藉由軟鐵芯把磁場傳遞至副線圈，使副線圈內亦有隨著時間變動的磁場，因此產生感應電動勢。

17. **B**。 兩個大小相同的金屬球，接觸後再分開，電荷會均分。

$$\Rightarrow q = \frac{10+6}{2} = 8C$$

18. **A**。 (1) 當物體等速上升時，物體合力為零，$F_1 = mg$ 為一組平衡力，F_1、F_2 為作用力與反作用力 $F_1 = F_2$，故 $F_1 = F_2 = mg$。

(2) 當物體加速上升時，物體合力向上，即 $F_1>mg$，F_1、F_2 為作用力與反作用力 $F_1 = F_2$，故 $F_1 = F_2>mg$。

19. **A**。如圖所示，物體合力為零。

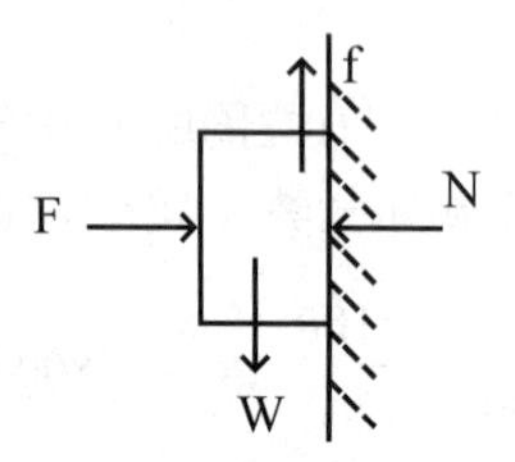

靜摩擦力 $f = W$

20. **C**。利用安培右手定則判斷兩導線在甲、乙、丙點的磁場方向，如圖所示。磁場為向量，故甲點的磁場向上，乙點的磁場向下，丙點的磁場向上。

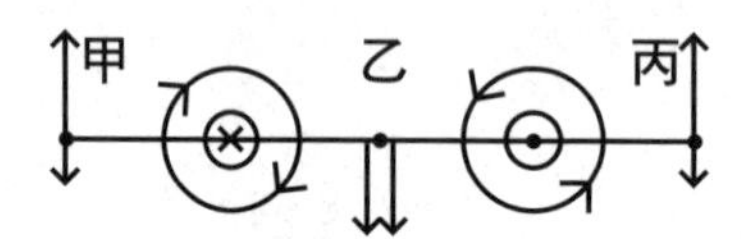

21. **B**。平行板的電容 $C = \varepsilon\dfrac{A}{d} \propto \dfrac{A}{d}$，故電容值與板面積成正比，與板距離成反比。

22. **B**。由理想氣體方程式 $PV = nRT$，$P = \dfrac{nRT}{V} \propto T$，故當溫度為原來的 3 倍，氣體壓力變為原來的 3 倍。

23. **D**。由理想氣體方程式 $PV = nRT$，$P = \dfrac{nRT}{V} \propto \dfrac{T}{V}$，

$$\frac{P'}{4} = \frac{\frac{T'}{V'}}{\frac{T}{V}} = \frac{(20+273)\times 20}{(313+273)\times 5} \propto P' = 8\text{atm}$$

24. **C**。設凸透鏡的焦距 f、原物距 p、原像距 q，如圖所示。

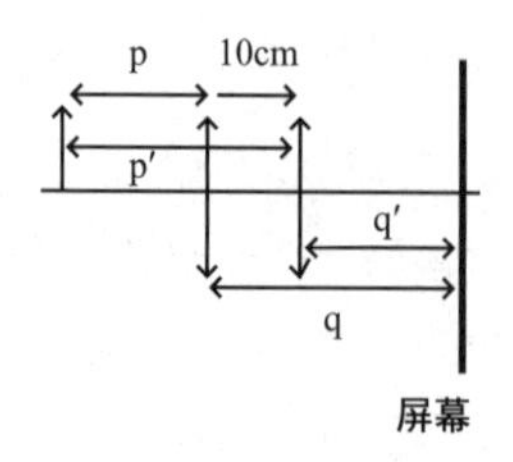

放大率 $|m| = \left|-\frac{q}{p}\right| = \frac{p}{q}$

$\frac{q}{p} = 5 \cdots\cdots (1)$

$\frac{q'}{p'} = \frac{q-10}{p+10} = \frac{1}{5} \cdots\cdots (2)$

解聯立得 $p = \frac{5}{2}$ cm、$q = \frac{25}{2}$ cm

由成像公式 $\frac{1}{p} + \frac{1}{q} = \frac{1}{f}$，$\frac{1}{\frac{5}{2}} + \frac{1}{\frac{25}{2}} = \frac{1}{f} \Rightarrow f = \frac{25}{12}$ cm

25. **D**。高空彈跳者落下過程中彈性繩索逐漸伸長到最大長度時，彈性位能增加，動能在繩索還沒開始伸長時會增加，當繩索開始伸長時彈跳者受到彈力而作負功減速，動能開始減少。

26. **D**。$v_1 = \sqrt{2g \times 2.45} = 7\text{m/s}\downarrow$，$v_2 = \sqrt{2g \times 1.25} = 5\text{m/s}\uparrow$定向上為正，向下為負。

平均加速度 $\overline{a} = \frac{\Delta v}{\Delta t} = \frac{v_2 - v_1}{\Delta t} = \frac{5-(-7)}{0.1} = 120\text{m/s}^2$（方向向上）

27. **D**。如圖所示，$T = \frac{mg}{\cos 60^\circ} = \frac{10}{\frac{1}{2}} = 20$ 公斤重

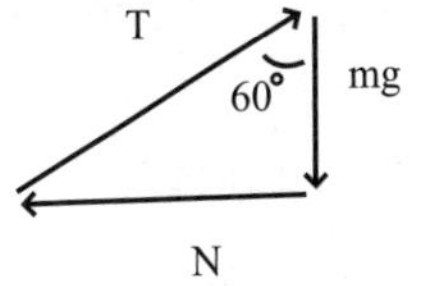

T
60°
mg
N

28. **A**。物體作斜拋運動時，水平作等速運動，故水平動量不變。

$\because p_x = m \times \frac{3}{5} v = \frac{3}{5} p$ $\therefore$斜拋運動之仰角為 53°，

鉛直初動量 $p_y = m \times \frac{4}{5} v = \frac{4}{5} p$

在最高點時分裂為質量相等的兩塊，兩裂塊的質量為原來的一半。

自由落下的裂塊在落地時的末速同拋出時的鉛直初速，故此裂塊落地時的動量為 $p' = \frac{m}{2} \times \frac{4}{5} v = \frac{2}{5} mv = \frac{2}{5} p$。

29. **B**。$P = \vec{F} \cdot \vec{v} = mgv\cos 60^\circ = 0.5 \times 10 \times 2 \times \frac{1}{2} = 5$ 瓦特

30. **C**。 設繩張力為 T

根據牛頓第二運動定律，$Mg - T = M \times g/4 \rightarrow T = \frac{3}{4}Mg$

繩對木塊作功 $W_T = TL\cos 180° = -\frac{3MgL}{4}$

31. **C**。 設彈性繩長 L ∵彈性繩一端為固定、一端為自由端 ∴繩長為 $\frac{\lambda}{4}$ 的奇數倍

繩長 L 與波長的關係：$L = n\frac{\lambda}{4} = n\frac{8}{4} = 2n$，$n = 1$、3、5…

⇒ 彈性繩可能長度 L = 2、6、10、14…公分

32. **B**。 總節線數 $N = 2n$，

$n \leq \frac{d}{\lambda} + \frac{1}{2} = \frac{1.6\lambda}{\lambda} + 0.5 = 2.1$，

n 取整數 $2 \rightarrow N = 2 \times 2 = 4$ 條

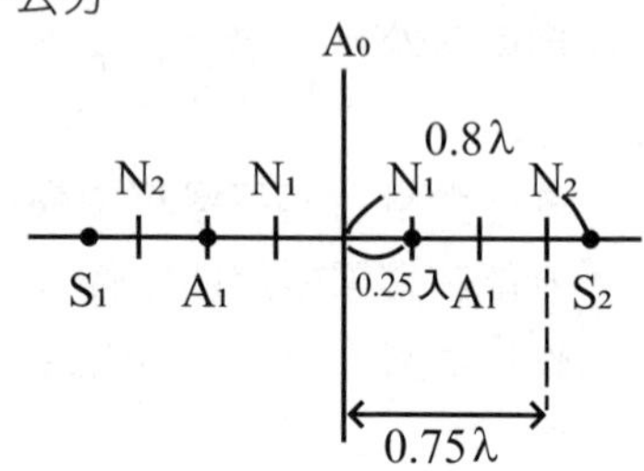

33. **B**。 由都卜勒效應 $f' = \frac{V}{V - v_s} f_0$，

$680 = \frac{340}{340 - 30} f_0 \rightarrow f_0 = 680 \times \frac{310}{340} = 620Hz$

34. **D**。 單擺週期 $T = 2\pi\sqrt{\frac{L}{g}} \propto \sqrt{L}$，$\frac{2T}{T} = \sqrt{\frac{l}{L}} \Rightarrow l = 4L$。

35. **B**。 物體重量 $W = mg \propto g$，$g = \frac{GM}{r^2} = \frac{G\left(\frac{4}{3}\pi r^3 \rho\right)}{r^2} = -\ \pi r \rho G \propto r\rho$

$\Rightarrow g_A : g_B = 2 \times 1 : 3 \times 2 = 1 : 3$，故同一物體放在 A、B 二星球上之重量比亦為 1：3。

36. **C**。 由克卜勒行星第三定律：$\frac{R_1^3}{T_1^2} = \frac{R_2^3}{T_2^2}$，$\frac{9^3}{T^2} = 1 \rightarrow T = 27$ 年

37. **C**。 設物體密度 ρ

浮體的浮力＝物體排開的液體重 物重

$B = 0.6 \times \frac{2}{3} Vg = mg = \rho Vg \Rightarrow \rho = 0.4g/cm^3$

38. **B**。 物體受動摩擦力作用作等加速運動

$v_2 = v_0^2 + 2aS$，$4^2 = 6^2 + 2a \times 20 \rightarrow a = -0.5m/s^2$（負號代表與運動方向相反）

根據牛頓第二運動定律，動摩擦力 $f = ma = 10 \times 0.5 = 5N$

39. **B**。 連體運動有相同的加速度 a

根據牛頓第二運動定律，$F = (m+2m+3m)a \rightarrow a = \frac{F}{6m}$

(1) 分析 (m+2m) 系統，$T_1 = (m+2m)a = 3m \times \frac{F}{6m} = \frac{F}{2}$

(2) 分析 m 系統，$T_2 = ma = m \times \frac{F}{6m} = \frac{F}{6} \Rightarrow \frac{T_1}{T_2} = \frac{\frac{F}{2}}{\frac{F}{6}} = 3$

40. **C**。 折射過程頻率不變，故 $f_1 = f_2 = f$

折射率 $n = \frac{c}{v} \rightarrow v = \frac{c}{n}$

$\frac{c}{1.2} = \lambda_1 f_1 = \lambda_1 f \rightarrow \lambda_1 = \frac{c}{1.2f}$ ……(1)

$\frac{c}{1.5} = \lambda_2 f_2 = \lambda_2 f \rightarrow \lambda_2 = \frac{c}{1.5f}$ ……(2)

$\frac{(1)}{(2)}$，得 $\frac{\lambda_1}{\lambda_2} = \frac{\frac{c}{1.2f}}{\frac{c}{1.5f}} = \frac{1.5}{1.2} = \frac{5}{4} \Rightarrow \lambda_1 = \frac{5}{4}\lambda_2$

41. **D**。 $\because n_1<n_2<n_3 \quad \therefore v_{甲}>v_{乙}>v_{丙}$

(A) 錯誤，折射率愈大，光速愈小，故在甲中速率比乙中大。

(B) 錯誤，折射率愈大，光速愈小，故在丙中速率比乙中小。

(C) 錯誤，光由慢到快，入射角小於折射角。

(D) 正確，光由快到慢，光會偏向法線，折射角小於入射角。

42. **A**。 設距離甲 x 公尺

木棒靜力平衡，合力為零，合力矩為零。

如圖所示，$F_{甲}+F_{乙} = 100 \rightarrow F_{乙} = 100 - 80 = 20$kgw

令甲端為支點，$100x = 20 \times 2 \Rightarrow x = 0.4$ 公尺

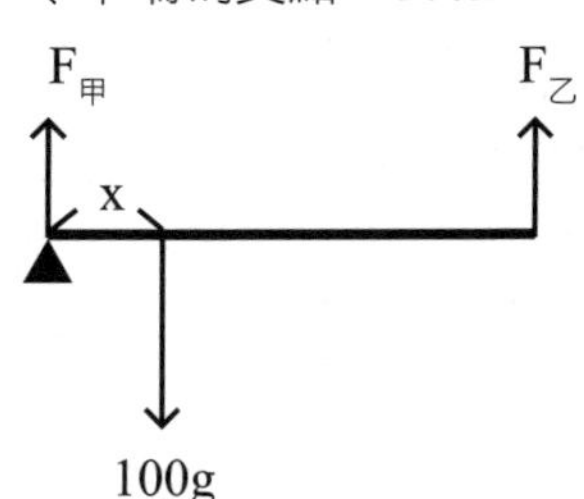

43. **B**。 $P=\dfrac{W}{A}=\dfrac{\rho Vg}{A}=\dfrac{\rho(Ah)g}{A}\propto h$，跟深度成正比 →$P'=4P$。

44. **C**。 等加速運動公式 $v^2=v_0^2+2aS$，
物體的末速 $v=\sqrt{10^2+2\times3\times20}=\sqrt{220}$ m/s
由功能定理 $W_{合}=\Delta K=\dfrac{1}{2}\times5\times\sqrt{220}^2-\dfrac{1}{2}\times5\times10^2=300$ 焦耳

45. **B**。 最大靜摩擦力 $f_{s(max)}=\mu_sN=0.6\times15=8N>5N$，物體受水平施力仍靜止，故物體與地面之間的靜摩擦力為 5 牛頓。

46. **D**。 若粒子速度不受任何影響，表示所受電力等於磁力。
$F_e=F_B$，$qE=qvB\Rightarrow v=\dfrac{E}{B}$。

47. **A**。 火力發電燃燒煤使水沸騰，產生水蒸氣去推動發電機而產生電，故能量轉換順序為化學能→熱能→力學能→電能。

48. **B**。 長直載流導線周圍產生的磁場 $B=\dfrac{\mu_0I}{2\pi r}=\dfrac{(4\pi\times10^{-7})\times5}{2\pi\times5}=2\times10^{-7}T$

49. **C**。 產生全反射的條件有兩個：(1) 光必由光密介質進入光疏介質、(2) 入射角要大於臨界角。

50. **A**。 (A) 錯誤，磁場強度與離開導線的距離成反比。
(B) 正確，根據安培右手定則，磁場方向因通過電流之方向而改變
(C) 正確，長直載流導線產生的磁場 $B=\dfrac{\mu_0I}{2\pi r}\propto I$
(D) 正確，平行同向載流導線相吸；平行反向載流導線相斥。

一試就中，升任各大
國民營企業機構
高分必備，推薦用書

共同科目

2B811121	國文	高朋・尚榜	590元
2B821131	英文	劉似蓉	650元
2B331131	國文(論文寫作)	黃淑真・陳麗玲	470元

專業科目

2B031131	經濟學	王志成	近期出版
2B041121	大眾捷運概論（含捷運系統概論、大眾運輸規劃及管理、大眾捷運法 榮登博客來、金石堂暢銷榜	陳金城	560元
2B061131	機械力學(含應用力學及材料力學)重點統整＋高分題庫	林柏超	近期出版
2B071111	國際貿易實務重點整理+試題演練二合一奪分寶典 榮登金石堂暢銷榜	吳怡萱	560元
2B081131	絕對高分! 企業管理(含企業概論、管理學)	高芬	650元
2B111081	台電新進雇員配電線路類超強4合1	千華名師群	650元
2B121081	財務管理	周良、卓凡	390元
2B131121	機械常識	林柏超	630元
2B161131	計算機概論(含網路概論) 榮登博客來、金石堂暢銷榜	蔡穎、茆政吉	630元
2B171121	主題式電工原理精選題庫	陸冠奇	530元
2B181121	電腦常識(含概論) 榮登金石堂暢銷榜	蔡穎	590元
2B191121	電子學	陳震	650元
2B201121	數理邏輯(邏輯推理)	千華編委會	530元
2B211101	計算機概論(含網路概論)重點整理+試題演練	哥爾	460元

2B251121	捷運法規及常識(含捷運系統概述) ♛ 榮登博客來暢銷榜	白崑成	560元
2B321121	人力資源管理(含概要) ♛ 榮登金石堂暢銷榜	陳月娥、周毓敏	590元
2B351101	行銷學(適用行銷管理、行銷管理學) ♛ 榮登金石堂暢銷榜	陳金城	550元
2B421121	流體力學（機械）・工程力學（材料）精要解析	邱寬厚	650元
2B491121	基本電學致勝攻略 ♛ 榮登金石堂暢銷榜	陳新	690元
2B501131	工程力學(含應用力學、材料力學) ♛ 榮登金石堂暢銷榜	祝裕	630元
2B581111	機械設計(含概要) ♛ 榮登金石堂暢銷榜	祝裕	580元
2B661121	機械原理(含概要與大意)奪分寶典	祝裕	630元
2B671101	機械製造學(含概要、大意)	張千易、陳正棋	570元
2B691121	電工機械(電機機械)致勝攻略	鄭祥瑞	590元
2B701111	一書搞定機械力學概要	祝裕	630元
2B741091	機械原理(含概要、大意)實力養成	周家輔	570元
2B751111	會計學(包含國際會計準則IFRS) ♛ 榮登金石堂暢銷榜	歐欣亞、陳智音	550元
2B831081	企業管理(適用管理概論)	陳金城	610元
2B841131	政府採購法10日速成♛ 榮登博客來、金石堂暢銷榜	王俊英	近期出版
2B851121	8堂政府採購法必修課：法規+實務一本go！ ♛ 榮登博客來、金石堂暢銷榜	李昀	500元
2B871091	企業概論與管理學	陳金城	610元
2B881131	法學緒論大全(包括法律常識)	成宜	近期出版
2B911131	普通物理實力養成	曾禹童	650元
2B921101	普通化學實力養成	陳名	530元
2B951131	企業管理(適用管理概論)滿分必殺絕技	楊均	630元

以上定價，以正式出版書籍封底之標價為準

學習方法 系列

如何有效率地準備並順利上榜，學習方法正是關鍵！

榮登金石堂暢銷排行榜

連三金榜 黃禕

翻轉思考 破解道聽塗說

適合的最好 調整習慣來應考

一定學得會 萬用邏輯訓練

三次上榜的國考達人經驗分享！

運用邏輯記憶訓練，教你背得有效率！

記得快也記得牢，從方法變成心法！

作者線上分享

網路書店

作者在投入國考的初期也曾遭遇過書中所提到類似的問題，因此在第一次上榜後積極投入記憶術的研究，並自創一套完整且適用於國考的記憶術架構，此後憑藉這套記憶術架構，在不被看好的情況下先後考取司法特考監所管理員及移民特考三等，印證這套記憶術的實用性。期待透過此書，能幫助同樣面臨記憶困擾的國考生早日金榜題名。

最強校長 謝龍卿

榮登博客來暢銷榜

作者線上分享

經驗分享＋考題破解

帶你讀懂考題的know-how!

open your mind！

讓大腦全面啟動，做你的防彈少年！

108課綱是什麼？考題怎麼出？試要怎麼考？書中針對學測、統測、分科測驗做統整與歸納。並包括大學入學管道介紹、課內外學習資源應用、專題研究技巧、自主學習方法，以及學習歷程檔案製作等。書籍內容編寫的目的主要是幫助中學階段後期的學生與家長，涵蓋普高、技高、綜高與單高。也非常適合國中學生超前學習、五專學生自修之用，或是學校老師與社會賢達了解中學階段學習內容與政策變化的參考。

最狂校長帶你邁向金榜之路

15招最狂國考攻略

謝龍卿 / 編著

獨創15招考試方法，以圖文傳授解題絕招，並有多張手稿筆記示範，讓考生可更直接明瞭高手做筆記的方式！

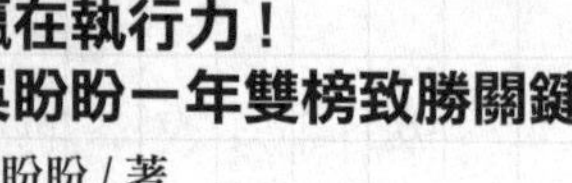

榮登博客來、金石堂暢銷排行榜

贏在執行力！吳盼盼一年雙榜致勝關鍵

吳盼盼 / 著

一本充滿「希望感」的學習祕笈，重新詮釋讀書考試的意義，坦率且饒富趣味地直指大眾學習的盲點。

http://0rz.tw/

好評2刷！

金榜題名獨門絕活大公開

國考必勝的心智圖法

孫易新 / 著

全球第一位心智圖法華人講師，唯一針對國考編寫心智圖專書，公開國考準備心法！

熱銷2版！

江湖流傳已久的必勝寶典

國考聖經

王永彰 / 著

九個月就考取的驚人上榜歷程，及長達十餘年的輔考經驗，所有國考生的Q&A，都收錄在這本！

熱銷3版！

雙榜狀元讀書秘訣無私公開

圖解 最省力的榜首讀書法

賴小節 / 編著

榜首五大讀書技巧不可錯過，圖解重點快速記憶，答題技巧無私傳授，規劃切實可行的讀書計畫！

榮登金石堂暢銷排行榜

請問，國考好考嗎？

開心公主 / 編著

開心公主以淺白的方式介紹國家考試與豐富的應試經驗，與你無私、毫無保留分享擬定考場戰略的秘訣，內容囊括申論題、選擇題的破解方法，以及獲取高分的小撇步等，讓你能比其他人掌握考場先機！

推薦學習方法 影音課程

每天10分鐘！斜槓考生養成計畫

立即試看

斜槓考生 / 必學的考試技巧 / 規劃高效益的職涯生涯

看完課程後，你可以學到

講師 / 謝龍卿

1. 找到適合自己的應考核心能力
2. 快速且有系統的學習
3. 解題技巧與判斷答案之能力

國考特訓班 心智圖筆記術

立即試看

筆記術 + 記憶法 / 學習地圖結構

本課程將與你分享

講師 / 孫易新

1. 心智圖法「筆記」實務演練
2. 強化「記憶力」的技巧
3. 國考心智圖「案例」分享

國家圖書館出版品預行編目(CIP)資料

(國民營事業)普通物理實力養成/曾禹童編著. – 第八版. – 新北市 ：千華數位文化股份有限公司，2023.10

面； 公分

ISBN 978-626-380-043-4(平裝)

1.CST：物理學

330　　　　112016187

[國民營事業]　**普通物理實力養成**

編 著 者：曾 禹 童

發 行 人：廖 雪 鳳
登 記 證：行政院新聞局局版台業字第 3388 號
出 版 者：千華數位文化股份有限公司
地址／新北市中和區中山路三段 136 巷 10 弄 17 號
電話／ (02)2228-9070　傳真／ (02)2228-9076
郵撥／第 19924628 號　千華數位文化公司帳戶
千華公職資訊網 : http://www.chienhua.com.tw
千華網路書店 : http://www.chienhua.com.tw/bookstore
網路客服信箱 : chienhua@chienhua.com.tw

法律顧問：永然聯合法律事務所
編輯經理：甯開遠
主　　編：甯開遠
執行編輯：廖信凱
校　　對：千華資深編輯群
排版主任：陳春花
排　　版：蕭韻秀

出版日期：2023 年 11 月 20 日　　第八版／第一刷

本書如有勘誤或其他補充資料，
將刊於千華公職資訊網　http://www.chienhua.com.tw
歡迎上網下載。